TRAITEMENT MÉDICAL

DES

MALADIES DES FEMMES

PAR

<table>
<tr><td>ALBERT ROBIN
PROFESSEUR DE CLINIQUE THÉRAPEUTIQUE
MEMBRE DE L'ACADÉMIE DE MÉDECINE</td><td>PAUL DALCHÉ
MÉDECIN
DE L'HOTEL-DIEU</td></tr>
</table>

QUATRIÈME ÉDITION

PARIS

VIGOT FRÈRES, ÉDITEURS

23, PLACE DE L'ÉCOLE-DE-MÉDECINE, 23

1912

TRAITEMENT MÉDICAL

DES

MALADIES DES FEMMES

TRAITEMENT MÉDICAL

DES

MALADIES DES FEMMES

PAR

ALBERT ROBIN

PROFESSEUR DE CLINIQUE THÉRAPEUTIQUE
MEMBRE DE L'ACADÉMIE DE MÉDECINE

PAUL DALCHÉ

MÉDECIN
DE L'HOTEL-DIEU

QUATRIÈME ÉDITION

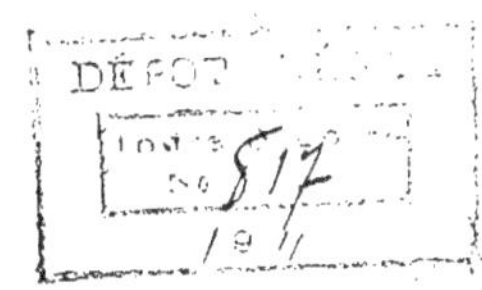

PARIS

VIGOT FRÈRES, ÉDITEURS

23, PLACE DE L'ÉCOLE-DE-MÉDECINE, 23

1912

PRÉFACE

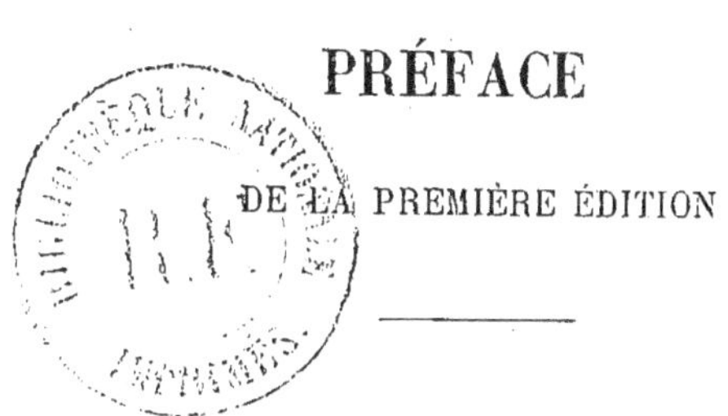

Ce livre s'adresse aux étudiants et aux praticiens.

Tout médecin, à notre époque, doit connaître la gynécologie au même titre que les autres branches de la pathologie.

Les immenses progrès de la chirurgie dans le traitement des affections gynécologiques donnent aujourd'hui le droit d'intervenir d'une façon que ne soupçonnaient pas nos prédécesseurs et que sont venus justifier de merveilleux résultats.

Mais l'intervention sanglante, si utile et même indispensable pour de nombreux cas, est-elle l'inévitable aboutissant de la plupart sinon de toutes les maladies des femmes, et devons-nous considérer qu'elle soit l'unique ressource dont puisse disposer l'art de soulager et de guérir?

Nous ne le pensons pas.

Bien des troubles de la matrice et de ses annexes trouvent leur cause hors de la sphère génitale ; d'autres, d'une origine utéro-ovarienne indiscutable, sont exagérés par l'altération de systèmes étrangers à l'appareil sexuel, altération dont ces troubles subissent les effets. Le traitement de l'état général domine alors les indications thérapeutiques ou vient compléter le traitement local.

Par des soins minutieux, le médecin peut rendre les plus grands services à nombre de malades, et souvent il leur évitera de graves opérations ; mais sans perdre en hésitations un temps précieux, il doit savoir aussi leur imposer une intervention chirurgicale, dès que celle-ci devient nécessaire.

En gynécologie, le rôle de la thérapeutique médicale demeure considérable, et c'est parce qu'il paraît avoir été obscurci dans ces dernières années que nous avons tenu à le mettre en relief de nouveau. Nous ne nous dissimulons pas que cette tentative soulèvera des protestations et sera peut-être qualifiée de rétrograde ; mais un esprit impartial reconnaîtra que le traitement de toutes les maladies des femmes ne rentre pas dans le domaine exclusif de la chirurgie, et que le médecin dispose de moyens d'action beaucoup trop négligés.

Dans la rédaction de cet ouvrage, toute la partie plus spécialement gynécologique, le traitement hydrothérapique et la séméiologie des fausses utérines appartiennent à PAUL DALCHÉ ; ALBERT ROBIN a écrit les chapitres plus généraux relatifs au diagnostic et au traitement des fausses utérines ainsi qu'au traitement hydrominéral.

ALBERT ROBIN, PAUL DALCHÉ.

Juillet 1900.

PRÉFACE

DE LA TROISIÈME ET DE LA QUATRIÈME ÉDITIONS

Depuis la dernière édition de ce livre, la *Gynécologie Médicale* a fait de grands progrès. Les médecins ont reconnu qu'ils étaient mieux armés et ils se sont attachés à perfectionner les moyens d'action qu'ils avaient entre les mains. L'ouvrage, dont nous présentons aujourd'hui une édition entièrement remaniée, bénéficie donc d'une instruction plus avancée, et nous nous sommes efforcés de lui donner un caractère encore plus pratique. Nombre de chapitres ont été refaits ; tout ce qui concerne l'opothérapie ovarienne et le traitement hydrothérapique a été mis au courant des acquis les plus récents. La thérapeutique de la sclérose utérine et de la syphilis utéro-annexielle constitue un travail nouveau. Cette quatrième édition se trouve complétée par les résultats de la radiothérapie, les indications du radium et de l'opothérapie mammaire ; l'hygiène de la puberté, les algies du sympathique abdominal comprennent de plus longs exposés.

Nous ne pouvons espérer, cependant, avoir comblé toutes les lacunes des précédentes éditions. La *Gynécologie Médicale* ne cesse de s'accroître et de se transformer ; mais nous la saisissons à un moment où ses progrès marquent une large étape dans son évolution nouvelle.

ALBERT ROBIN, PAUL DALCHÉ.

Paris, Décembre 1911.

PREMIÈRE PARTIE

LES FAUSSES UTÉRINES

———

ÉTUDE CLINIQUE

CHAPITRE PREMIER

ÉTIOLOGIE ET PATHOGÉNIE GÉNÉRALES DES FAUSSES UTÉRINES

I

Introduction

Des femmes très alarmées viennent nous consulter pour des affections imaginaires de la matrice. Impressionnées par un exposé complaisant de maladies graves suivies ou non de grandes opérations, elles se persuadent que des accidents redoutables les menacent. Nous trouvons leurs organes génitaux sains, leur état général parfait. — *Ce sont de fausses utérines.*

D'autres femmes basent leurs craintes, moins chimériques, sur un symptôme : métrorrhagie, dysménorrhée, leucorrhée, douleur, etc. L'examen le plus minutieux ne nous révèle aucune altération de leur système génital ; nous pouvons leur affirmer que le symptôme inquiétant relève d'une affection générale ou n'est que le retentissement de troubles d'un organe éloigné : métrorrhagie hépatique ou cardiaque, dysménorrhée nerveuse, aménorrhée diabétique, etc., ou bien souffrances réelles qu'elles localisent à tort dans la matrice et dont le véritable siège se trouve dans une région voisine, fissure à l'anus, polype du rectum, etc. — *Ce sont encore de fausses utérines.*

Enfin, très nombreuses sont les malades qui, portant une lésion de la matrice ou des annexes, souffrent en même temps dans un autre appareil. Dyspepsie, entéroptose, rein déplacé, lithiase biliaire ou urinaire, mêlent leurs manifestations à celles de la métrite ou de la salpingite. Dans ce complexus, il est fort difficile de faire la part exacte de tous les éléments étiologiques ; non seulement ils s'enchevêtrent, mais ils retentissent l'un sur l'autre, et

si notre traitement s'adresse seulement à l'utérus, il reste inefficace ou incomplet. Les patientes continuent à se plaindre, elles
rechutent, disent-elles, pour une bonne part de leur maux. —
En effet, *elles rentrent aussi dans la classe des fausses utérines.*

Le sujet que nous abordons n'est pas nouveau, notre époque ne doit pas
même prétendre à le sortir de l'oubli; il s'est bien souvent trouvé un
auteur pour signaler des influences lointaines qui agissent sur les organes
génitaux de la femme. Hippocrate avait déjà remarqué que les fièvres gastriques favorisaient l'apparition des métrorrhagies. Toute l'ancienne médecine est encombrée par l'histoire des troubles menstruels d'origine sympathique, vermineuse, bilieuse [1], intestinale. La rate, le poumon, le cœur, la
pression de l'air, les climats, les habitudes sont incriminés tour à tour. On
découvre les causes les plus inattendues. Stoll, Boerhaave, Fincke, Saucerotte, émettent des idées que nous rencontrons plus près de nous dans
Gendrin et dans le Compendium.

Une réaction inévitable dépassa les bornes; l'exagération se commit en
sens inverse et conduisit soit à nier, soit à traiter de conceptions antiques
des faits bien observés où la relation n'était pas évidente qui rattachait un
accident des voies génitales à la pathologie d'autres organes.

A ne rechercher, à ne considérer que les phénomènes utérins, on arrive à
méconnaître leur véritable pathogénie dans nombre de cas et, partant, à
instituer une thérapeutique défectueuse. Le désaccord à propos des métrorrhagies, des dysménorrhées *essentielles*, permet d'en juger. Peut-être même
les auteurs ne s'entendaient-ils pas sur la valeur du mot, et ces discussions
commencent aujourd'hui à paraître un peu surannées. Si le mot *essentiel* est
employé dans toute sa rigueur et signifie « un simple trouble fonctionnel
indépendant *de toute lésion du système génital et de toute perturbation de l'état
général* » (Aran, Courty, Gaillard Thomas), nous trouvons rarement l'occasion de l'appliquer. Mais, en dehors de toute affection locale sensible
(Raciborski), de toute altération des organes sexuels, surviennent des métrorrhagies et des dysménorrhées dont les unes relèvent d'une maladie première
parfois manifeste, dont certaines ressortissent à des troubles vaso-moteurs
commandés par une étiologie parfois difficile à dépister ; cette dernière
catégorie a souvent été appelée essentielle, nerveuse, idiopathique. R. Barnes
a été fort sévère en la qualifiant un asile de l'ignorance que Gallard espérait
voir disparaître avec les progrès de tous les jours.

Dans la première moitié du siècle, surgit un autre débat et peu s'en fallut
qu'il n'éclairât singulièrement la question; par malheur, il s'arrêta en route,
après qu'on en eut envisagé quelques points. — Récamier, Lisfranc, Gendrin
voient la cause des souffrances utérines dans l'inflammation et les ulcérations; Gosselin, plus tard, et surtout Bennett rapportent tout à la métrite.
Au contraire, Amussat, Malgaigne, Huguier et Velpeau professent des idées
tout opposées et, mettant au premier plan les versions et les flexions, attribuent les phénomènes douloureux aux déplacements de l'organe. Ils ne
vont pas plus loin; aujourd'hui, pour nous, non seulement bien des fois la
métrite joue un rôle effacé, mais encore le déplacement de la matrice n'entre
que pour une part dans un ensemble symptomatique auquel participe le

---

1. Paul Dalché. — *Les métrorrhagies dans les maladies du foie.* Société Médicale
des Hôpitaux, 1897. *Les métrorrhagies dans les maladies du cœur.* —   id.

déplacement d'autres organes. La notion des ptoses abdominales (GLÉNARD, TRASTOUR, THIRIAR, etc.) complète la théorie de VELPEAU.

Vers la même époque, à un autre point de vue, la lésion locale perd de son importance pour des auteurs qui s'efforcent d'attirer l'attention sur l'état général ou diathésique. C'est la préoccupation de GIBERT dans « ses remarques pratiques (1837) sur les ulcérations du col et l'abus du spéculum dans le traitement de cette maladie ». GUÉNEAU DE MUSSY et MARTINEAU ont exagéré l'action de l'herpétisme, de la dartre et de la scrofule sur l'utérus ; mais si les manifestations diathésiques directes, d'un diagnostic facile et certain, sont moins fréquentes qu'ils ne l'ont cru, avec les caractères nets qu'ils ont décrits, si nous croyons peu à des lésions de nature herpétique ou scrofuleuse, du moins nous sommes bien forcés d'admettre des lésions ordinaires chez des femmes herpétiques, arthritiques ou scrofuleuses. Pourquoi l'état général n'imprimerait-il pas sa marque sur l'évolution de ces maladies ? Bien plus, pourquoi la menstruation ne subirait-elle pas son influence sans qu'il existe fatalement une altération organique ? — A côté des leucorrhées lymphatiques, etc... nous aurons plus loin à décrire des fluxions génitales, des dysménorrhées chez des goutteuses par exemple ; l'intégrité de leur appareil sexuel, en dehors des crises, nous permet encore de les classer dans les fausses utérines.

Ce n'est pas la diathèse seule qui a préoccupé les observateurs ; les maladies aiguës, les fièvres ont provoqué les mémoires remarquables de HERARD, de GUBLER, de RACIBORSKI.

Nous avons cité plus haut les noms de TRASTOUR, de GLÉNARD, de THIRIAR, qui se rattachent à la description des ptoses abdominales et du rein flottant. Après SIREDEY, PARROT, LANCEREAUX, MARTIN, plus près de nous, PICHEVIN, ARMAND SIREDEY, la liste serait bien longue si nous voulions ici l'établir complète.

Nous nous proposons d'étudier tour à tour les troubles génitaux dans les affections des divers organes et dans les états généraux aux différents âges de la vie. Tout n'est pas dit lorsqu'on s'est borné à examiner la matrice, et le traitement opératoire ou médical qui s'adresse *seulement* à l'utérus et aux annexes demeure parfois inutile ou incomplet.

II

Des divers états morbides et des influences extérieures qui peuvent retentir sur l'appareil utéro-ovarien

1° Considérations générales

L'évolution de l'appareil sexuel joue un rôle dont l'importance, toujours proclamée, n'a pas été exagérée (VAN HELMONT). En pathologie comme en physiologie, la puberté, la vie génitale, la ménopause marquent des étapes dans l'existence de la femme où les affections du système utéro-ovarien ont un retentissement dont tout l'organisme est ébranlé.

Mais, en retour, combien il faut peu de chose pour causer des souffrances du côté de la matrice ou des annexes, combien la moindre altération de la santé générale suffit parfois à troubler l'ovulation et la menstruation ! Ces deux fonctions si délicates, par les changements périodiques et répétés qu'elles amènent dans l'utérus et l'ovaire les prédisposent à certains accidents, et les prédisposent d'autant plus qu'elles subissent elles-mêmes des modifications pathologiques.

C'est dépasser la mesure que d'attribuer sans cesse une foule de malaises à distance aux altérations du système génital: l'action inverse est aussi fréquente et aussi vraie. L'influence de l'appareil sexuel sur tout l'organisme n'est pas plus grande que l'influence de l'organisme sur l'appareil sexuel.

Mettons à part les craintes qui ne reposent sur aucun symptôme. La fausse utérine est une femme chez qui une maladie étrangère à l'utérus et aux annexes cause :

A. — Des troubles menstruels.................... { *a*) aménorrhée / *b*) dysménorrhée / *c*) ménorrhagies

B. — Des flux dans la période intercalaire........ { *a*) métrorrhagies / *b*) leucorrhée / *c*) hydrorrhée

C. — Des douleurs..... { *a*) localisées à l'appareil génital / *b*) localisées et irradiées / *c*) ayant leur siège dans un organe voisin et rapportées à tort à l'utérus

D. — Des tumeurs, voisines mais distinctes de l'appareil génital et sans aucun lien avec lui, à évolution. { *a*) chronique / *b*) aiguë

Suivant l'évolution de la maladie première étrangère à la matrice et aux annexes, suivant la phase qu'elle atteint, les troubles utérins secondaires changent souvent de caractère ; au cours de la même affection, les douleurs se modifient, la dysménorrhée disparaît, l'aménorrhée succède aux métrorrhagies et inversement. C'est que, parmi les nombreux facteurs qui interviennent dans la situation, deux surtout entrent en ligne de compte d'une façon prépondérante : l'ovulation et la menstruation. Lorsque la maladie première parvient à une période de cachexie, de détérioration profonde (MAURICE RAYNAUD), l'aménorrhée tend à s'établir, les pertes sanguines se suppriment et, par suite, la dysménorrhée s'atténue peu à peu. Au contraire, la réapparition des règles devient souvent un bon signe de convalescence ou d'amélioration. Ce n'est pas là une loi absolue ; il ne faut pas l'étendre, par exemple, aux dyscrasies hémorrhagipares, comme la leucocythémie ou certains purpuras ; mais, dans la clinique journalière, les exceptions sont plutôt rares, et la raison en est facile à donner. *Les hémorrhagies des fausses utérines commencent volontiers à propos de l'éruption menstruelle ;* d'abord les règles deviennent plus abondantes, puis elles se rapprochent, se confondent, à la longue, la métrorrhagie apparaît dans la période intercalaire.

Quand la maladie première, poursuivant son cours, débilite l'organisme au point que la menstruation se supprime et que l'ovulation même cesse, le flux sanguin pathologique tend à disparaître comme le flux normal et l'aménorrhée succède aux hémorrhagies, ou tout au moins les périodes d'aménorrhée se montrent plus fréquentes et plus longues que les périodes d'hémorrhagies.

Comment, et par quel mécanisme, les troubles des divers organes et de l'état général peuvent-ils retentir sur la matrice au point de provoquer des phénomènes qui simulent une maladie utérine ? D'une façon générale, la pathogénie reconnaît l'intervention :

a) du système nerveux ;
b) de troubles circulatoires ;
c) d'une altération de la paroi vasculaire ;
d) de troubles de la nutrition ou d'une altération du sang ;
e) d'influences toxiques ;
f) d'influences infectieuses ;
g) et même de diathèses.

De plus, ces facteurs se combinent parfois et les troubles circulatoires, par exemple, surviennent sous l'impulsion du système nerveux ou d'influences toxiques.

2° **Influence du système nerveux**

Le système nerveux joue ici un rôle prépondérant ; ce rôle a été invoqué à l'excès, mais en sens inverse, et il n'est pas de phénomène sympathique qui n'ait été complaisamment décrit comme relevant des affections utérines. BENNETT consacre

un long et intéressant chapitre aux « symptômes sympathiques
« ou généraux qui se produisent surtout par l'intermédiaire du
« grand sympathique ». L'estomac, le foie, les reins, le cœur,
le poumon, etc., subissent tour à tour le contre-coup des perturbations de la matrice, mais il semble que la réciprocité devienne impossible, car l'auteur arrive à cette conclusion singulière «... considérer les symptômes utérins comme le résultat
« du trouble fonctionnel des organes digestifs, voilà bien l'er-
« reur la plus complète qu'on puisse commettre ». Si les phénomènes utérins réagissent par l'intermédiaire du sympathique
sur le tube digestif et le foie, pourquoi, par la même voie, les
phénomènes digestifs et hépatiques ne réagiraient-ils pas sur
l'utérus? C'était l'opinion de GENDRIN qui rangeait, dans l'étiologie de la dysménorrhée « l'impression douloureuse d'un état
« morbide occupant un organe important très vasculaire ou
« recevant beaucoup de nerfs ». Que la douleur siégeant en
dehors de la sphère génitale suffise à causer des désordres
utérins, c'est incontestable. La sensation désagréable du froid
sur la peau provoque des coliques utéro-ovariennes, de la congestion, des ménorrhagies, de l'aménorrhée.

TERRILLON a étudié les troubles de la menstruation après les lésions chirurgicales ou traumatiques. Voici ses conclusions :

A. — Les lésions chirurgicales ou traumatiques ont sur la menstruation
une action variable qui correspond aux trois cadres suivants : 1° elles respectent la fonction menstruelle ; 2° elles la suppriment, ce cas est rare; elles
l'accélèrent, en l'amenant jusqu'à huit et dix jours d'avance, ou la retardent
pendant un temps variable ; 3° souvent ces lésions déterminent, en dehors
de l'époque menstruelle, une épistaxis utérine ordinairement de courte durée
(deux jours environ), sans symptômes concomitants et qui n'agit que faiblement sur l'époque menstruelle suivante.

B. — Les différentes régions du corps ont une action variable ; aussi peut-
on les diviser en plusieurs zones distinctes, au point de vue de l'influence
que peuvent avoir les lésions qui leur correspondent : 1° appareil sexuel :
utérus, ovaires, vagin, vulve; 2° zone voisine de l'appareil sexuel : rectum,
anus, vessie, partie supérieure des cuisses, etc., que j'appellerai *zone génitale ;*
3° les seins, dont les connexions physiologiques avec l'utérus sont si intimes ;
4° les autres régions du corps et les membres dont l'action est variable.

C. — Ces zones ont une influence différente quand on tient compte principalement de la fréquence des désordres et de leurs variétés.

On peut dire en général que : *la première zone* agit en provoquant le plus
souvent une épistaxis utérine ou le rappel des règles suspendues ; *la deuxième
zone* amène une épistaxis ou une avance des règles; *la troisième zone*, qui
agit presque toujours, peut produire tous les troubles, épistaxis, avance,
retard ; *la quatrième* est plus rarement la cause de quelque trouble; cependant, à part l'épistaxis, elle peut provoquer toutes les variétés.

D. — Ces différents troubles de la menstruation ne paraissent pas avoir une influence mauvaise sur la santé des malades; ils peuvent seulement agir d'une manière fâcheuse par la préoccupation qu'entraîne, chez certaines femmes, une perturbation quelconque de leurs règles.

E. — Il est difficile de dire quelle est la cause exacte de cette perturbation : ébranlement nerveux, fièvre traumatique, perte de sang, etc. — Il est fort probable que la plupart de ces causes agissent ensemble.

Il paraît étrange de dénier à la pathologie utérine toute manifestation d'ordre réflexe. Nous connaissons un purpura traumatique (Berne) où les hémorrhagies cutanées se généralisent et apparaissent loin de la région atteinte ; nous connaissons encore des exemples d'épistaxis, de stomatorrhagies (Lancereaux) d'origine émotive ; pourquoi une pathogénie analogue ne saurait-elle être attribuée à une métrorrhagie, alors que « dans la « majorité des cas (J. Renault) le système nerveux semble choi- « sir un organe malade ou *prédisposé aux ruptures vasculaires* « pour y réfléchir la congestion hémorrhagipare » ? Rouget assimile la matrice à un appareil érectile obéissant aux réflexes de toute origine.

Terrillon invoque avec raison l'action des causes multiples et connexes ; mais les phénomènes utérins par acte réflexe ou inhibitoire sont indiscutables, *congestions ou ischémie*, ménorrhagies ou métrorrhagies, douleurs, dysménorrhée, aménorrhée, leucorrhée même. Nous pouvons en rechercher l'explication dans les anastomoses des plexus ovariens et les filets qu'ils reçoivent du plexus solaire. Suivant l'opinion de Rouget, Pflu-ger, Vulpian, etc..., la menstruation elle-même est la conséquence directe d'un réflexe dont le point de départ est la distension du follicule de De Graaf, et Lancereaux la considère comme le type physiologique des hémorrhagies névropathiques. Si l'on admet, avec Vulpian et la plupart des physiologistes, que l'inhibition du centre vaso-moteur utérin, situé dans la moelle lombaire, et la paralysie des vaso-constricteurs sont suivies de congestion et d'hémorrhagies, l'excitation du même centre vaso-moteur met obstacle à l'éruption des règles. L'aménorrhée, suivant les cas, c'est aussi bien due à un trouble fonctionnel d'innervation, qui empêche le réflexe menstruel, qu'à un arrêt de l'ovulation.

Les accidents utérins, d'origine nerveuse, ne sont pas tous réflexes ; il en est qui se produisent directement comme les pertes et les douleurs génitales au cours des *névralgies* du petit bassin. D'autres comportent une interprétation plus difficile. Par quel mécanisme interviennent l'*hystérie*, la *neurasthénie*, etc...? Paralysie vaso-motrice probable pour les hémorrhagies. Mais les aménorrhées hystériques, psychiques, les fausses grossesses? Les femmes qui se croient enceintes parce qu'elles le désirent trop ou le redoutent encore plus? Inhibition du centre génito-spinal? Excitation des vaso-moteurs?

3° Influence du système circulatoire

Les troubles du système circulatoire (qui dépendent souvent d'influences nerveuses) interviennent aussi comme cause première chez les fausses utérines. Les modifications de pression vasculaire qui accompagnent les *maladies du cœur* ont un grand retentissement non seulement sur la pathologie de la menstruation, mais sur la physiologie et la pathologie de toute la sphère sexuelle. La congestion passive du système génital n'implique pas fatalement l'apparition d'hémorrhagies, l'aménorrhée est des plus fréquentes.

Les altérations de *l'appareil circulatoire périphérique* sont de même susceptibles de simuler une affection de la matrice. Raciborski a parlé de la possibilité d'anévrysmes capillaires; l'athérome des artères utérines, toutes leurs dégénérescences et surtout la dégénérescence scléreuse (Reinicke), qui les rendent incapables de se contracter et favorisent leurs ruptures au niveau des grosses branches et des fines ramifications, se trouvent à la source de nombreuses pertes sanguines. L'*hypertension artérielle* de l'artério-sclérose généralisée entre aussi en ligne, et certaines métrorrhagies attribuées jusqu'ici à la néphrite granuleuse doivent sans doute être rapportées à cette hypertension.

4° Influence des altérations du sang

Les altérations du sang, à leur tour, retentissent sur l'appareil génital, et, au cours de la *leucocythémie, des purpuras, du scorbut, de l'hémophilie, des anémies, des anémies pernicieuses,* nous voyons survenir des troubles de la menstruation.

La pathogénie de la *chlorose* reste plus difficile à interpréter.

L'ovaire possède une sécrétion interne analogue à celle du testicule ou de la thyroïde. Cette fonction nouvellement connue, si
elle s'accomplit d'une façon anormale ou défectueuse, amènerait,
pour certains auteurs, l'éclosion de la chlorose ou du moins d'une
variété de chlorose ; ce sujet est traité plus loin. L'intoxication
ovarienne ou encore l'intoxication aménorrhéique nous permet-
tront un jour de ranger la chlorose dans une classe suivante, à
côté du *goitre exophtalmique,* du *myxœdème,* de l'*acromégalie,* etc.

Le traitement de certaines métrorrhagies par les injections
sous-cutanées de *sérum animal,* et son efficacité, viennent d'augmenter encore l'importance croissante, que l'on peut maintenant
soupçonner et prévoir, de cette classe de fausses utérines par
altérations du sang.

5° Influence des diverses intoxications

Congestions réflexes d'origine toxique, altérations de la crase
du sang, action possible sur les muscles moteurs des artérioles,
dégénérescence des parois vasculaires, entraves apportées directement à une ovulation régulière, etc., les causes sont nombreuses
au cours des intoxications aiguës et chroniques pour produire
des phénomènes qui simuleront une affection des voies génitales.

A côté des poisons venus de l'extérieur, nous devons considérer
l'effet des poisons endogènes. Les principes élaborés dans le tube
digestif, le foie, le rein, sains ou malades, entrent souvent en jeu
chez les fausses utérines au sujet de phénomènes réflexes; l'un
de nous a observé que les femmes dont les urines contiennent
de l'uro-érythrine sont sujettes aux pertes profuses. Nous ne
ferons que citer les métrorrhagies de l'*ictère grave,* de l'*urémie*
et du *diabète.*

Les sécrétions internes agissent d'une manière comparable à celle
des toxiques. Dans le *myxœdème* un des symptômes les plus réguliers et les plus fréquents est l'apparition de métrorrhagies très abondantes et parfois très sérieuses; au contraire, dans le *goitre exophtalmique,* c'est l'aménorrhée qui domine. Le syndrome de Basedow
s'accompagne souvent d'une atrophie mammaire et génitale, et, avec
l'amélioration des accidents basedowiens, l'utérus reprend sa forme
et sa consistance normales, la menstruation recommence et devient

régulière (Lévis). On a vu (Fischer) l'atrophie génitale survenir
aussi après la thyroïdectomie. Cette influence des sécrétions thyroïdiennes sur le système utéro-ovarien reçoit une autre confirmation du traitement de diverses métrorrhagies arrêtées par
l'opothérapie thyroïdienne ; inversement, les préparations d'ovarine paraissent avoir atténué quelques symptômes basedowiens.
La suppression de la fonction menstruelle est commune chez les
acromégaliques qui présentent une atrophie, une involution sénile
précoce de l'utérus et des ovaires avant la période de cachexie.
Les relations unissant les glandes génitales avec la *thyroïde,* la
glande pinéale, les *capsules surrénales,* les *glandes mammaires*
sont démontrées, qu'elles interviennent par synergie, suppléance
ou antagonisme de leurs sécrétions internes.

6° **Influence des diverses infections**

Action directe, action congestive, actions nerveuses, toxiques,
thermiques, vasculaires, etc., seront successivement invoquées
au cours des maladies infectieuses pour expliquer les désordres
menstruels et autres, épistaxis utérines, pertes et aménorrhées
des *fièvres graves,* douleurs qui ne relèvent pas d'une affection
première de la matrice ou des annexes.

7° **Influence des diathèses**

Chez les *arthritiques,* les *herpétiques,* des mouvements fluxionnaires se portent vers les organes génitaux et provoquent des
crises dont la véritable cause, humorale ou nerveuse, nous reste
inconnue dans sa nature, mais dont les effets sont bien certains, car ils s'accompagnent parfois des douleurs les plus
violentes et de pertes sérieuses.

Les symptômes utérins alternent même volontiers avec les
manifestations qui frappent d'autres organes.

La puberté, la vie génitale, la ménopause des *lymphatiques* et
des *scrofuleuses* ne ressemblent pas à celles des *goutteuses* et des
herpétiques. L'hérédité, l'origine, la race marquent l'évolution
sexuelle d'une empreinte profonde.

8° Influence de quelques causes adjuvantes

L'intervention de tous ces divers facteurs est favorisée par d'autres causes qui rendent la matrice plus apte à recevoir le contre-coup d'affections éloignées. Elles tiennent aux habitudes, au genre de vie et même au milieu social dans lequel se trouve la femme. Nous avons fait allusion plus haut au *tempérament* chez les lymphatiques dont les tissus à laxité plus marquée réagissent de toute autre façon que ceux des neuro-arthritiques sujettes aux poussées fluxionnaires.

Les variations de *climat* ont une importance discutée, bien que Gendrin prétende que les femmes sont plus abondamment réglées dans les pays chauds que dans les pays froids, et pendant l'été que pendant l'hiver ; « la migration des femmes des pays froids « dans les contrées où la température est très élevée les prédis- « pose aux métrorrhagies ». Saucerotte a observé un grand nombre d'hémorrhagies utérines chez les femmes qui habitent les sommets des Vosges et les a fait cesser en transportant ces malades dans les vallées. Les *voyages en mer*, le *mal de mer*, le séjour près de *sources sulfureuses*, etc., occasionnent des pertes.

Les vêtements trop légers, le *refroidissement* habituel des téguments, le port de *corsets* trop serrés exagèrent et peut-être provoquent les troubles de la menstruation.

Boerhaave incriminait l'usage de la *chaufferette* ; l'inconvévient de *pédiluves* ou de *bains de siège* trop chauds rentre dans la même classe étiologique.

On a aussi accusé une *alimentation* et des *boissons excitantes ;* l'abus des *emménagogues* constitue un danger plus sérieux.

La *station debout* continuée trop longtemps, les *efforts*, l'*équitation*, la *marche* prolongée, la *danse* et même la *bicyclette* attirent et localisent les conséquences de maladies éloignées du côté des organes génitaux.

Enfin les *excès génésiques*, les *impressions* vives, les *affections morales* elles-mêmes, sont susceptibles de rendre l'appareil sexuel moins résistant aux contre-coups des souffrances de l'organisme entier.

III

Considérations pathogéniques

Si le problème se posait toujours avec cette rigoureuse simplicité: symptômes utéro-ovariens, système génital sain, rechercher l'influence causale, la question ne présenterait pas de bien grandes difficultés. Mais il s'en faut de beaucoup que l'on se trouve, sans restriction, en face de cas aussi nets. Deux circonstances, entre autres, compliquent singulièrement la situation au point que, si les accidents ont évolué pendant un certain temps, il devienne fort épineux d'élucider leur réelle pathogénie et de faire la part des diverses causes qui entrent en jeu.

Dans une première série de faits, la femme cesse d'être exclusivement une *fausse utérine*, elle se change en *véritable utérine*, ou plutôt elle entre dans un état hybride avec des symptômes qui relèvent les uns de la fausse, les autres de la véritable utérine. La matrice n'a pas supporté avec impunité les effets des désordres lointains ; à la longue, il en est résulté pour elle quelques altérations. Des congestions répétées, des hémorrhagies, des leucorrhées l'ont rendue une proie facile aux infections secondaires, et la malade finit par être atteinte d'endométrite, de salpingite, de déviation, etc.

Une seconde série de faits comprend des femmes qui offrent *à la fois* à notre examen une *lésion certaine de l'appareil génital et une lésion d'un autre appareil*. Les symptômes qu'elles accusent se rapportent tantôt à la maladie utéro-ovarienne, tantôt à l'affection concomitante ; ils se combinent, et, dans ce mélange, il est difficile d'attribuer à chaque organe les manifestations exactes qui lui reviennent. Bien plus, ces symptômes d'origine différente retentissent les uns sur les autres, s'exagèrent et se tiennent sous leur dépendance réciproque.

Une femme utérine et dyspeptique vient nous consulter : nous constatons une métrite chronique, suite de couches, et, en même temps, une affection indiscutable de l'estomac remontant à fort longtemps. La maladie gastrique n'a pas créé la métrite chronique et ne peut davantage en être la conséquence. Mais les souffrances utérines aggravent l'état de l'estomac, et celui-ci, à son tour, fait sentir son influence sur les troubles de la matrice et les exaspère. Toute thérapeutique qui s'adressera seulement à l'un des organes demeurera inefficace ou incomplète, la guérison ne sera pas durable, les rechutes arriveront ; au bout d'un temps plus ou moins long, les patientes nous reviennent aussi dolentes qu'avant, sinon plus. Qu'un état digestif, hépatique, rénal, nerveux, passe inaperçu ou reste rebelle à nos soins, et la femme traînera sa métrite avec des alternatives de mieux et de plus mal, se plaignant de retomber alors qu'elle se croyait enfin débarrassée de tout souci. De même, la dyspeptique n'obtiendra jamais de guérison complète si la lésion utérine est négligée.

Les déviations, les métrites, les douleurs utérines, les troubles de la menstruation qui accompagnent l'entéroptose, le rein flottant, l'entérite muco-membraneuse, la fissure à l'anus, les spasmes de l'intestin, réclament un traitement qui vise à la fois le système génital et un autre appareil.

Non seulement les symptômes se confondent et se commandent, mais souvent aussi la même cause a présidé à leur éclosion ; la laxité ligamentaire et le relâchement de la paroi abdominale à la suite d'une grossesse, provoqueront à la fois une déviation utérine et un rein flottant avec toute la série de leurs manifestations connexes.

CHAPITRE II

FAUSSES UTÉRINES ET AFFECTIONS DES VOIES DIGESTIVES

I

Un mot d'historique

Si nous nous proposions d'écrire un aperçu historique de ce sujet, notre tâche, des plus ardues, n'aboutirait qu'à une longue énumération dénuée d'intérêt. HIPPOCRATE déjà parlait des métrorrhagies au cours des fièvres gastriques; dans toute l'ancienne littérature médicale nous trouvons une foule de cas, mais observés sans méthode, sans contrôle, et affirmés ou niés avec une égale opiniâtreté. Un auteur a vu des pertes utérines coïncider avec la présence de vers intestinaux, donc elles en dépendent; un second taxe d'enfantillage la supposition d'une pareille étiologie ; un troisième auteur accuse d'erreur les deux premiers parce qu'une aménorrhée sympathique a cessé avec l'expulsion d'un tænia, et ainsi de suite à propos des douleurs de l'estomac, des coliques, des flux intestinaux qui alternent avec des flux de la matrice. L'examen de l'appareil génital était pratiqué d'une façon rudimentaire; la notion des phénomènes hystériques, neurasthéniques, des actes réflexes ou inhibitoires manquait forcément. Aussi la plus grande confusion règne dans les travaux des vieux médecins ; ils avancent beaucoup de faits sans grandes preuves. Lorsqu'un peu de clarté surgit, c'est l'utérus d'abord qui prend la place prépondérante et commande à tous les accidents digestifs; l'action inverse n'est timidement soutenue que peu à peu. Puis ces phénomènes mieux examinés se précisent, on rend à chaque organe ce qui lui revient, et, dans ces derniers temps, la connaissance des ptoses abdominales, entéroptose, rein flottant, foie flottant marque une phase nouvelle dans l'étude de la question.

II

Fausses utérines et affections des voies digestives sans viscéroptose

L'aménorrhée tend à s'établir dès que la nutrition générale périclite, et la réapparition des règles est un très bon signe de pronostic favorable.

Les fausses utérines font de la matrice la cause première de phénomènes dont la véritable étiologie doit être attribuée :

1° Ou à un symptôme gastro-intestinal commun à plusieurs affections du tube digestif et sans altération anatomique qui lui soit particulière ;

2° Ou à une maladie proprement dite des voies digestives.

1° Fausses utérines et symptômes communs aux diverses maladies des voies digestives.

« Il faut se souvenir, dit Sneguireff, qu'au point de vue fonctionnel, les appareils génital et gastro-intestinal sont connexes ; se rappeler l'influence qu'ont la gestation, la menstruation, l'ovulation, l'endométrite, les affections des ovaires et du péritoine, sur le tube digestif. Inversement les affections des intestins retentissent puissamment sur l'état de l'utérus et de ses annexes. Le rôle du médecin est de savoir discerner, dans la pathologie pelvienne et abdominale, l'affection primitive de la secondaire ; c'est affaire de science et d'expérience. Quel que soit d'ailleurs le siège de l'affection primitive, la base du traitement sera *d'empêcher la constipation* par un régime approprié. »

A. — *Constipation.* — Toutes les femmes sont constipées, ou presque toutes, mais surtout les utérines fausses ou vraies.

Une déviation, une phlegmasie péri-utérine, une hématocèle, une salpingite, un fibrome produisent mécaniquement une constipation qui entraîne à sa suite tout un cortège de phénomènes dyspeptiques.

Mais la constipation elle-même provoque des troubles dans l'utérus sain, et, par un cercle vicieux, aggrave dans l'utérus malade les accidents qui lui ont donné naissance.

Nigel Starck range la constipation chronique et l'habitude de se serrer parmi les causes très fréquentes de *congestions pelvienne*, utérine, ovarienne, etc., qu'il a observées chez des femmes non mariées ; et il a vu bien des cas de ménorrhagies chez des jeunes filles guéries par l'administration de purgatifs.

Une de nos malades, jeune demoiselle de dix-neuf ans, grande et forte, mais un peu nerveuse, vint nous consulter pour une dysménorrhée fort pénible dont les douleurs commençaient avec les premières manifestations du molimen cataménial et cessaient dès l'éruption du sang. Mais la profusion des règles allait toujours croissant depuis quelques mois, si bien que la perte finissait par devenir inquiétante ; cette jeune fille, en proie à une constipation rebelle, n'osait plus se purger dès qu'approchait l'époque mens-

     LES FAUSSES UTÉRINES

truelle, craignant de provoquer une dérivation des règles, d'empêcher même
leur éruption ; et des préjugés, entretenus par son entourage, la portaient à
se croire menacée des maux les plus redoutables si elle intervenait par un
moyen même anodin aussitôt qu'arrivait la période cataméniale. Cependant
nous eûmes assez d'empire sur elle pour obtenir qu'elle surmontât ses
craintes et qu'elle prît une petite quantité de poudre purgative tous les matins et surtout aux approches du moment critique ; les douleurs et les hémorrhagies diminuèrent comme par enchantement, puis tout rentra dans l'ordre,
ce fut l'affaire de peu de mois.

Qu'il s'agisse de *coprostase*, de *stercorémie* et d'*intoxication*
produites par des *ptomaïnes* (CASTAN) s'éliminant avec le flux
menstruel et l'exagérant, ou simplement de *congestion pelvienne*,
les *dysménorrhées*, les *métrorrhagies* causées par la constipation
se compliquent d'une *leucorrhée* utérine, vaginale et vulvaire, et
l'hyperhémie qui s'établit à la longue favorise d'autant mieux
les infections secondaires que les premières voies génitales ne
sont pas toujours tenues rigoureusement propres chez les
vierges. La *métrite des vierges* vient après ces infections secondaires, et l'*hyperhémie ovarienne* qui succède à la fluxion pelvienne mène à l'*apoplexie ovarienne* et à l'*ovarite menstruelle*.

Combien de femmes, et non plus seulement de jeunes filles,
constatent que leurs pertes blanches sont d'autant plus abondantes
qu'elles-mêmes sont plus constipées !

Une de nos premières préoccupations en face d'une utérine
fausse ou vraie doit être de veiller aux fonctions intestinales.

B. — *Diarrhée.* — La *diarrhée* a moins d'influence sur les
voies génitales que la constipation. Cependant une diarrhée assez
intense, survenue à l'époque des règles, peut gêner l'éruption
menstruelle, *diminuer* le flux cataménial au point qu'il ne s'écoule
plus qu'un liquide à peine teinté. Toutefois nombre de femmes,
au moment critique ou un peu avant, sont prises d'une petite
diarrhée prémonitoire, qui, loin d'offrir des inconvénients, atténue les signes généraux du molimen.

L'un de nous a soigné une dame pour une diarrhée fort douloureuse qui
s'accompagna pendant deux heures environ d'une ménorrhagie incroyable ;
durant quelques instants, le sang coula comme une perte à la suite d'un
accouchement. Ni avant, ni depuis, la malade n'a rien accusé de pareil. Du
reste, la perte fut très facile à arrêter.

L'abus des *purgatifs âcres* devient une cause de *métrorrhagies*, et l'*aloès* est tenu pour un emménagogue.

Une certaine *leucorrhée* apparaît parfois avec la suppression d'une diarrhée, et chez des femmes, surtout des personnes âgées, un flux leucorrhéique semble alterner avec l'augmentation ou la diminution d'un autre flux (hémorrhoïdaire, par exemple), en particulier d'un flux intestinal.

C. — *Douleur.* — La *douleur* (crises douloureuses, gastralgies, entéralgies, etc.), est susceptible, dans ses paroxysmes, de retentir sur les fonctions utérines.

De plus, la douleur suffit à constituer une classe de fausses utérines qui localisent à tort dans l'appareil génital les symptômes qu'elles éprouvent et qui alors s'alarment au delà de toute mesure du plus léger trouble de la menstruation. ARMAND SIREDEY a vu les souffrances de la fissure à l'anus, de diverses lésions pelviennes, attribuées par les patientes à une lésion de la matrice. Une de nos malades rapportait à un fibrome des accès fort pénibles qui étaient en réalité des crises gastriques. Nous avons longtemps hésité à formuler un diagnostic sur une femme envoyée comme atteinte de salpingite ; à la longue, nou avons eu la preuve qu'il s'agissait d'un spasme du gros intestin au niveau de l'S iliaque.

Parmi ces manifestations douloureuses, les *algies sympathiques* et l'*hyperesthésie de l'abdomen* (MM. LŒPER et CH. ESMONET) sont bien souvent confondues par les malades avec une affection génitale. L'appareil nerveux des plexus abdominaux se projette sur la paroi, de telle sorte qu'une pression modérée réveille de la sensibilité et même de la souffrance en des points déterminés, et lorsque ces phénomènes se produisent dans la zone para et sous-ombilicale, il n'est pas surprenant qu'une femme préoccupée en recherche à tort la cause dans le système utéro-annexiel.

Le point *para-ombilical droit* situé au tiers interne de la ligne de MAC BURNEY (MORRIS), plus près de l'ombilic (LŒPER), le point *para-ombilical gauche*, plus fréquent, situé à 2 ou 4 centimètres au-dessous et à gauche de l'ombilic, des points *prœ-aortiques*, vers la bifurcation de l'artère, d'autres points enfin sur le trajet des *artères iliaques* à 3 ou 4 centimètres de leur origine, correspondent aux plexus mésentériques supérieurs, inférieurs, lombo-aortiques, etc.

Chez une personne normale, la pression modérée ne détermine aucune douleur à leur niveau, mais chez les ptosées, au cours des dyspepsies, des entérites, des diverses affections abdominales toxiques, infectieuses ou nerveuses, une vive sensibilité se manifeste.

Plus rarement il existe des *hyperesthésies superficielles* ou même des *hypoesthésies ou des anesthésies*. Il ne faut cependant pas oublier que d'autres points douloureux (SANTINI) se trouvent en rapport avec les affections des organes génitaux ; ils appartiennent aux véritables utérines, et nous les décrivons à propos des accidents et complications de la dysménorrhée.

D. — *Vomissement*. — Nous ne saurions rien affirmer sur l'influence des *vomissements*, qui cependant troublent à coup sûr l'écoulement du sang lorsqu'ils se produisent pendant la menstruation. Des femmes, à la puberté ou à la ménopause, ou en état d'aménorrhée pendant la vie génitale, présentent des *hématémèses* périodiques et en rapport avec le molimen cataménial ; tantôt elles souffraient auparavant d'altérations stomacales, tantôt leurs hématémèses ne proviennent d'aucune lésion organique ; mais les patientes sont des névropathes, hystériques ou neurasthéniques. Ces faits, décrits sous le nom de *règles déviées*, n'ont pas trait, dans le sens strict du mot, à des fausses utérines. De même pour les *melæna*.

E. — *Tympanisme*. — Intéressantes sont les causes d'erreur qui proviennent du *tympanisme*. « Il ne faut pas prendre le ballonnement du ventre, la tympanite et les douleurs qui en dépendent et qu'on observe surtout lors de la période menstruelle, pour des affections utérines ou ovariques. » (SNEGUIREFF.)

F. — *Tumeurs fantômes*. — Il s'agit, dit PICHEVIN, d'une contracture, d'une rigidité de la paroi musculaire développée chez une nerveuse qui a un point hystérogène. D'autres fois, le tympanisme simule une véritable tumeur lisse, arrondie, qui fait songer à un kyste ovarique ; la distension de l'intestin par des gaz et des matières stercorales, une tumeur fécale isolée, jointe à des malaises abdominaux, ont pu aussi en imposer. PICHEVIN recommande au besoin la chloroformisation pour assurer le diagnostic ; la percussion, la palpation, l'examen le plus méthodique sont de rigueur.

L'un de nous soignait pour une sérieuse attaque de grippe une jeune dame, ordinairement mal réglée et toujours très constipée, qui, dans la convalescence, fut atteinte d'aménorrhée ; un jour elle prétendit que son ventre augmentait de volume, se crut enceinte, et alors, dans la région sus-pubienne et un peu à droite, on constata une tumeur résistante, arrondie, sans bosselures, qui n'était à coup sûr pas la vessie distendue ; le col utérin n'avait subi aucune modification, le fond de l'utérus ne fut pas nettement trouvé et les mouvements imprimés à la masse paraissaient se transmettre au col. On convint d'attendre un nouvel examen ; peu de jours après, à une visite suivante, la tumeur, de beaucoup diminuée, n'inquiétait plus la malade qui cessa de s'en préoccuper et de nous consulter à ce sujet.

G. — *Insuffisance fonctionnelle des parois abdominales sans viscéroptose.* — Dans une classe de *déséquilibrées du ventre sans ptoses,* MONTEUUIS range des femmes qui ne sont ni des utérines, ni des entéroptosiques, mais de simples abdominales. Il considère que les parois abdominales doivent remplir un triple but : 1° maintien de la statique abdominale ; 2° rôle d'auto-masseur pour les voies digestives ; 3° rôle décongestif. La vascularisation pelvienne est en effet très riche (STAPFER), et les muscles des parois abdominales, les psoas-iliaques surtout, favorisent par leurs mouvements la décongestion et combattent la tendance aux stases sanguines.

2° Fausses utérines et maladies des voies digestives proprement dites

A. — *Embarras gastrique.* — L'*embarras gastrique* se fait peu sentir sur la matrice : embarras gastrique *ab ingesta,* embarras gastrique fébrile, infection gastro-intestinale ou typhoïdette, nous observerons à peine de *légères épistaxis utérines* au début, un *retard* ou une *diminution* dans l'abondance des règles au moment de la convalescence.

B. — *Ulcère de l'estomac.* — La coexistence de l'*ulcus* et des troubles menstruels se trouve si fréquente qu'une théorie, longtemps en faveur, attribuait l'origine de l'ulcère à l'aménorrhée, et BRINTON discutait longuement la question : « Est-ce l'aménor-

rhée qui détermine l'ulcère ou l'ulcère qui engendre l'aménorrhée? » Il répondait par la négative à la première de ces deux
questions et prouvait que c'est *l'ulcère qui produit l'aménorrhée*.
Anémie, neurasthénie, nutrition défectueuse, actes réflexes,
quelle que soit la pathogénie, dans la majorité des cas la diminution ou la suppression des règles est un des traits les plus
saillants. « Néanmoins (BRINTON) il y a des femmes qui continuent
à voir régulièrement; *quelques-unes ont de véritables pertes*. Chez
d'autres, il y a retard dans l'apparition des règles, plutôt que
suppression ou interruption. » Les métrorrhagies constituent en
effet de curieuses exceptions.

La menstruation prend une grande importance (MATHIEU) dans
l'évolution de l'ulcère rond, et les crises douloureuses de l'estomac s'exaspèrent au moment de la poussée cataméniale. L'aménorrhée a été parfois accusée de favoriser des hématémèses sous
forme de règles déviées ou supplémentaires; bien que BRINTON
le nie, nous en connaissons des exemples indiscutables.

C. — *Cancer de l'estomac.* — Le *cancer de l'estomac* suspend
la menstruation au fur et à mesure que s'établit la cachexie, et
quelquefois même de fort bonne heure.

D. — *Dyspepsie.* — Bien des traités de pathologie spéciale ou
générale considèrent « les troubles dyspeptiques » comme une
suite inévitable des maladies génitales. Une femme se plaint de
l'estomac, elle a des pesanteurs, des acidités, des flatulences ;
son médecin constate une légère érosion du col utérin, quelques
pertes blanches. A quoi bon tant chercher ? mais l'explication des
souffrances gastriques est toute simple, voyez-la dans la métrite
et intervenez en conséquence.

De notre côté aussi ne tombons pas dans une exagération systématique. Il serait puéril de s'inscrire en faux contre une affirmation aussi unanime, qui renferme du reste une grande part
d'exactitude.

Notre prétention est beaucoup plus modeste ; nous voulons
simplement nous efforcer d'établir que nombre de femmes
souffrent à la fois de la matrice et de l'estomac, qu'elles ne guérissent pas ou tombent de récidives en récidives tant que la thérapeutique entend rester purement gynécologique et ne s'adresser
qu'à l'utérus. De plus, souvent les désordres génitaux ont com-

plètement disparu à la suite d'un traitement dirigé contre les seuls troubles dyspeptiques.

Les opérateurs se sont laissés trop absorber par la lésion utérine, et les malades nous reviennent au bout de quelque temps aussi dolentes, aussi atteintes, malgré les diverses interventions gynécologiques qu'elles ont subies. Ces interventions ne sont pas inutiles; elles constituent seulement une thérapeutique incomplète.

Trois cas fort nets s'offrent à nous :

a) Utérus primitivement malade avec troubles dyspeptiques incontestablement secondaires;

b) Accidents de l'utérus et de l'estomac débutant en même temps, à la suite d'une couche, par exemple, puis réagissant les uns sur les autres;

c) Troubles de l'estomac antérieurs sans conteste, provoquant à eux seuls des accidents utérins ou aggravant une affection génitale intercurrente.

Il n'existe pas de rapport régulier entre certaines formes de dyspepsies et certains troubles utérins déterminés.

Nous avons examiné un très grand nombre de femmes, mais des observations toutes particulières ont porté sur *quatre-vingt-dix*.

La moitié, très exactement 44 sur 90, présentaient le type net d'hypersthénie gastrique avec hyperchlorhydrie; l'autre moitié comprenait des hyposthéniques avec hypochlorhydrie, des dyspeptiques à chimisme variable, des malades dont le suc gastrique offrait une chlorhydrie à peu près normale, mais avec des acides de fermentation en quantité plus ou moins considérable, des ulcères ronds, des gastrites ulcéreuses, alcooliques, etc.

Cette prédominance marquée de *l'hypersthénie gastrique avec hyperchlorhydrie* pour les utérines tient à deux causes. D'abord, elle est, en dehors de toute considération gynécologique, une forme de dyspepsie très commune. Outre ses manifestations stomacales, elle tend à agir sur l'appareil génital par deux complications, l'une presque inévitable, la constipation, l'autre l'entérite muco-membraneuse. Cette hypersthénie gastrique provoque de vives douleurs localisées et irradiées, auxquelles viennent se mêler les malaises dus à la constipation chronique, à l'entérite muco-membraneuse, et aussi aux affections de la matrice ou des annexes. Arrive une période menstruelle, et les crises gastro intestinales s'exaspèrent avec une acuité qui aggrave périodiquement l'état de la malheureuse patiente. Et plus l'estomac va mal plus les troubles utérins traînent en longueur, s'éternisent et augmentent. Tout l'abdomen est endolori ; la malade, le médecin lui-même, ne savent plus au juste quel organe le plus atteint commande à tous ces symptômes. La neurasthénie se greffe là-dessus avec son cortège de palpitations, dyspnée, vertiges ; les malades amaigries, pâlies, gardent un facies spécial, et l'on a rangé pendant longtemps la chlorose parmi les suites éloignées des maladies génitales.

Cet avenir très sombre est réservé aux cas extrêmes ; par bonheur nous pouvons enrayer les accidents avant qu'ils n'atteignent ce degré, si leur évolution ne conserve pas d'elle-même une allure plus tranquille.

L'*hyposthénie gastrique avec hypochlorhydrie*, et même une *anachlorhydrie* véritable, est relevée dans plusieurs cas. Parfois des accidents utérins sont nettement postérieurs aux troubles de l'estomac ; plus souvent des symptômes pénibles, fatigants, un mauvais état général sont attribués à tort à une affection utérine parce qu'une légère dysménorrhée, une perte ou un retard des règles, de la leucorrhée, une érosion insignifiante, attirent trop l'attention du côté de la matrice et la détournent de l'origine réelle des malaises.

Une demoiselle, âgée de 35 ans, neurasthénique peu avancée, avait subi d'abord une dilatation du canal utérin ; puis, en Italie, on lui pratiqua le redressement d'une déviation utérine ; un troisième médecin, en France, la soigna pour un rein mobile. Ces divers traitements n'ayant amené aucune amélioration, elle vint consulter l'un de nous qui lui trouva les signes d'une hyposthénie gastrique et une grande diminution des échanges organiques : les urines contenaient seulement, par vingt-quatre heures, 7 grammes d'urée et $0^{gr},77$ d'acide phosphorique. La thérapeutique, instituée d'après ce nouveau diagnostic, lui procura un soulagement progressif, et, si elle ne la guérit pas tout à fait, lui rendit un bien-être que cette demoiselle ne connaissait plus.

Un petit nombre de personnes nous ont offert des réactions différentes et un *chimisme variable;* quelques-unes étaient des névropathes avérées, et si, dans ce cas, l'on suivait d'une façon absolue ces résultats de laboratoire pour formuler et changer un traitement, on risquerait fort de faire fausse route et de marcher à l'aveugle par excès de recherches. Par contre, chez deux femmes, entrées à l'hôpital pour de la métrite chronique, une hypochlorhydrie franche a cédé peu à peu et nous avons noté la réapparition de l'acide chlorhydrique libre, si bien qu'après un séjour assez long dans nos salles, leur suc gastrique se rapprochait de la normale; la variation du chimisme indiquait une amélioration.

Les *acidités de fermentation* se rencontrent le plus souvent avec des hypersthénies, fréquemment encore avec des hyposthénies. Mais il nous est arrivé de les constater chez des utérines vraies ou fausses dont l'HCl libre et l'HCl combiné se présentaient en quantité normale ; et alors un cas assez habituel est celui où un certain degré de ptose abdominale est associé à une déviation de la matrice.

A ces modifications du chimisme stomacal, d'une manière fort judicieuse, BOIMOND ajoute les dyspepsies par *troubles de la sensibilité*. Les *gastralgies*, les *dyspepsies nervo-motrices*, etc... amènent aussi des accidents génitaux chez les fausses utérines.

Les formes de dyspepsies les plus opposées s'accompagnent de troubles utérins qui se présentent sans régularité, se succédant les uns aux autres sans qu'aucune loi semble présider à leur apparition. Une hypersthénique conservera une menstruation normale, sera atteinte d'aménorrhée ou de métrorrhagie et, à côté d'elle, une seconde malade, avec des symptômes gastriques sensiblement les mêmes, offrira des phénomènes génitaux tout différents.

Par ordre de fréquence, on constate le plus souvent l'aménorrhée, puis la dysménorrhée, enfin les pertes hémorrhagiques. Nous mettons à part la leucorrhée avec la congestion utéro-ovarienne et la métrite chronique.

L'*aménorrhée* est de règle à la période avancée, cachectique, de toutes les dyspepsies. Alors que la menstruation était abondante avant la maladie de l'estomac, l'aménorrhée s'installe d'une manière progressive, par une diminution du flux sanguin d'abord, ensuite des retards, enfin la disparition temporaire puis permanente de l'éruption menstruelle. Mais les cas sont nombreux aussi où elle s'établit brusquement dès les premières manifestations de la dyspepsie. Le retour des règles se fait avec l'amélioration de la maladie première, et leur persistance constitue un indice certain de guérison.

Nous avons donné des soins à une demoiselle de 33 ans, atteinte d'aménorrhée depuis deux ans ; c'était une hyposthénique cachectique dont le suc gastrique avait une acidité totale de $1^{gr},2$ seulement, ne contenait pas d'HCl libre, mais renfermait des acides de fermentation en assez grande quantité. Dans ses urines nous avions trouvé 43 grammes d'urée par vingt-quatre heures. Très maigre, très fatiguée, le 28 novembre 1896 elle ne pesait que 37 kilos. Sous l'influence du traitement et du régime, son poids remonte, le 13 décembre 1896, à 39 kilos 300 ; le 8 février 1897, à 46 kilos, et ce jour-là les règles absentes depuis deux ans réapparaissent. Le 27 avril 1897, nous voyons la malade pour la dernière fois; elle pèse 47 kilos 700, et les règles ont continué à revenir périodiquement.

Une *dysménorrhée*, d'acuité fort variable, traduit parfois chez les dyspeptiques une ovulation défectueuse, un molimen cataménial pénible, lent à aboutir. Plusieurs femmes nous ont dit que les mois où elles éprouvaient une crise de souffrances gastriques, les règles, plus difficiles, plus longues à s'établir, étaient précédées de malaises, de sensations pelviennes inaccoutumées. Chez d'autres malades, la dysménorrhée est en rapport avec une vive congestion utéro-ovarienne et nous avons fait ressortir le rôle important de la constipation. L'ovaralgie est relevée dans plusieurs diagnostics, et les névropathes topoalgisent des douleurs que rien ne soulage.

Les *pertes hémorrhagiques* restent un symptôme dont la fréquence est difficile à fixer chez les dyspeptiques qui portent une matrice demeurée saine. Elles nous paraissent assez rares. D'habitude la menstruation commence par offrir de grandes irrégularités.

Une dame, âgée de 25 ans, hyposthénique avec acidités de fermentation, tantôt voyait ses règles deux fois par mois, tantôt se plaignait de retards de trois semaines et ne perdait jamais que peu de sang; au contraire, une hypersthénique avec hyperchlorhydrie permanente (atteinte, à la vérité, en même temps de rein mobile), après des suppressions menstruelles de deux ou trois mois, accusait des métrorrhagies intermittentes durant un mois et plus.

Les *ménorrhagies* succèdent volontiers à la *congestion utéro-ovarienne*, qui s'est installée à la suite des troubles dyspeptiques ; la *métrorrhagie*, c'est-à-dire l'écoulement pendant la période intercalaire, ne survient guère en dehors d'un peu d'endo-métrite.

Nous fûmes consulté le 10 mars 1892 par une jeune dame de 22 ans à qui on voulait pratiquer le curettage ; elle était très effrayée par une leucorrhée intense et des hémorrhagies attribuées à de l'hyperhémie ovarienne. La malade était atteinte d'hypochlorhydrie depuis dix-huit mois environ. Nous instituâmes une thérapeutique qui visait exclusivement l'estomac. Le résultat fut long à obtenir ; le 5 décembre 1892 survinrent de nouvelles métrorrhagies, le 16 novembre 1893 nous constations encore une poussée d'un abondant catarrhe utérin ; le 28 mai 1894 seulement, nous obtenions une grande amélioration de tous les symptômes.

La *leucorrhée*, en effet, est si habituelle pour les dyspeptiques que nous ne saurions peut-être citer un cas où nous ne l'avons pas notée à un degré plus ou moins accentué. Il est des femmes chez qui elle suit fidèlement les variations de l'état gastrique. Très souvent aussi elle est associée à la *métrite ;* il en est de même pour les hémorrhagies et la dysménorrhée.

Les altérations de l'estomac évoluent souvent, en effet, en même temps qu'une lésion de l'utérus ; les deux affections marchent parallèlement, elles retentissent l'une sur l'autre. C'est un cercle vicieux, et vous aurez beau curetter la cavité de la matrice et traiter la métrite par tous les moyens, si vous bornez là votre thérapeutique, vous échouerez ou vous n'obtiendrez qu'un succès temporaire.

Soyons justes : si vous négligez la matrice dans les soins que vous donnez à une dyspeptique, vous risquez fort aussi de n'arriver qu'à une faible ou courte guérison ; vous êtes exposés à voir les crises gastriques recommencer de plus belle à la première poussée des accidents génitaux.

E. — *Gastrites.* — Les *gastrites* interviennent dans la pathologie de l'appareil sexuel à la façon des dyspepsies ou des intoxications.

F. — *Cancer de l'intestin.* — Le *cancer de l'intestin* peut

simuler une tumeur utérine ou péri-utérine ; il suffit de signaler
ce diagnostic.

G. — *Diverses affections péritonéales.* — D'autres tumeurs à
marche rapide sont capables d'induire en erreur le médecin le
plus circonspect. Paul Delbet a pris pour une salpingite suppurée un *épiploon déplacé* pelotonné dans la moitié gauche du
petit bassin et constituant une masse volumineuse ; l'estomac,
très dilaté par des adhérences, affleurait le pubis. Les *péritonites
enkystées* de toute nature, tuberculeuses, etc., les *kystes* du mé-
sentère, du bassin, exigent un examen méthodique et minutieux qui ne suffit pas toujours. Rappelons encore pour mémoire *le phlegmon de la cavité de Retzius.* On a vu la *péritonite
tuberculeuse* marquer son début par des *métrorrhagies virginales.*

H. — *Appendicite.* — De toutes les tumeurs abdominales à évolution aiguë, celle dont le diagnostic reste le plus épineux et toujours le plus important est l'*appendicite.* Il arrive que l'on croit
intervenir pour une salpingite et que l'on tombe sur un appendice
malade, et réciproquement. C'est une erreur fréquente (Fraenkel)
d'attribuer aux organes génitaux des attaques péritonitiques partant
de l'intestin.

D'autre part, la venue des règles normales ou troublées peut
provoquer dans la région iliaque et au niveau de l'intestin
lui-même des symptômes qui simulent l'appendicite aiguë
ou fruste à la façon d'une pseudo-appendicite, qu'il s'agisse
de *spasme de l'intestin* (Geoffroy), de *névralgie iléo-lombaire*
(Dalché), ou d'une *algie sympathique* (Lœper et Esmonet) ; l'*appendicite chronique* subit une recrudescence au moment des périodes.

Dans l'*appendicite à forme pelvienne* (Pichevin), l'inflammation
se propage aux annexes, soit en fusant dans le petit bassin derrière le péritoine, soit en aboutissant à l'ovaire et à la trompe
par la voie lymphatique ; pour Hartmann et d'autres auteurs, la
transmission de l'infection se fait par l'intermédiaire du péritoine et des adhérences qui se forment entre les organes. Le ligament
de Clado est incriminé en divers cas. A ces appendicites associées
à des tubo-ovarites Kruger ajoute une autre catégorie concernant
des affections annexielles survenues au cours ou à la suite d'une
intervention pratiquée pour une pérityphlite.

On attribue à une salpingite les phénomènes qui relèvent d'une appendicite méconnue. Outre la marche clinique, les commémoratifs, la prédominance des troubles menstruels dans un cas, des accidents intestinaux dans l'autre, la bilatérité fréquente des salpingites aideront le diagnostic. L'annexite unilatérale est rare à droite ; une salpingite droite, avec une trompe saine à gauche, doit toujours faire suspecter une origine appendiculaire (FRAENKEL), s'il n'existe pas une autre cause bien évidente (métrite des vierges). Une « abstention armée » est préférable dans les premiers jours.

P. SEGOND vient d'étudier ces cas où il considère judicieusement qu'il y a tantôt coïncidence simple d'appendicite et d'annexite, tantôt relation de cause à effet. Il arrive qu'un des organes ne présente que des lésions de surface, ou bien ils sont tous deux confondus en un bloc purulent, appendice et annexe offrant des altérations de même nature. L'erreur, dit SEGOND, consiste alors à opérer trop tard une appendicite toxi-infectieuse ou trop tôt une annexite qu'on aurait dû laisser refroidir. Outre le siège des souffrances, la prédominance des troubles dysménorrhéiques ou intestinaux suivant l'origine des accidents et l'étude des antécédents, il recherche pour le diagnostic le signe de FRAENKEL : les oscillations imprimées au col utérin par le toucher restent insensibles dans l'appendicite et provoquent des douleurs au cours des annexites.

Dans les formes chroniques, le diagnostic devient des plus difficiles.

I. — *Sigmoïdite*. — Les réactions inflammatoires de l'anse sigmoïde sur les annexes, et réciproquement, conduisent à des considérations analogues à celles suscitées par l'appendicite.

La propagation se fait par l'intermédiaire du péritoine (JEAN POULAIN) et donne lieu à des adhérences qui arrivent à simuler une tumeur para-intestinale.

Le processus qui naît de l'anse sigmoïde, a pour cause la constipation, les infections coli-bacillaire, tuberculeuse, streptococcique, eberthienne, amibienne. Du système génital, au contraire, partent les infections gonococciques, puerpérales, tuberculeuses ou même actinomycosiques. Quelquefois l'inflammation reconnaît en même temps la double origine.

Qu'il s'agisse d'une lésion plastique ou suppurée, abcès pelvien ou masse de péritonite chronique, cette infection sigmoïdienne

« égare souvent le diagnostic du côté des annexes, » et Jean
Poulain recommande de pratiquer l'examen sigmoïdoscopique
quand l'état de la malade le permet.

J. — *Entérites.* — L'action des *entérites,* en général, se rapproche de celle de la douleur et de la diarrhée. Une *sigmoïdite
aiguë* ayant provoqué des métrorrhagies a pu passer pour une
salpingite (Galliard).

La relation de l'*entérite muco-membraneuse* avec les maladies
de la matrice (Nonat, Bernutz, Goupil, Siredey) a été interpré-
tée de diverses façons. On a invoqué :

a) Des causes mécaniques d'origine génitale comprimant l'intestin et produisant une constipation chronique ;

b) Des causes infectieuses propagées par les communications
des lymphatiques vagino-utérins avec les lymphatiques du
rectum.

Mais, outre ces cas et ceux où l'affection utérine et la colite sont
les expressions ou les complications connexes des ptoses viscérales et du relâchement de la paroi addominale, il est des faits
où l'entérite glaireuse retentit d'une manière indiscutable sur
l'appareil sexuel. Sous l'influence des poussées de colite éclatent
des phénomènes de *congestion utérine, de catarrhe, une leucorrhée
abondante, de la dysménorrhée, des métrorrhagies.* Empis a vu ces
poussées de colite *alterner* avec des fluxions douloureuses du
côté des ovaires, de l'utérus, comme du côté de l'anus, de la vessie et des reins. Inversement la fluxion menstruelle suffit à provoquer des crises d'entéro-colite muco-membraneuse sur un
intestin sain, malade ou ptosé, et combine son action à celle
d'autres causes abdominales.

La *dysménorrhée pseudo-membraneuse* coïncide rarement avec
la colite pseudo-membraneuse. Certains auteurs ont prétendu
qu'il y a une grande parenté entre ces deux productions utérine et intestinale, qu'elles sont de même nature et qu'elles procèdent d'une cause unique. La différence de structure histolo-
gique suffirait, en l'absence de tout autre argument, à plaider
contre cette hypothèse.

K.—*Affections intestinales diverses.*—Jayle[1] nous met en garde

1. Société de l'Internat, juin 1910.

contre l'erreur qui consisterait à attribuer à l'appareil génital des empâtements et grosseurs appartenant à l'intestin, et d'autre part à méconnaître la participation du tube digestif dans l'appréciation d'une lésion utéro-annexielle.

Les anses de l'*intestin grêle* peuvent prolaber dans le pelvis, dans le Douglas, adhérer à des trompes malades et les faire paraître plus volumineuses.

Le *cæcum* lui-même tombe parfois aussi dans le pelvis, provoquant des douleurs, donnant naissance dans cette région à une tumeur molle, simulant les annexes droites, ou même, et le cas devient plus difficile, coexistant avec des lésions génitales.

Le *colon pelvien*, rétracté, en état spasmodique, à gauche et en arrière de l'utérus, provoque des causes d'erreur que l'on évitera en recherchant la corde colique qui se poursuit dans la fosse iliaque gauche.

Dans le *rectum*, dans tout l'intestin, des masses fécales, des coprolithes ont été pris pour des tumeurs ; le toucher rectal est indispensable.

L. — *Vers intestinaux*. — Il nous reste à glisser sur l'influence des *Vers intestinaux*, qui occasionnent des aménorrhées sympathiques, des dysménorrhées, des pertes guéries par la seule médication anthelminthique ; Désormeaux cite un cas de métrorrhagie chez une enfant de huit ans. N'oublions pas ici le rôle que jouent la neurasthénie et l'hystérie.

L'alternance des *fluxions hémorrhoïdaires* et des poussées génitales est plus certaine; au lieu de se suppléer, elles se manifestent souvent ensemble.

Pozzi a vu un *polype du rectum* simuler une métrite.

III

Fausses utérines et ptoses abdominales

1° Étude étiologique

Nous ne pouvons détacher l'histoire des fausses utérines par *néphroptose* de ce chapitre qui a trait aux voies digestives ; l'étiologie, les symptômes du *rein flottant* et de l'*entéroptose* se confondent, se mêlent entre eux, tandis que se manifestent des troubles génitaux dont la signification et l'importance ont souvent trompé les patientes et les médecins.

Cependant l'entéroptose et le rein flottant ne sont pas toujours inévitablement réunis.

L'entéroptose est très fréquente chez les fausses utérines : « Je dispense, « dit Glénard, toutes mes malades de l'exploration de leur utérus, et, sur « près de sept cents femmes, je n'ai peut-être pas pratiqué vingt touchers, « je n'ai pas appliqué plus de trois fois le spéculum. La plupart pourtant « présentaient des symptômes que l'on est convenu de rapporter à l'utérus. « Or, parmi les symptômes subjectifs réputés utérins, la plupart (douleurs, « faiblesse des reins, délabrement, lassitude, pertes blanches) ne sont pas des « signes d'affection utérine, et, quand il y a une affection utérine, le plus « souvent elle est secondaire. »

Le rôle de l'entéroptose ainsi compris devient peut-être trop absorbant.

L'importance de l'ectopie rénale avait depuis longtemps frappé nombre d'observateurs. Lancereaux signale la coexistence fréquente d'une affection utéro-ovarienne et du rein flottant.

« Bennett, dit Peter, ne mentionne que les erreurs qui peuvent résulter « de ce qu'on prend la métrite pour une autre affection. Mais il est une « maladie, ou plutôt une simple ectopie capable de simuler la métrite, je « veux parler des *reins mobiles*. Un savant médecin de *Dresde*, M. Walther, « médecin en chef de l'hôpital, qui examine la situation des reins chez tous « les malades admis dans son service, a constaté la très grande fréquence « d'une mobilité anormale de ces organes. Le plus souvent il n'y a aucun « symptôme corrélatif ; mais, dans un certain nombre de cas, il a vu cette « mobilité donner lieu à des symptômes qui simulent la métrite, tels que « des pesanteurs, des douleurs lombaires et hypogastriques. — On conçoit « que lorsqu'il existe simultanément de la leucorrhée et des troubles mens- « truels, la confusion soit possible. En pareil cas, l'examen direct de l'uté- « rus et des reins fera cesser toute erreur (communication orale). » Toute l'histoire des fauses utérines par ptose rénale est contenue dans ces quelques lignes si claires.

« C'est en 1888, écrit Thiriar (1892), que, pour la première fois, j'ai été « amené à rechercher les relations qui existaient entre le rein mobile et les « affections de l'appareil génital de la femme. C'était chez une malade souf- « frant depuis longtemps de divers troubles utérins qui avaient produit une « véritable cachexie. Je lui découvris un rein mobile, et, avant de procéder « au curettage utérin, je pratiquai la néphropexie. Cette opération suffit « pour amener en peu de temps la disparition de tous les troubles dont « elle se plaignait du côté de la matrice (pertes muco-purulentes, menstrua- « tion irrégulière et douloureuse, etc., etc.).

« Depuis lors, j'ai toujours soin d'explorer les régions rénales des malades « qui sont atteintes d'affection utéro-ovarique ; souvent cette exploration « me fait découvrir l'origine de ces altérations sous la forme d'un rein « déplacé.

« De mes observations, il résulte que l'ectopie rénale existe au moins « dans 20 p. 100 des cas d'affections du système génital de la femme. »

Chez un assez grand nombre de malades qui se croyaient atteintes d'une affection de l'utérus ou des annexes, Pichevin trouve que le rein est l'unique cause des accidents. Plus souvent encore il rencontre l'association de l'ectopie rénale et de l'entéroptose.

La néphroptose et l'entéroptose, qu'elles existent isolées ou qu'elles se réunissent, amènent du côté de l'appareil sexuel des accidents tout à fait analogues.

Pour beaucoup d'auteurs, les maladies du système génital provoquent la production du rein mobile. Depuis Becquet, qui a signalé la fluxion rénale à chaque époque menstruelle, on admet que cette fluxion périodique entraîne à la longue le déplacement du rein hors de sa loge. Lancereaux insiste sur l'influence des déviations, chutes, phlegmasies utérines et ovarites pour favoriser la néphroptose.

Cette étiologie acceptée d'une façon unanime paraissait prouvée sans conteste, lorsque Thiriar vint renverser la proposition : « Etant donnée la fré-« quence des deux affections utérine et rénale existant en même temps, il y « a lieu de se demander quels rapports elles ont entre elles, quelle influence « elles exercent l'une sur l'autre. On a cru jusqu'ici que c'était l'affection « génitale qui produisait le déplacement du rein. Les faits que j'ai observés « sont en contradiction formelle avec cette interprétation ; tout démontre « au contraire que *la mobilité du rein est la cause initiale* du développement « de beaucoup d'affections de l'appareil génital chez la femme, surtout de « beaucoup de métrites et de salpingites.

« En effet, il suffit souvent de fixer le rein par la néphropexie ou par un « moyen orthopédique quelconque pour faire disparaître certaines de ces « affections. Celles-ci ne peuvent, dans tous les cas, guérir si le rein mobile « est méconnu.

« En outre, dans les cas où j'ai spécialement interrogé les malades, il est « resté certain pour moi que *toujours* la mobilité du rein avait précédé les « manifestations utéro-ovariennes. Chez ces malades, le cortège symptoma-« tique de l'ectopie rénale ouvre ordinairement la marche, et ce n'est que « plus tard que la série des symptômes dénotant une altération génitale « commence.

« Il est facile, du reste, de donner une explication suffisante de cette « marche dans les symptômes et les complications. Lorsqu'il existe un rein « mobile, l'appareil génital de la femme est et doit être particulièrement « vulnérable.

« C'est dans les plexus nerveux et la circulation qu'il faut chercher la « raison de cette vulnérabilité.

« Avec Chrobak il est rationnel d'attribuer les désordres nerveux utérins à « une irritation du plexus ovarique anastomosé comme on sait avec le plexus « rénal dont le tiraillement résulte presque forcément du déplacement du « rein.

« Le rein déplacé, cette tumeur physiologique, en outre, produit la plu-« part du temps une congestion intense dans l'appareil génital de la femme.

« Cette congestion unie aux troubles nerveux est une condition qui favo-« rise singulièrement l'infection de l'utérus et de ses annexes. »

Ainsi, stase sanguine et troubles nerveux de la matrice ont pour point de départ le rein mobile, et l'infection survient à leur suite.

Les faits avancés par Thiriar sont très exacts, mais il généralise d'une manière trop exclusive. Il est des femmes chez qui la matrice et les annexes entrent les premières en scène et entraînent à leur suite l'ectopie rénale. Dans la clinique journalière, il est vrai, les deux organes réagissent l'un sur l'autre simultanément.

Des considérations analogues s'appliquent à l'entéroptose. Chez beaucoup de malades elle précède les troubles utérins, les fait éclater et les exagère dès qu'ils existent.

Combien de fois les accidents utérins, entéroptose et rein flottant, débutent en même temps et reconnaissent la même cause ! Une femme vient nous consulter pour ce qu'elle appelle des accidents suites de couches. En effet, après un accouchement, au bout d'un laps de temps variable, elle a accusé des pertes blanches, des douleurs abdominales et des troubles dyspeptiques ; peu marqués au début, ces symptômes se sont aggravés d'un façon progressive, elle ne sait préciser quel est celui qui s'est manifesté le premier. Nous l'examinons et nous trouvons une métrite avec un certain degré de déviation utérine et d'entéroptose, assez souvent aussi nous constatons un déplacement du rein droit. Cette malade a raison : les couches ont provoqué tous ces accidents.

Les causes de l'entéroptose sont surtout les relâchements post-puerpéraux de la paroi ; à cet éclatement de la sangle abdominale se joint le relâche- « ment de l'appareil musculo-ligamenteux qui soutient l'utérus, et du « plancher pelvien », et métrite, déviation utérine, chute de l'intestin et du rein relèvent de la même origine, débutent en même temps et forment une sorte d'ensemble pathologique. Isoler un des facteurs dans ce complexus pour lui attribuer la pathogénie de tous les phénomènes, c'est faire œuvre schématique et inexacte. Le rein réagit sur le tube digestif et sur l'utérus et reçoit le contre-coup de leurs souffrances, de même l'utérus subit l'influence du rein et de l'appareil digestif et retentit sur eux à son tour, etc. Ce mélange symptomatique se complique de la constipation chronique, de l'entérite muco-membraneuse, des coliques sous-hépatiques, de la congestion du foie, etc.; tout se tient dans cette suite de couches.

2º Classification des fausses utérines avec ptoses abdominales

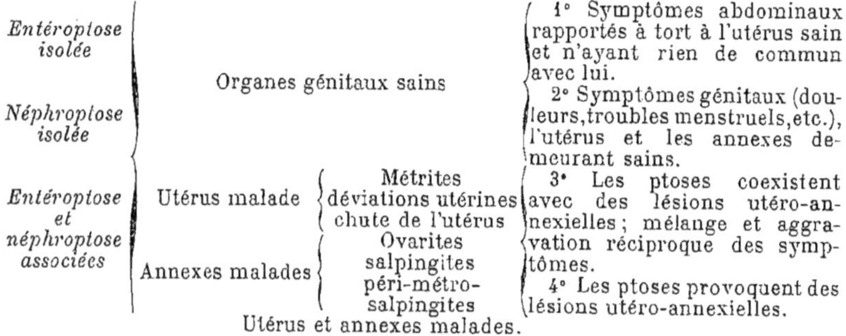

A. — *Symptômes abdominaux rapportés à tort à l'utérus sain et n'ayant rien de commun avec lui.* — Ce sont des femmes toujours fatiguées, en proie à une lassitude insurmontable, surtout le matin au réveil, qui éprouvent dans tout le ventre et en particulier dans le bassin des souffrances tantôt vagues et transitoires, tantôt vives et tenaces. A ces douleurs abdominales et pelviennes s'ajoutent des douleurs dorsales et lombaires. Quelque chose les tire dans les reins, disent-elles, et ces sensations dans la région rénale contribuent pour beaucoup à les convaincre qu'elles ont une maladie de matrice. Les troubles dyspeptiques de l'entéroptose achèvent de les confirmer dans cette opinion, un *spasme* pénible au niveau de la corde colique voisine des organes génitaux les alarme de plus en plus, et si elles ne sont pas neurasthéniques, elles le deviennent. Alors elles maigrissent, s'anémient, sont prises de palpitations, et leur inquiétude est grande, parce qu'elles rapportent les symptômes des ptoses abdominales à une affection utérine.

B. — *Symptômes génitaux, l'utérus et les annexes demeurant sains.* — Dans cette classe rentrent les fausses utérines les plus intéressantes et aussi les plus difficiles à diagnostiquer. Elles accusent des accidents génitaux et leurs craintes ne peuvent être regardées comme purement chimériques. Les douleurs abdominales, pelviennes et lombaires se compliquent de troubles utéro-ovariens. Une femme atteinte de métrorrhagie et souffrant dans le bassin sera toujours persuadée qu'elle a une affection utérine. Si elle est un peu nerveuse, la métrorrhagie n'est pas nécessaire ; une leucorrhée, une simple perturbation menstruelle, avance ou retard des règles, suffiront pour la terrifier. Le cas est bien fréquent. L'entéroptose, la néphroptose provoquent volontiers des désordres menstruels : les règles deviennent irrégulières comme quantité et comme apparition ; à une aménorrhée de six à sept semaines succède une métrorrhagie, et souvent la venue du molimen caténial provoque de vives douleurs. Cette dysménorrhée est suivie d'une sensibilité de la région ovarienne pendant quelque temps durant la période intercalaire, et nous avons vu la névralgie iléo-lombaire se greffer sur cet état et achever de donner le change. La leucorrhée surtout s'observe à chaque instant.

L'apparition des règles, accompagnées ou non de dysménorrhée, retentit parfois sur un rein déplacé et produit des paroxysmes qui ébranlent l'organisme ; l'estomac tout à fait intolérant ne supporte aucun aliment. La patiente, brisée par des vomissements répétés, en proie aux crises les plus vives au niveau de l'estomac et du rein, tombe dans un état pitoyable dont elle ne se relève qu'avec lenteur, si la période suivante ne vient encore l'accabler de nouveau.

C. — *Les ptoses coïncident avec des lésions utéro-annexielles.*
— Ce que nous avons dit plus haut de la pathogénie commune
aux ptoses abdominales et aux lésions utéro-annexielles, suites
de couches, nous dispense d'insister longuement ici sur ce sujet.
Relevant de la même cause, les divers accidents évoluent côte
à côte. Érosions, ulcérations, métrites, leucorrhée, salpingo-
ovarites, phlegmasies péri-utérines, subissent l'action des troubles
digestifs, hépatiques ou rénaux ; et une altération de l'appareil
sexuel, bien loin de le mettre à l'abri des influences étrangères,
le prédispose, au contraire, à en ressentir les effets avec plus de
facilité.

D. — *Les ptoses provoquent des lésions utéro-annexielles.* —
Nous retombons dans la théorie de THIRIAR. Les congestions répétées, les actes nerveux réflexes ou inhibitoires rendent le système génital plus vulnérable aux infections secondaires. La
fausse utérine devient, à la longue, une *véritable utérine.*

CHAPITRE III

FAUSSES UTÉRINES ET AFFECTIONS DU FOIE

I

Aperçu historique

Les relations qui unissent le foie et l'appareil génital de la femme fournissent depuis longtemps matière à controverse. Toutefois plusieurs points sont aujourd'hui bien établis et, parmi eux, les plus étudiés se rapportent surtout à l'influence que peut avoir sur le foie l'utérus gravide ou à l'état de vacuité.

Si les interprétations pathogéniques diffèrent, du moins la surcharge graisseuse du foie, les variations de la glycogénie hépatique, les dangers de l'ictère épidémique et de l'ictère grave sont de notion classique au cours de la grossesse qui, peut-être, favorise en outre la lithiase biliaire. De même nous savons que l'éruption des règles provoque tantôt de la simple congestion hépatique, tantôt un ictère léger, ictère menstruel de Senator et de Fleischmann, souvent un accès de colique chez les calculeuses.

Mais l'action inverse du foie sur le système utéro-ovarien paraît moins élucidée et en particulier les *troubles de la menstruation consécutifs aux affections hépatiques*, surtout les *métrorrhagies*, ne sont signalés de nos jours que par un nombre fort restreint d'observateurs.

Il n'en a pas toujours été ainsi, et les anciens médecins insistaient volontiers sur la fréquence des pertes au cours des maladies du foie.

Les livres hippocratiques nous ont laissé des conceptions fort vagues sur les règles bilieuses. Au siècle passé, Stoll signale que pendant la constitution bilieuse inflammatoire de l'année 1778, les hémorrhagies utérines furent très fréquentes. Fincke, cité par Désormeaux, dit que dans l'épidémie de *Tecklembourg* (1776-1780) « les menstrues surtout éprouvèrent l'influence « de l'affection bilieuse : tantôt elles étaient supprimées, tantôt elles étaient « augmentées, tantôt elles avançaient. » Comme Désormeaux, Gendrin compte « les hépathiques, les flux bilieux » au nombre des causes des métrorrhagies sympathiques, et il rapporte qu'en 1758 Boucher observa la métro-hémorrhagie se montrant comme symptôme habituel d'une fièvre bilieuse qui régnait épidémiquement à *Lille;* le praticien, ajoute-t-il, qui a le plus insisté sur ce rapport de l'hémorrhagie utérine avec les divers états morbides abdominaux qui constituent les affections bilieuses et gastriques, est Strack ; il regardait ces affections comme les causes les plus puissantes des métro-hémorrhagies.

Plus près de nous, les auteurs du Compendium, puis quelques gynécologues se rangent à l'opinion des vieux maîtres, sans y attacher beaucoup d'importance. Très nombreux sont les traités de pathologie générale ou spéciale qui passent ces faits sous silence. Bien plus, nous voyons Courty écrire : « Quant aux métrorrhagies prétendues symptomatiques ou sympathiques d'affections bilieuses, j'avoue que je les regarde au moins comme très douteuses » ; et Bernutz : « La rareté des métrorrhagies de cette catégorie autorise à ne point insister sur ces faits ».

Cependant Monneret étudie les hémorrhagies produites par les affections du foie ; Verneuil et ses élèves reprennent ce sujet sans s'occuper d'une façon particulière de la menstruation. Bennett, chez les malades qui présentent des symptômes du côté du foie, est accoutumé à voir l'application de sangsues sur le col de l'utérus donner lieu à une hémorrhagie souvent fort rebelle : « Les seules fois, dit-il, où j'ai été obligé de tamponner le « vagin pour arrêter une hémorrhagie causée par les sangsues, j'avais affaire « à des malades de cette espèce. » Puis on commence à trouver des observations éparses, comme celle de Florez-Orteaga, celles de Bogdan, où un vésicatoire, appliqué sur la région hépatique, arrête des pertes graves et rebelles d'endométrite, et celles de Nigel-Starck. Récemment Cornillon nous paraît avoir relevé des cas tout à fait analogues à nos observations.

II

Fausses utérines et lithiase biliaire

« Chez les jeunes femmes atteintes de lithiase biliaire à accès
« courts et éloignés (Cornillon), les règles évoluent normale-
« ment[1] : mais, s'ils sont longs et fréquents, elles deviennent
« irrégulières. Tantôt elles disparaissent pendant plusieurs mois,
« et leur retour semble coïncider avec une amélioration sensible
« de l'état général ; tantôt elles continuent à se montrer, mais
« elles n'ont rien de fixe dans leur apparition ; ici elles avancent
« de huit jours, là de quinze ; parfois elles sont à peine percep-
« tibles et se terminent en vingt-quatre heures, d'autres fois
« elles durent une semaine, et donnent naissance à de véritables
« métrorrhagies. Toutes ces particularités n'auraient rien d'ex-
« traordinaire si les organes pelviens étaient le siège d'une inflam-
« mation étendue ou d'une tumeur quelconque, mais, dans tous
« les cas .où nous avons noté ces désordres de la menstruation,
« *l'utérus était sain.* »

Les perturbations que la colique hépatique apporte aux fonc-

---

1. Cependant nous avons vu les règles troublées par un *premier* accès de colique hépatique de moyenne intensité.

tions menstruelles sont, en effet, des plus variables. Un des cas les plus fréquents est celui où une colique hépatique franche, bientôt suivie d'ictère, éclate au moment des règles, d'habitude la veille ou les premiers jours. Le molimen cataménial favorise l'accès lithiasique, et celui-ci retentit à son tour sur le système utéro-ovarien. Les règles deviennent alors plus abondantes et leur écoulement prend de telles proportions que l'on se trouve en face d'une réelle *ménorrhagie*. D'autres fois, les règles, qui venaient de se terminer, reparaissent au bout de deux ou trois jours, pour durer un temps variable. Dans les deux cas, le flux peut traîner de la sorte jusqu'à dix jours et plus. Souvent ces pertes provoquent l'émission de caillots, et la menstruation, jusqu'alors peu douleureuse, s'accompagne de tranchées et de souffrances fort pénibles, indice d'une *dysménorrhée congestive* telle que la palpation du bas-ventre est difficilement supportée. Si les accès de colique hépatique se répètent, au bout de quelque temps les règles avancent de huit, quinze jours, retardent d'une à deux semaines ; les époques se confondent, s'enchevêtrent, et la malade ne s'y connait plus. Après une période où la menstruation s'est montrée plus courte, insignifiante, ou s'est même suspendue, arrive une ménorrhagie inquiétante.

Et, dans cette confusion, le foie retentit sur l'utérus, mais le molimen cataménial retentit à son tour sur le foie : il y a un état fort complexe.

Il est des malades atteintes de lithiase hépatique qui, après avoir à plusieurs reprises présenté seulement une augmentation dans l'abondance des règles, sont prises tout à coup d'une véritable *métrorrhagie* dans une période intercalaire. Ce sont, le plus souvent, des femmes qui portent une lésion de l'appareil utéro-ovarien : endométrite, fibrome, salpingite. L'affection utérine concomitante restait jusqu'alors silencieuse ou ignorée, mais, hémorrhagipare en elle-même, elle a subi l'influence des coliques hépatiques, et la perte qui en est résultée relève d'une étiologie un peu hybride. Ces métrorrhagies demeurent tenaces, et leur traitement comporte des indications spéciales.

Il n'est pas nécessaire, pour entraîner les troubles menstruels les plus ennuyeux, que la colique hépatique éclate *franche* avec grandes douleurs, ictère et décoloration des matières fécales.

Une crise *fruste* ou *fort atténuée*, surtout si elle provoque une notable *congestion du foie*, retentit parfois sur la matrice tout autant que l'accès le plus violent. Nous avons même vu des cas où l'attention était uniquement attirée tout d'abord du côté de l'appareil génital, tant les symptômes utérins gardaient une prépondérance qui les plaçait au premier rang dans l'esprit et les préoccupations des malades; un examen systématique de tous les organes parvenait seul à rapporter au foie la véritable cause des accidents.

Les patientes vont-elles à *Vichy*, l'expulsion des calculs ramène les coliques, et avec elles les métrorrhagies. Toutefois (JARDET) les eaux de Vichy suffisent par elles-mêmes à congestionner le système utéro-ovarien, avancent les règles et exagèrent le flux menstruel.

Lorsque l'organisme est fort débilité et que la malade se trouve « en état de détérioration profonde » (MAURICE RAYNAUD), c'est l'*aménorrhée* qui domine.

Au contraire, si l'affection hépatique s'améliore et guérit, les perturbations menstruelles disparaissent, ou bien les règles, faibles jusque-là, redeviennent plus abondantes.

C'est à peu près ainsi qu'évoluent les phénomènes pendant la *vie génitale* de la femme. Au moment de la *ménopause*, les accidents hémorrhagiques offrent une intensité toute particulière, d'autant plus inquiétante que l'esprit des malades est hanté par la crainte de tumeurs malignes, qu'elles redoutent toujours à cette période critique.

Après la ménopause, la lithiase biliaire peut-elle provoquer une métrorrhagie? C'est possible; une observation porte à le soupçonner. Nous croirions plus volontiers qu'elle favorise des pertes chez une femme qui souffre de lésions de métrite ou d'un fibrome.

III

Fausses utérines et cirrhoses.

Les cirrhoses du foie qui retentissent sur la menstruation amènent plus souvent l'aménorrhée que des métrorrhagies.

Cependant Nigel Starck rapporte deux observations où l'influence des cirrhoses sur l'apparition des pertes utérines semble bien indiscutable, d'autant plus que le traitement, uniquement institué contre la maladie du foie, fit cesser les pertes. Mais les règles paraissent susceptibles d'être troublées de façon différente suivant les cas et suivant la période où est parvenue l'affection hépatique. A la phase de cachexie, lorsque l'organisme est profondément touché en entier, la menstruation se suspend, et tout flux sanguin, normal ou pathologique, est supprimé. Si les forces ne sont pas perdues, si la nutrition n'est pas trop compromise, à l'époque où la cirrhose évolue encore sans grande altération de l'état général, des *ménorrhagies* peuvent se manifester, et leur apparition paraît quelquefois favorisée par une poussée de *congestion hépatique*, quelquefois par un état gastrique ou biliaire surajouté. Dans la cirrhose hypertrophique biliaire avec ictère chronique (Hanot), qui dure longtemps sans cachexie et s'accompagne volontiers d'hémorrhagies nasales et autres, l'augmentation du flux menstruel n'est pas signalée ; nous avons, au contraire, constaté sa diminution et sa suppression de bonne heure, et, dans un cas où il persistait assez faiblement, l'ictère est devenu plus foncé et le foie un peu douloureux à une époque cataméniale. Le retour des règles, après une aménorrhée plus ou moins longue, est même parfois un bon signe et coïncide avec un temps d'arrêt ou une amélioration de la cirrhose.

L'état d'*aménorrhée* semble donc plus fréquent que les ménorrhagies, même au début de l'affection hépatique. Il faut en chercher la cause dans la dénutrition, l'affaiblissement progressif, la cachexie. L'un de nous a eu l'occasion de vérifier une coïncidence entre une cirrhose atrophique et une sclérose de l'ovaire, coïncidence que Normann Moore avait déjà vue et signalée deux fois.

Cette influence de l'état général sur l'ovulation et la menstruation doit suffire à empêcher la production des ménorrhagies dans des cas de foie gras, par exemple, où les hémorrogies chirurgicales restent toujours à redouter.

IV

Fausses utérines et tumeurs du foie

Il existe peu de documents sur les pertes utérines au cours des tumeurs de foie, bénignes ou malignes, hydatiques, etc.

Dans les *mélanomes* du foie (Hanot et Gilbert), les épistaxis sont assez communes, les hémoptysies et les métrorrhagies rares.

Cependant elles peuvent survenir, et, dans une observation de Paul Segond, des ménorrhagies répétées, un amaigrissement inquiétant et la présence d'une tumeur abdominale firent croire à un fibrome utérin ; or l'utérus et les organes pelviens furent trouvés sains, et la tumeur était un *cancer pédiculé* du foie.

V

Fausses utérines et ictères catarrhal et infectieux

Au cours de l'*ictère grave*, l'apparition *d'hémorrhagies utérines*, isolées ou au milieu d'hémorrhagies diverses, n'a rien de surprenant.

Mais la ménorrhagie peut se manifester aussi pendant un *ictère catarrhal* ou un *ictère infectieux bénin*. Peut-être au début de certains états bilieux rentre-t-elle dans la classe de ces épistaxis utérines que Gubler a décrites dans les fièvres, « particulièrement dans les fièvres à troubles abdominaux ». Mais, alors que l'ictère fébrile datait de plusieurs jours, nous avons vu les règles survenir, se terminer et, pour la première fois, recommencer à couler deux jours après, phénomènes tout à fait nouveaux pour la malade, qui n'avait jamais rien éprouvé de pareil. Cette perte, à coup sûr, n'était pas une épistaxis utérine du début des fièvres. Du reste, dans l'ictère bénin, nous ne connaissons pas d'exemple où le symptôme utérin soit devenu inquiétant. Tout se borne d'habitude à une avance de l'éruption menstruelle, à l'augmentation de l'écoulement sanguin, ou à sa reprise après un petit temps d'arrêt ; pourtant chez d'autres femmes les règles sont retardées ou diminuées. C'est, selon toute vraisemblance, dans cette classe que nous devons ranger ces nombreux cas de métrorrhagies dont les auteurs anciens nous ont conservé la description au cours des fièvres bilieuses, états bilieux, etc., qui sévissaient parfois à l'état d'épidémie.

Au cours de l'*ictère acholurique*, les métrorrhagies sont fréquentes et donnent à la malade l'allure de la chlorose ménorrhagique (GILBERT et LEREBOULLET).

CHAPITRE IV

FAUSSES UTÉRINES ET AFFECTIONS
DE L'APPAREIL CIRCULATOIRE

I

Aperçu historique

L'influence des maladies du cœur sur l'utérus, aujourd'hui prouvée sans conteste, a été envisagée de façons assez différentes. Aussi, à côté de faits bien établis, d'autres restent encore discutés, d'autres ont moins attiré l'attention. Nous trouvons exposés d'une manière complète et sans grand désaccord l'*aménorrhée*, la *chlorose cardiaque* et les *accidents* que peut provoquer une lésion du cœur pendant la *grossesse, la délivrance et les suites de couches*. Des réserves se manifestent pour le catarrhe utérin, la congestion et la métrite consécutives : quant aux métrorrhagies (en dehors de l'accouchement), elles soulèvent les opinions les plus opposées ou sont passées sous silence.

Bouillaud, Stokes, Grisolle, Parrot n'en parlent pas. « Cette dernière « classe de métrorrhagies symptomatiques, écrit Bernutz, dont on me « paraît avoir exagéré la fréquence, ne comprend qn'un petit nombre de « variétés dépendant du siège que peut occuper l'obstacle à la circulation « abdominale : maladies du cœur, affections hépatiques, tumeurs abdomi- « nales ; la rareté des métrorrhagies dans ces trois catégories autorise à ne « point insister sur ces faits. » Siredey « n'a trouvé possible *qu'une seule fois* « de constater une métrorrhagie », et encore est-elle « due à un dévelop- « pement variqueux des veines et à une sorte de bourgeonnement de la « muqueuse de l'utérus ».

Raciborski s'informe des phénomènes menstruels chez huit femmes por- tant des altérations valvulaires et les reconnaît ordinairement aussi régu- liers que dans l'état de santé. Plus loin, il émet une hypothèse: « Il ne « serait pas impossible qu'un état variqueux avec rupture existât quelque- « fois dans les plexus veineux de l'utérus », et il se demande plutôt « si un « jour on ne trouvera pas dans le parenchyme utérin de ces anévrysmes « capillaires signalés dans l'intérieur du cerveau ». Courty signale à peine la stase sanguine dans le système de la veine cave inférieure sous l'action de la valvule mitrale insuffisante. Depaul et Guéniot sont encore plus nets : « Les affections cardiaques ne paraissent pas être notablement influencées « par la menstruation, et celle-ci à son tour n'est pas généralement modi- « fiée par ces maladies ».

Cependant Monneret citait dans l'étiologie des métrorrhagies les maladies

du poumon et du cœur ; Gendrin avait insisté « sur toutes les causes qui pro-
« duisent une gêne habituelle de la respiration, comme les emphysèmes
« pulmonaires, les bronchites chroniques, les obstacles à la circulation
« dans les principaux troncs vasculaires ou aux orifices du cœur ». Aran
rattache certaines congestions de la muqueuse utérine à l'embarras même
de la circulation de l'appareil cardio-pulmonaire. Niemeyer indique les
stases sanguines qui se font dans les vaisseaux utérins au cours des maladies du poumon et du cœur. Scanzoni envisage l'influence des cardiopathies
sur les métrorrhagies avant la puberté, pendant la vie génitale, et après la
ménopause. X. Gouraud, dans sa thèse (De l'influence pathogénique des
maladies pulmonaires sur le cœur droit), a consacré à la congestion, au
catarrhe et aux hémorrhagies secondaires de la muqueuse utérine d'origine
cardiaque, un important chapitre où se trouvent en plus de précieuses indications d'auteurs.

Plus près de nous, Gallard, Germain Sée, Peter, Hardy et Béhier deviennent
encore plus affirmatifs, et, avec l'histoire du rétrécissement mitral, l'importance des métrorrhagies est mise en relief. Mais ce n'est pas seulement au
cours de la sténose mitrale qu'elles sont signalées : « L'existence d'une
« maladie du cœur, dit Durozier, retarde l'établissement des règles ;
« celles-ci sont irrégulières et *prennent souvent* la *forme de pertes.* »

II

Considérations pathogéniques.

1° Fréquence des métrorrhagies

Lorsqu'il s'agit d'évaluer, même d'une façon approximative, la
fréquence des métrorrhagies, nous rencontrons des avis tout
différents ; bien plus, le désaccord persiste au sujet des troubles
de la menstruation en général. « Que d'irrégularités, d'intermit-
« tences, d'inégalités, d'arrêts, de *pertes*, d'ovariotomies, de
« morts ! (Durozier.) *Chez la cardiaque, l'anormal devient la règle,*
« *le normal, l'exception.* » Cette affirmation semble un peu
exagérée. Gow, sur 50 cas, constata 28 cas où la menstruation
resta normale, 17 où elle manqua plus ou moins complètement, 5 où elle fut excessive. Cinq cas de menstruation excessive, sans hémorrhagie intercalaire entre deux périodes cataméniales, c'est peu, surtout si l'on songe que, 4 fois, il s'agissait
de rétrécissement mitral (la lésion valvulaire où la ménorrhagie est un accident assez banal), une seule fois de rétrécissement avec insuffisance mitrale et que ni l'insuffisance mitrale

pure, ni les lésions aortiques et autres n'ont provoqué de perte utérine.

a) Rétrécissement mitral, 22 cas, 9 menstruations régulières, 5 diminuées, 4 aménorrhées, 4 *accroissements du flux sanguin.*

b) Insuffisance mitrale, 15 cas, 10 menstruations régulières, 4 diminuées, 1 supprimée.

c) Rétrécissement et insuffisance mitrale, 7 cas, 4 menstruations régulières, 1 diminuée, 1 supprimée, 1 *augmentée.*

d) Insuffisance aortique, 2 cas, pas d'altérations.

Il faut compter avec les hasards d'une série (RACIBORSKI) ; malgré la statistique précédente, nous voyons les métrorrhagies survenir, causées par l'insuffisance mitrale pure, plus rarement par les altérations aortiques et aussi par les altérations aortiques compliquées d'une lésion mitrale. On ne doit pas en outre négliger la classe des aortiques avec artério-sclérose généralisée.

2° Importance de la période à laquelle est arrivée la maladie du cœur

Ces appréciations, en apparence fort contradictoires, sont dues à ce qu'on n'a pas toujours envisagé la période à laquelle était arrivée l'affection du cœur au moment où on examinait la malade : « Les règles sont souvent, au commencement des maladies du cœur, abondantes, profuses... (MAURICE RAYNAUD). Il se fait même des hémorrhagies utérines intercalaires, qu'il ne faut pas confondre avec le flux cataménial. Dans la période ultime ainsi que dans tous les états de détérioration profonde, les règles se suppriment. » VALLON insiste beaucoup sur ce point. Un élément entre en jeu qui tient les phénomènes sous sa dépendance, c'est la fluxion physiologique, *la menstruation.* C'est l'étude de l'ovulation que l'on prétend faire quand on parle de menstruation, dit DUROZIER, ce sont les rapports du cœur avec l'ovaire que l'on cherche.

Il a raison lorsqu'il étudie l'aménorrhée ou la venue plus ou moins précoce ou tardive de la puberté et de la ménopause au cours des affections cardiaques ; mais à tort il étend sa proposition à toutes les métrorrhagies. Si les troubles ovariens apportent de l'irrégularité dans l'apparition et même dans la quantité des règles, l'utérus, influencé par le cœur, exagère à son tour la perte sanguine, entretient et allonge sa durée, et finit par la provoquer dans la période intermenstruelle. Durozier lui-même ajoute plus loin : la matrice, organe de second ordre, est soumise au cœur aussi bien qu'à l'ovaire. On ne doit pas exagérer le rôle de l'ovaire, on doit encore moins le passer sous silence.

Au cours des maladies du cœur, en effet, les premières métrorrhagies surviennent toujours à l'occasion des règles ; le flux cataménial s'établit, et, au lieu de se terminer après le temps ordinaire, il coule plus longtemps. A l'époque suivante, la perte reprend avec plus ou moins d'intensité et finit à la longue par se montrer dans la période intercalaire. Mais c'est presque toujours à l'occasion de l'éruption des règles que se manifestent les accidents hémorrhagiques qui, au moins au début, se présentent comme l'exagération du flux habituel. Or cette menstruation physiologique, si apte à dégénérer en perte, indispensable à l'apparition de la plupart des métrorrhagies, se modifie, puis se supprime à mesure qu'évolue l'affection cardiaque. « Quand la « stase sanguine s'est généralisée, la nutrition périclite, et la vie « se trouve partout atteinte », la femme n'est plus réglée, et durant cette aménorrhée, elle n'accuse aucun écoulement sanguin pas plus morbide que normal. « Ce fait (Vallon) peut, « dans une certaine mesure, servir d'argument en faveur de la « solidarité qui unit les fonctions utérines aux fonctions ova- « riennes, puisque la congestion passive, même poussée à un « haut degré est impuissante à amener des hémorrhagies par la « matrice, alors que la congestion active physiologique amène « cette hémorrhagie tous les mois. »

La *cachexie cardiaque ou l'asystolie permanente* entraînent presque fatalement une *aménorrhée complète* et ne s'accompagnent pour ainsi dire jamais de métrorrhagies, mais il n'est pas nécessaire d'arriver à cette phase de gravité définitive pour voir la menstruation se suspendre, pendant un ou plusieurs mois et les métrorrhagies perdre de leur fréquence. Dès que le cœur est assez fortement touché pour que l'on constate des œdèmes tenaces, un foie ou un rein cardiaque opiniâtres, sans noter pour cela des signes de cachexie, le flux cataménial tend souvent à diminuer de longueur et d'abondance ; il manque même à certaines époques, reprend avec pauvreté, quelquefois, mais par exception, avec une intensité qui lui donne le caractère d'une perte, et la patiente, avec ces alternatives, s'achemine vers l'*aménorrhée terminale*. Vulpian rapporte un cas rare où les hémorrhagies utérines dépendaient d'une asystolie telle que les œdèmes étaient considérables, les lèvres bleuâtres, les extrémités froides.

Les *métrorrhagies* se produisent au contraire de préférence lorsque la *lésion cardiaque, encore bien compensée*, se manifeste seulement par de la gêne précordiale, des palpitations, de l'essoufflement à propos des efforts, des vertiges, de l'irrégularité des battements propres aux mitraux compensés, un peu d'œdème malléolaire le soir, par les signes qui, traduisant un certain embarras des voies sanguines, n'impliquent pas l'idée d'une insuffisance tricuspidienne et d'un myocarde forcé.

La fonction ovarienne encore respectée provoque la fluxion utérine menstruelle, et celle-ci subit à son tour le contre-coup de la gêne circulatoire même légère. La congestion active physiologique appelle, localise et exagère la congestion pathologique passive. Il existe un *utérus cardiaque*, comme il y a un foie ou un rein cardiaques, sans insuffisance tricuspidienne nécessaire.

La congestion sanguine se fixe sur le foie ou le rein de par le fait d'une tare antérieure (alcoolisme, lithiase, goutte); elle se fixe sur l'utérus de par le fait d'un molimen cataménial vigoureux. Dans un organisme dont la nutrition générale n'est pas compromise par la maladie du cœur, une ovulation normale stimule l'utérus, les règles s'établissent et dépassent alors la durée et la quantité ordinaire. Mais que cette nutrition générale soit troublée par de *graves complications asystoliques*, les fonctions si délicates de l'ovaire en ressentent les effets, l'ovulation s'arrête ou, pénible, défectueuse, demeure insuffisante à solliciter l'appel du sang dans l'appareil génital, le molimen trop faible n'aboutit pas et l'*aménorrhée* succède à ce travail nul où à peine ébauché. Une preuve se manifeste au cours de la *cyanose ou maladie bleue*. Cette affection s'accompagne d'hémorrhagies diverses, jamais on n'a signalé d'hémorrhagies utérines. Au contraire, la puberté est tardive; quand les aptitudes génitales s'éveillent, il est rare qu'elles manifestent de grandes exigences, la croissance ne s'achève pas ou ne s'achève que lentement (Grancher), les fonctions ovariennes sont réduites au minimum, le moindre trouble entraîne l'aménorrhée.

3° **Causes adjuvantes**

A côté de la *fluxion menstruelle*, d'autres causes chez la cardiaque contribuent à fixer, à maintenir un état de congestion au niveau de la matrice et à susciter des métrorrhagies.

Ce sont nombre d'*affections utérines*, métrite chronique, fibromes, tumeurs ou phlegmasies ovariennes. qui jouent vis-à-vis de l'utérus cardiaque le rôle que dans un foie ou un rein cardiaque prennent la lithiase ou l'alcoolisme. Hémorrhagipares en elles-mêmes, ces lésions diverses exagèrent et éternisent la perte sanguine en localisant une sorte d'*asystolie utérine*[1], comparable dans sa pathogénie à l'asystolie hépatique.

Les véritables métrorrhagies apparaissant en dehors des règles résultent presque toujours de cette étiologie complexe. Si l'on considère que la gêne circulatoire et un certain degré de congestion peuvent en dernier lieu causer une *métrite* (GALLARD), il est facile de saisir pourquoi les seules cardiopathies provoquent parfois à la longue des métrorrhagies sans aucun rapport avec l'ovulation.

4° **Métrorrhagies du rétrécissement mitral**

Les métrorrhagies de la puberté dues à un rétrécissement mitral ont été attribuées tantôt à une friabilité spéciale des parois vasculaires, tantôt à une lésion des veines utérines consécutives à des crises d'insuffisance tricuspidienne. Ces raisons sont fort plausibles; mais avant tout il faut tenir compte de l'évolution de l'appareil génital, qui, de l'état infantile et pubescent, passe à l'état adulte, alors qu'entrent en jeu les fonctions nouvelles de l'ovaire.

Développement rapide de l'utérus et des annexes, transformation de tous les organes sexuels, premières poussées de la fluxion menstruelle, voilà les véritables causes qui, au niveau de la matrice, appellent, localisent et exagèrent la stase sanguine d'origine cardiaque. Le travail des organes génitaux qui se modifient

---

1. Cependant le terme d'*asystolie utérine* n'est pas très bon dans la circonstance et prête à la confusion, la grande asystolie cardiaque ne s'accompagnant pas de métrorrhagies.

est la cause adjuvante qui se superpose à la maladie du cœur
pour entretenir l'hyperhémie utérine et donner naissance aux
ménorrhagies d'un rétrécissement mitral encore bien toléré, sans
asystolie, sans insuffisance tricuspidienne, « sans que rien de
« bien précis (MATHIEU) vienne attirer l'attention directement
« sur le cœur. La lésion mitrale demeure inaperçue, à moins
« qu'en semblables circonstances on ne cherche de parti pris le
rétrécissement (LANDOUZY). »

En effet, il existe une classe de métrorrhagies dont *l'apparition
précède toute manifestation symptomatique du côté de la lésion
originelle, du côté du cœur*. LEBERT mentionne l'abondance des
menstrues dans certains cas où passent méconnues des altérations valvulaires ne se traduisant par aucun trouble.

Nous avons observé une jeune fille forte, grande, de belle apparence, qui
demandait des soins pour des ménorrhagies répétées, incoercibles. Chez elle
tout moyen thérapeutique échouait; elle sortait d'un service de chirurgie où
on lui avait pratiqué en vain le curettage. A la suite d'une pleurésie, elle
s'était plainte quelque temps de dyspnée, et, à l'examen des organes thoraciques, nous fûmes fort surpris de constater un rétrécissement mitral que
rien ne pouvait faire soupçonner.

Dans le *nanisme mitral* (APERT), lorsqu'il s'accompagne d'un
arrêt de développement des organes génitaux chez des enfants
retardataires, l'aménorrhée est au contraire et logiquement
habituelle.

Il n'est donc pas étonnant qu'il paraisse difficile d'évaluer la
fréquence des *métrorrhagies* et que l'*aménorrhée* frappe davantage. A l'hôpital les malades entrent surtout lorsque l'affection
du cœur n'est plus compensée, et à cette phase les pertes utérines
deviennent plus rares, tandis que l'aménorrhée est l'aboutissant
fatal de l'asystolie permanente. De plus, nombre de cardiaques,
avant la période ultime, *ne présentent jamais aucun trouble utérin*,
de même qu'on voit des femmes atteintes de lésions valvulaires
mener à terme sans accident plusieurs grossesses, à côté d'autres
qui souffrent des plus graves complications dès leur premier
accouchement.

III

Étude étiologique
Influence des diverses affections du cœur
sur les troubles des fausses utérines

Les métrorrhagies sont favorisées par les affections cardiaques qui entretiennent une certaine gêne circulatoire sans arriver pour cela à un état grave d'asystolie ; nous les rencontrerons donc bien plus souvent au cours des *lésions mitrales* que des *lésions aortiques*.

1° Affections aortiques

L'aortique accuse surtout des signes d'anémie artérielle, et la stase veineuse ne se manifeste que si le myocarde ou la valvule mitrale ont cédé. Nous avons peine à croire qu'il survienne des épistaxis utérines, comme on l'a dit, sous la seule influeuce de l'hypertrophie du ventricule gauche dans une insuffisance aortique.

Lorsqu'une maladie de l'aorte ou de son orifice sigmoïdien s'accompagne de *pertes utérines*, avant d'affirmer une relation de cause à effet, il faut s'assurer si ces pertes ne ressortissent pas plutôt à l'artério-sclérose généralisée ; par contre, l'*aménorrhée* est parfois fort précoce. Les ménorrhagies signalées dans *l'angustie aortique* congénitale se rapportent à des cas d'*hémophilie* où le rétrécissement artériel ne joue sans doute qu'un rôle fort secondaire.

2° Affections mitrales

Ce sont les *affections mitrales* surtout qui provoquent des *métrorrhagies*. Le *rétrécissement mitral pur*, — de l'adolescence, d'évolution, etc., — paraît être l'altération valvulaire qui trouble la menstruation avec le plus de facilité ; son action congestive prédominante nous en donne la raison, comme aussi son intervention dès le début de la vie génitale, à l'époque de la puberté.

Le rétrécissement pur acquis reste encore assez rare, tandis que la *maladie mitrale* complète, *rétrécissement* avec *insuffisance*, puis *insuffisance pure*, président à l'apparition d'un certain nombre de pertes. Enfin il convient d'insister sur les cas où une maladie mitrale même légère complique une *lésion aortique*.

3° **Affections du cœur droit**

Dans les *affections organiques du cœur droit*, nous n'avons pas trouvé de complications métrorrhagiques citées par les auteurs, et nous n'en avons pas constaté nous-même. D'après CONSTANTIN PAUL, « les règles sont régulières sans être trop copieuses ». De ces affections, la seule ayant une fréquence clinique, le *rétrécissement pulmonaire*, présente une physiologie pathologique particulière : « Un phénomène, disent POTAIN et RENDU, qui appar-
« tient bien au rétrécissement pulmonaire, c'est l'absence d'œdème
« des jambes et des signes de stase veineuse périphérique, à
« une époque où il n'est plus possible de méconnaître une mala-
« die du cœur... La régularité du rythme cardiaque se maintient
« presque tout le temps... on ne trouve ni l'irrégularité des bat-
« tements... ni les caractères de l'incoordination si spéciale aux
« mitraux. » Puis, quand le ventricule droit s'affaiblit, surviennent des troubles profonds de l'hématose qui conduisent plus
volontiers à l'*aménorrhée;* enfin les malades meurent souvent
jeunes, vers vingt ou vingt-cinq ans. En général aussi, dans la
cyanose ou maladie bleue, la puberté est tardive, les fonctions
génitales sont restreintes et la menstruation se ressent de l'état
d'infantilisme. Toutes ces raisons combinées expliquent l'absence
de métrorrhagies.

Il semblerait, d'après plusieurs auteurs, que la gêne du cœur
droit luttant contre un poumon malade produise dans l'appareil
génital une stase suivie de pertes sanguines (GENDRIN, GOURAUD,
SCANZONI). Il est fort possible, en effet, tant que l'organisme ne
périclite pas et que la force du molimen cataménial (GOURAUD)
n'a pas diminué, que l'*emphysème*, les *bronchites* prédisposent
aux métrorrhagies, surtout si la patiente souffre de métrite chronique, par exemple ; mais c'est une conception purement théorique de ranger dans cette étiologie, comme le fait SCANZONI, « l'*infiltration pneumonique ou tuberculeuse* des poumons ».

4° **Artério-sclérose**

H. Huchard a décrit le premier des *métrorrhagies* consécutives
à l'*hypertension artérielle ;* il faut les connaître, car elles sont
fréquentes aux approches de la ménopause.

Reinicke incrimine la *dégénérescence scléreuse* des artères utérines, non pas seulement dans leurs grosses branches, mais
encore dans leurs fines ramifications qui deviennent incapables
de se contracter et laissent s'éterniser l'écoulement menstruel.
Nous avons observé nombre de pertes utérines après la ménopause où une dégénérescence des artères *scléreuses, athéroma-
teuses*, nous a paru la cause la plus vraisemblable, et certaines
métrorrhagies attribuées jusqu'ici à la « néphrite granuleuse »
doivent sans doute être rapportées à la même étiologie.

L'hypertension artérielle joue-t-elle un rôle au moment de la
puberté ? C'est fort probable ; mais ce point toutefois demande de
nouvelles recherches.

L'action des cardiopathies sur la matrice est aidée non seulement par une lésion utérine ou péri-utérine, mais encore par la
coexistence d'une maladie qui peut s'accompagner elle-même de
métrorrhagies, *constipation chronique*, *hémorrhoïdes*, *entéroptose*,
affections du foie, etc.

IV

Séméiologie des fausses utérines
dans les diverses affections du cœur

Les *métrorrhagies d'origine cardiaque* ont été signalées à tous
les *âges* de la vie.

1° **Fausses utérines et cardiopathies avant la puberté**

Il ne serait pas rare, d'aprés de Scanzoni, de voir des hémorrhagies utérines non accompagnées des phénomènes de l'ovulation
et qui, par conséquent, ne constituent pas un véritable écoulement menstruel, survenir chez des *enfants* à la suite de la gêne

circulatoire que produisent dans les organes abdominaux les affections du poumon et du cœur ; il faudrait exclure toute idée de puberté hâtive. Nous avons peine à croire que de pareils accidents ne soient pas très rares ; rien d'analogue n'est rapporté par d'autres auteurs, et on peut se demander s'il n'y a pas eu quelques erreurs d'interprétation.

2° Fausses utérines et cardiopathies à la puberté

Avec la *puberté* l'influence d'une maladie du cœur devient redoutable, et les troubles précoces de la menstruation sont parfois les premiers symptômes qui attirent l'attention sur une lésion valvulaire inconnue jusqu'alors ; souvent, mais non pas d'une façon exclusive, il s'agit d'un *rétrécissement mitral*.

L'éruption des premières règles est difficile, leur réapparition, irrégulière, se précipite ou s'éloigne, leur établissement se fait mal. A une période à peu près normale ou même pauvre en sang succède, le mois d'après, un écoulement très abondant qui prend, aux époques suivantes, le caractère de *grandes pertes ;* à leur suite persiste une exagération de la *leucorrhée*, si fréquente à la puberté.

Des phénomènes douloureux de *dysménorrhée utérine et ovarienne* aggravent la situation, car si l'ovaire n'est pas l'unique ou le principal fauteur des hémorrhagies, il n'en subit pas moins l'action du cœur, et retentit sans doute à son tour sur l'utérus. Lawson Tait a décrit, sous le nom d'*hyperhémie ovarienne*, un état qui se traduit par la douleur et les métrorrhagies ; dans la menstruation des cardiaques, il y a complexité d'hyperhémie ovarienne et utérine.

Ces accidents de la puberté compromettent quelquefois toute la vie génitale ; les règles demeurent pénibles et profuses, les pertes répétées, les souffrances fatiguent la jeune fille qui, entravée dans son développement, se débilite et garde une apparence anémique. Plus tard, la femme reste stérile, ou, si la fécondation s'accomplit, la survie des enfants est diminuée (Durozier). Mais il ne faudrait pas exagérer ces considérations inquiétantes ; nombre de filles portent fort bien une lésion du cœur sans la moindre atteinte du côté de l'appareil sexuel ou tout au moins avec des atteintes transitoires et assez légères pour ne pas rendre tout à fait précaires les fonctions utéro-ovariennes.

3° **Fausses utérines et cardiopathies au cours de la vie génitale**

A. — *Date de l'apparition des accidents.* — Lorsqu'une *endocardite* et, à sa suite, une *altération valvulaire* débutent et évoluent plus ou moins longtemps après la puberté chez une femme dont la menstruation était bien établie, les accidents utérins se présentent de diverses manières. Tantôt le rhumatisme ou l'infection causale à peine guéris, avec les palpitations très précoces, avec les premières inégalites des battements, commencent les troubles menstruels ; d'emblée la durée des règles s'allonge, elles deviennent plus abondantes, plus douloureuses. D'autres fois, l'affection du cœur dort pendant longtemps sans se manifester par aucun signe, puis surviennent une légère difficulté respiratoire après une longue marche ou des efforts, quelques irrégularités du pouls ; on constate un souffle, et, à la longue, un beau jour, une ménorrhagie. NIGEL STARCK dit que « de tous les « phénomènes résultant d'une circulation déséquilibrée, la « ménorrhagie est souvent un des plus évidents et des plus « dangereux ».

Enfin, dans certains cas, la perte utérine met sur la piste d'une cardiopathie dont les autres expressions cliniques passaient inaperçues. Il est des malades qui, pendant des mois et des années, supportent fort bien une lésion valvulaire sans aucun retentissement sur la matrice, lorsqu'une ménorrhagie se montre sous l'influence d'une cause intercurrente : suites de couches (les règles, normales auparavant, conservent une abondance inquiétante), fatigue, surmenage inaccoutumé, excès de toute nature, station debout prolongée (NIGEL STARCK) ; ou bien fluxion hémorrhoïdaire, constipation opiniâtre, poussée d'entérite mucomembraneuse, etc., et toutes les causes de ce qu'on appelait la pléthore abdominale.

B. — *Nature des accidents.* — Le plus ordinairement (CONSTANTIN PAUL) les règles ont des retours périodiques plus rapprochés, la quantité de sang perdu prend des proportions croissantes, sa profusion devient extrême, si bien que dans les cas graves, rares par bonheur, les époques menstruelles finissent par se toucher et se confondre. Nous avons vu une mitrale qui, depuis deux ans, avait été prise *à peu près en même temps* de palpitations, d'essoufflement et de ménorrhagies ; elle prétendait qu'on aurait pu la suivre à la trace et fut obligée de rester couchée pendant deux mois pour une perte qui ne tarissait pas.

D'habitude le sang est rouge, franchement coloré ; son émission est mélangée de caillots et, après la fin de son écoulement, il peut, pendant les premiers jours, persister un flux séreux. Les souffrances qni accompagnent l'hémorrhagie sont des plus variables : tantôt les malades accusent une simple pesanteur dans le petit bassin, tantôt les règles sont annoncées quelques jours à l'avance par une douleur de plus en plus vive, jusqu'au moment où l'éruption du sang amène une détente, un apaisement. Cette *dysménorrhée congestive* assez fréquente est susceptible (Gouraud) de provoquer une *névralgie lombo-abdominale* plus ou moins marquée. Soumise au repos, à un traitement rationnel, la patiente voit son état s'améliorer, puis reprend ses occupations et de nouveau se plaint de rechutes, les unes insignifiantes, les autres sérieuses. Après de nombreuses péripéties, elle arrive à la ménopause ou à l'asystolie et passe par des phases de bonne santé, d'aménorrhée, d'hémorrhagies, qui alternent et se coupent au fur et à mesure qu'évolue la cardiopathie. Souvent aussi une lésion utérine concomitante, métrite chronique, fibrome, phlegmasie, occasionne dans la période intermenstruelle de véritables métrorrhagies, d'autant plus tenaces qu'elle subissent l'action du cœur ; l'utérus gros, lourd, saignant au moindre contact, devient alors *un utérus cardiaque.*

Un flux utérin abondant sans être excessif aurait, dans certaines circonstances, une action plutôt favorable. Pour Peter, les pertes utérines, comme les hémorrhoïdes et les épistaxis, jouent parfois le rôle de crise ou mieux de décharge à l'égard de la circulation. Il est des cas, dit Nigel Starck, où l'hémorrhagie devient profitable ; elle prévient la congestion d'autres organes, et l'utérus soulageant la tension vasculaire agit comme une soupape de sûreté.

4° Fausses utérines et cardiopathies à la ménopause

La *ménopause* (Durozier) est *précoce* chez les *mitrales, tar-*

dive chez les *aortiques*. Il nous semble, pour expliquer cette
règle, que l'on peut invoquer aussi l'aménorrhée de l'asystolie
permanente (ménopause précoce) plus hâtive chez la mitrale, et
d'autre part l'apparition à la ménopause de l'artério-sclérose
(ménorrhagies tardives), qui entre pour une grande part dans
l'étiologie des affections aortiques. L'artério-sclérose atteint le
cœur, mais se manifeste aussi sur les artères utérines : de là
deux classes de métrorrhagies fort importantes à connaître, car
c'est le moment critique où la femme est terrifiée par une perte
qui signifie toujours pour elle tumeur maligne ou affection
grave. Ces métrorrhagies semblent différer des précédentes en
ce qu'elles ont parfois des retours moins périodiques ; leur apparition subite comporte surtout une question de diagnostic différentiel, et il ne faut pas oublier qu'à leur tour elles aggravent
une lésion utérine concomitante.

5° Fausses utérines et cardiopathies après la ménopause

Après la ménopause, on voit, à un âge même avancé, survenir des *pertes utérines* que rien n'explique. Au milieu d'une
étiologie complexe, quelques-unes d'entre elles relèvent peut-
être de l'*artério-sclérose*, et chez une femme de plus de soixante-
dix ans, myocarditique et albuminurique, nous avons cru pouvoir songer à cette hypothèse en l'absence de toute lésion
utérine ; la patiente est morte deux ans après, sans avoir présenté de nouveaux accidents du côté de la matrice. Lorsque l'on
constate une lésion valvulaire, quelle que soit son origine, l'influence du cœur devient plus vraisemblable.

On trouve citée partout l'observation rapportée par ARAN et de SCANZONI :
une femme de soixante-quatre ans, après une sorte de ménopause qui dura
de quarante-huit à cinquante-deux ans, présenta un écoulement sanguin
revenant toutes les trois ou quatre semaines et qui dura jusqu'à la mort. Cette
femme avait une insuffisance et une sténose mitrales. L'autopsie permit de
constater les troubles circulatoires que les lésions du cœur avaient provoqués
dans le système de la veine cave inférieure, et ces troubles étaient bien la
seule cause de l'hémorrhagie, car les ovaires atrophiés ne montraient aucune
trace de la maturation récente d'un ovule : l'utérus était grossi et la muqueuse
congestionnée.

Cet exemple est loin d'être unique, nous en connaissons et,
dans la littérature, nous en avons retrouvé plusieurs autres.

6° **Diagnostic**

Le diagnostic de ces métrorrhagies d'origine cardiaque n'offre
pas de grandes difficultés. Le tout est d'y songer et de rechercher si l'action du cœur n'intervient pas dans la genèse des
pertes s'échappant d'un utérus sain. Même lorsque la matrice
ou les annexes sont malades, il est bon de vérifier si l'hémorrhagie n'est pas entretenue ou exagérée par une lésion valvulaire.

Cependant on a décrit inversement des cardiopathies, des
asystolies d'origine utéro-ovarienne, que l'étude des symptômes
et des commémoratifs évitera de confondre avec un utérus cardiaque.

En même temps que les métrorrhagies se montrent d'autres
complications dont il faut connaître les rapports avec la même
cause première. Parmi ces accidents favorisés par la congestion
prolongée, nous nous contenterons d'indiquer le *catarrhe
utérin* (ARAN), la *métrite chronique*, l'*infection de l'utérus et des
annexes*, les *déviations*. Les *règles supplémentaires ou déviées*,
surtout du côté du poumon, ne sont pas rares. Enfin, il ne faut pas
oublier les dangers d'une *grossesse intercurrente*.

V

Fausses utérines et affections du sang

Certaines jeunes filles se présentent à notre examen avec tous
les traits de la *chlorose* ; elles sont pâles, facilement essoufflées,
nerveuses, elles souffrent de l'estomac et accusent des troubles
menstruels. Nous les auscultons et nous sommes surpris d'entendre, à la pointe du cœur, les signes nets d'un rétrécissement
mitral. Ces jeunes filles sont atteintes de fausse chlorose, ou
plutôt de *chlorose cardiaque* (GERMAIN SÉE). Les phénomènes
acoustiques du rétrécissement mitral auraient pour caractéristique de disparaître, puis réapparaître à quelques jours d'intervalle (MATHIEU), et G. SÉE n'admet pas l'œdème des membres

inférieurs en dehors des lésions valvulaires, affirmation, du reste, trop exclusive. Cette chlorose cardiaque provoque des accidents génitaux qui ne dépendent en aucune sorte de lésions utéro-ovariennes, et dont il faut chercher la cause dans le rétrécissement mitral : puberté difficile, alternatives d'aménorrhée et de dysménorrhée, et souvent pertes excessives, ménorrhagies qui achèvent de décolorer la malade.

La vraie *chlorose* s'accompagne avec une telle fréquence de perturbations menstruelles qu'une des plus anciennes théories attribuait à la rétention des règles l'étiologie « des pâles couleurs ». L'*aménorrhée* marque le début de l'affection chez de nombreuses filles, et la réapparition du sang est d'un pronostic excellent ; l'éruption d'un liquide à peine coloré produit parfois les *douleurs dysménorrhéiques* les plus vives, et, dans la période intercalaire, s'établit presque toujours une leucorrhée plus ou moins épaisse.

Sous le nom de *chlorose ménorrhagique*, TROUSSEAU a décrit une variété de la maladie où surviennent chaque mois des hémorrhagies qui prennent volontiers un caractère de gravité : état déplorable, syncopes fréquentes, matelas transpercés par l'écoulement sanguin, menstrues d'une abondance exagérée et d'une durée fort longue se trouvent signalés par TROUSSEAU, THIROLOIX, BOUTON, GAULIEUR l'HARDY. De nos jours, l'œuvre de TROUSSEAU a été démembrée.

Nous admettons encore une chlorose ménorrhagique proprement dite, sans lésions génitales. Mais chez les chlorotiques nous connaissons aussi des métrorrhagies par *métrite virginale*, et des métrorrhagies par *hyperplasie sexuelle* et *hyperovarie* ou par *hypoplasie sexuelle* (la sténose du col est une cause courante de la métrite des vierges) ; enfin certaines pertes dépendent d'une *chlorose dyspeptique*[1] .

Au cours des diverses *anémies*, c'est encore l'aménorrhée qui domine, même dans l'*anémie pernicieuse*, où il arrive de constater diverses hémorrhagies muqueuses et cutanées. De même à la suite de pertes sanguines répétées, de saignées copieuses, on

---

1. Voir plus loin Puberté : métrorrhagies. — PAUL DALCHÉ : hyperovarie, hypoovarie. — *Gazette des Hôpitaux*, 1906.

voit les règles se suspendre pendant un ou plusieurs mois. Au contraire, chez les *hémophiliques,* le flux utérin acquiert une abondance et une durée qui aggravent un état général souvent précaire. A plusieurs reprises ont été signalées dans le *scorbut,* dans la *leucocythémie,* dans les *leucémies aiguës,* des métrorrhagies répétées, et les anciens ne manquaient pas de ranger les maladies de la *rate* parmi les causes des hémorrhagies de la matrice.

VI

Fausses utérines et lymphatisme

Les lymphatiques, d'une puberté lente à s'établir, et plus tardive que chez les arthritiques, sont sujettes à des irrégularités menstruelles « sans qu'elles en souffrent, sans que l'organe utéro-« ovarien soit lésé; pour nombre d'entre elles, la période inter-« calaire atteint normalement 32 à 35 jours » (GUÉNOT). Elles ressentent les douleurs du molimen moins vivement que les neuro-arthritiques, mais restent plus fatiguées après l'écoulement.

Une leucorrhée, qui s'installe avec facilité et rend menaçantes toutes les infections secondaires, constitue une complication ennuyeuse et tenace de la scrofule et du lymphatisme.

CHAPITRE V

FAUSSES UTÉRINES ET AFFECTIONS DES REINS

I

Aperçu historique

En mettant à part le rein déplacé déjà étudié, l'histoire des fausses utérines au cours des affections rénales est peu connue. La notion du *mal de Bright* ne remonte pas à beaucoup d'années, et il est tout naturel que les anciens auteurs n'aient pas rapporté à leur véritable cause les phénomènes utérins qui ressortissent à une néphrite ou même à la gravelle. Lorsque Pierre Franck signale les pertes utérines qui surviennent chez les hydropiques, il n'est pas sûr que ses malades aient été atteintes de néphrite albuminurique, et pour plusieurs d'entre elles sans doute, l'hydropisie relevait d'une origine cardiaque, hépatique ou autre.

G. Johnson, un des premiers, est très affirmatif: « Un symptôme, qu'il « faut rattacher à la maladie du rein avec urine albumineuse, est la ménor-« rhagie. Celle-ci est survenue dans une large mesure chez une de nos « malades. » Ch. West est non moins catégorique : « Dans les cas de dégé-« nérescence granuleuse des reins, la ménorrhagie est loin d'être un fait « rare. Le sang altéré, appauvri, paraît alors s'échapper avec plus de faci-« lité des vaisseaux de l'utérus lorsqu'ils se congestionnent au retour de la « période menstruelle. J'ai devers moi trois ou quatre cas de maladies sup-« posées de l'utérus dans lesquelles l'examen le plus attentif ne put faire « découvrir *aucune lésion locale* capable d'expliquer la menstruation surabon-« dante ; mais on constata que les urines contenaient une forte proportion « d'albumine. » En même temps les accoucheurs (Blot) établissaient l'in-fluence de l'albuminurie sur les hémorrhagies qui arrivent pendant la gros-sesse ou après la délivrance. Puis les observations se multiplient, si bien que les hémorrhagies utérines sont admises tantôt au nombre des prodromes de l'*urémie*, tantôt au cours du *mal de Bright*, le plus souvent dans la *néphrite granuleuse* (Trier, Martin, Masse, etc.).

Les métrorrhagies ne sont pas l'unique symptôme utérin capable de créer de fausses utérines: les douleurs, la leucorrhée, l'aménorrhée se mani-festent, et non plus seulement à la suite d'une néphrite, mais provoquées par la *gravelle*, les *tumeurs*, les *dégénérescences rénales*, etc. (Pichevin, Bouloumié).

II

Considérations générales

Peu d'organes prêtent à la confusion plus que le rein. Une malade qui souffre dans la région lombaire et constate un peu de leucorrhée, la moindre perturbation menstruelle, attribue sans hésiter à la matrice la cause de ses malaises. Les maux de reins, toute femme le dira, relèvent le plus souvent d'une affection génitale, d'autant que la *douleur rénale* irradie volontiers dans le bas-ventre, le long de l'uretère, qui lui-même peut-être lésé; et, s'il en résulte une certaine sensibilité un peu au-dessus de la vessie, dans le voisinage du col utérin, il est possible de se tromper, même lorsqu'on est prévenu, et de rapporter à l'appareil sexuel ce qui appartient au rein ou à l'uretère.

Les troubles de la menstruation, sans être très fréquents, ne doivent pas être considérés comme une rareté. Ch. WEST, LANCEREAUX signalent *des métrorrhagies* dans la dégénérescence granuleuse des reins. TRIER de *Copenhague*, publie deux cas dans lesquels l'exploration ne révéla aucune lésion des organes génitaux: mais l'autopsie montra une néphrite chronique avec hypertrophie du ventricule gauche et un épaississement de la tunique musculaire des petites artères utérines.

La néphrite granuleuse interstitielle, scléreuse, s'accompagne volontiers d'une dégénérescence scléreuse, athéromateuse de nombreuses artères de l'économie et en particulier de celles de la matrice. Parmi les métrorrhagies qui s'établissent au cours de cette néphrite, il en est qui dépendent d'une lésion locale, *d'une artério-sclérose utérine.* Il en est aussi qui sont dues à la maladie rénale elle-même, comme dans les autres néphrites albumineuses. La pathogénie de ces dernières métrorrhagies est celle des hémorrhagies en général causées par les néphrites, et n'offre rien de spécial au point de vue gynécologique. Toutefois elles se produisent avec d'autant plus de facilité que le système génital porte déjà une lésion hémorrhagipare en elle-même (endométrite, fibrome, kyste), qui favorise et aggrave la tendance aux pertes.

L'*aménorrhée*, de beaucoup plus fréquente que les métrorrhagies, leur succède, les remplace, ou alterne avec elles quand elle
ne s'installe pas d'emblée, et reste le symptôme dominant, accusé
le plus souvent par les albuminuriques pâles, anémiques, décolorées, surtout lorsqu'elles parviennent aux phases avancées de
leur maladie. « D'après mon expérience, dit Johnson, à une pé-
« riode avancée de la maladie de Bright, l'aménorrhée est plus
« fréquente que la ménorrhagie. »

La *leucorrhée* est habituelle et abondante.

Il arrive que les phénomènes évoluent d'une manière fort
compliquée chez une patiente dont l'utérus et les reins sont
altérés à la fois ; les deux organes réagissent l'un sur l'autre, et
l'état pathologique complexe qui en résulte nécessite une thérapeutique qui vise tous les facteurs étiologiques. Les deux affections connexes s'aggravent réciproquement ; une lésion qui som-
meillait dans l'appareil génital se réveille et fait éclater des
accidents aigus sous l'impulsion qu'elle reçoit de l'appareil
urinaire, malade à son tour.

III

Fausses utérines et mal de Bright

La *néphrite aiguë* ne produit guère de fausses utérines, les
symptômes en sont d'ordinaire trop évidents ; l'anasarque, l'oligurie, les urines sanglantes, attirent de prime abord l'attention du côté des reins, et s'il arrive quelques complications
génitales, on n'hésite pas à les considérer comme de simples
épiphénomènes.

Dans la *néphrite chronique*, maladie qui se cache, difficile parfois à dépister, des accidents vagues, peu nets, transitoires,
imputables à l'urémie lente, passent inaperçus au cours d'un
examen où le clinicien reste trop frappé par des troubles menstruels et quelques fugaces douleurs lombaires. La *néphrite diffuse*, la *néphrite dégénérative*, ne provoquent pas toujours des
œdèmes, des symptômes manifestes, et, comme la *néphrite interstitielle*, elles se traduisent seulement, dans nombre de cas, par

des signes de petite urémie avec une albuminurie que nous
devons rechercher. Il faut se garder alors d'attribuer aux
troubles génitaux une importance qu'ils ne méritent pas.

L'*aménorrhée* est le *symptôme dominant*, non seulement aux
phases avancées de la maladie de Bright, mais aussi dès le
début. Elle s'installe brusquement, ou bien d'une façon plus
graduelle; les règles manquent une ou deux fois de suite, puis
les suppressions deviennent plus fréquentes et plus longues.
Après une interruption de quelque durée, les règles reparaissent,
laissent couler à peine un peu de sang décoloré; ensuite, au contraire, tout à coup elles se transforment en une véritable *ménorrhagie*. L'éruption menstruelle se fait avec une irrégularité croissante; à une période d'aménorrhée succèdent plusieurs mois des
écoulements aqueux, règles blanches, après lesquelles, sans cause
apparente, peut éclater une perte abondante.

C'est toujours une *ménorrhagie*; c'est toujours à l'occasion des
règles que l'on constate la perte, au moins les premières fois.
Elle peut persister au point de lier deux époques consécutives;
mais sa reproduction n'a rien de fixe, et la patiente demeurera
peut-être un temps fort long sans accuser de nouvelles hémorrhagies.

Le premier dérangement de l'appareil utéro-ovarien consistera
aussi bien en une simple augmentation du flux cataménial.

Dans certains cas gravés et rares, surtout *quand l'utérus porte
lui-même une lésion*, les hémorrhagies se répètent, s'établissent
entre les époques, accablent un état général déjà délabré, et
exagèrent l'anémie, la faiblesse, la pâleur, le teint blafard de la
brightique.

D'autres fois des crises *d'hydrorrhée* se manifestent en même
temps que les *œdèmes* de la *néphrite chronique*.

Les pertes, qui relèvent de l'*artério-sclérose utérine*, évoluant
en même temps que la néphrite granuleuse, éclatent surtout
au moment de la *ménopause* et après cet âge critique, tandis
que les autres variétés du mal de Bright font naître des accidents
à toutes les périodes de la vie, mais de préférence au cours de
la vie génitale, de la puberté à la ménopause.

I V

Fausses utérines et gravelle

Pendant longtemps on a prétendu que les femmes ne sont pas sujettes à la gravelle ou du moins que cette lithiase les atteint d'une façon exceptionnelle.

Aran cependant comptait la *gravelle urinaire* au nombre des complications les plus habituelles de la métrite chronique; Villemin fit remarquer que cet accident doit être la conséquence du repos auquel sont astreintes les femmes affectées de lésions chroniques de l'appareil utéro-ovarien. Aussi, pour obvier à cet inconvénient, Gallard, à l'exemple de Lisfranc, permettait l'exercice dans une certaine mesure à ses malades. Bennett avait émis une hypothèse analogue.

Ces diverses opinions reposent sur des faits bien observés, mais dont l'interprétation ne doit pas toujours rester la même :

A. — Chez certaines patientes, la gravelle provoque des symptômes qui font songer à tort à une affection génitale ;

B. — Dans d'autres cas, des femmes, souffrant déjà de la matrice ou des annexes, voient leur état utérin compliqué et aggravé par une lithiase urinaire coexistante et dont la formation a peut-être été favorisée par une immobilité prolongée.

Bouloumié signale « les cas dans lesquels la gravelle :
« 1° simule une affection annexielle ; 2° coïncide avec une affec-
« tion annexielle bénigne et fait considérer celle-ci comme
« grave; 3° alterne avec de la congestion des annexes ; 4° sur-
« vient à la suite d'une affection génitale et du repos que celle-
« ci nécessite ; 5° survient après ablation des annexes. »

Auguste Boursier (communication orale) a remarqué que les femmes traitées pour la gravelle dans les stations hydro-minérales étaient autrefois l'exception, tandis qu'aujourd'hui on en voit un beaucoup plus grand nombre (la proportion est d'un tiers environ du total des malades). Cependant, autrefois comme aujourd'hui, elles se plaignaient de malaises multiples ; mais on soignait l'utérus, l'intestin, etc., tout autre organe que le rein. On pense à juste raison que les malades graveleuses doivent souffrir au niveau des reins ; c'est vrai, mais pas toujours, car souvent elles souffrent dans le bas-ventre, sur le trajet des uretères, de chaque côté des aines.

Ces arthritiques, avec leurs tendances aux poussées fluxionnaires, s'aperçoivent-elles d'un écoulement leucorrhéique un peu considérable, d'une menstruation plus abondante que de coutume, elles ont vite fait de se transformer en fausses utérines. Une colique néphrétique, dont le cortège éclatant de symptômes reste caractéristique, les induit moins en erreur ; mais le *passage du sable* à travers les voies urinaires simule à merveille une affection du petit bassin : même gêne, même pesanteur dans les régions lombaires et inguinales, mêmes irradiations dans le bas-ventre et les cuisses. L'hésitation est vraiment permise lorsqu'une patiente sujette à ces sensations accuse en même temps des troubles menstruels, de l'hyperhémie ovarienne, et le diagnostic devient difficile s'il existe une lésion de l'utérus ou des annexes qui, sous l'influence de la gravelle, subit une exagération de tous ses phénomènes. Dans cette complication d'une affection douloureuse annexielle par la lithiase urinaire, les signes se mélangent singulièrement, et nous devons rechercher ce qui appartient à chaque organe.

A. Boursier nous a communiqué l'observation fort curieuse d'une dame issue de souche arthritique, goutteuse elle-même, qui, depuis plusieurs années, souffrait dans tout le ventre, mais surtout au niveau des reins et de la région ovarienne. Pendant longtemps, toute une médication fut instituée pour combattre des accidents ovariens. Enfin quelques troubles de la miction firent examiner les urines où l'on découvrit des cristaux d'acide urique, d'oxalate de chaux, et des granulations amorphes d'urate de soude. Un traitement dirigé contre la gravelle amena une grande amélioration locale et générale et confirma ce diagnostic posé en dernier lieu.

L'un de nous a soigné une femme âgée de quarante-huit ans, atteinte d'hypersthénie gastrique et de gravelle urique, chez laquelle des douleurs dans les régions lombaires et hypogastriques conduisirent à plusieurs reprises à examiner les organes génitaux, qui toujours furent trouvés sains. Le traitement de la gravelle urique entraîna la guérison ou tout au moins un mieux des plus sensibles.

Citons encore le cas curieux, observé par l'un de nous, d'une jeune femme de trente ans qui eut, à la suite d'une fausse couche, une salpingite gauche à forme subaiguë avec poussées fébriles irrégulières. Après trois mois de repos au lit, tout paraissait rentré dans l'ordre, le ventre n'était plus douloureux, la trompe semblait se libérer, et déjà l'on songeait à faire

lever la malade, quand, soudain, elle fut prise dans tout l'abdomen de violentes douleurs que suivit un accès fébrile passager. On crut à une poussée
péri-utérine nouvelle, d'autant que l'examen local révélait un point très
sensible au niveau de l'ancien foyer de salpingite, et l'on fit pressentir à
cette dame qu'une nouvelle période de repos s'imposait. Dix jours après, elle
rendait, en urinant, un fort gravier, et, en peu de jours, tous les phénomènes qui avaient caractérisé la poussée nouvelle se dissipaient. Néanmoins
il est important d'ajouter que, sous l'influence de cette crise de colique néphrétique du côté de la salpingite, celle-ci parut subir une sorte de recrudescence passagère.

C'est surtout à la *ménopause* que nos malades sont exposées
à ces causes d'erreur. La *gravelle*, plus fréquente à cette époque
de la vie, se greffe sur les accidents de la ménopause, et ses
manifestations sourdes et frustes contribuent à la faire passer
inaperçue au milieu d'une foule de malaises que médecins et
malades s'accordent à rapporter à l'âge critique.

V

Fausses utérines et tumeurs rénales

Hydronéphrose, pyélonéphrite, kystes, tuberculose ou *cancer*
provoquent des douleurs lombaires et pelviennes, s'accompagnent de troubles menstruels qui poussent à incriminer l'appareil sexuel.

L'erreur est plus difficile à éviter (PICHEVIN) quand il existe
aussi une lésion ou un déplacement des organes génitaux.

L'un de nous a signalé parmi les erreurs de diagnostic auxquelles peuvent donner lieu les pyélites, le cas d'une femme
soignée pour une périmétrite et chez laquelle un examen attentif fit reconnaître l'existence d'une pyélite dont le début, avec un
cortège de symptômes généraux fort insolites, avait localisé l'attention du chirurgien du côté des organes génitaux. La confusion entre les *pyélites* et les *affections utérines* ou *péri-utérines*
est loin d'être rare, et nous en connaissons, à l'heure actuelle,
cinq exemples très significatifs [1].

---

1. ALBERT ROBIN. — *Leçons de Clinique et de Thérapeutique.* Paris, 1887, p. 366.

VI

Diagnostic

Les maladies des reins causent des troubles utéro-ovariens, mais les maladies génitales provoquent aussi volontiers des *complications rénales*, et au point de vue thérapeutique il est fort important parfois de fixer quelle est, des deux affections, urinaire ou génitale, la première en date.

Bien plus, elles peuvent coexister, évoluer ensemble, ne dépendre en aucune façon l'une de l'autre quant à leur origine, et cependant réagir l'une sur l'autre au cours de leurs manifestations.

Le problème est délicat, nous devons songer à toutes les possibilités pour le résoudre, car les manifestations pathologiques du rein et de l'utérus demeurent souvent frustes, et dans nombre de cas le traitement s'adressera aux deux organes à la fois.

CHAPITRE VI

FAUSSES UTÉRINES
ET AFFECTIONS DU SYSTÈME NERVEUX

I

Considérations générales

L'action du système nerveux n'est pas seulement éveillée pour transmettre aux organes sexuels l'effet réflexe ou inhibitoire d'une cause éloignée, elle entre encore en jeu sous l'impulsion d'une maladie de l'axe cérébro-spinal ou des nerfs périphériques, d'une névrose ou d'une psychose, etc.

Le système nerveux ne se borne pas à présider à la sensibilité des organes génitaux. Il joue le plus grand rôle dans la circulation utérine et surtout ovarienne, dans les phénomènes de l'ovulation et de la menstruation et commande en partie les rapports qui les unissent. Les affections nerveuses et même les simples troubles apportés au parfait équilibre du système nerveux retentissent avec facilité sur l'appareil sexuel. Fluxions hémorrhagipares, perturbations menstruelles, congestions et douleurs entraînant des infections secondaires arrivent à la suite d'accidents nerveux graves ou insignifiants. Des symptômes à grand tapage se manifestent, tout à fait en disproportion avec une cause banale, minime et inattendue.

Il n'est pas besion d'une maladie nerveuse bien redoutable, ni même bien avérée, pour modifier la régularité des époques.

Inversement un simple trouble menstruel prend une importance de diagnostic et de pronostic à laquelle on était loin de s'attendre. C'est ainsi qu'une aménorrhée persistante peut constituer le symptôme le plus précoce d'une *lésion cérébrale en foyer*, d'une tumeur du cerveau ou du cervelet[1]. On l'a vue dans ces conditions susceptible de simuler le début d'une grossesse.

---

1. *Semaine Médicale*, 1905, p. 554.

II

Fausses utérines et névroses

Une *émotion* plus ou moins vive, une secousse morale suffisent pour provoquer l'*aménorrhée*. Les règles se suppriment, « subitement dans le temps qu'elles coulent, si la femme a été émue de quelque passion violente, ou frappée de quelque terreur » (ASTRUC), ou bien elles ne s'établissent pas à l'époque voulue, et ne reviennent qu'après une longue absence. Arrêt brusque ou apparition retardée s'accompagnent parfois de *règles supplémentaires* ou *déviées* vers d'autres organes. Au lieu d'aménorrhée, quelques auteurs ont constaté une exagération inusitée du flux cataménial, des *ménorrhagies* d'abondance variable et même des *métrorrhagies* dans la période intercalaire. L'authenticité de ces faits semble indiscutable.

Certains cas nous ont porté à nous demander si, sous une impulsion nerveuse brusque, directe ou réflexe, il ne se produit pas une véritable maladie de l'ovulation, fluxion ovarienne poussée à l'excès, *hyperovarie*, dont l'hémorrhagie utérine doit être considérée comme un des effets les plus sensibles.

1° Fausses grossesses

L'aménorrhée qui succède aux perturbations morales et intellectuelles prend chez quelques névropathes une allure tout à fait bizarre et curieuse. A la suspension des règles se joignent des signes abdominaux, si bien que les femmes finissent par se persuader qu'elles sont enceintes : *grossesses nerveuses, fausses grossesses*.

Une jeune femme, stérile après plusieurs années de mariage, désire ardemment un enfant : c'est le regret, l'espoir, la pensée de chaque jour. Un beau mois les règles manquent, puis le ventre commence à augmenter de volume, le fœtus remue ; on arrive au neuvième mois, on le dépasse, toujours pas de délivrance. Un médecin est appelé ; à la grande désolation de tout le monde, il déclare qu'il n'y a pas de grossesse, le ventre tombe comme par enchantement. C'était du tympanisme, les prétendus mouvements fœtaux se passaient dans l'intestin.

La fausse grossesse n'est pas toujours menée à neuf mois ; après une absence de plusieurs époques, le sang reparaît, et alors il est entendu que l'on assiste à une fausse couche. Mais si la malade devient enceinte au cours d'une fausse grossesse, et c'est possible, la conception au cours de l'aménorrhée peut devenir singulièrement embarrassante. Tout comme le désir immodéré, la crainte, chez une nerveuse qui redoute les conséquences d'une faute, amène un cortège de symptômes capables de simuler la grossesse.

Dans la *paralysie générale*, où les préoccupations génitales sont fréquentes, une aberration intellectuelle porte assez souvent la malade à se croire enceinte. On constate parfois alors tout le cortège symptomatique d'une fausse grossesse. DUPRÉ a insisté sur ces fausses grossesses somatiques avec délire démentiel de grossesse au cours de la paralysie générale.

2° Neurasthénie

Les *neurasthéniques* inventent de toutes pièces les maladies utérines les plus effroyables, et viennent exposer, avec un grand luxe de détails, les misères dont elles ont l'esprit obsédé et qui souvent ne reposent sur rien ou presque rien. Il ne faut pas les confondre avec les malheureuses patientes que de longues souffrances pelviennes et génitales rendent à la longue neurasthéniques. Les fausses utérines sont des neurasthéniques primitives, celles, dit ARMAND SIREDEY, « qui recherchent un prétexte pour localiser leurs tendances névrosiques, un clou pour accrocher leur neurasthénie ». Ce prétexte sera un trouble menstruel ou génital insignifiant, une douleur qui n'a rien de commun avec l'appareil sexuel.

Ce sont des femmes impressionnables que l'on a terrifiées par le récit d'opérations chirurgicales pratiquées sur leurs amies, ou qui ont entendu parler de tumeurs abdominales, de cancers et de salpingites. Un jour, elles ressentent dans le bas-ventre une douleur et les voilà préoccupées, puis effrayées. Le médecin leur explique que cette douleur n'a pas de gravité, qu'elle prend naissance dans l'intestin, que les organes génitaux demeurent sains. Elles partent rassurées, puis retombent dans leurs craintes et vont consulter tour à tour spécialistes, gynécologues, médecins et chirurgiens, pour une névralgie, un spasme intestinal, quelquefois pour rien du tout. D'autres névropathes ont éprouvé de la dysménorrhée ou quelques légers accidents menstruels. Un vaginisme, une ménorrhagie ou un retard, une simple leucorrhée prennent une importance, une gravité à laquelle elles songent jour et nuit : la faiblssse neurasthénique, les vertiges, la céphalée, les troubles dyspeptiques se greffent sur cet état et elles finissent par tomber réellement malades. Le plus triste de leur histoire pathologique, c'est qu'on n'est jamais certain de les renvoyer convaincues de l'inanité de leurs angoisses ; elles paraissent témoigner une grande confiance, conviennent qu'elles se sont effrayées à tort; et en sortant de chez vous vont droit chercher une nouvelle consultation.

Au nombre des accidents neurasthéniques, avec des hématémèses, des hémoptysies de même origine, plusieurs auteurs ont signalé des cas de *métrorrhagies*. Ausset en a réuni quelques observations qui semblent probantes : « L'hémorrhagie n'est « habituellement pas très abondante... Chose remarquable, après « l'hémorrhagie, toute sensation pénible a disparu, il ne reste plus « qu'un affaissement considérable et une augmentation des signes « neurasthéniques. Puis, si l'on reconnaît la cause du mal, grâce « à un traitement approprié, en quelques jours la malade est sur « pieds et peut reprendre son travail habituel. C'est là un fait « important à considérer, car l'on conçoit aisément qu'une hé- « morrhagie, causée par une lésion organique, tuberculose pul- « monaire, ulcère rond ou cancer de l'estomac, *métrite*, ne per- « mettrait pas un retour aussi rapide à la santé, bien loin de là... « Il semble que ce sont des vaisseaux congestionnés qui se sont « vidés et que là s'est borné le phénomène. » Ces *hémorrhagies névropathiques* (Parrot) sont parentes (Ausset) d'autres troubles d'origine vaso-motrice tels que la roséole émotive, les œdèmes, les crises soudaines de diarrhée, etc.

Les *métrorrhagies névropathiques* (Lancereaux) se manifestent surtout à la puberté ou à la ménopause; elles surviennent chez des malades nerveuses sous l'influence de la fatigue, du surmenage, du froid, des émotions, spontanément ou à la suite d'attaques convulsives ou de névralgie lombo-sacrée. D'autres fois elles prennent l'allure de règles déviées ou supplémentaires. Les troubles nerveux qui leur font cortège aident au diagnostic.

3° **Hystérie**

L'*hystérie* crée des fausses utérines qui ont de grands points de similitude avec les neurasthéniques, comme pathogénie et comme manifestations.

A. — *Aménorrhée.* — *Métrorrhagies.* — L'accident de beaucoup le plus commun qu'elle provoque est sans nul doute la suspension des règles. L'*aménorrhée hystérique* de notion courante, avec un léger tympanisme, constitue une de ces fausses grossesses dont nous avons parlé plus haut. L'exagération du flux menstruel et surtout l'apparition d'un écoulement sanguin dans la période intercalaire sont au contraire beaucoup 'plus rares. Cependant *ménorrhagies* et *métrorrhagies hystériques* ont été décrites à plusieurs reprises. GILLES DE LA TOURETTE cite les observations et les remarques de A. MARTIN et de FABRE : « Les mé-
« trorrhagies hystériques, dit ce dernier auteur, ont à mes yeux
« un triple caractère : elles n'attendent ordinairement pas, pour
« se montrer, l'époque régulière de la menstruation : ce sont,
« permettez-moi l'expression, des règles irrégulières; de plus,
« elles alternent parfois avec des menstruations insuffisantes;
« enfin, elles sont le plus souvent accompagnées ou précédées de
« douleurs vives, même violentes, et que n'explique aucune dé-
« viation ni aucune inflammation de l'organe. » Cependant (FABRE) il est prudent de faire des réserves et de soupçonner qu'un grand nombre de ces hémorrhagies peuvent être dues à une affection utérine facilement méconnue.

B. — *Douleur.* — Plus souvent que l'aménorrhée, la *douleur* est un symptôme que nous rencontrons chez les hystériques; douleur transitoire ou permanente, ou continuelle avec des paroxysmes[1].

La douleur est souvent l'expression d'une *hystérie latente* (LOMER). Elle est tantôt imaginée de toutes pièces par la malade,

---

1. PAUL DALCHÉ. — Hystéralgie. Douleurs utérines. *Revue mensuelle de Gynécologie, d'Obstétrique et de Pédiatrie,* 1908, n° 3.

tantôt elle se greffe sur une lésion anatomique réelle dont elle accroît l'importance. A cette influence se rapportent des cas d'*hyperesthésie des parois*, de *vaginisme*, de *prurit vulvaire*, de *coccygodynie* dont la persistance ne trouverait pas sa raison d'être.

Au moment de l'éruption menstruelle, c'est une *dysménorrhée* fort vive qui cesse avec l'écoulement du sang, mais susceptible aussi de persister sous forme de *névralgie* à exacerbations périodiques. Les points douloureux, dits ovariens, la sensibilité de tout le bas-ventre rendent les investigations fort difficiles ; on arrive à s'assurer de l'intégrité des organes génitaux, et on constate alors une *névralgie lombo-abdominale* avec des irradiations dans les reins et jusque dans les membres inférieurs ; ou bien les points douloureux se localisent de préférence sur l'utérus, ou encore tous les organes génitaux internes sont atteints de souffrances; c'est une névralgie de tout le petit bassin. Une *hystéralgie* persistante s'installe qui n'est pas en rapport avec une lésion utérine bénigne et contribue par cette exagération à donner l'impression d'un état grave. Il est de *grandes névralgies pelviennes* incessantes qui réduisent la patiente à l'état le plus misérable. GILLES DE LA TOURETTE appelle l'attention sur des douleurs hystériques à paroxysmes atroces où il a noté un aura initial, des convulsions terminales avec un état mental particulier et qui sont suivies de l'émission d'une urine claire. J'ai observé un cas de dysménorrhée que j'ai été amené à considérer comme un *équivalent épileptique*.

Les hystériques *topoalgisent*, et, rebelles à toute thérapeutique, conservent un ou plusieurs points de névralgie pelvienne sans amélioration, sans soulagement pendant de longs mois, avec des accès plus violents à chaque période cataméniale. DEBOVE dit que l'ovariotomie ne guérit ni l'hystérie ni les douleurs appelées ovariennes du petit bassin ; il n'ose pas affirmer qu'elle ne les entretient pas, si dans certains cas, elle ne les provoque.

Dans les autres maladies du système nerveux groupées sous le nom de *névroses*, les manifestations utéro-ovariennes se réduisent à quelques troubles de la menstruation, ordinairement sans grande importance[1].

---

1. LÉVIS. *Des troubles de la menstruation dans les maladies du système nerveux.* Thèse de Paris.

4° Épilepsie

Dans l'*épilepsie*, nous constatons, chez quelques sujets, de la dysménorrhée ou de l'aménorrhée. Mais si la névrose à peu de retentissement sur les règles, l'influence du molimen cataménial sur les accidents convulsifs est plus réelle ; les crises épileptiques éclatent facilement à l'occasion des règles, et la venue de la puberté est souvent l'occasion du premier accès comitial (*Épilepsie menstruelle*, BRIERRE DE BOISMONT, etc.).

III

Fausses utérines et psychoses

« Tantôt, *et c'est le cas le plus commun* (BRIERRE DE BOISMONT), « les dérangements menstruels sont postérieurs à la perte de la « raison, tantôt, au contraire, ils précèdent le délire et pa- « raissent réellement le produire. » Les troubles de la menstruation ne font pas éclater la folie, presque toujours ils apparaissent à sa suite. HOBBS pense, au contraire, « que les maladies des organes génitaux sont un facteur important de l'état mental des femmes ». Dans bien des cas, il a amélioré ou guéri la psychose par le traitement de l'affection génitale. Assez nombreux sont les auteurs qui considèrent les affections pelviennes comme une cause de vésanie.

Mais l'intervention chirurgicale sur des viscères aussi riches en faisceaux et ganglions nerveux n'est pas toujours regardée comme sans conséquence sur les états mentaux que ces traumatismes graves impressionnent. BALDY rapporte que de nombreuses femmes ayant subi des laparotomies pour opérations gynécologiques sont devenues aliénées, même quand elles ne présentaient aucune tare héréditaire ; de même GLŒVECKE a observé de la dépression mentale et de véritables psychoses.

Chez les aliénées encore réglées, les époques coïncident fréquemment avec une aggravation de l'état mental, avec des crises convulsives pour les paralytiques générales.

L'aménorrhée est le phénomène prépondérant au cours des *manies*, *délires*, *folies périodiques*, etc., même avant la période de cachexie. Au cours de certaines *lypémanies*, à la ménopause (BALLET), il survient des *métrorrhagies*.

Certaines patientes éprouvent au niveau des *déviations utérines* des douleurs persistantes qui n'ont leur raison d'être que dans l'état mental. Une intervention chirurgicale conduirait à un échec et aggraverait la psychose (PICQUÉ).

IV

Fausses utérines et maladies organiques des centres nerveux

Les maladies organiques des centres nerveux arrivées à la phase ultime s'accompagnent d'*aménorrhée;* la suppression est précédée d'irrégularités menstruelles, quelquefois de *métrorrhagies* (par exemple chez les paralytiques générales). Avant la période cachectique, les désordres génitaux ne sont pas habituels; dans le *tabes dorsalis*, nous rencontrons rarement en réalité les crises clitoridiennes (PITRES) et ces crises vulvo-vaginales (MORSELLI) qui seraient dues à un spasme du constricteur du vagin.

V

Fausses utérines et névralgies

L'influence des *névralgies* sur les fluxions des organes génitaux (MAROTTE, AXENFELD, HUCHARD, LANCEREAUX) paraît aujourd'hui bien établie; il est classique de rappeler à ce sujet, par comparaison, les congestions que l'on observe dans les névral gies trifaciales, au niveau de l'œil et de sa muqueuse.

Nous n'insisterons pas à notre tour sur les troubles vaso-moteurs qui surviennent au cours des accès douloureux; il nous suffira de remarquer que l'action de la névralgie se fait sentir au moment de l'ovulation et de la menstruation, ou pendant la période intercalaire; *leucorrhée, ménorrhagie, métrorrhagie, engorgement, tuméfaction de la matrice* sont notés dans des observations assez nombreuses. Lévis rapporte l'histoire fort curieuse d'une femme, ayant passé la ménopause, qui vint consulter l'un de nous à l'Hôtel-Dieu pour une perte utérine provoquée par une névralgie lombo-abdominale, comme la suite nous le prouva sans conteste. C'est, en effet, la *névralgie lombo-abdominale* et cette autre affection décrite sous le nom de *névralgie utérine* qui retentissent le plus souvent sur l'appareil sexuel. Aux crises de souffrances correspondent des écoulements sanguins ou leucorrhéiques dont l'irrégularité varie avec les douleurs. Ces changements rapides et parallèles dans l'abondance du flux sont considérés par Marotte comme le caractère particulier de cette variété de pertes dont la nature est encore démontrée par l'efficacité du traitement antinévralgique. Marotte, en exagérant, attribue même à cette cause la production de certaines *hématocèles péri-utérines*. La tuméfaction de l'utérus sensible au toucher a fait à tort, ajoute Lancereaux, diagnostiquer des corps fibreux.

Ces névralgies n'éclatent pas toujours d'une manière spontanée; elles sont parfois le reliquat d'une affection éteinte des organes génitaux. Elles la réveillent alors, et leur influence est d'autant plus nuisible qu'elle s'exerce sur un système utéro-ovarien prédisposé aux fluxions par des atteintes antérieures [1].

VI

Fausses utérines,
affections nerveuses et glandes endocrines

Il existe aujourd'hui une tendance à détacher divers syndromes ou maladies de la pathologie nerveuse pour les rapporter à des troubles des glandes endocrines. Nous croyons fermement que l'exactitude de cette hypothèse sera démontrée, mais la preuve en est faite seulement pour un très petit nombre d'états; de longues recherches sont encore nécessaires. Nous ne nous croyons

---

1. Voir plus loin : *Traitement de la Dysménorrhée. — Hystéralgie.*

pas autorisés à ouvrir un chapitre complètement séparé, il nous suffira de signaler l'importance de ces idées nouvelles.

L'action *synergique* des glandes vasculaires sanguines, leurs suppléances fonctionnelles, et pour quelques auteurs, leur rôle antagoniste possible, nous expliquent que des troubles génitaux éclatent au cours d'affections qui se manifestent sur d'autres glandes que les glandes sexuelles. On a attribué à l'*hypophyse* une action régulatrice, et, en particulier, l'extrait d'hypophyse diminue l'activité du système ovarien (RÉNON). L'acromégalie et le gigantisme comportent des troubles génitaux ; l'hypophyse augmente de volume chez les animaux châtrés, et cette augmentation est moindre si l'on injecte à ces animaux de l'extrait orchitique (FICHERA). L'influence de la *thyroïde* et de la *mamelle* sur les *ovaires*, si elle restait douteuse, trouverait une preuve de plus dans l'opothérapie. Nous ne voulons nous occuper ici que de la pathologie utéro-ovarienne ; à cause des analogies, signalons cependant que, dans les cas où l'on constate l'hypertrophie de l'hypophyse au cours de l'insuffisance thyroïdienne, on s'est demandé si cette augmentation de volume est produite par suppléance ou si elle constitue un phénomène attribuable à l'intoxication myxœdémateuse. Cette question de suppléance ou d'altération connexe pourra se poser en effet à l'occasion d'autres états.

1° Glande thyroïde
Goitre exophtalmique — Myxœdème

Les troubles de la sécrétion thyroïdienne éclatent au cours d'altérations propres de l'organe ou amenés secondairement par des causes qui siègent dans d'autres glandes ou dans des systèmes éloignés. Dans les deux cas, ils retentissent très fréquemment sur l'appareil génital.

Les *hyperthyroïdies*, le *goitre exophtalmique* comptent l'*aménorrhée* au nombre de leurs symptômes les plus précoces ; une *leucorrhée* abondante accompagne souvent la suspension des règles. Il se produit aussi une atrophie mammaire et génitale qui tend à diminuer et à disparaître avec la guérison de la maladie de Basedow. Par contre (TEILHABERT) le goitre exophtalmique peut se montrer à la suite d'une grossesse ou de la lactation. Dans l'hypo-ovarie nous relevons des symptômes dus à un retentissement des perturbations

de l'ovaire sur la thyroïde, comme la tachycardie et les bouffées de chaleur à la ménopause, les syndromes basedowiformes
à la puberté et pendant diverses aménorrhées. La *tétanie*[1] se
manifeste volontiers à propos de la menstruation et de ses troubles,
comme aussi à la suite d'affections utérines. Elle est fréquente à
la puberté et cesse avec l'établissement des règles ; je l'ai observée à la ménopause. Cependant sa réelle origine est rapportée
aujourd'hui au système thyroïdien et plus particulièrement aux
parathyroïdes.

Dans les *hypothyroïdies* et le *myxœdème*, l'abondance des
ménorrhagies et des *métrorrhagies* contribue à mettre sur la piste
de la maladie, surtout quand elle est fruste ou bénigne.
D'autres fois les arrêts de développement du système génital
accompagnent l'infantilisme de l'hypothyroïdie ; moins accentuée,
cette influence se traduit par des *antéflexions* ou des *rétroflexions*
que l'on constate dès la puberté. Les succès de l'opothérapie
thyroïdienne apportent tous les jours des preuves à ces conceptions pathologiques.

2° Maladie ou syndrome de Raynaud

L'*aménorrhée* est tellement habituelle au début du *syndrome* de
Raynaud que plusieurs fois elle en a été considérée comme la
cause occasionnelle.

Voivenel et Fontaine en cherchent la véritable cause dans une
altération des glandes endocrines. L'hyperthyroïdie consécutive à
une insuffisance ovarienne amènerait du spasme vasculaire ;
l'hypothyroïdie produisait au contraire de la cyanose et l'asphyxie
des extrémités.

3° Acromégalie

La *suppression des règles* prend une valeur qui l'a fait regarder
comme un symptôme primordial de cette affection (Marie,
Souques, Souza Leite).

Les *troubles de développement des organes génitaux* arrivant à

---

1. Paul Dalché. *Tétanie de la Ménopause.* — *Société de Thérapeutique*, 1909.

l'atrophie s'associent à de l'adipose, et ils ont conduit LAUNOIS à créer un syndrome *adiposo-génital*.

4° **Sclérodermie**

L'*aménorrhée* domine encore, bien que l'on ait cité des métrorrhagies et de la dysménorrhée. Dans certains cas, le traitement de la sclérodermie par l'opothérapie thyroïdienne a donné des résultats satisfaisants, et parfois on a constaté l'altération de diverses glandes.

5° **Maladie de Parkinson**

La *paralysie agitante*, disent PARHON et GOLSTEIN, apparaît dans la deuxième époque de la vie, lorsque les glandes génitales entrent en involution. Les parkinsonniennes éprouvent des sensations de chaleur, des transpirations abondantes, elles ont du tremblement, symptômes que l'on observe encore dans les troubles thyroïdiens. LUNDBORG incrimine plutôt les parathyroïdes.

Les *adéno-lipomatoses*, les *adiposes localisées*, les *adiposes symétriques familiales*, *l'acroparesthésie*, *l'érythro-mélalgie*, etc., rentreront sans doute un jour dans ce chapitre que nous pouvons seulement ébaucher aujourd'hui. Pour la *maladie de Dercum*, la preuve paraît en être établie.

CHAPITRE VII

FAUSSES UTÉRINES ET AFFECTIONS ARTHRITIQUES

I

Considérations générales

Certaines exagérations ont jeté un injuste discrédit sur les rapports des maladies constitutionnelles avec la pathologie utérine.

Sans doute les *leucorrhées goutteuses* de STORCK et de STOLL, les *métrites arthritiques* de GUILBERT ne sont pas d'une observation irréprochable; sans doute encore, plus près de nous, MARTINEAU a dépassé la mesure et peut-être GUÉNEAU DE MUSSY s'est-il laissé entraîner sur quelques points par des conceptions générales dont l'ampleur le séduisait. Mais cette raison est-elle suffisante pour nous faire tomber dans un excès contraire et nier aux manifestations diathésiques toute action sur la vie génitale? Les fonctions utéro-ovariennes qui président à la reproduction de l'espèce ne peuvent pas être à l'abri de ces influences dont nous ressentons les effets dès la naissance et qui, « par transmission héréditaire, se prolongent au delà de la vie de l'individu ».

II

Séméiologie des accidents utéro-ovariens
chez les arthritiques

Les troubles utérins, « *modifiés par la goutte ou manifestations diathésiques directes* (RENDU) », prennent volontiers chez les arthritiques une allure spéciale.

1° Goutte. — Rhumatismes chroniques. — Herpétisme

La *puberté* est pénible chez les jeunes filles de souche goutteuse; elle sé complique (RENDU) de métrorrhagies abondantes et de crises douloureuses périodiques que l'on a dénommées assez ingénieusement des *migraines utérines*. Plus précoce que chez les lymphatiques, elle est suivie d'une menstruation dont les réactions sont vives et dont les périodes intercalaires assez courtes s'abaissent jusqu'à vingt-quatre et vingt et un jours.

La tendance aux poussées fluxionnaires si habituelles aux arthritiques imprime sa marque sur les phénomènes menstruels. RACIBORSKI, WEST, SIMPSON, COURTY, BEGBY, avaient déjà signalé dans les diathèses *rhumatismale, goutteuse, eczémateuse, herpétique*, cette aptitude aux congestions utérines et aux pertes dont VERNEUIL, LANCEREAUX, RENDU, nous ont rapporté des exemples. VERNEUIL cite plusieurs faits de *métrorrhagies*, de nature congestive, ayant alterné avec des épistaxis juvéniles, des coliques hépatiques et des hémorrhagies vulvaires ou anales; quelques-unes avaient été inutilement traitées par un curettage.

Les *ménorrhagies*, qui précèdent ordinairement les métrorrhagies (LANCEREAUX), sont caractérisées par un flux menstruel beaucoup plus abondant qu'à l'état normal; elles ont une durée de huit à dix jours avec de l'accablement, du malaise et de la fatigue. Les malades présentent à la suite des règles un écoulement parfois presque continu et, dans certains cas, un flux sanguin est survenu périodiquement vers le onzième ou douzième jours de l'espace intercalaire. COURTY relate l'histoire d'une dame de quarante-cinq ans, goutteuse et hémorrhoïdaire, dont l'utérus était atteint d'une congestion s'exaspérant douze jours après la cessation des mois au point de causer des douleurs vives, l'impossibilité de marcher et des troubles généraux graves. Ces pertes, volontiers périodiques, surviennent sans cause et tirent un caractère particulier de la *tuméfaction de la matrice*, des douleurs et de la fatigue qui les accompagnent. LANCEREAUX insiste sur le gonflement de l'utérus qui, ferme, extrêmement douloureux pendant la crise, reprend ensuite son état normal. Ces *fluxions utérines d'origine goutteuse*.il les a diagnostiquées sur des jeunes filles ou des jeunes femmes arthritiques, les tient pour communes à la ménopause, et même encore plus tard *après la ménopause*, les a vues se produire chez des *femmes âgées* pour lesquelles on était exposé à croire à un polype ou à un cancer.

La *douleur*, fréquemment associée à la tuméfaction de l'organe, peut acquérir une violence qui, « dans certains cas, rappelle les douleurs de l'enfantement ». Douleur précédant le molimen cataménial, douleur *dysménorrhéique* diminuée, sinon calmée, par l'éruption du sang ; souffrances en dehors des règles, rendant pénibles la station debout, la marche, le moindre effort, irradiant vers le rectum, les membres inférieurs, les parois de la cavité abdominale et pelvienne, survenant par crises brusques et disparaissant tout à coup. Une *névralgie* utérine, ovarienne, lombo-abdominale, éclate à propos d'une altération insignifiante des organes génitaux et acquiert une intensité qui la rend difficile à soulager ; à la longue ou d'emblée, tout le bassin devient douloureux, une *hystéralgie* s'installe qui se trouve hors de toute proportion avec la lésion utéro-annexielle s'il en existe une. Il faut soigner ces formes cliniques par la médication générale autant que par les topiques locaux (RENDU).

La *dysménorrhée membraneuse que* TODD a vu coïncider avec le *rhumatisme noueux*, ne reconnaît pas une seule pathogénie. Les cas qui ressortissent à une origine hyperhémique, fluxionnaire, sont ceux dont tous les auteurs s'accordent à proclamer la fréquence relative chez les neuro-arthritiques ; mais l'action de la diathèse est favorisée par un état local. Au lieu de faire procéder du rhumatisme chronique certaines formes de dysménorrhée membraneuse, il est plus exact (BESNIER) de les considérer comme deux manifestations morbides attribuables à une commune origine : l'**arthritisme**.

Par contre, on trouve des femmes qui, bien loin de se plaindre d'hémorrhagies, accusent une *suppression des règles*. L'un de nous a soigné une dame atteinte de rhumatismes chroniques, qui restait en aménorrhée depuis un an ; le traitement de l'affection diathésique, suivi d'une amélioration générale, amena le retour au moins momentané de la menstruation. De même dans l'*uricémie de la jeunesse* les règles se suppriment ou la puberté ne s'établit pas.

Notons encore le *prurit vulvaire* et surtout la *leucorrhée* dont l'abondance paraît vraiment alterner parfois avec d'autres flux ou d'autres manifestations goutteuses, eczémateuses ou rhumatismales.

L'action de la diathèse se fait sentir avec d'autant plus de facilité sur le système génital qu'il porte une altération pathologique, et c'est à l'influence du terrain qu'il faut attribuer l'allure et l'évolution que prennent les affections utéro-ovariennes.

Ces arthritiques dont la puberté a été douloureuse, qui toute leur vie ont conservé des règles pénibles et une tendance à la congestion de la matrice, aboutissent à la *sclérose utérine* (RICHELOT).

2° **Diabète**

Nous dirons peu de chose du *diabète*, qui cause tantôt des ménorrhagies, plus souvent de l'aménorrhée, du prurit vulvaire, et surtout une leucorrhée et de la vulvite à répétitions.

On tend aujourd'hui à croire à un rapport assez étroit entre l'appareil génital de la femme et les organes chargés de la « glycolyse ». L'apparition d'un certain diabète à la ménopause, les relations qui existent entre diverses tumeurs de l'appareil utéro-ovarien et la glycosurie, divers phénomènes qui surviennent pendant la grossesse, militent en faveur de l'action synergique des glandes génitales et celle d'autres appareils glandulaires comme leur retentissement réciproque les uns sur les autres.

3° **Obésité**

L'obésité amoindrit les fonctions génitales. Les jeunes filles polysarciques ont parfois une *puberté précoce*, mais ensuite elles sont peu ou mal réglées, et, devenues femmes, elles demeurent *stériles*. *L'aménorrhée* est si fréquente que souvent on l'a considérée non plus comme un effet, mais comme une cause de l'obésité. L'invasion de la graisse dans tout l'organisme au moment de la ménopause naturelle ou chirurgicale a conduit à une thérapeutique qui s'efforce de suppléer aux règles disparues pour lutter contre l'adipose. C'est que l'interprétation du phénomène est également exacte pour les deux cas ; l'aménorrhée par *insuffisance ovarienne* est susceptible de devenir cause ou effet. Sa coïncidence avec le développement d'un ventre difficile à palper occasionne des erreurs de diagnostic, on croit à des grossesses, alors qu'on est en présence de fausses grossesses ou de *grossesses adipeuses*.

Pour cette coïncidence des accidents de la menstruation et de l'obésité, nous sommes obligé de tenir grand compte des *glandes endocrines :* les sécrétions internes de l'*ovaire*, de la *thyroïde*, de l'*hypophyse*, etc. (ARTHUR DELILLE), quand elles sont troublées, sont susceptibles de provoquer à la fois ménorrhagies ou aménorrhée et polysarcie. CARNOT étudie une obésité génitale. VON NOORDEN, considérant l'amoindrissement du pouvoir d'oxydation qui est en rapport direct avec les modifications de la thyroïde, décrit une obésité thyroïdienne primitive, due à l'affaiblissement organique ou fonctionnel de la thyroïde, et une obésité thyroïdienne secondaire, en rapport avec les perturbations fonctionnelles de la glande dépendant elle-même d'un autre organe : ovaires, pancréas, thymus, surrénales, etc. Dans les deux cas les accidents génitaux sont susceptibles de se montrer. E. KISCH observe que l'obésité se développe aux deux extrémités de la vie génitale, et dans l'intervalle signale l'influence de la grossesse, de la lactation, de l'abus du coït ; il relève des signes de *masculisme* chez les femmes atteintes d'obésité héréditaire. Inversement il admet aussi que l'adipose amène des anomalies menstruelles, aménorrhée, stérilité, etc. LAUNOIS, dont nous avons cité les opinions plus haut, a bien étudié l'action de l'*hypophyse*. Les lésions de cette glande favorisent et exagèrent la surcharge graisseuse des cellules conjonctives, et cette adiposité s'associant aux troubles physiques et fonctionnels de l'appareil génital d'origine hypophysaire complètent le syndrome *hypophysaire adiposo-génital* où prédominent l'aménorrhée et l'obésité. APERT rapporte une certaine obésité à des dystrophies en relation avec des lésions des *capsules surrénales*. Les altérations hyperplasiques de la substance corticale, *hyperépinéphrie*, amènent, pendant la période d'activité sexuelle : 1° un excès de développement du système pileux, poils sur tout le corps, collier de barbe aux joues et au menton, hirsutisme ; 2° une adiposité très prononcée ; 3° l'*arrêt des règles*. A la ménopause, il survient une adiposité exagérée et des *hémorrhagies*. A la période præpubérale et pubérale, exagération remarquable du développement corporel, adiposité très marquée, hypertrichose, hypertrophie du clitoris. Notons en passant qu'APERT signale la coïncidence d'hémorrhagies avec l'obésité.

L'influence de l'obésité sur les hémorrhagies de la matrice est en effet connue depuis peu. DANCEL signala les *métrorrhagies chez les femmes chargées d'embonpoint* et vit les pertes s'arrêter par le seul traitement dirigé contre l'état général. MONOD, PIÉCHAUD, RIVIÈRE, ANDRÉ BOURSIER ont tour à tour rapporté des cas fort curieux. Un point rend parfois l'interprétation des faits assez délicate : les menstruations profuses, comme toutes les pertes de sang répétées, provoquent la surcharge graisseuse. Il n'en reste pas moins indiscutable que l'obésité suffit à donner naissance à des pertes utérines, les unes abondantes, les autres réduites à un suintement prolongé, alors que les organes génitaux demeurent absolument sains. Elles se manifestent encore après la ménopause, car c'est l'époque où la femme acquiert de l'embonpoint, et, à ce moment de la vie, elles deviennent la source de légitimes inquiétudes.

De son côté, l'état de l'intestin a de l'importance. GUÉNIOT décrit un *prolapsus graisseux* de l'abdomen qui occasionne des douleurs dans les lombes, l'hypogastre, avec fatigue facile et tiraillements au niveau des flancs. Le prolapsus graisseux de l'abdomen donne les signes des ptoses viscérales. Il n'est donc pas étonnant que, sous l'influence de ces causes multiples, surtout si l'utérus porte une lésion légère, la métrorrhagie s'établisse avec une certaine facilité.

Une femme de quarante-sept ans, obèse depuis cinq ans, fille d'une mère obèse et diabétique, vint nous consulter pour des pertes, au moment de ses règles, si abondantes depuis trois ans qu'elle salissait jusqu'à quinze serviettes par jour. Elle était, en outre, habituellement constipée et présentait une chute considérable de tout l'abdomen surchargé de graisse, avec un peu de métrite chronique. Nous lui prescrivîmes des purgations légères, une ceinture abdominale et quelques injections chaudes. La malade revint nous voir plusieurs mois après : l'abondance des règles avait beaucoup diminué, elles ne duraient plus que quatre jours et ne contenaient plus de caillots.

SNEGUIREW admet que l'obésité congénitale s'accompagne d'aménorrhée d'un utérus resté petit et qui ne se développe pas, tandis que l'obésité acquise entraîne des métrorrhagies. Cette opinion peut trouver une explication dans ce qui vient d'être exposé.

CHAPITRE VIII

FAUSSES UTÉRINES ET MALADIES INFECTIEUSES ET TOXIQUES

I

Infections. — Étude clinique

« Les maladies chroniques suppriment les règles, les maladies « aiguës les provoquent. » (Hérard.) Gubler fait remarquer qu'il ne faut pas considérer toutes les métrorrhagies comme liées au travail menstruel. Le mémoire de Hérard, en effet, sur 71 cas, renferme beaucoup d'exemples où il a noté « une anticipation des règles bien évidemment provoquée par l'affection fébrile aiguë ». Gubler, au contraire, constate l'absence d'ovulation dans plusieurs de ces menstruations intempestives et tient beaucoup de métrorrhagies survènant au début des fièvres pour de simples *épistaxis utérines* et non pour de véritables règles.

Trois cas peuvent se présenter, dit Gubler : les maladies aiguës respectent la fonction menstruelle ; elles la suppriment ou elles l'accélèrent. Mais, suivant toute apparence, l'anticipation ne peut guère dépasser une semaine.

Les maladies aiguës peuvent, au contraire, déterminer des épistaxis utérines huit jours à peine après la dernière époque, aussi bien que quelques jours seulement avant la future menstruation et dans tout l'intervalle indifféremment.

La période des pyrexies la plus féconde en épistaxis utérines est celle de l'invasion.

Ainsi les épistaxis utérines se rencontrent plus fréquemment *au début des phlegmasies thoraciques et abdominales, des fièvres typhoïdes, des érysipèles ou des éruptions fébriles et surtout dans la période initiale des fièvres exanthématiques exquises : rougeole, scarlatine et variole.*

Hippocrate enseigne qne chez beaucoup de jeunes filles les règles apparaissent pour la première fois dans le cours d'une maladie aiguë. Gubler trouve plus vraisemblable l'hypothèse d'une épistaxis utérine ; pourquoi, dit-il, penser à des règles qui ne se montrent qu'après certains changements organiques liés au développement sexuel ?

Au cours d'une maladie aiguë surviennent des *hémorrhagies sans aucun rapport avec l'ovulation*, des *pertes liées à la menstruation*, des *phases d'aménorrhée*, surtout pendant la convalescence, après une atteinte profonde de l'économie. De ces hémorrhagies, les unes sont sans aucune importance, les autres deviennent graves par leur signification ou leur abondance, comme dans la variole, par exemple. Raciborski rapporte un cas de métrorrhagie mortelle pendant une scarlatine.

Au maladies aiguës, énumérées par Gubler, nous ajouterons *les purpuras* (infectieux ou non). Au cours *de la grippe*, nous avons soigné plusieurs femmes dont les règles ont été avancées ou augmentées pas les phénomènes d'invasion brusque de l'influenza. Dans le *choléra*, on a noté plusieurs fois des écoulements sanguins, et Slavjanski a décrit les lésions de la muqueuse utérine.

Pendant l'épidémie cholérique de 1884, nous fîmes l'autopsie d'une jeune femme qui, prise d'un accès de choléra foudroyant, tandis que ses règles coulaient, mourut en quelques heures dans le service de notre maître Empis. Nous trouvâmes une apoplexie ovarienne poussée aux plus extrêmes limites : l'ovaire gorgé de sang contenait un caillot énorme entouré par un tissu dilacéré ; ce caillot enlevé laissait une poche à parois déchirées et friables. Par contre, la trompe et la matrice ne présentaient que des altérations beaucoup moins intenses.

Parmi les maladies infectieuses, une des plus curieuses dans ses effets est *l'impaludisme*. Gaillard Thomas le range parmi les causes de la *dysménorrhée*, et Delioux de Savignac conseille de traiter par le *sulfate de quinine* les menstruations douloureuses chez les chloro-anémiques imprégnées du miasme palustre. Il faut songer aussi à la quinine contre les névralgies lombo-abdominales intermittentes ou fixes, qui, dans les pays à fièvres, compliquent la dysménorrhée ou tout autre accident du système génital. La *leucorrhée*, *l'aménorrhée* s'installent à toutes les phases de la maladie, mais surtout au cours de la *cachexie paludéenne*. La *puberté* est tardive.

Les *métrorrhagies* surviennent dans des conditions qui méritent d'être précisées (Duboué, Burdel, Coriveaud, Petit et Verneuil, Lardier, Bogdan). Pendant l'accès fébrile, au moment des congestions profondes qui accompagnent surtout le stade du froid, si les règles coulaient, il n'est pas rare de leur voir prendre une abondance tout à fait inusitée. En dehors des périodes menstruelles, les accès paludéens provoquent des pertes qui parfois se sont montrées nettement intermittentes et même quotidiennes. Le sulfate de quinine agit efficacement contre elles. Pour le prescrire, il ne faut pas attendre que la métrorrhagie prenne un type intermittent ou arrive avec un accès. Le médicament a triomphé de métrorrhagies d'apparence banale, mais derrière lesquelles on pouvait soupçonner l'infection malarique.

Dans une remarquable étude sur l'*infantilisme palustre*, de Brun attribue l'arrêt du développement sexuel et de ses dépendances, l'arrêt de la croissance et des fonctions intellectuelles, à une origine dysthyroïdienne, sclérose palustre de la thyroïde ; les dystrophies génitales lui paraissent secondaires.

A la suite des maladies aiguës, cependant, nous ne pouvons plus considérer ainsi toutes les métrorrhagies sans distinction comme des troubles fonctionnels chez des fausses utérines. Les fièvres exanthématiques, la fièvre typhoïde, sont susceptibles de provoquer une *métrite*. Pozzi, à la suite de la grippe, a observé des poussées de *péri-métro-salpingite*, et il rapporte que Gottschalk et Goldberg ont vu la *métrite hémorrhagique* succéder à l'influenza et au scorbut. Le mauvais état général de l'organisme après les fièvres graves laisse la matrice plus facilement vulnérable à l'action des microbes pathogènes.

L'évolution des accidents, leur retour ou leur disparition, l'examen des organes génitaux, permettent, dans la plupart des cas, de discerner la métrorrhagie fonctionnelle de celle qui ressortit à une endométrite.

Nous n'insisterons pas sur l'aménorrhée de la *phtisie chronique ;* des métrorrhagies que Vincent qualifie « d'hémoptysie interne » surviennent comme stigmates précoces d'une *tuberculisation aiguë*.

Des accidents utéro-ovariens très variables éclatent au cours de la *syphilis* et de préférence au cours de ses formes graves. La *leucorrhée*, qui n'est pas contagieuse, semble un effet de la débilitation générale plutôt que de la vérole elle-même (Fournier).

Les *névralgies* pelviennes, la névralgie utérine, l'hystéralgie ne sont pas rares, et les troubles menstruels restent fréquents. Les syphilitiques sujettes à des retards de leurs règles, à une diminution marquée de l'écoulement sanguin, accusent des phases plus ou moins longues d'*aménorrhée*, qui, chez ces femmes très souvent neurasthénisées, simulent une grossesse, au moins dans les premiers mois.

Les *métrorrhagies syphilitiques* sont d'une importance qui nous oblige à leur consacrer plus loin un chapitre spécial.

II

Intoxications. — Étude clinique

L'influence des poisons sur le système génital de la femme touche par de nombreux points à la thérapeutique, et nous aurons à revenir sur ce sujet avec l'histoire *des emménagogues*. Les métrorrhagies observées au cours d'un traitement par l'*iode* ou l'*iodure de potassium* mèneraient à parler de la *teinture d'iode* préconisée pour favoriser l'établissement du flux cataménial; de même pour la *sabine*, la *rue*, etc., dont les préparations sont dangereuses et toxiques à doses relativement peu élevées.

Les premières étapes de l'*alcoolisme* sont volontiers marquées par des *métrorrhagies* abondantes et répétées (LANCEREAUX).

PIERRE FRANCK, dans son *Traité de Médecine Pratique*, signalait déjà cet accident chez les personnes adonnées aux boissons spiritueuses. Nous en avons observé un curieux exemple chez une femme atteinte de gastrite éthylique ; des règles profuses et des pertes sanguines intercalaires accompagnaient les paroxysmes des souffrances stomacales ; par réciproque, la venue de la menstruation exaspérait les accès douloureux.

Plus tard les règles se suspendent d'une manière définitive, même si la malade est encore jeune, vers 30 ou 35 ans.

Les intoxications par le *phosphore*, le *sulfure de carbone*, le *mercure*, l'*arsenic*, provoquent souvent des hémorrhagies utérines ; à la phase de *cachexie mercurielle*, etc., l'aménorrhée s'installe au contraire, comme dans le *morphinisme*.

Les métrorrhagies sont favorisées par le *salicylate de soude ;*

l'empoisonnement par l'*oxyde de carbone*, s'il n'entraîne pas la mort, est parfois suivi d'une éruption menstruelle précoce et abondante.

La *colique de plomb*, lorsqu'elle éclate au moment où les règles coulent, devient capable de les diminuer et même de les supprimer. Tanquerel parle d'une femme dont la menstruation s'est brusquement arrêtée pour ne reparaître que le mois suivant ; chez deux autres, la colique saturnine empêcha l'écoulement du sang à la période attendue. Cependant une colique de moyenne intensité reste parfois sans effet sur le flux utérin. On doit aussi tenir grand compte de l'état général. La *cachexie saturnine* entraîne l'aménorrhée ; mais avant la cachexie, dans le *saturnisme chronique*, en dehors des accès de colique il n'est pas rare que le plomb produise des pertes utérines susceptibles d'alterner avec des phases d'aménorrhée.

Gubler signale les *tænifuges, kousso, racines de fougère mâle*, comme susceptibles de déterminer de véritables métrorrhagies.

Cet accident survient aussi à la suite des morsures de *serpents venimeux* (Garcier).

Enfin on a vu l'*intoxication théique* causer divers accidents utérins.

DEUXIÈME PARTIE

LES FAUSSES UTÉRINES

—

DIAGNOSTIC ET TRAITEMENT

CHAPITRE PREMIER

INDICATIONS GÉNÉRALES DU DIAGNOSTIC DES FAUSSES UTÉRINES

I

Considérations générales

Nous avons étudié isolément les fausses utérines et montré quelles sont les maladies qui peuvent engendrer des symptômes utérins. Maintenant il faut porter la question sur le terrain de la clinique et rechercher les *indications principales* sur lesquelles on peut se fonder pour établir le diagnostic et instituer le traitement.

Le nombre de femmes qui se présentent à nos consultations en se plaignant de souffrir des organes génitaux est légion. On peut les diviser en quatre grands groupes :

1° Le premier comprend celles qui portent véritablement une lésion utérine ou annexielle. Il va sans dire que celles-là ne nous intéressent point en ce moment, puisque ce sont de vraies utérines ; nous les passons donc sous silence, et nous ne nous occupons que des fausses utérines qui forment les trois autres groupes.

2° Encore assez nombreux, le deuxième groupe comprend les femmes qui se plaignent de phénomènes qu'elles rapportent à l'utérus et chez lesquelles l'examen le plus attentif ne permet pas de découvrir la moindre lésion, ni même le moindre trouble fonctionnel. Il ne s'agit que de pures sensations subjectives. La menstruation est régulière, les organes sont restés tout à fait sains et normaux, et la malade localise fictivement dans ses organes génitaux les douleurs réelles qu'elle ressent.

Ces femmes sont tout simplement des hystériques, des névropathes, généralement suggestionnées par leur entourage et par des récits d'amies qui souffrent de l'utérus ou qui ont subi des opérations. Elles relèvent uniquement du traitement psychique. N'oublions pas, en effet, que la femme a une vie cérébrale dans laquelle l'utérus joue un rôle capital : la nécessité de s'inquiéter perpétuellement de ses fonctions menstruelles, la possibilité constante d'une grossesse, les relations conjugales, tout est là pour appeler son attention soutenue sur l'organe qui est, pour ainsi dire, sa raison d'être physiologique. Il n'y a donc pas lieu de s'étonner si les femmes, entre elles, parlent volontiers de leurs misères génitales, et si cette influence extérieure agit facilement pour faire redouter à chacune d'elles l'apparition des symptômes éprouvés par quelques autres.

3° La troisième catégorie est la plus nombreuse. Nous y rangeons les femmes qui, à propos de troubles dans les organes génitaux, se croient malades de l'utérus, quand, en réalité, ces troubles simplement fonctionnels sont sous la dépendance d'un état morbide où l'utérus n'a rien à faire. Notons que pour les raisons exposées un peu plus haut, dès qu'elle éprouve une sensation utérine, la femme rapporte tout à cette sensation et détourne ainsi le médecin de la véritable cause des symptômes qu'elle ressent.

Ainsi, voici une femme qui se plaint de troubles menstruels, aménorrhée ou dysménorrhée, ménorrhagie ou métrorrhagie, mais en même temps elle est dyspeptique, anémique, diabétique, hépatique ou cardiaque. Or, rarement elle attirera d'elle-même nos investigations sur les organes atteints, et si elle parle de phénomènes autres que ses troubles génitaux, ce sera toujours pour les rattacher à ceux-ci et pour les considérer comme purement accessoires; nous aurons donc la plus grande difficulté à la confesser sur les accidents qui ne sont pas en rapport direct avec son appareil sexuel.

Naturellement, toute thérapeutique dirigée contre les seuls troubles utérins, qui sont parfaitement secondaires, n'aura aucune chance de succès ; la médication doit, pour réussir, s'adresser surtout à la maladie causale, et c'est seulement ainsi qu'on pourra se rendre maître des troubles locaux.

4° Enfin, chez les malades qui forment le quatrième et dernier groupe, on pourra constater une lésion utérine ou annexielle manifeste. Mais en même temps on diagnostiquera l'existence d'une affection extra-utérine ; et c'est alors que la question devient délicate, car dans ces phénomènes pathologiques imbriqués, le mécanisme des actions causales est extrêmement difficile à fixer, d'autant plus que les affections génitales retentissent à leur tour sur les autres organes et y engendrent de multiples troubles fonctionnels.

Mais, au point de vue thérapeutique, il est bien certain que le médecin devra s'attacher avant tout à établir un traitement double, agissant à la fois sur les phénomènes locaux et sur l'état général. Une médication ne visant qu'une seule cause resterait inefficace ou incomplète. Ce sera le seul procédé pratique pour arriver à un résultat favorable.

II

Exemples sommaires des principaux cas qui se présentent dans la pratique

La question étant ainsi posée, résumons rapidement, en procédant par exemples, les principaux cas qui se présentent dans la pratique. Cela nous facilitera l'établissement des indications diagnostiques et thérapeutiques.

Tout d'abord, remarquons une chose très importante. C'est que pour l'utérus, comme pour tout autre organe, un simple trouble fonctionnel primitif ou secondaire peut, à la longue, et par sa répétition ou par sa continuité, aboutir à une lésion anatomique matérielle de l'organe. Tel gastropathe, par exemple, d'abord dyspeptique fonctionnel par hypersthénie, insuffisance ou fermentations, arrivera à l'une des formes de la gastrite chronique, si sa maladie se prolonge au delà de certaines limites. Le trouble fonctionnel aura été l'étape initiale de la lésion organique ; et comme l'a dit ALBERT ROBIN, le trouble de la fonction finira par créer la lésion de l'organe.

Il en est de même pour les troubles fonctionnels de l'utérus. Une fausse utérine, purement fonctionnelle et secondaire peut devenir une vraie utérine. Ce fait est suffisant pour démontrer l'intérêt extrême que nous avons à établir la cause exacte des troubles, car c'est le seul moyen d'obtenir des résultats thérapeutiques sérieux; et nous estimons que, dans les maladies des femmes comme dans les troubles gastriques, les interventions thérapeutiques erronées ou intempestives jouent un rôle souvent aussi grave que l'évolution naturelle des phénomènes.

Ceci dit, établissons que toute maladie de l'estomac, de l'intestin, du foie, des reins, du cœur ou des vaisseaux, toute diathèse peuvent retentir sur l'utérus et créer de fausses utérines.

1° *Troubles utérins d'origine dyspeptique.* — Voici une femme qui se plaint d'aménorrhée: elle est maigre, pâle, presque cachectique, et cependant elle déclare que son appétit est excellent. Elle a des crises douloureuses abdominales qu'elle rapporte à l'utérus ; elle dort mal, et son nervosisme prend les caractères de la neurasthénie.

Des traitements locaux et généraux sont institués pour faire revenir les époques avec la supposition que l'aménorrhée est cause de tous les troubles. Aucun résultat. La malade passe alors en médecine, et là on reconnaît l'existence d'une *dyspepsie hypersthénique* manifeste. Un traitement purement gastrique amène le rétablissement de la santé générale, les règles reparaissent, et les manifestations subjectives du côté de l'appareil génital s'amendent parallèlement.

2° *Troubles de position dus à la viscéroptose.* — Voici une autre femme qui se présente à notre observation. Interrogée, elle accuse des troubles utérins multiples. L'exploration directe montre que l'utérus présente une déviation avec ou sans flexion, parfois un certain degré d'abaissement, ce qui entretient plus ou moins de sensibilité au niveau du petit bassin et cause certaines difficultés pour la marche. On a proposé à cette malade de porter un pessaire et même de lui pratiquer la ventro-fixation.

Examinez l'abdomen sans vous préoccuper uniquement de l'utérus. Vous reconnaissez que le foie est abaissé de plusieurs centimètres, que le rein droit est notablement plus bas qu'à l'état normal, que l'intestin flotte : en un mot, la malade est une *viscéroptosique* évidente. La ceinture de GLÉNARD ou l'une des ceintures qu'ALBERT ROBIN a imaginées sous le nom de *Ceintures de la Pitié* suffisent pour remettre les organes en place, et l'utérus, qui n'est plus surchargé par les viscères, reprend à peu près sa position normale. Ajoutez le traitement ordinaire des ptoses, de manière à remédier aux retentissements divers qu'elles déterminent, et voilà une femme guérie sans qu'il soit besoin de traitement utérin proprement dit, et cela malgré les déplacements apparents de cet organe.

3° *Troubles utérins d'origine hépatique.* — Prenons, parmi nos observations, un cas type. Il s'agit d'une jeune personne de 19 ans qui fut atteinte de troubles fonctionnels importants de l'appareil génital. La menstruation, jusque-là très régulière, devint fort abondante, et, peu après, se présentèrent des métrorrhagies graves, accompagnées de phénomènes douloureux particulièrement intenses. En présence de symptômes aussi spéciaux, la famille s'adressa naturellement à un gynécologue, qui attribua les métrorrhagies et les crises douloureuses qui les précédaient ou les accompagnaient à une endométrite. Devant la persistance et la gravité des crises, il n'hésita pas à proposer le curettage qui fut accepté. On pratiqua donc l'incision de l'hymen, et la malade fut curettée.

Deux mois après, nouvelle crise hémorrhagique, nouvelles douleurs, et, à partir de cette période, les crises vont se répétant de plus belle. C'est à ce moment que l'un de nous est appelé. La jeune fille avait une perte; mais quoiqu'elle se plaignît uniquement de vives douleurs dans le bas-ventre, on examina l'ensemble de la personne avec le plus grand soin, et la première constatation fut que les sclérotiques étaient légèrement jaunes. On demande les urines, elles sont sanglantes, ce qui empêche tout examen. On sonde alors la malade et on recueille un liquide à teinte ictérique manifeste. Il n'y a pas de doute que la malade présente une affection hépatique, outre les phénomènes purement utérins. Du reste, la région du foie est douloureuse à la pression et la vésicule est nettement sensible. Quelques semaines après, une nouvelle crise recommençait, et l'on avait la chance d'arriver dès son début. Cette fois, il n'y avait aucune erreur possible : on se trouvait en présence d'une *colique hépatique* franche, et quelques heures après une perte se déclarait.

Or, c'est là un fait de coïncidence connue; Verneuil a souvent vu des métrorrhagies suivre des crises hépatiques, qu'il s'agisse de coliques calculeuses ou d'une simple *congestion hépatique.*

Voilà donc une jeune fille qui rentre de la façon la plus nette dans la classe des fausses utérines, et cependant elle a subi l'incision de l'hymen, opération bénigne à coup sûr, mais moralement fâcheuse. On lui a pratiqué un curettage, et tout cela était parfaitement inutile, puisqu'il suffit ensuite du traitement ordinaire de la *lithiase biliaire* et de trois saisons successives à Vichy pour amener la guérison de la malade.

4° *Troubles utérins d'origine rénale.* — Bouloumié (de Vittel) a fourni un intéressant mémoire sur ce sujet, et il a reconnu cinq catégories de fausses utérines dont les troubles génitaux u'avaient pas d'autre origine qu'une *maladie graveleuse*. Citons trois de ces catégories qui relèvent plus spécialement de notre sujet.

A. — Gravelle simulant une lésion annexielle. Bouloumié signale entre autres une malade qui devait subir une opération sérieuse et qui vit disparaître la pseudo-lésion des annexes à la suite d'une saison à Vittel.

B. — Gravelle concomitante avec une lésion annexielle légère et donnant à celle-ci une apparence de gravité.

C. — Cas fréquents, dans lesquels des poussées congestives du côté de l'utérus alternent avec des crises de gravelle et même des coliques néphrétiques frustes.

Nous nous rappelons avoir vu, il y a trois ans, un cas fort curieux qui peut se rattacher à la deuxième catégorie de Bouloumié. Une jeune femme avait fait une fausse couche suivie de salpingite gauche. Le repos avait suffi d'abord pour amener une réelle amélioration. La malade était à la campagne dans d'assez mauvaises conditions ; voyant les symptômes s'aggraver, elle demande le transport à Paris qui s'effectue facilement. Au bout de quelques semaines, un traitement purement médical ayant amené la disparition des phénomènes inflammatoires, on autorise la malade à se lever, quoique avec ménagement. Mais, vingt-quatre heures après, une crise aiguë se déclare. Nous trouvons le sujet au lit, la face décomposée, en proie à de violentes douleurs abdominales. C'est une poussée aiguë, la température monte à 38 degrés ; bref, on est inquiet.

La nuit est mauvaise, la crise encore plus violente, assez pour que le médecin ordinaire se croie obligé de faire une injection de morphine. Le matin, en arrivant, nous constatons une défervescence complète ; le ventre est souple et indolore au point qu'il est possible d'exercer une palpation assez profonde. Nous examinons les urines et nous y trouvons un calcul de la grosseur d'un haricot.

Une véritable *colique néphrétique* avait donc été prise au début pour une poussée annexielle. C'est un cas fréquent, parce que la femme « *sent* toujours à son utérus », ce qui peut parfaitement tromper le médecin le mieux prévenu.

5° *Troubles utérins d'origine cardiaque.* — Les relations de l'utérus avec l'appareil cardio-vasculaire sont bien connues. DALCHÉ a décrit, à la Société Médicale des Hôpitaux, des cas de métrorrhagies dans lesquels la perte est le premier indice d'une *rupture de la compensation circulatoire* chez les femmes cardiaques.

On connaît également bien les métrorrhagies de la *puberté* chez les jeunes filles atteintes de *rétrécissement mitral*. Signalons aussi ces métrorrhagies si fréquentes à l'époque de la *ménopause*, qui parfois font penser à l'existence d'un néoplasme fibreux ou cancéreux, et qui sont tout simplement l'une des premières expressions de l'*hypertension artérielle* décrite par HUCHARD.

TROUSSEAU a signalé l'aménorrhée des *chlorotiques*, qui, chez les jeunes femmes, peut faire croire à une lésion utérine. Par contre, il existe aussi des métrorrhagies chez les chlorotiques et chez les *leucocytémiques*.

6° *Troubles utérins d'origine toxique, paludéenne, diathésique.* — Toutes les intoxications par poisons minéraux, végétaux ou organiques, sont susceptibles de provoquer de l'aménorrhée, de la dysménorrhée, des ménorrhagies ou des métrorrhagies. On connaît les troubles menstruels du *saturnisme* et de l'*hydrargyrisme*. GUBLER a décrit les épistaxis utérines, si bien nommées, observées dans les maladies infectieuses, notamment dans la *fièvre typhoïde*. On connaît également des accidents utérins liés au *paludisme* et disparaissant par le sulfate de quinine. Tous ces phénomènes peuvent faire croire à des lésions utérines et risquent, par conséquent, de mettre le thérapeute sur une mauvaise voie. Inutile d'insister sur ces faits ; inutile également d'appuyer sur les troubles utérins si divers que peut provoquer la *syphilis*.

Un mot particulier au sujet des manifestations qui relèvent de la *diathèse arthritique*, indépendamment des affections rénales déjà signalées. Toute femme arthritique, et combien y en a-t-il? est susceptible de présenter des troubles utérins qui peuvent faire croire à une lésion. Ce sont des poussées douloureuses survenant sans autre raison bien évidente qu'un voyage ou l'exercice génital, qui sont en somme des faits de la vie normale, plutôt que des causes vraiment pathologiques. La malade éprouve des sensations pénibles, des coliques utérines plus ou moins vives irradiant vers les lombes ; elle est obligée de se coucher. Un écoulement leucorrhéique se produit, liquide à apparence de blanc d'œuf, empesant le linge, très abondant, laissant une tache grise. Un traitement local ne ferait rien sur ces phénomènes ; ils cèdent le plus souvent à l'administration du *salicylate* ou du *benzoate de soude*. C'est particulièrement dans ces cas que les *cures hydrothermales* sont favorables, en raison de l'origine même de la maladie.

Nous pourrions donner bien plus d'exemples, mais ce que nous venons de dire suffit à l'établissement de la question. On voit clairement que la catégorie des fausses utérines est extrêmement importante et qu'elle est justiciable d'une thérapeutique spéciale, où le traitement local doit forcément occuper le second plan.

I I I

Les étapes du diagnostic

Plaçons-nous maintenant en présence de la malade et recherchons comment nous pourrons arriver à établir si les troubles utérins sont attribuables à une des affections extra-génitales qui viennent d'être spécifiées. En d'autres termes, passons en revue les diverses opérations du diagnostic.

Celui-ci se divise en cinq étapes :

1° La première étape comprend le *diagnostic local* des troubles utérins, abstraction faite de tous leurs retentissements et de leurs complications extra-utérines.

2° La deuxième étape est celle du *diagnostic causal*, c'est-à-dire la recherche de toute affection extra-utérine capable de réagir sur les organes génitaux.

3° La troisième étape consiste à rapprocher la maladie extra-utérine du phénomène utérin constaté et à rechercher si la symptomatologie locale rentre dans le cadre des troubles que peut engendrer cette affection extra-utérine. C'est le *diagnostic de la relation*.

4° La quatrième étape consiste à étudier les troubles réactionnels et à rechercher s'ils dépendent des troubles utérins, de la maladie extra-utérine ou des deux. C'est le *diagnostic des troubles réactionnels*.

5° La cinquième étape est celle du *diagnostic différentiel*.

Première étape. — Diagnostic local

La première chose à faire quand une malade se plaint de troubles utérins, c'est d'examiner l'utérus et ses annexes, avant de pousser plus loin l'interrogatoire, de peur de se diriger, malgré soi, dans une direction préjugée. Cet examen s'impose même quand la malade accuse, spontanément, des phénomènes réactionnels généraux. Trois cas principaux peuvent alors se présenter :

A. — Les organes génitaux sont sains et ne présentent aucun trouble fonctionnel. Mais la malade se plaint de phénomènes généraux complexes, qu'elle met sur le compte de la matrice.

Dans ce cas, il est évident que l'utérus n'a rien à voir dans la question et que c'est du côté général qu'il faut porter l'attention.

B. — L'examen direct dénote seulement des accidents locaux de minime importance. Le col occupe sa place normale, mais il offre à sa surface un peu congestionnée, un peu rouge, quelques granulations ou une légère exulcération ; du reste, le toucher vaginal combiné au palper abdominal ne réveille aucune douleur. Cependant on observe de la leucorrhée, ou la malade accuse des troubles fonctionnels tels qu'une ménorrhagie ou une métrorrhagie ; d'autres fois ce sont des crises dysménorrhéiques qui alternent avec des phases d'aménorrhée, et la pauvre femme accompagne ses plaintes de récits où défile toute la série des troubles généraux qui ressortissent aux affections extra-utérines signalées plus haut. Il est évident que les lésions constatées ne peuvent être considérées comme la cause suffisante d'une pareille complexité symptomatique et qu'il faut rechercher ailleurs.

C. — On trouve une lésion utérine ou annexielle incontes-

table et permettant d'expliquer un certain nombre des phéno‐
mènes réactionnels révélés par l'interrogatoire.

Dans ces cas, il ne faut pas s'en tenir à cette unique constatation, mais diriger les recherches sur l'état général, car des lésions
réelles de l'appareil génital peuvent fort bien être aggravées par
la coexistence d'une affection extra-utérine.

Voici, par exemple, une femme qui présente une *endométrite*
caractérisée, et telle autre qui porte un *fibrome* de date ancienne.
Un beau jour, des pertes se produisent. Certes, elles peuvent être
causées par l'affection locale, mais si la malade est également
une *cardiaque*, il se peut aussi que les pertes soient le premier
signe du fléchissement de la compensation et, dans ce cas, au
point de vue thérapeutique, la malade est essentiellement une
cardiaque, et la lésion génitale passe au second plan.

Autre exemple : Huchard a nettement mis en lumière l'histoire
de ces malades si nombreuses qui, atteintes d'un fibrome, jusque-
là silencieux, voient, à l'époque de la ménopause, survenir des
pertes qui, comme nous le disons plus haut, ne sont pas autre
chose que l'une des expressions de cette *hypertension artérielle*
dont les femmes éprouvent quelquefois les premières manifestations réactionnelles au moment de l'âge critique. Dans ce cas,
faut-il traiter la tumeur utérine seule et peut-on se désintéresser
de l'état de la circulation artérielle?

Deuxième étape. — Diagnostic causal

L'état local une fois précisé, la seconde étape du diagnostic consiste à passer en revue tous les organes et tous les appareils,
afin de déterminer si l'un deux n'est pas le siège d'une affection
qui puisse expliquer tout ou partie de la symptomatologie.

A. — *S'agit-il d'une dyspeptique?* — La malade peut se présenter sous trois aspects différents :

a) Le teint est blafard, les traits tirés. L'appétit normal ou exagéré contraste avec l'aspect du visage, l'amaigrissement, quelquefois la cachexie. La langue est rouge, l'estomac est distendu et
clapote, le foie est gros et douloureux à la percussion, les fonctions intestinales sont ralenties, et la palpation dénote de la
coprostase cæcale ou iliaque.

Des crises gastriques se manifestent deux ou trois heures après le repas. Ajoutez à ce tableau le syndrome neurasthénique, des intermittences du pouls et de la dyspnée sans lésions cardiaques, vasculaires ou pulmonaires, des dermatites fugaces, des troubles oculaires, etc. — L'examen du contenu stomacal après repas d'épreuve dénote un excès d'HCl libre.

La malade est une *hyspersthénique gastrique*, et la plupart des symptômes qu'elle présente relèvent de cet état morbide.

b) Le teint est pâle, la face est un peu bouffie, l'appétit perdu ou très faible, et malgré cela l'amaigrissement est moins marqué que ne le ferait supposer le degré de l'inappétence. L'estomac est moins souvent distendu, le foie est peu ou pas augmenté, la coprostase variable. La malade souffre de l'estomac aussitôt après les repas ; elle se plaint de gonflements, de lourdeurs, de bouffées de chaleur pendant la digestion stomacale. — Des troubles réflexes sur le système nerveux et les divers appareils se manifestent comme dans la forme précédente. — L'HCl libre est diminué ou absent dans le contenu stomacal.

La malade est atteinte d'*insuffisance* ou d'*hyposthénie gastrique*.

c) Avec l'un des ensembles symptomatiques qui précèdent, l'haleine est fétide, la flatulence prend une importance majeure, les douleurs gastriques éclatent quatre à cinq heures après le repas, etc.

L'analyse du contenu stomacal dénote un excès d'acides organiques.

La malade a une *dyspepsie par fermentation* primitive ou surajoutée à l'un des types précédents.

B. — *S'agit-il d'une viscéroptosique?* — Le sujet a eu plusieurs enfants. La paroi abdominale est molle et a perdu toute élasticité ; le ventre proémine en avant et en bas. Placez-vous derrière la malade et relevez le ventre en l'embrassant des deux mains, aussitôt il en résultera un soulagement et une sorte de bien-être ; laissez retomber le ventre et le malaise recommencera. Examinez la malade étendue sur le dos, et vous trouverez un véritable *déséquilibre viscéral*. L'estomac est abaissé et clapote ; le foie déborde les fausses côtes ; le rein est perceptible, souvent déplacé et mobile ; le cæcum et l'S iliaque contiennent des matières fécales denses et amassées en forme de boudin. De plus, nous constatons, superposée à cet ensemble, toute la série des symptômes de la neurasthénie.

C. — *S'agit-il d'une hépatique?* — Vous avez trouvé l'estomac normal, ou tout au moins les accidents gastriques sont peu marqués ou insignifiants, les viscères abdominaux sont en place. Dans ce cas, portez votre attention sur le foie, examinez avec soin l'organe, et recherchez tous les signes qui peuvent traduire un trouble dans ses fonctions.

C'est surtout la *lithiase biliaire* qu'il s'agit de dépister, car elle est, nous l'avons déjà constaté, la cause fréquente de troubles utérins qui peuvent présenter une certaine gravité. Si la lithiase est caractérisée par des attaques hépatiques franches, il est facile d'en faire le diagnostic; mais souvent c'est par des attaques frustes et des symptômes réactionnels assez vagues que la maladie se manifeste.

Il devient alors parfois fort délicat d'affirmer nettement l'existence de calculs biliaires, d'autant que la malade rapporte à son état utérin tous les phénomènes qu'elle éprouve. C'est fort naturel, puisque les sensations abdominales tendent alors à se généraliser et qu'il est extrêmement difficile pour la femme de préciser le siège de son mal.

Si la crise franche fait défaut, rappelez-vous que la lithiase biliaire peut révéler son existence presque uniquement par des troubles dyspeptiques. Mais si l'on fait, dans ces cas, l'examen du chimisme stomacal, on constate qu'il est très souvent variable en ce sens que l'HCl est tantôt augmenté, tantôt normal ou diminué. Les crises gastriques sont du reste variables aussi dans leur fréquence et dans leur intensité. La percussion et la palpation dénotent alors une légère augmentation du volume du foie et une sensibilité plus ou moins douloureuse. Or, ces faits coexistant avec l'absence des autres signes de la dyspepsie hypersthénique, doivent appeler l'attention du côté de la lithiase biliaire. La vésicule biliaire notamment peut être distendue, et il est quelquefois possible de la percevoir par une palpation approfondie.

Il est fréquent que tous ces signes manquent. Recherchons alors, à la suite des crises frustes et indécises, si l'urine ne contient pas de pigments biliaires, si les garde-robes ne sont pas décolorées, si en même temps il n'y a pas une teinte jaunâtre des sclérotiques.

A défaut de symptômes ictériques, n'oublions pas l'*acholie pigmentaire* décrite par Hanot et Albert Robin et pouvant suivre des coliques hépatiques frustes, ou, en dehors de la lithiase biliaire, manifester l'existence d'un trouble hépatique ; car il suffit d'avoir constaté la décoloration simultanée des selles et de l'urine, sans ictère, pour être à même d'affirmer l'existence d'une affection hépatique.

Si aucun de ces signes d'une maladie du foie ne peut être décelé, on utilise un fait mis en évidence par ALBERT ROBIN, c'est l'augmentation notable, dans les urines, du soufre incomplètement oxydé. Il a été en effet démontré que l'activité hépatique pouvait être jugée par la perfection de l'oxydation du soufre dans l'économie. Généralement on trouve au plus 10 0/0 de soufre incomplètement oxydé par rapport au soufre total de l'urine. Or, souvent, à la suite de coliques hépatiques frustes, on peut doser, 15, 20 ou même 30 0/0 de soufre incomplètement oxydé dans les urines. Il y aurait donc lieu, si l'on est à même de faire exécuter une sérieuse analyse d'urine, d'user de ce moyen qui permet d'affirmer l'existence d'un trouble hépatique. Pour notre compte, il nous a servi plus d'une fois à éclairer des cas douteux et presque jamais il ne nous a trompé.

D. — *S'agit-il d'une cardiopathe ?* — L'examen n'a révélé aucun trouble gastrique ou hépatique, il faut alors examiner l'appareil cardio-vasculaire.

Nous ne nous étendrons pas sur les signes bien connus des *lésions cardiaques* ou des *maladies des vaisseaux*, car ce serait sortir de notre sujet. Mais, si une lésion est reconnue du côté de ces organes, il sera nécessaire d'en tenir compte au point de vue de la thérapeutique.

L'existence d'une *cardiopathie artérielle* à son début est plus difficile à déceler; mais on aura rarement l'occasion de commettre une erreur, si l'on recherche les signes si précis qui ont été fixés par notre éminent ami H. HUCHARD, à savoir : l'hypertension artérielle, la dyspnée d'effort, les souffles provoqués par la marche et l'existence d'une légère albuminurie.

E. — *S'agit-il d'une chlorotique?* — Le diagnostic est trop classique pour qu'il soit besoin d'insister.

F. — *S'agit-il d'une rénale ?* — Si les fonctions digestives, le foie, le cœur, les vaisseaux sont hors de cause, cherchez du côté du rein. Il faudra alors pratiquer une analyse de l'urine et en examiner au microscope les sédiments, doser l'acide urique, rechercher s'il n'y a pas de décharges d'urates ou d'oxalates de chaux, de pus, de bouchons purulents, de globules rouges du sang; s'enquérir s'il y a eu des attaques de *coliques néphrétiques*, et si la malade n'offre pas quelque symptôme attribuable à la *lithiase rénale* ou à une forme du *mal de Bright*.

Une affection souvent méconnue et qui pourrait faire attribuer à l'utérus des troubles où celui-ci n'est pour rien, c'est la *pyélite*. Mais le diagnostic en est facile si l'on pratique l'examen de l'urine. La présence du pus, le trouble de l'urine persistant après le repos, la présence dans les sédiments d'épithéliums du bassinet, etc., sont autant d'éléments qui viennent nous aider.

Nous possédons trois observations de femmes qui ont été soignées pour des troubles utérins et qui souffraient uniquement de pyélite. L'une d'elles aurait subi l'hystérectomie, si nous n'avions mis la pyélite en évidence.

G. — *S'agit-il d'une névropathe?* — On s'attachera à dépister les stigmates de la *neurasthénie*, de *l'hystérie*, des diverses *psychoses*. On n'oubliera pas de rechercher la *maladie de Basedow*, le *myxœdème*, etc.

H. — *S'agit-il d'une arthritique?* — En dehors des manifestations innombrables de l'arthritisme, on procédera à une analyse complète de l'urine qui révélera, par l'étude des *rapports d'échange*, tel trouble de nutrition dont la thérapeutique puisse tirer parti.

I. — *S'agit-il d'une infectieuse ou d'une intoxiquée?* — Si l'examen le plus minutieux n'a rien révélé qui pourra mettre sur la voie de la maladie causale, il reste à passer en revue l'*impaludisme*, la *syphilis*, la *tuberculose*, puis l'*alcoolisme*, le *saturnisme*, le *morphinisme*, le *cocaïnisme*, *l'éthéromanie*, *l'intoxication oxycarbonée chronique*, etc.

Troisième étape. — Diagnostic de la relation

L'état local et la phénoménologie utérine, d'une part, l'état général et telle maladie fonctionnelle ou lésionale d'un organe ou d'un appareil extra-utérin d'autre part, étant déterminés, *le troisième acte du diagnostic consiste à rapprocher la maladie extra-utérine du trouble utérin constaté et à rechercher si la symptomatologie utérine rentre dans le cadre des troubles utérins que peut engendrer cette affection extra-utérine.*

Par exemple, et pour fixer les idées, voici une femme qni se plaint de pesanteurs dans le bas-ventre, de leucorrhée, de tiraillements douloureux vers les lombes et chez laquelle on trouve un certain degré *d'abaissement de l'utérus;* mais cette femme a un rein mobile, et elle est *entéroptosique* et *neurasthénique.* N'avons-nous pas le droit de mettre les divers accidents constatés sur le compte de l'entéroptose et de rattacher à la neurasthénie consécutive à l'entéroptose une partie au moins de l'ensemble morbide dont nous aurions fait des réflexes utérins, si l'utérus s'était trouvé d'abord seul en cause? Et n'avons-nous pas alors le devoir de commencer à traiter cet ensemble complexe, en nous attachant essentiellement à l'entéroptose, puisque c'est elle qui forme le premier anneau de la série morbide, et en n'intervenant d'une façon active sur l'utérus qu'au moment où nous aurons modifié cet élément étiologique, et fixé ainsi la part qu'il prenait dans la genèse du syndrome neurasthénique?

De même, voici une femme qui se plaint de *métrorrhagie.* L'utérus est peut-être un peu gros et sensible au toucher ; mais nous constatons que cette malade a de la *lithiase biliaire* et des coliques hépatiques; nous nous assurons que les métrorrhagies ont sensiblement coïncidé avec une crise hépatique, ou avec une période d'acholie pigmentaire consécutive à la colique, ou avec une sorte d'accès de gonflement douloureux du foie accompagné d'émissions d'urines chargées d'uroérythrine. Alors ne devrons-nous pas nous inquiéter d'abord de traiter la lithiase biliaire et les troubles fonctionnels qu'elle engendre dans le foie, avant de recourir aux moyens locaux capables de remédier à ces métrorrhagies?

Ce que nous venons de dire là s'applique à toutes les autres fausses utérines, et nous croyons inutile d'insister davantage sur cette étape importante du diagnostic.

Quatrième étape
Diagnostic des troubles réactionnels

L'état local utérin, la maladie générale ou locale génératrice, les rapports entre cette maladie causale et le trouble utérin étant établis, on étudiera, dans une quatrième phase du diagnostic, *les nombreux troubles réactionnels qu'un examen superficiel aurait pu mettre uniquement sur le compte de l'utérus et qu'une analyse plus minutieuse permettra de rapporter à la maladie causale.* C'est ainsi qu'on ne fera plus d'emblée de l'*entérite muco-membraneuse* une conséquence de l'affection utérine ; mais on recherchera si, derrière cette entérite, il n'y a pas de constipation, — cette constipation spéciale décrite par l'un de nous et caractérisée par une composition si anormale des garde-robes, — et si derrière cette constipation particulière, il n'y a pas l'*hypersthénie gastrique* avec sa physionomie si typique [1].

De même pour la *neurasthénie*, qui relève alors bien plutôt des réflexes gastriques, des troubles de nutrition produits par un état dyspeptiqe prolongé, ou du déséquilibre abdominal, et qui manifestera la réaction de la maladie causale sur le système nerveux, comme les métrorrhagies, les aménorrhées, les dysménorrhées représenteront une réaction parallèle du côté du système utérin.

Cinquième étape. — Diagnostic différentiel

Ce diagnostic comprend deux catégories de cas :

1° Il faut bien se garder de mettre — comme nous l'avons vu faire à diverses reprises — certains accidents sur le compte d'une soi-disant affection utérine.

Deux exemples récemment observés sont significatifs. Dans l'un, une femme de vingt-huit ans se plaignant d'une leucorrhée abondante et chez laquelle on constata une ulcération (par macération) de la lèvre inférieure du col, attirait vivement l'attention sur des crises douloureuses quotidiennes, mais exaspérées à l'époque des règles. Ces crises paraissaient avoir un point de départ hypogastrique et s'irradiaient dans tout l'abdomen avec

---

1. ALBERT ROBIN. — Discussion sur l'appendicite. *Académie de Médecine*, 1897.

une intensité telle qu'il fallut, à plusieurs reprises, recourir aux injections sous-cutanées de chlorhydrate de morphine. On fit de ces crises une conséquence d'endométrite. On usa sans succès des injections, des tampons médicamenteux, des cautérisations, et, en désespoir de cause, on proposa le curettage. Or ces crises étaient simplement des *crises gastriques* par hyperacidité, et elles disparurent presque instantanément à partir du jour où on leur opposa la saturation alcalino-terreuse.

L'autre cas est celui d'une veuve de quarante ans chez laquelle on prit pour des crises d'origine utérine d'irrégulières douleurs qui étaient dues à l'élimination d'urines chargées de poussière d'acide urique et d'oxalate de chaux, et qui s'atténuèrent bientôt par le traitement approprié.

2° Il faut distinguer les états morbides capables d'agir sur l'appareil utéro-ovarien de ceux qui ne sont que le retentissement d'une affection de cet appareil.

On sait, en effet, combien les troubles de la menstruation influencent le fonctionnement de l'estomac. Par exemple, les crises d'hypersthénie gastrique avec hyperchlorhydrie sont fréquentes au cours des *désordres menstruels*. Chez les femmes qui ont un *rein déplacé*, la poussée menstruelle s'accompagne de crises rénales douloureuses avec vomissements parfois incoercibles. Il existe une forme d'*entéro-colite muco-membraneuse* intimement liée aux affections menstruelles. La *neurasthénie*, d'origine utérine, tout en réclamant un traitement nervin, ne guérira qu'avec la suppression de sa cause locale. De même, pour les *troubles cardiaques* réflexes qui constituent l'un des retentissements les plus fréquents des maladies de l'appareil génital.

CHAPITRE II

INDICATIONS GÉNÉRALES DU TRAITEMENT DES FAUSSES UTÉRINES

I

Considérations générales

Le diagnostic une fois établi et la part faite à chacun des éléments morbides dûment hiérarchisés, on aborde la question du traitement.

Quand il s'agit d'instituer le traitement d'une fausse utérine quelconque, la règle fondamentale qui doit diriger l'intervention médicale, c'est qu'il faut bien se garder d'isoler un quelconque des éléments du syndrome complexe qui caractérise l'association d'un trouble utérin, quel qu'il soit, avec l'affection causale ou associée, et de lui attribuer une importance prépondérante dans les indications.

Prenons, par exemple, le cas des *fausses utérines dyspeptiques gastro-intestinales*. Toutes les souffrances des divers organes en cause retentissent les unes sur les autres, et ceci se complique encore des actions et des réactions de la constipation, de l'entérite muco-membraneuse, des spasmes intestinaux, du déséquilibre abdominal, des coliques sous-hépatiques, des crises gastriques, de la congestion et de l'hypertrophie fonctionnelles du foie, puis des troubles nerveux induits par ces éléments morbides, et enfin de la déchéance nutritive avec ses multiples altérations bio-chimiques.

Si l'on ajoute à cette complexité déjà si enchevêtrée le fait que des congestions utéro-ovariennes répétées, des actes nerveux réflexes ou inhibitoires rendent le système génital plus accessible aux infections secondaires ; si, enfin, on est convaincu, comme nous l'avons dit plus haut, que des conditions multiples font qu'une fausse utérine est toujours au moins prédisposée à devenir une véritable utérine, on acquiert bientôt la certitude qu'aucun élément morbide isolé, si dominante que soit la part qu'il prend dans l'extériorisation synptomatique de la maladie, ne peut devenir le pivot de la thérapeutique.

En principe donc, et nous ne saurions trop insister sur ce fait essentiel, en présence des tendances de la gynécologie contemporaine, il ne faut pas que le médecin s'immobilise dans un traitement uniquement utérin, quand bien même les troubles utérins occuperaient la première place parmi les préoccupations de la malade et même du médecin. Surtout, en fait de thérapeutique utérine, tout moyen violent et soi-disant décisif ou radical, toute intervention chirurgicale, même celles réputées les plus bénignes, comme le curettage, le redressement de l'utérus, les cautérisations profondes, etc., doivent être écartées au début. Et bien que notre affirmation courre le risque d'être taxée de rétrograde, nous ne craignons pas d'affirmer que le traitement de toutes les fausses utérines qui font l'objet de notre travail doit revenir entièrement à la médecine et être distrait résolument du groupe des affections relevant de la chirurgie.

En fait, qu'arrive-t-il à chaque instant dans la pratique? C'est que ces fausses utérines dyspeptiques, viscéroptosiques, neurasthéniques, hépatiques, rénales, etc., qui ont vu trop souvent leurs souffrances résister à des tentatives de thérapeutique médicale mal conçues et mal dirigées, finissent, en désespoir de cause, par s'adresser à l'intervention chirurgicale. Et combien d'exemples pourrions-nous citer qui démontreraient que, dans ces cas, cette intervention est inutile, sinon dangereuse. Nous n'en citerons qu'un seul, récemment observé et typique.

L'un de nous a soigné, à l'hôpital de la Pitié, une jeune femme de 25 ans pour des troubles divers ressortissant à l'hypersthénie gastrique, compliquée de fermentations acides. Mais, comme cette malade était rebelle à tout régime, le résultat du traitement avait été insignifiant, pour ne pas dire nul. Cependant elle insistait toujours sur ses douleurs utérines, avec sensation pénible de pesanteur lombaire, sur de la leucorrhée, quoique l'examen local plusieurs fois répété ne montrât autre chose qu'une érosion superficielle avec un col gros et mou. Persuadée que nous avions méconnu sa maladie, cette patiente sortit de la Pitié et s'en fut de service en service, qualifiée tantôt d'utérine, tantôt de neurasthénique, jusqu'au moment où un chirurgien lui proposa de la guérir en lui enlevant l'utérus et les ovaires. Un an après, elle rentrait à la Pitié, plus misérable que jamais, n'ayant rien gagné à la grave opération qu'elle avait subie et n'éprouvant enfin quelque amélioration qu'à partir du moment où, convaincue de l'origine gastrique de son mal, elle se décida à suivre énergiquement le régime et le traitement qui lui furent fixés.

Aujourd'hui, ces cas-là sont légion. Nous possédons exactement 27 observations d'extirpation de l'utérus et des annexes pratiquées chez de fausses utérines d'origine gastrique, hépatique et rénale ou névropathique. Chez aucune de ces malades, les troubles originels n'ont cessé après l'opération.

Bien évidemment, dans cette rapide revue que nous allons faire du traitement, nous ne pouvons que poser des règles générales, et il nous est impossible d'entrer dans le détail de ce qu'il convient de faire contre chacune des maladies qui sont capables de créer de fausses utérines ou de venir aggraver la symptomatologie des vraies utérines. Si l'on voulait, en effet, traiter ces détails il faudrait résumer presque toute la thérapeutique ; aussi n'envisagerons-nous que les grandes indications, en passant successivement en revue les principaux groupes de fausses utérines.

II

Indications générales du traitement de la maladie causale

1° Traitement des fausses utérines d'origine dyspeptique

C'est le traitement de la dyspepsie qui s'impose tout d'abord. Ce traitement variera nécessairement suivant la forme de dyspepsie en cause [1], et nous renvoyons au traité publié par l'un de nous sur ce sujet. Combien n'avons-nous pas observé de crises douloureuses abdominales, soi-disant d'origine utérine, qui ont été calmées, puis guéries par un traitement consistant surtout

---

1. ALBERT ROBIN. — *Les Maladies de l'Estomac. Deuxième édition.* Paris, 1904.

dans l'emploi d'une macération de quassia amara, à jeun, de la teinture de noix vomique avant les repas, et de poudres alcalino-terreuses, associées suivant la prescription dont voici les principaux termes :

1° Au réveil, prendre un verre à bordeaux de macération de *quassia amara*. On fera cette macération en mettant, le soir, 2 grammes de copeaux de quassia amara dans un grand verre d'eau sur lequel on prélèvera, le lendemain, la dose prescrite.

2° Exactement une demi-heure après, prendre le premier déjeuner qui se composera d'un ou de deux œufs à la coque, avec un tout petit morceau de pain grillé, et de fruits cuits. Autant que possible, ne pas absorber de liquide à ce premier repas. Si la soif est trop vive ou si l'on ne peut manger sans boire, se contenter d'un verre à Bordeaux d'eau fraîche.

3° Ne pas restreindre la quantité des boissons aux autres repas, mais ne boire absolument que de l'eau pure ou additionnée d'une très petite quantité de cognac.

4° S'astreindre strictement au régime alimentaire suivant : Éviter beurre cuit, sauces, graisses, fritures, charcuterie, condiments, viandes marinées, conserves, poissons gras, pâtisseries, crudités, acidités.

Se nourrir de bouillon frais, de viande et de volailles rôties, bien cuites, lentement mâchées, d'œufs à la coque, de poisson au court bouillon, de légumes en purée, de fruits cuits.

5° Immédiatement après le déjeuner et le dîner, prendre une petite tasse d'une infusion aromatique très chaude : camomille, menthe, tilleul ou feuille d'oranger.

6° Dix minutes avant le déjeuner et le dîner, prendre six gouttes de *teinture de noix vomique* dans un petit verre à bordeaux d'eau de Vichy ou de Vals ;

7° Après le déjeuner, le dîner et en se couchant, prendre un des paquets ci-dessous qu'on délaiera dans un peu d'eau :

Magnésie hydratée..	ãã	4 gr.
Bicarbonate de soude....................................		
Craie préparée...	ãã	6 —
Sucre blanc...		

Divisez en 12 paquets.

8° On continuera ces paquets pendant 8 jours ; on les cessera pendant 8, on recommencera pendant 8, et ainsi de suite. Néanmoins, au moindre malaise gastrique, on usera d'un paquet supplémentaire.

9° On entretiendra la régularité des garde-robes en prenant, soit le matin au réveil un *lavement à l'eau tiède*, soit un *grain de santé de Franck*, le soir, en se couchant.

2° Traitement des fausses utérines d'origine viscéroptosique

Les ptoses sont des troubles mécaniques difficiles à traiter, car elles nécessitent tout un attirail de moyens contentifs fort délicats à établir et à utiliser. Elles demandent, en outre, un traitement externe local très long et très minutieux. Nous pensons donc pouvoir rendre service aux praticiens en insistant particulièrement sur les détails de ce traitement, parce qu'ils sont mal connus. Nous nous étendrons surtout sur la description des ceintures qui peuvent convenir aux femmes atteintes de viscéroptoses, car c'est là un des points les plus importants de la thérapeutique à instituer.

Ce chapitre sera divisé en deux paragraphes : A. — Moyens de contention ; B. — Traitement complémentaire.

A. — *Moyens de contention.* — On rétablira d'abord l'équilibre des viscères abdominaux, en conseillant le port d'une *ceinture hypogastrique* spéciale qui soulève l'abdomen par le bas au lieu de le soutenir et de le comprimer en même temps, comme le font toutes les ceintures actuellement en usage.

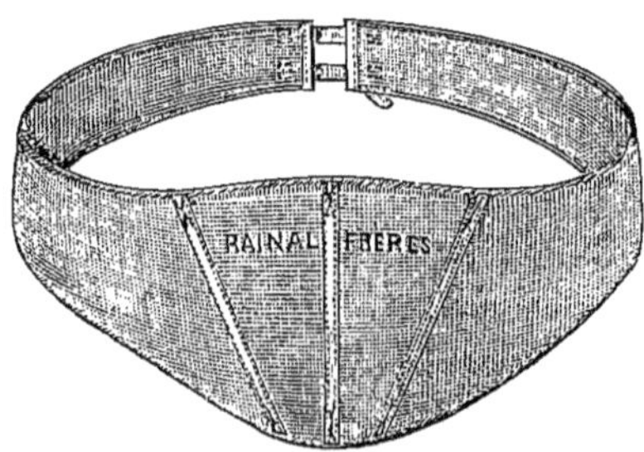

Fig. 1. — Ceinture abdominale, modèle des hôpitaux.

Les figures 1 et 2 représentent les modèles les plus connus des ceintures abdominales. La première est le modèle ordinaire des hôpitaux ; elle est en coutil épais et s'attache par derrière ; une cavité est ménagée pour recevoir la pointe du ventre.

La figure 2 représente un modèle analogue dont le tissu plus élastique s'adapte aisément chez les femmes maigres, mais exerce, par contre, une compression plus énergique.

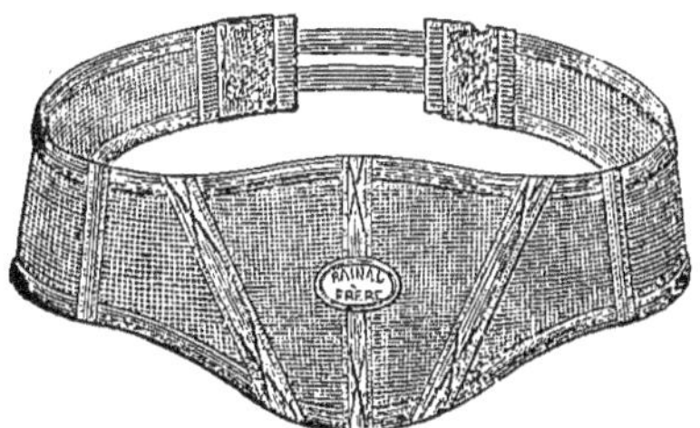

Fig. 2. — Ceinture abdominale, tissu élastique.

La figure 3 représente une des ceintures précédentes mise en place sur la malade elle-même.

C'est un modèle pour femme grasse ; les attaches sont placées sur le côté, de manière à ce que la malade puisse fixer elle-même sa ceinture plus facilement.

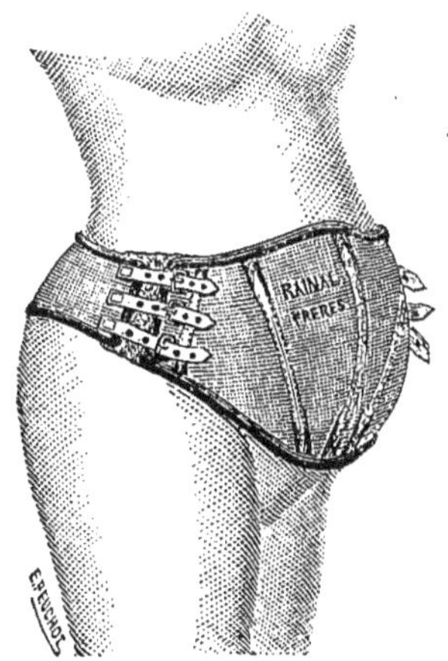

Fig. 3. — Attaches de côté pour femmes très fortes.

En examinant cette ceinture en place, on se rend immédiatement compte du principal inconvénient des modèles de ce genre. Cet inconvénient, c'est que ces modèles sont tous trop fortement excavés ; le ventre se trouve comprimé par le bord supérieur et par le bord inférieur de la ceinture. Aussi le soutien n'est-il qu'illusoire, parce que les organes placés dans le champ de la compression sont seuls maintenus en position, et comme, en réalité, ces organes sont comprimés par les bords de la ceinture, ils viennent peser sur l'utérus, ce qui aggrave d'autant le déplacement de celui-ci. D'autre part, chez les femmes maigres, cette ceinture tient mal, même quand on ajoute des sous-cuisses. Elle tend à remonter chaque fois que la malade s'assied, ce qui rend son rôle de sustentation tout à fait illusoire. Elle ne sert plus alors qu'à augmenter le déséquilibre des organes et à grossir le volume du ventre.

En réalité, il n'est pas aisé de soutenir d'une manière convenable une masse arrondie comme le ventre, et il ne faut pas se dissimuler, d'un autre côté, que les femmes, par raison de coquetterie, s'accommodent très mal des ceintures. Vous aurez toujours les plus grandes difficultés à faire accepter la ceinture abdominale à une mondaine. Elle trouvera de multiples raisons à vous donner pour expliquer sa répugnance; mais le vrai motif, c'est que la ceinture fait épaisseur, augmente le volume du ventre et engonce la taille. Il faut donc que le choix de la ceinture soit fait avec le plus grand soin, car le but à atteindre c'est son

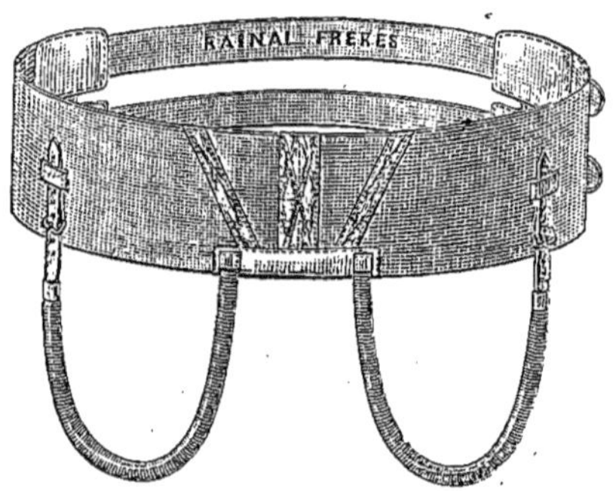

Fig. 4. — Ceinture de Glénard (sangle pelvienne).

adaptation minutieuse sur les parois du ventre, avec soutien sans compression. La difficulté est grande, surtout chez les femmes maigres dont les lignes sont plus élégantes et qui, par conséquent, sont plus facilement déformées, sans compter que l'aplatissement du ventre permet mal de fixer une sangle. Chez les femmes fortes, qui sont plus aisément moulées par une ceinture, vous avez l'inconvénient du relèvement du ventre, qui se laisse moins aplatir par le corset.

Le modèle de GLÉNARD (*fig.* 4 et 5), qui présente d'assez

grands avantages et qui, en particulier, soutient bien le ventre sans le comprimer, réalise certainement un progrès sur la ceinture classique.

La figure 4 présente la sangle proprement dite munie de ses sous-cuisses. C'est une bande de tissu élastique renforcée vers la région médiane, par des piqûres droites et obliques ; elle s'attache par derrière, au moyen de deux boucles. Si la viscéroptose se complique d'un rein mobile, on dispose, de chaque côté de la ceinture, dans la partie de celle-ci qui correspond à la partie supérieure du pli de l'aine, une pelote très douce qu'on fixe obliquement (*fig.* 5).

La ceinture de GLÉNARD est certainement avantageuse et l'emporte de beaucoup sur la ceinture classique ; mais son bord supérieur a l'inconvénient de mal s'adapter à la paroi abdominale, de faire pour ainsi dire bec quand la femme s'assied et de pincer

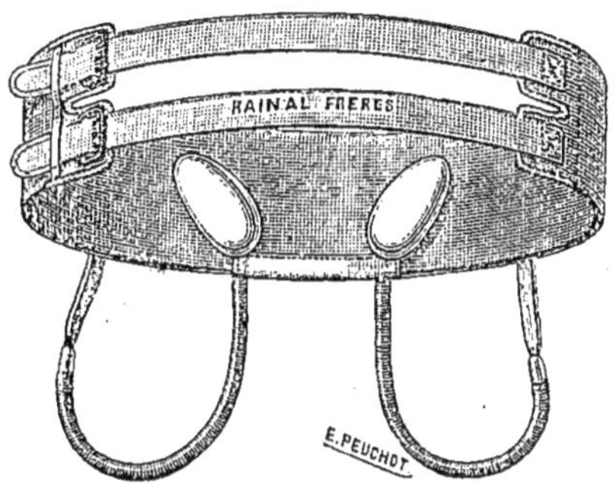

Fig. 5. — Sangle de Glénard avec pelotes pour rein mobile.

souvent la peau du ventre entre la sangle et le corset. C'est un modèle utile chez l'homme, mais qu'une femme tant soit peu élégante n'acceptera jamais.

Une bonne ceinture abdominale doit soutenir le ventre sans le comprimer et réaliser ce que l'on pourrait obtenir avec une main placée au-dessus du pubis et exerçant une pression douce de bas en haut. La ceinture idéale serait celle qui, agissant autant que faire se peut, comme la main dont nous venons de parler, posséderait, en outre, une parfaite élasticité. C'est ce que ALBERT ROBIN a essayé de réaliser dans les divers modèles que nous allons décrire.

Ces modèles sont connus chez les fabricants sous le nom de

Ceintures de la Pitié et sont désignés par les numéros « 1, 2, 3, 4 ».

Le n° 1 se construit de trois façons différentes :

La figure 6 donne le dessin du numéro 1 qui est le modèle le plus fréquemment ordonné pour les malades de l'hôpital, c'est-à-dire les malades peu regardantes au point de vue de la coquetterie. C'est une sangle dont le bord supérieur est droit, mais dont le bord inférieur est échancré et arrondi suivant la courbure du ventre de la femme. Elle est faite en un tissu fort, mais des élastiques placés en E permettent à la ceinture de s'appliquer sur les hanches ; des fentes (*f*, *f'* et *f''*) laissent l'appareil libre de prendre la forme de courbure de la partie supérieure du ventre et l'empêchent de former bec quand la malade s'assied. Enfin, des sous-cuisses (*sc*) peuvent s'adapter si c'est nécessaire.

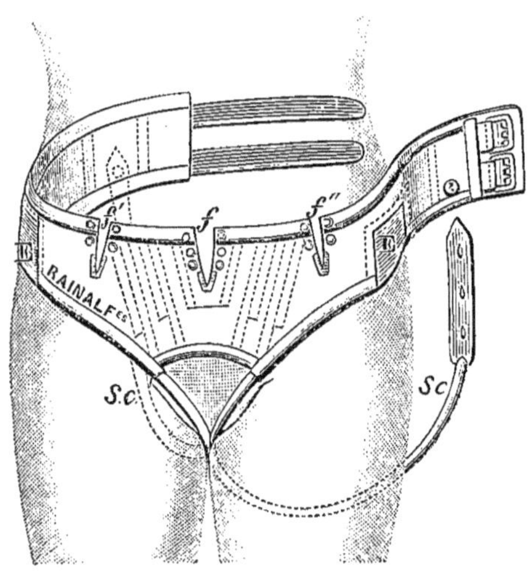

Fig. 6. — Ceinture n° 1.

La ceinture 1 *bis* (*fig.* 7) réalise à peu près la même disposition que la ceinture 1 (*fig.* 6), mais elle est plus confortable ; elle a des élastiques plus larges et des lacets (1/2/3) pour fixer la largeur des échancrures. En cas de besoin, c'est-à-dire en cas de rein mobile, on y adapte des pelotes.

En général, les pelotes que l'on adapte aux ceintures pour soutenir le rein mobile sont toujours trop grosses, trop dures, et on les place trop haut. Il faut les fixer immédiatement au-dessus du bord latéral inférieur de la ceinture, ainsi qu'on le voit en P, à la droite de la figure 7. Vous voyez, par opposition, sur cette même figure, que la pelote de gauche est mise trop haut ; une pelote ainsi placée comprime le rein beaucoup plus souvent qu'elle ne

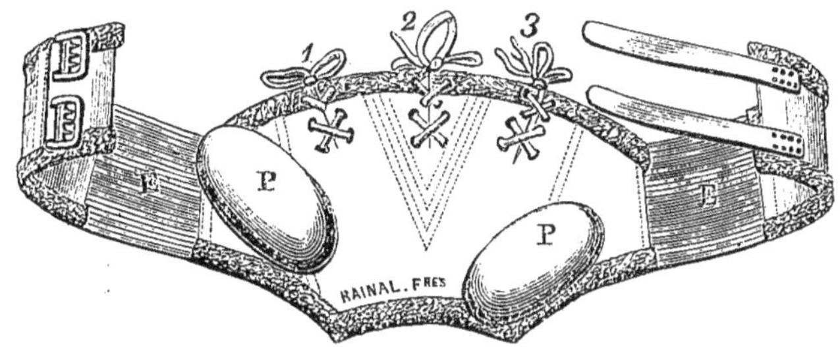

Fig. 7. — Ceinture n° 1 *bis* (avec pelotes rénales).

le soutient et, au bout de très peu de temps, le port de la ceinture devient si douloureux que la malade se refuse absolument à la porter davantage.

Ce type 1 *bis* est, en général, mieux accepté que le précédent, surtout parce qu'il s'agrafe mieux.

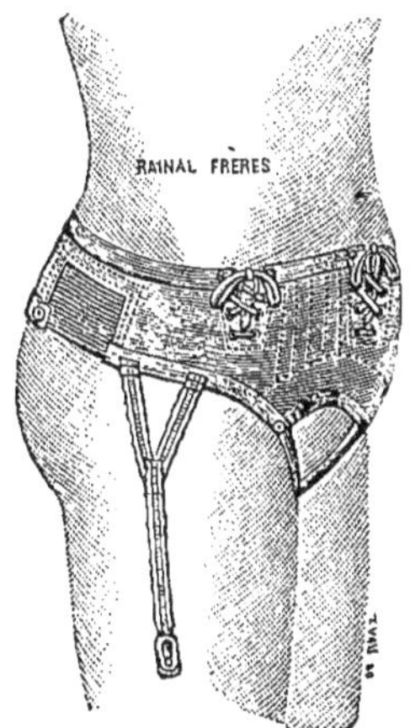

Fig. 8. — Ceinture 1 *bis* (en place).

La figure 8 représente la ceinture 1 *bis* en place avec les jarretelles et les sous-cuisses qui sont indispensables à son maintien.

Dans le type 1 *ter* (*fig.* 9), les trois fentes supérieures sont remplacées par une fente unique E munie d'un élastique.

La ceinture est tout entière en tissu élastique, et ses courbures sont calculées de façon à ce qu'elles puissent se mouler sur le ventre le plus plat. Ce modèle comporte des sous-cuisses et des

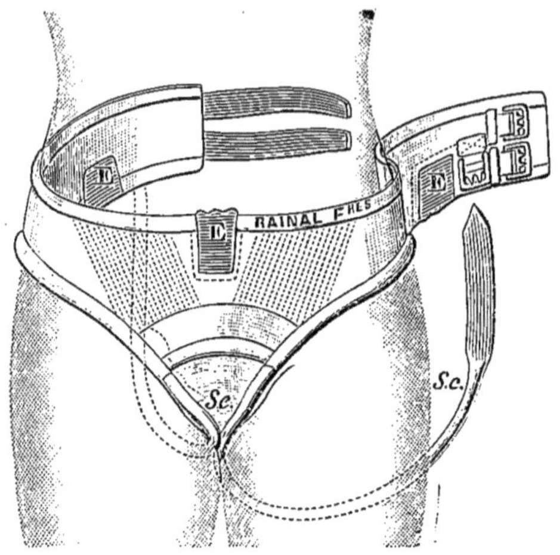

Fig. 9. — Ceinture n° 1 *ter*.

jarretelles. Mais pour les femmes élégantes, surtout quand elles sont maigres et de fine taille, même ce dernier modèle est diffici-

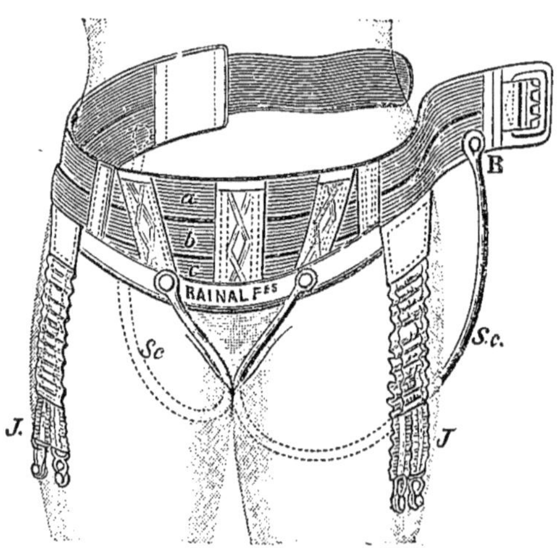

Fig. 10. — Ceinture n° 2.

lement accepté, parce que, malgré tout le soin du fabricant, il épaissit trop la taille. On peut conseiller alors le dispositif suivant (*fig.* 10), qui répond à cette objection et qui est plus facilement toléré, parce qu'il n'augmente pas le volume du ventre et parce qu'il est très souple ; il a seulement l'inconvénient de nécessiter une fabrication parfaite. Le tissu élastique est remplacé par trois bandes de tissu caoutchouté, maintenues par des piqûres

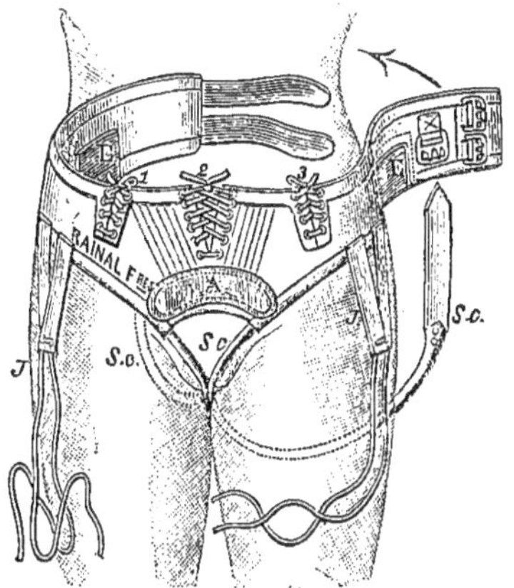

Fig. 11. — Ceinture n° 2 (détails).

verticales sur la partie antérieure de la ceinture, qui se ferme par une seule boucle ; des jarretelles sont disposées sur les côtés.

La figure 11 représente un modèle qui rendra service dans maintes circonstances.

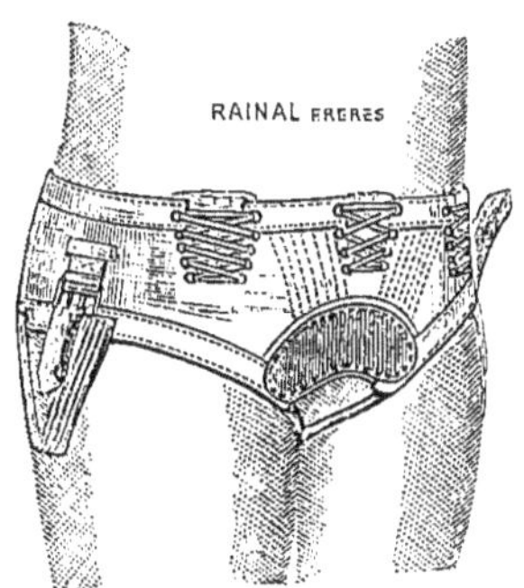

Fig. 12. — Ceinture n° 3 (en place).

C'est le type n° 1 bis avec ses élastiques E et ses échancrures 1, 2, 3. Mais, en outre, une plaque, véritable main en aluminium, est placée juste au-dessus du pubis (A) ; des jarretelles (J) permettent à la malade d'attacher ses bas.

La figure 11 donne le détail de la ceinture et la figure 12 la montre en place.

On voit que ce modèle est parfaitement ajusté, que l'indication de soutènement du ventre est bien remplie sans que la ceinture soit trop gênante; d'ailleurs, son seul inconvénient est de nécessiter le port de sous-cuisses.

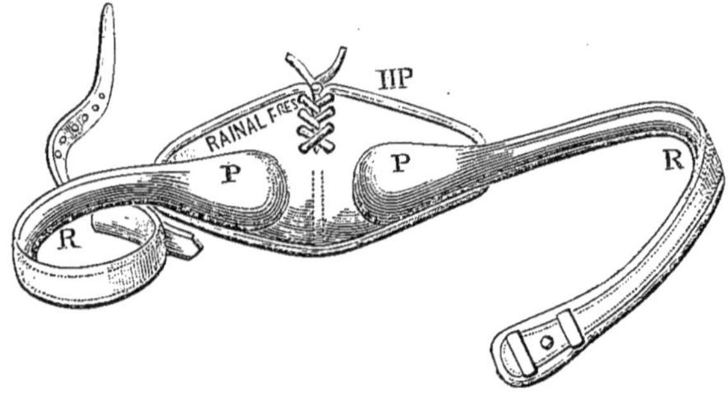

Fig. 13. — Ceinture n° 4.

Pour les malades plus difficiles à satisfaire, on pourra conseiller le modèle n° 4 (*fig*. 13).

Ce type est une sorte de bandage herniaire. Une plaque ajustable, portant à sa partie médiane une échancrure à lacets et munie intérieurement de deux petites pelotes latérales de refoulement, est maintenue sur la partie antérieure du ventre par deux

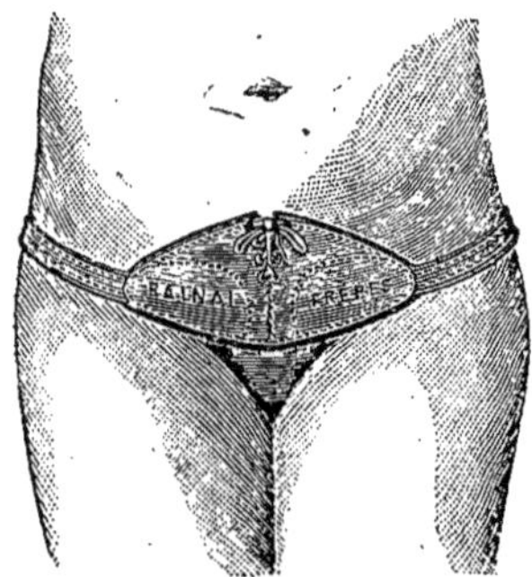

Fig. 14. — Ceinture n° 4 (posée).

ressorts qui contournent la taille. Il est impossible de trouver un mode de contention plus mince. Cette ceinture dispense des souscuisses, n'épaissit nullement la taille et laisse la femme s'habiller sans que personne, pas même une autre femme, puisse soupçonner le port d'un bandage.

La figure 14 montre l'appareil en place. Le soutènement de l'abdomen n'est certainement pas aussi parfait qu'avec les autres modèles; mais celui-ci rendra cependant de grands services chez les malades qui n'acceptent pas un des modèles précédents.

Parmi les ptoses, il en est une qui présente une gravité particulière et qui agit plus que toute autre sur la matrice. C'est le *rein mobile*.

On peut adapter aux ceintures précédentes des pelotes destinées à maintenir le paquet intestinal ou à le refouler en haut, de façon à ce qu'il puisse servir de point d'appui au rein ; mais quand la ptose rénale est très importante, il serait bon de soutenir le rein par un appareil spécial dans le genre de celui qui est représenté par la figure 15 et qui se compose d'une plaque latérale et verticale, fixée par une ceinture et un sous-cuisse.

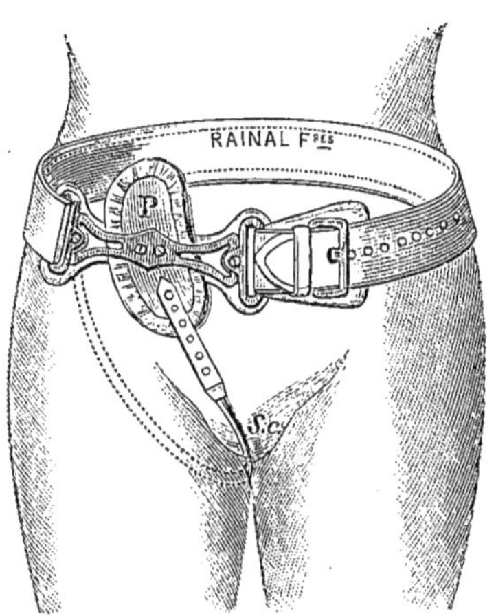

Fig. 15. — Ceinture rénale (en place).

Une ceinture n'est bonne que si elle est bien tolérée. Si elle est mal tolérée, c'est qu'elle est mal faite ou mal placée. Donc, quand on s'est assuré que la ceinture est bien faite et qu'elle exerce bien efficacement le soutènement du ventre, il est indispensable d'apprendre à la malade à bien placer elle-même cette ceinture. Le plus souvent, que fait la malade? Elle met cette ceinture debout, sa toilette une fois finie et avant de s'habiller. Or, quand il s'agit d'une plaque rénale ou d'une ceinture ordinaire avec ou sans pelotes, c'est une mauvaise pratique, car la station debout laisse descendre les organes, et lorsqu'on pose l'appareil de contention, celui-ci vient s'appliquer sur les viscères et, au lieu de les soutenir, il les comprime. Il faut absolument que ces appareils soient posés pendant le décubitus. La malade étant couchée, le rein doit être refoulé en situation normale, et alors seulement la ceinture peut être appliquée. Dans ces conditions, le rein trouve un support quand la malade reprend la situation debout, et le résultat cherché est atteint.

Mais, pour que cette petite opération puisse être faite en évitant toute erreur, il faut que la malade apprenne à reconnaître son rein et, par conséquent, que le médecin lui enseigne à le distinguer des autres organes de l'abdomen.

Il faut, ensuite, qu'elle sache ne pas confondre le rein avec une accumulation de matières fécales dans le cæcum, avec la vésicule biliaire, etc., etc. La manœuvre, en somme, est facile. Il suffit, avec la main droite, de soulever le rein, de le refouler en haut et d'appliquer ensuite la ceinture, après quoi la malade peut se lever et s'habiller.

B. — *Traitement complémentaire.* — Il nous reste maintenant à voir quels *moyens externes* l'on peut opposer à la viscéroptose pour rendre aux organes non seulement leur position normale, mais encore la tonicité qui leur fait défaut.

Le port de la ceinture n'est pas le seul traitement à opposer aux troubles utérins qui sont occasionnés par la viscéroptose. Il y a lieu d'ordonner également certaines pratiques qui ont pour but de redonner à la paroi abdominale cette tonicité qui lui manque. Ces moyens sont au nombre de trois : les compresses échauffantes ; un massage spécial pratiqué avec différents agents ; enfin, une médication interne.

1° **Les compresses échauffantes.** — Cette médication, peu connue en France, mérite d'être généralisée, car elle fournit d'excellents résultats. Elle est très employée en Russie, en Allemagne et en Autriche, où elle a été vulgarisée par PRIESSNITZ. En réalité, c'est une vieille pratique populaire, mais son origine ne doit pas la faire dédaigner.

Voici comment s'applique cette *compresse* dite *échauffante*. On prend une serviette de toilette que l'on plie en long et que l'on trempe dans l'eau froide ; on applique ensuite la serviette sur le ventre et on la recouvre de deux ou trois couches de ouate ; on coiffe le tout d'une feuille de taffetas gommé. Comme on le voit, c'est une sorte de cataplasme.

Il doit être gardé toute la nuit; mais au début, en raison de la gêne qu'il cause parfois, on ne le laissera en place que pendant une ou deux heures, et l'on augmentera peu à peu la durée de l'application. La compresse froide s'échauffe rapidement, et sous l'action prolongée de cette pratique, il est certain que l'on voit diminuer l'état adipeux de la paroi abdominale, tandis que les muscles reprennent une tonicité très appréciable. On peut remplacer l'eau froide par des *eaux chlorurées-sodiques fortes* ou même par des *eaux-mères;* mais, dans ce cas, on aura le soin de ne pas employer d'eaux-mères *chlorurées-magnésiennes* et de s'en tenir aux eaux-mères *chlorurées-sodiques* ou *calciques*, car les premières sont moins stimulantes que celles-ci.

2° **Massage et médicaments locaux.** — Le mot massage n'est pas le mot exact, car le véritable massage irait contre le but cherché; c'est l'*effleurage* qu'il faudrait dire. La manœuvre demande en effet à être pratiquée avec la plus grande discrétion, et en alternant méthodiquement l'effleurage avec l'usage des compresses échauffantes, on obtient de très bons effets.

Ce massage spécial sera effectué avec la paume de la main et non pas avec les doigts, lesquels doivent être soigneusement relevés. Plus la friction sera douce, meilleur sera l'effet. Chaque séance durera de vingt-cinq à trente minutes. On agira particulièrement dans le sens des fibres musculaires.

A ce massage, on joindra l'usage de pommades ou de liniments excitants, dont voici les formules :

Extrait de noix vomique	1 gr.
Sulfate d'alumine	2 —
Vaseline blanche	30 —
Teinture de benjoin	Q. S. pour aromatiser.

F. S. A. — Pommade.

Cette préparation servira pour le massage. On peut également faire précéder l'application de la compresse échauffante d'une onction avec le liniment suivant :

Teinture de quinquina	100 gr.
Baume de Fioraventi	100 —
Alcool camphré	100 —
Menthol	3 —
Essence de girofle	1 —
Teinture de noix vomique	25 —

F. S. A. — Liniment.

Ce liniment peut également être appliqué sur le ventre, le matin, au réveil ; on n'essuiera pas et l'on recouvrira d'une couche d'ouate que la malade gardera pendant toute la journée.

3° **Médication interne.** — On administrera, cinq minutes avant le repas, une cuillerée à café d'*élixir de Gendrin*, et après le repas, dans une infusion aromatique, six gouttes de la préparation suivante :

Teinture de sang-dragon..........................	1 gr.
— d'ipéca..............................	1 —
— de noix vomique..........................	6 —
— de badiane.............................	4 —

Mêlez et filtrez.

Ces divers procédés nous ont souvent permis d'obtenir une amélioration sensible des fonctions musculaires des parois abdominales. On les utilisera également avec quelque succès chez les jeunes mères, pour favoriser le retour de la paroi du ventre et prévenir ainsi les troubles viscéroptosiques, si fréquents à la suite des couches.

3° Traitement des fausses utérines d'origine hépatique

Toute fausse utérine d'origine hépatique est justiciable du traitement ordinaire de la maladie du foie qu'elle accuse.

La thérapeutique considérera surtout les fausses utérines liées à la *lithiase biliaire* et à ses accidents. Les autres maladies du foie qui peuvent retentir sur l'utérus, telles que la *cirrhose*, les *diverses tumeurs*, les *ictères non lithiasiques*, etc., dominent tellement la symptomatologie ou sont si évidentes qu'elles attirent d'emblée l'attention du médecin et que le trouble utérin n'apparaît plus qu'avec un caractère secondaire.

Nous supposons d'abord qu'il s'agit d'une lithiasique caractérisée ou latente. On instituera un régime et une médication.

A. — *Régime.* — Pas de plats compliqués, mais des viandes et surtout des volailles rôties, le gibier excepté. Poissons au court bouillon, pris sans sauce, avec seulement un peu de sel et de jus de citron. OEufs sous leurs diverses formes, mais sans beurre noir. Interdiction du beurre cuit.

Légumes verts assaisonnés sur la table même d'un peu de

beurre frais. Comme dessert, fruits cuits, peu sucrés. On autorisera, parmi les fruits crus, les prunes de reine-Claude, le raisin et les pommes.

B. — *Médication*. — C'est la *médication cholagogue* qu'il faut instituer en tenant compte des deux indications fondamentales, qui sont d'augmenter la quantité de bile et de s'efforcer, en même temps, de diminuer la quantité des matériaux solides qu'elle contient.

Augmentent la sécrétion : la *glycérine*, le *phosphate*, le *benzoate* et de *salicylate de soude*, le *combretum rambaultii*, le *boldo* et le *boldo-glucine*. Ce dernier médicament a des propriétés complexes et très intéressantes, car c'est un hypnotique léger en même temps qu'un excitant des sécrétions intestinale et hépatique.

Diminuent la quantité des matériaux solides de la bile : le *bicarbonate de soude* et les *alcalins*, la *lithine*, l'*arsenic* sous ses diverses formes (mais à petites doses), les *purgatifs biliaires* tels que l'*évonymine* et la *podophylline*. Mais le moyen le plus efficace demeure encore la *cure hydro-minérale de Vichy*, où nous avons vu guérir nombre de fausses utérines hépatiques, témoin cette jeune fille de 20 ans, atteinte de métrorrhagies assez sérieuses pour qu'on ait résolu de faire un curettage et qui guérit sans opération et presque sans traitement local par la cure de Vichy.

Quand le foie est gros et douloureux, on se trouvera bien de faire une révulsion douce et répétée, soit avec des *pointes de feu* très fines et très superficielles, soit avec de petits *vésicatoires* volants de la grandeur d'une pièce de cinq francs, appliqués systématiquement chaque semaine. Rien ne vaut cette pratique pour venir à bout d'engorgements hépatiques anciens et tenaces. Toutefois, chez de telles malades, la cure de *Vichy* ou de *Carlsbad* est absolument nécessaire, et, si l'on n'est pas en saison, on instituera, en tout cas, une cure à domicile.

4° Traitement des fausses utérines d'origine cardiaque

Chez les cardiaques, il ne viendra à personne l'idée de délaisser le cœur pour l'utérus et de ne pas concentrer tout d'abord l'effort thérapeutique sur les moyens propres à régulariser l'action cardiaque et vasculaire.

Dans le cas de *lésions valvulaires*, les troubles utérins sont ordinairement en relation avec une rupture de la compensation. C'est donc à maintenir cette compensation que l'on devra s'attacher, et, pour cela, nous avons trois bons médicaments à notre disposition : la *digitale*, la *spartéine* et la *caféine*, qui possèdent chacune des propriétés très précises.

La *digitale* accroît la diurèse, relève les contractions du cœur et augmente la tension artérielle : c'est donc à elle qu'on s'adressera dans le plus grand nombre des cas, c'est-à-dire quand le pouls est petit, le cœur rapide, irrégulier et mou.

La *spartéine* produit seulement une action tonique sur le muscle cardiaque ; on la préférera donc quand le pouls étant peu rapide et à peu près régulier, il s'agit uniquement d'augmenter l'énergie des contractions du cœur. La spartéine pourra, par conséquent, suivre l'emploi de la digitale et continuer l'œuvre de celle-ci.

Enfin, la *caféine* a surtout pour effet de remonter le système nerveux du cœur ; elle s'emploiera donc comme tonique général de la circulation en dehors des crises, pour lesquelles les deux premiers médicaments seront plus spécialement réservés.

En cas de *myocardite*, l'extrait de *strophantus* (2 à 4 milligrammes) est le médicament de choix, particulièrement dans la *myocardite segmentaire* décrite par Renault de Lyon.

Les *cardiopathies artérielles* ont été surtout bien étudiées par Huchard, qui en a fixé les éléments de diagnostic et constitué le traitement. Cet auteur a montré que, dans les cas qui nous préoccupent, c'est-à-dire dans beaucoup de métrorrhagies d'origine cardiaque, l'hypertension artérielle intervient très fréquemment. Le meilleur médicament que l'on puisse alors appeler à l'aide, c'est la *théobromine*.

Pour notre compte, nous en faisons un fréquent usage, et dans les métrorrhagies causées par l'hypertension artérielle, on obtient assez rapidement des résultats formels.

5° Traitement des fausses utérines chlorotiques

Au point de vue gynécologique, les fausses utérines chlorotiques se divisent en deux classes : les *aménorrhéiques* et les *hémorrhagiques*. Chacun de ces groupements fournit des indications différentes au point de vue de la thérapeutique.

A. — *Chlorotiques aménorrhéiques.* — Le cas est extrêmement fréquent, et c'est l'un de ceux où de nombreuses erreurs de thérapeutique sont commises. Il est bien évident que l'on n'a pas le droit de procéder alors par excitation utérine. Si une chlorotique de ce groupe n'a pas ses règles, c'est parce qu'elle n'a pas de sang à perdre ; il n'y aurait donc lieu de provoquer une excitation utérine fonctionnelle que le jour où, après reconstitution du milieu sanguin, les règles ne reparaîtraient pas, mais non auparavant, car il est de toute nécessité de traiter uniquement la chlorose.

C'est ici que se présente l'opportunité de discuter la question du *fer*, question sur laquelle l'un de nous a eu si souvent l'occasion de revenir. C'est, en effet, une pratique courante et habituelle que de donner systématiquement du fer à toute chlorotique. Or, sur un nombre de chlorotiques prises au hasard, il en est un peu plus des deux tiers qui seront guéries par la médication martiale ; les autres n'éprouveront aucun bénéfice du traitement, si tant est qu'elles le supportent. Dans ces cas, on passe par tradition à l'*arsenic* qui réussira, en effet, sur certains sujets ; mais il en restera toujours quelques-unes qui ne retireront aucun avantage de ces deux médications. En désespoir de cause, on envoie ces chlorotiques, soi-disant invétérées, aux eaux minérales, et particulièrement à certaines eaux *chlorurées-sodiques* faibles que GUBLER appelait si justement « Lymphes minérales », et on s'aperçoit que ce dernier traitement réussit fort bien. Un peu d'étude et de raisonnement aurait évité tous ces tâtonnements pour le plus grand bien de la malade.

C'est que, comme ALBERT ROBIN le soutient, la chlorose n'est pas une maladie : c'est un syndrome complexe, une association de symptômes qui sont la résultante des troubles divers de la nutrition. Faites pratiquer, chez toutes les chlorotiques, de bonnes analyses d'urine et déduisez-en les rapports d'échange.

Le rapport de l'azote de l'urée à l'azote total fournit le *coefficient de l'utilisation azotée*. Le rapport des éléments minéraux aux éléments totaux dissous dans l'urine fournit le *coefficient de déminéralisation*, qui permet de savoir si le sujet perd assez ou trop de principes minéraux. Avec ces renseignements, ALBERT ROBIN a constaté que les chlorotiques se divisent en trois groupes très différents au point de vue de la pathogénie et partant des indications thérapeutiques :

1° Malades chez lesquelles l'*utilisation* azotée est diminuée ;

2° Malades chez lesquelles l'*utilisation* azotée est augmentée ;

3° Malades chez lesquelles l'*utilisation azotée est variable*, mais chez lesquelles le coefficient de déminéralisation est augmenté.

Le *fer* augmente l'*utilisation azotée :* il ne rendra donc de services que dans la première classe de malades, et il sera au moins inutile chez les chlorotiques du deuxième groupe.

L'*arsenic* diminue l'*utilisation azotée :* il sera donc indiqué pour le traitement des chlorotiques du deuxième groupe.

Enfin, la dernière catégorie réunit les sujets qui relèvent du *traitement hydro-minéral* et, particulièrement, de la cure de *Royat*, de *Saint-Nectaire* ou de *la Bourboule*, en un mot, des lymphes minérales de Gubler. C'est seulement après qu'on aura obtenu le relèvement minéral de ces organismes appauvris que le fer pourra intervenir à son tour de manière utile. Toutes ces considérations sont extrêmement importantes, car elles expliquent les insuccès et peuvent servir de guide sûr dans l'institution du traitement de la chlorotique.

B. — *Chloroses hémorrhagiques.* — Nous les divisons en trois catégories :

1° D'abord les chloroses hémorrhagiques vraies, dont l'existence est encore discutée par nombre d'auteurs et qui, en tout cas, sont relativement rares ;

2° Puis, les anémies consécutives à des hémorrhagies utérines, ou fausses chlorotiques d'origine utérine, qui relèvent surtout du traitement local de l'affection causale, mais qui demandent aussi un traitement général et reconstituant.

Dans ces deux premières catégories, l'emploi du fer n'est pas contre-indiqué, mais à la condition de s'en tenir à l'administration du *perchlorure de fer* qui n'est pas congestif, et qui agit à la fois comme ferrugineux et comme astringent.

3° Viennent enfin les fausses chloroses hémorrhagiques, qui sont l'un des masques habituels du *rétrécissement mitral*. Le traitement ne devra viser, dans ce cas, ni l'utérus, ni l'anémie, mais bien l'affection cardiaque génératrice.

6° Traitement des fausses utérines d'origine rénale

Nous avons vu que le mal de Bright, la lithiase rénale et les pyélites pouvaient retentir sur l'utérus; passons rapidement en revue les indications fournies par chacune de ces étiologies.

A. — *Maladie de Bright.* — Le mal de Bright provoque des aménorrhées qui traduisent la déchéance de l'état général, et plus rarement des métrorrhagies, qui sont une des manifestations de ce que l'on pourrait appeler la prœ-urémie.

Inutile d'ajouter qu'au point de vue thérapeutique ces troubles utérins n'ont aucune espèce de valeur et que l'on doit s'occuper uniquement de l'affection rénale, sans compter qu'il importe de respecter d'une manière absolue les métrorrhagies de cette origine qui constituent un mode d'élimination qu'il serait très imprudent d'arrêter.

Mais un point sur lequel il est intéressant d'insister, c'est la coïncidence de certains fibromes utérins avec une albuminurie variable, et qui peut, dans certaines circonstances, prendre un développement considérable, puisque l'un de nous l'a vue atteindre 8 et 10 grammes dans les vingt-quatre heures. Cette albuminurie est certainement sous la dépendance du fibrome, et nous avons tout lieu de croire qu'elle est due à une compression exercée sur les uretères, le bassinet ou sur le rein lui-même. Ces albuminuries, si intenses qu'elles soient, ne contre-indiquent nullement les *cures balnéaires chlorurées-sodiques*, à la condition que ces cures soient menées avec une grande prudence et qu'on n'arrive pas aux bains de haute concentration.

A proprement parler, ces cas ne rentrent pas dans notre cadre de fausses utérines, puisqu'il s'agit, au contraire, de fausses brightiques d'origine utérine, et que l'albuminurie passe au second plan, la thérapeutique devant s'adresser principalement au fibrome.

B. — *Lithiase rénale.* — Dès que l'on a reconnu la liaison des troubles utérins avec la lithiase urinaire, on doit instituer le traitement de cette dernière affection en insistant surtout sur le régime, car les médicaments en usage et soi-disant spécifiques, les *sels de lithine*, la *pipérazine*, les *benzoates*, etc., ne jouent, en réalité, qu'un rôle accessoire. Puisque l'excès d'acide urique dans les urines est la principale cause de la lithiase rénale, il faut, par un bon choix d'aliments, diminuer l'apport des éléments à l'aide desquels l'organisme fabrique cet acide urique.

Le régime recommandé par ALBERT ROBIN diffère notablement de celui qui figure dans les auteurs classiques.

La plupart des médecins bornent en effet leurs recommandations à l'usage du vin blanc, à la suppression de presque toutes les viandes, mais surtout des viandes rouges et à l'indication du régime végétal, sauf les asperges, l'oseille et la tomate, interdites parce qu'elles sont acides ou parce qu'elles contiennent des oxalates. Mais le vin blanc est aussi nocif que le vin rouge et, puisque l'on craint les acides, il possède certainement plus d'acidités que les légumes défendus.

Le régime en question a pour but d'éliminer les aliments d'épargne, les aliments nucléiniques, et les aliments qui, après expérience faite sur l'homme sain, semblent accroître la formation de l'acide urique. Sans entrer dans le détail des expériences qui ont conduit à la constitution de ce régime, en voici les éléments principaux :

1° Surveiller l'alimentation. On évitera ou l'on restreindra les aliments suivants : ris de veau, cervelles, laitances, foie gras, rognons, gibier, aliments gélatineux et gelées de viande, sauces, pieds de mouton, tête de veau, graisse, beurre, fritures, ragoûts, poissons gras, comme saumon et anguille, légumes farineux, pommes de terre, pois, haricots, lentilles, fromages, plats sucrés, entremets, sucreries, pâtisseries, alcool, champagne, liqueurs.

2° On se nourrira surtout de viandes rouges et blanches et de volailles rôties, grillées, d'œufs à la coque, de légumes verts, de fruits. Comme boisson, de l'eau pure ou telle eau minérale inerme, ou des infusions aromatiques chaudes (*reine des prés, fleurs de fèves de marais*, etc.). L'alimentation doit comporter trois quarts de végétaux pour un quart de viandes et d'œufs.

3° Eviter toute fatigue, tout surmenage, mais éviter aussi la sédentarité. Après chaque repas, il est nécessaire de marcher, sans arriver jusqu'à la lassitude.

4° Frictions matinales, après le tub, avec l'alcool camphré.

A ce régime, ajouter des doses faibles, mais prolongées, de *carbonate de lithine, d'arséniate de soude, de sulfate de strychnine, de benzoate et de bicarbonate de soude, des balsamiques, etc.,*

puis, en saison, les cures de *Vittel, Contrexéville, Martigny,
Capvern, Evian*, etc.

Régime, hygiène, médicaments, cures hydro-minérales, constitueront les éléments essentiels de la médication, et ces éléments
on les associera ou on les alternera suivant le cas et suivant les
indications particulières.

C. — *Pyélites.* — S'il s'agit de pyélite calculeuse ou non, on
s'inspirera du traitement médical de cette affection (¹), et l'on
retirera surtout de grands avantages des *bains de vapeur térében-
thinés*, dont l'action spéciale sur l'utérus n'est pas à dédaigner.
C'est dans ces cas de pyélite chronique à retentissement utérin
que les *cures hydro-minérales de lavage* seront aussi spécialement
indiquées.

7° Traitement des fausses utérines d'origine névropathique

Chez les *névropathes*, et spécialement chez les neurasthéniques
on recherchera d'abord si la neurasthénie a une origine dyspeptique ou viscéroptosique. Si cette étiologie n'est pas manifeste,
on fera l'étude des échanges organiques qui permettra de découvrir soit une phosphaturie absolue (augmentation du rapport
brut de l'acide phosphorique total à l'azote total), soit un trouble
des oxydations azotées, soit une déminéralisation organique
totale ou partielle, soit enfin tel autre trouble de la nutrition
élémentaire dont le traitement particulier devra toujours précéder
ou accompagner l'emploi des moyens classiquement usités pour
combattre le syndrome neurasthénie. Les cures hydro-minérales
de *Plombières, Luxeuil, Néris, Saint-Sauveur, Biarritz, Salies-
de-Béarn, Salins-du-Jura, Bagnères-de-Bigorre*, etc., seront de bons
compléments du traitement.

Si le système nerveux est atteint primitivement, le problème
devient plus complexe, et le médecin doit alors conseiller les
traitements spéciaux et classiques qui ont été proposés contre la
neurasthénie essentielle. Nous ne pouvons naturellement les
indiquer tous ici. Mais là seule réflexion que nous ferons est la

---

1. ALBERT ROBIN. — Traitement médical des Pyélites. *Bulletin de Thérapeutique,*
1897, et *Traité de Thérapeutique appliquée,* t. II.

suivante : c'est dans les états névropathiques que l'on a eu le plus d'occasions de constater l'abus de l'intervention chirurgicale. L'un de nous a actuellement dans son service une jeune fille de 18 ans, vierge, à laquelle on a enlevé l'utérus et ses annexes, pour la guérir d'une soi-disant neurasthénie d'origine utérine. Or, trois mois après l'opération, ont éclaté des crises hystériques de la plus haute sévérité, et les accidents qui ont motivé cette inutile opération, loin de s'atténuer, se sont considérablement aggravés.

8° Traitement des fausses utérines d'origine arthritique

La diathèse arthritique, si tant est qu'on ne trouve pas ce mot diathèse trop démodé, est un protée qu'il est bien difficile de suivre dans toutes ses phases. Mais, au point de vue utérin, les phénomènes morbides qui en dépendent sont surtout liés à quatre états particuliers qui sont : l'*obésité*, de beaucoup le plus fréquent, le *diabète*, la *phosphaturie* et l'*uricémie*. Cette dernière affection est liée elle-même à la lithiase biliaire ou rénale ; elle est par conséquent justiciable du même traitement, et nous n'aurons plus à y revenir. Le diabète est une affection tellement définie que nous la mettons forcément hors cadre en renvoyant aux leçons publiées par l'un de nous sur ce sujet en 1895[1]. Restent donc l'obésité et la phosphaturie dont nous dirons quelques mots.

A. — *Obésité.* — Les obèses sont fréquemment aménorrhéiques ou oligorrhéiques, et il ne servirait à rien de faire un traitement spécial destiné à combattre ce symptôme secondaire. On obtiendra de meilleurs résultats avec une cure de réduction, d'autant que celle-ci est très facile à conduire, et l'on peut dire que celle dont nous allons parler sera presque toujours suivie de succès. Nous possédons, en effet, 16 observations de femmes obèses et aménorrhéiques, qui ont vu leurs règles reparaître ou revenir à la normale quand la cure de réduction a été suivie pendant un temps suffisant.

On a beaucoup vanté dans ces dernières années l'emploi de la

---

1. ALBERT ROBIN. — Traitement du Diabète. — *Traité de Thérapeutique appliquée*, t. 1, et *Bulletin de Thérapeutique*, 1895.

médication thyroïdienne pour le traitement de l'obésité. Il est réel que certains sujets maigrissent rapidement; mais ce n'est pas là un résultat toujours avantageux, car l'amaigrissement n'est alors qu'un des accidents de l'empoisonnement thyroïdien. Nous ne conseillons donc jamais à une obèse la cure thyrodïenne dont les inconvénients cardiaques, entre autres, ne sont plus en discussion. LANCEREAUX vient, il est vrai, de montrer qu'on obtient par l'emploi de la *thyroïdine* des résultats remarquables dans la thérapeutique de certains phénomènes de l'arthritisme; mais nonobstant ces résultats, qui demandent à être confirmés de l'avis de l'auteur lui-même, nous estimons qu'il est inutile d'employer un traitement périlleux quand on peut obtenir la guérison avec le seul régime.

Il est inopportun et dangereux de faire jeûner les obèses; il suffit de régler leurs repas et de faire un choix convenable parmi les aliments. Voici comment l'on peut arriver à ce résultat :

A 7 heures du matin, la malade mangera de la viande froide à volonté, avec 10 grammes de pain, pas plus. Finir par un peu de fruits cuits sans sucre. Une tasse de thé très léger et très chaud également sans sucre.

A 10 heures du matin, 2 œufs à la coque très peu cuits, avec 5 grammes de pain et 125 grammes d'eau et de vin.

A midi, viande froide à volonté, mangée avec une assiettée de cresson ou de salade verte légèrement salée et additionnée d'un peu de jus de citron ; 30 grammes de pain; légumes verts en purée, sans sauce. Fruits à volonté. Une tasse de 250 grammes de thé léger sans sucre.

A 4 heures, une simple tasse de thé léger, sans sucre.

A 7 heures, même repas qu'à midi, mais avec la liberté d'y ajouter un plat chaud de viande ou de poisson, sans sauce, assaisonné avec un peu de jus de citron et de sel.

Après chaque repas, même après la tasse de thé de quatre heures, une promenade au dehors ou dans l'appartement jusqu'à l'apparition de la plus légère sensation de fatigue.

Ce régime si simple a l'avantage de donner à la malade, presque toujours douée d'un appétit énergique, une quantité plus que suffisante de nourriture ; mais il supprime tout aliment capable de fournir de la graisse à l'organisme. La première semaine, on constate une diminution de poids de 1 à 2 kilogrammes; puis la diminution continue progressivement plus ou moins grande suivant les sujets. La cure doit durer environ deux mois, après lesquels on autorisera un repos. Bien fréquemment, dès la fin de la cure, les règles reprendront leur cours.

B. — *Phosphaturie.* — L'un de nous a suffisamment indiqué ailleurs le traitement de la phosphaturie ou mieux des phosphaturies, pour qu'il soit nécessaire d'y revenir encore ici[1].

D'une façon générale, on usera du *phosphure de zinc*, des *strychniques*, des *hypophosphites*, des *glycérophosphates*, du *fluorure de calcium*, de l'*hydrothérapie méthodique*, des cures de *Néris* ou de *Brides*, etc. On surveillera les fonctions du foie et de l'estomac, de façon à lutter contre l'insuffisance hépatique et contre l'hypersthénie gastrique, si fréquentes chez les arthritiques phosphaturiques.

9° Traitements des fausses utérines infectieuses et intoxiquées

Chez les infectieuses et les intoxiquées, le traitement de l'*impaludisme*, de la *tuberculose*, de la *syphilis*, de l'*alcoolisme*, du *saturnisme*, de la *morphinomanie*, etc., accompagnera toujours l'emploi des médications dirigées contre les troubles utérins.

III

Indications principales du traitement local

Parallèlement à la médication de la maladie génératrice, ou s'occupera des manifestations utérines. Dans les chapitres suivants, nous traiterons en détail tout ce qui touche à la thérapeutique de l'*aménorrhée*, de la *dysménorrhée*, des *métrorrhagies;* il ne s'agit donc à présent que d'indications générales.

Nous fournissons ici le résultat de la pratique employée dans

---

1. ALBERT ROBIN. — Traitement de la Phosphaturie. — *Traité de Thérapeutique appliquée*, t. 1.

le service d'ALBERT ROBIN, à l'hôpital Beaujon, pour tous les petits troubles utérins qui ne nécessitent que des moyens palliatifs ou prophylactiques, plutôt que curatifs, la guérison dépendant surtout du traitement de la cause, dont la disparition est le moyen le plus sûr de modifier ces accidents locaux.

1° *Leucorrhée.* — La leucorrhée est, on peut le dire, l'éternel symptôme dont se plaint le plus grand nombre de malades, et il est nécessaire d'intervenir localement pour diminuer, tout au moins, les inconvénients réels de cet état en attendant les effets de la médication générale.

La malade fera matin et soir, dans la situation couchée, à la température de 35° à 40°, une injection vaginale lente, avec le mélange suivant :

Eau..	2 litres
Tanin...	2 cuillerées à café
Laudanum de Sydenham.............................	LX gouttes

Mêlez.

Cette simple précaution est suffisante pour diminuer considérablement le flux, s'il n'y a pas de cause profonde à la leucorrhée.

2° *Ulcérations du col.* — Après une injection antiseptique à l'*eau stérilisée* ou à la *liqueur de van Swieten,* étendue de cinq fois son volume d'eau, prenez un tampon trempé dans le mélange suivant :

Tanin..	
Glycérine...	$\overline{aa}$ parties égales

M. S. A.

et appliquez-le sur le col utérin, où il devra rester pendant plusieurs heures, de deux à douze heures.

Si l'ulcération est tenace, on se trouvera bien des applications, le soir, d'*ovules à l'ichtyol,* et au besoin, d'un traitement prolongé par la *teinture d'iode* ou le *perchlorure de fer*, par attouchements au pinceau répétés tous les deux ou trois jours.

3° *Déviations ou prolapsus.* — Comme souvent ces déviations et ces prolapsus sont la conséquence de la viscéroptose, on doit les traiter en appliquant l'une des *ceintures* longuement décrites plus haut; mais si, outre la déviation, la malade souffre d'un vrai prolapsus utérin, il faudra utiliser le *pessaire de Dumont-pallier*.

4° *Congestion utéro-ovarienne.* — La malade devra garder le lit jusqu'à disparition des phénomènes congestifs. Elle prendra tous les jour un grand bain additionné de 250 grammes de *gélatine* de Paris, bain d'une durée de vingt minutes à une heure. On mettra sur le ventre la compresse échauffante de PRIESSNITZ, suivant la méthode déjà décrite. On fera, si besoin est, des applications de *petits vésicatoires* sur la région sensible et même, si les phénomènes inflammatoires prenaient un certain caractère d'intensité, on n'hésiterait pas à appliquer des *sangsues* sur la zone hypogastrique ou à la partie supérieure des cuisses, ou, dans quelques circonstances, sur le col utérin.

5° *Dysménorrhée.* — La dysménorrhée, cet épiphénomène fréquent des affections causales décrites plus haut, relève principalement de leur traitement. Mais, comme la malade souffre, il faut avant tout la soulager. Nous ne décrirons pas les traitements classiques. Nous insisterons seulement sur un point qui nous paraît important. Pour nous, le meilleur traitement des douleurs menstruelles, c'est le *vésicatoire*. Nous allons ainsi, nous le savons, à l'encontre des idées qui sont en honneur aujourd'hui. On a fait, il n'y a pas longtemps encore, une violente campagne contre le vésicatoire à la Société de Thérapeutique, en l'accusant d'être la cause de beaucoup d'accidents et de n'avoir aucune utilité; mais l'un de nous a réagi de son mieux, en soulevant, à l'Académie de Médecine, une discussion contradictoire.

Il y a dans cette campagne contre le vésicatoire une généralisation singulièrement exagérée. Oui, le vésicatoire a des inconvénients; oui, il a été plus d'une fois la cause d'accidents sérieux; mais quelle est la médication qui n'a pas d'accidents à son passif? En médecine, le fait seul a de l'importance et, devant lui, les questions de doctrine disparaissent : or, le fait, c'est que le vésicatoire est un procédé thérapeutique d'une utilité incontestable dans les accidents congestifs douloureux, et que, dans ces cas si nombreux, il amène toujours une accalmie qui le fait accepter avec reconnaissance par la malade. Nous nous élevons donc contre la proscription dont on a voulu frapper le vésicatoire, et nous continuerons à le prescrire dans les congestions utérines et dans les cas de dysménorrhée, convaincus que nous n'avons pas à notre disposition de moyen plus certain pour calmer les douleurs.

6° *Métrorrhagie.* — Le meilleur procédé pour arrêter les pertes, c'est de faire pratiquer des injections très chaudes de 40° à 50°, avec une *solution de gélatine* à 7 $^0/_{00}$. En même temps on fera prendre dans les vingt-quatre heures 4 à 6 pilules de la formule ci-dessous :

Ergotine Bonjean	0 gr. 10
Poudre de sang-dragon..............................	0 — 10
Pour une pilule.	

ou 4 à 6 cuillerées de la potion que voici :

Ergotine Bonjean.................................	4 gr.
Acide gallique...................................	0 — 50
Sirop de térébenthine	30 —
Hydrolat de tilleul..............................	120 —
F. S. A. — Potion.	

7° *Ménorrhagie.* — Beaucoup de fausses utérines ont des règles avançantes qui prolongent ainsi la durée de l'écoulement cataménial et augmentent des déperditions déjà fâcheuses pour des sujets en médiocre état de nutrition. Il est donc nécessaire d'agir pour obtenir une régularisation de l'époque menstruelle. On ordonnera à la malade de prendre au moment des deux principaux repas, huit jours avant l'époque présumée des règles, une à trois cuillerées à café de l'élixir suivant :

Elixir de Garus..................................	100 gr.
Extrait fluide d'hydrastis canadensis............	
— de viburnum prunifolium............	ãã 5 —
— de gossypium herbaceum............	
F. S. A. — Elixir.	

On cessera dès le jour réglementaire de l'époque, afin de ne pas influencer celle-ci ; mais si le flux traîne plus que de raison, ce qui est fréquent, on reprendra la mixture dès le quatrième jour. En cas d'intolérance pour les médicaments de cette prescription, on pourrait conseiller l'usage des *pilules d'ergotine* indiquées plus haut.

8° *Aménorrhée.* — En cas d'aménorrhée, nous ne donnons le

conseil d'intervenir que dans le cas où, supposant le moment propice pour provoquer une excitation sur l'appareil génital, on désire exercer une poussée congestive capable d'accélérer une époque difficile à mettre en train. Alors nous prescrivons les pilules suivantes à raison de deux ou trois par jour :

<pre>
Sulfate de fer (ou tartrate ferrico-potassique). 0 gr. 05 à   0 gr. 10
Aloés du Cap.......................................   0 — 10
Extrait de quinquina........................ 0 gr. 05   0 — 10
                F. S. A. — Une pilule.
</pre>

Associer un traitement général aux moyens locaux et purement médicaux dirigés contre les troubles utérins, c'est-à-dire revenir, en la complétant et en la modernisant, à la pratique des gynécologistes de la génération précédente, telle est, en résumé, la marche que nous conseillons de suivre, pour faire rentrer dans le domaine de la médecine un grand nombre de soi-disant affections utérines que la chirurgie revendique aujourd'hui.

TROISIÈME PARTIE

LA MENSTRUATION ET SES ACCIDENTS

HYGIÈNE & THÉRAPEUTIQUE

CHAPITRE PREMIER

LA PUBERTÉ CHEZ LA FEMME

I

Définition

La *puberté* [1], dit RULLIER, est « l'époque de la vie particulière-
« ment caractérisée par le développement rapide, le complément
« d'organisation et l'aptitude à l'exercice de leurs fonctions,
« qu'acquièrent les organes de la reproduction de l'espèce ». Au
point de vue spécial de thérapeutique qui nous occupe, nous
n'avons pas à considérer si les premières règles coïncident
toujours avec la première ovulation, et si la nubilité (LITTRÉ et
ROBIN) est plus tardive que la puberté. Il y a, dans la vie de la
jeune fille, une période plus ou moins longue, pleine de changements pour tout son être, qui commence au moment où elle
prépare ses premières règles et finit lorsque la menstruation est
établie d'une façon définitive et régulière. Cette période demande
des soins particuliers qui rentrent dans l'hygiène ou dans la thérapeutique de la *puberté*.

II

Notions sur les phénomènes de la puberté

A. — *Apparition des premières règles. — Sa date. —* L'éruption des premières règles a lieu d'habitude entre treize et
seize ans.

1. La *Puberté chez la Femme*, par PAUL DALCHÉ. Paris, 1906, chez Rueff.

Plusieurs auteurs rapportent des observations où ils ont vu une menstruation régulière s'établir chez des petites filles de quatre ans, deux ans, neuf mois et même au-dessous. On ne saurait vraiment considérer ces exceptions comme des cas de *puberté* hâtive ; ce sont plutôt de véritables *monstruosités emméniques*, compatibles avec une bonne santé durant tout le cours de la vie, mais présentées aussi par des enfants dont la constitution restera maladive et débile.

La puissance génitale, ou *sens génital*, vigueur plus ou moins grande que la nature déploie dans le développement des vésicules de De Graaf (Raciborski), est assez souvent la seule cause que nous puissions invoquer pour expliquer la précocité ou le retard du premier écoulement menstruel. Cette puissance génitale, attribut personnel de chaque femme, et susceptible de varier suivant les sujets en dehors de toute condition de milieu et de climat, ne se manifeste cependant pas toujours sans avoir subi l'impression de diverses influences. En tout pays, aussi bien dans les régions du nord que dans celles du centre et du midi, sous l'impulsion d'une activité ovarienne plus forte ou plus faible, des jeunes filles sont réglées à onze et douze ans, à côté d'autres qui le sont à seize, dix-sept et dix-huit. Mais, pour la majorité des cas, l'origine, l'hérédité maintiennent dans la race l'apparition de la *puberté* à un âge moyen.

Si la famille s'expatrie, cette influence de l'origine se fait encore sentir au moins pendant longtemps ; il est classique de citer les jeunes Anglaises nées aux Indes de parents européens et réglées plus tard que les indigènes. Cette sorte de loi physiologique, cette empreinte durable que l'hérédité impose à une race résulte de l'action continue de causes multiples sur une longue série d'individus. Pour la menstruation, le *climat* et la *latitude géographique*, le *genre de vie et d'occupations* jouent le plus grand rôle. A mesure que l'on s'éloigne du nord pour se rapprocher des contrées équatoriales, on trouve les femmes pubères plus hâtivement. Dans un même pays, en France par exemple, les filles de la campagne sont réglées plus tard que les filles des grandes villes, et dans les villes, les demoiselles de la classe aisée plus tôt que les ouvrières. Les petites paysannes, en effet, soumises parfois à des fatigues trop grandes pour leur âge, avec un régime alimentaire peu délicat et même peu substantiel, se livrent presque exclusivement à des travaux manuels qui laissent leur esprit dans le calme. Au contraire, une jeune fille riche, élevée dans le bien-être, dont l'intelligence est éveillée par l'étude, le milieu de la grande ville, verra son activité ovarienne sollicitée d'une façon plus pressante. A côté d'elle, l'ouvrière, étiolée dans un atelier, loin de la lumière et du grand air, sans nourriture suffisante ou bonne, aura une puissance génitale plus faible; cependant ce qu'elle voit et ce qu'elle entend dans sa famille, dans son travail ou dans la rue, peut aussi la rendre précoce.

En tenant compte de toutes ces différences, en France l'*âge moyen* de la *puberté* est de quatorze ans et demi.

En dehors des monstruosités emméniques signalées plus haut, des *pubertés précoces* se manifestent bien avant quatorze ans et demi, de même que des *pubertés tardives* débutent à vingt, vingt-quatre et même vingt-six ans, sans qu'il en résulte pour la jeune fille aucun trouble morbide, aucun inconvénient sérieux. Ces écarts de la puissance génitale se montrent parfois sur plusieurs personnes de la même famille (GENDRIN); mais on en observe aussi des cas isolés qui surviennent sans qu'on puisse les attribuer à aucune des influences énumérées plus haut. Dès la naissance, il se produit chez le petit garçon un rudiment de spermatogénèse et chez la petite fille un début d'ovulation. Les menstruations anticipées ne sont qu'une exagération anormale de ce travail (APERT). De même les pubertés tardives se manifestent chez les *dégénérées retardataires*, les enfants de *tuberculeux*, de *syphilitiques*, d'*alcooliques*, d'*intoxiqués*, de *paludéens*, etc.

B. — *Phénomènes prémonitoires.* — L'éruption des premières menstrues arrive quelquefois d'une façon tout à fait inopinée, mais cette surprise est rare. Elles sont fréquemment précédées d'un écoulement séreux, séro-muqueux, teinté de sang certains jours où surviennent des coliques, et qui dure des semaines et même des mois. Chez les lymphatiques surtout, cet écoulement prend les caractères d'un *flux leucorrhéique* épais, irritant la vulve, tuméfiant les grandes lèvres sur lesquelles apparaissent, ainsi que sur la face interne des cuisses et sur le périnée, des *érythèmes*, des vésicules d'*eczéma* et d'*herpès*. A la même époque aussi, des crises de *diarrhée* semblent remplacer des règles qui ont de la peine à s'établir.

La jeune fille est en proie à une lassitude générale, entremêlée de phases d'excitabilité et de nervosisme. Dans les lombes, dans le bassin, elle souffre de pesanteurs, et, par périodes, de coliques douloureuses; les régions sus-inguinales sont sensibles, les besoins d'uriner fréquents. Des bouffées de chaleur lui montent à la face, elle a des vertiges, des palpitations, un peu d'oppression respiratoire, quelques nausées, des troubles dyspeptiques et de l'inappétence, des maux de tête, des frissons; le pouls est plus fort et plus rapide. Ces prodromes sont fort souvent très atténués. Mais il n'en est pas toujours ainsi, et en particulier les filles issues de souche goutteuse ou arthritique sont tourmentées de *migraines* et de *névralgies* tenaces et violentes, avec éblouissements et tintements d'oreille; des *épistaxis* abondantes, des *fluxions dentaires*, des *furoncles, laryngites, angines, dyspnées pseudo-asthmatiques, rhumes, conjonctivites, blépharites* se répètent ou alternent, en même temps que sur le front, le nez, les joues, les épaules s'installe l'*acné* de la *puberté*. Des *pigmentations cutanées*, des *éphélides* se reproduiront à chaque époque; les yeux, surtout chez la brune, se cerclent de noir, le teint devient plombé. Comme les *furoncles* et l'*acné*, l'*eczéma*, le *prurigo*, l'*urticaire*, auront une tendance à reparaître à la *ménopause*, à la fin de la vie génitale, ainsi que des *œdèmes simples* ou accompagnés de *névralgies*. Des crises douloureuses périodiques, dénommées assez ingénieusement *migraines utérines* (Rendu, Labadie-Lagrave) sont un jour accompagnées d'une *ménorrhagie* abondante, que la tendance aux congestions des arthritiques pourra reproduire aux menstruations suivantes. D'une évolution génitale en général plus lente et plus sourde, les lymphatiques et les scrofuleuses, sujettes à la *leucorrhée*, présentent moins de complications nerveuses et cutanées.

Enfin le premier flux sanguin apparaît, c'est une détente, un soulagement pour tout l'organisme. Les règles suivantes ne s'établissent pas toujours d'emblée avec une périodicité régulière; la seconde hémorrhagie cataméniale peut se faire attendre plusieurs semaines, quelques mois, un an même. Malgré l'autorité d'Astruc écrivant qu'une jeune fille doit être parfaitement réglée dans l'espace de six mois, il ne faut pas qu'une exception à cette loi cause trop d'inquiétudes. Cependant ces premières et persistantes irrégularités menstruelles des filles de tuberculeux ou de syphylitiques, des jeunes pubères qui ont eu une pleurésie ou toute autre manifestation suspecte, laissent craindre des troubles que j'ai vu durer toute la vie génitale.

C. — *Modifications de l'organisme*. — Cette entrée en fonctions de l'ovaire, le développement rapide de l'utérus, ne s'accomplissent pas toujours sans des complications génitales qui seront exposées plus loin avec les moyens de les prévenir ou de les combattre.

Mais les changements que cette époque de la vie apporte à la jeune fille ne siègent pas uniquement dans l'appareil sexuel, et l'organisme entier subit une impulsion ; les modifications de chaque système expliquent les accidents si variés de la *puberté*, et leur énumération rapide nous permettra d'envisager d'une façon plus générale la thérapeutique à instituer.

a) **Organes génitaux.** — Parallèlement à l'utérus, qui de l'état *fœtal* passe à l'état *infantile*, puis à l'état *pubescent*, les organes génitaux externes s'accentuent ; la vulve se tuméfie, les grandes lèvres s'écartent, le clitoris et le vagin se développent. Les modifications de l'ovaire suivent une marche plus régulière que celle de l'utérus ; mais, à la puberté, il augmente rapidement.

b) **Habitude du corps.** — On voit en même temps le cou, la glande thyroïde augmenter de volume. La poitrine se bombe, les seins se gonflent, le mamelon s'allonge et rougit, « les membres, « les épaules et les hanches prennent un caractère d'expansion, « de grâce et de rondeur » ; la femme se forme. Toutefois ces caractères de la sexualité féminine, *caractères sexuels secondaires* (HUNTER), ne se manifestent pas indifféremment ; des travaux pénibles et rudes, un genre de vie semblable pour les femmes et les hommes rapprochent la femme de l'homme. Il y a moins d'écart entre les deux sexes dans les classes et peuplades d'agriculteurs, de pêcheurs, de chasseurs, que dans les classes industrielles, commerciales et autres (CHARLES ROBIN). « C'est « d'ailleurs un fait bien connu que, chez beaucoup de peuples « sauvages ou seulement barbares, la constitution de la femme « diffère bien moins que chez nous de celle de l'homme. » (BROCA.)

c) **Système osseux.** — Le bassin s'élargit, la grande distance des épines iliaques antéro-supérieures forme l'un des caractères les plus expressifs du bassin de l'aryenne (CAMPANA), les fémurs deviennent obliques. Le système osseux, plus frêle que chez le garçon, participe à la croissance générale. C'est surtout en longueur que les membres augmentent ; les extrémités semblent disproportionnées, les fillettes ont de grands pieds, de grandes mains. Cette vague apparence acromégalique de la puberté ne dure pas et l'harmonie des formes se rétablit.

A cette époque on peut redouter les *déviations de la colonne vertébrale*.

Des douleurs (MAUCLAIRE), transitoires ou continuelles, se manifestent sous la forme d'*ostéalgies* au niveau des cartilages épiphysaires. Elles disparaissent sans laisser de traces, ou il leur succède des hyperostoses et même des phénomènes inflammatoires. Les *hydarthroses périodiques* sont relativement fréquentes au moment de la puberté (RIBIERRE), et le traitement par l'opothérapie thyroïdienne a une influence favorable sur leur évolution ; l'intoxication génitale peut se traduire sur les articulations par une simple fièvre rhumatoïde prémenstruelle ou menstruelle.

D'autres fois éclate une *fièvre de croissance* due à un accident banal, à du surmenage musculaire, comme aux modifications du système osseux ; elle accompagne aussi les douleurs épiphysaires, quelques articulations se gonflent et cet état simule une attaque de *rhumatisme ou de faux rhumatisme ;* cette fièvre à marche aiguë ou traînante a été confondue avec la *typhoïde, la granulie*, d'autre fois les troubles articulaires ont fait songer à la *coxalgie,* au *mal de Pott*, etc.

Les poussées de croissance, qui ne s'exécutent pas toujours d'un mouvement continu, ont leur maximum dans la phase *prépubère* entre douze et treize ans. Un retard est moins dangereux qu'une croissance trop rapide à cet âge où l'assimilation doit l'emporter de beaucoup sur la désassimilation, et ils deviendront l'un comme l'autre un sujet d'inquiétude si l'on constate en même temps des douleurs au niveau des membres, de l'albuminurie ou des phénomènes dyspeptiques.

d) **Voies respiratoires.** — Du côté des voies respiratoires, le *larynx* et la glotte éprouvent plusieurs changements importants ; le larynx se développe d'avant en arrière, la voix mue, elle modifie son timbre, moins cependant que pour le jeune homme. L'accroissement du *thorax* donne plus d'ampleur à la capacité pulmonaire ; mais l'augmentation du périmètre thoracique peut se trouver en retard par rapport à la croissance en longueur, le thorax paraît alors trop étroit, le corps frêle et trop élancé. L'ensemble donne l'impression d'un état de faiblesse et de prédisposition mobide.

Andral et Gavarret ont prouvé que la quantité d'*acide carbonique* exhalé par la respiration augmente dans des proportions égales chez les enfants des deux sexes jusqu'à la *puberté*. Mais de l'éruption des premières règles aux approches de la *ménopause* s'établit une période de taux invariable d'acide carbonique expiré, alors que chez l'homme cette quantité d'acide carbonique progresse jusqu'à l'âge de trente ans. Aran en concluait que cette différence en carbone se retrouve dans le sang perdu, et on en revenait à cette hypothèse que le flux caténial sert de dépuration à l'organisme. Que ce soit là le *seul rôle, la cause unique de la menstruation*, c'est une idée théorique très exclusive, et qui n'est plus guère admise aujourd'hui, dans son entier ; mais on la discute de nouveau.

Albert Robin et Maurice Binet [1] ont repris l'étude du *chimisme respiratoire* pendant la menstruation et démontré que celle-ci augmente le nombre des respirations, la capacité pulmonaire (2,5 0/0), la ventilation (12,73 0/0), l'acide carbonique exhalé (19,73 0/0) et l'oxygène consommé total (12,73 0/0), tandis que l'oxygène absorbé par les tissus tend plutôt à décroître par suite de la prédominance de la surproduction de l'acide carbonique sur l'absorption de l'oxygène total. En somme, ces auteurs ont démontré qu'il y a, pendant les règles, augmentation des échanges respiratoires.

Des recherches faites à la même époque à la Pitié, par H. Keller, dans le laboratoire d'Albert Robin, sur les modifications subies par les *échanges généraux*, sous l'influence des règles, démontrent que si, pendant la menstruation, il y a diminution de la quantité d'albumine consommée, il y a, par contre, augmentation des oxydations azotées, en d'autres termes, que la désintégration azotée diminue, mais que l'évolution de l'azote désintégré est sensiblement meilleure. Avant H. Keller, les travaux de Rabuteau, de Mary-Putnen Jacobi et de T. Schrader étaient arrivés déjà à des résultats analogues, quoique beaucoup moins complets.

---

1. Albert Robin et Maurice Binet. Les échanges respiratoires dans les hémorrhagies (*Archives Générales de Médecine*, juin 1899).

La menstruation, par elle-même, suscite un accroissement des fonctions vitales et particulièrement de la grande fonction oxydante de l'organisme.

e) **Sang.** — La rapide croissance de nombreux organes, la métamorphose complète de toute l'habitude du corps excitent la nutrition déjà si vigoureuse chez les enfants et les adolescents ; mais les moyens réparateurs qui doivent faire face à cette dépense exagérée ne suffisent pas toujours à leur tâche, et alors des troubles du côté du sang et du système circulatoire achèvent de rendre critique l'établissement de la menstruation, à l'époque de la vie où la genèse des hématies devrait être particulièrement active et durable. Les organes hématopoïétiques se trouvent en état d'infériorité.

De tout temps, la *chlorose*, — il serait plus exact de dire une forme de la *chlorose*, — a été considérée comme une maladie de la puberté. Elle provoque des accidents génitaux, mais, selon nombre d'auteurs, ne relève pas d'eux ; véritable hypoplasie hématique, elle est expliquée par la difficulté de la transformation des hématoblastes, la malformation des hématies, et leur destruction trop précipitée. Souvent elle s'accompagne en outre d'autres hypoplasies, artérielles, génitales, mais qui ne sont pas des conditions essentielles pour son apparition. CHARRIN suppose que l'étiologie de la *chlorose* réside dans l'insuffisance d'élimination d'un poison que l'organisme chasse par les menstrues.

Depuis surtout les travaux de SPILLMANN et ÉTIENNE, on attribue à l'ovaire une triple fonction : 1° ovigenèse ; 2° expulsion des toxines ; 3° sécrétion interne jouant un rôle dans la nutrition générale. De l'insuffisance ovarienne procèdent les phénomènes d'une certaine *chlorose* dépendant d'une intoxication génitale. Il paraît, en effet, bien difficile de ne pas admettre qu'au moins une variété de *chlorose* reconnaisse une origine génitale.

Expérimentalement, les chiennes castrées perdent 40 pour 100 de leur hémoglobine et le nombre des globules rouges tombe à 3 millions.

f) **Appareil circulatoire.** — Il est une variété de *rétrécissement mitral* pur, ressortissant à des causes mal connues, tenue dans certains cas pour une aplasie, *un retard localisé*, qui a de la tendance à ne se dévoiler qu'à la puberté. Ses accidents s'accentuent surtout à ce moment ; dysménorrhée, métrorrhagies, règles douloureuses suivies d'hémorrhagies à distance, hémoptysies, hématémèses, épistaxis, etc., avec de la pâleur, des essoufflements, des palpitations, constituent un tableau pathologique auquel on a donné le nom de *fausse chlorose*.

Le cœur augmente de volume d'une manière rapide ; ses battements exagérés, accompagnés de souffles, de tachycardie, d'irrégularités du pouls, ont été attribués par G. Sée à l'*hypertrophie de croissance*, disproportion entre un cœur trop brusquement développé et un thorax trop étroit. Potain et Vaquez prétendent que ces modifications de volume résultent non d'une hyperthrophie, mais de dilatations passagères, et que les symptômes concomitants se rattachent au surmenage, à la neurasthénie, ou à des troubles primitifs d'autres organes. C'est à l'*hypertension artérielle* qu'Huchard attribue ces dilatations, ainsi que certains accès de *tachycardie ;* la pression artérielle s'élève. Le *pouls lent* reconnaît, au contraire, une cause *dyspeptique* ou *uricémique*. Dans les malformations cardiaques, dans la *cyanose*, la puberté est tardive et ne s'accompagne pas des métrorrhagies abondantes qui se répètent jusqu'à devenir inquiétantes au cours des autres maladies du cœur.

g) **Autres accidents.** — Enfin on a vu des hémorrhagies diverses accompagner — *règles supplémentaires* — ou remplacer — *règles déviées* — l'instauration du flux menstruel ; les unes rentrent (Parrot) dans la classe des hémorrhagies névropathiques, d'autres sont de nature suspecte. Une hémoptysie, par exemple, fera toujours penser à la possibilité d'une congestion péri-tuberculeuse favorisée par le molimen cataménial.

Les poussées fluxionnaires, obéissant à l'impulsion partie de l'appareil génital, se portent surtout sur les divers organes, quand le sang ne trouve pas son issue naturelle au niveau de la matrice ou lorsque son écoulement est insuffisant. Mais ces poussées n'aboutissent pas toujours à l'hémorrhagie, et elles se traduisent souvent par des phénomènes d'allure moins inquiétante qu'une hématémèse ou une hémoptysie. C'est à elles que ressortissent les douleurs menstruelles d'un *rein déplacé*, certaines *albuminuries pubérales*, et même certaines albuminuries *intermit-*

tentes orthostatiques. Les albuminuries de croissance (SPRINGER), favorisées par un déplacement du rein, une déviation rachidienne, des troubles dyspeptiques ou hépatiques, surviennent aussi chez les enfants débilitées dont le rein ne peut supporter le surcroît de déchets formés par l'activité de la transformation pubérale. Reconnaissent aussi une origine fluxionnaire divers troubles *dyspeptiques* et *hépatiques*, des accès d'*entérocolite* et de *pseudo-appendicite*, des *paraplégies douloureuses* relevant d'une *congestion rachidienne momentanée*, etc. D'autres accidents dyspeptiques d'origine nervo-motrice prennent la forme hyposthénique.

h) **Psychologie. — Névroses.** — Une description qui se bornerait à énumérer les changements dans la constitution physique serait vraiment bien incomplète. La transformation intellectuelle et morale n'est pas moins grande; elle demande à être suivie avec des soins et des ménagements aussi minutieux, une attention peut-être plus délicate. La jeune fille, troublée par des impressions vagues et mal définies, exalte sa sensibilité générale; son caractère est mobile, à des explosions de gaieté succèdent des crises de larmes, elle s'abandonne à la mélancolie, et dans une sorte de langueur « tout l'émeut et l'agite ». Des sensations inconnues jusqu'alors la surprennent et éveillent la réserve et la pudeur; l'imagination devient plus vive, la mémoire plus étendue, l'attention et le goût se forment.

Chez les prédisposées, le système nerveux reçoit les contrecoups de cette évolution morale et physique, et ses perturbations varient de symptômes insignifiants, tics du visage, anxiété, besoin d'agitation, aux complications les plus redoutables.

La *céphalalgie*, l'accident le plus banal et le plus fréquent que nous ayons à soigner, reconnaît tantôt une *cause génitale*[1] par auto-intoxication, tantôt elle est une céphalalgie de *croissance* ou de *surmenage*, ou bien elle est produite par des *troubles oculaires*, ou bien par des accidents *dyspeptiques, hépatiques, rénaux, neurasthéniques*, etc...

L'instabilité, les tendances irritables d'un esprit capricieux s'accroissent ou tombent soudain et font place à des accès de *neurasthénie* ou d'*hystérie*; les premières attaques d'*épilepsie*

---

1. PAUL DALCHÉ. *Céphalée Pubérale.* — *Gazette des Hôpitaux*, 1908.

éclatent souvent à l'époque des premières règles ; la *chorée* est
assez fréquente. Le *goitre exophtalmique* apparaît.

Les *psychoses pubérales* mérient d'être étudiées à part ; déjà
DELASIAUVE, BALL signalaient une *folie* pubérale, tantôt simple
arrêt de développement intellectuel, stigmate de *dégénérescence
mentale*, tantôt *manie délirante* ou *stupeur lypémaniaque, mélancolie, confusion mentale* (MAIRET), dont l'explosion est favorisée par l'hérédité, la chloro-anémie, la fatigue cérébrale, et
enfin l'abus de la *masturbation* que les vieux auteurs, TISSOT,
DAIGNAN, RULLIER, VIREY, comptaient au nombre des accidents
de la puberté. La *démence précoce* caractérisée par un affaiblissement en bloc de toutes les facultés intellectuelles, atteint les
jeunes gens à l'exclusion des adultes. KRÆPELIN la fait rentrer
dans le groupe des *maladies mentales* par *auto-intoxication*.

III

Hygiène de la puberté

« L'état purement naturel ne demande point de remèdes, et
l'on n'a qu'à laisser agir la nature (ASTRUC). » Il serait inutile,
et peut-être dangereux, d'instituer une thérapeutique active
pour une jeune fille vigoureuse et robuste parce qu'elle est
réglée pour la première fois. Mais, avec même la meilleure
santé du monde, des précautions doivent être prises, des écarts
de régime évités ; le médecin aura toujours des principes d'hygiène générale à conseiller. A plus forte raison lorsqu'on lui
amènera une enfant délicate, de faible constitution, surtout si
elle est née de parents tuberculeux, car la chlorose la guette,
comme elle menace les filles de névropathes exposées en outre
à des complications nerveuses. La syphilis héréditaire qui enraye
le développement, ralentit la croissance, atrophie les ovaires
(FOURNIER), le séjour dans un pays paludéen ou dans un milieu
exposé à des intoxications chroniques telles que le mercurialisme
ou le saturnisme par exemple, une hérédité chargée, une enfance
souffreteuse exigeront une surveillance et des soins attentifs.

1° Habitation

Autant qu'il lui sera possible, la jeune fille à la période de la puberté vivra dans sa famille ; là même, malheureusement encore, les difficultés de la vie ne laissent pas toujours respecter son âge et elle y subit trop de privations et de fatigues. Louis Guinon rapporte avec tristesse quelques lignes de Mme Bérot. « Dans les familles pauvres, c'est l'aînée des fillettes qui trime sans répit. Après la première communion ou le certificat d'études, elle devient la domestique de la famille. Levée avant le jour, elle brosse les chaussures, frotte et allume le feu, balaie, retape le lit et les paillasses, habille les petits, reçoit une taloche si quelque chose ne marche pas, un coup de pied du gamin si le lacet du soulier cède en le nouant. Elle casse le charbon, mange froid après avoir servi les autres, court du boulanger à l'épicier, lave la vaisselle, n'est jamais assise. Et c'est cette enfant, *usée dès l'époque de la formation*, qui deviendra l'anémique mûre pour la tuberculose. »

Les filles de la campagne ne devront pas choisir ce moment pour venir chercher du travail dans les villes, ni les ouvrières pour entrer dans un atelier. Les jeunes personnes qui sont depuis assez longtemps dans une maison d'éducation pourront y rester, entourées des prévenances que réclame leur état, et retourneront, s'il le faut, chez elles à la première alarme. Mais les parents ne commenceront pas l'internat de leur enfant dans une pension juste au moment où elle va être réglée. C'est ce qui arrive quelquefois sous la préoccupation d'examens à passer vers quinze ou seize ans et dont la dernière et complète préparation exige le séjour dans une ville. Quels que soient les progrès du bien-être réalisés par les maisons d'éducation, elles ne peuvent donner (ou donnent très rarement) à la jeune fille le grand air, le soleil qui lui sont nécessaires à la puberté plus que jamais ; une claustration relative, le régime alimentaire peut-être un peu parcimonieux et s'éloignant toujours de celui de la famille, la nostalgie parfois, aggravent la tendance déjà si marquée à la langueur et à la fatigue. Je ne puis accepter l'opinion d'un prélat éminent du siècle passé [1], qui, dans des lettres sur l'éducation,

---

1. Mgr. Dupanloup.

professe que les enfants les plus faibles se fortifient en pension, à cause de la régularité des heures des repas, du lever et du coucher ; une mère, quand elle le veut, impose chez elle cette régularité bienfaisante.

L'habitation, la chambre à coucher en particulier, seront bien aérées ; le mode de chauffage, d'éclairage, à cause des produits dégagés, nuisibles à la respiration, attireront l'attention de l'hygiéniste. D'autre part, une lumière trop vive (électricité) risque de fatiguer les yeux (Mlle FRANCILLON).

2° **Alimentation**

L'alimentation, sans être excitante (PIERRE RÉGNIER), sera généreuse et tonique, appropriée à l'accroissement du squelette et aux modifications de tout l'organisme ; c'est à la période où l'enfant doit assimiler plus qu'il ne désassimile, qu'il doit manger le plus. Il faut donc à la fois veiller à la nourriture et à l'intégrité des voies digestives.

Les repas seront nombreux, pris avec le temps nécessaire à une bonne élaboration digestive. Sous prétexte d'éviter la gourmandise ou la mollesse, il y a pas très longtemps encore, et je m'en souviens, on consacrait dans les collèges à peine quelques rapides minutes au déjeuner et au dîner. Quelle erreur ! quelles funestes habitudes !

Les viandes rôties et grillées, les œufs, les légumes, les graisses et le vin n'excluent pas un régime un peu plus varié, susceptible de solliciter un appétit parfois capricieux ou médiocre ; les sauces, les entremets, les farines en potage, les fromages frais, les fruits, les compotes, etc..., bien acceptés par un bon estomac, ne sont pas toujours nuisibles à une digestion simplement un peu difficile. Cependant le médecin est appelé à exercer sa surveillance ; assez nombreux sont les enfants qui souffrent des voies digestives. Une nourriture peu choisie, une mastication mauvaise à cause de la rapidité des repas, suffisent souvent à provoquer ou à entretenir la dyspepsie des collégiens (LE GENDRE) : ballonnements, lourdeur, troubles de l'estomac et de l'intestin, manifestations réflexes, palpitations, etc... Ces accidents surviennent spontanément aussi à l'occasion d'une croissance pénible ou trop brusque ; et alors les fortifiants, les jus de viande, prodigués par la famille, amènent de fâcheux résultats comme aussi la suralimentation.

Le régime de ces jeunes dyspeptiques évitera l'abus des viandes, l'excès des viandes saignantes, les vins pharmaceutiques, sans tomber dans l'exagération contraire et sans proscrire d'une manière absolue la viande et le vin; il est facile de les combiner aux repas avec des fruits cuits, des légumes, des œufs, des pâtes, des poissons maigres, des farines, etc. C'est l'hygiène du dyspeptique, sur laquelle je n'insisterai pas.

Nous observons assez souvent aussi la constipation habituelle, conséquence d'un état gastro-intestinal, d'une atonie de l'intestin, d'une paresse de l'enfant qui ne veille pas à la régularité des fonctions, et la constipation, à son tour, réagit sur l'estomac comme sur les voies génitales (fausses utérines). La fréquence des purgatifs est nuisible; elle risque même d'amener des perturbations dans l'éruption du flux menstruel. On insistera sur le régime; les dents seront visitées avec soin.

Il faut se souvenir encore des cas où l'ingestion de boissons glacées a provoqué la suspension des règles.

3° Vêtements

Dangereux pour toutes les femmes durant la menstruation, le froid l'est bien plus encore au début de la vie génitale, et tous les classiques rapportent des accidents attribués à l'immersion des mains ou des pieds dans l'eau à basse température.

Aussi le choix des vêtements a-t-il son importance; assez amples pour ne point comprimer les organes, il faut qu'ils protègent efficacement contre les variations de l'air et du climat et qu'ils empêchent de ressentir de trop brusques transitions.

J'ai vu avec grand plaisir Pierre Régnier s'élever contre cette mode singulière qui consiste à laisser les enfants à peu près nus, sous prétexte de les élever à l'anglaise. « Nous savons maintenant, dit-il, qu'il vaut mieux couvrir les enfants et ne pas les exposer à utiliser leurs aliments uniquement pour se réchauffer, alors qu'ils en ont tant besoin pour leur croissance. »

Pas de jarretières, pas de souliers trop étroits, et surtout ni talons élevés ni talonnettes qui portent le pied en avant et nuisent à l'équilibre dans la station debout et la marche.

Doléris demande que les mouvements des jeunes enfants et des grandes filles soient facilités par des vêtements amples et courts, que les buscs soient supprimés et les corsets remplacés par une brassière ou une large ceinture. « La moitié de la fatigue éprouvée par les jeunes filles, la lassitude précoce qu'elles accusent, écrit-il, dès qu'elles se livrent à des exercices sportifs, tiennent à l'usage d'un corset mal fait ou trop serré. »

Il n'est pas de méfaits dont n'ait été accusé l'usage du corset qui commence de douze à seize ans. On lui reproche à juste titre de serrer les seins, le thorax et le ventre à l'heure où ils se développent le plus ; refoulant la masse abdominale, il presse de la sorte sur l'utérus et ainsi le gêne et le déplace. Chapottot, Hayem et Lion décrivent la *maladie du corset* et mettent en évidence son pernicieux effet sur l'estomac et l'intestin. La constriction porte : *a*) sur la partie supérieure du foie, abaissant l'organe et le rein, faisant basculer l'estomac qui devient vertical; *b*) sur le foie lui-même qui devient allongé, l'estomac s'étrangle et prend une forme biloculaire; *c*) au-dessous du foie ; les organes sont alors refoulés dans la poitrine, les symptômes thoraciques restent prédominants. Les troubles qui en résultent sont dus à la stase gastrique et aux fermentations secondaires ; dans la troisième variété, les palpitations, l'oppression paraissent prédominantes. Remplacez le corset par une *ceinture sous-mammaire;* le corset abdominal, fort à la mode aujourd'hui, risque d'exagérer la tendance qui refoule en haut les organes de l'abdomen[1].

Malgré toutes les bonnes raisons, le corset n'est pas prêt à disparaître ; protestons contre sa constriction exagérée, avertissons des dangers qu'entraîne son abus. Au reste, convenablement appliqué, il peut être bien toléré et, dans certaines occasions, rendre même de véritables services.

4° Exercices physiques

L'enfant, comme la jeune fille aux périodes pré-pubérales et pubérales, doit jouer en plein air, se livrer à divers exercices physiques, s'adonner à la gymnastique. Une enfant sans la

1. Albert Robin. *Les Maladies de l'Estomac*, 2ᵉ édition, 1904.

moindre turbulence, qui ne joue pas, demeure immobile ou trop tranquille, est souvent une malade ou une faible. La société actuelle ne nous permet pas aujourd'hui d'apporter au développement corporel la même éducation que donnait l'antiquité, surtout en Grèce, et même, malgré les légendes injustifiées, le moyen âge. Mais nous ne devons pas persister dans les erreurs des générations qui nous ont immédiatement précédés, et il faut chasser les habitudes de claustration, la vie d'internat et de collège ou de pension, dont a souffert la jeunesse de notre époque.

Cependant, tout de suite, il convient de se mettre en garde contre certaines pratiques, car, très utiles en général, mal entendues et prescrites d'une façon intempestive, elles deviennent nuisibles et causent beaucoup de tort.

« Il arrive très souvent, dit DAILLY, que sous prétexte de fortifier les enfants, on leur fait faire des exercices excessifs, de longues promenades de cinq à six heures, une gymnastique prématurée trop active. Que d'accidents dus à ces vues erronées n'ai-je pas rencontrés ! Tantôt des maux de tête très violents qui interrompent les études pendant plusieurs années, tantôt des états nerveux spasmodiques, tantôt des douleurs fulgurantes souvent prises pour des rhumatismes et accompagnées de fièvre... » Et DUFESTEL ajoute : « Nous avons vu plusieurs fois des jeunes gens dont la croissance avait été entravée par des exercices sportifs trop violents et surtout trop précoces... La fatigue physique n'est pas un dérivatif de la fatigue intellectuelle... »

La période est en effet critique, elle s'accompagne d'une lassitude naturelle ; trop de fatigues épuisent, énervent des organismes délicats et conduisent aux suites les plus fâcheuses; le résultat obtenu est tout le contraire de celui qu'on se proposait. Bien loin d'affermir leur santé, les enfants se débilitent, perdent l'appétit en même temps que leur aptitude au travail intellectuel diminue: elles sont prises dé *maux de tête persistants*, de *douleurs arthralgiques* et *musculaires* et de ces *fièvres de croissance* qui parfois ne nous présentent qu'une forme du surmenage. Ce ne sont pas seulement les petites paysannes et les ouvrières se livrant à des occupations pénibles qui restent exposées à ces accidents; des idées fausses les font naître dans toutes les classes de la société. Évitons les sports, les prouesses, tout ce qui fatigue trop les muscles et tend trop les nerfs ; évitons même les exercices en excès qui enlèveraient à la femme sa grâce naturelle et lui donneraient une allure masculine.

Laissons l'enfant dormir longtemps. Un *long sommeil*, dans une chambre bien ventilée, est réparateur et nécessaire à son âge.

Toute *gymnastique* aura des effets très heureux, qui tient compte de l'âge, de la résistance physique, des aptitudes corporelles de l'enfant ; cadencée, modérée, régularisant les attitudes, il ne faut pas non plus qu'elle entraîne une extrême lassitude par la longueur des séances ou par la nature des mouvements enseignés. La *gymnastique suédoise* réunit de grands avantages, la *gymnastique respiratoire* favorise l'amplitude du périmètre thoracique et une bonne ventilation pulmonaire.

La *promenade*, des plus salutaires, fait passer une ou deux heures en plein air ; les mouvements respiratoires doivent rester très libres et nullement gênés par les vêtements. La *natation* est excellente ; elle met en jeu un grand nombre de muscles qui doivent agir assez lentement et avec harmonie, et de plus l'enfant bénéficie, dans la saison chaude, des bons effets de cette pratique d'hydrothérapie. Je n'insisterai pas sur la *course*, le *patinage*, la *chasse*, les *divers jeux*, etc. Quant à l'*escrime*, dont on commence à parler pour les femmes, on mesurera le temps de la leçon pour ne pas arriver rapidement à une fatigue musculaire et à une tension nerveuse tout à fait préjudiciables.

L'enseignement des *travaux manuels*, *jardinage*, etc..., me paraît recommandé d'une manière très judicieuse.

Raciborski attribue une singulière efficacité à l'*équitation ;* dans les cas, prétend-il, d'ovulation lente, elle sert d'excellent emménagogue et précipite l'éruption des règles dont l'abondance, bien plus, ne constitue pas une contre-indication. Ce moyen, malgré l'autorité de Raciborski, ne me rassure pas entièrement. Stolz, de son côté, craint que des secousses, des cahotements, n'occasionnent des troubles génitaux et même des hématocèles (?). Que l'équitation soit ordonnée pour fortifier une jeune fille dans sa croissance, c'est rationnel ; mais lorsqu'une poussée nouvelle et imminente de phénomènes inaccoutumés va modifier toute la physiologie du bassin, il me paraît que nous connaissons d'autres procédés, moins brusques, pour faciliter l'écoulement cataménial. J'en dirai autant d'un autre sport fort en vogue, le *cyclisme*. L'activité des muscles attire le sang sur certaines régions, dégorgeant par suite ou engorgeant des organes voisins, et (THURE BRANDT) les mouvements des pieds, des genoux, des hanches, de la paroi abdominale le font affluer dans la cavité pelvienne. On objectera que, nuisibles aux femmes à tendances congestives, l'équitation et la bicyclette combattent certaines formes d'aménorrhée asthénique. Une méthode ne saurait être érigée en principe absolu, et le médecin prescrira ou déconseillera, suivant les sujets, les exercices susceptibles de fluxionner les voies génitales.

En effet, chez une femme faite, dont les règles sont trop abondantes, le cyclisme arrive parfois à modérer les pertes et à favoriser le retour graduel à l'état physiologique, l'expérience l'a prouvé ; et encore doit-on se méfier de la congestion utérine et de la douleur utéro-ovarienne. Les réflexions de P. LE GENDRE semblent fort judicieuses : la puberté s'accompagne de troubles ovariens et de dysménorrhée peu compatibles avec certains exercices physiques. Le bicycle, ajoute-t-il, dont l'usage modéré est excellent après un entraînement convenable, peut produire ou réveiller les inflammations articulaires des genoux et des hanches, la psoïtis, les typhlites, ovaro-salpingites, la cyphose, les palpitations. Ces conclusions sont les nôtres : encourager l'exercice, mais faire la guerre au sport.

DOLÉRIS estime qu'il n'est pas nécessaire d'établir une distinction entre les jeux et les exercices des deux sexes jusqu'au moment de la puberté.

« Ensuite ils deviendront d'autant moins à craindre pour l'enfant devenue jeune fille qu'elle y aura été préparée plus hâtivement.

« Enfin la femme qui se livre aux sports pénibles, même violents, n'aura rien à redouter de dangereux de l'usage de ces sports, si son système musculaire général a été longuement entraîné ; tandis qu'au contraire l'insuffisance de l'entraînement précoce et la débilité des muscles et des ligaments articulaires et viscéraux l'exposent à des accidents plus ou moins sérieux, parfois graves, lorsqu'elle entreprend tardivement et sans préparation ces mêmes exercices. »

Pour atténuer l'infériorité relative du plancher pelvien de la femme, qui s'oppose à l'exagération des efforts violents, DOLÉRIS recommande l'entraînement physique commencé de bonne heure.

C'est en particulier pour les exercices de la *course*, du *saut* et de la *rame*, que cet entraînement doit débuter aussi longtemps que possible avant la puberté. Cependant il considère le cyclisme comme capable d'user la résistance organique chez la femme adulte. Sa musculature générale paraît s'accommoder des efforts restreints ; mais l'extrême rapidité, l'excitation nerveuse la mènent facilement au surmenage.

A l'exemple des vieux auteurs, il nous reste à parler de la *danse ;* excellente en elle-même, des vêtements trop étroits (ROSTAN), des heures prises sur le sommeil, passées dans des appartements trop chauds, la changent en une distraction peu hygiénique.

Les considérations que je viens de développer ne s'appliquent évidemment pas aux enfants *malades ou débiles*, dont l'hygiène réclame des prescriptions particulières qui rentrent dans le domaine de la thérapeutique.

5° Hydrothérapie

L'hydrothérapie, très bon adjuvant de la gymnastique, comporte d'identiques réserves ; elle est un grand régulateur de la menstruation, et à ce titre apporte un appui fort précieux au moment de l'établissement des règles, mais aussi faut-il surveiller de près son influence sur l'utérus et les ovaires.

Douches en pluie, douches eu jets, bains de rivière, bains de mer, deviennent, suivant les sujets, la prescription la meilleure ou la pire du monde.

Trop longtemps on a sacrifié à la mode. Pour une jeune prépubère, neuro-arthritique excitable, facilement congestive, avec des tendances aux poussées fluxionnaires, le bain de mer, par exemple, risque d'amener des résultats désastreux.

Les arthralgies de la puberté, les névropathies, les céphalées, les asthénies ou les hyperexcitabilités proscrivent tour à tour certains procédés hydrothérapiques pour en réclamer d'autres.

On voit sous un grand soleil, au long de certaines plages, la tête nue ou à peu près, des enfants barboter une partie de la journée les pieds dans une eau relativement beaucoup plus fraîche que l'atmosphère ambiante. Pour peu qu'ils aient un nez mal fait, une déviation de la cloison, quelques adénoïdes, des amygdales un peu grosses, il ne faut pas chercher bien loin afin d'expliquer divers troubles des premières voies respiratoires. Un grand chapeau de paille avec l'obligation de le garder sur la tête, les alternatives de séjour à l'ombre, suffisent à conjurer de nombreux petits ennuis, j'en parle par expérience.

6° **Attitudes vicieuses**

Colonne vertébrale. — Vision.

Les *déviations de la colonne vertébrale* débutent fréquemment à l'époque de la puberté. Déjà Mme DE MAINTENON les signale dans ses recommandations aux dames de Saint-Cyr : « Il faudrait exiger que les enfants se tinssent toujours bien droites, en classe, à l'étude, en écrivant, en lisant ; c'est là un point très important qui doit être l'objet d'une surveillance incessante. »

Divers facteurs entrent en ligne pour produire ces malformations, et leur nature est très discutée. GENDRIN les attribuait au rachitisme. Les auteurs du COMPENDIUM et RACIBORSKI en voyaient les causes dans une sorte de révolution qui affaiblit les systèmes osseux et musculaire. MORRO pense au rachitisme tardif. LORENS et KIRMISSON en font une manifestation de mauvaises habitudes alimentaires et d'un mauvais fonctionnement de l'estomac et de l'intestin. PAUL REYNIER croit plutôt à une insuffisance primitive du système musculaire ; normalement l'équilibre de la colonne vertébrale est maintenu par une action synergique des muscles des deux côtés. Se produit-il une légère défaillance unilatérale, l'équilibre est rompu et la colonne se dévie.

ALBERT ROBIN se rallie à cette hypothèse. Il constate souvent, en effet, dans les cas de scoliose, une contracture de quelques groupes musculaires, la masse sacro-lombaire par exemple, tandis que les antagonistes sont relâchés.

Mais d'autres causes ont été accusées qui méritent une grande considération. PONCET et LERICHE invoquent l'influence de la tuberculose inflammatoire. COUDRAY a observé un déficit urinaire en chaux, chlorure de sodium et acide phosphorique atteignant 50 0/0. CHIPAULT décrit une scoliose myxœdémateuse ; HERTOGHE, enfin, fait jouer un rôle important à la dystrophie thyroïdienne, à l'hypothyroïdie chronique.

Dans nombre de scolioses pubérales que j'ai rencontrées, j'ai

trouvé des signes indéniables de dystrophie mono ou polyglandulaire, avec cependant prédominance de la dystrophie génitale
(ovarienne ou orchitique) et de la thyroïdienne, sans éliminer
l'influence du corps pituitaire et des surrénales. J'ai pu aussi
vérifier les résultats des analyses urinaires de Coudray : diminution notable de l'acide phosphorique, du chlorure de sodium et
de l'urée, syndrome qui existe d'ailleurs dans l'*insuffisance ovarienne*.

Les déviations vertébrales ne sont pas toujours dues uniquement aux contractures musculaires. Certaines causes, tuberculose inflammatoire, *dyscrasie glandulaire*, etc., prennent parfois la prépondérance ; il y a à cette époque de la croissance,
une élaboration défectueuse du système osseux et la colonne
cède à l'action des muscles, parce qu'elle n'est pas assez résistante.

En outre, il faut tenir compte de la fatigue, des attitudes
vicieuses, des mauvaises positions prises pendant les travaux
scolaires et que l'habitude finit par rendre continuelles.

Cette dernière étiologie mérite d'être mise en relief aujour-
d'hui où plus que jamais l'instruction des jeunes filles les oblige
à de longues études. L'attitude défectueuse la plus ordinaire
provient de ce que l'enfant s'assoit mal et fait porter tout le
poids de son corps sur un seul ischion ; pour rétablir l'équilibre,
qu'elle s'appuie ou non sur l'avant-bras, elle est obligée de soulever l'épaule du même côté, grâce à une courbure de compensation de la colonne vertébrale. Il en résulte que les déviations
les plus fréquentes sont les scolioses, beaucoup plus rares les
cyphoses et les lordoses. Nous pouvons seulement signaler ici
ces accidents étudiés avec grand soin par les médecins qui s'occupent d'hygiène pédagogique. Pour les prévenir, il faut exiger
que l'enfant, bien assise, reste droite sans se laisser aller d'un
côté, ses deux pieds reposant également sur le sol. Sa chaise
aura un dossier qui lui permettra de s'appuyer. Le pupitre incliné, plutôt qu'une table, en rapport avec sa taille, aura une
hauteur suffisante pour que l'écolière ne se couche pas dessus
en travaillant. Une gymnastique bien entendue corrigera une
malformation déjà produite. A l'éducation physique, à la gymnastique raisonnée, on peut associer l'opothérapie. Le médecin
provoquera un travail synergique des muscles sacro-lom-
baires, psoas, droits de l'abdomen. Il administrera les extraits

ovariens conjointement ou non avec les extraits thyroïdiens, les préparations arsenicales, fera la guerre à toutes les attitudes vicieuses, se préoccupera de mille détails hygiéniques concernant les règles, l'alimentation, et ne se hâtera pas de conseiller corset et tuteurs, qui trop souvent endorment la famille dans une sécurité trompeuse.

Fernand Lagrange pense que l'influence de l'attitude vicieuse n'est nullement démontrée. Il incrimine plutôt l'immobilité dans la *position assise*, qui exige un effort statique mettant les muscles en état de contraction permanente. Cette fatigue provoque l'attitude hanchée, surtout chez les sujets faibles, rhumatisants, neuro-arthritiques. Il conseille de reposer la colonne vertébrale plutôt que de la redresser, puis de faire la *rééducation de la tenue.*

Une surveillance analogue sera exercée pour les fonctions visuelles ; mais la *myopie scolaire* et les *accidents de l'accommodation*, ne sont pas les seules affections des yeux qui menacent la jeune fille à la puberté. Puech, Terrien, Berger et Lévy, Ronnaux, Valude ont rapporté des observations de *conjonctivites*, de *kératites interstitielles*, d'*iritis*, de *choroïdite hémorragique*, de *névrite optique*, de *décollement de la rétine*. Divers troubles oculaires subissent des exacerbations cataméniales.

7° Instruction. — Éducation

Fénelon intitulait un des chapitres de son *Éducation des filles :* « Il ne faut pas presser les enfants. »

Pendant bien longtemps les garçons ont conservé le peu enviable privilège de subir des examens à la fin de leurs études. Depuis plusieurs années les jeunes filles, jalouses, et ne voulant pas rester en arrière, se mettent à préparer à outrance des programmes assez surchargés ; il en est qui se soumettent à ces exigences bien moins dans le but de se donner une instruction plus complète que d'obtenir un certificat, un diplôme. Passe encore, bien entendu, pour celles à qui les besoins de la vie imposent ce travail, mais combien y en a-t-il qui s'y livrent par pure gloriole, parce que c'est l'habitude ou la mode du jour. C'est juste à quinze ou seize ans qu'elles affrontent cette fatigue intellectuelle, ces alternatives d'inquiétude et d'ennui, ces émotions inévitables en face d'une épreuve malgré tout redoutée. En pleine période d'activité pubérale, au moment où elles ont le plus besoin de grand air, d'exercices raisonnés, d'une bonne hygiène, à l'époque où nous leur conseillons d'éviter toute fatigue, elles s'enferment pour se surmener ; se comporter de la sorte, « c'est planter un arbre dans un pot ». Il est bien assez malheureux qu'à cette phase de l'existence nous ne puissions éviter tous ces ennuis aux garçons ; et de bons esprits bataillent et luttent aujourd'hui pour alléger la besogne de ces enfants et leur créer un genre de vie compatible avec la santé et un bon développement physique. La jeune fille, du reste, supporte moins bien que le jeune homme cet état d'esprit à la fois anxieux et surchauffé, et il me serait facile de citer des faits où, chez des sujets prédisposés, l'hystérie s'est montrée pour ne plus disparaître, à la suite d'échecs inattendus par exemple ; d'autres fois il survient de la dépression neurasthénique.

On alléguera toujours de remarquables exceptions, et un certain nombre de femmes, de haute valeur, prouvent qu'elles n'avaient rien à redouter d'une surcharge cérébrale ; il n'est pas douteux (DOLÉRIS) que le cerveau de la femme ait les mêmes aptitudes que celui de l'homme. Mais bien des garçons aussi ressentent les pénibles conséquences d'un système d'éducation et d'instruction qui n'est pas meilleur pour eux que pour les filles.

L'instruction d'une jeune fille serait-elle considérée comme imparfaite parce qu'elle se ferait d'une façon plus tranquille et moins compliquée ? Depuis que J. STUART MILL, dans son livre de l'*Assujettissement des femmes*, a réclamé « une égalité parfaite sans privilège ni pouvoir pour un sexe, comme sans incapacité pour l'autre », la question a été envisagée et discutée sous des points de vue bien différents. Ce n'est certes pas ici le lieu d'entrer dans le débat ; mais, sans bannir la *culture intellectuelle*, ne craint-on pas que des études *trop absorbantes*, le genre de vie, les impressions qui en résultent précisément à l'époque de la croissance et de la puberté, ne nuisent à la santé de la jeune fille, au développement de son organisme, à l'équilibre de son système nerveux, et ne gênent l'établissement régulier de sa menstruation ? Les conséquences méritent qu'on y réfléchisse, elles visent encore, à plus ou moins brève échéance, les fonctions de la maternité. Il n'existe pas de règle absolue ; comme pour les sports physiques, il faut mesurer le travail du cerveau à la résistance du sujet.

Épargnons les nerfs : c'était l'avis des vieux maîtres, qui se préoccupaient tellement de l'*instruction* et de l'*éducation* à cette phase critique. Avec quelle complaisance ils s'étendaient aussi sur les précautions délicates dont ils voulaient entourer une intelligence qui s'éveille : proscrire le romanesque, les lectures bizarres ; ne pas abandonner à elle-même une imagination vagabonde, éviter d'émouvoir trop vivement la sensibilité ; en matière religieuse redouter « l'illuminatif » ; ne s'adonner aux beaux-arts, à la poésie, qu'avec discrétion, etc.

D'un accord unanime, la *musique* était presque bannie : elle provoque des rêveries, des sensations profondes qui troublent l'appareil génital. L'harmonie, je le crois, impressionne des natures particulièrement douées, mais les exercices musicaux habituels, répétés à satiété, ne doivent guère bouleverser personne. Lawson Tait, plus prosaïque, estime préjudiciable de maintenir pendant plusieurs heures une demoiselle sur un tabouret, le dos non soutenu (vouée à la scoliose), jouant du piano parfois sans goût et sans plaisir, attitude et travail des plus lassants, qui deviennent une corvée intolérable et inutile lorsque manquent les aptitudes nécessaires. J'aime mieux Virey qui approuve la culture des beaux-arts, et, si elle devient pernicieuse, accuse « moins la chose elle-même que son usage mal entendu[1] ».

Quelques lignes de Lawson Tait, à propos de l'éducation, paraissent fort judicieuses et dignes d'être rapportées : « C'est « peut-être une pure coïncidence, dit-il, mais j'ai remarqué cette « affection (l'hyperhémie ovarienne) surtout chez les filles qui « n'ont pas de frères, ou qui ont des frères plus jeunes ; et je « suis presque certain qu'il est grand dommage pour beaucoup

---

1. Une dame, qui depuis longtemps s'occupe de l'instruction des jeunes filles a bien voulu nous écrire les lignes suivantes : « Jamais je n'ai remarqué comme mauvaise l'influence de la musique au moment dont vous parlez ; tout au plus, chez certaines jeunes filles dont l'impressionnabilité est extrême à cette période, pourrait-elle produire, selon ce qu'elle exprime, une excitation ou une tristesse momentanées. Mais il me semble que la lecture, et même les circonstances insignifiantes de la vie doivent avoir un effet semblable, car cet effet provient moins de la cause elle-même que de la personne qui la ressent. J'ai connu une jeune fille dont l'ouïe avait acquis une telle acuité que tout bruit lui était insupportable, surtout celui de la musique ; obligée d'abord de quitter la pièce où l'on en faisait, peu à peu, une fois l'époque critique franchie, elle perdit cette sensibilité exaltée et maladive.

. . . .

« Une dose modérée de travail occasionne souvent des maux de tête si violents qu'il faut en arriver à un repos presque absolu, le surmenage intellectuel est surtout dangereux de seize à dix-sept ans. »

. . . .

« parmi elles de vivre dans une rigide retraite, loin de la société
« des jeunes gens. Sous une surveillance convenable, aucun mal
« ne pourrait survenir de fréquentations moins restreintes entre
« garçons et filles à leur période critique ; il me semble que
« c'est un mauvais plan d'élever une large barrière entre les
« deux sexes au moment où ils doivent commencer à se com-
« prendre eux-mêmes, l'un et l'autre ; par des relations innocentes
« beaucoup de périls seraient évités qui, plus tard, les assailliront
« lorsque surviendront des rapports inaccoutumés à un âge où
« l'instinct prend le dessus. »

L'*éducation sexuelle* des enfants et des adolescents devient, à
notre époque, le souci d'esprits très élevés : les uns veulent
combattre les erreurs et les préjugés qui entretiennent l'ignorance et faussent le jugement, les autres, au contraire, craignent
d'attirer la curiosité des enfants et d'éveiller leur instinct. Considérant les travaux d'un récent congrès d'hygiène scolaire, un
journaliste éminent trouve qu'il serait sacrilège de laisser troubler la virginité de l'âme par la lourde et pédantesque science
des médecins et des pédagogues.

Parmi les écrivains ou les conférenciers qui ont examiné cette
question, beaucoup, il faut le remarquer aussi, se sont surtout
occupés des garçons et un peu moins des filles. Pour elles le
sujet est tellement délicat ! Et la diversité des organismes, des
tempéraments, des prédispositions physiques et intellectuelles
ne permet pas de parler de la même façon à toutes les jeunes
filles et de leur donner une éducation sexuelle uniforme. Sans
doute « l'ignorance n'est pas la vertu », et en bien des endroits
les conversations, les exhibitions de la rue, les affiches, « les viols
véritables des regards » chassent la candeur (MALAPERT). Une
grande réserve nous est aussi imposée.

Encore tout petits et d'une manière naturelle, les enfants
doivent être habitués à la propreté, à la toilette et par conséquent au respect des organes génitaux comme de tous leurs
organes. Plus tard, à l'heure de la puberté et de la première
apparition des règles, il me paraît préférable que la mère pré-
vienne sa fille des phénomènes nouveaux imminents. J'ai vu
survenir des accidents dont quelques-uns ont troublé toute la
vie génitale, chez des fillettes surprises inopinément par l'éruption du sang : lavages à l'eau froide intempestifs, bains de mer,

oubli de toute précaution, et alors terreur, mise en branle d'un nervosisme qui s'est poursuivi dans la suite sous forme de crises hystériques, maladies de la menstruation, etc.

Mais comment procéder pour l'éducation sexuelle proprement dite? Les opinions diffèrent beaucoup : dans la famille, conseillent certains auteurs, la mère, qui jugera du moment opportun ne se contentera plus de répondre d'une manière vague et surtout absurde ou fausse. Ou bien, pour d'autres moralistes, devront intervenir le médecin, le prêtre lui-même, car « l'église n'aurait pas mieux demandé que de donner un certain degré d'éducation sexuelle... il apparaît que ce soit plutôt au puritanisme et au jansénisme qu'il faille attribuer » (MATHIEU) l'esprit de rigueur pudique qui s'est répandu. DOLERIS pense que dans les écoles cette tâche sera confiée autant que possible à une institutrice âgée et mariée; la morale devient la base de l'enseignement.

Il me semble qu'il faut faire une grande distinction pour la jeune ouvrière de seize à vingt ans, allant tous les jours à l'atelier, marchant à sa guise sur le pavé de la grande ville, en butte à toutes les sollicitations et à tous les périls. « L'instinct des filles, même ignorantes, les met en garde » (*Le Temps*). Je le crois aussi; mais pour beaucoup d'entre elles, à Paris surtout, on peut avec avantage leur faire au moins entrevoir tous les dangers qu'elles courent. Si elles étaient un peu mieux prévenues, sans doute verrions-nous arriver dans nos salles d'hôpitaux moins d'enfants de seize et dix-huit ans, et dans quel état pitoyable! « Mais je ne savais pas! » m'ont-elles dit souvent.

La prépubère, ou la pubère de douze à treize ans, subissant des poussées fluxionnaires avec un état congestif quelquefois durable sur les organes génitaux, se rend compte du changement qui se produit. La mère peut toujours insister sur les conseils d'hygiène et s'abstenir de réponses ridicules qui souvent ne trompent pas l'enfant et excitent plutôt sa curiosité.

Mais la demoiselle qui vit avec ses parents, toujours entourée, à l'abri de tout risque, faut-il continuer à la conserver comme une « petite oie blanche », puisque ces mots et surtout ce qu'ils expriment sont tellement attaqués aujourd'hui? J'ai causé avec bien des mamans : leur réponse est presque unanime. Avant d'entrer dans la vie, et pour arriver plus tard au mariage avec de meilleures chances de bonheur, il est préférable pour la jeune fille qu'on soulève progressivement et discrètement un coin du voile. Il paraît bon qu'elle apprenne que dans l'existence tout ne se passe pas sans désillusion possible et même par fois sans surprise douloureuse.

L'éducation sexuelle proprement dite sera facilitée par l'étude de la botanique d'abord, puis de la zoologie et par l'observation de la nature.

La fillette aime à jouer à la petite maman. A mesure qu'elle grandira, quand elle arrivera vers l'âge de quatorze à seize ans, on peut l'initier à certaines choses de la maternité, aux soins à donner aux bébés, aux précautions qu'ils réclament : et quand elle deviendra, à son tour, une jeune mère, elle se trouvera moins embarrassée.

Le mariage, regardé comme une suprême ressource en face de certaines pubertés orageuses (ASTRUC, RACIBORSKI), a parfois amené une détente à des troubles généraux ou localisés sur les voies génitales; mais il n'entre guère plus dans nos mœurs de marier les jeunes filles d'aussi bonne heure et, dans tous les cas, le remède paraît assez sérieux pour ne pas être conseillé à la légère.

IV

Thérapeutique des accidents de la puberté

1° Leucorrhée

De tous les accidents génitaux de la puberté, le plus fréquent et le plus précoce est la *leucorrhée*. Les pertes blanches résultent naturellement de l'état hyperhémique et fluxionnaire qui accompagne l'évolution de la matrice et provoque une hypersécrétion de la muqueuse. Souvent aussi elles sont l'expression d'un état général faible, débile, d'une affection étrangère au système utéro-ovarien, et deviennent quelquefois assez abondantes pour créer une nouvelle cause de fatigue et entretenir une inflammation locale dont les suites restent fâcheuses à divers points de vue.

Enfin elles surviennent encore sous la dépendance de divers états pathologiques de l'appareil sexuel.

L'écoulement leucorrhéique qui précède pendant des jours, des semaines et même des mois, l'éruption des premières règles provoque de l'*irritation vulvaire*, surtout chez les lymphatiques, les scrofuleuses, ou chez des filles robustes dont la peau et les muqueuses secrètent beaucoup. Une véritable *vulvo-vaginite catarrhale* se déclare aussi sous l'action de causes locales, telles que la malpropreté, les oxyures vermiculaires, les dermatoses vulvaires, ou des causes générales, comme les maladies aiguës, les anémies, les cachexies, les accidents de la dentition, etc...

On conseille d'abord des lotions à l'*eau bouillie chaude* et l'isolement des surfaces avec la poudre de *talc*. Les soins de propreté les plus minutieux n'amenant pas de mieux, il faut avoir recours à des lavages avec la *décoction de feuilles de roses de Provins* ou de *feuilles de noyer* (10 à 20 grammes par litre d'eau), avec l'*émulsion coaltarée du Codex* à la dose d'une à deux cuillerées à soupe par litre d'eau.

Les organes génitaux externes seront largement saupoudrés d'un mélange à la fois absorbant et antiseptique :

Poudre d'amidon...................................... 20 gr.
Sous-nitrate de bismuth........................... } āā 5 —
Salol... }
                        Mêlez exactement.

ou bien touchez avec un bâtonnet d'ouate chargé de *bleu de méthylène* finement pulvérisé.

Si, au lieu d'une simple rougeur, il survient un gonflement considérable avec tendance aux excoriations, après avoir recommandé des *bains de siège émollients*, il est nécessaire d'empêcher les lèvres tuméfiées d'entrer en contact, de les séparer par une feuille de *gaze stérilisée simple* ou imprégnée du glycérolé suivant qui évite les frottements ;

Glycérolé d'amidon.................................... 30 gr.
Résorcine... 3 —
                        M. S. A.

ou d'un *glycérolé de tannin* à 1 pour 25.

Ces moyens ne suffisent pas toujours, les flueurs blanches changent de caractère, prennent une apparence muco-purulente ;

on prescrira des lotions tièdes avec la solution suivante[1] :

```
Sulfate de zinc.............................  )  āā de 1gr. 50 à 2 gr.
Sulfate de cuivre...........................  )
Eau bouillie................................      1 litre.
Essence de Winter-green.....................      IV à V gouttes.
                    F. S. A. Solution.
```

Les lavages répétés sur le bidet avec de l'eau tiède additionnée de V à X gouttes d'*extrait de Saturne* et de XL à L gouttes de *laudanum*, pour deux litres environ, donnent parfois d'excellents effets.

Des pertes épaisses, l'inflammation de toutes les parties nécessitent, malgré des répugnances bien naturelles, des injections vaginales. On obtient de bons résultats avec la *décoction de feuilles d'Eucalyptus* (à 10 pour 1000), à laquelle on ajoute une cuillerée à soupe de *bicarbonate de soude* par litre d'eau, comme avec la décoction de *feuilles de ficaires* (à 10 pour 1000). Dans les cas invétérés il faut arriver à placer de petites bougies à l'*iodo-*, *forme* ou à l'*ichthyol*. On pourra conseiller aussi avec succès les injections avec de l'*eau bouillie* et *chauffée* à 38° - 40°, additionnée par litre d'une cuillerée à café d'acide *tannique* et de XXX gouttes de *laudanum*, ou encore d'une cuillerée à soupe de *liqueur de Labarraque*.

Quelques légères ulcérations d'*acné* écorchée, de *folliculite vulvaire*, touchées avec un pinceau imbibé de *nitrate d'argent* au cinquième, guériront rapidement.

Chez les petites filles, il faut aussi songer à la possibilité de la *leucorrhée blennorrhagique* (qui sévit parfois à l'état épidémique), beaucoup plus fréquente qu'on ne le croyait autrefois, puisque VEILLON et HALLÉ ont constaté le gonocoque 23 fois sur 28.

MARFAN, qui a étudié d'une façon complète cette *leucorrhée*, décrit plusieurs modes de contagion.

1° *Contagion familiale*. — De la mère à l'enfant par objets de toilette communs, lit commun, etc.

2° *Contagion hospitalière*. — Par éponges, vases communs, siège de cabinets, thermomètres, etc.

3° *Contagion scolaire*. — Siège des cabinets.

4° *Contagion vénérienne*. — Suite de viol.

---

1. Quand on emploie cette solution comme celles de *permanganate* de *potasse*, de *nitrate* d'*argent*, de *sublimé*, qui coagulent les mucosités, il est important de faire au préalable une lotion (ou une injection) d'eau bouillie.

Ce serait une exagération de croire que toutes les *leucorrhées* infantiles sont gonococciques.

Du reste, MARFAN lui-même admet une vulvite saprophytique (par malpropreté, etc.) — une vulvite pyodermique — eczémateuse — impétigineuse — ecthymateuse — des inflammations diffuses, etc.

La mauvaise hygiène, la scrofule, le travail de dentition, les fièvres éruptives, les corps étrangers, les traumatismes, etc., donnent naissance à des pertes blanches d'une façon indiscutable.

La *leucorrhée gonococcique* sera traitée, soit, comme le conseille MARFAN, par le *permanganate de potasse* à 1 pour 4000 en lavages et en irrigations, dans les cas rebelles par le *sublimé* à 1 pour 10000 *sans alcool*, soit par des solutions de *protargol* à 1 ou 2 pour 1000 et plus.

Il existe une *vulvo-vaginite hémorrhagique* (COMBY) caractérisée par de petits bourgeons fongueux, entourant l'orifice uréthral et saignant avec facilité, que l'on cautérise avec un crayon de *nitrate d'argent*.

2° Prurit vulvaire

Le *prurit vulvaire*, tenace, exaspéré par la chaleur du lit, ne résulte pas toujours d'une grande leucorrhée, mais se montre aussi à l'occasion d'un simple flux séreux. Chez certaines malades, il persiste d'une telle sorte, alors que les symptômes de vulvite ont disparu, qu'il dépend à coup sûr d'un état nerveux.

Cet accident mérite une attention toute spéciale, car il est souvent la cause première d'habitudes de masturbation à laquelle les filles se livrent avec d'autant plus de frénésie que leurs sens s'éveillent. DAIGNAN a reçu les confidences les plus singulières de femmes qui, quoique mariées, et déjà d'un âge mûr, n'ont jamais pu se débarrasser de cette souillure contractée à la *puberté*. Les parents prévenus exerceront une surveillance discrète, car il est des enfants qui, au début, n'osent pas avouer les ennuis que leur occasionnent ces incessantes démangeaisons.

Par malheur ce *prurit* est rebelle à bien des traitements. Des applications d'ouate hydrophile trempée dans le *sublimé au millième chaud* et maintenues pendant quelques heures, dans le *chlo-*

ral (hydrate de chloral 10 grammes, eau distillée 1.000 grammes), les lotions avec la *solution de Gowland* comptent parmi les plus efficaces. Les badigeonnages avec la *teinture d'aloès*, et mieux avec le *baume du Commandeur* sont les moyens auxquels nous nous adressons le plus volontiers. Nous conseillons aussi la pommade suivante :

```
Menthol .......................................    0 gr. 05
Gaïacol ..............................  0 gr. 30 à   1 —
Oxyde de zinc ........................     6 à     10 —
Vaseline .........................................   30 —
                F. S. A. — Pommade.
```

Ou encore faites saupoudrer avec de l'*iodoforme* porphyrisé et désodorisé ou du *di-iodoforme*.

Auparavant, le médecin s'assure si l'excitation sexuelle n'est pas entretenue par un léger vice de conformation, tel que longueur du clitoris ou des nymphes, qui réclamerait une intervention différente.

3° Éruptions

Les *éruptions* diverses dont l'apparition sur les grandes lèvres, la face interne des cuisses, le périnée, est favorisée par la poussée fluxionnaire qui se porte sur tout le bassin, comportent les indications les plus variables suivant leur phase d'irritation ou de torpidité.

A la période aiguë, lorsque prédomine leur état de confluence et d'inflammation, on les traitera par des *topiques émollients*. Plus tard, après la chute des premiers symptômes, l'*herpès* sera lavé avec de l'*eau blanche* étendue, et recouvert d'*alun* ou de *tanin* mélangés à une plus grande quantité de poudre inerte. On pourra saupoudrer aussi avec la poudre suivante :

```
Poudre d'amidon ..........................................   60 gr.
Oxyde de zinc ............................................   15 —
Camphre pulvérisé ........................................    2 —
                Mêlez exactement.        (ALBERT ROBIN.)
```

Et s'il y a des *ulcérations* rebelles, les enduire deux fois par jour de la pommade suivante :

Soufre sublimé et lavé .... ⎞ āā 5 gr.
Camphre...................................... ⎠
Glycérine pure.................... Q. S. pour une pâte molle.
　　　　　　　F. S. A.　　　　　(ALBERT ROBIN.)

L'*herpès*, facilement périodique, menace de se montrer à chacune des règles ; aussi, dès les premières menstruations, faut-il se méfier et ne pas le laisser s'installer. Pour cela, entre les récidives (BESNIER), par l'application continuelle d'*astringents*, on s'efforcera de tannifier les muqueuses et les téguments. Les cas rebelles à toute thérapeutique envoyés à des eaux minérales sulfureuses, notamment à la source principale d'*Uriage*, reviennent presque toujours très améliorés, sinon guéris.

Dans l'*eczéma leucorrhéique*, peu inquiétant, mais susceptible de s'étendre largement chez des jeunes filles prédisposées par l'hérédité, une fois l'acuité du début tombée, des pommades à base de *vaseline* ou de *lanoline*, dans lesquelles on incorporera de l'*oxyde de zinc*, suffiront la plupart du temps ; on utilisera aussi les applications au pinceau de *baume du Commandeur*, préconisé par ALBERT ROBIN. L'important est de mettre la surface cutanée à l'abri du contact irritant des *fleurs blanches*.

4° Aménorrhée

Le retard dans l'apparition de la *puberté* inquiète au plus haut degré les familles ; cependant combien de femmes formées à 18, 20 ans et plus tard sont devenues mères et ont conservé une santé parfaite. Vivement sollicité d'instituer un traitement *actif*, prié de donner des préparations qui font venir les menstrues, le médecin ne cédera pas à la légère. Les médicaments réputés *emménagogues* peuvent être dangereux, administrés d'une manière systématique, en l'absence de toute ébauche de molimen cataménial.

Lorsqu'une jeune fille, toujours non réglée, arrive à dépasser largement l'âge moyen de la *puberté*, les parents inquiets nous consultent. La jeune fille paraît-elle souffrante ? Non. Sa santé est-elle bonne ? Très bonne. Il faut attendre en s'occupant de l'état général, etc. Mais un jour vient où les parents ne veulent plus, ne peuvent plus attendre. On a parlé d'un mariage, il n'y a pas moyen d'éluder une réponse, ils s'adressent à leur médecin, qui va dès lors assumer une responsabilité sérieuse, car sa décision sera écoutée.

A. — L'*aménorrhée* résulte d'une maladie telle que la *tuberculose*, la *cachexie paludéenne*, le *mal de Bright chronique*, etc. Aucune médication n'est à instituer du côté des organes génitaux; l'affection première domine tout, la situation est simple et nette ; les parents sont prévenus que l'on ne doit pas songer au mariage, tant que la santé demeurera aussi précaire.

B. — L'*aménorrhée* dépend d'un état pathologique moins grave dont la guérison se montre d'une manière fréquente, mais pas sûre, tel que la *chlorose*, l'*hystérie*, le *goitre exophtalmique*, etc.

Soyez plus rassurants, mais n'affirmez rien et cherchez avec le plus grand soin si par hassard il ne s'est pas manifesté quelque ébauche de *molimen* passée inaperçue. Le toucher vaginal nous montre des organes de forme et de dimensions normales. Il peut se faire malgré tout que les règles ne viennent jamais ou du moins que la menstruation ne s'établisse jamais d'une façon complète; et d'autre part l'expérience nous append que parfois le mariage amène une amélioration notable des troubles morbides. La famille prévenue saura que, *malgré la rareté du fait*, il y a un certain risque d'absence persistante de tout travail ovulaire, et que par conséquent la fécondité, *souvent possible*, peut néanmoins être toujours empêchée par le fait de la cause première, dont le traitement constitue une des indications thérapeutiques primordiales.

C. — Une jeune fille de constitution robuste, aux hanches larges, aux seins bien développés, présentant toutes les apparences d'une femme formée, n'est cependant pas réglée; mais elle se plaint de poussées congestives, de bouffées de chaleur au visage, de céphalalgies ininterrompues ou mensuelles, en même temps qu'elle ressent des pesanteurs dans les lombes, l'abdomen et les cuisses. Les mois se passent, le travail commence bien, mais il lui est difficile de se localiser et de produire sur l'utérus ses effets habituels. Alors, sans aucune crainte, on doit essayer de stimuler l'appareil génital.

1° S'il se manifeste à époque fixe une sorte de *molimen* moins l'*hémorrhagie*, c'est le moment que l'on choisira pour intervenir.

2° Si les troubles, au contraire, sont continuels, on reprendra le traitement à intervalles réguliers, tous les 28 ou 30 jours, afin de créer un appel périodique.

Les moyens usités depuis bien longtemps sont des plus simples. Matin et soir, *bains de pieds à la farine de moutarde* de quelques minutes de durée ; *sinapismes* sur les reins, le bas-ventre et la partie supérieure des cuisses; pendant la nuit, *larges cataplasmes* sur la région sous-ombilicale de l'abdomen ; pendant le jour, une *ceinture chaude* autour du ventre. Enfin, au bout de 3 ou 4 jours, application de *sangsues* autour de la vulve. Dans une observation où l'état général déjà fort inquiétant se compliquait de *convulsions ?* (sans doute *hystériques ?*) quelques sangsues posées au périnée et sur les cuisses amenèrent une détente immédiate. Personne n'a recours aujourd'hui à la *saignée*, qui a pourtant compté des succès autrefois. Les *boissons chaudes aromatiques*, les *excitants diffusibles, acétate d'ammoniaque, safran*, aident aussi, mais dans une faible mesure, à l'établissement de la menstruation. En face de *règles déviées*, d'*hémorrhagies* par d'autres organes, il est bon d'insister avec d'autant plus de rigueur. Il est rare que la *fluxion* vers la matrice n'obéisse pas à ces divers procédés. Dans la période intercalaire, c'est-à-dire entre les époques de molimen naturel et spontané, ou entre les dates choisies pour le provoquer, on aura recours aux *emménagogues* et à l'*hydrothérapie* de la façon que nous expliquons plus bas.

D. — La jeune fille a dépassé l'âge moyen de la *puberté* et cependant elle a conservé les apparences de l'infantilisme; elle reste maigre, la poitrine plate, les hanches ne se sont pas développées. Tout porte à croire qu'il n'est survenu aucun mouvement, aucune modification du côté de l'utérus et des ovaires, et l'on soupçonne quelque *anomalie* ou *arrêt de développement*. D'autres fois, il est vrai, une certaine évolution a bien changé l'habitude du corps, et cependant l'*aménorrhée* persiste toujours, les ovaires dorment; la puissance génitale s'éveillera-t-elle un jour ?

C'est dans ces cas que l'examen fait constater le *défaut des organes génitaux, imperforation du vagin, absence d'utérus,*

absence d'un ovaire, plus rarement des *deux ovaires*, si difficile
à diagnostiquer.

Un *simple arrêt de développement* permet de conserver un peu
d'espoir. L'*utérus*, demeuré *infantile ou pubescent*, avec des
ovaires dans un état analogue, peut tôt ou tard avancer ou terminer son évolution, et le médecin doit tenter de stimuler cette
torpeur.

Ainsi que nous l'exposons plus loin, au chapitre de l'*aménorrhée*, on aura recours à la *médication emménagogue*, qu'on instituera tous les 28 ou 30 jours pour créer une sorte de *molimen*
artificiel : l'*ergot de seigle* à petites doses (0,10 centigrammes
deux fois par jour), seul ou associé au *gossypium*, *la rue*, *la
sabine*, *etc.* ARMAND GAUTIER préconise avec raison la solution
d'*arrhénal* à 5 pour 100, à faibles doses : *VI à X gouttes* par
jour.

L'*opothérapie ovarienne* surtout devient fort rationnelle en
pareille circonstance ; son usage doit être continué longtemps,
pendant des semaines et des mois, et *jamais* nous ne l'avons vu
amener d'accidents ni même d'inconvénients. Nous la pres-
crivons tantôt en *poudre d'ovaires*, à la dose de 0^{gr},10 à 0^{gr},20 deux
fois par jour ; tantôt en ovaires qui ont subi une *peptonisation*.

Les *tiges* ou *pessaires* intra-utérins ont été tour à tour vantés pour solliciter le réveil de l'appareil génital et comptent
quelques succès, l'introduction de *minces laminaires* amène une
stimulation que l'on peut répéter à date fixe. On combinera leur
emploi avec l'électricité, la gymnastique, surtout la gymnastique
suédoise, les mouvements raisonnés et les divers procédés que
nous avons énumérés parmi les soins hygiéniques.

Les *pratiques hydrothérapiques* compteront au premier rang de
nos prescriptions :

Les douches *générales*, les douches en pluie par leur action
stimulante sur l'organisme ont de l'influence. Mais il est préférable de s'adresser à l'hydrothérapie *locale*[1].

Tous les matins, la jeune fille, prendra un *bain de siège froid*
de dix à vingt secondes, ou bien, si les circonstances le permettent, on lui donnera une douche *courte*, *froide*, et *percutante*

---

1. Voir, p. 504, le *Traitement Hydrothérapique dans les maladies des Femmes*.

sur les lombes et les fesses. D'autres fois, c'est la *douche chaude*, dirigée sur les jambes et les pieds, qui facilitera l'apparition des règles ; on peut la localiser à la partie supérieure et interne des cuisses (BENI BARDE), en ayant soin de prolonger sa durée pendant quelques minutes.

Le bain de siège froid à *courants continus avec pertuis latéraux*, et de *courte durée*, par la flagellation qu'il produit, a une influence salutaire dans tous les cas d'*asthénie*.

HERTOGHE, qui considère l'infantilisme et le développement insuffisant de l'appareil sexuel comme une forme atténuée de *myxœdème* ou d'*hypothyroïdie bénigne*, a vu l'évolution des organes génitaux se terminer sous l'influence de l'*opothérapie thyroïdienne*. Il conseille aussi le traitement thyroïdien contre les *épistaxis de la puberté* et la *rétroflexion des vierges* qui sont d'origine dysthyroïdienne [1].

PONCET et LERICHE attribuent de très nombreux cas d'infantilisme génital et de stérilité à la *tuberculose-inflammatoire* des organes génitaux. L'intervention de la tuberculose n'est pas la seule ; les *fièvres éruptives* de l'enfance, la *syphilis* acquise ou héréditaire, le *paludisme*, l'influence héréditaire de l'*alcoolisme*, etc. produisent, dans certains circonstances, les mêmes désastreux effets. Mais si ces auteurs ont légèrement exagéré, du moins à mon avis, l'importance de la tuberculose, qui n'est pas aussi exclusive, leurs observations et les conclusions qu'ils en tirent sont très exactes. Beaucoup de femmes demeurent stériles, et beaucoup de jeunes filles présentent des perturbations menstruelles avec des arrêts de développement dans la sphère génitale, chez lesquelles nous retrouvons des atteintes d'une tuberculose en évolution ou guérie ; l'hérédité tuberculeuse elle-même, qui mène aussi à la chlorose, trouble l'évolution normale et le bon fonctionnement de l'appareil utéro-ovarien. Le traitement général de la tuberculose doit se combiner au traitement local de l'infantilisme sexuel.

---

1. HANS BAB, considérant les succès très infimes que donnent les interventions faites pour modifier l'infantilisme génital et guérir la stérilité, associe dans un traitement médical, l'extrait ovarien, l'yohimbine qui a une action certaine, dit-il, sur l'activité circulatoire des organes pelviens, et la lécithine qui se trouve dans le sang, le placenta et les cellules fœtales.

Oophorine.	0 gr. 05
Yohimbine	0 — 0005
Lécithine.	0 — 025

dont on administre douze tablettes par jour (*La Gynécologie*, 1910).

5° **Hémorrhagies**

Si l'*aménorrhée* n'est pas dangereuse en elle-même, les *hémor-rhagies* génitales de la *puberté*, au contraire, constituent des accidents sérieux tant par leur signification pathogénique que par leurs suites toujours possibles.

L'*hyperhémie ovarienne* de la puberté (Lawson Tait) semble provoquer moins d'inquiétudes, sans doute parce que son importance reste méconnue : prélude d'*apoplexies ovariennes* à répétitions, première phase de l'*ovarite menstruelle*, qui passe à la longue à l'*ovarite chronique* et à la *sclérose*, elle devient ainsi une cause de stérilité. Les deux symptômes primordiaux de cette *congestion* sont la *douleur* et la *ménorrhagie*. Les pertes de sang prennent des proportions fort abondantes, et cet écoulement considérable finit pas entraîner un état d'*anémie ;* la douleur très vive éclate avec le début du *molimen cataménial* et se calme d'habitude lorsque le flux est bien établi. Avant tout, il convient d'imposer à la malade le *séjour au lit* pendant la période mens_truelle. Lawson Tait donne des capsules d'*ergotine* durant les pertes, des *bromures* dans l'intervalle et redoute beaucoup l'usage des préparations *martiales*. Cette crainte est purement théorique; Trousseau, en même temps que l'*ergot*, prescrivait le *fer* qu'il ne considérait pas comme un emménagogue, mais tout au contraire comme un hémostatique, et nous avons obtenu les meilleurs effets de la formule suivante de Gallard :

```
Ergotine..........................................  )
Sous-carbonate de fer............................  )  āā 10 gr.
Sulfate de quinine...............................      2 —
Poudre de feuilles de digitale...................      1 —
Divisez en cent pilules non argentées dont on prendra cinq par jour.
```

Nous modifions volontiers cette formule en remplaçant les 10 grammes de sous-carbonate de fer par 5 grammes de *glycéro-phosphate de fer* avec 1 gramme de *glycérophosphate de man-ganèse*, ou bien en évitant les composés ferrugineux :

```
Ergotine .........................................  0 gr. 10
Sulfate de quinine................................  0 — 02
Poudre de feuilles de digitale....................  0 — 01
Poudre de coca....................................  Q. S.
                     Pour une pilule.
En prendre une le matin, deux à midi, deux le soir avant les repas.
```

Depuis que nous avons expérimenté le *seneçon*, nous commençons par recommander :

Extrait fluide de Senecio Vulgaris : LX gouttes dans 45 grammes d'eau sucrée ; à prendre en trois fois, d'heure en heure.

On a recours aussi à l'*Hydrastis canadensis*, à l'*Hamamelis virginica*. — *Teinture d'Hamamelis virginica* de X à XX gouttes par jour en deux fois dans un peu d'eau sucrée. En outre, matin et soir, la malade prendra un paquet de gélatine, 5 grammes, dans une tasse de bouillon, de lait ou de chocolat.

Si, dans la période intercalaire, la douleur persiste spontanée et provoquée par la palpation abdominale et le toucher, avec un caractère d'acuité « exquise », et surtout si des *métrorrhagies* se montrent en dehors de l'époque des règles, c'est alors qu'il est fort à craindre qu'à l'*hyperhémie ovarienne* n'ait succédé l'*ovarite menstruelle ;* dans les cas extrêmes, elle se complique d'une véritable *apoplexie ovarienne.* La vie génitale de la jeune fille est compromise, l'ovarite menstruelle tend à se reproduire sinon chaque mois, au moins très souvent pendant de longues années. D'autres fois, la *congestion utérine* s'installe à l'état permanent

Toutes ces métrorrhagies, qui tiennent à un fonctionnement exagéré des ovaires, à une hyperovarie, en général, « les hémorrhagies liées aux congestions ovariennes dues au surmenage cérébral chez les jeunes filles au moment des examens » (BATUAUD) sont aussi maîtrisées, puis arrêtées par l'*opothérapie mammaire.* Il existe à la puberté de singulières irrégularités menstruelles. A des phases d'aménorrhée complète, ou de grande pauvreté des règles succèdent des phases, parfois très longues, de ménorrhagies abondantes ; c'est un état d'*ataxie ovarienne*, de manque d'équilibre dans les fonctions, que j'ai suivi quelquefois chez plusieurs membres d'une même famille où l'on pouvait suspecter une tare tuberculeuse, ou une autre hérédité. Dans un cas même, il se manifestait de véritables crises d'une étrange dysménorrhée inter-menstruelle, caractérisée beaucoup plus par un écoulement sanguin que par la douleur qui restait modérée. J'ai pu assez souvent (et notamment dans cette dernière observation) mettre un terme à ces misères en donnant matin et soir un cachet d'*extrait mammaire.*

Bon nombre de ces *hémorrhagies* de la *puberté*, qui entretiennent un état marqué d'*anémie*, rentrent dans la *chlorose ménor-*

rhagique de TROUSSEAU, singulièrement démembrée aujourd'hui. Il
ne faut pas tout oublier de la description de TROUSSEAU. Les chlorotiques, souvent nerveuses et appartenant à la famille névropathique par leurs antécédents héréditaires ou personnels, sont
sujettes à des *hémorrhagies utérines* qui surviennent sous l'influence de troubles vasculo-nerveux de l'appareil génital (GAU-
LIEUR L'HARDY), et auxquelles les qualités pathologiques du sang
contribuent à donner une abondance et une durée extrêmement
inquiétantes. Cette forme est la vraie *chlorose ménorrhagique* relativement rare.

Mais en outre, dans la *chlorose*, les vices d'évolution des organes
sexuels et les troubles des sécrétions internes jouent un grand
rôle pour l'étiologie d'une autre variété de pertes.

Tantôt il s'agit d'*hyperplasie sexuelle* (VIRCHOW) *avec hypertrophie et hyperactivité ovarienne*. Cette classe renferme beaucoup
de cas d'*hyperhémie ovarienne*, et l'*hyperactivité ovarienne* peut se
borner à une hyperfonction de la sécrétion interne, une hypersécrétion interne, une *hyper-ovarie* opposée à l'hypo-fonction,
hypo-ovarie à laquelle on attribue certaines *chloroses aménorrhéiques*. Tantôt, au contraire, il s'agit d'une *hypoplasie sexuelle,
retard localisé*, dont la conséquence est fréquemment la *sténose* du
col utérin. Le rétrécissement de l'orifice et du canal cervical (POZZI),
en empêchant la libre évacuation du mucus, devient, par infection ascendante, une des causes les plus fréquentes de la *métrite* des vierges, métrite facilement hémorrhagique, et véritable
origine d'une nouvelle variété de pertes. Ce retard marche quelquefois avec le *rétrécissement* ou *nanisme mitral*.

Hyperplasie ou *hypoplasie* se rencontrent en dehors de la chlorose, et les hémorrhagies provoquées par ces anomalies débilitent
à la longue la jeune fille et la conduisent à l'anémie. Une *anémie
secondaire* donne alors l'illusion d'une chlorose primitive, et
beaucoup d'erreurs ont pu être commises de la sorte, comme dans
toutes les anémies qui s'accompagnent de pertes.

En parlant des fausses utérines, nous avons signalé plus haut
la grande influence des maladies du foie sur les métrorrhagies.
Dans l'état morbide que l'on a voulu individualiser récemment
sous le nom d'*ictère acholurique* et qui n'est autre chose qu'un
retentissement hépatique de la dyspepsie hypersthénique déjà

signalé par Albert Robin[1], l'abondance des pertes menstruelles chez une malade dont le visage garde une apparence blême, avec une teinte jaune mat, malade qui se plaint de troubles dyspeptiques et nerveux, a souvent conduit à porter à tort le diagnostic de *chlorose ménorrhagique* et par conséquent à instituer une thérapeutique défectueuse. L'erreur est excusable, car les retentissements hépatiques de la dyspepsie hypersthénique simulent vraiment la chlorose, si l'on n'est pas prévenu.

Cette étiologie un peu complexe réclame des procédés thérapeutiques assez différents. Tandis que la simple médication hémostatique, combinée au traitement de l'état général, suffit aux troubles vasculo-nerveux et aux cas d'hyperactivité ovarienne, elle reste impuissante vis-à-vis de la sténose du col et de la métrite consécutive. Pour parer aux accidents, on a parfois seulement besoin de pratiquer une *dilatation progressive du col;* quand elle demeure inefficace, une opération plus radicale devient indispensable, et on est obligé d'en arriver au *curettage* (Pozzi). Frœlich a signalé des *ménorrhagies* avec *hypertrophie du col*, *végétations polypiformes* et *métrite fongueuse*, où il a dû intervenir par un *curettage* et l'*ablation* du col utérin.

A. Siredey et Lemaire se sont trouvés pareillement obligés de pratiquer le *curettage* pour tarir des métrorrhagies virginales particulièrement rebelles. Il s'agissait de jeunes filles dont la puberté s'était établie d'une manière normale et sans aucune douleur ni leucorrhée. Au bout de trois à quatre ans, la durée des règles se prolongea progressivement, si bien que l'écoulement sanguin finit par devenir continu avec renforcement à l'époque menstruelle. Tout traitement ayant échoué, il fallut en arriver au *curettage* qui amena la guérison définitive. L'examen de la muqueuse montra un chorion très congestionné, des glandes en prolifération active, ayant subi en nombreux endroits une transformation adénomateuse. Les auteurs tendent à considérer cet état comme le résultat probable d'une infection lente et chronique.

Les *déviations utérines* aussi produisent des hémorrhagies génitales de la puberté. Les *fibromes* sont plus rares.

Castan et Quénu ont décrit des *métrorrhagies de la puberté* d'origine *dyscrasique*, sous la dépendance « d'un état général,

---

1. Albert Robin. — *Les Maladies de l'Estomac.*

d'une auto-intoxication créés par une hérédité morbide (tuberculose, arthritisme), une hygiène défectueuse, une maladie constitutionnelle ou une déviation des échanges interstitiels ; l'utérus et les annexes demeurent sains ». La raison de ces pertes doit être cherchée dans un trouble de la fonction sécrétoire, ou dans une lésion *cliniquement inappréciable* de l'ovaire (Quénu). L'écoulement, qui, tantôt reste très faible, acquiert d'autres fois une profusion capable d'*entraîner la mort ;* il commence avec la première époque menstruelle ou avec la seconde ou la troisième, et se continue sans interruption ou coupé de légers arrêts, pour se reproduire à la moindre occasion. L'examen des autres organes fait constater fréquemment un état dyspeptique avec dilatation de l'estomac et constipation habituelle.

Ce sont sans doute des métrorrhagies analogues à celles dont j'ai parlé plus haut, à propos des irrégularités menstruelles observées dans des familles où l'on soupçonne une hérédité tuberculeuse et aussi d'autres tares héréditaires. Elles sont encore parentes des métrorrhagies signalées par Poncet et Leriche comme dépendant d'une *tuberculose inflammatoire* de l'appareil sexuel et qui éclatent dès la puberté ; mais ces auteurs ont souvent trouvé des altérations anatomiques et notamment des lésions de *sclérose* de l'utérus ou des ovaires, métrite à gros col, ovarite scléro-kystique ou micro-poly-kystique, etc. ; pour eux la tuberculose est à l'origine des troubles et des altérations que nous verrons plus loin attribués à l'*arthritisme.*

Les influences que nous avons étudiées chez les *fausses utérines* se font aussi bien sentir (et peut-être mieux) au moment de la *puberté* que pendant le reste de la *vie génitale*. Nous ne reviendrons pas sur ce sujet, déjà longuement développé. Il nous suffira de rappeler l'action sur les premières règles de la *constipation chronique,* du *rétrécissement mitral,* de la *strume* (Doléris), de l'*albuminurie,* de la *goutte* (Lancereaux), du *purpura,* de la *tuberculose péritonéale,* de l'*hémophilie,* de la *leucocythémie,* etc.

Le *myxœdème* et l'*hypothyroïdie bénigne chronique* provoquent des pertes pubérales qui réclament un traitement par l'*opothérapie thyroïdienne ;* l'hypothyroïdie, souvent fruste, demande à être recherchée avec le plus grand soin.

Ozenne incrimine aussi chez la vierge les conséquences de l'*hérédo-syphilis.*

Castan (de Béziers) regarde le flux menstruel comme un émonctoire, et voit dans ces hémorrhagies le résultat d'une intoxication de l'économie due à la *coprostase* et produite par les ptomaïnes, l'indol, le phénol, le scatol d'origine intestinale.

Richelot, à juste raison, attribue une grande importance au *neuro-arthritisme*. Ces jeunes filles neuro-arthritiques, qui, pendant la durée entière de leur vie génitale, souffriront de congestions utérines répétées, aboutissant même à la sclérose, ont, dès la puberté, « des règles difficiles, irrégulières, tantôt *profuses*, tantôt insignifiantes ; la congestion menstruelle les fait terriblement souffrir ». Les jeunes filles de souche goutteuse, arthritique, herpétique, se plaignent en effet souvent d'une puberté pleine d'ennuis ; leurs règles *douloureuses* prennent facilement une abondance qui finit par alarmer les familles. Cependant, avec une hygiène et une thérapeutique judicieuses, on vient généralement à bout de ces accidents.

Nous avons observé chez des pubères des *ménorrhagies peu ou pas douloureuses*, auxquelles il nous a été impossible d'attribuer une cause plausible utérine ou extra-utérine. Comme souvent elles sont temporaires et disparaissent à mesure que la jeune fille avance en âge, nous croyons volontiers que le *simple travail évolutif de la matrice*, passant de l'état infantile à l'état pubescent puis à l'état adulte, dans quelques circonstances où il se manifeste d'une façon particulièrement active, suffit à produire une hyperhémie plus ou moins accentuée, se traduisant par une leucorrhée durant la période intermenstruelle, et par un écoulement de sang très abondant au moment des règles. Quand le changement anatomique est terminé, tout rentre dans l'ordre, et les époques cessent d'être profuses.

Avec le développement rapide des organes génitaux entre en scène la *sécrétion interne* de l'ovaire.

Sa présence excite, parmi d'autres manifestations, des phénomènes vaso-dilatateurs au niveau de la matrice ; une sécrétion exagérée ou irrégulière produit l'hyperhémie, la fluxion et l'hémorrhagie, de même qu'une sécrétion supprimée ou diminuée conduit à l'aménorrhée. C'est ainsi que l'on peut comprendre certaines *chloroses* d'origine génitale, les unes *ménorrhagiques*, les autres *aménorrhéiques*.

Le *traitement* de ces métrorrhagies de la puberté comporte d'abord le *repos* absolu au lit, tout autant que dure la perte, et même, par précaution, il faut le reprendre aux approches de la période suivante. Matin et soir la jeune fille prendra 5 grammes de *gélatine* dans une tasse de lait, de bouillon ou de chocolat. Deux à trois fois par jour on lui donnera une *irrigation vaginale;* tandis que, dans certains cas, les irrigations *chaudes* paraissent très efficaces, dans d'autres elles échouent complètement. Nous avons recours volontiers aux irrigations *tièdes gélatinées* (7 à 10 pour 1000) ainsi qu'aux irrigations *fraîches* (18°-16°). Ces dernières nous ont rendu les plus grands services et nous les combinons souvent avec l'usage d'un *sac de glace* placé sur l'hypogastre et avec les *douches plantaires froides*. L'*immersion répétée des mains* dans un vase plein d'*eau très chaude* remplace les douches plantaires lorsque la malade ne peut en prendre. Injections vaginales simples ou *gélatinées* demeurant insuffisantes, il nous reste le tamponnement à la *gélatine*, tel qu'il est décrit plus loin à propos du traitement des métrorrhagies en général.

Mais, avant d'en arriver à ce procédé fort ennuyeux chez une vierge, il est bon de venir en aide aux injections chaudes ou froides et aux lavements chauds avec les pilules d'*ergotine* composées, formulées plus haut, avec le *Senecio*, l'*Hamamelis virginica* et surtout l'*Hydrastis canadensis* que l'on ordonne de la manière suivante :

> Extrait fluide d'Hydrastis canadensis................ LX gouttes
> A prendre en trois fois, dans un peu d'eau sucrée, pendant la journée.

Dans l'intervalle des règles, la malade recommence la médication pendant une semaine et quelques jours aussi avant la date probable de la venue des prochaines menstrues. Le *sulfate de quinine*, d'une influence indiscutable pour modérer et arrêter les hémorrhagies fluxionnaires chez les neuro-arthritiques, trouve ici une de ses bonnes indications à la dose de $0^{gr},50$ à 1 gramme et même $1^{gr},50$. Enfin le *chlorure de calcium* donne des résultats très satisfaisants :

> Chlorure de calcium............................ 2 à 4 gr.
> Sirop d'opium .... 30 —
> Eau de tilleul.. 120 —
> F. S. A. potion qu'on prendra par cuillerée à soupe toutes les heures,
> toutes les deux heures.

Les injections de *sérum animal* (à la dose de 10 à 20 centimètres cubes), et à son défaut de *sérum antidiphtérique* ou *antistrepto-*

coccique deviennent pour nous aujourd'hui un auxiliaire puissant auquel nous devons songer contre toutes les métrorrhagies de la puberté, mais surtout dans les cas où les pertes nous paraissent survenir sans cause organique appréciable et se manifester plutôt sous la dépendance d'un état général, hémophilique ou tout autre.

Contre la poussée fluxionnaire, lorsqu'elle joue un rôle prépondérant, nous prescrivons l'application de *ventouses sèches* dans les parties supérieures du thorax ou, à leur défaut, de *sinapismes* ou de *cataplasmes sinapisés* dans le dos et le long des jambes et des parties inférieures des cuisses, pour favoriser une dérivation. Arrivent au même but les *douches froides* au niveau du *dos* et des *parties supérieures de la poitrine* ou sur les *pieds*[1], ou bien encore un *bain de pieds à eau courante*, qui suffit dans nombre de cas pour arrêter les règles, même quand elles ne sont pas profuses. L'*hydrothérapie* générale, dans l'intervalle des époques est excellente pour régulariser les fonctions menstruelles et stimuler un organisme fatigué. Les divers procédés d'*électrothérapie* ont été tentés avec des succès divers. MALMÉJAC a communiqué deux observations ou la *galvanisation intra-utérine positive* amena une guérison définitive.

Lorsque nous constatons non plus une véritable perte, mais des règles qui traînent un peu, s'éternisent dans un petit écoulement interminable, il suffit parfois d'un grand bain tiède (ARAN) pour mettre un terme à ces ennuis.

6° **Métrite**

Nous avons décrit une *métrite des vierges* qui succède à la *sténose du col*, par un mécanisme d'infection ascendante analogue à celui qui donne naissance à l'angiocholite, par exemple, lorsque les voies biliaires sont obstruées par un calcul.

Mais le rétrécissement du canal cervical ne préside pas à coup sûr à la genèse de toute métrite virginale (BENNETT).

La *vulvo-vaginite* se complique chez la jeune fille de métrite et même de *phlegmasie péri-utérine*, en l'absence de toute hypoplasie de la matrice. Les phénomènes fluxionnaires et congestifs qui se manifestent d'une manière si intense, surtout au moment

1. Voir p. 504. — *Traitement hydrothérapique dans les Maladies des Femmes.*

de la menstruation, favorisent l'infection de la matrice par les germes que, dans le vagin, laissent pulluler la *blennorhagie*, le *manque de soins*, etc. La sténose du col favorise grandement les infections ascendantes, mais son existence n'est pas indispensable pour que les causes habituelles de la métrite amènent l'inflammation de la muqueuse utérine.

Fort douloureuse, produisant une *leucorrhée* très épaisse et des *métrorrhagies*, cette métrite virginale conserve longtemps un caractère aigu, et le col utérin finit par s'ulcérer. Aussi le *traitement antiphlogistique* est-il, au moins au début, le plus rationnel. La malade, tous les matins, se mettra dans un *bain de siège* préparé avec la décoction ci-dessous :

```
Feuilles de belladone.............................. )
    —    de morelle............................... ) āā 30 gr.
    —    de jusquiame............................. )
Têtes de pavots....................................    N° 2
               Pour un bain de siège.
```

Dans ce bain de siège elle recevra une *irrigation vaginale tiède* qui sera renouvelée isolément deux autres fois dans la journée ; dans l'intervalle des bains, on lui appliquera sur le bas-ventre des *enveloppements chauds et humides* ou des *cataplasmes laudanisés*, etc... On mettra en œuvre la thérapeutique de la *métrite aiguë*.

Quand les phénomènes aigus se sont amendés, on institue le traitement habituel.

Le médecin conservera toujours son attention éveillée sur ces affections utérines des vierges, même dans leurs formes les plus atténuées, d'allures les plus anodines, car, outre leurs inconvénients propres, elles deviennent souvent la cause d'accidents du côté des annexes, accidents graves par eux-mêmes, et par la gêne ou l'impossibilité qu'ils apportent à la fécondation.

7° Déviations utérines

Les *déviations utérines*, plus fréquentes à la puberté qu'on ne pourrait s'y attendre, sont une cause de *leucorrhée*, de *métrorrhagies* et de *dysménorrhée* fort tenaces.

Congénitales, ou bien encore dues à un *défaut* dans le *développement pubéral* de la matrice, elles peuvent être acquises, « si l'hygiène est mauvaise (Pozzi) ; quand l'utérus se gonfle et se ramollit, les fatigues excessives de l'équitation, la masturbation et toutes les causes de la métrite virginale peuvent ici entrer en ligne de compte pour amener à la fois l'inflammation et la déviation de l'utérus ».

Le meilleur traitement de l'antéflexion congénitale est la *dilatation progressive* du canal utérin (BAUDRON). Toutes ces questions sont développées au chapitre du Traitement en général des déviations utérines.

8°' Dysménorrhée

La *dysménorrhée*, qui se manifeste à l'occasion des premières règles, arrive, pour de malheureuses jeunes filles, à un degré d'acuité à peine tolérable. Fort vive au cours de l'hypérémie ovarienne et surtout de l'ovarite menstruelle, la *douleur* s'accompagne, dans certains cas heureusement fort rares, d'un cortège symptomatique capable de faire songer à une péritonite au début : le ventre se ballonne, les extrémités se refroidissent, le pouls devient petit, la face se tire, les vomissements se répètent, tandis que les coliques touchent à leur paroxysme. C'est la *dysménorrhée paroxystique* de la puberté, analogue sans doute à l'*hématocèle cataméniale* de TROUSSEAU, forme contestée du reste aujourd'hui en tant qu'inondation péritonéale.

Une autre cause de dysménorrhée se rencontre dans les malformations génitales, *atrésie du vagin, imperforation de l'hymen*, etc., qui apportent un obstacle à l'issue du sang et dont on s'aperçoit habituellement pour la première fois à l'époque de la puberté. La *métrite*, les *déviations utérines*, contribuent de leur côté à rendre plus ou moins pénibles l'éruption des règles, mais l'âge de la malade n'apporte pas d'indications thérapeutiqnes particulières, et nous renvoyons aux chapitres qui exposent les moyens destinés à calmer les douleurs menstruelles et à prévenir les suites des arrêts ou vices de développement. Ajoutons cependant que, pour atténuer des crises de *dysménorrhée congestive*, il a suffi de porter des vêtements convenablement chauds.

9° Phlegmasies péri-utérines

Les complications des *phlegmasies péri-utérines*, qui surviennent à la suite de toutes les maladies génitales que nous venons de décrire, sont susceptibles d'éclater chez la pubère.

La *salpingite* peut être confondue avec l'*appendicite*, qui du reste la précède souvent et la provoque à sa suite, si bien que chez une vierge une salpingite droite doit systématiquement faire rechercher l'appendicite. Nous ne reviendrons pas sur cette discussion, que nous avons longuement exposée plus haut à propos de l'appendicite chez les fausses utérines.

D'autres salpingites de cause ascendante reconnaissent une origine *saprophytique;* elles sont favorisées par les *fièvres éruptives* de l'enfance, surtout quand elles éclatent au moment de la puberté. Pozzi pense que beaucoup d'annexites des vierges sont de nature *tuberculeuse* ou *blennorrhagique*.

La confusion a été faite avec un *kyste dermoïde* (Begouin).

L'âge de la malade ne donne pas d'indications particulières pour la thérapeutique des *salpingites* ou des *ovarites*.

Ces traitements des divers accidents génitaux de la puberté resteraient inefficaces si, au delà d'un trouble local, on ne recherchait pas une influence quelquefois prépondérante. A la genèse de nombreuses complications président la *chlorose*, les *anémies*, la *scrofule*, la *phtisie*, l'*arthritisme*, l'*herpétisme*, l'*hystérie*, les *maladies du cœur*, etc., qui réclament chacune une thérapeutique spéciale.

Il faut songer aussi à conseiller un séjour dans une station d'eaux minérales variant suivant les sujets : *Luxeuil, Plombières, Evaux, Néris, La Malou, Saint-Honoré, Royat, La Bourboule*, etc.

Les soins les plus minutieux risquent d'échouer si on néglige l'état général.

CHAPITRE II

TRAITEMENT DE L'AMÉNORRHÉE

I

Division du sujet

L'aménorrhée est constituée par la suppression accidentelle ou l'absence de la menstruation ; GALLARD ajoute par un simple retard des règles. La définition ainsi étendue a sa raison d'être à certains points de vue cliniques ; mais elle risque de conduire à une erreur par fausse interprétation, et nous ne l'acceptons pas. Elle alterne souvent chez la même malade avec la *dysménorrhée* ; menstruation difficile et douloureuse.

L'aménorrhée vraie est caractérisée non seulement par le manque d'écoulement sanguin au niveau de la vulve et des parties inférieures des voies génitales, mais surtout par l'absence de toute hémorrhagie à la surface de la muqueuse utérine dans la cavité de la matrice. En un mot, pour qu'il y ait aménorrhée, le sang ne doit sortir en aucun moment des vaisseaux de la muqueuse utérine ; tandis que, dans la dysménorrhée relevant d'une atrésie de l'hymen ou du vagin, par exemple, le flux cataménial se produit, mais ne peut trouver issue à l'extérieur.

L'aménorrhée de la *grossesse* et de la *lactation* ne rentre pas dans notre sujet ; celle de la *ménopause* sera traitée plus loin ; ce que nous avons dit au chapitre de la *puberté* nous dispensera d'insister longuement sur *l'aménorrhée des jeunes filles*.

II

Aménorrhée accidentelle

Avant d'instituer une médication pour rappeler les règles, le médecin devra toujours songer à la possibilité d'une *grossesse* et ne se laisser influencer par aucune considération. Beaucoup de femmes sont sincères lorsqu'elles croient avoir d'excellentes raisons pour ne pas être enceintes et les exposent de très bonne foi. Mais il s'en trouve, d'autant plus difficiles à reconnaître et à convaincre, qui n'ignorent pas leur état et cherchent dans l'intervention médicale « un moyen d'avortement moins compromettant » (Gallard). Quelle que soit donc la situation sociale de la malade, quelles que soient les apparences, il faudra discrètement s'assurer de la vérité, et, s'il subsiste le moindre doute, rester dans la réserve.

De même à l'âge moyen de la *ménopause*, il peut être parfois très embarrassant, mais nécessaire, au point de vue de la thérapeutique à prescrire, de juger si une suspension des règles est pathologique ou si elle relève de la période critique qui va commencer.

1° Définition

L'aménorrhée accidentelle est caractérisée par la suppression des règles pendant leur écoulement ou au moment où elles allaient s'établir. Sous des influences diverses, l'impression du froid, de vives émotions morales, un traumatisme et d'autres que nous n'avons pas à énumérer, les règles qui coulaient déjà ou qui allaient s'installer s'arrêtent brusquement. Elles ne reviennent pas le mois suivant ou durant trois ou quatre mois consécutifs ; on a même cité des cas ou la suppression a été définitive.

Parfois une métrite aiguë, une congestion pelvienne, une phlegmasie péri-utérine se déclarent dès le début. Tantôt surviennent des accidents nerveux : hystérie, épilepsie, délire, manie. Tantôt des poussées fluxionnaires se portent vers d'autres organes : le cerveau, le poumon, le foie (congestion hépatique, ictère menstruel), etc...; l'un de nous a observé un accès de tachycardie; d'autres fois c'est une tuméfaction du corps thyroïde et des symptômes basedowiformes.

A ces accidents appartiennent un grand nombre de règles supplémentaires ou déviées. Même lorsqu'il ne se manifeste aucune complication aux époques consécutives correspondant au molimen qui n'aboutit pas, la femme éprouve de pénibles malaises, des coliques, des souffrances abdominales, elle réclame des soins qui la soulagent.

Et pour cela il est rationnel de songer d'abord à ramener le flux cataménial par une médication emménagogue.

2° Médication emménagogue

Le nom d'*emménagogue*, disent LITTRÉ et ROBIN, est donné à tous les moyens thérapeutiqnes qui provoquent les règles.

Cette médication comporte dans son usage une méthode assez précise.

Au cours d'une *aménorrhée accidentelle* :

A. — Elle sera instituée durant les quatre ou cinq premiers jours après la suppression des menstrues, puis, pendant une semaine environ, aux dates probables où devraient normalement se montrer les menstruations suivantes.

B. — Dans l'intervalle, toute médication emménagogue est suspendue; impuissante alors à provoquer l'ovulation, elle risque de devenir dangereuse. La femme observera le repos pour éviter les fluxions ou phlegmasies génitales toujours à redouter.

Supposons une aménorrhée résultant d'un refroidissement, l'immersion dans l'eau à basse température, par exemple.

Tout de suite après l'accident, on réchauffera la malade et on lui donnera des stimulants diffusibles : une potion avec 4 grammes d'*acétate d'ammoniaque* et 2 à 4 grammes de *liqueur d'Hoffmann* que l'on fera prendre dans les vingt-quatre heures en même temps qu'une infusion de *plantes aromatiques*. Ensuite, comme lorsque l'aménorrhée reconnaît une autre cause, des *bains de siège chauds*, des *pédiluves* alterneront avec des *cataplasmes* sur le bas-ventre, des *sinapismes* aux cuisses, des *douches chaudes* sur les jambes et les parties internes des cuisses, des *irrigations* d'eau très chaude.

On préconisait autrefois des *fumigations* sur les parties sexuelles pratiquées à l'aide de la décoction suivante :

Absinthe..) ãã 20 gr.
Armoise incisée..................................)
Eau bouillante.............................. 1000 —

En présence d'accidents congestifs imminents, on posera plusieurs *sangsues* sur le bas-ventre, au périnée, à la vulve[1]. Nous préférons dans ce cas les sangsues mises sur le col aux scarifications de l'organe, mais nous n'avons pas volontiers recours à ce procédé.

Trousseau, par crainte d'un thrombus ou d'une inflammation des grandes lèvres, appliquait les sangsues au condyle interne de chaque fémur.

De tous les *purgatifs* conseillés pour aider à l'action de ces divers moyens, l'*aloès* paraît le plus rationnel.

Les symptômes douloureux seront calmés par les *petits lavements tièdes* contenant 1 gramme d'*antipyrine* et *dix* gouttes de *laudanum*, les *bains narcotiques*, les préparations d'*opium* ou de *morphine*, etc. ; les phénomènes nerveux, par les antispasmodiques, le *valérianate d'ammoniaque*, le *bromure de camphre*, etc.

Enfin, dans quelle mesure pouvons-nous employer les médicaments emménagogues ?

3° Médicaments emménagogues

Ils sont tombés dans un profond oubli. Pour Dujardin-Beaumetz, « l'on comprend facilement qu'il ne puisse exister de médicaments, mais seulement des médications emménagogues ;... la plupart des thérapeutes nient à la rue, à la sabine, au safran, à l'asa fœtida, toute action directe à ce point de vue ». Trousseau et Pidoux les classent parmi les excitants, et pensent qu'ils peuvent provoquer les règles à la façon de tous les stimulants généraux. Des gynécologues très autorisés se contentent de prescrire l'apiol, « parce que, du moins, celui-là a l'avantage de ne pas faire de mal ». Bien plus, Beau ordonne la rue, la sabine, comme anti-métrorrhagiques et les associe dans ce but à l'ergot de seigle

---

1. Il faut surveiller avec attention les sangsues appliquées sur le col.
Les scarifications, auxquelles on a la ressource de s'adresser à la place des sangsues, n'enlèvent pas toujours autant de sang.

Pour Lauder-Brunton, les emménagogues indirects doivent seuls
être employés : toniques généraux, etc... Bossoreil et Chevalier
ajoutent d'une manière bien plus judicieuse : « les *excitants
utérins* proprement dits, les *congestionnants intra-pelviens*
peuvent être avantageusement utilisés et ajouter leur action à
celle des excitants généraux ; mais d'ordinaire leur action
physiologique est trop énergique.

Faut-il donc les rayer de la thérapeutique, et cette rigueur
n'est-elle pas un peu injuste ? Il semble étrange de considérer
seulement comme inutiles ou dangereux des remèdes dont la propriété, admise depuis les temps reculés, préconisée par les Hippocratiques et les Arabes, connue des Chinois, est encore acceptée
de nos jours par des cliniciens qui se basent sur des observations leur paraissant incontestables.

L'expérimentation sur les animaux, si précieuse en thérapeutique, ne nous est ici que d'un faible secours. Nous nous heur-
tons à des difficultés nombreuses dont une capitale : l'absence
de flux périodique chez les femelles.

Cependant de patients essais ont montré après l'ingestion
de la *rue* que la température du vagin s'est élevée, et les
organes génitaux internes ont été trouvés congestionnés à
l'auptosie (Hamelin). En outre, des lapines avortèrent sans présenter une inflammation gastro-intestinale susceptible (comme
on l'en a accusée) de se propager à l'utérus ou de retentir
sur cet organe. La *sabine*, trop calomniée, dit Siredey, a de
même produit expérimentalement la congestion des trompes et
des ovaires. Kurdinowski prétend que son action est nulle sur
l'utérus isolé. Trousseau et Pidoux, Gubler sont d'accord pour
attribuer à la *rue* une fluxion active de l'utérus et une stimulation
de ses fibres ; à la *sabine* un éréthisme vasculaire de la matrice
qui dépasse souvent le but et cause des métrorrhagies. Nous n'avons
pas à insister ici sur les vertus abortives de ces plantes, mais il
faut aussi mettre bien en évidence les dangers de leur absorption à doses trop élevées : irritation du tube digestif, vomissements, diarrhées sanglantes, dépression allant jusqu'au collapsus,
dans quelques cas phénomènes nerveux convulsifs qui, pour leur
part, ont encore contribué à rebuter les médecins.

Ainsi donc, comme l'*ergot de seigle* qui excite l'appareil utéro-
ovarien et le dispose à l'ovulation, la *rue* paraît surtout influencer
la contractilité musculaire, la *sabine* fluxionne plutôt le système

circulatoire. Le *safran* provoque une stimulation générale et génitale (GUBLER) ; quant à l'*apiol*, il exercerait son action sur les nerfs vaso-moteur ; le *gossypium herbaceum* se rapproche de l'ergot de seigle et de plus est toujours parfaitement toléré par l'estomac et l'intestin.

L'arsenic est un vaso-dilatateur puissant ; les travaux d'ARMAND GAUTIER sur l'élimination de l'*iode* et de l'*arsenic* par le sang menstruel ont redonné une vogue méritée à ces deux médicaments. On prescrit X gouttes de *teinture d'iode* dans un verre d'eau sucrée (TROUSSEAU), ou VI à X gouttes d'une solution d'*arrhénal* (de 4 à 5 0/0).

L'*opothérapie ovarienne*, dont l'importance devient chaque jour plus grande, est exposée plus loin dans un chapitre spécial.

Donner une de ces préparations au hasard à une femme qui n'a pas ses règles, c'est à coup sûr s'exposer à un mécompte. En retournant la phrase de DUJARDIN-BEAUMETZ nous pourrions dire : *ces médicaments sont d'autant plus efficaces qu'ils font partie d'une médication emménagogue.*

Nous devons nous proposer d'amener « *une congestion de l'appareil génital éminemment propre à favoriser l'ovulation* » (GUBLER).

1° A considérer cette congestion, il faut s'abstenir de prescrire ces médicaments emménagogues toutes les fois qu'il y a inflammation de la matrice ou de ses annexes. Le résultat serait néfaste, cela se conçoit, d'après leur effet sur les fibres lisses et les vaisseaux.

2° On les ordonnera aux périodes qui correspondent à l'époque probable de la menstruation, quatre, cinq ou six jours avant, en combinant leur action avec celle des divers moyens que nous avons indiqués plus haut : bains de siège, pédiluves, sangsues, etc... On se propose une excitation légère des formations érectiles utéro-ovariennes et de l'appareil tubo-ovarien (HAMELIN), afin de réveiller un système génital inerte ou endormi. *De faibles doses suffisent ;* plus élevées, elles risquent de dépasser le but et de provoquer des contractions qui s'opposent à la poussée sanguine et exagèrent alors l'aménorrhée. C'est ce que BEAU avait entrevu lorsqu'il considérait ces préparations comme anti-métrorrhagiques.

La formule suivante de COURTY est bonne :

```
Poudre de rue.............................................  )
Poudre de sabine .........................................  }  āā 0 gr. 05
Poudre d'ergot de seigle..................................  )
Aloès................................................  0 gr. 02 à    0 — 05
          F. S. A. une pilule. — En prendre trois par jour.
```

Courty va même jusqu'à neuf pilules qui déterminent des coliques et un peu de diarrhée. Ces pilules et les préparations analogues sont surtout indiquées contre l'ovulation paresseuse, la fluxion nulle ou insuffisante.

Des deux formules suivantes la première n'est guère usitée :

```
1° Poudre de rue...........................................  1 gr.
   Extrait alcoolique de rue...............................  1 —
          F. S. A. 10 pilules. — En prendre 2 par jour.

2° Poudre de sabine......................................  )
   Poudre de safran......................................  }  āā 2 gr. 50
   Extrait d'absinthe ...................................  )
   Sirop de sucre........................................  Q. S.
          F. S. A. 25 pilules. — En prendre 2 par jour.
```

L'*apiol* en capsules de 0^{gr},25 (2 par jour) rend aussi des services et ne fait courir aucun danger. Raciborski a essayé la *noix vomique* et les préparations de *strychnine* auxquelles on revient aujourd'hui.

Dans le cas de suppression brusque et accidentelle des règles, la malade se trouvera bien de prendre matin et soir une tasse de tisane de *feuilles d'armoise* ou d'*absinthe* (feuilles, de 4 à 10 grammes pour un litre d'eau) édulcorée avec une cuillerée à soupe de *sirop de safran ;* au besoin elle pourra ajouter chaque fois deux gouttes d'*huile essentielle de rue*, et pour masquer le goût une à deux gouttes d'*essence de menthe*. L'antique *élixir de propriété* de Paracelse, si réputé autrefois, comprenait les mêmes substances que les pilules de Rufus :

```
Teinture de myrrhe....................................  400 gr.
  —       de safran....................................  300 —
  —       d'aloès......................................  300 —
          Mélez et filtrez. — En prendre 10 à 20 grammes.
```

Il est difficilement accepté à cause de son mauvais goût. L'*élixir de Garus*, d'une composition assez analogue, le remplace avec avantage, seul ou dans une tisane de *mille-feuille*.

4° Méthode de Brandt

La méthode de Brandt, fort en vogue dans plusieurs centres

médicaux étrangers, est moins connue ou moins vulgarisée en France ; les heureux résultats rapportés par de nombreux observateurs engagent à l'employer.

Mme PELTIER expose ainsi ce qui a trait à l'aménorrhée : « BRANDT a observé que les mouvements qui provoquent un afflux de sang vers les membres inférieurs (mouvements des pieds, des genoux et de l'articulation coxo-fémorale, extension des jambes et rapprochement des genoux exceptés) augmentent la tension sanguine dans les organes du bassin ; de même les mouvements où entrent en fonction les muscles de la paroi abdominale.

BRANDT classe les mouvements congestionnants en deux groupes selon leur action.

Le groupe dont l'action est moins forte se compose des mouvements suivants :

1° Station de marche ou assise écartée, bras de côté : ramener les bras en avant ;

2° Tapotement des membres supérieurs et inférieurs et leur pétrissage ;

3° Station demi-couchée, abduction et adduction des genoux avec le soulèvement du bassin ;

4° Station demi-couchée dorsale, flexion des genoux avec résistance, extension passive avec vibration ;

5° Station verticale écartée, tapotement de la région lombaire et du sacrum ;

6° Station verticale, mains appuyées, tapotement du dos ;

7° Station demi-couchée, rotation de la hanche ;

8° Station assise à cheval, circumduction du tronc ;

9° Station assise, penchée en avant, cuisses fixées, rotation à droite et à gauche ;

10° Station à genoux écartés et appuyée, torsion passive du tronc ;

11° Station assise écartée, élévation passive du thorax ;

12° Station verticale, mains appuyées, extension du thorax.

Le groupe des mouvements plus actifs se compose de :

1° Station verticale, écartée, appuyée, rotation du tronc ;

2° Station verticale, un pied en appui élevé en arrière, bras élevés, flexion et extension des genoux avec résistance sur les mains ;

3° Station renversée en arrière avec un appui élevé des mains, circumduction passive de la hanche ;

4° Station verticale écartée, tapotement de la région lombaire et sacrée ;

5° Station verticale, mains appuyées, tapotement du dos ;

6° Station assise à cheval, circumduction du corps ;

7° Station à genoux écartés et appuyée, torsion passive du tronc ;

8° Station demi-couchée, lancement du genou ;

9° Station demi-couchée, pression du genou en bas.

Ce traitement, inefficace et inutile contre l'aménorrhée due à une maladie cachectisante, pourra être essayé toutes les fois qu'on jugera utile de provoquer la fluxion génitale et l'éruption des menstrues ; s'il y a une maladie des annexes passée à l'état chronique, on peut le combiner avec le massage. » (PELTIER.)

5° Électricité

L'emploi de l'électricité exige des réserves et des précautions pour son emploi que nous n'avons pas à décrire ; un chapitre spécial serait nécessaire pour traiter de l'électricité en gynécologie.

Nous avons observé de très bons résultats à la suite de séances d'électricité statique.

III

Indications thérapeutiques
suivant les diverses variétés d'aménorrhée

Il convient d'instituer le traitement de l'aménorrhée toutes les fois que la suspension des règles devient une cause d'accidents soit au moment de la suppression menstruelle, soit aux périodes suivantes qui avortent :

a) *Molimen cataménial* dont le travail n'aboutit pas à l'écoulement du sang, et menace de provoquer des complications locales ou éloignées ;

b) *Douleurs aiguës* au niveau du bassin et irradiées ;

c) *Persistance* pendant plusieurs mois de cet état qui finit par ébranler la santé et amène des troubles nerveux et généraux. L'intégrité ou l'altération des voies génitales commandent des indications différentes.

1° Maladies extra-génitales

L'absence des règles passe au second plan, elle n'est plus qu'un symptôme, et c'est la cause surtout que doit viser la thérapeutique.

Au cours ou pendant la convalescence des *maladies aiguës*, personne ne s'efforce de combattre l'arrêt momentané de la menstruation, tentative qui, du reste, n'aurait aucun succès. Mais les médecins ont encore aujourd'hui à lutter contre l'erreur des anciens qui voyaient dans la rétention du sang l'origine de plusieurs *maladies chroniques*. Des *chloro-anémiques*, des *névropathes* réclament la réapparition de leurs règles, alors que le seul traitement à établir est celui de la *chlorose*, de l'*hystérie*, de la *phtisie*, de la *syphilis*, du *mal de Bright*, du *diabète*, du *saturnisme*, de l'*impaludisme*, etc... La *tuberculose inflammatoire* (Poncet et Leriche) provoque du côté de la sphère génitale des altérations, les unes organiques (sclérose, etc.), et susceptibles d'être constatées, les autres fonctionnelles ou d'une nature, que nous pouvons soupçonner seulement, [maladie de l'ovulation (Dalché)], mais toutes capables d'entraîner l'aménorrhée. L'atteinte tuberculeuse se localise quelquefois sur l'appareil sexuel, et nous nous trouvons alors en présence d'un de ces cas où les traitements local et général doivent combiner leurs effets. La *chlorotique*, cependant, mérite d'être écoutée ; l'origine génitale d'une variété de chlorose trouve sa confirmation dans les heureux effets de l'*opothérapie ovarienne*, qui modifie encore d'une manière favorable certains *syndromes ;basedowiformes*.

L'expulsion de *vers intestinaux* à elle seule met un terme à une aménorrhée « sympathique », et il a parfois suffi d'affirmer la vacuité de l'utérus pour voir cesser brusquement une *fausse grossesse*. Cependant (Auvard) une *grossesse nerveuse*, apportant des craintes ou des espérances vaines, peut retentir sur la santé générale et l'état psychique d'une façon telle qu'une médication emménagogue devienne nécessaire.

Ne pourrions-nous pas encore faire quelques réserves au sujet de la *polysarcie* ? Sans affirmer « que la cessation du flux menstruel a souvent été la cause occasionnelle de l'obésité (Demange) », il faut reconnaître que souvent l'obésité a été précédée pendant plus ou moins longtemps par de l'aménorrhée, qu'il y ait entre elles rapport de cause à effet ou qu'elles soient manifestations parallèles d'une même influence étiologique : l'*insuffisance ovarienne*.

Nous avons exposé plus haut, à propos des *fausses utérines*, que la *thyroïde*, l'*hypophyse*, les *capsules surrénales* jouent un grand rôle dans l'apparition de l'obésité (voir page 84). Nous ne reviendrons pas sur ces considérations et les conséquences thérapeutiques qu'elles entraînent.

2° Maladies de l'utérus et de ses annexes

Les *phlegmasies utérines* et *péri-utérines aiguës* ne demandent pas souvent une thérapeutique spéciale contre l'*aménorrhée congestive* qu'elles provoquent. S'il devient nécessaire de favoriser l'écoulement menstruel pour diminuer la turgescence des parties ou la douleur, toute préparation emménagogue susceptible d'irriter ou d'exciter les fibres musculaires et la vascularisation des organes génitaux doit être évitée. Il faut prescrire les *antiphlogistiques*, les *émollients*, la *balnéation tiède ou chaude*, les *émissions sanguines*, etc..., des pommades à la *cocaïne* ou à la *belladone*, lorsqu'on soupçonne des phénomènes spasmodiques

Au cours des *phlegmasies chroniques*, l'aménorrhée qui accompagne l'insuffisance ovarienne de certaines tubo-ovarites chroniques indique parfois un traitement par l'opothérapie ovarienne, qui calme en même temps d'autres symptômes de l'affection causale.

Plusieurs affections chroniques de la matrice, *polypes, végétations, flexions* de l'organe, *déchirures* et *plaies cicatrisées, cautérisations*, toutes les causes de rétrécissement accidentel du conduit, provoquent plus souvent la dysménorrhée que l'aménorrhée susceptible cependant de se montrer, au moins d'une manière transitoire. Le traitement qui fait disparaître l'obstacle mécanique et s'adresse à la lésion première est le seul à instituer.

Il en est de même pour l'aménorrhée et la dysménorrhée qui accompagnent les *atrésies* et *sténoses congénitales, vulvaires, hymenéales, vaginales, utérines* et dont on ne s'aperçoit d'habitude qu'à l'époque de la puberté. Une intervention opératoire est indispensable.

Dans les *arrêts de développement* des ovaires et de l'utérus, il arrive que la menstruation ne se produit pas. Si l'investigation directe vaginale ou rectale donne la certitude que les ovaires et la matrice existent, elle invite à stimuler ces organes pour qu'ils terminent leur évolution incomplète. En face d'un utérus pubescent par exemple, il faut essayer des emménagogues à petites doses. De Sinéty ordonne l'*ergot de seigle* seul à la dose de 0^{gr},15 à 0^{gr},20 deux fois par jour, durant deux ou trois semaines consécutives; il en suspend l'usage pendant un temps égal, puis le reprend de nouveau. Le *gossypium herbaceum* est aussi prescrit, seul ou associé à l'ergot :

Ergot de seigle.................................... 0 gr. 10
Extrait de gossypium herbaceum.......... 0 gr. 03 à   0 — 05
        F. S. A. Une pilule. — En prendre 2 par jour.

A propos de l'*aménorrhée de la puberté*, nous avons exposé ce qui concerne l'opothérapie ovarienne, les pessaires intra-utérins, l'électricité, etc. ; l'hydrothérapie se trouve aussi traitée plus loin dans un chapitre spécial.

Quand au *mariage*, son influence a parfois suffi pour finir l'évolution d'organes génitaux dont le développement était arrêté ; mais, avant de le permettre, il faut prévenir la famille que, malgré tout, la jeune femme peut demeurer stérile.

CHAPITRE III

TRAITEMENT DE LA DYSMÉNORRHÉE

1° Dysménorrhée au cours des affections utéro-ovariennes

La thérapeutique de l'aménorrhée que nous venons d'exposer abrège de beaucoup ce que nous avons à dire au sujet de la *dysménorrhée*. La même étiologie préside souvent à ces deux états.

Une *phlegmasie utérine* ou *péri-utérine* suspend les règles ou ne permet qu'un écoulement difficile. Dans les deux cas, la douleur peut être aussi grande : aménorrhée, dysménorrhée d'origine inflammatoire comportent le même traitement combiné à celui de l'affection première.

Quand les souffrances résultent d'un obstacle mécanique au flux du sang, *atrésie, sténose congénitale* ou *accidentelle, flexions, déviations, polypes* et *végétations* de toute nature, etc., c'est encore à leur cause que notre thérapeutique doit s'adresser. Si l'on soupçonne que des *brides* fixent l'ovaire ou la trompe dans une position vicieuse et gênent leur turgescence, le *massage* pratiqué pendant les périodes intercalaires libère les organes et diminue l'acuité des symptômes; les douleurs menstruelles dues à un *prolapsus de l'ovaire* sont souvent très atténuées par un pessaire. En étudiant la thérapeutique des maladies utéro-ovariennes, nous décrivons plus loin les complications dysménorrhéiques propres à chacune d'elles et les indications qui en résultent.

2° Dysménorrhée fonctionnelle

Beaucoup de femmes se plaignent de vives souffrances au moment de leur menstruation, sans qu'il soit possible d'incriminer avec certitude une altération anatomique de l'appareil sexuel. Elles ont conservé *les organes génitaux sains* ou du moins *sans lésion cliniquement appréciable*.

A. — Flux normal ou augmenté

Les unes sont prises de douleurs, d'une intensité variable, à propos d'un flux menstruel normal ou d'abondance exagérée.

B. — Flux diminué

a) Les autres souffrent au moment de règles peu abondantes dont l'éruption, irrégulière ou retardée, alterne avec des phases d'aménorrhée.

Un écoulement sanguin pâle, faible, suffit à réveiller une grande sensibilité au niveau du petit bassin de ces aménorrhéiques faciles.

b) Un petit nombre accusent des crises de dysménorrhée fort pénibles, pour une menstruation qui ne peut s'établir franchement, mais qui ne demande qu'à trouver son issue. Le molimen provoque des poussées congestives sur divers organes, des règles déviées ou supplémentaires, et nous avons tout intérêt dans ce seul cas à combiner les médications emménagogues et sédatives pour appeler le sang du côté du pelvis.

3° Considérations pathogéniques

La *dysménorrhée* n'est pas seulement *ovarienne*, elle est aussi *utérine* et encore *tubaire :* la trompe laisse un passage difficile au sang ou à de petits caillots dont la migration provoque des coliques.

Il est peu de femmes qui soient prises de leurs règles à l'improviste sans que rien n'ait annoncé leur approche et leur apparition. Le plus souvent le molimen cataménial s'accompagne de troubles généraux et locaux, de phénomènes « sympathiques », dont la durée s'étend de 1 à 8 jours. Dans ce cortège symptomatique, les *douleurs abdominales* ne manquent presque jamais, tout en présentant une intensité fort variable suivant les sujets et, chez la même personne, suivant les époques. *Pesanteurs* dans le *bassin*, sensibilité dans la région *lombaire* se mêlent à de la *gêne*, à un malaise indéfinissable au niveau de la *taille* et de l'*estomac ;* surviennent des *coliques* de chaque côté du bas-ventre et au milieu, coliques qui se rapprochent, se précipitent et le sang apparaît. Tantôt les souffrances se calment avec l'éruption du flux hémorrhagique, tantôt elles débutent seulement avec lui, ou se continuent pendant toute sa durée et même quelque temps après sa fin. Pour un grand nombre de malades, les premiers symptômes prémonitoires se manifestent du côté des lombes.

Mais l'acuité de ces phénomènes change à l'infini. Certaines femmes, malgré quelques coliques, n'interrompent pas leurs occupations. Chez d'autres, au contraire, les accidents prennent une allure presque inquiétante : l'abdomen se ballonne, la moindre palpation du bas-ventre réveille des crises, le facies est tiré ; des vomissements achèvent de donner au tableau un faux air de péritonisme.

Les coliques montent à leur paroxysme, elles irradient vers les reins, les cuisses et laissent la malheureuse brisée quand l'écoulement commence à sourdre.

Entre ces deux situations extrêmes s'observe toute la série des intermédiaires.

Pour expliquer ces douleurs génitales, tantôt nous avons beau chercher, nous ne pouvons découvrir aucun motif à invoquer ; plus souvent nous trouvons une cause que nous savons capable d'exagérer ou d'entretenir les souffrances menstruelles.

Le refroidissement; — surtout lorsqu'il a amené un retard ou une suppression des règles et que celles-ci apparaissent le mois suivant.

Mais en dehors de ces cas où la dysménorrhée succède à l'aménorrhée accidentelle, l'impression du froid suffit à rendre pénible la venue des époques.

La chlorose; — s'agit-il d'un travail ovulaire défectueux ou faut-il incriminer la prédisposition des chlorotiques à toutes les névralgies ?

L'hystérie; — et en général toutes les *névropathies,* en mentionnant d'une manière spéciale le *goitre exophtalmique.*

L'impaludisme; — le *sulfate de quinine* a guéri des dysménorrhéiques paludéennes.

Le neuro-arthritisme, — (que PONCET et LERICHE rapprochent de la tuberculose inflammatoire à tendance sclérogène), *la goutte,*—avec leurs poussées fluxionnaires et leurs crises génitales douloureuses que l'on a appelées « des migraines utérines ».

Les troubles gastro-intestinaux; — tous les états dyspeptiques, l'entéroptose, surtout quand elle s'accompagne de rein déplacé. Les *ptoses abdominales*, et au premier rang la *néphroptose*, deviennent une grande cause de dysménorrhée.

La *constipation* chronique, qui retentit sur les organes génitaux de toute façon, entretient la leucorrhée, donne des métrorrhagies, et rend les menstrues douloureuses. Ces accidents deviennent de plus en plus marqués lorsque la constipation se complique d'*entérite glaireuse*.

Les *cardiopathies* ; — le rétrécissement mitral de la puberté notamment.

En général, les maladies des organes étrangers à l'appareil génital (fausses utérines) retentissent sur lui et provoquent les manifestations utéro-ovariennes les plus diverses, parmi lesquelles nous sommes fréquemment appelés à constater la dysménorrhée. Lorsqu'une femme, ayant conservé la matrice et les annexes saines, accuse des règles douloureuses, nous devons examiner avec le plus grand soin toute l'économie avant de diagnostiquer une dysménorrhée *essentielle*, car il y a bien des chances pour qu'elle relève d'une affection extra-utérine.

A la *puberté*, nous avons indiqué l'*hyperhémie ovarienne* comme éveillant des souffrances périodiques. La *dysménorrhée paroxystique*, qui répond peut-être aux faits dénommés par TROUSSEAU *hématocèle cataméniale*, arrive à simuler la *péritonite* au début. La *dysménorrhée intermenstruelle* se produit régulièrement douze à quinze jours après la menstruation normale, dans l'intervalle de deux époques ; d'une acuité fort variable, elle s'accompagne d'un écoulement blanc, strié de sang ou sanguinolent, menstruation intermédiaire, dépendant d'un molimen imparfait, ou symptomatique de lésions tubo-ovariennes.

L'hypothèse d'une menstruation intermédiaire ne me paraît pas admissible dans tous les cas, surtout à l'époque de la ménopause, en particulier lorsqu'il s'agit d'une sclérose utérine qui s'accompagne si facilement de congestions douloureuses dans les périodes intercalaires. Ces fluxions intermenstruelles qui provoquent des douleurs soudaines et aiguës avec altération du facies, petitesse du pouls, ne provoquent pas toujours des hémorrhagies ou de la leucorrhée (JOURDAIN), et peuvent rester frustes. Elles éclatent surtout chez les neuro-arthritiques.

La *dysménorrhée ovarienne* dépend tantôt d'un petit *ovaire scléro-kystique*, très malaisé ou impossible à percevoir, tantôt d'un *retard anatomique* ou *fonctionnel* (Bouilly) des ovaires, les capsules sont épaisses, la rupture de l'ovisac devient difficile, tantôt encore d'une véritable *maladie de l'ovulation* (Dalché), due à une *insuffisance ovarienne* (Jayle), à une chute de l'ovule *dans le péritoine*, à *un trouble fonctionnel* inconnu.

La *syphilis* et la *tuberculose* se trouvent à l'origine de nombre de ces dysménorrhées. Une atteinte antérieure de tuberculose et vraisemblablement aussi l'hérédité tuberculeuse favorisent non seulement les maladies de l'ovulation, qui devient défectueuse, mais entraînent encore un état d'hypoplasie de sclérose ovarienne, dont la constatation directe par les moyens d'investigation clinique reste toujours des plus difficiles. Il en est de même pour la syphilis acquise ou héréditaire. Le traitement des causes générales et locales doit marcher d'une manière parallèle.

Suivant les cas, cette dysménorrhée a des tendances congestives ou des tendances aménorrhéiques.

Ce préambule de pathogénie et de séméiologie, que nous abrégeons beaucoup à dessein, n'est pour nous qu'un moyen de poser les bases d'une thérapeutique aussi rationnelle que possible.

4° Indications du traitement

Le traitement doit viser la cause et l'effet, — l'état général et l'état local, — les maladies étrangères à l'appareil sexuel et la douleur. Combattre la douleur au moment des crises reste insuffisant, elle renaîtra à la prochaine époque. Nos soins doivent se continuer dans la période intercalaire et prévenir le retour des paroxysmes.

Lancereaux considère le *sulfate de quinine* comme le spécifique des douleurs et, en particulier, des dysménorrhées chez les goutteuses.

Le médecin formulera ses prescriptions en se préoccupant du *nervosisme*, de la *chlorose*, de la *goutte*, du *paludisme*, des *dyspepsies*.

Il luttera contre la *constipation chronique* et prescrira des purgations légères, de simples laxatifs sans inconvénient, bien plus, dans ce cas avec avantage, jusqu'à la veille des règles. On les évitera à ce moment pour les seules malades qui, bien qu'habituellement constipées, sont prises d'une débâcle, véritable diarrhée supplémentaire, un jour ou deux avant la venue du sang.

A. — La dysménorrhée se manifeste à propos d'un flux d'abondance exagérée ou normale

D'une façon générale, il est bon, si les phénomènes se manifestent avec une acuité sérieuse, que la malade garde le lit pendant les règles et même un peu avant leur apparition, dont la date est prévue. Nous tenons au *repos au lit*, du moins les premiers jours, toutes les fois en particulier que nous constatons de l'entérite glaireuse ou un rein flottant.

Puis on a recours à des procédés thérapeutiques dont quelques-uns restent un peu anodins. C'est ainsi que beaucoup de mères soulagent leurs filles au moyen d'applications chaudes. *Serviettes chauffées, cataplasmes* et *lavements laudanisés, embrocations* calmantes sur le bas-ventre et les reins (*huile de camomille camphrée*, etc.), ne sont pas à dédaigner. Des pommades à la *belladone* et à la *jusquiame*, le soir un *suppositoire belladoné*,

```
Extrait de belladone..................................  0 gr. 03
Beurre de cacao ......................................  4 —
              F. S. A. Un suppositoire.
```

rendent de véritables services ; ou bien encore un petit *lavement chaud* contenant :

```
Antipyrine............................................  1 gr.
Laudanum de Sydenham .................................  X gouttes
```

D'autres malades se trouvent calmées très vite, simplement en absorbant un paquet de 1 gramme d'*antipyrine* dans un peu d'eau sucrée ou un cachet de 0^{gr},30 centigrammes de *pyramidon*, ou une cuillerée à soupe de *cérébrine bromée* dans deux cuillerées à soupe d'eau (prendre en deux fois, à dix minutes d'intervalle).

Quand on connaît bien sa malade et que l'on sait ne pas avoir à redouter une perturbation du flux hémorrhagique, comme les douleurs éclatent souvent avant l'apparition du sang, on peut prescrire des *bains de siège narcotiques*.

Les applications de *glace* nous paraissent devoir être réservées aux dysménorrhées qui s'accompagnent de très grandes pertes.

Dans les cas où le sang coule abondamment, on a tenté de diminuer les douleurs en agissant sur la fluxion génitale. C'est ainsi que Lawson Tait prescrivait l'*ergotine* dans l'hyperhémie ovarienne, et que nous donnons les pilules suivantes :

```
Ergotine..................................................  0 gr. 10
Sulfate de quinine........................................  0 — 02
Poudre de feuilles de digitale............................  0 — 01
Poudre de coca............................................  Q. S.
```

F. S. A. Une pilule. — En prendre 4 à 5 par jour,

Mais nous trouvons encore pour nous aider d'autres médicaments que nous essaierons tour à tour :

L'*hydrastis canadensis*, qui s'emploie à l'état d'extrait fluide jusqu'à LX gouttes par jour, par doses de X à XX gouttes.

Plusieurs auteurs le combinent au *viburnum prunifolium* dans une formule courante :

```
Extrait fluide de viburnum prunifolium............ )
Teinture d'hydrastis canadensis................... )  āā 10 gr.
```

F. S. A. Mixture.
En prendre X gouttes toutes les deux heures dans de l'eau sucrée,
6 fois par jour.

Huchard recommande :

```
Teinture de piscidia erythrina.................... )
Teinture de viburnum prunifolium.................. )  āā 10 gr.
```

F. S. A. Mixture. — En prendre XX gouttes, 4 à 5 fois par jour.

Cette préparation donne parfois d'excellents résultats.

L'*hamamelis virginica*, le *cannabis indica* ont été employés avec des succès divers.

L'un de nous a expérimenté le *senecio vulgaris*.

Depuis longtemps, en Amérique et surtout en Angleterre, les *séneçons* passent pour posséder des vertus emménagogues et sédatives, et les femmes de la campagne, lorsqu'elles se plaignent de troubles menstruels, absorbent volontiers des infusions de cette plante. Les médecins emploient le *senecio jacobæa* (plus commun dans ces pays), en extrait fluide de XX à LX gouttes dans les vingt-quatre heures (?). Avec Heim, professeur agrégé d'histoire naturelle à la Faculté de Paris, nous avons expérimenté l'*extrait fluide de senecio vulgaris*.

La dose moyenne d'*extrait fluide de senecio vulgaris* est de *soixante gouttes* que nous versons dans *quarante-cinq grammes* (ou trois cuillerées à soupe) d'eau sucrée ; le mélange est pris en trois fois, par cuillerées à soupe, d'heure en heure. Nous tenons beaucoup à ne pas espacer les doses dans la journée, et nous insistons sur ce point, que l'on doit donner une cuillerée à soupe contenant XX gouttes d'extrait fluide, à trois heures *consécutives*, sept heures, huit heures, neuf heures du matin par exemple. Il nous arrive aussi d'administrer la dose en deux fois.

Prescrit de la sorte, le *séneçon* calme habituellement les douleurs qui précèdent, accompagnent ou suivent les règles, chez les femmes dont les *organes génitaux* sont demeurés *sains*. Quand la dysménorrhée dépend d'une affection utérine ou péri-utérine, l'effet du médicament est bien plus faible contre les souffrances menstruelles, il devient nul contre les crises qui ne relèvent pas de la poussée cataméniale, et dangereux même s'il s'agit d'une phlegmasie. A la dose de LX gouttes, l'extrait fluide de *senecio vulgaris* est plutôt très légèrement hémostatique ; aussi le trouvons-nous tout indiqué dans l'*hyperhémie ovarienne* et dans les dysménorrhées avec flux sanguin abondant.

BARDET et BOLOGNESI ont constaté que le *séneçon* provoque l'apparition des menstrues, et l'ordonnent pour combattre l'aménorrhée, mais à des doses beaucoup moindres que les nôtres ; ces phénomènes, d'apparence contradictoire, sont déjà signalés à propos de l'ergot, de la sabine, de la rue, etc... En thérapeutique, les résultats varient à l'extrême et semblent parfois tout à fait opposés, suivant la quantité et le mode d'absorption du principe actif ; le volume, les qualités de l'excipient ne sont pas eux-mêmes sans importance, et il n'est pas indifférent de verser quelques gouttes d'un extrait fluide dans 250 grammes ou dans 45 grammes d'eau sucrée.

Nous serions tenté de penser que ce médicament agit sur les vaisseaux et sur la douleur. Le *senecio aureus* est conseillé par GUNDRUM « comme hémostatique dans les hémorrhagies capillaires » ; d'autres séneçons ont été employés contre les hémoptysies. Le *senecio vulgaris*, que VALMONT DE BOMARE, LIEUTAUD recommandaient déjà pour diminuer la *fluxion hémorrhoïdaire*, nous a semblé utile à cet effet chez quelques malades. « Il calme, dit LIEUTAUD, les douleurs des hémorrhoïdes et convient dans l'*inflammation des testicules*. « D'assez nombreuses observations nous engagent à le prescrire contre certaines souffrances *gastralgiques*, à l'exemple, du reste, de ce qui a été fait en Angleterre ; les formes douloureuses de la dyspepsie des tuberculeux sont souvent calmées par son emploi.

B. — La dysménorrhée se manifeste à propos d'un flux diminué et peu abondant

Cette dysménorrhée alterne volontiers avec l'aménorrhée et se manifeste chez les malades dont l'état général est débilité par la chlorose, le nervosisme, chez les femmes qui présentent de l'*insuffisance ovarienne*, etc. Son traitement doit se combiner avec celui de cette variété d'aménorrhée, et l'on sait combien rarement, dans ces cas, il est indiqué de provoquer l'augmentation des règles. Plus que jamais il faut être prudent et discret pour l'usage de la médication emménagogue, à laquelle cependant nous aurons recours sans hésitation si les douleurs menstruelles éclatent à propos de règles qui, coulant peu et mal par les voies génitales, provoquent des fluxions sur divers organes; à plus forte raison lorsque ces accidents surviennent chez une femme vigoureuse et résistante, car ils ne sont pas exclusivement l'apanage des personnes faibles et anémiées. Qu'elle soit robuste ou non, la malade alors gagne toujours à voir le sang appelé du côté du bassin, et si l'on redoute l'action trop énergique de médicaments tels que la sabine et la rue ou d'autres emménagogues, on commencera par des moyens plus anodins, sinapismes sur le bas-ventre, apiol, etc., que nous avons déjà énumérés. Chez les malades qui présentent des signes d'insuffisance ovarienne, on prescrira l'opothérapie *ovarienne*. Coplin Stinson a obtenu des succès avec les préparations *thyroïdiennes*.

Mais n'oublions pas non plus de calmer les douleurs, très vives parfois, malgré le peu d'abondance du sang.

En Angleterre, le *permanganate de potasse* à la dose de $0^{gr},10$ à $0^{gr},20$ (?) par vingt-quatre heures, jouit d'une grande vogue. A la rigueur nous pourrons tenter, mais sans insister en cas d'échec, l'administration du *Senecio vulgaris;* d'une façon plus rationnelle du *Cannabis indica*, du *Viburnum prunifolium*. L'*antipyrine* administrée à l'intérieur ou dans un lavement laudanisé, le *pyramidon*, la *cérébrine bromée*, la *phénacétine*, le *chloral*, le *bromure de potassium*, le *valérianate d'ammoniaque*, l'*hyosciamine*, sont appelés tour à tour à nous rendre de grands services; le *salicylate de soude* réussit moins.

Robert-Simon et Quinton disent avoir constaté la diminution

et la disparition de la dysménorrhée et de la migraine menstruelle par les *injections isotoniques sous-cutanées d'eau de mer*.

ARAN préconise beaucoup le *castoreum* qui s'ordonne à la dose
de 0^{gr},05 à 1^{gr},50 en pilules, de 2 à 5 grammes en teinture dans
une potion.

Teinture de castoreum..............................	5 gr.
Sirop de stœchas...................................	40 —
Infusion de mélisse................................	150 —
F. S. A. Potion.	(BOUCHARDAT.)

Poudre de castoreum....................	0 gr. 05 à	0 gr. 10
Extrait de valériane.....................	0 — 04 à	0 — 10
Poudre de réglisse......................		Q. S.
F. S. A. Une pilule. — En prendre 5 par jour.		

En désespoir de cause, une piqûre de *morphine* est toujours
fidèle et sûre.

Dans l'intervalle des règles, nous mettrons tout en œuvre
pour favoriser leur établissement facile. Rappelons seulement
ce que nous avons exposé sur la méthode de BRANDT, la gymnastique raisonnée, la bicyclette, l'équitation, la danse.

L'*hydrothérapie* nous devient un adjuvant précieux.

Comme pour l'aménorrhée, les *douches chaudes* sur les jambes
et les pieds, ou sur la partie interne des cuisses, en ayant soin
de prolonger leur durée de quelques minutes, contribuent puissamment à faciliter l'écoulement des règles, et à diminuer la douleur de leur éruption. Contre la dysménorrhée congestive, nous
aurons recours au *bain de siège écossais* (BENI-BARDE). Afin d'atténuer les douleurs menstruelles d'une autre nature, nous prescrirons dans la période intercalaire les *bains de siège tièdes*, les *bains
de siège à eau courante tiède et tempérée*, et d'une manière
générale l'*hydrothérapie tiède*, sédative et sans fortes réactions.

L'*électricité* est aussi préconisée, et l'*électricité statique* nous
a paru produire de bons effets.

La *dysménorrhée inter-menstruelle* sera combattue par les
calmants, lavements d'antipyrine et de laudanum, injections
chaudes ou tièdes, enveloppements chauds et humides du ventre,
pommades sédatives, suppositoires, applications de petits tampons
décongestifs, à la glycérine ichtyolée, etc... — Dans plusieurs cas,
je me suis trouvé fort bien de prescrire, aussitôt après la fin des
véritables règles, soit l'*opothérapie mammaire*, soit des préparations d'hydrastis canadensis, et d'instituer une médication
anti-fluxionnaire avant l'apparition des phénomènes congestifs
inter-menstruels.

Contre les crises de *dysménorrhée tubaire*, en même temps que les *irrigations chaudes ou tièdes*, on a conseillé les *suppositoires vaginaux* à l'*ichthyol*.

Ichthyol.. 0 gr. 25
Beurre de cacao... 2 —
F. S. A. Un suppositoire.

5° Dysménorrhée nasale

Fliess, considérant que dans la pituitaire il existe des régions constituées par un tissu érectile et que, lorsque l'ovaire entre en turgescence, il en est de même de la muqueuse du nez, a tenté de calmer les douleurs dysménorrhéiques au moyen d'attouchements sur les cornets.

Fliess donne le nom de *points génitaux* à des zones l'une située à l'extrémité antérieure du cornet inférieur et l'autre sur tubercule de la cloison. La *cocaïnisation* de ces deux points avec une solution forte, ou mieux leur cautérisation avec l'électrocautère, aurait pour résultat de faire disparaître instantanément, pour un temps plus ou moins long et quelquefois pour toujours, les douleurs menstruelles abdominales.

Avec René Legay nous avons expérimenté le procédé de Fliess; il nous a donné dans quelques cas des résultats satisfaisants. Mahu n'a constaté une réelle modification dans l'état de la pituitaire au moment des règles que chez les femmes ayant au préalable une lésion du nez et en particulier de l'hypertrophie du cornet inférieur, qui s'exagérait pendant la menstruation. Les attouchements des points naso-génitaux avec une solution de cocaïne à 1 pour 20, et même avec le galvano-cautère, lui ont fait observer les effets les plus divers; quelques femmes ont été soulagées.

6° Douleurs extra-génitales d'origine menstruelle

Toutes les douleurs qui surviennent à propos des phénomènes de la menstruation ne se manifestent pas exclusivement au niveau des organes sexuels. La dysménorrhée s'accompagne d'autres souffrances qui éclatent en dehors de la sphère génitale; et même nous voyons ces souffrances d'organes ou de régions éloignées acquérir une acuité fort pénible, alors que la venue du sang provoque des sensations très supportables au niveau de la matrice et des annexes.

a) Névralgies. — Les *névralgies* sont fort à craindre, car chez les nerveuses prédisposées, si sujettes d'autre part à la dysménorrhée, elles s'éveillent d'abord seulement avec les règles, mais à la longue elles persistent dans la période intercalaire, pour subir chaque mois une nouvelle exaspération; ainsi continuées avec des exacerbations, elles n'ont aucune tendance à la guérison spontanée et durent fort longtemps. (PIERRA.)

Les *grandes névralgies pelviennes* comptent au nombre des complications vraiment redoutables; elles acquièrent une intensité des plus pénibles, et l'ensemble des voies génitales, le bassin entier deviennent douloureux. Toutes les névralgies ne sont pas symptomatiques d'une affection du *système nerveux central,* d'une *névrite* ou d'une maladie génitale.

Sans être tout à fait imaginaires, il est des *hyperesthésies* qui n'ont pas l'importance que certaines malades leur attribuent. Elles accusent à tort leur matrice de souffrances que leur état d'esprit n'est pas sans accroître, soit que la matrice reste saine ou que ses altérations ne se trouvent pas en rapport d'acuité avec les douleurs. Des *hystériques,* des *neurasthéniques,* des *arthritiques* topoalgisent et exagèrent involontairement les sensations qu'elles éprouvent.

Tantôt il s'agit d'une *hystéralgie cervicale* ou *corporéale* sur laquelle se greffe une dysménorrhée des plus pénibles.

D'autres fois, c'est une *névralgie iléo-lombaire* (points lombaire, iliaque, inguinal, abdominal ou sous-pubien, grande lèvre, ovaire) provoquée et entretenue par la fluxion cataméniale qui réagit à son tour sur la sensibilité menstruelle pour l'exaspérer.

La névralgie *obturatrice* se révèle par un point douloureux au niveau du trou obturateur. La névralgie *crurale,* outre ses points habituels, inguinal, etc... localise un point au condyle interne, et provoque parfois de la douleur tout le long de la saphène interne. La névralgie du *honteux interne* se reconnaîtra par le toucher à un point situé à la partie moyenne du bord interne de la branche ischio-pubienne et à un second point au niveau de l'épine sciatique.

La *méralgie paresthésique,* les *névralgies généralisées à tout le pelvis*, la *névralgie intercostale*, la *névralgie faciale*, la *cystalgie*, la *coccygodynie*, le *vaginisme*, la *dyspareunie* accompagnent volontiers l'hystéralgie.

Nous avons déjà complètement exposé plus haut les *algies sympathiques* et *l'hyperesthésie de l'abdomen* avec les points *para-ombilicaux* droits et gauches qui accompagnent ou simulent des affections abdominales. SANTINI insiste sur un point *juxta-ombilical gauche*, situé à 2 centimètres environ de l'ombilic; sans être absolument pathognomonique d'une affection génitale, il possède une réelle valeur diagnostique.

Il faut d'abord soigner l'*état général* de la nerveuse ou de l'arthritique.

Localement on conseillera des onctions avec l'un des mélanges suivants :

```
Salicylate de méthyle....................................  10 gr.
Huile stérilisée.........................................  20 —
          F. S. A. Liniment. — Recouvrir de flanelle.
```

```
Salicylate de méthyle....................................  10 gr.
Chloroforme..............................................   5 —
Baume tranquille.........................................  50 —
          F. S. A. Liniment pour frictions légères.   (LEMOINE.)
```

ou bien des badigeonnages avec un alcoolat préconisé pour calmer les douleurs articulaires :

```
Menthol..................................................  )
Gaïacol..................................................  )  āā 1 gr.
Alcool à 90°.............................................  18 —
              F. S. A. Alcoolat.
```

ou bien encore des onctions avec:

```
Gaïacol..................................................   6 gr.
Huile de jusquiame.......................................  60 —
              F. S. A. Liniment.
```

Nous employons tour à tour suivant les cas :

```
Ichthyol.................................................  10 gr.
Chloroforme..............................................  15 —
Alcool camphré...........................................  75 —
     F. S. A. Mixture pour badigeonnages. — Recouvrir de flanelle.
```

```
Thigénol.................................................  10 gr.
Chloroforme..............................................  15 —
Alcool camphré...........................................  45 —
     F. S. A. Mixture pour badigeonnages. — Recouvrir de flanelle.
```

```
Ichthyol.................................................  )
Extrait de datura stramonium.............................  )
Extrait de belladone.....................................  )  āā 2 gr.
Extrait de jusquiame.....................................  )
Onguent populeum.........................................  50 —
          F. S. A. Pommade pour onctions.
```

A l'intérieur, nous ferons alterner le *pyramidon*, l'*antipyrine*. la *phénacétine*, le *salicylate de soude*. En lavements, nous recommanderons le mélange déjà plusieurs fois cité d'*antipyrine* (1 gr.) et de *laudanum de Sydenham* (X gouttes) pour 60 grammes d'eau tiède.

ALBERT ROBIN conseille :

```
Extrait de datura stramonium .....................  |
Extrait de jusquiame............................   |  āā 0 gr. 01
Extrait de belladone. ............................       0 — 005
          F. S. A. Une pilule. En prendre 3 à 4 par jour.
```

Les suppositoires *opiacés*, *belladonés*, *antipyrinés* sont indiqués dans les cas moins intenses.

```
Extrait gras de cannabis indica......................  ....   0 gr. 04
Extrait de belladone.................................   0 — 01
Codéine..............................................   0 — 02
Beurre de cacao .....................................   Q. S.
               Pour un suppositoire.
```

Quelquefois on en est réduit à l'application de petits *vésicatoires* pansés matin et soir avec un demi-centigramme de *chlorhydrate de morphine;* le *stypage* ne doit pas être oublié.

Un simple *tampon* d'ouate soutient la matrice et diminue sa sensibilité. Il devient plus actif si on l'imprègne de *glycérine ichtyolée* à 10 pour 100, de *glycérine thygénolée* à 30 pour 100.

Les injections seront prescrites *tièdes* ou à peine *chaudes*, émollientes opiacées.

Les *enveloppements chauds et humides*, les *sacs d'eau chaude*, les *bains de siège chauds* ou *tièdes* (37° à 40° BENI-BARDE) additionnés ou non de sous-carbonate de soude et de gélatine, rendront des services appréciables.

L'*hydrothérapie* sera conseillée sous forme de *douches écossaises* (BENI-BARDE), quand il existe des poussées congestives non inflammatoires ; sinon, lorsqu'on redoute l'inflammation, sous forme de douches *chaudes* ou de douches de *vapeur* sur la région hypogastrique et les reins (LABADIE-LAGRAVE).

La douche périnéale et hypogastrique *tiède* et *baveuse* possède une action sédative puissante.

L'*électricité* trouve des indications. Statique, elle est à redouter à cause de ses propriétés emménagogues. Les courants de *haute fréquence* ont donné de bons résultats.

ALEXANDER a recommandé le *massage* des zones præ-sacrées par le vagin ou le rectum, contre des douleurs vulvaires et vaginales, des coccygodynies, des douleurs dans la région sacrée antérieure sous le promontoire, dans la région inférieure des lombes, pour certains cas en particulier où Rose avait constaté de petites tuméfactions dans les trous sacrés antérieurs et inférieurs.

Enfin les *boues radio-actives* dont l'action analgésique a été utilisée dans divers cas de névralgie [névralgie fémoro-cutanée (Claude)], nous apportent aujourd'hui une nouvelle ressource thérapeutique qui est appelée à rendre, peut-être, de grands services.

b) Troubles gastriques. — Les *troubles gastriques* naissent ou s'exaltent avec la venue du molimen cataménial. Trousseau a décrit une *fièvre entéro-ménorrhagique*, qui n'est autre qu'un embarras gastrique avec fièvre capable de simuler une typhoïde au début (Grattery) ; l'état toxique de la menstruation provoque des phénomènes gastro-intestinaux amenant un état fébrile. D'autre part les dyspepsies subissent de l'aggravation au moment des règles.

c) Troubles rénaux. — Un état d'apparence grave et fort pénible s'observe chez les dyspeptiques atteintes d'un *rein déplacé*.

Les règles provoquent (Becquet) une congestion rénale avec *douleurs lombaires*, légère *albuminurie*, chez beaucoup de personnes ; et ces phénomènes deviennent très marqués s'il existe une ptose rénale. Le rein ainsi touché retentit sur l'estomac déjà malade et subissant en outre lui-même l'influence cataméniale, au point qu'il en résulte des accidents fort alarmants. Les douleurs lombaires et gastriques sont portées à leur paroxysme, une intolérance alimentaire absolue cause des vomissements à la moindre tentative d'ingestion, si bien que les malheureuses sortent de la crise anéanties et brisées. Dans la période intercalaire, pour prévenir ces vomissements et ces souffrances, nous prescrivons :

Extrait gras de cannabis indica...................... 0 gr. 20
Potion gommeuse..................................... 200 —
F. S. A. Potion.

Une cuillerée à soupe deux à trois fois par jour.

Quand la ptose rénale s'accompagne d'entérocolite et de spasmes de l'intestin, nous avons aussi recours aux pilules suivantes :

Extrait gras de cannabis indica...................... 0 gr. 01
Codéine... 0 — 01
Poudre de belladone .... 0 — 01
Savon médicinal................................... Q. S.
F. S. A. Une pilule. — En prendre 3 à 4 par jour.

Pendant les crises de vomissement on donnera quelques cuillerées à café de la solution suivante :

Codéine... 0 gr. 02
Chlorhydrate de cocaïne. .... 0 — 03
Eau de chaux...................................... 80 —

L'alimentation restera toujours fractionnée ; le premier jour on peut se voir obligé de laisser la patiente à la *diète absolue*. Certaines malades ne supportent que les boissons chaudes, d'autres que les boissons glacées.

Lucas-Championnière pense judicieusement qu'un certain nombre d'accidents attribués au rein déplacé doivent être rapportés à la *capsule surrénale* qui tantôt suit la ptose du rein, et tantôt heureusement reste fixée. Les vomissements, en particulier, si fréquents dans les syndromes surrénaux, addisonisme, etc., et l'allure de certains accidents qui finissent par simuler une péritonite auraient souvent une origine surrénale ; l'*adrénaline* a été préconisée contre les vomissements de la grossesse, et peut être essayée pour les combattre, mais il me paraît préférable de s'adresser d'abord aux *extraits totaux de glande surrénale*.

d) *Troubles hépatiques*. — Sous l'influence de la poussée menstruelle, les *coliques néphrétiques* éclatent chez les calculeuses, mais plus rarement que les *coliques hépatiques*. Afin d'abréger les accès et d'empêcher qu'ils ne retentissent à leur tour sur l'appareil utéro-ovarien, on interviendra suivant le mode habituel au moyen des piqûres de morphine, qui atténuent à la fois la crise et les réflexes. La *congestion hépatique*, l'*ictère menstruel*, cessent d'ordinaire avec le flux sanguin, et prennent rarement une importance qui nécessite une médication spéciale. Avant de prescrire du calomel ou des cholagogues, si on les juge nécessaires, il convient d'attendre la fin des époques dont l'écoulement, quand il est bien établi, constitue la meilleure dérivation de la fluxion hépatique.

e) *Troubles des centres nerveux*. — Du côté des centres nerveux il survient des accidents, d'allure fort inquiétante, qui simulent tantôt la *méningite cérébrale*, tantôt la *congestion rachi-dienne* et s'accompagnent dans les deux cas de grandes souf-frances.

La *méningite menstruelle* (?) est sans doute le plus souvent, sinon toujours, de nature hystérique; mais la *congestion rachi-dienne* ne saurait ressortir à l'hystérie. Son origine vraiment fluxionnaire, admise par Hallopeau, Jaccoud, Niemeyer, Peter, semble démontrée par sa guérison qui arrive avec l'apparition ou la terminaison des règles. Cette congestion est caractérisée d'abord par des fourmillements, des engourdissements, puis des douleurs rachidiennes irradiant vers le tronc et les membres inférieurs.

Le tableau symptomatique se complète d'une *paraplégie* qui res-pecte les sphincters. Pour peu que les règles soient en retard, on s'efforcera d'attirer la poussée sanguine du côté des organes géni-taux en prescrivant une médication emménagogue; au début des phénomènes, les émissions sanguines seront pratiquées (sangsues, ventouses scarifiées) sur le bas-ventre, le périnée et les cuisses, plus tard le long même de la colonne vertébrale. On y joindra l'usage répété de ventouses sèches et de purgations fréquentes, si la paraplégie douloureuse continue après la fin des époques.

7° **Dysménorrhée membraneuse**

La *dysménorrhée membraneuse* survient dans des circonstances tout à fait diverses : chez des vierges, chez des femmes en dehors de tout rapport sexuel (Gallard); d'autres fois elle débute à la suite d'*une couche*, d'une phlegmasie utérine ou péri-utérine. La métrite, un fibrome, une déviation, toutes les causes de conges-tion utérine sont susceptibles de la provoquer. Bien des femmes expulsent de petits lambeaux de muqueuse sans s'en apercevoir, et la maladie ne revêt pas toujours son allure inquiétante et douloureuse; beaucoup de cas, pris pour de simples dysménor-rhées par sténose, s'accompagnent d'une exfoliation assez accen-tuée de la muqueuse et ne sont autres que de légères dysménorrhées membraneuses. Une fluxion intense de la muqueuse utérine favo-rise la production de petites hémorrhagies dans son épaisseur, comme des sortes de plaques apoplectiques sous-muqueuses qui facilitent le décollement.

Aussi le traitement comprend celui de la *maladie initiale* ou concomitante, puis celui de la *douleur*, comme dans toutes les dysménorrhées.

Le *curettage* devient souvent nécessaire, suivi d'une injection modificatrice, à la *teinture d'iode*, à la *glycérine créosotée*.

La muqueuse se reforme dans des conditions meilleures, qui empêchent son décollement trop facile.

CHAPITRE IV

TRAITEMENT DE L'AMÉNORRHÉE ET DE LA DYSMÉNORRHÉE PAR ATRÉSIE OU STÉNOSE DU CANAL GÉNITAL

Traiter la dysménorrhée et l'aménorrhée dues à des malformations congénitales ou acquises. que ces malformations siègent sur l'utérus, le vagin ou la vulve, c'est traiter ces malformations elles-mêmes, les troubles menstruels en étant les effets directs.

Nous n'avons pas à décrire ici tous les procédés opératoires tendant à rétablir la largeur suffisante ou la perméabilité du canal génital : laissant de côté les opérations complexes qui ne doivent être tentées que par des chirurgiens, nous n'aurons en vue que les petites interventions, sanglantes ou non, que peut et sait pratiquer tout médecin.

A. — Sténoses et atrésies de la vulve et du vagin

1° *Sténoses acquises.* — Les rétrécissements de la vulve et du vagin, dus à des brides cicatricielles ordinairement consécutives à l'accouchement, peuvent apporter une gêne plus ou moins marquée à l'émission du flux menstruel. Ces brides seront sectionnées à petits coups de ciseaux, en les soulevant avec le doigt qui les présente à l'instrument.

Après la section, on tamponne avec de la gaze iodoformée ou autre pour maintenir le vagin dilaté et empêcher de nouvelles adhérences cicatricielles. Il est parfois bon, afin d'étaler les parois vaginales, de placer un peu plus tard un pessaire de Hodge ou de Dumontpallier.

2° *Sténoses congénitales*. — On trouve dans ce cas soit des brides transversales, soit des adhérences partielles.

Si l'on a affaire à de simples brides transversales, il suffit de les sectionner aux ciseaux, comme dans le cas de brides cicatricielles acquises. Si ce sont des adhérences partielles, on peut, après avoir essayé le décollement pur et simple par traction, inciser ces adhérences en les dédoublant, de manière à donner au canal sa perméabilité normale.

3° *Atrésies*. — Que l'atrésie soit acquise ou congénitale, le traitement est le même.

L'*union des grandes lèvres* est très rare; lorsqu'elle existe, il faut d'abord essayer le décollement simple. Si l'on n'y parvient pas, on incise, et on met obstacle à une nouvelle union en plaçant un tampon de gaze.

La *soudure des petites lèvres*, plus fréquente, n'existe parfois simplement que par leur face interne; la simple traction les détache alors sans trop de difficultés. Mais, dans d'autres cas de réunion plus intime, il faut recourir à l'incision.

Il est facile de remédier à *l'atrésie de l'hymen* ou à *l'imperforation du vagin* fermé par une mince membrane (ce qui se confond cliniquement). Pozzı recommande de vider la collection par une ponction très petite, qui procure une évacuation lente ; puis une incision cruciale avec ou sans résection des lambeaux suffit à donner un libre passage au sang retenu derrière la membrane. On pratique des lavages avec une solution antiseptique faible, et on termine par un pansement à la gaze iodoformée.

Nous ne parlerons pas de l'*atrésie du vagin* résultant de l'absence ou du développement rudimentaire de cet organe ; ce sont là des malformations qui réclament de véritables et délicates interventions chirurgicales.

L'*aménorrhée vraie*, d'ailleurs, est rare ; le plus souvent, dans les cas d'atrésie complète, il y a rétention des règles avec dilatation au-dessus de l'atrésie, hématocolpos, dont nous n'avons pas à indiquer le traitement. Toutefois, dans certains cas d'atrésie il existe une aménorrhée vraie, qui disparaît après le rétablissement du conduit vulvo-vaginal.

Quant à la dysménorrhée, sa cause la plus habituelle est la *sténose du col utérin*.

B. — **Sténose du col**

Lorsqu'il y a sténose du col, que celle-ci soit congénitale ou acquise, il faut dilater le canal et le maintenir dilaté.

La dilatation peut être sanglante ou non sanglante.

1° *Dilatation non sanglante.* — Cette manœuvre, qui doit être pratiquée avec les précautions voulues d'asepsie et d'antisepsie, sous peine d'accidents parfois fort graves, est elle-même obtenue par plusieurs moyens. Tantôt on emploie la dilatation lente avec des substances capables de se gonfler au contact des liquides sécrétés; tantôt on préfère la dilatation rapide ou forcée sous chloroforme ou non.

a) La dilatation lente, procédé auquel nous avons recours de préférence, s'effectue le plus habituellement avec des tiges de *laminaire* que l'on introduit dans le col, où elles augmentent de volume par imbibition.

Il faut avoir une série de tiges de différentes grosseurs que l'on conserve dans de l'éther iodoformé.

. Nous avons adopté la méthode que Baudron a exposée dans son remarquable mémoire sur l'antéflexion congénitale et son traitement.

Nous commençons par des tiges de laminaire extrêmement fines; tous les jours nous les changeons, en remplaçant celle qui vient d'être sortie par une laminaire dont le calibre soit un peu plus petit que celui de la précédente ayant acquis son entier gonflement. De la sorte on évite toute douleur, tout traumatisme, même léger, par l'introduction des tiges. Quatre à six jours sont nécessaires pour arriver à la dilatation complète, et grâce à la lenteur du procédé, le parenchyme utérin se trouve extrêmement souple et malléable, qualité très avantageuse quand il s'agit de remédier, par exemple, à une déviation.

L'opération se pratique de la façon suivante. La femme étant placée sur le lit à spéculum, on lave le vagin avec une solution antiseptique; mieux encore, on a déjà procédé à cette toilette la veille, en laissant ensuite une gaze dans le canal. Les mains du médecin sont naturellement rendues propres et aseptiques. Par le toucher, on s'est assuré au préalable de la position du col et du corps, et on introduit les valves. Le col est lavé avec un tampon de coton hydrophile imbibé d'une solution de sublimé, puis la lèvre antérieure est saisie avec une pince.

Grâce à l'introduction de l'hystéromètre, on a pu se rendre compte de la direction du canal, et s'il est nécessaire, on recourbe plus ou moins la tige de laminaire. Cette tige, portée par une pince, est doucement poussée dans la cavité utérine; son extrémité, à laquelle est attaché un fil, n'étant pas enfoncée de manière à disparaître. Pendant ce temps une pince maintient la matrice et l'empêche de remonter; la tige une fois placée, une lanière de gaze est appliquée contre le col, et on retire les valves.

Le lendemain et plusieurs jours de suite, comme nous venons de le dire, nous remplaçons la laminaire; quand la dilatation nous semble suffisante, nous procédons à un lavage de la cavité utérine avec la sonde de DOLÉRIS.

Après le retrait de la dernière laminaire, on peut encore, à l'exemple de beaucoup d'opérateurs, terminer en introduisant un tube métallique perforé ou cannelé, véritable sonde intra-utérine qu'on laisse à demeure pendant quelques jours, en maintenant un tampon de gaze antiseptique au niveau du col.

La dilatation ainsi pratiquée n'occasionne aucun accident. Des femmes un peu trop nerveuses accusent bien quelques coliques plus ou moins vives, mais en réalité toujours supportables.

Cependant on a publié des observations où la laminaire tout entière ayant disparu dans le canal, son extrémité inférieure s'arc-boutant contre la muqueuse du col a fini par perforer la paroi en se dilatant. Il est facile avec un peu d'attention d'éviter pareil inconvénient.

Si cette méthode donne des résultats qui menacent de rester passagers, elle permet du moins alors d'intervenir plus facilement avec des bougies, ce qui est recommandé à l'approche de chaque période menstruelle.

b) La dilatation rapide s'effectue ordinairement sous chloroforme; elle peut être faite d'une manière immédiate avec un dilatateur, ou progressive au moyen des bougies de HEGAR.

Pour la dilatation immédiate ou divulsion, on se sert d'un dilatateur à deux branches parallèles (d'ELLINGER), divergentes (de Collin), ou d'un dilatateur à trois branches (de Sims). Ce procédé n'est pas très recommandable, car il expose à des déchirures du col.

La dilatation avec les bougies de Hegar ne s'obtient vraiment avec facilité que sur un col un peu ramolli, aussi commence-t-on volontiers par mettre, durant vingt-quatre heures, une tige de laminaire.

« Le diamètre, dit Hegar, de la bougie la plus petite est de 2 milimètres. Le diamètre des suivantes augmente de 1 millimètre pour chacune, si bien que l'accroissement de la circonférence est d'environ 3 millimètres. Il est encore préférable d'avoir des bougies dont le diamètre s'accroît de un demi-millimètre seulement. »

La malade étant anesthésiée, on saisit la lèvre antérieure du col et on introduit une bougie de Hegar d'un calibre tel qu'elle passe à frottement doux. Après cette première bougie, on en passe une autre plus volumineuse et ainsi de suite jusqu'à ce qu'on soit parvenu au degré de dilatation voulu. On imprime à chaque bougie un mouvement de va-et-vient, de façon à masser les parois du col et principalement l'orifice interne dont le rétrécissement est l'un des principaux facteurs de la dysménorrhée.

Il va sans dire que cette opération est précédée d'une désinfection minutieuse de la cavité vaginale. Quand on a fini, on laisse un tampon de gaze dans le vagin.

Le résultat de ces manœuvres n'est pas toujours définitif; le col revient sur lui-même; mais, dans nombre de cas, l'orifice n'atteint jamais le degré d'étroitesse qu'il présentait avant et reste assez large pour laisser passer l'écoulement menstruel avec une liberté suffisante.

2° *Dilatation sanglante.* — Nous n'insisterons pas sur les procédés opératoires tendant à remédier à la sténose cervicale. Nous signalerons les interventions courantes qui ont pour but de rétablir le calibre du canal cervical et surtout de ses orifices.

La *section de l'orifice externe,* soit au bistouri, soit aux ciseaux, porte sur la ligne médiane ou sur les côtés.

On peut également *sectionner l'orifice interne* et toute la longueur du canal cervical; on se sert pour cela d'un bistouri boutonné. Mais ces opérations sont mauvaises; elles donnent, après cicatrisation, des cols déformés, qui conservent encore un rétrécissement plus ou moins marqué.

Il est préférable, lorsque la sténose est peu accusée, de se borner à la dilatation immédiate progressive avec les bougies de HEGAR (après ramollissement du col à la laminaire). Si la sténose est très prononcée, on aura recours à des résections partielles du col, soit par l'excision biconique à deux lambeaux (SIMON), soit, quand la muqueuse est malade, par le procédé de SCHRÖDER, soit enfin, comme le préconise POZZI, par l'évidement commissural du col, opérations dont on trouvera la technique exposée dans les *Traités de Gynécologie*.

CHAPITRE V

TRAITEMENT DES MÉTRORRHAGIES

I

Médicaments et Médications hémostatique

1° Considérations générales

Une femme atteinte de métrorrhagie garde au lit un *repos absolu*, elle évite tout mouvement ; pour peu que la perte soit abondante, on doit même lui passer le bassin et ne lui permettre de se lever sous aucun prétexte. Couchée sur le dos, la tête un peu basse, et le milieu du corps légèrement soulevé par un petit amas de linge ou de draps plus résistants et surtout moins chauds qu'une pile d'oreillers, elle conserve l'immobilité le plus possible. Si les extrémités sont froides, on met près des jambes et des bras des serviettes ou des boules d'eau chaude, plutôt que d'accumuler des couvertures sur le ventre en les étendant sur le corps entier. La température n'est pas maintenue trop élevée dans une chambre convenablement aérée et, durant le cours de la journée, la malade prendra des boissons ou des limonades fraîches. Souvent cette simple hygiène suffit à conjurer des accidents peu sérieux.

2° Médicaments hémostatiques

Ergot de seigle. — *Ergotine.* — De tous les *médicaments* dits *hémostatiques*, le plus usité contre les métrorrhagies, le plus connu, et aussi le plus décrié, est l'*ergot de seigle*. Son efficacité pour amener la contraction des fibres lisses des vaisseaux et de l'utérus [1], même en état de vacuité, ne se conteste pas ; et les

1. « Ce phénomène est bien dû à une action sur la fibre elle-même et n'est pas la « conséquence de l'excitation exercée par la drogue sur le système nerveux. » (Bossoreil, Chevalier.)

critiques qu'il a soulevées-résultent beaucoup plus de la manière dont on l'emploie que d'une action infidèle ou nuisible inhérente à sa nature elle-même.

L'*ergot de seigle* fraîchement pulvérisé (et non le seigle ergoté) se prescrit jusqu'à 3 grammes en cachets de 0^{gr},50 ; son *extrait aqueux*, l'*ergotine*, de 0^{gr},50 à 3 grammes (il existe une solution titrée d'ergotine où 1 centimètre cube du liquide représente 1 gramme d'ergot) ; son *alcaloïde*, l'*ergotinine*, mille fois plus active, de 1/4 de milligramme jusqu'à 1 milligramme.

Les doses massives et élevées nous paraissent devoir être rejetées. En obstétrique, à la suite d'une délivrance, si l'on juge à propos d'exciter de promptes contractions de la matrice par des injections répétées d'ergotine pour arrêter une grande hémorrhagie, on espère un effet rapide et la gravité de l'accident fait passer par-dessus toute autre considération. Mais, en dehors des accouchements, les pertes de sang sont rarement inquiétantes d'une façon aussi immédiate.

Les préparations d'*ergot de seigle* et d'*ergotine* provoquent des tranchées utérines, « produisent des froissements douloureux de la muqueuse malade et donnent des résultats fort passagers », le flux sanguin s'exagérant même parfois dès que l'influence du remède est épuisée. Ces inconvénients ont été signalés surtout (mais non pas exclusivement) à la suite d'injections sous-cutanées, c'est-à-dire à la suite d'une action brusque et forte de la substance. La stimulation vigoureuse et subite des fibres lisses éveille des coliques très pénibles lorsque l'utérus est malade, et, comme elle est temporaire, aux phénomènes spasmodiques succède un relâchement des vaisseaux qui s'accentue encore, par une loi assez commune en physiologie ; la dilatation des canaux sanguins devient alors pour quelques instants plus considérable qu'avant l'absorption de l'ergot, l'hémorrhagie reprend avec abondance.

Aussi des doses moins élevées pour une seule fois, mais *répétées et maintenues plus longtemps*, nous semblent-elles préférables. Elles ne causent pas de douleurs ; leur effet continu, surtout aidé par d'autres moyens (irrigations, etc.), donne d'heureux résultats.

Nous avons déjà conseillé plus haut (métrorrhagie de la puberté) la formule suivante :

<pre>
Ergotine..   0 gr. 10
Sulfate de quinine................................   0 — 02
Poudre de feuilles de digitale....................   0 — 01
Poudre de coca ....   Q. S.
</pre>

F. S. A. Une pilule. — Donner par jour 5 pilules suffisamment espacées.
Une le matin, 2 à midi, 2 le soir, une demi-heure au moins avant les repas.

La potion de Gubler est excellente.

<pre>
Ergotine..   4 gr.
Acide gallique....................................   0 — 50
Sirop de térébenthine.............................   30 —
Eau distillée de menthe...........................   120 —
</pre>

F. S. A. Potion. — Prendre par cuillerées à soupe les deux tiers de la potion,
ou la moitié, le tiers, dans la journée.

Sneguireff considère que l'ergot sert pour ainsi dire de pierre de touche au médecin : en dehors de la grossesse, toute métrorrhagie, dit-il, doit être combattue par ce médicament avant tout autre traitement, et s'il reste inefficace, c'est un signe qu'il n'y a pas à compter sur d'autres remèdes internes pour exciter la contractilité utérine. Il a là une exagération.

Cependant l'emploi de l'ergot est loin d'être accepté d'une façon unanime. En dehors des *accidents puerpéraux* (?) et des *corps fibreux*, Gallard, en particulier, le tient pour un médicament au moins impuissant contre les diverses variétés de pertes sanguines que nous avons à combattre.

Il arrive, surtout lorsqu'elles sont administrées à dose modérée, que les préparations d'ergotine ramènent un peu plus de sang lors des premières absorptions du médicament. J'ai observé ce phénonène en particulier chez des femmes qui prenaient des pilules dans la période intercalaire pour prévenir des règles trop abondantes au cours d'un fibrome ou pour agir sur le volume de la tumeur ; un petit suintement hémorrhagique apparaissait les deux ou trois premiers jours. De même chez des malades atteintes de cette forme de congestion à laquelle on donnait autrefois le nom d'engorgement utérin. Il me paraît probable que cette première action du remède peut s'expliquer en ce qu'il intervient d'abord pour vider un certain état de stase sanguine.

Digitale. — Plusieurs auteurs prônent la *digitale* comme le meilleur des hémostatiques utérins ; elle aurait tous les avantages de l'ergot sans en présenter les inconvénients. Howship Dickinson essaya la *digitale* avec succès et conseilla les doses

énormes de 15 à 30 grammes. Trousseau, qui d'abord prescrivait
de 6 à 8 grammes du médicament, en arriva à l'ordonner de 1
à 2 grammes en infusion par prises fractionnées et vit cesser
rapidement des métrorrhagies qui duraient déjà depuis plusieurs
semaines, surtout des métrorrhagies de la *ménopause* ou des
flux symptomatiques de *corps fibreux*. « Il ne sera pas inutile
de faire observer, ajoute-t-il, que préalablement nous avions pris
la précaution de laisser reposer plusieurs jours nos malades après
leur entrée à l'hôpital. » Gallard administrait, par cuillerées à
bouche dans la journée, 0gr,30 à 0gr,50 de feuilles de digitale
infusées dans 125 grammes d'eau. Cette dernière dose est très
suffisante pour obtenir de bons résultats.

La *digitale* jouit en effet d'une réelle efficacité contre les hémorrhagies utérines, de préférence dans certaines affections, la
métrite, par exemple ; est-ce en ralentissant la circulation générale, en produisant une contraction des fibres ou des vaisseaux
de la matrice ? Malgré ses qualités, il est exagéré de la considérer comme le plus sûr des hémostatiques ; lorsque d'autres
moyens échouent ou sont inapplicables, on la trouve en réserve
ainsi qu'une précieuse ressource, mais elle ne doit pas passer au
premier plan. Il faut, bien entendu, faire une exception en ce
qui concerne les métrorrhagies dans les maladies du cœur.

Sulfate de quinine. — Si nous nous en rapportons à des observations d'origine différente, le *sulfate de quinine* serait également bon dans les états les plus opposés[1]. Tour à tour on le vante
contre l'*aménorrhée*, la *dysménorrhée*, les *pertes de sang* et, dans
les menstruations irrégulières, pour rétablir la périodicité des
règles.

Cette discordance d'avis résulte d'interprétations un peu forcées. Delioux de Savignac donne du quinquina jaune à des chlorotiques atteintes d'aménorrhée, le flux cataménial réapparaît ;
cet auteur déconseille alors les préparations de quinquina dans les
chloroses ménorrhagiques et fait des réserves au sujet de toute
métrorrhagie. Il conclut que la quinine est un *emménagogue*,
au même titre alors que bien des toniques, un emménagogue
indirect. Trousseau préconise le quinquina en poudre déjà vanté

---

1. « L'augmentation de la tonicité musculaire de l'utérus constitue en définitive la
caractéristique de ce médicament. » (Bossoreil, Chevalier.)

par Bretonneau. Qu'une paludéenne se plaignant de *dysménorrhée* soit calmée par le *sulfate de quinine* (Tilt), il n'y a là rien que de fort naturel. Une malade (Sandras), rhumatisante et goutteuse, peut voir ses douleurs menstruelles soulagées par ce remède à haute dose ; mais l'écoulement devient si abondant qu'il faut lui donner de l'ergot. Dampeirou a vu la quinine donnée pendant les règles causer des hémorrhagies effroyables.

L'action du médicament sur les vaisseaux qu'il contracte en diminuant leur calibre rend ses propriétés hémostatiques très vraisemblables. On l'a employé contre l'épistaxis, l'hémoptysie, les hémorrhagies intestinales ; il peut être prescrit contre les métrorrhagies. Il l'a été avec succès en dehors de toute infection malarienne (Guéneau de Mussy), à plus forte raison chez des paludiques.

La *quinine* paraît surtout indiquée contre les métrorrhagies d'origine fluxionnaire, à la puberté, à la ménopause. Durant la vie génitale, les nerveuses, les arthritiques, les herpétiques, les goutteuses, les rhumatisantes chroniques atteintes d'hémorrhagies névropathiques, souffrent de pertes susceptibles de subir les heureux effets de la quinine. Lancereaux la considère comme le spécifique des hémorrhagies de la goutte. On ordonne le sulfate de quinine à la dose de $0^{gr},50$ à $1^{gr},50$.

Dans la pratique courante, le sulfate de quinine ne sera souvent qu'un auxiliaire de médicaments plus fidèles.

Autres médicaments hémostatiques. — Déchus d'une vogue imméritée, le *perchlorure de fer*, le *ratanhia* pris à l'intérieur n'entrent plus que dans des compositions à bases multiples. De même le *matico*, la *vératrine* (Aran), le *sang-dragon*, la *cannelle*, les *balsamiques*, etc. La *noix vomique*, peut-être, mérite de sortir de l'oubli ; Raciborski préconisait contre les ménorrhagies les pilules suivantes, d'un emploi assez rationnel contre les règles trop prolongées des anémiques.

      Extrait alcoolique de noix vomique.................. 0 gr. 75
      Fer réduit par l'hydrogène......................... 4 —
      Mucilage de gomme arabique...................... Q. S.
         F. S. A. 60 pilules. — En prendre de 2 à 4 matin et soir.

Des substances emménagogues à très faibles doses deviennent hémostatiques à doses beaucoup plus élevées ; c'est le cas pour l'*ergot de seigle*, et aussi pour la *sabine* et la *rue* que certains auteurs associent à l'ergot afin de solliciter les contractions utérines. Mais alors la quantité nécessaire de sabine ou de rue les rend dangereuses à cause des accidents qu'elles sont capables de provoquer, du côté des voies digestives en particulier.

Le *gossypium herbaceum* (tiré du cotonnier), préconisé par Narskewitch et Poteïenko, dont on use depuis plusieurs années, aurait pour ces auteurs une action très fidèle, équivalant à celle du seigle ergoté. Kurdinowski lui attribue une action excitante réelle, mais peu énergique (Bossoreil). Jamais il n'occasionnerait de troubles digestifs et pourrait être prescrit, son *extrait fluide* par cuillerées à thé renouvelées (?), son *infusion* à raison de 10 grammes et plus.

Albert Robin, au contraire, se contente d'ordonner *l'extrait* par dose de 0ᵍʳ,05 quatre fois dans la journée, en pilules ou en solution au centième (et alors par cuillerées à café); il considère l'effet du médicament comme variable, ainsi que la susceptibilité du sujet.

Ergotine..	0 gr. 10
Acide gallique................................	0 — 05
Ext rait de gossypium herbaceum............	0 — 10
Poudre de ratanhia...........................	Q. S.

(Albert Robin.)

F. S. A. Une pilule.
En prendre 2 par jour, de préférence contre les métrorrhagies des fibromes.

On peut donner aussi l'*extrait fluide* à la dose de XX à XXX gouttes, trois à quatre fois par jour; on administre en lavement 100 grammes de l'*infusion* à 15 0/0, ou encore la *décoction* (120 grammes de *gossypium* pour 1.200 grammes d'eau, dont 60 grammes toutes les deux heures).

Le *viburnum prunifolium*, antispasmodique, sédatif nerveux et utérin, se prescrit par exemple en *extrait fluide* de XX à XXV gouttes quatre fois par jour Il en existe une *teinture*. Le principe actif, la *viburnine*, s'administre aussi, mais d'une manière plus rare. En thèse générale, il vaut mieux faire entrer ce médicament dans une formule magistrale, comme correctif, que de l'employer seul.

L'*hydrastis canadensis* possède nettement (Fellner) une action directe sur les fibres lisses et en particulier sur le muscle utérin.

Cette drogue détermine des contractions énergiques, lentes, séparées par des périodes de relâchement (Schrœder, Bossoreil). On l'a prétendue supérieure à l'ergot contre la ménorrhagie simple ; elle réussit assez bien, surtout dans les *congestions*, dans certaines *métrites*, dans quelques *hémorrhagies* de la *ménopause* ; on peut l'essayer pour arrêter des *règles trop profuses*.

L'*extrait fluide d'hydrastis canadensis* se donne à la dose de LX à LXXX gouttes (prises en trois fois dans de l'eau sucrée). La *teinture*, à la dose de XX à XXX gouttes.

L'*hydrastinine* a été employée par Soulier préférablement à l'*hydrastine*, en injections hypodermiques :

Chlorhydrate d'hydrastinine............................	1 gr.
Eau distillée..	20 —

F. S. A. Solution dont on injecte une demi à une seringue de Pravaz.

L'*extrait* entre dans la composition suivante :

Elixir de Garus.......................................	100 gr.
Ergotine Bonjean......................................	5 —
Extrait de viburnum prunifolium......................	
Extrait de gossypium herbaceum......................	āā 2 —
Extrait d'hydrastis canadensis	6 —

(Albert Robin.)

F. S. A. Elixir dont on prendra une à 4 cuillerées à café par jour,
de préférence avant les repas.

L'*hamamelis virginica* possède une action décongestionnante et sédative qui régularise la circulation ; Kurdinowski a constaté qu'il exerçait une action intermédiaire entre celle de l'ergot et celle de l'*hydrastis*.

On l'ordonne en *teinture*, de V à XX gouttes en plusieurs fois, en *extrait fluide* à la dose de X gouttes toutes les deux heures.

Enfin le *cannabis indica*, antispasmodique (?), anesthésique (?), a été recommandé contre les ménorrhagies avec dysménorrhée. En *teinture*, il se prescrit à la dose de V à XX gouttes, en *extrait gras* de $0^{gr},05$ à $0^{gr},10$ en pilules ou dans une potion.

Gubler, comme auxiliaire de l'ergot, cite le *bromure de potassium* entre la digitale et la quinine ; contre les règles douloureuses et trop abondantes, son emploi n'est pas irrationnel.

Enfin nous mentionnons pour mémoire la *caféine*, l'*érodium cicutarium* (dont la préparation la plus usitée est un extrait fluide) et la *teinture d'actæa racemosa*.

Le *chlorhydrate de cotarnine* ou *stypticine* s'ordonne à doses fractionnées de $0^{gr},05$ à la fois jusqu'à $0^{gr},20$ ou $0^{gr},30$ par jour en tablettes, cachets ou pilules.

Freund considère ce médicament comme spécifique dans les métrorrhagies dues à un *état inflammatoire* de l'utérus ou des annexes ; il aurait en même temps des propriétés sédatives.

Boldt le préconise vivement contre les pertes des jeunes filles *chlorotiques*, des femmes multipares atteintes d'*hypertrophie ovarienne* et dans la *sub-involution* post-puerpérale.

Si l'on n'a pas recours aux tablettes, on peut prescrire :

Stypticine..	1 gr. 50
Poudre de réglisse.................................	
Suc de réglisse...................................	āā Q. S.

Pour trente pilules.   (Lemoine.)
Prendre quatre à six pilules par jour.

Stypticine..	0 gr. 05
Sucre blanc...	0 gr. 50

Pour un cachet.   (Bakoffen.)

L'*adrénaline* possède, il est vrai, une action vaso-constrictive énergique et rapide ; mais la cessation de la perte n'est pas durable. La vaso-dilatation, qui succède à la constriction première amène trop souvent la reprise des accidents hémorrhagiques et ne permet pas de considérer le médicament comme fidèle.

Toutefois (Cramer) on a pu l'employer avec succès pour pratiquer le curettage sans hémorrhagies, en particulier au cours de cancers inopérables.

Le *gui* (René Gaultier) est appelé à rendre de réels services contre les *hémorrhagies congestives*. Ses propriétés *hypotensives* nous l'ont fait conseiller avec efficacité, à la *ménopause*, pour arrêter les pertes de la *sclérose*.

L'*extrait de gui* se prescrit en pilules dosées à $0^{gr},05$ chacune, à raison de 4 à 6 et même 8 pilules par jour. On a aussi employé des ampoules contenant, dans le sérum isotonique, $0^{gr},10$ du principe actif par centimètre cube, pour injections sous-cutanées de 1 à 3 centimètres cubes à la fois. Ces injections sont douloureuses.

La *gélatine*, que nous donnons couramment isolée ou combinée avec d'autres médications, ne présente aucune contre-indication, mais est efficace surtout contre les pertes qui surviennent sans grandes lésions anatomiques.

Son action est due en partie, selon toute vraisemblance, aux sels de chaux qu'elle contient (Armand Gautier) :

Gélatine (en feuilles)....................................   5 gr.
En un paquet que l'on prendra, matin et soir,
dans une tasse de lait, de bouillon ou de chocolat.

Le *chlorure de calcium* jouit d'une vogue méritée, surtout contre les métrorrhagies qui ne relèvent pas d'une grosse altération organique. Il est efficace surtout pour arrêter les pertes de la puberté, de la ménopause, que nous voyons survenir sans cause anatomique très apparente.

Le chlorure de calcium, comme les sels de chaux en général, favorise par sa présence « le dédoublement du fibrinogène en fibrine qui englobe les éléments figurés et constitue le caillot sanguin », ce qui explique l'action hémostatique.

Chlorure de calcium...................................   4 gr.
Sirop d'opium..   30 —
Eau de tilleul ....   120 —
(Albert Robin.)
F. S. A. Potion, que l'on prendra par cuillerées à soupe toutes les heures.

P.-E. Weil, dans une série de travaux fort remarquables, a préconisé le *sérum animal* à titre préventif chez les hémophiles qui doivent subir une opération ; sa méthode a donné d'excellents résultats. A titre curatif beaucoup d'hémorrhagies, ne reconnaissant cependant pas toutes une cause hémophilique, ont été traitées par le sérum animal qui apporte des *ferments coagulants*. De nombreux succès ont invité à généraliser cette pratique. Les métrorrhagies ont bénéficié de ce procédé (Lapeyre), très utile non seulement chez les hémophiles, mais à la puberté, à la ménopause, quelquefois sans indication bien précise, ou du moins encore peu connues, pour des femmes atteintes de fibromes, de cancers inopérables, en attendant une intervention, etc...

C'est au *sérum de cheval* que l'on s'adresse ; et si l'on n'a pas de *sérum simple*, on se servira du sérum *antidiphtérique* communément répandu. D'une façon générale j'emploie les doses de *vingt centimètres cubes* en *injection hypodermique ;* il faut ne pas oublier que l'on ne reste pas à l'abri des accidents post-sérothérapiques.

D'une façon directe, il est facile d'imbiber de sérum des mèches de gaze, et de pratiquer un *tamponnement* serré sur le col et dans le vagin.

Opothérapie. — L'*opothérapie thyroïdienne* (Jouin) exerce une influence modératrice de diminution et d'arrêt sur la fluxion du système utéro-ovarien et donne de bons résultats contre certaines *métrorrhagies des fibromes*, et contre les *fibromes* eux-mêmes. De même, elle agit efficacement sur les pertes de la *fibromatose diffuse*, comme aussi parfois sur celles de la *sclérose utérine* qui se complique facilement de *sclérose ovarienne*. Du reste, la *suppression brusque des règles* a été signalée chez des femmes qui subissaient un traitement thyroïdien et ne le suspendaient pas à la période menstruelle. Nous prescrivons la *poudre de thyroïde* à la dose de 0^{gr},025, 0^{gr},05, et même 0^{gr},10, dans un cachet ; la malade prend d'abord un cachet, puis deux par jour, elle doit être surveillée pendant la durée de la médication.

HERTOGHE (d'Anvers), à côté du myxœdème franc, considère parmi les formes frustes un état *hypothyroïdie bénigne chronique*, où les perturbations de l'appareil génital tiennent une place très importante. L'insuffisance thyroïdienne, sans produire la bouffissure et les symptômes caractéristiques du myxœdème, se borne à entraîner quelques manifestations : une apparence de vieillesse précoce, la dégénérescence des dents et des gencives, l'hypertrophie des amygdales et de la muqueuse nasale, l'adénoïdie, des douleurs céphaliques et rachidiennes, musculaires et articulaires, de l'oppression, des varices, de la constipation chronique, des troubles hépatiques, du refroidissement périphérique, etc. Un certain infantilisme n'est qu'une forme atténuée du myxœdème, et le *développement incomplet de l'appareil sexuel*, un résultat de l'hypothyroïdie.

La *puberté* est tardive. Quand elle est établie, les règles, douloureuses, viennent avec profusion, s'accompagnent de véritables *ménorrhagies*, et dans les périodes intercalaires éclatent des *métrorrhagies*. Les *fausses couches* récidivantes, les *myomes*, l'*ovarite chronique*, succèdent à l'appauvrissement thyroïdien. La *rétroflexion des vierges*, assez commune, est due à un manque de développement de la paroi postérieure de l'utérus d'origine dysthyroïdienne.

« Les troubles hémorrhagiques de l'utérus, dit HERTOGHE, obéissent merveilleusement à l'action de la *thyroïdine*. La matrice diminue de volume et de sensibilité.

« Dans les *fibromes*, son action n'est pas moins nette. La

tumeur fond lentement. L'amélioration se constate surtout à la diminution de l'hémorrhagie et à la disparition des phénomènes de compression.

« Dans la *rétroflexion infantile des vierges*, la thyroïdine, au bout d'un temps très court, fortifie la paroi postérieure de la matrice, la redresse d'une manière très rapide ; le sang menstruel s'en dégage plus facilement.

« Dans la *stérilité*, qui dépend d'un retour trop facile et trop violent de la menstruation, on n'aura qu'à se louer de l'action inhibitive de la thyroïdine. Son usage, à dose faible, devra être continué pendant tout le temps de la gestation. »

Jacobs a signalé l'arrêt de certaines hémorrhagies de la *ménopause* sous l'action de l'*opothérapie ovarienne*. Nous la conseillerions si les pertes nous paraissaient résulter de poussées fluxionnaires supplémentaires au moment de la défaillance des fonctions ovariennes.

L'*opothérapie mammaire*, moins connue, est appelée à rendre d'importants services (Batuaud). Elle possède sur les fonctions ovariennes une action frénatrice, antagoniste, a-t-on dit, qui trouve ses indications au cours des hémorrhagies fluxionnaires de la puberté et de la ménopause, contre les métrorrhagies des fibromes, et en général contre toutes les pertes pour lesquelles on soupçonne une origine ovarienne. Elle se prescrit par cachets d'*extrait mammaire* de $0^{gr},50$, à la dose de deux cachets dans la période intercalaire et de trois et même quatre pendant les pertes. Son innocuité est absolue.

L'*opothérapie hypophysaire* a été préconisée par Sarons contre l'atonie utérine et les hémorrhagies de la subinvolution. Elle peut être très efficace pour modérer et arrêter les pertes fluxionnaires de la ménopause. Gilbert et Carnot ont employé avec succès l'*opothérapie hépatique* pour arrêter des pertes de nature dyscrasique.

3° **Pincement du col**

L'hémostase directe est produite par l'occlusion temporaire de la cavité utérine. Auvard conseille de saisir le col à l'aide d'une pince de Museux laissée en place pendant vingt-quatre heures.

La compression est mieux réalisée avec la *pince à comprimer le col*, ou pince agrafe de Maurice Pollosson. « Il se forme

dans la cavité utérine un caillot de petit volume qui assure
l'hémostase. » La compression a pu être maintenue de quelques
heures à quelques jours, sans autre inconvénient qu'un léger
degré d'attrition du col.

4° **Injections**

Les *injections*, telles qu'on les pratiquait autrefois, et qui
étaient fort en faveur parce qu'elles contenaient des principes
réputés styptiques, astringents, coagulants, sont le plus souvent
illusoires. Injections de *perchlorure de fer*, de *tanin*, d'*alun*, d'*eau
de Pagliari*, *de Léchelle*, etc., dans la plupart des cas, n'atteignent
pas la surface saignante, alors elles ne jouent pas le rôle de
topiques, et une trop courte durée leur enlève toute influence.
Tout au plus gardent-elles quelque utilité lorsque la source de
l'hémorrhagie siège sur la surface extérieure du col. Encore
est-il préférable, après avoir abstergé la région, de faire des
attouchements directs avec le *perchlorure de fer* et même la pointe
du *thermo-cautère*. Cependant des injections avec l'*eau oxygénée*
étendue au tiers ou au quart sont efficaces, surtout dans les
hémorrhagies des cancers, des fibromes sphacélés; les qualités
antiputrides doublent les propriétés hémostatiques.

De même les solutions de *gélatine* à 7 pour 1000 peuvent être
prescrites avec efficacité en irrigations, avant d'en arriver à un
tamponnement avec des solutions plus concentrées.

Labadie-Lagrave, dans les pertes sanguines qui relèvent de
métrites, déviations, fibro-myomes, a eu recours à des applications d'*antipyrine salolée*. Dans un tube à essai, on introduit quantités égales de salol et d'antipyrine et on chauffe jusqu'à ce que
le mélange ait pris une teinte tirant franchement sur le brun.
Une mince tige garnie de coton hydrophile plongée dans cette
solution est introduite dans la cavité utérine à l'aide du spéculum; au besoin on fait une ou deux applications successives.

Pour qu'une injection ait une réelle efficacité, il faut qu'elle
coule longtemps, qu'elle devienne en un mot une *irrigation;*
c'est là sa qualité la plus indispensable.

Les irrigations continues d'*eau très chaude* ont été pendant
longtemps préconisées d'une manière systématique; elles

rendent en effet de grands services lorsqu'on désire une contraction rapide des muscles et des vaisseaux et que les accidents d'une réaction ne sont pas à craindre.

Mais nous employons aussi avec succès les irrigations *d'eau fraîche* et *d'eau froide*, seules ou combinées avec l'application de *la glace* sur la région hypogastrique ou avec d'autres pratiques hydrothérapiques.

L'usage de la *vessie de glace*, qui m'a effrayé pendant assez longtemps, me paraît aujourd'hui capable de rendre de réels services contre certaines métrorrhagies d'origine fluxionnaire. Son action peut s'exercer d'une manière rapide et vive, et il faut veiller à ce qu'elle n'interrompe pas brusquement une poussée menstruelle, à son début, même alors qu'elle serait trop intense.

L'*eau tiède*, plus sédative, nous paraît mieux indiquée chez les neuro-arthritiques et toutes les malades sujettes à des poussées fluxionnaires et à de vifs phénomènes de réaction.

Nous exposons plus loin tout ce qui concerne ce sujet dans le chapitre consacré au *Traitement hydrothérapique dans les Maladies des Femmes*, auquel nous renvoyons le lecteur.

On s'est ingénié à trouver le moyen de donner à l'irrigation une longue durée, et, pour arriver à ce but, on a inventé divers appareils : vases de grande capacité, irrigateur d'ARAN, de CLAUZURE d'Angoulême, d'AUBOIN, canule régulatrice d'AUVARD, etc. L'un de nous a fait construire un petit appareil en caoutchouc qui s'introduit comme un anneau de DUMONTPALLIER et lui ressemble un peu, avec cette différence que l'espace central, au lieu d'être vide, est fermé par une surface plane et élastique destinée à obstruer le vagin ; cette surface est elle-même percée de deux petits orifices en communication avec deux tubes flexibles, l'un amenant l'eau, l'autre permettant son écoulement ; le liquide remplit et distend les culs-de-sac vaginaux, grâce à une disposition particulière des tubes telle, qu'avant de s'échapper, il doit remonter à un niveau plus élevé que celui des organes génitaux. La malade reste au lit sans éprouver aucune fatigue, et de la sorte nous pouvons donner des irrigations qui durent une heure, deux heures et plus [1].

SNEGUIREFF regarde la *vapeur d'eau* à 100° comme un hémosta-

---

1. Voir p. 464. *Phlegmasies péri-utérines.*

tique et un antiseptique puissants. Après avoir dilaté le col, il fait pénétrer dans la cavité utérine une petite canule communiquant avec un récipient dans lequel l'eau est portée à l'ébullition, et laisse passer les vapeurs durant quelques minutes ; l'opération n'est pas douloureuse. SCHICK (de Prague) dit avoir traité avec succès certaines métrorrhagies de la ménopause par l'injection intra-utérine d'*eau bouillante* ; le col dilaté, la malade anesthésiée, l'eau bouillante coule une demi-minute dans la matrice, pendant que le vagin est protégé contre la brûlure par un courant d'eau glacée ; à la suite de cette intervention, la muqueuse utérine est complètement détruite. Par contre, BARUCH a observé une complication éloignée de cette méthode, l'atrophie et l'oblitération de la cavité avec tous les accidents de la ménopause prématurée.

La pratique des *injections médicamenteuses intra-utérines* contre les métrorrhagies est quelque peu abandonnée aujourd'hui. Elles sont loin de toujours amener le succès opératoire, et ont des inconvénients et des dangers, coliques, douleurs violentes, menaces de phlegmasie péri-utérine ou de péritonite, embolie, infection, collapsus et même mort rapide. Des réflexes d'inhibition ont été constatés après de simples injections intra-utérines. Cependant elles ont souvent aussi donné de bons résultats au cours de la métrite, des fibromes. GALLARD employait le *perchlorure de fer*, d'autres recommandent la *teinture d'iode pure* ou mélangée avec la *glycérine*. Il faut intervenir avec prudence, faire garder le lit à la malade, et s'abstenir s'il existe les *moindres symptômes inflammatoires*.

5° Immersion répétée des mains

Dans une grande cuvette remplie d'eau aussi chaude qu'elle pourra la supporter, la malade trempera un instant ses mains et les retirera aussitôt ; elle renouvellera cette courte immersion suivie de retrait pendant trois à cinq minutes environ, matin et soir. Ce procédé provoque d'une manière réflexe l'arrêt des pertes utérines.

6° Solution gélatinée

La *solution gélatinée* est employée en injections, comme il a été expliqué plus haut, et en applications directes pour arrêter les métrorrhagies.

Sérum artificiel :

Chlorure de sodium.....................................	7 gr.
Eau distillée..	1 litre.

Dissolvez.

Vous pouvez ajouter 10 grammes d'*acide phénique* ou 1 gramme de *sublimé*, puis dans le mélange faites dissoudre de 5 à 10 grammes pour 100 de *gélatine blanche* ou *grenetine ;* stérilisez à 100° sans dépasser cette température. En se refroidissant, le mélange se solidifie. Lorsqu'il faudra s'en servir, plongez-le dans un bain-marie à 37°-40°, et il redeviendra parfaitement fluide.

Après avoir abstergé le vagin et enlevé les caillots et le sang qui s'y trouvaient, au moyen du spéculum appliquez au niveau de l'orifice utérin une lanière de gaze stérilisée imbibée de *sérum gélatiné*, tassez-la sans trop comprimer autour du col et au-dessous, remettez au besoin une seconde lanière et laissez en place vingt-quatre heures. Quand vous enlèverez le tamponnement, allez avec précaution, puis nettoyez la cavité vaginale. Pour cela vous serez obligé de vous servir d'eau chaude. S'il est nécessaire, un second pansement sera pratiqué de la même façon.

Au moyen d'un pinceau ou d'un bâtonnet d'ouate, on a conseillé dans certains cas de toucher la cavité du col et même du corps avec le sérum gélatiné ; nous ne pratiquons pas volontiers cette manœuvre.

Au lieu d'un tamponnement on peut se contenter chez les vierges, par exemple, d'introduire dans le vagin une mèche trempée dans la solution.

Chez les vierges encore, A. SIREDEY recommande un ingénieux procédé. « On maintient le siège fortement relevé sur un coussin, le tronc étant incliné un peu bas, de manière à assurer la stagnation du liquide dans les culs-de-sac au contact de l'orifice cervical. Un bouchon d'ouate placé à l'orifice vulvaire contribue à retenir le liquide. »

Malgré la présence du sublimé ou de l'acide phénique dans le mélange, il faut être très minutieux et laver les voies génitales avec grand soin lorsqu'on détamponne. Il est même préférable de s'abstenir de ce traitement s'il existe une plaie facile à infecter ; nous n'avons plus jamais recours à lui contre les pertes du cancer.

Chez une femme de soixante-douze ans, l'un de nous a éprouvé un sin-
gulier échec[1], ou plutôt un ennui. A la suite d'un tamponnement gélatiné
il se forma dans la cavité utérine un polype *fibrineux* très résistant, plus
gros qu'un œuf, qui finit par dilater le col et provoquer un petit accouchement; l'hémorrhagie prenait sa source au niveau du corps de la matrice, et
il est à coup sûr préférable, quand on le peut, de mettre la solution gélatinée *directement en contact avec la surface saignante.*

C'est précisément pour mettre la gélatine en contact avec le point
saignant qu'on l'a conseillée en instillations avec la seringue de Braun, et
aussi en injections intra-utérines (Jayle).

7° **Tamponnement**

Si l'on n'a pas sous la main du sérum gélatiné, ou si pour tout
autre motif on ne veut pas s'en servir, il faut en arriver au *tamponnement*. Autrefois on se contentait toujours de tamponner le
vagin.

Depuis que l'antisepsie et surtout l'asepsie nous donnent plus
de hardiesse, on tamponne aussi la cavité utérine; mais cette
dernière opération, facile après une dilatation préalable du conduit cervical, l'est bien moins et devient même parfois impossible
dans les conditions normales de la matrice. Quand on juge le
canal suffisamment large, après une injection qui assure la propreté du vagin, on découvre le col et on le saisit en l'abaissant
un peu avec une pince de Museux; alors, au moyen d'un hystéromètre, on introduit de la gaze antiseptique jusqu'au fond de
l'organe, puis, à l'aide d'une seconde pince, on empêche cette
gaze de ressortir et de suivre l'hystéromètre dans son mouvement
de retraite; lorsque la cavité utérine est ainsi pleine, on termine
en remplissant le vagin à son tour. Au bout de douze heures au
moins, de quarante-huit heures au plus, le tampon est retiré, et
quelquefois il faut, séance tenante, en replacer un nouveau,
toujours avec les mêmes rigoureuses précautions antiseptiques.

Le tamponnement du vagin n'offre aucune difficulté, encore
est-il besoin de le pratiquer avec une certaine minutie. Le rectum
et la vessie une fois vidés, le médecin applique le spéculum,
comble les culs-de-sac avec une large bande stérilisée, en dépose
une sorte de petit nouet sur l'orifice du col, et achève ensuite
de bourrer le vagin. Il sonde sa malade matin et soir,
laisse la gaze en place pendant vingt-quatre heures, et, après

---

1. Paul Dalché, *Société médicale des Hôpitaux*, 25 mars 1898.

l'avoir enlevée, recommence ou s'abstient suivant que la métrorrhagie cesse ou reprend. Au lieu de gaze stérilisée simple, salolée ou iodoformée, on peut, comme autrefois, se servir de bourdonnets d'ouate ou de charpie stérilisée, de tarlatane imprégnée
de gutta-percha (O. Schœffer), ou d'un petit tampon d'ouate
légèrement imbibé d'une solution de *ferripyrine* au cinquième ou
au dixième et appliqué sur l'orifice cervical. Pozzi, dans la métrite hémorrhagique, emploie un tissu de soie stérilisé, soit en
bandelettes libres, soit en bandelettes tassées dans un sac de
soie. Ce tissu lui a paru avoir de remarquables propriétés hémostatiques, comparables à celles de l'amadou.

De notre côté, nous utilisons volontiers et avec succès les
fibres de *pemgawar yambi*. Pour éviter qu'elles ne se déposent
le long des parois vaginales ou dans les anfractuosités d'une
tumeur maligne, nous les enveloppons d'une gaze très mince
qui ne contrarie pas les propriétés hémostatiques du *pemgawar*.
Formant ainsi une série de petits bourdonnets attachés en queue
de cerf-volant, nous pratiquons un tamponnement qui réussit
dans nombre de cas à arrêter les pertes, et peut être renouvelé
plusieurs jours de suite sans aucun inconvénient.

Toute méthode thérapeutique risquerait d'être incomplète si,
visant d'une façon exclusive le *traitement local*, elle négligeait
l'*état général*, qui doit nous préoccuper à deux points de vue. En
premier lieu, une métrorrhagie provoquée par une affection
extra-génitale réclame à bon droit des soins pour la maladie première autant que pour le symptôme. En outre, une femme affai-
blie par des pertes de sang répétées, maintenue longtemps au
lit, préoccupée, inquiète, devient nerveuse, s'anémie, perd l'appétit et les forces. Il faut lui donner une alimentation choisie et
tonique, du vin, quelques grogs, des limonades vineuses, etc...

8° Injections de sérum artificiel

Au cours de l'hémorrhagie grave ou prolongée, les injections
de *sérum artificiel stérilisé* doivent être regardées comme une
ressource des plus précieuses :

```
Eau distillée stérilisée...............................  1000 gr.
Chlorure de sodium pur.............................     5 —
Sulfate de soude ..................................    10 —
                        Dissolvez.
```

Le *sérum* est porté à une température égale à celle de la patiente, et pour l'introduire dans l'économie, deux procédés sont en usage : l'*injection intra-veineuse* ou l'*injection sous-cutanée*.

L'injection intra-veineuse est une véritable petite opération ; il faut découvrir la veine, la charger (comme une artère qu'on veut lier) avant de pousser le trocart dans sa lumière.

Les injections sous-cutanées, dans les régions fessières, à la partie externe de la cuisse ou au niveau de l'abdomen, sont beaucoup moins compliquées et ne nécessitent pas des instruments particuliers, qui existent cependant. Il suffit d'une seringue de gros calibre ; un petit appareil (à défaut d'un instrument spécial), construit sur place avec un entonnoir de verre (un bock ou une ampoule) auquel s'adapte un tube de caoutchouc muni à son extrémité d'une aiguille (le tout bien stérilisé), arrive à faire passer des quantités considérables de sérum. Le liquide s'écoule par son propre poids, aussi faut-il longtemps pour injecter 8 à 900 grammes en une seule séance ; mais, dans la plupart des cas, on se contente de 2 à 300 grammes et l'on recommence les jours suivants.

L'opération en elle-même est peu douloureuse ; il se forme une tuméfaction plus ou moins diffuse que l'on malaxe doucement et qui disparaît avec rapidité. On a recours aussi à une autre solution d'usage courant :

```
Eau distillée et stérilisée......................... 1000 gr.
Chlorure de sodium ...............................    7 —
                        Dissolvez.
```
En injections sous-cutanées journalières, à la dose de 80 à 100 gr. et plus.

Elles luttent avec efficacité contre la débilitation progressive des malades, comme du reste les injections de *glycérophosphates*, etc.

9° **Électricité**

Le traitement par l'électricité nécessite une expérience particulière des procédés et de leurs indications ; nous ne pouvons ici que le mentionner.

A propos des fibromes surtout, de la sclérose utérine, de la ménopause, de la puberté, et des divers accidents de la menstruation, nous discutons l'opportunité de son intervention.

La radiothérapie, de connaissance récente, vient d'apporter, dans cet ordre de recherches, un appoint qui semble devenir prépondérant ; elle se propose de provoquer l'inhibition des réflexes hémorrhagiques et douloureux qui partent de l'ovaire.

Cependant la radiothérapie ne doit pas nous faire oublier les autres modes de traitement. J'ai cité plus haut des cas de métrorrhagie virginale guéris par la galvanisation intra-utérine positive.

II

Indications thérapeutiques tirées de l'étiologie

1° Maladies de l'appareil génital

a) *Enfants*. — Chez les *petites filles*, peu de temps après la naissance, dans les premières semaines, il arrive qu'on observe des hémorrhagies génitales dont quelques-unes partent de la matrice. Elles paraissent résulter d'une vraie congestion (ligature du cordon, gêne respiratoire, malformation cardiaque), et des *bains tièdes* suffisent à les arrêter. Plus tard, on s'assurera que le sang ne provient pas de bourgeons charnus très vasculaires siégeant autour du méat (COMBY).

D'autres fois, au moment de la naissance (RENOUF), il se produit du côté des organes génitaux une poussée congestive, analogue à celle qui survient à la puberté. On observe chez la petite fille un début d'ovulation (APERT). Cette poussée hyperhémique explique les hémorrhagies génitales de cet âge.

b) *Vie génitale*. — Les pertes se manifestent dans l'intervalle des menstruations (*métrorrhagie*), comme elles surviennent aussi au moment des règles (*ménorrhagie)* dont la prolongation et l'abondance cessent d'être normales.

Convient-il alors d'arrêter une *ménorrhagie* et à quel moment ? Une ménorrhagie réclame un traitement dont les indications sont tirées de l'étiologie utérine, ovarienne ou extra-génitale, au même titre qu'une métrorrhagie.

En dehors de la *puberté,* sur laquelle nous ne voulons pas revenir, on tiendra compte de la durée et de la quantité ordinaires du flux menstruel chez la malade, et, le plus souvent, au bout du *cinquième jour* une médication hémostatique peut être prescrite sans inconvénients. Souvent il suffit d'ordonner un grand bain tiède. *L'immersion répétée des mains* dans l'eau très chaude, quelques *irrigations* d'eau *tiède* ou d'eau *fraîche*, selon les cas, seront essayées avant d'avoir recours aux autres prescriptions médicamenteuses ou hydrothérapiques.

Pour des femmes dont les règles sont simplement trop profuses, sans qu'il y ait de lésion génitale, la *bicyclette* donne parfois de bons résultats, à condition que l'on se méfie de la congestion et de la douleur utéro-ovarienne; la pratique modérée, bien entendue, de ce genre d'exercice, atténue certaines pertes et favorise le retour à l'état physiologique.

WILCENSKI recommande la *lécithine* pendant dix à douze jours dans la période intercalaire pour retarder des règles trop rapprochées ou diminuer leur abondance. Ce mode de traitement, que l'on peut essayer sans aucun danger, ne semble pas avoir jusqu'à présent donné les résultats qu'on attendait.

La *congestion utérine*, active ou passive, primitive ou secondaire, préside à la genèse de beaucoup de pertes, les unes métrorrhagiques, les autres ménorrhagiques. Il en est que nous devons respecter, parce qu'elles servent de détente aux phénomènes fluxionnaires et jouent le rôle d'émissions sanguines naturelles. Il en est que nous devons traiter. Leur traitement se confond avec celui de la cause, et nous renvoyons pour plus de détails au chapitre consacré à la thérapeutique de la *congestion utérine*.

Nous signalerons ici cependant les hémorrhagies qui surviennent chez les jeunes femmes *à la suite des premiers rapports sexuels*, et qui sont si souvent confondues avec de petits avortements. Elles réclament le repos absolu, des bains tièdes, des irrigations vaginales et des lavements chauds. Il faut surtout s'abstenir d'examens répétés au spéculum, de touchers fréquents et de toute intervention, même légère, sur la matrice, capables d'entretenir les accidents congestifs qui ne demandent qu'à disparaître spontanément.

Les métrorrhagies de la *femme adulte* relèvent pour une grande part de la *métrite*. Durant les phases aiguës, quand, sans être très fréquentes, nous les voyons produites par la congestion, les longues irrigations chaudes ou tièdes, les lavements chauds, les grands bains tièdes parent aux accidents du début. L'écoulement du sang, bien loin de contre-indiquer les *émissions sanguines*, se trouve modéré, puis enrayé par des applications de sangsues sur le col ou mieux sur l'hypogastre.

Au fur et à mesure que les phénomènes inflammatoires perdent de leur intensité, tandis que l'écoulement persiste, vous emploierez, mais avec discrétion et en observant la susceptibilité de votre malade, la digitale, la quinine, l'ergotine, l'hydrastis, les divers procédés hydrothérapiques, etc. Le réveil brusque des souffrances demanderait la suppression des remèdes, ou tout au moins la diminution de leur dose; mais ce rappel des coliques est rare, surtout lorsque la métrite passe à l'état subaigu, puis chronique, et que l'endométrite, alors franchement hémorrhagique, conserve à peine quelques symptômes douloureux. A ce moment on devra songer, en outre, à l'opportunité du *curettage*. Cette opération, très discutable dans beaucoup d'affections utérines, est indiquée sans conteste en face d'une endométrite fongueuse qui saigne, et qui saigne depuis longtemps.

La *sclérose utérine*, au contraire, réclame les irrigations d'eau *tiède* ou *fraîche*, la médication interne par le *chlorure de calcium* ou la *gélatine* et les *tamponnements à la gélatine*.

Les hémorrhagies de la subinvolution sont taries par les irrigations d'eau *très chaude* ou *froide*, les préparations d'*ergotine* et des médicaments *vaso-constricteurs*.

Les *déviations*, surtout la *rétroflexion*, s'accompagnent de pertes qui résultent d'une congestion entretenue par la position vicieuse de l'organe, les difficultés circulatoires, etc.. autant que par la métrite concomitante. Les irrigations, l'hydrastis, etc., rendent des services. Lorsque l'utérus et les zones environnantes ne sont pas trop douloureux, lorsqu'il n'existe pas de névralgies pelviennes et que votre malade offre surtout des signes de ptoses abdominales, de laxité des organes du petit bassin, ayez recours aux *irrigations froides* et aux *bains de siège frais à eau courante*.

Toute la série des moyens hémostatiques à été épuisée contre les métrorrhagies des *fibromes;* l'ergotine absorbée à l'intérieur ou par la voie sous-cutanée demeure l'un des plus efficaces; les premières absorptions, nous l'avons dit plus haut, des préparations à doses modérées deviennent susceptibles de ramener un peu de sang. Le *gossypium*, l'*hydrastis*, le *cannabis indica*, les injections de sérum artificiel, les grandes irrigations comptent tour à tour des succès et des échecs, comme l'*électricité*, la *radio-thérapie*, comme le *curettage* lui-même, conseillé lorsque l'endo-métrite végétante accompagne les corps fibreux. Nous avons signalé plus haut les bons effets justement attribués à l'*opothé-rapie mammaire* ou *thyroïdienne* et nous trouvons dans le tam-ponnement gélatiné un puissant auxiliaire.

Le *cancer* du col, une des rares affections où la source de l'écoulement sanguin soit assez facilement accessible, permet l'usage des topiques pulvérulents et liquides, en attendant une opération partielle sinon radicale, ou quand l'étendue du néo-plasme rend une extirpation impossible. Un procédé sûr et com-mode consiste à appliquer sur le col des tampons imbi-bés de *ferripyrine* en solution à 1 pour 10 ou imprégnés de ferripyrine en poudre. Nous employons aussi très volontiers les tampons de gaze contenant des fibres de *pemgawar yambi*.

GUINARD recommande l'application d'une petite pierre de *car-bure de calcium* qui donne des résultats satisfaisants.

Nous avons vu le *tube de radium*, introduit dans la cavité utérine, arrêter les hémorrhagies et les douleurs de cancers ino-pérables. Nous reviendrons sur ce point intéressant à propos du cancer.

Au cours des *phlegmasies péri-utérines*, nous constatons assez rarement des métrorrhagies dont l'abondance et la durée nécessitent une thérapeutique spéciale. Les grandes irrigations d'eau chaude ou tiède prolongées, matin et soir, demeurent le meilleur traitement, car elles s'adressent à la fois à la cause et au symptôme, tandis que les médicaments qui agissent sur la contractilité des fibres lisses risquent d'exaspérer les souffrances.

Le *tamponnement* en columnisation possède, suivant les cas, de pareils avantages; de même le tamponnement avec la *solution gélatinée* ou avec les fibres de *pemgawar*. La *stypticine* est consi-dérée comme le plus efficace remède à prescrire à l'intérieur.

Dans les lésions inflammatoires ou non des *ovaires*, ovarites, néoplasmes, apoplexies, dégénérescences kystiques, etc., les métror-rhagies surviennent tantôt insidieuses, tantôt abondantes. Pour

Löhlein, elles sont dues à une hyperhémie réflexe avec hyperplasie de la muqueuse utérine. Cette hyperplasie de la muqueuse (endometritis hyperplastica ovarialis, Brennecke) ne comporterait aucun élément inflammatoire. Doléris dit avec raison qu'à côté de ces actes réflexes il faut tenir compte d'une même cause frappant à la fois les ovaires et la matrice, coïncidence par exemple de sclérose de l'utérus et de petit ovaire scléro-kystique. La « ponte douloureuse », la déhiscence lente et pénible de l'ovisac, au cours de la sclérose ovarienne (Doléris) provoquent des métrorrhagies.

On leur opposera le traitement de la sclérose, et on est rarement amené à pratiquer des dilatations du col suivies d'un curettage.

Si le trouble ovarien est purement fonctionnel, hyperovarie, hyperactivité ovarienne, on aura recours à l'ergotine, l'hydrastis, la digitale, le senecio, etc..., médication que nous avons indiquée à propos de la puberté et des poussées fluxionnaires de cet âge.

c) *Pendant et après la ménopause.* — Le traitement des hémorrhagies de la ménopause sera indiqué plus loin, dans un chapitre spécial, avec les autres accidents de l'âge critique.

Les *vieilles femmes*, après la ménopause, souffrent de métrorrhagies causées par l'artério-sclérose des vaisseaux utérins et la sclérose utérine en général ; le chlorure de calcium, la gélatine, les divers tamponnements seront mis en œuvre.

Des métrites fongueuses, de petits polypes muqueux, des endométrites fétides nécessiteront le nettoyage de la cavité de la matrice.

Un curettage explorateur sera souvent nécessaire pour s'assurer que la perte n'est pas symptomatique d'un néoplasme du corps au début ; mais les métrorrhagies des femmes âgées ne sont pas fatalement un signe de cancer utérin. Potherat, dans un cas, trouva un petit fibrome sous-muqueux gros comme une noisette, et dans un autre cas guérit par le traitement spécifique sa malade, ancienne syphilitique. Lancereaux a observé des hémorrhagies utérines fluxionnaires chez des goutteuses qui depuis longtemps n'étaient plus réglées.

Les hémorrhagies du *varicocèle pelvien* seront combattues par l'*hamamelis virginica*, les irrigations fraîches, le tamponnement.

2° **Maladies extra-génitales**

Si nous envisageons maintenant les pertes d'une origine *extra-génitale*, nous voyons survenir des métrorrhagies dont l'étiologie, bien difficile à reconnaitre, nous échappe même parfois.

Malgré une intervention opératoire qui paraissait judicieuse, des métrorrhagies se renouvellent ou ne gagnent qu'une amélioration momentanée, incomplète, à un curettage, par exemple, qui demeure insuffisant ou tout à fait inefficace. C'est que, derrière l'utérus, il y a un autre organe altéré, un autre système atteint qui préside à la production des accidents ou les aggrave quand la matrice est déjà malade. En méconnaissant cette cause étrangère à l'appareil génital, on s'expose à pratiquer une opération inutile ou à ne pas accompagner une opération nécessaire d'une thérapeutique qui rende son action complète, car on néglige un facteur du traitement. Des suites éloignées, des complications sont à craindre.

On peut se demander encore (Sneguireff) si certaines métrorrhagies chez des *pléthoriques*, des *obèses*, des *cardiaques*, ne sont pas bienfaisantes, et « si en les supprimant on ne s'expose pas à voir le sang chercher une autre issue, le cœur être forcé ». Cette crainte nous arrêtera rarement, en tout cas il est bon d'y songer.

Nous pouvons nous trouver en face de pertes qui ne sont inquiétantes ni par leur abondance, ni par leur durée, et pour lesquelles le mieux est de surveiller les événements et d'attendre quelques jours. C'est ainsi que de *vives impressions morales*, des *frayeurs subites* occasionnent des métrorrhagies qui n'ont pas de tendance à se reproduire si la matrice est restée primitivement saine.

Les *hémorrhagies névropathiques* (Lancereaux) seront traitées par le sulfate de quinine de 0^{gr},50 à 1^{gr},50, qui réussit bien contre les fluxions des nerveuses et des arthritiques ; il est encore plus indiqué dans la *malaria* (aiguë ou chronique).

Au début des *maladies aiguës*, les *épistaxis utérines* n'exigent guère de traitement particulier. Dans les fièvres malignes, scarlatines, varioles hémorrhagiques, dans les ictères graves, les purpuras, etc., le médecin en est bien vite réduit au *tamponnement* avec le *sérum gélatiné*. A l'intérieur, il ordonne le *chlorure de calcium;* aujourd'hui il songera au *sérum animal.* Une thérapeutique analogue sera instituée contre certaines hémorrhagies dyscrasiques produites par des poisons chimiques, organiques ou microbiens, qui empêchent ou retardent la coagulation du sang. C'est à propos de l'*hémophilie familiale* qu'a été reconnue l'action du sérum animal. De même au cours de certaines *maladies chroniques* comme la leucocythémie, le diabète, l'albuminurie, la genèse des pertes ressortit tout autant aux qualités du sang qu'à l'altération des vaisseaux.

Lorsque le flux métrorrhagique coule sous la dépendance d'une origine extra-génitale, il faut examiner l'utérus, et si l'on constate une métrite concomitante, on la soigne et en même temps on s'adresse à la cause étrangère. Il arrive aussi qu'on trouve une matrice tout à fait saine.

Parmi les symptômes et les maladies du tube digestif qui entretiennent ou provoquent des pertes, nous avons insisté sur l'influence de la *constipation.* Il faut se rappeler, pour les bannir de toute formule, que certaines substances purgatives, comme l'*aloès,* fluxionnent les organes du petit bassin. Nous prescrivons très volontiers une poudre qui se rapproche beaucoup de celle de DUJARDIN-BEAUMETZ.

Poudre de réglisse....................................... ⎫
Poudre de feuilles de séné (préparées à l'alcool).... ⎬ āā 20 gr.
Crème de tartre.. ⎫
Soufre lavé .... ⎬ āā 10 —
Magnésie calcinée....................................... ⎭

Mêlez exactement. — En prendre dans un peu d'eau
une cuillerée à café avant chacun des deux principaux repas;
ou avant un seul repas, si la dose suffit.

Son action très douce permet d'en continuer l'usage à la veille des règles qui deviennent fort douloureuses chez des femmes habituellement constipées ou hémorrhoïdaires.

De grands lavements chauds ou tièdes, véritables irrigations intestinales, rendent aussi de réels services, surtout si la métrorrhagie survient chez une malade qui présente de l'*entérite glaireuse.*

Dans les *ptoses abdominales,* le port d'une ceinture hypogastrique nécessite un choix minutieux suivant la forme et le volume du ventre.

Au cours de la *lithiase biliaire* qui s'accompagne de métrorrhagies, les infusions de *boldo*, les *alcalins*, la *glycérine* et l'*éther*, le *régime* seront maintenus longtemps, tandis qu'on agira directement aussi sur l'utérus.

Les pertes qui succèdent à des *névralgies utérines* ou *pelviennes* seront traitées par les médicaments antinévralgiques, le sulfate de quinine, l'antipyrine, le pyramidon, la phénacétine, la révulsion cutanée, les vésicatoires morphinés, etc., combinés aux hémostatiques.

Les *maladies du cœur* évoluant d'une façon essentiellement chronique, il ne nous est pas permis d'espérer (Nigel Starck), au sens strict du mot, la guérison des phénomènes utérins qu'elles provoquent, et les rechutes ultérieures restent toujours à craindre. Quand la malade est atteinte d'une cardiopathie qui la conduit à l'asystolie avec tendance aux phénomènes stasiques, elle sera maintenue au lit, on lui débarrassera l'intestin par quelques purgations légères. Gallard ordonnait avec succès de 0ᵍʳ,30 à 0ᵍʳ,60 de feuilles de *digitale* en infusion. A doses plus faibles la digitale se combine à l'*ergot* et au *sulfate de quinine;* on a préconisé aussi la *noix vomique* et le *strophantus.*

Au contraire, si les pertes hémorrhagiques relèvent de l'*hypertension artérielle*, les indications ne restent plus les mêmes; Huchard prescrit judicieusement l'*opium*, les *sédatifs*, les *calmants*, les *bains tièdes.* « Il y a, dit-il, des *métrorrhagies qui n'aiment pas l'ergot de seigle;* elles sont aggravées non seulement par les préparations ergotiques et par le froid, mais aussi par l'emploi [des autres agents vaso-constricteurs : sulfate de quinine ou digitale. »

Cette remarque est très exacte et ne s'adresse pas à la seule hypertension. A la ménopause, lorsqu'un élément fluxionnaire, propre à cet âge, vient se greffer sur un état utérin, en particulier sur une déviation et provoque à la fois des souffrances et des pertes, il m'est arrivé d'échouer lorsque je prescrivais d'emblée de l'ergotine, qui n'était du reste pas bien supportée. Au contraire, les symptômes douloureux une fois calmé par une thérapeutique sédative, la médication vaso-constrictive devenait plus efficace. Comme l'intégrité du système vasculaire, l'élément sensibilité fournit des indications dans l'emploi de l'ergot et des agents similaires.

Dans l'*athérome*, la *dégénérescence scléreuse* des artères utérines, au cours d'*artérites infectieuses* (maladies aiguës, tuberculose, syphilis. etc.), le tamponnement gélatiné peut devenir rapidement nécessaire, et il est le plus souvent efficace.

Les *métrorrhagies syphilitiques* et leur traitement seront exposés dans un chapitre spécial.

CHAPITRE VI

DE LA MÉNOPAUSE

I

Introduction

La *ménopause* est l'époque de la cessation des règles.

L'arrêt de la menstruation, survenant d'une façon naturelle et par le fait de l'âge, est un phénomène apparent qui traduit des modifications profondes dans les organes sexuels. L'ovulation se suspend ; l'utérus et les ovaires subissent une évolution qui tend à les atrophier, et la suppression de fonctions qui jouent un tel rôle s'accompagne de changements et parfois de troubles dans l'organisme entier.

La *sécrétion interne de l'ovaire* se modifie, puis ne se fait plus. Cette hypoactivité ovarienne s'accompagne d'autres symptômes glandulaires variables, d'un *syndrome polyglandulaire*. La *thyroïde* s'hypertrophie presque constamment ; dans quelques cas, elle s'atrophie. La *capsule surrénale*, *l'hypophyse* sont touchées à leur tour, « on peut voir se développer de *l'hyperépinéphrie* se caractérisant surtout par de l'hypertension, de *l'hyperhypophysie* se manifestant par des troubles acromégaliques (Rénon), etc... ». La nutrition intime, les échanges, les combustions ne restent pas les mêmes. Cette phase nouvelle s'établit à la période où commencent à s'installer sournoisement divers états pathologiques.

Aussi la *ménopause* est une étape de la vie que les femmes voient arriver avec chagrin, que beaucoup ne franchissent qu'au prix d'ennuis et de souffrances, et qui, chez un petit nombre heureusement, est marquée par des accidents redoutables.

La *ménopause*, théoriquement, n'arrive que le jour où l'éruption menstruelle ne paraît plus. Mais, en réalité, un cortège de symptômes locaux et généraux se manifeste durant un temps variant de quelques semaines à plusieurs années. Les accidents de la ménopause peuvent commencer longtemps avant la suppression des règles ; ils peuvent continuer longtemps après.

Les femmes voient arriver la *ménopause* avec appréhension et c'est fort naturel.

Pendant longtemps les médecins eux-mêmes concouraient à l'envie des malades pour les maintenir dans la crainte de cette époque.

Aussi la *ménopause* était-elle appelée *âge critique*, moins souvent *âge climatérique* ou *âge de retour*.

Puis une réaction survint, on s'efforça même de démontrer (Lisfranc, Saucerotte, Lebert, Duparcque, Leudet) que la mortalité par affections utérines, et notamment par cancer utérin, est moindre de quarante-cinq à cinquante ans que de trente à quarante.

Il ne faut pas exagérer les dangers. Sans tomber dans des excès de précautions et de soins préventifs, le temps de la ménopause doit être surveillé au point de vue de l'hygiène et de la thérapeutique.

Ce n'est pas impunément que se suppriment, plus ou moins vite, la menstruation et les fonctions ovariennes. D'autre part (Gallard), il y a au moins une coïncidence entre « l'âge critique » et le début de maladies sérieuses qui commencent volontiers à cinquante ans.

Si nous n'avons pas toujours à traiter un état morbide, nous sommes exposés à nous entendre souvent demander un conseil et une direction.

II

Considérations générales sur l'étiologie, la pathogénie et l'anatomie pathologique

1e Age moyen de la ménopause

Dans la grande majorité des cas, chez les Françaises, les règles disparaissent entre quarante-cinq et cinquante ans.

Daubenton fixait l'âge de retour de quarante-cinq à soixante-cinq ans ; il entendait ainsi la période entre la force de l'âge et la vieillesse et non la ménopause. Hallé plaçait l'âge adulte décroissant, de quarante-cinq ou cinquante à soixante ou soixante-cinq ; « c'est l'âge où la faculté génératrice disparaît chez la femme et s'affaiblit chez l'homme ». Cette dernière définition est beaucoup trop large.

2° Influence du climat, du milieu social, de l'hygiène

La femme qui aurait eu plusieurs grossesses sans accidents conserverait sa menstruation d'une façon plus tardive. Il semble aussi admis aujourd'hui, sinon prouvé, qu'elle reste plus longtemps réglée lorsque sa puberté a été plus précoce; il paraît naturel, en effet, qu'un « sens génital » vigoureux, qui amène la menstruation de bonne heure, reste puissant pour la conserver longtemps. L'opinion contraire a été longtemps soutenue.

A l'encontre de cette proposition, nous voyons que dans les contrées méridionales, la ménopause semble plus hâtive ; mais d'autre part aussi, la puberté passe pour plus précoce chez les filles du Midi. *Ménopause* et *vieillesse* diffèrent beaucoup : une femme peut paraître vieille, flétrie avant l'âge, et conserver sa menstruation.

Par contre, chez les peuples du Nord, la ménopause est retardée.

L'influence de l'hérédité ne peut que difficilement être appréciée.

Dans toutes les classes on note des différences considérables entre les personnes du même milieu social, pour l'âge de la cessation des mois. Cependant les conditions de bonne hygiène éloignent souvent la venue de la ménopause comme elles favorisent l'apparition de la puberté.

Mais tous ces motifs n'expliquent pas les cas de *ménopause* singulièrement *précoce*, à trente-cinq ans, trente ans, vingt-huit ans et même avant. Sans nier la possibilité de ces faits en dehors de tout état pathologique, on peut soupçonner pour un certain nombre d'entre eux quelques lésions ovariennes difficiles et même impossibles à diagnostiquer.

Par contre, il est des *ménopauses tardives* que l'on a vues ne débuter qu'à cinquante-cinq ans, soixante-cinq ans (Courty), soixante-dix, quatre-vingts et cent ans (?) (Blancard). Beaucoup de ces prétendues règles devaient être des métrorrhagies pathologiques. Mais lorsque le sang continue à couler tous les mois, sans phase d'interruption, et cela pendant des années, quand arrive une de ces grossesses tardives à un âge où l'on a tant de peine à y croire, il faut reconnaître que les ovaires ont continué leurs fonctions.

L'*ovulation* ne meurt pas toujours avec les dernières règles. Elle sommeille pendant un temps plus ou moins long, et tombe dans un état de torpeur avant de disparaître; parfois elle se réveille, et après une période d'aménorrhée absolue, une nouvelle ovulation (Puech) provoque un retour de la menstruation et le phénomène se reproduit avec régularité les mois suivants comme à l'époque de la vie génitale. Ce rappel du flux périodique, que Gallard a vu sollicité par une passion amoureuse, et qu'amèneraient d'autres influences, a été suivi de grossesses bien inattendues.

3° Grossesses tardives

Des femmes ayant depuis plusieurs années passé l'âge de la ménopause, sans que jamais depuis cette époque aucun flux hémorrhagique se soit écoulé par les voies génitales, sont devenues enceintes. Ces *grossesses tardives*, en l'absence de toute menstruation, mais en rapport avec des réveils d'ovulation, ont été constatées six ans après la cessation des règles par Puech, trois ans après par Lemoine, dix ans après par Renaudin, deux ans après par Deshayes.

4° Considérations étiologiques

La *ménopause* est consécutive à l'*ablation chirurgicale des ovaires*. Elle est avancée par les maladies qui altèrent le parenchyme ovarien, étouffent ou détruisent les éléments nobles et arrêtent le travail d'ovulation; au premier rang doivent être citées les *ovarites*, aiguës ou chroniques. On peut considérer (Cornil et Ranvier) comme dépendant d'une ovarite interstitielle chronique la formation du tissu fibreux dur et dense qui succède aux congestions ovariques répétées et à l'évolution rétrograde des follicules de de Graaf. Peut-être certains troubles, certaines maladies de l'*ovulation* qui s'accompagnent d'une *hyperhémie* intense (allant jusqu'à l'*apoplexie* de l'ovisac) favorisent-elles l'évolution de cette ovarite interstitielle. Les suites de couches graves, les métrites, salpingites, retentissent sur l'ovaire.

Un organe irrigué par une artère dont le calibre est diminué par l'*athérome* tend à s'atrophier (LANCEREAUX). La dégénérescence athéromateuse des artères utéro-ovariennes est des plus fréquentes à la ménopause. L'artério-sclérose des vaisseaux amène la cirrhose ovarienne.

Entrent encore en ligne les *maladies infectieuses*, l'*obésité*, le *diabète*, toutes les *maladies chroniques* et les *cachexies, tuberculose, saturnisme, paludisme, alcoolisme, maladies* des *reins*, du *foie*, etc.

Dans les *maladies du cœur*, « la ménopause est hâtive pour la mitrale, retardée pour l'aortique (DUROZIER). » C'est une erreur. Les lésions de l'orifice aortique d'une malade de cinquante ans sont d'origine athéromateuse, et si cette femme continue à accuser des flux hémorrhagiques par les voies génitales, le sang résulte d'une perte causée par l'athérome ou la sclérose des artères utérines plus souvent que d'une menstruation persistant grâce à une ménopause tardive. Mitrale ou aortique, la cardiaque voit ses règles disparaître de bonne heure, et, si des écoulements sanguins surviennent après l'âge moyen de la ménopause, ils sont plutôt pathologiques.

5° Modifications anatomiques

Il nous suffira de dire qu'à l'âge de la ménopause les *mamelles* s'affaissent et les *lèvres* se flétrissent. L'*ovaire* s'atrophie, sa vascularité diminue, les parois des ovisacs deviennent fibreuses et s'épaississent. Les *trompes* diminuent et s'oblitèrent. Le corps de l'*utérus* s'atrophie, le tissu conjonctif interstitiel hyperplasié étouffe les éléments musculaires et les glandes; le col s'efface, les orifices s'atrésient. Les artères utéro-ovariennes subissent une dégénérescence scléreuse ou athéromateuse.

6° Pathogénie

Depuis la puberté, tous les mois, l'économie s'était accoutumée à une perte hémorrhagique plus ou moins abondante, et tout à coup ce flux périodique s'arrête. Parfois, après la suppression des règles, un molimen cataménial imparfait, un faible travail d'ovulation s'ébauchent de temps à autre sans aboutir à une éruption menstruelle. Des mouvements fluxionnaires éclatent alors à l'époque correspondant à la période des règles absentes et se portent sur divers organes.

La suppression du flux cataménial et de la secrétion interne des ovaires entraîne une rétention de produits toxiques capables d'altérer l'économie.

Albert Robin et Binet ont établi qu'il y a pendant les règles exagération des échanges respiratoires : la menstruation fait augmenter la quantité d'acide carbonique produit et d'oxygène consommé, l'oxygène absorbé par les tissus décroît généralement. Andral et Gavaret avaient prouvé qu'au moment de la ménopause l'élimination du carbone augmente par le poumon ; *pendant toute la vie génitale une partie de ce carbone s'échappe par le sang menstruel.*

L'ovaire est un *hypotenseur* de la circulation ; sa défaillance explique au moins en partie l'hypertension artérielle de la ménopause et ses conséquences lésionnales. Sa sécrétion interne active les échanges, augmente l'élimination de l'urée, des phosphates et des chlorures ; lorsqu'elle disparaît, les échanges sont ralentis.

Les perturbations des autres glandes endocrines unissent leurs effets aux accidents d'origine ovarienne. La *thyroïde*, les *capsules surrénales* l'*hypophyse*, troublées dans leur fonction, contribuent aux désordres des voies circulatoires comme aux modifications du métabolisme de tous les organes.

Quelle que soit leur pathogénie, les accidents de la ménopause s'observent surtout chez les femmes prédisposées par une tare antérieure ou héréditaire : manifestations nerveuses chez les névropathes, exagération des troubles gastriques chez les dyspeptiques, etc.

III

Séméiologie

1° Considérations générales

A la *puberté*, l'enfant devient une jeune fille dont le physique, l'esprit, le moral subissent une métamorphose ; de même à la *ménopause*, la femme éprouve des changements qui retentissent sur tout son organisme.

Au point de vue *physique et intellectuel*, elle se trouve souvent « entre les limites de l'état physiologique et de l'état pathologique » (RACIBORSKI).

Certaines ménopauses passent presque inaperçues. Des femmes ont vu leurs règles disparaître brusquement sans qu'il en soit résulté pour elles aucune gêne, aucune sensation pénible. Pour d'autres, les symptômes sont si peu accentués qu'ils méritent à peine le nom de malaises. Il est rare que la transformation s'accomplisse au moins sans un petit accident utérin, perte, leucorrhée, sans un trouble momentané de l'état général ou d'un organe étranger à l'appareil sexuel. Souvent les règles diminuent d'une façon progressive, jusqu'au jour où elles cessent complètement. Plus fréquemment encore se manifestent des irrégularités ; une ou deux périodes manquent, puis survient une perte. Les époques menstruelles se précipitent, retardent, avec de grandes variations dans leur abondance et leur durée.

BARBAUD et ROUILLARD considèrent la femme du *peuple* et la femme du *monde*. Pour la femme du peuple, disent-ils, la cessation des règles n'amène pas toujours des regrets, au contraire, ses douleurs sont réelles et elle les précise. La femme du monde plus intellectuelle, plus névropathe, n'est pas plus exposée aux souffrances physiques, mais elle les ressent peut-être davantage, elle s'en préoccupe, parfois les exagère. Elle se plaint aussi beaucoup plus de ce qu'elle appelle sa déchéance. Elle lutte pour conserver l'illusion de la jeunesse; c'est le moment où elle fait appel aux fards, aux cosmétiques. Son esprit est aigri.

Nous avons à considérer :

A. — Les phénomènes menstruels caractérisés par la diminution, l'exagération ou l'irrégularité du flux cataménial.

B. — Les phénomènes fluxionnaires et toxiques d'origine génitale.

C. — Les phénomènes nerveux : *a)* sthéniques, hypersthéniques (pléthore nerveuse); *b)* asthéniques, neurasthéniques.

D. — Les états concomitants, pour lesquels il reste difficile d'apprécier ce qui résulte de la suppression : *a)* des écoulements périodiques; *b)* des sécrétions internes ; *c)* des fonctions d'émonctoires, en tenant compte aussi de la coïncidence de l'âge. Certains états pathologiques ne dépendent pas directement de la ménopause, mais leur apparition est favorisée ou hâtée chez des personnes prédisposées par les modifications qui accompagnent la disparition des règles.

2° Ménopause chirurgicale

La *ménopause artificielle* ou *post-opératoire* nous aide dans notre étude. La venue brusque de symptômes déterminés par l'ablation des ovaires nous permet de les comparer à des troubles plus vagues, moins accentués, qui se montrent par intervalles au cours de la ménopause naturelle (Lissac, Jayle). Toutes les castrées cependant ne présentent pas dans un ordre rigoureux une série de phénomènes inévitables et toujours les mêmes. Les manifestations post-opératoires varient à l'infini, suivant l'âge des malades et leurs prédispositions naturelles; chez quelques-unes ils sont nuls ou à peine ébauchés.

Bouffées de chaleur. — Subitement, la malade éprouve une sensation de chaleur qui envahit toute une partie du corps comme sous l'impulsion d'une poussée. Ces bouffées de chaleur, qui éclatent sans cause ou sous l'influence d'une surprise, d'un choc, sont localisées à une région ou générales. Tantôt vives au point d'être gênantes et pénibles, elles sont d'autres fois plus fugaces et reviennent d'une manière très irrégulière. Lorsqu'elles montent à la face, elles sont capables de provoquer des troubles de la vue, des tintements d'oreilles et des étourdissements.

Très souvent elles se terminent par des *crises de sueurs*, générales ou partielles, susceptibles aussi de se montrer isolément.

Poussées congestives. — Le mouvement fluxionnaire se porte aussi vers les muqueuses, et il est peu d'organes qui soient à l'abri de ses effets. Les poussées congestives s'exercent de préférence à l'époque qui correspond à la menstruation absente. Quoiqu'elles arrivent à produire des hémorrhagies, elles ne constituent cependant pas des règles déviées ou supplémentaires, puisqu'il n'y a plus possibilité de règles.

L'hyperémie des voies respiratoires se traduit par des éternuements, des crises de sécrétion nasale, de la laryngo-trachéite, de la bronchite, de la congestion pulmonaire même, et elle prend assez d'intensité pour donner naissance à des épistaxis et à des hémoptysies. De même on a signalé des hématémèses, comme aussi des accès de diarrhée, et plus souvent encore des crises hémorrhoïdaires. On a même observé du purpura.

Obésité. — Il arrive souvent, à la suite de la castration, que la femme prenne un *embonpoint* plus ou moins marqué. L'*adipose localisée* en certaines régions du corps, la *maladie de Dercum* ont été pareillement observées.

Troubles nerveux. — Les femmes prédisposées par leurs antécédents héréditaires ou personnels présentent une série d'accidents nerveux que nous constatons aussi, mais d'ordinaire plus atténués, chez les opérées qui n'appartiennent pas à la famille névropathique.

Le caractère se modifie, et si parfois ce sont des phénomènes d'excitation et d'irritabilité qui dominent, il est plus habituel d'assister à des phases d'une dépression qui va jusqu'à la vésanie. D'autres malades sont obsédées par des idées de suicide auxquelles elles n'essaient pas de se soustraire.

Les accidents intellectuels n'acquièrent pas toujours une telle gravité, et se bornent à une perte de la mémoire qui porte sur les faits récents, alors que la mémoire des faits anciens demeure conservée (JAYLE).

Puis, restent à énumérer tous les phénomènes inhérents à la *neurasthénie*, isolés ou groupés suivant les malades : céphalée paroxystique, plus rarement continuelle, avec accès de névralgies et de véritables migraines, douleurs rachialgiques, vertiges, insomnies, cauchemars, lassitude avec tendance au dérobement des jambes, dyspepsie, affaiblissement de la vue, bourdonnements d'oreilles, etc.

Dans la génèse de ces troubles divers *l'intoxication d'origine génitale* joue aussi un très grand rôle.

Le tableau de la *ménopause naturelle* ne saurait être absolument pareil. Parmi ses manifestations les plus importantes et les plus sérieuses, elle compte au premier rang les troubles menstruels et génitaux qui n'existent pas dans la ménopause chirurgicale. Par l'intervention opératoire, la suppression ovarienne est brusque, subite, elle n'est pas préparée, le changement survient du jour au lendemain, et les phénomènes réactionnels en sont d'autant plus intenses.

Ce qui se passe dans la marche des événements au cours de la ménopause naturelle est tout différent. « La nature sage et prévoyante n'a pas voulu que la cessation des règles fût subite. » Le temps des écarts, la période de défaillance ovarienne (TILT), précèdent de plusieurs mois (deux ans et plus) la disparition définitive des fonctions menstruelles ; ils ménagent à l'organisme une transition, une accoutumance progressives.

Les accidents de la ménopause naturelle peuvent durer plusieurs années.

IV

Phénomènes menstruels et accidents de la ménopause naturelle

1° Menstruation

Pendant six mois, un an et plus, les femmes accusent une diminution du flux menstruel, et quelques-unes prétendent que l'écoulement hémorrhagique est moins coloré. *La leucorrhée* s'installe volontiers, et des pertes blanches abondantes s'observent dans la période intercalaire, comme aussi avant et après les règles. La fluxion utérine, si vive à cette phase de la vie génitale, donne naissance à des crises d'hypersécrétion leucorrhéique capable de simuler des eaux rouges ou rousses au commencement ou à la fin des règles. Bien des malheureuses ont été terrifiées par une apparence suspecte de pertes qui ne reconnaissaient pas d'autre origine.

Des surprises se préparent à la date où sont attendues les règles. Rien ne paraît, le mois suivant se passe et toujours rien ; puis, d'une façon inopinée, le sang arrive, s'arrête, repart de telle sorte qu'il coule deux fois par mois ou trois fois en deux mois. Les phases d'interruption alternent avec des menstruations très irrégulières dans leur venue, si bien que la patiente finit par se perdre dans les dates. Pour compléter ses alarmes, après une aménorrhée assez longue, elle se voit obligée de garder le lit à cause d'une perte subite qui s'éternise, acquiert des proportions inquiétantes, la débilite et la laisse dans un état pitoyable.

2° **Phénomènes fluxionnaires**

Comme les plus fréquentes, nous retrouvons les *bouffées de chaleur* envahissant la face et les extrémités, ou généralisées à toutes les régions du corps. Naissant d'une manière spontanée, ou après une émotion, un choc, elles s'accompagnent de *crises de sueurs*, pareillement locales ou généralisées ; ces poussées fluxionnaires ne se montrent pas en général aussi accentuées qu'après l'ablation opératoire des ovaires. Certaines malades, l'accès de chaleur et de sueurs une fois terminé, accusent une sensation de *refroidissement* : d'autres éprouvent des crises de froid isolées.

Avec ou sans accès paroxystiques, la *rougeur de la face* s'installe en permanence et amène à la longue des *varicosités*, de l'*acné*, une *apparence furfuracée de la peau* fort désagréables aux patientes.

Les poussées fluxionnaires, qu'une habitude de l'économie dirigeait vers l'appareil génital, continuent à se porter de préférence du côté du petit bassin sur les organes péri-utérins et sur l'utérus lui-même. Aussi provoquent-elles des sensations de *pesanteur* au niveau des lombes, du bas-ventre, du périnée et des cuisses, une impression de *chaleur* à la vulve et au vagin, des crises de *diarrhée* qui reviennent à date périodique, et surtout des congestions *hémorrhoïdaires* dont le flux bien établi produit un grand soulagement.

Des *hémorrhagies diverses* se manifestent avec les allures de règles déviées ou supplémentaires, sous forme d'épistaxis, d'hémoptysies, d'hématémèses, de melœna, d'une hémorrhagie rétinienne (Rabé). Du côté des reins nous noterons des accès de *polyurie*, de l'*albuminurie transitoire*, de la *congestion* avec douleurs lombaires et peut-être même des *hématuries* (?).

Les *voies respiratoires* manifestent leurs atteintes depuis la simple *anhélence* ressentie après une marche rapide ou une ascension, jusqu'à la *bronchite*, à la *dyspnée pseudo-asthmatique*, aux congestions et à l'œdème, à une série de troubles légers ou sérieux et volontiers fugaces.

Certaines femmes, au moment des règles, sont prises d'une légère hyperhémie conjonctivale, en même temps que d'un coryza de peu de durée et de poussées herpétiques. Au moment de la ménopause, cette *fluxion nasale* provoque des vertiges, des cauchemars, des migraines et même des accès de faux asthme. Le tissu érectile du nez se tuméfie, et s'il existe une hypertrophie d'un cornet ou une déviation de la cloison, éclatent ces paroxysmes de dyspnée et d'asthme nasal.

3° Phénomènes nerveux

Migraines, rachialgie, douleurs lombaires, bourdonnements d'oreilles et vertiges, palpitations, lipothymies, insomnies, hallucinations, affaiblissement des membres inférieurs, lassitude s'entremêlent, se succèdent tour à tour pour inquiéter les malheureuses névropathes.

La *céphalée* est un symptôme pénible : d'origine toxique par dysovarie et dystrophie polyglandulaire, ou de nature congestive, elle dépend aussi de la neurasthénie, de troubles gastriques ou rénaux, de la coprostase, de l'état du nez. La *douleur lombaire* l'accompagne, reconnaissant les mêmes causes toxiques ou congestives, ou relevant d'une lésion utérine, d'un trouble nerveux, de souffrances rénales, etc.

Les *cauchemars* sont terrifiants ; la malade voit des cimetières, des morts, des animaux terribles. Comme elle est nerveuse, qu'elle a du tremblement et des troubles dyspeptiques, on l'accuse à tort d'éthylisme.

L'*insomnie* exagère la fatigue et le nervosisme; plus rarement il existe de l'*hypersomnie* qui survient du reste dans d'autres cas de perturbations fonctionnelles génitales (SALMON).

Les *désirs sexuels*, éteints depuis longtemps, se réveillent parfois impérieux et incessants.

4° Obésité

Le corps s'empâte, devient lourd, la femme prend un embonpoint qui gêne et gâte son élégance; le ventre surtout est envahi par la graisse, et cette *obésité* distend les parois abdominales, relâche leur tonicité et favorise une chute de la masse intestinale qui produit des dyspepsies. Suspensions des règles et développement du ventre suggèrent à tort l'idée d'une *grossesse* possible, et l'obésité rend au début le diagnostic difficile entre ces *fausses grossesses* et les grossesses tardives.

Les *adiposes localisées* ressortissent souvent à l'insuffisance ovarienne dont l'influence étiologique paraît indiscutable sur la *maladie de Dercum* : « Cependant il faut tenir autant de compte des lésions associées *thyro-ovariennes* que des lésions ovariennes seules dans la genèse de l'adipose douloureuse. » (RÉNON.)

Nous ne reviendrons pas sur ce que nous avons exposé à propos du syndrôme hypophysaire *adiposo-génital* (Voir pages 80, 85.)

5° Accidents utérins

A. — Leucorrhée

La *leucorrhée* se produit à la ménopause, ou s'exagère quand elle existait déjà, chez presque toutes les femmes. Les pertes blanches filantes ou épaisses, jaunes ou roussâtres, apparaissent avant ou après les règles, s'installent dans la période intercalaire, sous l'influence de plusieurs causes.

a) Tantôt elles sont dues à une simple hypersécrétion de la muqueuse qui ressortit à l'état fluxionnaire de tout l'appareil génital.

b) Tantôt elles suppléent la menstruation qui fait défaut; ce sont de véritables règles blanches.

c) Elles résultent de troubles utéro-ovariens exagérés par la congestion de la ménopause.

d) Elles dépendent de la *vaginite sénile*, qui se manifeste à la ménopause et plus tard, et donne naissance à un écoulement séro-purulent ou teinté de sang et parfois d'odeur fétide.

e) On observe des *vulvites* isolées sur des obèses, des femmes sujettes à l'intertrigo, dans tous les cas où une invasion saprophytique est favorisée par l'état congestif de la région.

f) Les pertes blanches reconnaissent enfin toutes les causes des *fausses utérines*.

Leur abondance et leur ténacité amènent de l'irritation, des éruptions au niveau des lèvres, et une conséquence fort ennuyeuse, le *prurit vulvaire*.

B. — Pertes hémorrhagiques

Au milieu des écarts menstruels, la femme ne se reconnaît plus pour la date des règles et nous devons souvent renoncer à distinguer une ménorrhagie d'une métrorrhagie. La perte apparaît subite, sans motif, sans que rien ait encore annoncé à la patiente que le temps de la ménopause est imminent; le flux d'une époque ne se termine pas et coule avec une abondance inusitée. Ou bien l'hémorrhagie succède à des troubles, à des malaises qui tenaient déjà l'attention éveillée. Elle marque le début de la ménopause, plus souvent elle survient après quelques incidents. Le sang peut se mélanger à une leucorrhée abondante qui lui donne une apparence trompeuse.

La *poussée congestive*, qui sévit sur tous les organes du bassin, s'exerce sur l'utérus avec d'autant plus de facilité qu'il a l'habitude de se fluxionner d'une façon périodique.

Les *neuro-arthritiques*, les *goutteuses*, les femmes atteintes de *sclérose* de la matrice, sont prédisposées à souffrir ainsi de pertes très abondantes sous l'influence des *crises fluxionnaires* dues à la dysovarie.

Apert a signalé des *hémorrhagies* de la ménopause et une adiposité en rapport avec des lésions des *capsules surrénales* (voir p. 85). La *thyroïde*, l'*hypophyse* elle-même peuvent être incriminées dans certains cas et fournir des indications d'opothérapie.

La tendance aux congestions est favorisée par la *bonne chère*, l'usage de l'*alcool*, l'*obésité* et ses conséquences, la *ptose abdominale*, par tous les états qui constituent les *fausses utérines*.

Les *dégénérescences artérielles*, athérome, artério-sclérose, amyloïde, syphilis, tuberculose, maintiennent béante la lumière d'un vaisseau s'il vient à se rompre. Lorsqu'une hémorrhagie prend sa source au niveau d'une artériole altérée, elle traîne en une longueur désespérante, et les médications vaso-constrictives n'ont aucun effet contre la perte.

Les poussées congestives causent des métrorrhagies d'autant plus intenses lorsqu'elles se fixent sur une matrice qui, au préalable, portait une lésion hémorrhagipare par elle-même. C'est ainsi qu'un fibrome, par exemple, demeuré silencieux jusqu'à la ménopause se met à saigner abondamment sous l'influence de ces crises hyperé miques ; j'ai vu des déviations, des rétroflexions notamment, à peine soupçonnées de la malade, provoquer ainsi des flux de sang presque incoercibles.

Après un long temps d'aménorrhée, la maturation tardive de nouveaux ovules est capable de ramener une éruption menstruelle tout à fait *normale*, à la possibilité de laquelle il convient de songer afin de ne pas la confondre avec un symptôme grave.

C'est aussi aux approches de la ménopause que nous observons des cas de dysménorrhée intermenstruelle caractérisés surtout à cet âge moins par les symptômes douloureux que par la perte de sang. Dans le milieu de la période intercalaire apparaît une hémorrhagie qui dure quatre à six jours et que les malades attribuent à tort à des règles normales venant tous les quinze jours. En réalité, le flux dépend d'une poussée congestive favorisée à la fois par l'âge et, le plus souvent, par un état de sclérose génitale ou une vieille lésion annexielle qui paraît éteinte.

Mais, avant d'accepter le diagnostic d'une de ces hémorrhagies de cause bénigne, il faut, par tous les moyens possibles et au besoin par un curettage explorateur, s'assurer que la perte n'est pas due à une *tumeur maligne* au début.

C. — Métrites

Les infections, le refroidissement, le traumatisme, la fatigue, etc., ont beau jeu contre un organe dont les fluxions persistantes et répétées diminuent les moyens de défense. Aussi les aggravations au cours de la *métrite* s'observent-elles assez fréquemment ; des phénomènes de pesanteur, de douleur avec irradiations dans les lombes et les cuisses, des crises d'hystéralgie ou de névralgies diverses, une leucorrhée épaisse et des pertes plus ou moins abondantes traduisent la poussée congestive qui se fixe sur un utérus métritique. Des femmes accusent une lassitude perpétuelle avec sensibilité dans les cuisses et les jambes, souffrances lombaires et lourdeur abdominale, sensations de gonflement, de plénitude qui ne reconnaissent pas une autre origine.

Après la cessation des règles, la fluxion périodique aggravante venant à disparaître, la *métrite chronique* tend à perdre de sa gravité et marche vers la guérison (GALLARD); ou du moins elle s'atténue pour rester susceptible de se réveiller en subissant les effets d'une infection récente, ou de toute autre de ses causes habituelles.

De petits *polypes muqueux*, au cours d'une métrite, peuvent devenir la source d'hémorrhagies tenaces très inquiétantes, tant que leur véritable origine n'a pas été reconnue.

La *fausse métrite hémorrhagique* (DOLÉRIS), la *sclérose utérine* et la *fibromatose diffuse* se manifestent avec une grande fréquence à l'époque de l'âge critique; les pertes qu'elles provoquent sont abondantes et répétées, car, hémorrhagipares par elles-mêmes, ces altérations subissent de plus l'influence des poussées fluxionnaires. Leur diagnostic avec le cancer du corps au début est parfois des plus délicats.

Le cancer est encore plus simulé par la *métrite fétide* fongueuse des femmes âgées, avec ses écoulements putrides et sanguinolents.

Ces diverses lésions s'accompagnent de *névralgies* et de *prurit vulvaire*.

D. — Fibromes

Après la disparition des menstrues, les fibromes utérins diminuent souvent ou tout au moins deviennent silencieux. Chez certaines malades, au contraire, on a noté l'accroissement de la tumeur et la persistance des accidents qu'elle entraîne. Il faut considérer le fibrome au moment de la ménopause et après sa terminaison. Pendant la période des troubles menstruels et des poussées congestives, âge critique des myomes, suivant l'expression de JACOBS, le fibrome participe à leurs effets, provoque des métrorrhagies très inquiétantes accompagnées parfois de dou-

leurs, de ballonnement, d'accidents de compression et de menaces
d'obstruction intestinale avec une apparence de péritonisme à
répétition.

Il arrive que la tumeur paraît se gonfler à chaque époque des
règles normales ou avortées, pour diminuer ensuite et reprendre
son volume primitif. Mais elle ne rétrocède pas toujours ; son
augmentation se poursuit d'une manière plus ou moins rapide
et, si elle est progressive et incessante, une intervention devient
inévitable, nécessitée encore par l'infection, le sphacèle, les
compressions, les hémorrhagies graves, etc. C'est le moment où
les myomes se calcifient, deviennent œdémateux, myxomateux.

Lorsque la ménopause est franchie, le fibrome cesse d'augmenter, il ne se forme plus de nouveaux noyaux, et même la
tumeur diminue. Cette régression favorise aussi les accidents de
torsion de la tumeur (ROUFFART) et il reste à craindre les *dégé-
néres cences malignes* et les sphacèles; on a vu survenir des
phlébites tardives.

Cependant, après la cessation des règles, d'une façon générale
le pronostic devient beaucoup plus favorable ; pour l'apprécier,
il faut tenir compte du volume de la tumeur, des circonstances
connexes, et surtout on ne cessera pas immédiatement la surveillance.

E. — Cancer

Le cancer est fréquent. Des statistiques ont établi qu'il ne l'est
pas plus qu'à certaines autres périodes de la vie. Cependant l'irritation qui survient au cours des métrites, entretenue par les
accidents de l'âge, peut favoriser l'apparition du cancer.

F. — Déviations. — Flexions. — Prolapsus

Après la disparition des menstrues, les déviations et les
flexions sont bien mieux tolérées que pendant la vie génitale,
et elles produisent infiniment moins de troubles.

La fluxion cataméniale, insuffisante à les faire naître de toutes
pièces, exagère et entretient les malaises dus aux déviations.
L'intervention de facteurs étiologiques autres qu'une rétroflexion
ou une antéversion est souvent nécessaire pour expliquer les
douleurs qui les accompagnent.

La fréquence des prolapsus génitaux augmente sous l'influence de l'atrophie des tissus, de la faiblesse des ligaments et de la surcharge adipeuse (Batigne).

G. — Mamelles

Le gonflement des mamelles est accusé par certaines malades durant quelque temps. Quant aux *tumeurs* du sein, leur développement est une coïncidence.

V

Influence de la ménopause sur les appareils étrangers au système génital

Les effets de la ménopause se font sentir de préférence sur les organes déjà malades, dont elle exagère les troubles préexistants au point de donner une grande importance à des malaises qui jusque-là avaient passé presque inaperçus.

1° Voies digestives

Les *appétits bizarres*, les *perversions du goût*, le *ptyalisme*, que l'on rencontre chez des femmes un peu nerveuses, ne méritent pas le nom d'accidents de la ménopause.

Les poussées fluxionnaires se traduisent par des crises d'*hypersthénie* gastrique avec *hyperchlorhydrie* (Elsner) qui se manifestent avec la venue des règles troublées : l'accès éclate encore et même plus vivement à la date qui correspond aux règles manquantes et cela pendant un temps assez long après la disparition des mois. L'hyperchlorhydrie de *paroxystique* devient *continue à paroxysmes :* vomissements aqueux, gastralgie, œsophagisme, aigreurs, accompagnés de grands maux de tête, de vertiges, d'une constipation opiniâtre, se succèdent ou se combinent.

En dehors de toute altération stomacale antérieure, l'*hyposthénie gastrique* avec *hypochlorhydrie* naît sous l'influence d'hémorrhagies répétées et abondantes. Chez les anciennes dyspeptiques nous voyons s'exaspérer les troubles dus aux *acidités de fermentation*, aux *viscéroptoses*, au *prolapsus graisseux de l'abdomen*, à l'*entérocolite muco-membraneuse*, à la *constipation*.

La *constipation chronique* doit être considérée parfois comme une manifestation de l'insuffisance ovarienne ou poly-glandulaire (thyroïde).

Le *vomissement* est un symptôme fréquent ; pituiteux, bilieux, alimentaire, il ne reconnaît pas toujours une origine stomacale. La congestion du foie, la lithiase hépatique, les accidents urinaires contribuent à le produire.

De sérieuses gastropathies sont dues à l'usage immodéré du thé, du café, du tabac, des boissons fortes, de l'*alcool* (GALLARD).

Des *hématémèses*, des *diarrhées profuses* s'établissent à la façon de manifestations supplémentaires ou déviées des règles, comme aussi des *crises hémorrhoïdaires*.

Un *ballonnement intestinal* s'établit à la période des règles absentes et s'accompagne de sensibilité et de défaillances.

La *neurasthénie* se greffe sur ces manifestations et les aggrave.

2° Cœur et Voies circulatoires

La *tachycardie*, étudiée par KISCH, et rapportée par CLÉMENT à l'excitation du grand sympathique, ne constitue pas le seul accident cardiaque de la ménopause.

HUCHARD considère qu'à l'époque de la cessation des règles les femmes peuvent présenter des troubles de nature diverse :

1° Une tachycardie d'origine fonctionnelle, avec palpitations et parfois syncopes, due à l'hypertension artérielle.

Une tachycardie d'origine organique qui provient de lésions cardiaques.

2° Des lésions cardiaques se développent à cet âge : ce sont les cardiopathies artérielles (artério-sclérose généralisée) et les aortites.

3° D'autres sont préexistantes et subissent une aggravation.

4° Certains troubles du cœur sont purement névrosiques et dépendent de l'hystérie ou de la neurasthénie si fréquentes à la ménopause.

5° Il en est de nature réflexe qui éclatent à la suite des accidents utérins ; comme il s'en montre au cours des accidents hépatiques ou stomacaux.

6° Enfin la surcharge graisseuse du cœur englobe un certain nombre de faits.

Certaines tachycardies relèvent en outre de la *dystrophie ovarienne*, qu'elle se traduise ou non par un *syndrome basedowiforme*. L'accélération du cœur fait partie des symptômes de la dysovarie (ataxie ovarienne, hyperovarie, hypo-ovarie) par trouble secrétoire d'une glande hypotensive, ou par l'intermédiaire d'une intoxication dont nous ne connaissons pas le véritable mode d'action.

Les bouffées de chaleur et les autres poussées congestives s'accompagnent volontiers de *palpitations* et de tachycardie.

D'autres glandes endocrines que l'ovaire, quand leur fonctionnement est troublé, entrent en jeu, d'une manière isolée ou synergique, pour produire des troubles circulatoires : L'*hyperépinéphrie* de la ménopause amène de l'hypertension, et une influence importante lui a été attribuée dans la genèse de l'artério-sclérose et de l'athérome. L'*hyperthyroïdie* (compensatrice ou non) produit des palpitations et même le syndrome de Basedow ou la simple tachycardie. L'*insuffisance hypophysaire* se traduit par deux principaux symptômes, l'accélération du pouls et l'abaissement de la tension artérielle.

Les sensations de chaleur et les poussées de rougeur dépendent peut-être autant d'une action de la surrénale ou de l'hypophyse que d'un processus ovarien.

Ces conceptions ne doivent pas rester théoriques et nous donnent des indications d'opothérapie.

3° Foie

La *congestion hépatique* se produit à propos d'une période menstruelle normale, plus facilement encore au moment des règles troublées par la ménopause.

En plus des symptômes qui lui sont propres, elle entre, pour une bonne part, dans l'apparition de certains malaises rapportés à tort uniquement à l'estomac ou à l'intestin, et elle est souvent la cause déterminante d'une crise hémorrhoïdaire. Le mélange de troubles hépatiques et gastriques constitue l'*état bilieux* de la ménopause (Bennett, Aran).

L'*ictère* se montre au cours de ces complications et rappelle en certains cas l'*ictère menstruel* de Senator, mais d'autres fois il est franchement d'origine infectieuse ou bien encore il succède à des accès de colique hépatique. La *lithiase biliaire*, en effet, coïncide souvent, dans ses premières manifestations, avec l'âge critique.

4° Reins

La *lithiase rénale* est plus rare que la calculose hépatique ; quand elle existe, les crises de colique néphrétique éclatent volontiers à propos des désordres menstruels[1].

La suppression des règles retentit encore sur le rein (Le Gendre, André Petit), qui subit une congestion supplémentaire d'intensité variable s'accompagnant d'une albuminurie légère avec diminution des urines et parfois même d'une hématurie transitoire. Les malades se plaignent de douleurs lombaires et en même temps de nausées, de vomissements, de céphalalgie, isolés ou confondus avec d'autres signes de la petite urémie.

Un rein flottant, comme toute autre maladie antérieure de l'appareil urinaire, aggrave les accidents qui cèdent facilement, du reste, aux émissions sanguines, à la médication diurétique (Le Gendre) et opothérapique.

5° Peau

Alibert enseignait que les éruptions cutanées de la puberté tendaient à réapparaître au moment de la ménopause. Toujours est-il qu'à ces deux âges de la vie, les femmes sont également sujettes à l'acné, à l'eczéma, au prurigo, à la furonculose, aux érysipèles à répétition.

Bœrner a signalé des accidents assez curieux :

a) De tuméfaction cutanée circonscrite, accompagnant des douleurs névralgiques ;

b) Et de gonflements de la peau, dus à des œdèmes non douloureux, et qui sont tantôt généralisés, tantôt localisés au nez, au front, aux tempes, aux joues ou aux extrémités des membres.

6° Système nerveux

Le terrain névropathique est, de tous, le plus favorable à

1. Voir *Fausses Utérines* et *Gravelle*, p.

l'éclosion d'accidents provoqués par la ménopause. Chez la femme prédisposée, nous assistons à une foule de manifestations nerveuses, dont les unes dénotent simplement une certaine étrangeté du caractère ou des idées, mais dont quelques autres vont jusqu'à la folie. Entre ces deux extrêmes évoluent nombre d'états intermédiaires.

Comme la *neurasthénie* étudiée plus haut, avec ses palpitations, ses pulsations artérielles, ses fourmillements, ses engourdissements, etc., l'*hystérie* se réveille et change volontiers d'allure. L'hystérique n'est plus la malade à grand fracas, sujette aux attaques de nerfs répétées, aux crises de larmes ou de rires, c'est une vieille et insupportable détraquée, aux goûts bizarres, aux prétentions les plus singulières, ne se rendant pas compte que ce qui est à peine tolérable chez une jeune fille, devient du dernier ridicule chez une femme de son âge.

Heureux encore son entourage quand l'exaltation de son esprit ne la pousse pas aux excès d'alcool, de morphine, d'éther ou de cocaïne. Heureux le mari quand elle ne tourne pas du côté de la jalousie morbide (Barbaud et Rouillard).

Le *retour des désirs sexuels* a parfois pour conséquence une grossesse nerveuse. L'*excitation génitale* qui conduit à l'*érotomanie* est des plus gênantes et des plus pénibles pour la famille.

Le chagrin, puis les efforts pour plier la volonté et l'obliger à la résignation, amènent beaucoup de personnes à chercher des consolations dans les pratiques religieuses; mais quelques malheureuses dépassent le but, la piété devient de l'exaltation religieuse, du *délire religieux* et de la *folie mystique*.

La folie revêt le plus souvent un caractère de dépression, c'est de la *mélancolie*, de l'*hypochondrie*, de la *monomanie*.

Mendel a étudié une névrose d'angoisse avec sensation d'inquiétude intérieure, pleurs et sensiblerie, qu'il distingue judicieusement des phénomènes psychiques de l'artério-sclérose et de la neurasthénie simple. D'autres fois s'installent des phobies avec délire systématisé.

A côté de ces états nous voyons survenir des troubles organiques. Ce sont les *congestions cérébrales*, les *apoplexies*, dont la fréquence a certainement été exagérée, mais qui n'en demeurent pas moins redoutables. Interviennent encore ici différents facteurs : altérations des artères cérébrales, coexistence d'un mal de Bright, d'autre part, suppression menstruelle et poussée fluxionnaire du côté de l'extrémité céphalique, et l'apoplexie menace, l'hémorrhagie cérébrale devient imminente.

Les paraplégies menstruelles s'établissent aussi à la ménopause. Si quelques-unes sont franchement congestives, d'autres (Barié) ressortissent à l'hystérie ou à des névrites périphériques.

Mentionnons, pour terminer les accidents nerveux, les troubles des sens parfois transitoires : cécité, surdité, vertige labyrinthique par hémorrhagie de la caisse, aphonie, et le rappel de l'épilepsie, de la chorée, de la catalepsie qui éclatent à la puberté et apparaissent de nouveau ou s'exaltent à l'époque de la ménopause.

VI

Maladies générales

Cette variété de *chlorose génitale* que l'on observe à la puberté est-elle susceptible de s'installer à la ménopause sous l'influence de l'hypo-fonction ovarienne? A cet âge, de toutes façons, elle est rare, et quand elle se manifeste il convient, avant d'affirmer son existence, de bien rechercher s'il n'existe pas d'autres états pathologiques capables de donner naissance à une chloro-anémie.

Les pertes de sang répétées, les troubles dyspeptiques et nerveux provoquent une pâleur du visage et des muqueuses, une asthénie accompagnée de palpitations, de souffles vasculaires et cardiaques, un ensemble symptomatique d'*anémie* qu'il faut se garder de confondre avec la véritable chlorose.

Bazin a noté le retour offensif de la *scrofule* et de la *tuberculose*.

La ménopause est encore l'âge où commencent plusieurs affections *arthritiques*, le *rhumatisme chronique*, le *rhumatisme noueux*.

La *goutte* est fréquente et cet aphorisme date des traditions hippocratiques (Rendu).

Le *diabète*, dont l'invasion coïncide volontiers avec la période de la cessation des règles (Bouchardat), est presque toujours le diabète gras, diabète arthritique.

VII

Diagnostic

A l'âge de quarante-cinq ou cinquante ans, une femme voit sa menstruation d'abord troublée, puis supprimée. Il n'est jamais mauvais de s'assurer discrètement qu'il ne s'agit pas d'une *grossesse, grossesse tardive*, ou d'une *fausse grossesse;* et pour éviter toute surprise, il vaut mieux passer rapidement en revue toutes les causes utérines ou extra-utérines d'*aménorrhée*.

Mais comment diagnostiquer une *ménopause précoce?* A trente-cinq ans, une femme cesse d'être réglée; pouvons-nous prévoir si cet état est définitif? Il existe des présomptions, le temps jugera en dernier ressort.

Ce n'est pas en cela du reste que réside le seul intérêt du diagnostic. Que la femme vienne à présenter un nouveau flux hémorrhagique, et nous aurons à rechercher s'il est d'origine pathologique ou s'il ressortit à une poussée cataméniale.

Tout autrement difficile et importante à diagnostiquer est l'influence de la ménopause sur certains accidents de l'appareil génital ou des organes éloignés. De cette constatation résultent des indications thérapeutiques différentes et précises.

Par quel moyen dépister la ménopause derrière une *ménorrhagie*, un *fibrome* qui saigne, ou une *métrite* qui cause une perte? Quelle est la part exacte qui lui revient dans la genèse des phénomènes? Voilà le diagnostic intéressant et délicat.

Et lorsqu'il s'agit d'un trouble *dyspeptique, hépatique, cardiaque, rénal*, d'une *éruption cutanée*, il n'existe pas un signe réellement certain pour nous guider et nous mettre sur la voie de la véritable étiologie.

La ménopause n'imprime pas un cachet particulier, une marque caractéristique aux symptômes qu'elle provoque. C'est l'âge de la malade, et la coïncidence des perturbations menstruelles, des crises fluxionnaires, des bouffées de chaleur, etc., qui nous donnent des motifs plausibles pour lui attribuer une congestion de la pituitaire, un accès de colique hépatique ou un paroxysme de tachycardie.

VIII

Traitement
Hygiène et thérapeutique de la ménopause
et de ses accidents

1° Hygiène de la ménopause

« Dans les bornes de l'état physiologique, il suffit de simples soins hygiéniques. » (DÉSORMEAUX.) Si toutefois la personne traitée présente des antécédents pathologiques, des prédispositions héréditaires ou acquises, surveillez l'organe ou le système suspects, dirigez vos soins de façon à éloigner toute complication de ce côté, et intervenez à la moindre alerte. Ainsi vous serez très sévère sur le régime des anciennes dyspeptiques, vous suivrez de près les cardiaques et les hépatiques, les névropathes surtout qui sont particulièrement menacées.

Tous les auteurs qui ont écrit sur la ménopause parlent d'abord de l'*hygiène morale*.

La femme doit savoir vieillir, proclament-ils. Auprès d'une femme sensée ce conseil est inutile; celle qui en a besoin ne le suivra guère. « Elle doit éviter les agitations de l'âme et aussi l'humeur mélancolique. » En tout ce qui touche l'esprit, les idées, le rôle du médecin devient bien difficile. Il peut, avec discrétion, aborder certains sujets; mais, sans trop insister sur les côtés puérils et vains de la prétention à toujours vouloir rester jeune, il montrera les dangers que fait courir un genre de vie incompatible avec l'époque de la cessation des règles.

Les veilles prolongées et répétées, les fatigues, les excitations de toute nature, à ce moment plus que jamais, mettent l'organisme en état de moindre défense contre les chocs qu'il va subir. Il lui faut du calme et de la tranquillité.

Toutes les exagérations seront proscrites. Un exercice modéré en plein air est favorable à la santé, mais il ne dégénérera pas en sport excessif entraînant une lassitude extrême, aussi nuisible que l'oisiveté et le repos absolu. Si vous avez à surmonter une nonchalance invincible, menacez votre malade de l'obésité.

Le *retour des désirs sexuels* provoque des excès qui contribuent à fluxionner tout l'appareil génital, et causent des troubles du côté de l'utérus et des annexes. Avant de prohiber le coït, on doit bien s'assurer (GALLARD) que l'on n'ira pas à l'encontre du but proposé, et que la continence forcée, laissant les désirs inassouvis, n'entretiendra pas la congestion du petit bassin.

2° Traitement des accidents généraux

A. — *Considérations générales.* — Il est bon que les femmes prennent un *laxatif* de temps à autre, tous les dix jours par exemple. Quand elles ont une tendance à la constipation habituelle, les purgations seront plus fréquentes.

Si, à une époque correspondant aux règles absentes, un mouvement se manifeste avec *poussées congestives menaçantes* du côté de la tête, des poumons, du foie, on n'hésitera pas à recourir aux *émissions sanguines* dont nous avons déjà préconisé l'efficacité à propos des hyperhémies rénales supplémentaires (LE GENDRE) qui donnent lieu aux phénomènes de la petite urémie. De semblables troubles éclatent aussi à propos de règles diminuées, lorsque le sang s'écoule par les voies génitales avec beaucoup moins d'abondance qu'à l'ordinaire, et il devient encore utile de compléter la perte hémorrhagique au moyen de saignées locales ou générales. On appliquera des *sangsues* à l'anus, au périnée, au niveau du bas-ventre, des cuisses ou des genoux, et au besoin on pratiquera la *saignée* au bras, surtout en face de menaces apoplectiques.

Les *bains de siège*, les *bains de pieds sinapisés*, les *sinapismes* appliqués à la face interne des cuisses, les *enveloppements chauds et humides* du ventre restent des procédés qui seront réservées pour les céphalées, les oppressions transitoires sans grands signes stéthoscopiques, en un mot pour les symptômes légers.

Des *ventouses* sèches ou scarifiées posées sur le thorax ou le long de la colonne vertébrale amènent du soulagement dans les cas de congestion pulmonaire ou rachidienne.

Afin de « suivre la nature pas à pas », on veillera surtout à la *régularité d'un flux hémorrhoïdal*, quand par bonheur il existe, car il fournit une dérivation naturelle des plus favorables pour atténuer les fluxions supplémentaires ou déviées. Les congestions hépatiques cèdent rapidement lorsque s'établit un écoulement

hémorrhoïdaire. Si la malade ne porte pas d'hémorrhoïdes l'hyperhémie du foie diminue sous l'influence du *calomel*.

<pre>
Calomel .... ⎫
Résine de scammonée..............................   ⎬ āā 0 gr. 50
Mêlez exactement. — En un cachet, qu'on prendra le matin à jeun.
</pre>

Certaines ménorrhagies méritent d'être respectées au moins
durant quelque temps, de peur que leur suppression trop
brusque n'entraîne des répercussions dangereuses.

Il ne suffit pas de traiter les poussées congestives, il convient
encore de les prévenir et d'éloigner tout ce qui est susceptible
de les appeler. La femme évitera le *froid*, se couvrira de vêtements assez chauds et suivra un régime convenable. Elle usera avec
discrétion de viande au repas du soir, et au besoin la supprimera, elle mangera des végétaux, légumes et fruits, des pâtes
d'Italie. Les aliments qni produisent avec facilité des fermentations, tous ceux qui, en général, réclament l'intégrité des émonctoires peuvent devenir particulièrement nuisibles. A moins d'indications spéciales, tous les excitants doivent être défendus,
surtout les alcools.

L'absorption quotidienne d'une certaine quantité de *lait* est
d'un bon usage. Le *régime lacté absolu*, pendant des périodes
alternantes de huit, quinze jours, s'impose chez des malades
atteintes de congestions rénales, de phénomènes dyspnéiques ou
cardiaques, régime combiné avec une médication appropriée à
l'état du rein, du poumon ou du cœur.

Par contre, « les femmes asthéniques prédisposées » demandent
un traitement particulier. Les émissions sanguines risquent de
les épuiser, et les anciens médecins leur prescrivaient des toniques.
Lorsque dominent en effet les signes de neurasthénie et de dépression, le traitement, le régime, l'hygiène, tout doit concourir
à relever la malade.

En dehors de ces cas d' « asthénie » qui nécessitent des soins
tout à fait spéciaux, les indications pour l'hygiène générale
de la ménopause et de ses accidents peuvent donc se résumer
ainsi :

La *médication révulsive et dérivative* par les émissions sanguines, les purgatifs, les applications locales (ventouses sèches, sinapismes, bains locaux), devient opportune lorsque des phénomènes se manifestent à la date qui correspond aux règles absentes. On tâchera de prévenir le retour des accidents, en instituant cette médication quelques jours avant la période critique. De plus, quelle que soit l'époque de leur apparition, les manifestations congestives sont favorablement modifiées par elle.

L'élimination des déchets et de tous les produits toxiques doit être favorisée. Pour *respecter les émonctoires*, comme pour d'autres motifs de bonne hygiène, nous devons bannir des aliments tout ce qui est susceptible de donner naissance à des produits de fermentation, d'irriter la muqueuse digestive, le foie et les reins. L'*usage du lait*, de l'eau pure ou faiblement minéralisée, sera prescrit d'une façon continue ou par intervalles. Pour aider les fonctions rénales, il convient d'agir sur l'intestin au moyen de laxatifs et de faire fonctionner la peau par des frictions sèches, du massage, des bains fréquents.

L'*hydrothérapie*, qui régularise le système nerveux et la circulation, devient un précieux auxiliaire contre certains troubles neurasthéniques, cardio-vasculaires et même mènstruels.

La *vie* doit rester calme et tranquille ; tout surmenage physique ou intellectuel peut entraîner des inconvénients.

L'*opothérapie* enfin, que nous exposons plus loin, vient à notre aide pour suppléer aux fonctions défaillantes de l'ovaire.

B. — *Bouffées de chaleur.* — Les *bouffées de chaleur*, les *crises de sueurs*, n'offrent aucune gravité, mais comptent parmi les ennuis dont les malades se plaignent le plus. Les purgations, les bains de pieds, les procédés qui favorisent la diurèse, l'hydrothérapie, restent parfois, assez souvent même, inefficaces. L'opothérapie *ovarienne* a donné des succès ; on a prescrit l'*extrait surrénal*, les préparations d'*hypophyse* avec des résultats divers ; c'est un mode thérapeutique auquel on doit songer aujourd'hui. Avec un régime très sévère on s'adresse tour à tour à l'atropine, au tannin, à l'agaric, à la strychnine et même au sulfate de quinine et à l'ergot, chez des personnes dont l'état ne présente pas de contre-indications pour ces médicaments.

Elles pratiquent, en outre, des frictions sur tout le corps avec de la flanelle imbibée d'alcool camphré ou d'eau de Cologne, ou d'une solution alcoolique de tannin. Des bains très chauds à 39°-40°, durant un quart d'heure à vingt minutes, et pris chaque soir au moment du coucher (GOTTSCHALK, VINAY) apaisent ces bouffées de chaleur, amènent le calme et le sommeil après des insomnies si rebelles.

C. — *Voies respiratoires.* — La gêne respiratoire, la dyspnée, la toux, les douleurs thoraciques ou autres, reconnaissant des causes fort diverses qui nécessitent une thérapeutique différente, suivant les cas.

La *dyspnée* relevant de l'*emphysème*, de l'*obésité*, qui débutent volontiers à la ménopause, est atténuée par l'*iodure de potassium*, à doses faibles, mais longtemps continuées ; provoquée par des troubles *cardiaques*, *urémiques* ou *dyspeptiques*, elle cède à la médication dirigée contre la maladie première. Il faut encore s'assurer si elle n'est pas d'origine toxi-alimentaire.

Certaines *épistaxis* demandent à être respectées, et nous les arrêterons seulement lorsque, par leur abondance ou leur répétition, elles deviennent à la longue inquiétantes. La fluxion de la pituitaire entraîne des poussées de *coryza* avec *éternuements* fort pénibles ; l'huile mentholée à 1/60, des badigeonnages avec une solution de cocaïne diminuent la turgescence de la muqueuse. Une déviation de la cloison ou l'hypertrophie d'un cornet au moment de la fluxion du molimen (avec ou sans éruption du sang menstruel), le rétrécissement et la gêne qui en résultent provoquent un accès de faux asthme d'origine nasale, dont la véritable nature passe inaperçue si l'on n'est pas prévenu ; quelquefois il se greffe sur cet état un peu de congestion bronchitique et pulmonaire qui résiste au traitement habituel. On ne viendra à bout de ces ennuis que par des *cautérisations de la muqueuse* ou la *résection* de la partie oblitérant la fosse nasale.

Sur le *larynx*, au moment des règles troublées ou à la date qui leur correspondrait, la poussée congestive amène une sensation de picotement. Un *enrouement*, de l'*aphonie même*, une *toux* persistante, tenace, fatigante non par des quintes mais par de petits accès incessamment répétés, nécessitent des applications

chaudes sur la région laryngée, des gargarismes et des humages
de vapeur d'eau très chaude ; on ajoute douze gouttes d'un mélange à parties égales de *teinture de benjoin* et de *teinture d'eucalyptus* pour un bol d'eau.

Les *bronchites*, les *congestions pulmonaires* réclament la médication révulsive et dérivative. Au traitement habituel on joindra,
dans une large mesure, cataplasmes sinapisés, ventouses sèches
et scarifiées sur le thorax, applications de sangsues sur les régions
hypogastriques, ano-périnéales ou sur le haut des cuisses, une
purgation avec de l'eau-de-vie allemande et du sirop de nerprun.
Dans certains cas, j'ai obtenu de bons résultats avec des potions
contenant de l'ergotine et de la digitale ; j'ai employé aussi avec
efficacité l'hydrastis canadensis et l'hamamelis virginica ;
d'autre fois les opiacés produisent les meilleurs effets. Les poussées
d'*œdème pulmonaire* que la ménopause favorise chez les aortiques
et les scléreuses invitent à pratiquer une saignée.

Si la bronchite congestive ne cède pas et tend à s'éterniser,
il faut prescrire un ou plusieurs vésicatoires successifs et recourir à l'opothérapie ovarienne. L'angoisse respiratoire peut dépendre d'un état nerveux; les bromures, le valérianate d'ammoniaque, l'hydrothérapie demeureront alors la base de la médication.

Les *hémoptysies supplémentaires* graves, si elles éclatent chez une
tuberculeuse, sont combattues par les procédés habituels.

D. — *Voies digestives.* — Les *troubles gastriques* tiennent une
grande place dans la pathologie de la ménopause.

Des femmes accusent simplement une *perte de l'appétit* et des
goûts bizarres pour les aliments les plus singuliers. Ce sont des
nerveuses, leur état n'offre pas de gravité, il cesse de lui-même
au bout d'un certain temps. On essaie de quelques amers afin de
stimuler l'appétit, ou encore, avant les repas, du bicarbonate de
soude à faibles doses, 0^{gr},30 par exemple, avec 0^{gr},01 de poudre
de noix vomique et 0^{gr},70 de pepsine dans un cachet ; si l'on veut
même du persulfate de soude à la dose de 0^{gr},10 à 0^{gr},20 dans un
quart de verre d'eau une heure avant un repas. Pour modérer les
goûts étranges, il suffit d'une surveillance discrète et d'un régime
sévère.

La *neurasthénie* commande à un grand nombre de troubles
gastriques, et, avant d'instituer un régime et un traitement, on

s'efforcera de faire la part de ce qui revient à cette neurasthénie et de combiner une thérapeutique qui vise les deux causes.

Le traitement habituel est nécessité pour des dyspepsies qui relèvent de l'usage immodéré de l'alcool, des boissons fortes, du thé, du café. Il ne faut cependant pas trop se hâter pour le diagnostic et les indications thérapeutiques qui en résultent : les cauchemars terrifiants propres à la ménopause elle-même, joints à d'autres accidents de cet âge, à un état nerveux qui occasionne des tremblements et à quelques troubles gastriques forment un état qui simule l'éthylisme, mais n'a rien de commun avec lui, et dont le traitement doit être tout différent.

A la ménopause appartiennent plus spécialement les poussées fluxionnaires qui se portent sur l'estomac et amènent des crises d'*hypersthénie gastrique* avec *hyperchlorhydrie*.

Si l'estomac n'était pas malade avant la ménopause on réussit encore assez facilement à les calmer. Le régime alimentaire et les règles d'hygiène formulés par l'un [1] de nous s'appliquent ici. La poussée étant franchement paroxystique et d'origine hyperhémique, l'acidité hyperchlorhydrique du suc gastrique est rapidement modifiée par les paquets de saturation :

Lactose..	1 gr.
Magnésie calcinée.................................	1 — 50
Sous-nitrate de bismuth..........................	āā 0 — 70
Craie préparée...................................	
Codéine .... 0 gr. 005 à	0 — 01
Bicarbonate de soude	1 —

(ALBERT ROBIN.)

Mêlez exactement en un paquet.

L'indication particulière à l'âge critique se trouve dans la *médication révulsive et dérivative :* enveloppements chauds et humides de l'estomac et du ventre, bains de pieds sinapisés, bains de siège chauds, application de ventouses sèches au niveau de la partie postérieure du thorax et des reins. Nous faisons placer six, huit ou dix sangsues au creux épigastrique ; il est rare qu'elles ne procurent pas de soulagement. L'application d'un vésicatoire produit de bons effets. Pour prévenir la réapparition des accidents ou les atténuer, quelques jours avant la date problable du retour de la poussée fluxionnaire qui corres-

---

1. ALBERT ROBIN.—*Les Maladies de l'Estomac; Diagnostic et Traitement.* Paris, 1902.

pond aux règles absentes, c'est-à-dire de vingt-six à vingt-huit jours environ après l'accès hypersthénique, il est bon de recommencer les bains de pieds sinapisés, les bains de siège chauds, les ventouses et les enveloppements chauds.

En dehors de toute altération stomacale antérieure, les métrorrhagies abondantes et répétées font naître et entretiennent une *hyposthénie gastrique* qui tient à l'anémie générale. Il ne suffit pas alors d'instituer le traitement de la dyspepsie par insuffisance fonctionnelle ; un bon moyen de remonter l'état général consiste à pratiquer quotidiennement des injections sous-cutanées de sérum artificiel.

Pour d'anciennes gastropathes qui voient s'exaspérer les troubles dus aux *fermentations gastriques*, aux *viscéroptoses*, au *prolapsus graisseux de l'abdomen*, à la *constipation chronique* avec *entérite glaireuse*, le port d'une ceinture abdominale devient indispensable.

Chez certaines malades éclate une atroce douleur en barre au niveau de la taille, avec irradiation dorsale et œsophagienne, survenant par accès et ne disparaissant pas complètement dans l'intervalle, ne s'accompagnant ni de brûlure ni d'aigreurs, ni d'acidités, ni de vomissements d'aucune nature et n'entraînant pas la constipation. Elle est due sans doute à un simple trouble névralgique (plexus solaire), ou à une véritable *crampe de l'estomac*. Pour obtenir une sédation rapide, rien ne vaut l'ingestion, à petites gorgées, d'une boisson *chaude*, thé léger ou lait, et l'application de sacs d'eau chaude au creux de l'estomac. Administrez à plusieurs reprises I à II gouttes blanches :

<pre>
Chlorhydrate de morphine.........................   0 gr. 10
Eau de laurier-cerise.............................   5 —
        F. S. A. Solution, dont on prendra une à deux gouttes
     sur un morceau de sucre ou dans une cuillerée à soupe d'eau chloroformée.
</pre>

D'autres fois nous prescrivons, suivant une formule d'ALBERT ROBIN :

<pre>
Eau de chaux.................. ....   100 gr.
Chlorhydrate de cocaïne...........................   0 — 03
Codéine...   0 — 05
        F. S. A. Solution, dont on prendra une cuillerée à dessert
                toutes les heures jusqu'à sédation.
</pre>

Le *spasme de l'intestin* comporte des indications analogues.

Les troubles gastriques sont parfois aussi entretenus ou exagérés par un *corset* trop serré ou mal approprié. Si la dyspepsie est la manifestation d'une *altération hépatique* ou *rénale*, elle passe au second plan.

Des malades sujettes à des embarras gastriques à répétition avec vomissements amers et verdâtres, crises de diarrhée bilieuse, souffrent surtout d'une *congestion hépatique* par fluxion supplémentaire.

E. — *Voies hépatiques et urinaires*. — Les *accidents hépatiques* si fréquents, colique hépatique, congestion, demandent leur traitement habituel, de même que les *hyperhémies rénales* dont nous avons parlé plus haut et que soulagent les émissions sanguines. Nous avons signalé dans ces cas l'heureuse influence d'un flux *hémorrhoïdal* que nous nous garderons bien de supprimer.

Il est une *insuffisance rénale* de la ménopause, s'accompagnant surtout de céphalée, avec une légère albuminurie et une petite diminution des urines qui bénéficie de l'opothérapie ovarienne. Les néphrites elles-mêmes, antérieures et coexistantes, éprouvent parfois de bons effets de cette organothérapie.

La *cystite* qui résulte d'une infection d'origine vaginale ne doit pas être confondue avec la *cystalgie* de la ménopause et avec la *fluxion cataméniale* et *passagère* de la muqueuse vésicale. Contre ces deux derniers accidents, BARDET conseille les bains quotidiens à l'amidon avant le coucher, un suppositoire vaginal contenant 5 milligrammes de chlorhydrate de morphine,—par jour trois fois X gouttes de teinture d'*hydrastis canadensis*,—2 grammes de bromure d'ammonium en quatre fois, — et l'eau de Contrexéville entre les repas.

F. — *Voies circulatoires*. — Des *troubles cardiaques*, ceux qui dépendant de l'hypertension artérielle, seront combattus par les iodures, la trinitrine, le régime lacto-végétarien ; les myocardites, les scléroses demandent le régime, la médication iodurée, etc. ; les phénomènes d'origine névropathique réclament le valérianate d'ammoniaque, l'hydrothérapie.

Mais les indications particulières se trouvent encore dans l'opothérapie. Certaines *angines de poitrine* de la ménopause, qui éclatent avec plutôt une apparence de *fausse angor* (répétition fréquente des accès, etc., sont très soulagées par l'administration prolongée des préparations ovariennes ; je l'ai assez souvent observé. — La poudre d'hypophyse modère les *tachycardies* et relève la *défaillance cardiaque ;* l'*extrait surrénal* peut être essayé dans des circonstances analogues.

G. — *Peau.* — Les petits *accidents cutanés*, acné, varicosités, sont soignés suivant les procédés habituels sans indications spéciales qu'une dérivation sur le tube digestif. Le *prurit généralisé* est atténué par l'absorption de pilules recommandées par Shœmacker :

Oxyde de zinc..	0 gr. 30
Quinine..	2 — 50
Extrait d'aloès...	1 —
Suc de réglisse...	Q. S.

Divisez en 20 pilules ; en prendre trois par jour.

En même temps laver les parties à l'eau phéniquée faible, additionnée de menthol ou d'alcool aromatique.

Albert Robin conseille aussi de prendre, avant le déjeuner et le dîner, 3 grammes de *tartrate de potasse* dissous dans un demi-verre d'eau.

H. — *Neurasthénie.* — La *neurasthénie* de la ménopause, lorsque les manifestations se présentent avec une allure sérieuse, expose le médecin à épuiser en vain toute la thérapeutique. Les cas bénins cèdent au régime, au repos à la campagne, aux cures d'isolement, aux piqûres de glycérophosphate de soude, à l'hydrothérapie et aux frictions stimulantes. Les *troubles mentaux* peuvent évoluer jusqu'à nécessiter l'isolement absolu. La *céphalée* s'atténue grâce à l'opothérapie ovarienne ou polyglandulaire ; la migraine est soulagée par l'antipyrine, la phénacétine, le pyramidon.

I. — *Obésité.* — L'*obésité* pousse souvent les malades à nous consulter. L'action de la thyroïde pour obtenir l'amaigrissement est maintenant connue dans tous les milieux ; mais les préparations thyroïdiennes ne sont pas anodines. Leur emploi risque de provoquer de sérieux accidents, et jamais une malade ne doit en user sans être observée de près par le médecin. Il est préférable de suivre le régime indiqué plus haut par ALBERT ROBIN [1] et de s'en tenir au massage et à l'hydrothérapie.

3° Traitement des accidents génitaux

La thérapeutique des accidents génitaux de la ménopause se trouve exposée plus loin dans ce qui a trait à la leucorrhée, au vaginisme, etc. Bornons-nous à insister ici sur quelques points particuliers.

A. — *Leucorrhée*. — La *leucorrhée* est avantageusement modifiée par l'application à l'aide du spéculum de un ou plusieurs tampons d'ouate hydrophile imbibés du mélange suivant :

Acide lactique.................................... 3 gr.
Glycérine... 100 —
F. S. A. mixture.   (PAUL DALCHÉ.)

Le tampon est laissé en place pendant un jour environ, et nous recommençons en moyenne tous les quatre à huit jours. Dans l'intervalle on pratique de grandes irrigations d'eau tiède additionnée d'une cuillerée à soupe de bicarbonate de soude par litre d'eau, ou des irrigations avec la décoction de feuilles d'eucalyptus ou de ficaires. La leucorrhée diminue, devient moins épaisse, et perd sa fétidité s'il en existait (ILKEWITCH).

Des injections tièdes et lentes avec une à deux cuillerées à café de *tanin* et LX gouttes de *laudanum de Sydenham* pour 2 litres d'eau produisent aussi de bons effets.

ALBERT ROBIN ordonne l'infusion de feuilles de *scabiosa succisa* à la dose de 7ᵍ,50 pour 500 grammes d'eau, ou l'infusion de fleurs à la dose de 3 à 4 grammes pour 500 grammes d'eau à prendre dans les vingt-quatre heures.

B. — *Vaginite*. — Dans des cas de *vaginite* manifeste, aux tampons de glycérine à l'acide lactique il faut joindre, dans l'intervalle de leur application, *l'isolement des surfaces vaginales* par une bande de gaze stérilisée maintenue en permanence. On enlève cette gaze matin et soir afin de pratiquer de grandes irrigations. Contre les vaginites fétides le succès est assez rapide avec les injections d'eau oxygénée diluée.

1. Voir Traitement des *Fausses Utérines*, p. 136.

Dans d'autres cas, on pratiquera des attouchements au *bleu de méthylène*, au nitrate d'argent à 1 pour 20, à 1 pour 5, on conseillera des irrigations tièdes avec une cuillerée à soupe de *liqueur de Labarraque* par litre d'eau, etc.

C. — **Prurits vulvaires.** — Certains *prurits vulvaires* fort pénibles sont notablement soulagés lorsqu'on saupoudre la région du mélange suivant :

```
Poudre d'orthoforme.............................. )
   —    de di-iodoforme......................... }  āā
   —    de talc................................. )
```

D. — *Congestion utérine.* — La *congestion utérine*, les poussées fluxionnaires provoquent des métrorrhagies, aggravent les métrites et les altérations préexistantes, favorisent leur éclosion quand elles n'existaient pas. La congestion utérine suffit, elle seule, à produire des troubles, des douleurs dont l'importance est telle que nous lui consacrons plus loin un chapitre spécial [1]. Les *émissions sanguines*, la *médication défluxionnante*, l'*opothérapie ovarienne*, l'*opothérapie polyglandulaire*, *hypophysaire*, *surrénale*, *mammaire*, constituent le fond de sa thérapeutique.

E. — *Métrorrhagies.* — Lorsque la perte de sang traduit une *vive poussée fluxionnaire* sur un utérus sain ou peu altéré, nous prescrivons l'ergotine, la digitale, le sulfate de quinine qui rencontre là une de ses meilleures indications, l'hamamelis, l'hydrastis, les agents vaso-constricteurs. L'opothérapie *mammaire* et *thyroïdienne*, l'opothérapie *hypophysaire* possèdent une action frénatrice puissante sur ces manifestations dyscrasiques. On y joindra des irrigations d'eau *tiède* ou *fraîche*, l'immersion répétée des mains dans l'eau très chaude, les pratiques d'hydrothérapie, l'application d'un sac de glace sur la région hypogastrique, la médication révulsive et dérivative, ventouses sèches à distance, etc. Le fait de l'hémorrhagie n'empêche pas les émissions sanguines, qui, judicieusement pratiquées, donnent d'excellents résultats.

La *radiothérapie* trouve dans cette variété de pertes l'une de ses meilleures indications.

1. Voir p. 351. Traitement Médical de la *Congestion Utérine.*

La métrorrhagie due à la *coprostase*, à l'*auto-intoxication* et aux divers accidents des *fausses utérines*, sera traitée par les irrigations, les tamponnements à la *gélatine*, au *pemgawar*, etc.

L'*hypertension artérielle*, l'*artério-sclérose* et l'*athérome* donnent naissance à des pertes sanguines qui « n'aiment pas l'ergotine ». HUCHARD prescrit l'opium et les sédatifs. Les médicaments qui font contracter les vaisseaux n'ont plus de prise quand l'hémorrhagie prend sa source dans une artère dégénérée. Aussi, c'est alors que l'on a recours au *chlorure de calcium*, à la *gélatine* à l'intérieur, aux divers tamponnements.

La *sclérose utérine*, aboutissant de la congestion chronique, mais évoluant aussi sous d'autres influences, neuro-arthritisme, syphilis, etc., cause des hémorrhagies que nous arrêtons par le *chlorure de calcium* et la *gélatine*. L'*ergotine* et ses auxiliaires conservent parfois une bonne influence, car les vaisseaux ne sont pas toujours profondément altérés, et il convient de tâter la susceptibilité de la malade. L'opothérapie *mammaire* ou *thyroïdienne* ont une grande efficacité.

Pour éviter les vives réactions qui entretiennent les accidents, nous commençons toujours par donner des irrigations vaginales *tièdes*, éminemment sédatives.

L'hydrothérapie générale constitue un bon adjuvant.

Les métrorrhagies de la *métrite fongueuse* ne cèdent souvent qu'au seul curettage, à la ménopause comme à toute autre époque de la vie.

Les métrorrhagies des *fibromes* sont fréquemment très amendées par l'usage de l'*opothérapie thyroïdienne* ou *mammaire*. La *radiothérapie* devient d'autant plus active que les femmes sont arrivées à l'âge critique ou s'en approchent.

CHAPITRE VII

OPOTHÉRAPIE OVARIENNE

I

Considérations générales

L'*opothérapie ovarienne* consiste à suppléer à l'*absence totale*, à la *défaillance* ou aux *irrégularités* de la sécrétion interne de l'ovaire en donnant aux malades des préparations faites avec des ovaires d'animaux.

Claude Bernard appelle *sécrétions internes* « celles qui sont versées dans les milieux organiques intérieurs ». Issues de cellules groupées autour des vaisseaux de certains organes, elles sont jetées par les veines dans le torrent circulatoire sans l'intermédiaire d'aucun canal excréteur (Jardry).

La connaissance des troubles dus à la ménopause chirurgicale ou naturelle amenait logiquement l'idée de les traiter par l'opothérapie ovarienne; puis la méthode a été étendue à d'autres accidents génitaux.

Ce mode de thérapeutique résulte des théories de Brown-Sequard; en France, il a été surtout étudié et vulgarisé par Jayle.

A. — *Dystrophie ovarienne.* — La *dystrophie ovarienne* ou *dysovarie* manifeste ses effets tantôt par l'*insuffisance ovarienne*, *hypo-ovarie*, *hypo-fonction* de l'ovaire, qu'elle soit absolue, totale (castration, par exemple) ou relative, incomplète (ménopause naturelle progressive).

D'autres fois, au contraire, elle provoque une exagération des fonctions : *hyperovarie* (Dalché), *hyperfonction*. Cet état ressortit rarement à l'opothérapie ovarienne.

Souvent aussi la dysovarie produit un manque d'équilibre, une irrégularité dans les fonctions, de telle sorte que des phases d'insuffisance alternent et se combinent avec des poussées d'hyper-ovarie ; il s'agit alors d'une *ataxie ovarienne* (JAYLE).

Dans ces diverses éventualités, nous sommes conduits à soup-çonner non seulement une insuffisance ou une exagération de la sécrétion interne, mais aussi une *élaboration défectueuse*, qui altère les qualités de cette sécrétion, et parfois encore *son action défectueuse* sur l'organisme et les échanges.

B. — *Syndromes polyglandulaires*. — Au cours des accidents que l'on observe à la suite de la dystrophie ovarienne, tous les phénomènes ne se rapportent pas nécessairement à elle.

L'étiologie est plus compliquée. Les glandes de l'économie ont des rapports qui les relient. « La suppression d'une glande amène généralement l'hyperfonctionnement des autres avec ou sans hypertrophie (RÉNON). » L'insuffisance aboutit sans doute à des résultats analogues, mais moins marqués. L'hyper-fonction d'un organe glandulaire peut coïncider avec l'hypofonc-tion d'un autre et l'état normal d'un troisième.

Le *corps thyroïde* augmente de volume au moment de la puberté, de la ménopause et à l'époque des règles ; HALLION, dans une expérience, prouve l'action vaso-dilatatrice de l'extrait d'ovaire sur le corps thyroïde. D'autre part, la thyroïde est fréna-trice pour la menstruation et les fonctions ovariennes ; une thyroïdectomie précoce a empêché l'apparition des caractères sexuels secondaires (OTTO LANZ).

L'*hypophyse* s'hypertrophie pendant la grossesse et à la suite de la castration (KON). ALQUIER signale au contraire l'hypofonc-tion et l'épuisement de la glande qu'il attribue au temps considérable écoulé depuis l'opération. L'hypo-ovarie coexiste avec l'hypertrophie des surrénales et l'exagération de leurs fonc-tions ; THUMIN insiste sur l'atrophie des ovaires et l'hypertrophie des capsules surrénales dans le preudo-hermaphroditisme.

Je ne reviendrai pas sur l'antagonisme des sécrétions *mam-maires* et *ovariennes* (BATUAUD).

Si la preuve clinique de l'hyper-activité de diverses glandes à la suite de la castration n'est plus à faire, les constatations expérimentales et anatomiques sont d'une étude moins avancée. Les modifications histologiques de la thyroïde et de l'hypophyse sont cependant mieux connues que celles de la surrénale. Le pancréas, les reins, le foie (ALQUIER) ont présenté des altérations qui permettent de soupçonner seulement une action à interpréter; mais il ne paraît pas douteux que les fonctions de toutes ces glandes se tiennent entre elles.

Cette complexité pathogénique entraîne des résultats tout à fait différents dans les *syndromes polyglandulaires* (RÉNON); il ne s'agit du reste pas toujours d'action de *suppléance* ou d'*opposition*, mais aussi de *synergie fonctionnelle*.

Nous retrouverons plus loin des *syndromes cliniques* dans lesquels nous aurons à reconnaître des *actions glandulaires associées*, d'où résultera l'indication d'une *opothérapie associée*.

C. — *Effets biologiques de la sécrétion interne.* — L'élément noble de l'ovaire est constitué par le *corps jaune* et par les *cellules interstitielles*, que LIMON considère comme une *glande interstitielle*.

FRANKEL croit que le corps jaune seul élabore la sécrétion interne, qui n'est du reste destinée qu'à l'utérus. Cette opinion n'est pas admise sans conteste, et l'on tend plutôt à considérer le corps jaune surtout comme le centre trophique de la grossesse, tandis que les cellules interstitielles contribuent à sécréter un produit qui agit sur l'ensemble de l'organisme sans avoir d'influence sur la nutrition du tractus génital.

La notion des effets de la sécrétion interne, dont le rôle exact est très difficile à préciser, repose sur l'analyse et la comparaison de divers états et de plusieurs phénomènes, qui sont principalement :

La menstruation ;

La puberté et la ménopause avec les symptômes, qui les accompagnent ;

L'étude des échanges chez les femmes castrées et des résultats obtenus chez elles par la greffe ou par l'opothérapie ovarienne ;

L'examen de femelles d'animaux avant la castration et après, avec les modifications apportées par l'ingestion d'ovaire ou l'injection de suc ovarien.

D'une façon presque certaine pour quelques effets et très vraisemblable pour d'autres, on arrive à conclure que la sécrétion interne agit de la manière suivante :

Elle congestionne les vaisseaux utérins et ovariques, et cette action contribue en partie aux phénomènes de la *menstruation*, qui, pour FRAENKEL, dépendent seulement du *corps jaune*.

Les *urines* augmentent sous son influence ; la quantité d'*urée* augmente aussi, ainsi que l'*azote total* et l'élimination des *phosphates*.

CARATULO et TARULLI ajoutent qu'elle favorise l'oxydation des substances organiques phosphorées, des hydrocarbures et des graisses ; pour d'autres auteurs, il s'agit de phénomènes d'hydratation.

A un point de vue plus général, elle active les combustions intra-organiques, augmente le coefficient d'oxydation et détruit certains déchets de l'économie.

LIVON considère l'ovaire comme une *glande hypotensive* de la circulation. Une expérience de HALLION permet de penser que la chute de la pression artérielle coincide avec des effets de *vasodilatation ;* Mlle FRANCILLON constate cependant que la pression artérielle s'élève dans la période præ-menstruelle. La sécrétion interne agit aussi sur les noyaux bulbo-médullaires des appareils modérateurs du cœur (VINAY) ; à son défaut survient de la tachycardie. La quantité d'oxygène absorbé « est augmentée par l'action de l'ovaire, tandis que la quantité d'acide carbonique exhalé est diminuée. L'acide carbonique, au contraire, augmente par la castration et pendant les règles, c'est-à-dire pendant la période de repos de l'ovaire » (JARDY).

D'autres effets de la sécrétion interne ne touchent que de loin à l'opothérapie ovarienne ; cependant ajoutons que G. LOISEL attribue à la glande une fonction d'épuration de substances toxiques pour l'économie. Mais nous ne pouvons que signaler ici l'influence de l'ovaire sur le développement des caractères sexuels secondaires et l'appareil génital, etc...

D. — *Posologie.* — 1° La *poudre d'ovaires* desséchés (vache, truie ou brebis), que l'on désigne aussi, mais à tort, sous le nom d'ovarine, d'ovaréine, etc... se prescrit à la dose moyenne de 0^gr,10 à 0^gr,20 deux fois par jour. On la donne en cachets, en pastilles ou en pilules.

La poudre ainsi obtenue a l'avantage (HALLION) de contenir, avec un minimum d'altérations, la totalité des substances chimiques caractéristiques de l'organe.

2° La *peptonisation des ovaires* (DENACYER, MAURANGE) les met à l'abri des altérations et les rend plus assimilables. Avec l'extrait d'ovaires peptonisés, évaporé à siccité, on peut faire une poudre; mais il est encore commode de l'incorporer à un liquide, vin, etc., en mélange titré.

3° L'*extrait glycériné* (BROWN-SEQUARD et D'ARSONVAL) s'administre en injections sous-cutanées à la dose moyenne de 1 gramme à 1^{gr},50 par jour.

Cet extrait glycériné contient 1 gramme de substance ovarique pour 5 grammes de glycérine.

4° Les *ovaires frais en nature*, hachés en petits morceaux, se prennent à la dose de 10 à 20 grammes par jour dans du pain azyme ou du bouillon.

Ils se conservent difficilement et inspirent de la répugnance aux malades.

5° La *poudre de corps jaune* (extrait pur), enfin, a été employée par DREVET à la dose moyenne de 1^{gr},60 ; la quantité minima se réduisant à 0^{gr},80, la dose maxima s'étant élevée à 2^{gr},40. Ces doses élevées ne sont pas nécessaires, 0^{gr},10 deux fois par jour suffisent.

Nous considérons comme une condition presque indispensable, pour obtenir de bons résultats, de continuer le traitement *pendant longtemps*. Jamais nous n'avons observé d'accidents qui nous aient mis sur la voie de contre-indications.

II

Indications du traitement

L'opothérapie ovarienne est indiquée au cours de divers états que nous allons énumérer.

1° **Dystrophie ovarienne. — Dysovarie**

A. — *Insuffisance ovarienne*. — Outre les troubles de la menstruation, que nous retrouverons plus loin, l'insuffisance ovarienne se manifeste par des bouffées de chaleur, des crises de sueurs et même des bouffées de froid (FERRY). La perturbation nerveuse entraîne les modifications du caractère, qui devient irritable et méchant, l'affaiblissement de la mémoire, une céphalée persistante avec rachialgie, des insomnies ou des cauchemars coupés de brusques réveils et une asthénie générale. Les troubles dyspeptiques éclatent ou s'exagèrent, la constipation est rebelle ; les troubles cardiaques se caractérisent par de l'oppression, des palpitations, de la tachycardie.

L'anémie s'explique par l'abaissement du taux de l'hémoglobine et du nombre des hématies.

L'adipose tend à envahir les tissus.

JAYLE distingue plusieurs variétés :
Insuffisance d'ordre congénital.
    —   de la formation (puberté).
    —   de la ménopause.
    —   à type nerveux.
    —   à type congestif.
    —   à type nutritif (adipose).

L'insuffisance congénitale atteint des enfants de nerveux, des dégénérés qui prennent une allure « souffreteuse », ayant peu les caractères de la sexualité féminine ; leur puberté est tardive avec des phases d'aménorrhée entremêlées de crises de dysménorrhée ovarienne. Elles se plaignent souvent d'une hyposténie gastrique, véritable retard par insuffisance fonctionnelle de l'estomac, et nous présentent un syndrome de chlorose génitale.

Les autres variétés seront étudiées dans la suite.

B. — *Hyperovarie.* — En parallèle de l'hypo-ovarie nous mettrons l'*hyperovarie*.

Hyperactivité ovarienne **ou Hyperovarie**	**Insuffisance ovarienne** **ou Hypo-ovarie**
Habitus de sexualité féminine précoce. — Précocité intellectuelle fréquente. — Précocité pubérale.	Habitus retardataire, généralisé ou localisé. — Infantilisme. — Puberté tardive. — Stigmates de dégénérescence.
Ménorrhagies. — Souvent métrorrhagies. — Aménorrhée s'il survient une cause locale. — Dysménorrhée congestive. — Douleurs.	Aménorrhée, il y a presque toujours une diminution des règles tant que l'utérus demeure sain ; les métrorrhagies sont souvent l'indice d'une altération utéro-ovarienne.

Pas de maigreur, mais bonne constitution, harmonie des formes.	Pâleur, bouffissure, pseudo-myxœdème.
Pâleur anémique à la longue.	Adiposité.
Thyroïde normale, mais rien de régulier ni de fixe.	Goitre assez souvent.
Fécondité quelquefois remarquable.	Femmes infécondes ou peu fécondes.
Constipation moins fréquente. Nervosisme.	Constipation très fréquente. Nervosisme.
Hyperazoturie et hyperphosphaturie.	Hypoazoturie et hypophosphaturie.

Ce tableau correspond à l'hyper-ovarie et à l'hypo-ovarie pures, dénuées de toute complication ; mais les grossesses, les suites de couches, les phlegmasies utéro-annexielles altèrent la régularité des phénomènes. Ils perdent de leur netteté, se combinent, s'entremêlent en même temps que l'état ovarien subit les effets des altérations surajoutées, et nous voyons survenir les conséquences de l'ataxie ovarienne.

C. — *Ataxie ovarienne*. — Les troubles menstruels en particulier prennent une allure des plus irrégulières : les pertes ménorrhagiques ou métrorrhagiques alternent avec des phases d'aménorrhée ou des crises de dysménorrhée, etc. Cette ataxie ovarienne, loin d'être toujours secondaire à une affection génitale accidentelle, se manifeste aussi et le plus souvent d'une façon primitive ; elle est une expression de la dysovarie.

D. — *Puberté*. — Nous insisterons seulement ici sur une *céphalée pubérale* d'origine génitale, accompagnée ou non de rachialgie, qui est englobée souvent dans les *céphalalgies de croissance*. Elle éclate parfois d'une façon périodique, mais peut s'installer pendant des mois, plus rarement pendant plusieurs années consécutives.

E. — *Ménopause*. — Outre les symptômes d'insuffisance ovarienne énumérés plus haut, la *ménopause chirurgicale* est marquée par l'exagération de troubles rappelant ceux qui accompagnaient la menstruation et qui s'exaspèrent au moment correspondant à la date probable des époques.

Du reste, les règles ne sont pas toujours supprimées (quel que soit le motif de leur persistance) ; ou bien une poussée de leucorrhée les remplace à défaut de *règles supplémentaires*.

Ferry appelle *névropathie abovarienne* un état d'asthénie, compliqué de céphalécs, d'insomnies et de cauchemars avec battements de cœur et essoufflement. Il insiste aussi sur la pollakiurie, les troubles de la voix, l'asthénopie, les prurits et l'excitation ou la perte du sens génésique.

La *ménopause naturelle* est susceptible elle aussi de présenter ces divers symptômes [1] ; mais leur invasion est moins brusque et leur intensité souvent bien moins marquée.

L'*opothérapie ovarienne* est indiquée dans la thérapeutique de ces différents accidents. Son efficacité est variable suivant les sujets, mais elle nous a donné d'excellents résultats, à condition de poursuivre *longtemps* le traitement. Elle agit notamment contre les *phénomènes congestifs;* on peut la combiner à d'autres médications, aux pratiques hydrothérapiques et au traitement habituel des manifestations dyspeptiques, cardiaques, etc., qui ne doit pas être négligé.

2° Syndromes polyglandulaires

Qu'il s'agisse d'antagonisme ou de synergie, les effets de l'interdépendance des glandes endocrines s'associent pour concourir à un but déterminé et assurer un bon équilibre fonctionnel.

Aussi les troubles de la sécrétion interne de l'ovaire s'accompagnent souvent de troubles de la sécrétion d'autres glandes ; les symptômes se combinent, et nous devons tenter de faire la part de ce qui revient à chaque organe (Rénon).

C'est ainsi que l'*hyperthyroïdie* entre pour une part dans la genèse des tachycardies, des palpitations, des modifications du caractère avec irritabilité du syndrome basedowiforme que nous observons au cours de toute la vie génitale, mais de préférence à la puberté et à la ménopause.

L'*hypothyroïdie*, au contraire, joue un rôle dans la genèse de certains myxœdèmes ou pseudo-myxœdèmes, des arthralgies, des myalgies, du rhumatisme chronique déformant, des lipomatoses, de la maladie de *Dercum*.

La *capsule surrénale* par *hypoépinéphrie* contribue à l'étiologie des taches pigmentaires, des troubles vasculaires, bouffées de

---

1. Les accidents de la menstruation, métrorrhagies, etc., ont été étudiés aux chapitres qui traitent de la puberté, de la ménopause, etc...

chaleur, palpitations ; par *hyperépinéphrie*, à l'étiologie de l'hypertension artérielle.

L'*hypophyse*, par *hyperhypophysie* explique l'apparence acromégalique des pubères ; l'*hypo-hypophysie*, de son côté, cause diverses tachycardies, l'instabilité du pouls avec hypotension, l'oligurie, etc.

Des accidents de la menstruation, ménorrhagies, aménorrhée, éclatent aussi bien sous la dépendance de la surrénale, de l'hypophyse et de la thyroïde.

Il nous paraîtrait excessif de schématiser les symptômes pour rapporter chacun d'eux isolément, d'une manière exclusive, à l'une ou à l'autre glande. Il est plus probable qu'ils ne reconnaissent pas une seule origine, mais plutôt des influences combinées, et que nous nous trouvons en présence de syndromes *thyro-ovariens* (Sicard), *ovaro-hypophysaires*, résultats de l'*interdépendance glandulaire*.

Une conclusion logique nous mène à l'*opothérapie associée* qui emploie plusieurs glandes.

« Dans les syndromes polyglandulaires avec prédominance
« d'une altération d'une glande, le traitement uniglandulaire
« suffira très souvent. On contrôlera son action par l'examen
« clinique, par l'examen des urines et du sang. La glande agit
« par son action propre et par son action sur tout le reste du
« système glandulaire. »

Si la médication uniglandulaire est insuffisante, on établira une opothérapie associée suivant les indications cliniques, thyroïde et ovaires combinés, hypophyse et ovaires, etc... « La médication associée doit être suivie pendant trois semaines ou un mois, pour revenir ensuite à l'opothérapie uniglandulaire (Rénon). »

3° Accidents génitaux

Divers *troubles de la menstruation* ressortissent à l'opothérapie ovarienne, qui ne doit cependant pas être prescrite indistinctement. Elle est susceptible d'améliorer l'*aménorrhée* et la *dysménorrhée*, mais seulement lorsqu'elles sont d'*origine ovarienne*.

Les *métrorrhagies*, quand elles dépendent d'une hyperactivité de l'ovaire, risqueraient plutôt d'être aggravées. Mais à diverses époques de la vie génitale, à la *ménopause* surtout, elles ressor-

tissent parfois à un fonctionnement défectueux par *ataxie ovarienne;* pour régulariser ce fonctionnement, on peut essayer
les effets de l'opothérapie.

Les *arrêts de développement* de l'appareil génital, les *retards
localisés,* l'*utérus pubescent,* etc., sont aussi justiciables des préparations ovariennes, que l'on combinera à d'autres médications.

Les maladies organiques des trompes et des ovaires, *salpingites,
ovarites, ovaires scléro-kystiques* s'accompagnent de signes d'insuffisance et de symptômes douloureux que l'on a tenté de modifier
par cette organothérapie. Le succès est des moins certains.

4° Chlorose. — Anémie

Dans le syndrome de la chlorose, on tend à reconnaître une
chlorose d'*origine génitale.*

Spillmann et Etienne, puis Etienne et Demange, attribuent
à l'ovaire un triple rôle :

1° Glande ayant une sécrétion externe, celle de l'ovule ;

2° Glande chargée d'éliminer par le sang des règles l'excès
des toxines organiques formées en trop grande quantité dans
l'organisme féminin ;

3° Glande pourvue d'une sécrétion interne jouant un rôle
important dans la nutrition générale.

Que ces trois fonctions soient modifiées ou abolies, alors apparaît, pendant la phase de développement une auto-intoxication
spéciale résultant de l'insuffisance ovarienne et se manifestant
par une chlorose. Il est probable (Etienne et Demange) que jusqu'au
moment de l'entrée en fonctions de l'ovaire à la puberté, ce rôle
antitoxique est joué par un autre organe disparaissant plus tard,
peut-être le *thymus.*

Sous l'influence de l'opothérapie ovarienne, dans des cas assez
nombreux, on voit la menstruation se régulariser, l'état général
s'améliorer, la pâleur diminuer, le taux de l'hémoglobine et le
nombre des globules augmenter. Mais tous les cas de chloro-
anémie sont loin de ressortir à ce mode de traitement.

5° Artério-sclérose. — Athérome. — Angine de poitrine
de la ménopause

L'insuffisance ovarienne peut se compliquer d'une hyper-épinéphrie et même la provoquer ; ainsi elle n'est pas sans influence sur l'*artério-sclérose* et l'*athérome* qui débutent volontiers à l'âge critique des femmes.

L'*angine de poitrine* de la ménopause, si elle ressortit à l'artério-sclérose et à l'athérome, m'a paru, dans certains cas, dépendre d'une auto-intoxication génitale. Elle se manifeste alors parfois avec les allures des angors atténuées et à crises fréquentes, éclatant de préférence à l'époque des règles ou à la date qui correspondrait à leur venue. Du reste on a rapporté un cas d'angine de poitrine survenue après une ovariotomie double.

L'opothérapie ovarienne m'a donné de bons et indiscutables résultats contre la répétition de ces accès d'angor. Je la prescris volontiers aussi dans l'hygiène et le traitement prophylactique de la sclérose-artérielle de la ménopause.

6° Maladie de Basedow. — Goitre simple

Le *syndrome basedowiforme* relève souvent d'une insuffisance ovarienne ; et les bons résultats obtenus par l'opothérapie dans ces cas ont fait entendre cette thérapeutique, avec des effets différents, au *goitre exophtalmique* en général. La médication combinée, par l'hypophyse et l'ovaire, reconnaît ici de logiques indications.

7° Obésité. — Maladie de Dercum. — Sclérodermie. Syndrome de Raynaud. — Paralysie agitante. Ostéomalacie

L'*obésité*, la *maladie de Dercum*, les *adiposes localisées* seront traitées par les préparations ovariennes, et en cas de résultat nsuffisant ou nul, par l'association thyro-ovarienne, de même la *sclérodermie* (RÉNON). Dans un cas de *paralysie agitante*, j'ai obtenu une certaine amélioration avec la poudre d'ovaires ; le *syndrome de Raynaud* paraît plutôt bénéficier de la poudre de thyroïde.

Bien que cela paraisse contradictoire, le traitement ovarien a été tenté, d'une manière incertaine du reste, au cours de l'*ostéomalacie*.

8° Rhumatismes chroniques

L'apparition habituelle du rhumatisme chronique à la ménopause, sa coïncidence fréquente avec des troubles de l'appareil utéro-ovarien, nous ont poussé à rechercher pour cette maladie une originale génitale [1].

L'urologie du rhumatisme chronique et de l'insuffisance ovarienne est très sensiblement la même : diminution de l'urée et de l'acide phosphorique sans grandes modifications des chlorures. L'opothérapie ovarienne, dans les deux cas, nous a donné l'accroissement absolu, ou tout au moins relatif, de l'acide phosphorique, l'augmentation de l'urée et souvent aussi l'augmentation notable des urines.

Cette opothérapie amène du soulagement et des modifications favorables dans un assez grand nombre de cas. Mais nous pensons aujourd'hui qu'avec plus d'avantages encore on peut soumettre les malades à une médication associée *thyro-ovarienne*.

9° Affections rénales

Certaines *insuffisances rénales* de la ménopause, et même des *néphrites anciennes* subissant une aggravation à l'occasion de la ménopause, ont été améliorées par l'opothérapie ovarienne ; chez une de mes malades la céphalée céda d'une manière remarquable. La diurèse s'établit quelquefois avec abondance. Castaigne et Parisot ont vu une albuminurie orthostatique de la puberté céder et disparaître sous l'influence de l'extrait ovarien. Dans un ordre d'idées analogues, Teissier a pratiqué avec avantage des injections de liquide orchitique.

10° Troubles nerveux. — Psychoses

Les troubles nerveux et psychiques de la femme, si fréquemment en rapport avec les manifestations normales ou troublées de la vie génitale [2], ont introduit l'opothérapie ovarienne dans la

1. Paul Dalché, *Troubles osseux et articulaires d'origine génitale. La Gynecologie*, 1903.
2. Laignel-Lavastine *Congrès des alienistes et neurologistes de France.*

thérapeutique qu'on·leur oppose. Elle a donné des succès inégaux, mais mérite toutefois qu'on s'adresse à elle.

Au moment de la *menstruation*, même *normale*, elle est indiquée par des céphalées tenaces, des crises nerveuses, l'irritabilité ou l'abattement, l'exaltation sensuelle anormale, les manifestations hystériques, etc.

A la *puberté*, avec la céphalée pubérale que nous avons déjà signalée, nous constatons des perturbations psychiques pour lesquelles nous ferons rentrer l'opothérapie ovarienne dans le traitement général : la neurasthénie, la mélancolie, les obsessions, l'exaltation mystique, l'anorexie mentale, les tendances au vol, à l'incendie, aux fugues, etc...

A la *ménopause*, nous avons déjà énuméré plus haut les modifications des idées et des sentiments et les troubles psychiques : mélancolie anxieuse ou confusion mentale (Régis), mysticisme ou extase, etc.

La *ménopause chirurgicale*, outre la neurasthénie et les troubles déjà signalés, provoque surtout la confusion mentale (Régis), ou le délire mélancolique (Picqué). Chez les femmes non prédisposées par tare héréditaire ou acquise, les psychoses post-opératoires doivent être rapportées à l'ablation des ovaires (Laignel-Lavastine).

QUATRIÈME PARTIE

THÉRAPEUTIQUE MÉDICALE

DES

MALADIES DES FEMMES

Introduction

Ce serait une injustice et une puérilité de ne pas reconnaître les immenses services que rend la chirurgie dans le traitement des maladies des femmes. L'intervention opératoire, devenue plus audacieuse et plus sûre, a changé l'évolution et le pronostic de certaines affections dont la marche était considérée comme indéfinie ou inéluctable.

Le premier devoir du médecin est de faire comprendre à ses malades la nécessité d'une intervention chirurgicale, et de savoir la leur imposer aussitôt que les circonstances l'exigent.

Mais toutes les maladies de l'appareil génital ne réclament pas une grande opération. Appelé dès les premiers jours, le médecin a dû porter son diagnostic, donner ses soins en conséquence, et s'efforcer par tous les moyens dont il dispose d'amener la guérison.

Souvent un trouble léger, négligé parce qu'on le tient pour insignifiant, entraîne à la longue des accidents sérieux que l'on eût évités si, dès le début, une hygiène et une thérapeutique rigoureuses avaient été instituées.

Nombreuses affections gynécologiques dans leurs premières phases ne comportaient pas l'opération qui devient plus tard une suprême ressource. Il ne faut pas la repousser alors systématiquement ou même s'attarder et perdre un temps précieux.

Par contre, certains cas, pendant toute leur durée, ne demandent que des soins médicaux, car tout autre traitement reste inutile et sans objet.

La gynécologie doit être familière au médecin, non seulement pour qu'il soit à même de distinguer une fausse utérine d'une véritable, mais aussi pour qu'il puisse combattre les accidents, prévenir les complications, et conseiller des interventions plus radicales dès qu'il juge ses prescriptions insuffisantes.

Nous ne voulons pas ici réunir et discuter tous les moyens que l'on a préconisés. Il nous suffira d'exposer ce que nous avons l'habitude de faire et de conseiller dans la plupart des cas qui se présentent à nous. Aussi ne faut-il pas conclure que nous repoussons des procédés passés ici sous silence ; il en est sans doute d'excellents dont nous ne parlerons pas, peut-être parce que nous les connaissons moins bien et que d'autres nous sont plus familiers.

CHAPITRE PREMIER

TRAITEMENT MÉDICAL DES MALADIES DE LA VULVE ET DU VAGIN

I

Considérations générales

Parmi les affections de la *vulve* et du *vagin*, il en est qu'un examen superficiel pourrait nous faire juger comme bénignes et sans importance. Si en elles-mêmes elles sont dépourvues de gravité, par leur origine, par leur évolution qui nous les montre rebelles à une foule de traitements locaux, par leur tendance aux récidives, elles deviennent à la longue fort pénibles aux malades. L'accident le plus banal cache parfois un état sérieux dont il n'est qu'un symptôme transitoire ou persistant.

Que de fois un *diabète* ignoré a été découvert de la sorte ! C'est un simple *érythème* vulvaire, de l'*intertrigo* ou des poussées d'*herpès*, c'est un *prurit* ou un *eczéma* opiniâtres, une *leucorrhée* particulièrement fétide, une *anaphrodisie* subite qui nous mettent sur la piste de la glycosurie. Tant que la cause première ne sera pas combattue, le phénomène local persistera ou risquera de se répéter sans cesse, après des disparitions d'une durée plus ou moins longue. De nouveaux accidents éclateront, des infections secondaires se grefferont sur un terrain prédisposé, et la plus simple des complications prendra tout à coup une allure critique. Il est toujours prudent d'examiner les urines, surtout si la malade approche de la ménopause ou l'a dépassée.

Ce n'est pas seulement le diabète, mais la *goutte*, l'*arthritisme* qui provoquent encore des troubles analogues. Le *neuro-arthritisme*, le *nervosisme* impriment leur marque sur d'autres manifestations, et enfin le *lymphatisme*, la *débilité* de l'économie, etc., réclament à leur tour des soins généraux pour que la thérapeutique instituée contre les affections de la vulve et du vagin devienne plus efficace.

Nous ne nous occupons pas ici de la *syphilis vulvaire*.

Il ne faut pas exagérer le souci de combattre la cause première et en arriver à négliger ou à mettre en seconde ligne le traitement local indispensable aussi.

S'il est des cas où nous sommes obligés d'avoir recours à une médication énergique et variée pour modifier l'état de la vulve, d'autres fois, heureusement, il est inutile de multiplier les moyens, et *les plus simples sont les meilleurs*.

La *propreté* et l'*asepsie*, les *lavages à l'eau chaude*, l'*isolement des surfaces* suffisent à avoir raison d'une foule de petits accidents.

Quand il existe des ulcérations vulvaires qui tendent à prendre une marche serpigineuse, à envahir de proche en proche, après un lavage rigoureux de la région, on anesthésie par la cocaïne si on le juge nécessaire, puis, à l'aide d'un bâtonnet entouré de ouate, on étale sur les parties ulcérées une solution saturée de *di-iodoforme* dans l'éther ; on recouvre ensuite d'un petit pansement avec une gaze désinfectée et du coton.

Le di-iodoforme, sans en avoir les inconvénients, garde les propriétés de l'iodoforme ; mais la poudre d'*iodoforme*, répandue sur une surface ulcérée, constitue un excellent topique.

Il existe un produit auquel nous avons recours très souvent, c'est l'*érythrol* qu'Albert Robin a introduit dans la thérapeutique.

L'*iodure double de bismuth et de cinchonidine* ou *érythrol* se présente sous l'aspect d'une poudre très fine, d'un rouge vif, soluble dans l'eau, inodore, qui jouit de la propriété de se décomposer lentement en milieu alcalin. Albert Robin commença par l'employer comme topique sur des plaies putrides et il fut frappé de ses propriétés désinfectantes. L'*érythrol*, appliqué sur des plaies cancéreuses, sur des ulcères de jambes, sur des ulcérations fétides de la muqueuse buccale et des amygdales, détruit rapidement les mauvaises odeurs.

Ses propriétés antiseptiques et désinfectantes nous indiquent l'emploi de l'*érythrol* au cours de nombreuses affections de la vulve, du vagin et de la matrice ; il n'est pas toxique, il n'est pas irritant. C'est un modificateur des tissus très commode à manier ;

il suffit, à l'aide d'un pinceau ou d'un petit bâtonnet ouaté de déposer cette poudre au niveau de la surface malade, de la recouvrir d'un léger pansement et de recommencer tous les jours.

II

Maladies de la vulve

Erythème

L'*érythème* vulvaire, fréquent chez les diabétiques, les obèses, et chez les femmes dont les muqueuses et les téguments s'irritent facilement au contact de la leucorrhée, doit être combattu à cause des sensations fort désagréables d'ardeur et de cuisson dont il s'accompagne, et des complications inflammatoires ou autres capables de survenir. Les irrigations vaginales quotidiennes sont ᵢsuivies d'un lavage abondant à l'*eau bouillie tiède* des organes génitaux externes, puis la région est recouverte de *poudre d'amidon*, de *talc* ou de *sous-nitrate de bismuth*. L'érythème accompagné d'un certain degré de tuméfaction et sur lequel se montrent quelques points qui tendent à s'excorier est facilement modifié par l'*érythrol*. Les émissions d'urine qui souillent les lèvres nécessitent des soins assez répétés.

Intertrigo

Il en est de même pour l'*intertrigo* dont la première condition de guérison est une grande *propreté*. Quand l'état inflammatoire est très accentué, les parties sont *isolées* d'abord avec des gazes ou des compresses fines imbibées d'une *eau émolliente;* plus tard, on projette les poudres d'amidon, de talc, auxquelles on ajoute de l'*oxyde de zinc* par parties égales ou au tiers.

Herpès

L'*herpès* ne doit pas être négligé. Outre les souffrances, le plus souvent à la vérité peu aiguës, dont sa venue est l'occasion, outre sa tendance aux récidives, il constitue une porte ouverte aux infections lorsque les vésicules, arrivées à la période d'ulcération, durent longtemps. L'un de nous a vu un herpès donner naissance à un phlegmon vulvaire que l'état de santé de la malade rendit inquiétant.

Les antiseptiques, comme l'*acide phénique* et le *sublimé*, ne réussissent pas contre les vésicules avant ou après leur éclatement et risquent au contraire d'irriter les tissus.

Au moment de la poussée éruptive, le mieux est d'*isoler* les surfaces et de laver à l'*eau tiède*; puis, les jours suivants, saupoudrer avec de l'*amidon* et du sous-nitrate de *bismuth* et faire des lotions légèrement *astringentes: eau blanche* très étendue d'eau, etc. Gaucher recommande un mélange d'*amidon* ou de *talc* avec de la *poudre d'alun*, qui empêche les poussées successives. Si l'herpès vulvaire est confluent il fait appliquer des *pansements humides boriqués* recouverts de taffetas chiffon, puis, l'irritation calmée, il prend des mélanges d'*amidon* et d'*acide borique*.

Dans l'intervalle des éruptions successives, pour rendre les téguments moins susceptibles, il est bon de les soumettre tous les jours aux *astringents* en lotions ou en poudres contenant du *tannin*, par exemple ; mais on n'obtient pas de résultats dans ces cas rebelles, si l'on ne complète la médication par une hygiène et une thérapeutique visant l'*état général*.

Eczéma

C'est surtout contre l'*eczéma* que s'impose cette préoccupation de l'*état général*. Diabète, goutte, arthritisme, maladies des voies digestives, réclament un traitement, une hygiène, un régime particulier. De même les affections utérines contribuent à entretenir l'eczéma par les écoulements qui les accompagnent.

Des formes très intenses ne sont parfois soulagées que par les *pansements humides* maintenus en permanence et les *pulvérisations*.

L'eczéma acquiert une acuité et une étendue capables même d'obliger les patientes à garder le lit, afin que le pansement puisse être appliqué et maintenu d'une manière complète et rigoureuse ; heureusement elles ne sont pas toujours forcées d'en arriver là, et elles sont calmées en séparant les lèvres au moyen de coton hydrophile ou de gaze humides.

Au cours des poussées moins vives, il suffit d'isoler les parties

en les recouvrant d'une poudre à l'*oxyde de zinc* ou d'une de
ces pommades dont la formule est classique :

```
Oxyde de zinc....................................  ) āā 5 gr., 8 gr., 12 gr.
Poudre d'amidon.................................  ) selon les indications
Vaseline........ ......................... 25 gr. à   50 gr.
            F. S. A. Pommade. — Laver à l'eau chaude.
```

Contre l'eczéma, et en particulier chez des malades présentant
un prurit persistant entre les attaques eczématiques, ALBERT
ROBIN et LEREDDE emploient avec des résultats très satisfaisants
un traitement local, le *baume du Commandeur* pur ou saturé
d'*aloès*, dont ils badigeonnent les parties atteintes.

Le matin, on pulvérise à chaud sur la zone malade une mixture saline dont voici la composition :

```
Silicate de soude...................................   0 gr. 20
Bicarbonate de chaux ..............................    2 —
Sulfate de chaux....................................    0 — 05
Sulfate de magnésie................................    2 —
Chlorure de sodium.................................   10 —
Eau.............................................. Q. S. pour un litre
                        D. S. A.
```

Dans un demi-litre d'eau de Seltz du commerce, on ajoute
d'abord le sulfate de chaux, puis $22^{cm3},2$ d'une solution de chlorure de calcium à 50 pour 100, puis $21^{cm3},2$ d'une solution de
carbonate de soude neutre à 50 pour 100. Il se fait, par double
décomposition, du chlorure de sodium et du carbonate de chaux
à l'état naissant qui, au contact de l'acide carbonique dissous
dans l'eau, se transforme en bicarbonate de chaux restant dissous. Au moment du mélange, le liquide se trouble, mais il suffit
d'agiter un peu pour que le trouble disparaisse. On dissout sépa-
rément le silicate de soude, le sulfate de magnésie et le ch,orure
de sodium, chacun dans environ 50 grammes d'eau, que l'on
introduit successivement dans le mélange précédent; et l'on
complète le litre avec de l'eau ordinaire. Après vingt-quatre
heures, s'il y a un léger dépôt, on le sépare par filtration ou
décantation. Cette solution peut se conserver intacte pendant
très longtemps.

Après avoir pulvérisé ce liquide sur la peau, on sèche avec du
coton hydrophile, et on applique une nouvelle couche de *baume
du Commandeur*, dont voici du reste la composition :

Racines d'angélique..	10 gr.
Sommités fleuries d'Hypéricum.....................	20 —
Myrrhe...	10 —
Oliban..	10 —
Baume de tolu..	60 —
Benjoin...	60 —
Aloès du Cap..	10 —
Alcool à 80°...	720 —

F. S. A. Teinture.

Ces pansements au *baume du Commandeur*, combinés avec les lavages à l'*eau silicatée*, se prescrivent de même contre l'*intertrigo*, l'*herpès*, l'*acné*, contre certains *prurits vulvaires*, etc.

Prurit vulvaire

Le *prurit vulvaire* est une des affections les plus insupportables et les plus rebelles dont les femmes soient affligées.

Il convient cependant de mettre à part les prurits relevant d'une maladie parasitaire, telle que la *gale*, les *pédiculi*, les *oxyures*, qui guérissent avec la cause première, ou bien encore les prurits qui accompagnent l'*eczéma*, l'*herpès*, de simples *ulcérations* des lèvres et dont la gravité varie avec l'étiologie. Tenaces et constituant une complication fort ennuyeuse sont les prurits qui naissent sous l'influence de l'irritation amenée par les *écoulements utérins* et *vaginaux* au cours de la métrite chronique, du cancer, des fibromes. La première indication du traitement est une *propreté* rigoureuse de la région, des *injections* et des *lavages fréquents*, puis la protection de la vulve par de la *poudre d'amidon* à laquelle Gallard ajoutait du *précipité blanc* dans la proportion d'un dixième.

Le prurit désolant est celui qui survient en dehors de ces causes, surtout à la *ménopause*, chez les *femmes âgées*, mais aussi à toutes les phases de la vie génitale. D'origine nerveuse, dépendant de l'arthritisme, de la goutte et du diabète, ou relevant d'une origine brightique, stomacale, il ne cesse pas un moment, s'exalte par périodes, rend irrésistible le besoin de grattage qui l'exaspère au bout de quelques minutes et entretient l'insomnie, car il est surtout marqué la nuit. Nous avons déjà signalé les autres inconvénients auxquels il donne naissance à l'époque de la *puberté*. Aussi sommes-nous réduits parfois à passer en revue tous les moyens thérapeutiques sans parvenir à un résultat appréciable et encore moins durable. Rappelons les applications *chaudes longtemps prolongées* d'une solution de *sublimé* au millième, d'une solution d'*hydrate de chloral* à dix pour mille, les badigeonnages de *cocaïne* au vingtième.

Souvent aussi nous conseillons de maintenir sur la vulve le plus longtemps possible, le soir en se couchant, des compresses imbibées de la solution de GOWLAND :

```
Bichlorure de mercure .........................  )  āā 0 gr. 10 à 0 gr. 20
Chlorhydrate d'ammoniaque ....................  )
Emulsion d'amandes amères.....................     200 gr.
                F. S. A. Solution.
```

Dans la journée, après avoir bien séché la région, on la recouvre avec de l'*iodoforme*.

CHAMPETIER DE RIBES (communication orale) prescrit avec succès :

```
Eau distillée................................ 250 à    300 gr.
Alcool......................................           Q. S.
Sublimé.....................................            1 gr.
                F. S. A. Solution.
```

pour lavages, une à deux fois par jour, au moyen de ouate hydrophile imbibée de cette solution ; puis immédiatement après, lavage à grande eau, car la première application cause parfois des sensations fort douloureuses.

GAILLARD-THOMAS allait plus loin et préconisait le *sublimé* à dose encore plus concentrée, 2 grammes pour 250 d'eau distillée avec 15 grammes de *teinture d'opium* (?).

Les effets que nous avons constatés pour l'anesthésie des muqueuses, grâce à l'emploi de la poudre suivante :

```
Poudre d'orthoforme............................  )
    —   de di-iodoforme..........................  )  āā
    —   de talc..................................  )
                Mêlez exactement.
```

nous ont engagés à l'essayer contre le prurit vulvaire où elle nous a donné de bons résultats. En général, du reste, l'*orthoforme* a sur la *cocaïne* la supériorité d'amener une insensibilité durant un temps beaucoup plus long.

Mais le plus volontiers et le plus couramment, nous ordonnons une pommade ainsi formulée :

```
Menthol ......................................          0 gr. 05
Gaïacol ..................................... 0 gr. 30 à    1  —
Oxyde de zinc................................           10  —
Vaseline.....................................           30  —
        F. S. A. Pommade. — Laver à l'eau chaude.
```

Il convient de tâter la susceptibilité de la muqueuse au *menthol* avant d'en augmenter la proportion.

Bardet recommande aussi le *menthol* :

Liqueur d'Hoffmann	10 gr.
Eau de Cologne	100 —
Menthol	0 gr. 40

F. S. A. Solution, dont on mettra une cuillerée à soupe
dans un quart de verre d'eau pour lotions.

A la pommade nous ajoutons encore de la poudre *d'aloès* à la dose de 0ᵍʳ,25 à 1 gramme. *L'aloès* est un médicament dont les usages externes, bien appréciés des vétérinaires, restent trop négligés en médecine humaine ; on peut aussi essayer les attouchements avec la *teinture d'aloès*. Le *baume du Commandeur* employé en badigeonnages sur toute la région vulvaire donne d'excellents résultats. Quand le prurit siège sur les parties cutanées, sur des zones encore assez éloignées de l'orifice vulvaire, le baume du Commandeur a le petit inconvénient de nécessiter que la région soit rasée.

Le *goudron*, pur ou mélangé par moitié avec la lanoline, devient parfois très efficace.

H. Doizy pense que non seulement en désespoir de cause, mais encore rationnellement, l'usage de l'*ichthyol* doit être conseillé dans les cas de prurit vulvaire, soit en pommade comme il l'a fait (à 15 p. 100), soit en emplâtre comme d'autres l'ont préconisé, soit en solution aqueuse à 10 p. 100. Le pouvoir décongestionnant de l'*ichthyol* a toute occasion de s'exercer sur des grandes lèvres variqueuses.

Ichtyol	10 gr.
Axonge benzoïnée	50 —

F. S. A. Pommade, pour onctions légères. (Rudaux.)

Ruge (de Berlin) fait enduire la région de *vaseline phéniquée* à 3 ou 5 p. 100, après lavages au savon et au sublimé, tous les trois ou quatre jours.

Leredde (communication orale) nous a indiqué le *salicylate de méthyle* en pommade au vingtième, et, si elle est tolérée, au dixième. Nous avons constaté que même la pommade au vingtième amenait parfois une sensation de cuisson très désagréable, et nous avons dû nous contenter d'incorporer le salicylate de méthyle au quarantième.

Carnot empêche le contact persistant du sucre urinaire avec

la région vulvo-vaginale au moyen de lotions vulvaires et d'injections vaginales de *levure de bière* (une cuillerée de levure fraîche pour un litre d'eau). Le sucre résiduel disparaît par fermentation et laisse à sa place une solution alcoolique faible.

Il suffit quelquefois, pour apaiser les paroxysmes nocturnes, « de maintenir sans cesse sur les parties génitales des linges imbibés d'*eau très froide* », à l'exemple de P. RAYER. MORITZ KAPOSI dit aussi « qu'il a retiré de bons effets d'applications réfrigérantes locales » ; c'est là peut-être, en partie, le motif de l'influence calmante que nous avons reconnue aux pommades contenant un peu de menthol. Les *bains de siège* et les *injections*, plutôt pris à une température *fraîche*, réussissent fort bien à certaines malades. Les auteurs du COMPENDIUM rapportent l'histoire d'une dame qui ne pouvait obtenir quelques instants de repos qu'en se plongeant dans des bains de siège froids d'une demi-heure, renouvelés six ou huit fois dans les vingt-quatre heures.

Enfin, on s'est adressé aussi à l'*électricité* ; tantôt les courants continus, tantôt les courants interrompus, et surtout les courants de *haute fréquence* (LEREDDE) ont amené sinon la guérison, du moins l'atténuation du symptôme.

La *radiothérapie* ne doit pas être oubliée ; et aujourd'hui nous devons songer au *radium* et aux *boues radio-actives*.

Il faut aussi procurer du *sommeil* aux malades, qui doivent éviter l'usage des sièges et des lits mous (RAYER) entretenant une trop grande chaleur autour des parties affectées, et si les *opiacés* ne sont pas toujours indiqués on s'adressera à l'*antypirine*, au *pyramidon*, à la *phénacétine*, au *sulfonal*, au *véronal*.

Le traitement interne du prurit ne doit pas être négligé, et nous voyons vantés tour à tour, comme ayant amené une sédation notable, les *arsenicaux*, le *sulfate de quinine*, la *belladone*, la *valériane*, le *valérianate d'ammoniaque*. PIEBOURG a préconisé les grandes injections massives et sous-cutanées d'*eau salée*.

Du CASTEL a signalé l'action bienfaisante de l'*acide lactique* dans quelques affections prurigineuses ; il l'administre au commencement des repas, à la dose de VI à XX gouttes par jour, dans une petite quantité d'eau sucrée. L'incertitude où nous restons sur la pathogénie de certains prurits vulvaires nous invite à essayer l'acide lactique au même titre que les autres remèdes. Mais la véritable médication interne est celle qui vise l'*état général* et combat l'étiologie probable de ce phénomène si pénible : troubles dyspeptiques, hépatiques, rénaux, arthritisme, diabète, état névropathique, tuberculose, etc.

Les troubles dyspeptiques en particulier s'observent à l'origine de très nombreux cas de prurit (vulvaire ou autre) et se compliquent alors de fermentations.

Albert Robin utilise les propriétés de l'*érythrol* pour combattre ces fermentations et il le prescrit associé au *fluorure de calcium* de la façon suivante :

```
Erythrol .................................  0 gr. 02 à      0 gr. 10
Fluorure de calcium ......................  0 — 02 à        0 — 10
Magnésie calcinée ........................                  0 — 10
    Mêlez exactement en un cachet. Donnez un cachet à la fin de chaque repas.
```

L'*érythrol* est surtout indiqué s'il s'agit de fermentation butyrique ; si, au contraire, il s'agit de fermentation lactique on ordonnera plutôt le *fluorure d'ammonium*.

```
Fluorure d'ammonium ......................  0 gr. 10 à      1 gr.
Eau distillée ............................                  300 —
        Dissolvez. — En prendre une cuillerée à soupe
        à la fin de chacun des deux principaux repas.
```

Quand les circonstances le permettent, on songera à compléter la thérapeutique par l'*hydrothérapie*.

Les *douches tièdes longues* et à *très faible pression*, les *bains de siège à eau courante tiède*, combinés aux pratiques d'hydrothérapie générale nous rendront les plus grands services.

Folliculite vulvaire

La *folliculite vulvaire*, inflammation des follicules muqueux et pilo-sébacés, provoque des sensations de prurit dont l'origine réelle devient évidente aussitôt qu'on procède à un simple examen. Depuis Huguier, qui le premier a décrit cette affection, on lui considère trois périodes : 1° l'une d'éruption, où l'on voit apparaître de petites saillies d'un rouge très vif ; 2° la deuxième de suppuration, où le follicule prend une forme acuminée et se change en une petite pustule (dont le centre est occupé par un poil si le follicule est pilifère) ; cette pustule se recouvre d'une croûte ou donne naissance à une ulcération ; 3° une dernière période de dessiccation. Par défaut de résolution, l'*acné* peut être la terminaison de la folliculite. Mais l'acné vulvaire se produit aussi indépendamment de la folliculite ; c'est, dit Gallard, l'*acné varioliforme* de Bazin, ou l'*exdermoptosis* de la vulve de Huguier : dans ce cas, les boutons sont indurés, sans inflammation des tissus avoisinants. On évitera de confondre cette folliculite vulvaire simple avec la folliculite syphilitique et la folliculite chancreuse, qui ne guérissent pas par les mêmes moyens, et pour lesquelles il est nécessaire d'instituer le traitement spécial des accidents syphilitiques ou des chancres.

C'est surtout aux phases d'éruption et de suppuration que les femmes demandent nos soins, tant à cause du prurit que des phénomènes phlegmasiques entretenus par les ulcérations consécutives, qui tardent souvent à se cicatriser spontanément.

Comme pour l'herpès, nous craignons de voir les antiseptiques irriter la région. Au début, nous recommandons le *repos*, des *bains*, des lavages à l'*eau chaude*, ou des applications *émollientes ;* quand les pustules sont formées, nous les ouvrons par de petites *incisions* superficielles, et si nous trouvons des ulcérations qui tendent à persister, nous les touchons avec la pointe d'un crayon de *nitrate d'argent*. Il est bien rare d'en arriver à l'*iodoforme*. Verchère recommande l'incision préalable du conduit folliculaire, sous peine de voir la cautérisation demeurer illusoire, puis l'attouchement de la petite cavité avec le *galvano-cautère*. A l'exemple d'Huguier, on peut exciser les follicules, surtout quand ils sont légèrement pédiculés.

Furoncle

Nous appliquons à la furonculose des voies génitales le traitement qu'Albert Robin institue contre la furonculose en général.

Au début, après avoir rasé la peau, nous nettoyons la région par un *savonnage prolongé*, puis nous lavons à l'*alcool* et à l'*éther ;* ensuite nous touchons à plusieurs reprises les points malades à la *teinture d'iode*.

Si le furoncle continue à se développer, nous pulvérisons sur lui de l'*eau phéniquée au centième*, et dans l'intervalle nous recouvrons les parties atteintes de compresses trempées dans une *solution antiseptique faible*, par exemple le *sublimé* à 1 pour 4000.

Dès qu'il arrive à maturation, nous l'ouvrons au bistouri par une incision cruciale, après anesthésie à la cocaïne ou au chlorure d'éthyle, et ALBERT ROBIN recommande d'introduire dans sa cavité la *pâte* suivante :

Soufre sublimé	10 gr.
Camphre pulvérisé	10 —
Glycérine	Q. S.

M. S. A. pour faire une pâte demi-liquide.

Cette pâte remplace avec avantage les pansements humides, et on peut l'étaler aussi à la surface des compresses qui recouvrent les furoncles.

Les troubles viscéraux, la nature des urines, l'état du tube digestif en particulier, sollicitent toute l'attention, et au traitement externe nous joignons l'emploi des cachets suivants :

Soufre sublimé	0 gr. 10
Camphre pulvérisé	0 — 02

Mêlez exactement en un cachet. — En prendre trois par jour.

Enfin l'hygiène de la furonculeuse devra être des plus sévères ; elle supprimera le vin rouge, remplacé par le vin blanc, et même, si elle y consent, par l'*eau de goudron.*

Érysipèle. — Ecthyma. — Impétigo

Nous n'insisterons pas ici sur le traitement de l'*érysipèle*, de l'*ecthyma*, de l'*impétigo*, qui n'offre rien de particulier.

Érythrasma

L'*érythrasma*, dont le siège de prédilection est le pli génito-crural, s'il ne cause guère de gêne, est du moins un sujet d'ennui par la facilité avec laquelle il récidive, et la pigmentation persistante qui en est le reliquat, même après qu'il est guéri.

Au début, on touchera chaque jour la zone atteinte avec la *teinture d'iode ;* puis, quand les badigeonnages auront produit une bonne desquamation, à plus forte raison une dermite qui ne permet plus de les continuer, on les remplacera par l'usage de la poudre de *talc* additionnée de 2 pour 100 d'acide *salicylique.* Une à deux fois par semaine, frictions savonneuses et bains sulfureux.

Muguet

Le *muguet* de la vulve, que l'on observe encore quelquefois et qui amène le muguet du vagin s'il n'est pas arrêté à temps, ne nécessite que les soins ordinaires dans cette maladie : irrigations et lavages avec des eaux *alcalines*, et, si le parasite leur résiste, on en vient facilement à bout avec la solution de *sublimé* au millième, ou de *permanganate de potasse* à 1 pour 4000, ou avec l'*eau oxygénée* diluée à 5 pour 20 ou pour 30. Une condition indispensable est de procéder à une toilette minutieuse des parties.

Aphtes

Les *aphtes* de la vulve, affection spéciale et contagieuse, se montrent chez les petites filles de deux à cinq ans, surtout après la rougeole (PARROT). Cette éruption n'est sans doute pas de même nature que celle qui éclate avec les fièvres aphteuses généralisées, ou qui succède encore aux inoculations qu'apportent les mains contaminées par la salive, dans le cas de stomatite aphteuse. Elle est ordinairement combattue par les *antiseptiques*. Mais il n'existe aucune contre-indication à employer le traitement habituel de la stomatite aphteuse : lavages avec une solution de *salicylate de soude* à 2 ou 3 pour 100 ; puis on s'efforcera d'*isoler* les surfaces.

PARROT, qui avait vu ces ulcérations aphteuses négligées s'étendre et devenir gangreneuses, et qui les considérait même comme une des origines probables de la gangrène de la vulve après la rougeole, recommandait l'application d'*iodoforme*, dont l'action lui paraissait rapide et heureuse.

Diphtérie

La thérapeutique de la *diphtérie* vulvo-vaginale relève de la *sérothérapie* et localement comporte les procédés habituels. A la suite de cette diphtérie, on a observé chez les adultes des accidents utérins et péri-utérins et même des lésions péritonéales. La disparition de la fausse membrane ne doit pas enlever toute crainte au point de vue des troubles génitaux, et un traitement consécutif peut s'imposer, d'autant plus efficace qu'on aura prévu les conséquences possibles pour arriver à les enrayer dès leur début.

Gangrène

La *gangrène* de la vulve est un accident redoutable et d'un pronostic grave. Malgré des soins précoces, on la voit gagner les régions avoisinantes, se propager à la partie supérieure des cuisses, au périnée, à l'anus, et finir par entraîner la mort.

Il faut songer à la prévenir au cours des *maladies infectieuses*, de la typhoïde, de la rougeole surtout, et chez les enfants en particulier ; pendant toutes les *fièvres graves*, les organes génitaux externes seront examinés et entretenus dans un état de propreté continuelle et rigoureuse. L'un de nous, à l'hôpital des Enfants-Assistés, a expérimenté les excellents effets *préventifs* de lavages faits avec l'*eau alcoolisée* au tiers. Les femmes *débilitées* ou *cachectiques*, les *diabétiques*, les *brightiques*, outre les soins de toilette minutieux et quotidiens, ne négligeront pas les petites complications inflammatoires des lèvres, et la moindre ulcération herpétique, folliculaire ou autre, attirera l'attention du médecin qui tâchera d'en obtenir la prompte cicatrisation.

Lorsque la gangrène a éclaté, les *antiseptiques* sont de rigueur. L'*eau oxygénée* diluée doit être considérée comme un des agents les plus efficaces. Des lavages répétés avec les solutions *phéniquées*, les solutions de *sublimé* et de *permanganate de potasse*, avec la *liqueur de Labarraque* (une à deux cuillerées à soupe et plus par litre d'eau) seront complétés par des pulvérisations et des pansements antiseptiques. L'*iodoforme* et le *di-iodoforme*, l'*érythrol* surtout, trouvent ici des indications.

Pour arrêter la marche envahissante de l'eschare, Velpeau recommandait l'emploi du *cautère actuel* promené rougi à blanc tout autour de la surface mortifiée. Dans le même but, nous aurons à la rigueur recours au *thermo-cautère ;* nous nous efforcerons en outre de relever l'organisme par les *toniques*, les stimulants, et d'agir sur la cause prédisposante, diabète ou brightisme, par une médication appropriée.

Végétations

Les *végétations* ne sont pas d'une grande fréquence dans la gynécologie ordinaire, et c'est fort heureux car on n'en débarrasse pas toujours sans peine les malades. De plus, elles se reproduisent facilement; pour empêcher leur récidive, il faut poursuivre avec patience leurs moindres manifestations 'et, dès qu'elles menacent de reparaître, intervenir tout de suite.

Le plus souvent elles sont entretenues par des accidents inflammatoires ou spécifiques de la vulve et du vagin, et la première précaution consiste à supprimer cette cause (leucorrhée, vulvite) qui favorise leur pullulation. Puis on les badigeonne avec une solution aqueuse de *tannin* saturée à chaud, ou on les soumet à l'une de ces poudres, qui donnent parfois (ROLLET), mais pas toujours, quelques bons résultats : *poudre de sabine*, ou mélange par parties égales de *poudre de sabine, de calomel et d'alun*. L'*alun calciné* est plus caustique que l'*alun ordinaire*, moins soluble et, par contre, plus douloureux.

Si ces topiques échouent, et c'est à craindre, il faut agir d'une manière plus radicale. La végétation est-elle légèrement pédiculée, *après anesthésie locale*, d'un coup de ciseau on l'*excise* et on touche la surface d'implantation avec le thermo-cautère. Après l'excision, on a recommandé des attouchements avec le *perchlorure de fer*, procédé qui paraît susceptible dans bien des cas de préserver nos malades de récidive. Si l'emploi des ciseaux est impossible ou peu commode, les cautérisations répétées à la base de végétations multiples à l'aide du *thermo-cautère* et du *galvano-cautère* les détruisent progressivement. La forme des papillomes permet aussi quelquefois de les enlever à la *curette* avant de cautériser leur base.

Au lieu du thermo-cautère, divers auteurs se servent de *nitrate d'argent*, de *nitrate acide de mercure*, d'*acide acétique* ou même simplement d'*acide nitrique*. Car les masses, sans se développer en épaisseur, se mettent dans certains cas à proliférer sur une assez large zone, et l'excision aux ciseaux ou au bistouri devient une opération délicate au cours de laquelle, suivant l'expression de ROLLET, on est obligé de sculpter les organes. Quel que soit leur volume, du reste, l'ablation de ces petites tumeurs est capable d'entraîner des hémorrhagies longues et ennuyeuses, aussi on ne commencera pas leur extirpation sans se munir d'un thermo-cautère préparé pour arrêter le sang qui coule avec une persistance incroyable.

SILBERMINTZ[1] a préconisé un moyen qu'il considère comme fort efficace. Sur les végétations isolées et pédiculées il étale de la *résorcine* pure jusqu'à dessiccation et chute du papillome. Sur les végétations étendues et sessiles, il applique le mélange suivant :

Collodion riciné.......................................	80 gr.
Résorcine...	20 —

F. S. A. Mixture.

dont il badigeonne aussi les tissus sains environnants sur un espace d'un demi-centimètre. Avant l'application du collodion, il lave avec la liqueur d'HOFFMANN pour sécher. Deux ou trois applications suffisent pour flétrir et amener la chute des excroissances. Quel que soit le procédé adopté pour arriver à la disparition des tumeurs, il est indispensable d'isoler les surfaces atteintes et de maintenir la région dans un état de propreté rigoureuse.

Tumeurs bénignes

Les *tumeurs bénignes* ne relèvent que de l'intervention opératoire, et nous ne nous appesantirons pas sur les divers procédés en usage, fort simples du reste et que doit pratiquer tout médecin, pour l'extirpation des *fibromes* et des *lipomes*, l'ablation du *molluscum*, l'extirpation, l'incision ou la cautérisation auchlorure de zinc des *kystes*. L'*éléphantiasis* ressortit à la chirurgie.

Leucoplasie

La *leucoplasie* de la vulve sert d'intermédiaire entre les *tumeurs bénignes* et les *tumeurs malignes*. Sa transformation en épithéliome est à redouter, et sans trop attendre, surtout chez les femmes qui ont passé quarante-cinq ans, il faut pratiquer son ablation (PICHEVIN et PETIT). PERRIN enlève les plaques blanches au thermo- ou au galvano-cautère. Cependant les cautérisations et les attouchements risquent d'irriter les tissus et de favoriser les dégénérescences.

En attendant une intervention radicale, on conseillera les bains locaux et les lavages fréquents avec des *solutions alcalines*, et on verra s'il y a lieu de pratiquer un traitement *anti syphilitique*.

---

1. SILBERMINTZ. — *Semaine Médicale*, 1898.

La *radiothérapie* n'a pas encore donné des résultats certains et définitifs.

Cancer

Large ablation aussi pour le *cancer* de la vulve avec examen minutieux des ganglions inguinaux ; si l'ablation est impossible, pansement à l'*érythrol*.

Esthiomène

L'*esthiomène* (et par ce terme nous entendons la tuberculose de la vulve) est une affection en réalité fort rare.

Pozzi pense que les « *scarifications* et le *grattage* à la *curette*, qui ont rendu de si grands services dans le lupus de la face, n'auraient quelque chance de réussir que dans la forme érythématheuse ou superficielle ». On peut les pratiquer aussi dans les formes à petits tubercules disséminés, et, à l'exemple d'autres auteurs, faire suivre le raclage d'attouchements à l'*acide lactique* pur (qui est efficace contre la tuberculose d'autres muqueuses). Dans les cas d'infiltration, on a essayé l'*ignipuncture* avec le galvano ou le thermo-cautère ; mais, si cette infiltration aboutit à une hypertrophie manifeste des organes de la région, il faut en arriver à l'*excision* par le bistouri.

Les attouchements à la *teinture d'iode* passent pour avoir amené quelques bons effets, de même que la *résorcine*.

Si l'esthiomène s'accompagne d'ulcérations nombreuses entremêlées de bourgeons végétants, la cautérisation au thermocautère n'est pas toujours possible pour des surfaces irrégulières avec diverticules plus ou moins profonds, et on recommande alors de panser avec de l'*iodoforme*, que nous remplacerions volontiers par le mélange déjà cité de *di-iodoforme* et d'*orthoforme*, à la fois anesthésique et antiseptique, et encore par l'*érythrol*.

Kraurosis vulvæ

Le *kraurosis* est une affection du derme caractérisée par une sorte de feutrage et des lésions d'inflammation chronique (Pichevin et Petit) qui atrophient les nerfs et les glandes sudoripares.

Il amène une rétraction atrophique (BREISKY), atteignant le vestibule, les petites lèvres, le frein, le prépuce chitoridien, et la surface interne des grandes lèvres. Souvent on voit apparaître des taches opalescentes à sa surface, c'est le kraurosis *blanc* ou *leucoplasique*, qui peut se terminer par cancer. Il existe un kraurosis *rouge* ou inflammatoire et vasculaire, des formes *syphylitique*, *sénile* et *post-opératoire*. L'*insuffisance ovarienne* nous a semblé jouer un rôle étiologique. C'est aussi l'avis de JAYLE : la castration ou l'atrophie des ovaires produit le kraurosis chez des femmes ayant une tendance à faire de la sclérose.

Il provoque un *prurit* tenace, violent, une sensation de cuisson accompagnée de pesanteur, de névralgies et même de troubles de la miction. En même temps la région vulvaire se rétrécit et s'indure ; le vestibule se sténose et semble fait de tissus durs.

Dans un cas suivi pendant plusieurs années, nous avons pu calmer des sensations très pénibles par l'application longtemps répétée de la poudre d'*orthoforme*, de *di-odoforme* et de *talc* (mêlés par parties égales), alors que tout autre topique demeurait inefficace.

La *radiothérapie*, la *radiumthérapie* viendront peut-être nous apporter un secours contre cette affection rebelle.

Vulvites

Les affections inflammatoires de la vulve, *vulvites* de toute origine, se compliquent si naturellement de vaginite que leur traitement trouve plutôt sa place à propos des *vulvo-vaginites* exposées plus loin. Cependant on a signalé des *vulvites infectieuses* (MÉRY), des *ulcérations vulvaires* dans la fièvre typhoïde, etc., qui évoluent isolément. Citons ici une complication locale, le *phlegmon* simple des lèvres, se terminant par un abcès ; il n'a rien de commun avec la bartholinite, et on doit se garder de les confondre. Un coup de bistouri met fin aux accidents qui n'ont aucune tendance à la récidive, si fréquente, au contraire, après une simple incision, lorsqu'il s'agit d'une lésion de la glande vulvo-vaginale.

III

Affections nerveuses

Vaginisme

Les femmes atteintes de *vaginisme* viennent avant tout demander nos soins pour des crises de douleurs fort vives qui siègent au niveau de la vulve et des parties les plus inférieures du vagin. Ces douleurs sont accompagnées très souvent, mais non toujours, de constriction spasmodique du sphincter vaginal, et elles éclatent à propos du coït, qu'elles rendent fort pénible et même impossible. En dehors du coït, la femme ne ressent aucun mal la plupart du temps.

Au point de vue thérapeutique, nous passons volontairement sous silence les accès de vaginisme qui sont provoqués chez des vierges par le contact de l'urine sur l'hymen ; les observations en sont peu nombreuses. De même nous ne nous occuperons pas des constrictions spasmodiques du sphincter sans crises douloureuses (Pozzi) ; ce sont encore là des faits très rares.

1° *Diagnostic de la cause. Indications du traitement général.* — La première indication consiste à rechercher le point précis de la douleur :

A. — Chez une femme atteinte de lésions utérines ou péri-utérines, le coït est susceptible de réveiller des souffrances au niveau de la matrice, des annexes ou de la région environnante. Il y a *dyspareunie* (Barnes), mais il n'y a pas vaginisme.

B. — Une affection utérine ou péri-utérine, métrite, phlegmasie, etc., peut être, cependant, le motif d'un vrai vaginisme.

Il est donc essentiel de bien fixer le lieu initial de la crise et de rapporter d'une part à la vulve, de l'autre à la matrice ou aux organes voisins, les phénomènes qui leur appartiennent.

Le traitement doit viser l'état général, insuffisance ovarienne, syphilis, arthritisme, etc.

Localement nous avons obtenu une sédation des symptômes par des attouchements répétés avec la poudre déjà citée :

Poudre d'orthoforme.............................. ⎫
  »   de di-iodoforme.......................... ⎬ āā
  »   de talc................................ ⎭

L'évolution peut imposer une intervention opératoire.

C. — Dans certains cas, la vulve est hyperesthésiée sur toute sa surface. Le plus souvent un examen minutieux fait trouver un ou quelques points isolés très sensibles au moindre contact. C'est en cette région que l'on a des chances de constater la cause à peine perceptible ou au contraire très évidente, qui a donné naissance au vaginisme, qui l'entretient, et qu'on pourra supprimer ou modifier par action directe.

Puis, le médecin complète ses renseignements sur la santé de sa malade et passe en revue tous les appareils.

Le vaginisme entraîne de tels ennuis, de tels soucis même (mésintelligence conjugale, regret des relations sexuelles), que le moral des malheureuses s'affecte ; elles tombent dans la tristesse, se neurasthénisent, et leur état général en supporte les effets. Leurs fonctions digestives s'altèrent, elles s'anémient ; ces troubles divers sont loin de calmer le système nerveux, et le vaginisme va s'exaspérant, d'autant plus que bien souvent elles sont déjà des névropathes. L'hystérie, le nervosisme, le neuro-arthritisme ne doivent pas être considérés comme une notion étiologique indispensable ; mais toute femme n'est pas apte à faire du vaginisme. Combien de malades atteintes de déchirure des lèvres, d'herpès, de vulvo-vaginite, de polypes de l'urèthre, ne présentent jamais le moindre symptôme de cette affection si bizarre, tandis que chez d'autres une érosion insignifiante provoque des crises intolérables. Pour certains cas, il semble exister, dans la crainte et la répulsion manifestées, quelque désordre psychique qui doit augmenter à l'extrême les paroxysmes éprouvés. Aussi Pozzi écrit avec raison que « deux conditions sont nécessaires pour l'apparition du vaginisme : a) une grande excitabilité nerveuse ; b) une irritation des organes génitaux externes servant de prétexte à des réflexes *exagérés* ».

Que l'état général soit la cause ou l'effet des accidents génitaux, ils retentissent les uns sur les autres et s'aggravent. La thérapeutique doit viser non seulement le système nerveux, mais les phénomènes dyspeptiques, les troubles de ptose viscérale, l'anémie, en un mot l'équilibre de l'organisme entier, pour rendre plus efficaces et d'un effet plus durable les soins locaux dirigés contre l'irritation vulvaire.

2° *Traitement local*. — Les soins locaux s'adressent tantôt à une *ulcération*, véritable *fissure* difficile à découvrir et que l'on touche au *nitrate d'argent* ou avec la pointe du *thermo-cautère* après anesthésie préalable, tantôt à des *follicules enflammés*, que l'on traite par des *émollients* d'abord, puis par une *cautérisation*.

Sans passer en revue toutes les causes possibles, il suffira de signaler les *vulvo-vaginites*, la *métrite* du col (TRÉLAT), les *déviations*, les *phlegmasies utérines* et *péri-utérines*, dont l'influence indéniable est heureusement fort rare, les *désordres menstruels*, la *réplétion vésicale* (VALLON et PETIT), etc. D'autres fois, il faudrait extirper un *polype de l'urèthre*. JOHANNSEN dilatant le canal de l'urèthre vit, dit H. LEROUX, « deux points jaunes qui répondaient à des orifices de fistulettes borgnes, incisa la plus grande, cautérisa l'autre et guérit ainsi radicalement le vaginisme » ; ou bien on rencontrera cette *tuméfaction* indiquée par GALLARD au niveau du tissu cellulaire sous-muqueux de la partie inférieure du vagin et consécutive à la vaginite. On est exposé à pratiquer les interventions les plus diverses, par exemple la dilatation d'une *fissure à l'anus*.

Le plus souvent, ce sont les *débris de l'hymen* qui nous offrent le point de départ des crises douloureuses, car le vaginisme, dans la majorité des cas, succède aux tentatives maladroites ou violentes des premiers coïts. Que l'on procède par *cautérisation* ou par *excision*, le mieux alors est de détruire ou d'enlever tout ce qui reste des caroncules myrtiformes et de l'hymen.

S'il s'agit, au contraire, d'un *vaginisme essentiel*, ou du moins d'un vaginisme sans lésion étiologique évidente, la médication rentre d'emblée dans les règles générales que l'on doit appliquer du reste dans tous les cas, concurremment au traitement étiologique.

La malade (H. LEROUX) observera le *repos absolu* de l'organe durant un temps déterminé par le médecin ; les rapports sexuels ou les essais incomplets risquent de rallumer un certain degré de douleur mal éteinte, et par là contribuent à entretenir la névrose et s'opposent à la guérison définitive. Les applications locales de *cocaïne*, avant chaque coït, amènent bien de l'anesthésie, mais celle-ci n'est pas toujours suffisante, et il faut tenir compte en outre de l'appréhension et de l'état psychique de la malade; un échec dû à des tentatives prématurées est capable de compromettre l'amélioration ou les résultats péniblement acquis. On conseillera d'attendre que le toucher vaginal ne réveille aucune souffrance et que la constriction ait disparu depuis un certain temps; et encore nous avons vu le toucher et même le spéculum bien supportés et le vaginisme éclater de nouveau au premier rapport.

L'*hydrothérapie locale* comporte la prescription de *douches tièdes*, longtemps *prolongées,* et à faible *pression* (BENI-BARDE). L'*hydrothérapie générale* s'efforce de combattre les tendances au nervosisme. Les *irrigations vaginales* et les *lavages à l'eau tiède*, les *grands bains et les bains de siège tièdes* seront continués même si la vulvite n'existe pas. DEBOUT préférait les *bains de siège froids* et les *compresses froides;* certaines malades en effet, comme pour le prurit vulvaire, éprouvent plus de soulagement avec des lotions fraîches; il n'y a pas de règle absolue.

Que le vaginisme soit symptomatique ou essentiel, les *supposi-toires vaginaux* à la *cocaïne*, à la *belladone*, les attouchements répétés avec les solutions de *cocaïne* ont donné de bons résultats. Nous prescrivons aussi des suppositoires contenant 10 *centi-grammes de poudre d'opium brut* et l'expérience nous a prouvé que leur efficacité doit être considérée comme très réelle. L'action de l'*iodoforme* est parfois heureuse; l'*orthoforme* est un anesthé-sigue local dont l'action énergique a une durée plus longue que celle de la cocaïne; ces deux produits sont employés en poudre ou en pommade. Souvent nous utilisons des tampons de volume progressif imbibés de glycérine à l'*ichtyol* ou au *thigénol*. On se sert encore des *mèches* iodoformées, belladonées, dont le calibre va graduellement croissant, car la constriction est de son côté un facteur pathologique contre lequel nous avons à lutter ; et si la douleur est le symptôme primordial accusé par les malades, on rencontre des vaginismes qui cèdent seulement lorsque la constriction du sphincter a été forcée.

Il faut donc arriver à la *dilatation* si les topiques ne réussissent pas.

Tantôt cette *dilatation* est *progressive*. La malade (Pozzi), dans un bain de siège, introduit elle-même une série de spéculums à bains dont le volume augmente graduellement. Ou bien (F. SIREDEY) elle met dans le vagin une *éponge préparée* assez longue, de façon qu'une partie soit intra et l'autre extra-vaginale, un segment par conséquent se trouvant à la vulve ; elle prend un bain, l'éponge se gonfle, et pour la sortir il faut vaincre un certain degré de constriction. On recommence en choisissant des éponges de plus en plus grosses.

Quand ces moyens échouent, ou bien lorsqu'on veut recourir à des manœuvres dont le résultat soit plus rapide, il faut user de la *dilatation brusque*. L'intervention est la même que pour la fissure à l'anus. Après anesthésie préalable sous le chloroforme, les deux pouces ou bien le médius et l'index de chaque main introduits dans le vagin s'écartent brusquement et font éclater la constriction du sphincter. Beaucoup de médecins préfèrent se servir du spéculum bivalve qu'ils entrent fermé, mais qu'ils retirent grand ouvert après l'avoir retourné en tous sens. GALLARD employait avec succès le spéculum de BOZEMAN. Cet instrument est composé de trois valves dont deux s'écartent ou se rapprochent par le mécanisme d'un pas de vis situé dans le manche ; des saillies et des rainures correspondantes permettent d'appliquer une troisième valve, de telle sorte que l'instrument, d'un faible calibre d'abord, est capable d'acquérir une dilatation fort grande. « Le volume très petit de l'instrument quand il est complètement fermé et la grande force avec laquelle le mouvement de la vis permet d'écarter insensiblement, sans secousse, les deux valves l'une de l'autre, m'ont suggéré l'idée de l'employer comme dilatateur, et dans plusieurs cas cela m'a parfaitement réussi. »

Il reste encore à essayer le traitement par le *massage*, par l'*électricité*, les *courants* de *haute fréquence*, la *radiothérapie*, la *radiumthérapie*, les *boues radio-actives*, et en cas d'insuccès, lorsqu'on a épuisé toute la série des médications, à pratiquer une des opérations préconisées depuis SIMS et RICHARD, dont l'effet, quoi qu'on ait dit, n'est pas certain.

Nous nous contenterons de citer ici des cas curieux de *vaginodynie*, où le spasme s'est étendu non seulement au vagin, mais encore au plancher périnéal et même aux parois abdominales. Dans une observation, la contraction cédait à la dépression systématique du plancher périnéal et à des topiques belladonés. La *névralgie vulvaire* se combine avec le vaginisme, le complique ou l'entretient ; il est toujours prudent de rechercher les points douloureux de la *névralgie iléo-lombaire*, et des *grandes névralgies pelviennes* avec hyperesthésie généralisée.

Ce n'est pas tout que de traiter le vaginisme, il serait encore préférable de prendre des précautions pour l'éviter. Presque toujours il est d'origine nuptiale, ou du moins il succède à la défloration virginale et survient aussitôt après les premiers rapports qui ont été particulièrement douloureux. Sans renouveler les conseils que certains auteurs voudraient voir donner à tous les jeunes mariés, il nous sera permis d'ajouter qu'une impétuosité maladroite risque de provoquer chez une jeune femme nerveuse des souffrances dont la persistance compromet les relations conjugales. Le vaginisme, qui éclate après des tentatives brusques et malhabiles, se montre aussi après des essais trop faibles, trop incomplets de la part d'un mari sans vigueur, impuissant à rompre l'hymen.

Coccygodynie

La *coccygodynie*, variable dans son intensité et qui devient une véritable torture pour des malheureuses à qui elle ne laisse pas un moment de calme, réclame tout autant que le vaginisme une médication à la fois générale et locale.

Elle naît sous des influences diverses, et la première et formelle indication exige que la cause des accidents reçoive des soins particuliers. On recherchera donc les affections utérines, péri-utérines, intestinales (rectite, hémorrhoïdes, entéro-colite, ptoses) susceptibles de se trouver à l'origine de la coccygodynie. Si un traumatisme, des altérations osseuses, articulaires ou ligamenteuses expliquent dans certains cas les souffrances spontanées et provoquées, d'autres fois on est réduit à invoquer l'hypothèse d'une névralgie.

Le tempérament névropathique favorise l'éclosion et la persistance des phénomènes. Névralgie primitive, douleurs réflexes ou osseuses ne doivent parfois leur acuité si pénible qu'au terrain sur lequel elles se sont développées. Les hystériques, les neurasthéniques, en général les nerveuses *topoalgisent* dans la région coccygienne comme en tout autre point du corps.

Aussi le soin d'*améliorer cet état général* demeure un point capital de la thérapeutique, puis, il faut combattre la douleur locale. De Scanzoni conseillait les *sangsues*, les *bains chauds*, les *applications chaudes* et en même temps les *injections de morphine*, que l'on a remplacées par les *injections de cocaïne*; rien ne vaut l'injection de *chlorhydrate de morphine loco dolenti*. On a recours aussi aux *suppositoires belladonés, opiacés, cocaïnés*. SEELIG-MULLER a guéri par la *faradisation* une coccygodynie remontant à douze ans, en mettant le pôle négatif dans le vagin et le pôle positif sur le sacrum. GRAF a employé semblablement la faradisation, un pôle sur le sacrum, un pôle sur le coccyx. La *radio-thérapie* et la *radiumthérapie* peuvent être tentées. Les *pointes de feu* ont réussi dans des cas où tout autre moyen était resté inefficace.

Nous essayons volontiers les *pommades au menthol* et *au gaïacol*, les mixtures à l'*ichtyol* et au *thygénol*. A propos de certaines douleurs dysménorrhéiques nous avons parlé plus haut du massage par le rectum des régions prœ-sacrées. Enfin, comme la maladie est rebelle, et que l'on se voit obligé de s'adresser à de nombreux moyens pour calmer les malades, il paraît rationnel de pratiquer non seulement des *pulvérisations d'éther*, mais encore du *stypage* souvent répété avec le *chlorure de méthyle*.

L'*hydrothérapie tiède* ne sera pas négligée.

Ces nombreux procédés réussissent ou échouent tour à tour, mais il est rare que la *résection du coccyx* soit formellement indiquée, d'autant plus que chez une névropathe elle risque de ne procurer aucun soulagement.

IV

Maladies du vagin

Il n'est guère possible d'exposer d'une façon absolument séparée le traitement des *vaginites* et celui des *vulvites*. Ces affections coïncident si souvent, tantôt avec une égale intensité, tantôt avec une prédominance plus marquée des altérations vaginales ou vulvaires, que l'on n'est pour ainsi dire jamais appelé à soigner une vulvite sans avoir à se préoccuper de l'état du vagin et réciproquement. N'y eût-il pas coexistence des deux maladies, que nous devrions quand même songer à prévenir une complication toujours menaçante, et instituer une thérapeutique prophylactique pour protéger la région encore indemne.

Herpès

C'est ainsi, par exemple, que les mêmes indications s'appliquent à l'*herpès* vaginal, rare du reste, et à l'herpès vulvaire.

Muguet et mycoses

Le *muguet* du vagin guérit par les mêmes moyens que le muguet de la vulve.

Toutefois l'on a signalé des *vaginites mycosiques* dout le parasite n'est pas l'oïdium albicans; cette distinction perd de son importance au point de vue qui nous occupe, car ces vaginites mycosiques, qui ressortissent à des parasites différents, cèdent très facilement aux solutions étendues de *sublimé* et de *permanganate*.

Lorsque après la disparition du muguet il persiste un certain degré de vaginite, on continue pendant quelques jours à recommander des *irrigations alcalines et tièdes* et l'*isolement* des parois vaginales au moyen de gaze stérilisée ou de poudres inertes.

Érysipèle. — Diphtérie
Vaginites pseudo-membraneuses

Il existe des vaginites *pseudo-membraneuses* ne relevant pas de la dipthérie. On les observe après la rougeole, les fièvres graves. Nous en avons traité un cas survenu d'une manière spontanée au cours d'une bonne santé, sans doute par *auto-inoculation*. Il guérit par des attouchements au *bleu de méthylène*. On n'aura donc pas recours d'emblée aux injections sous-cutanées de *sérum antidiphtérique*.

Une autre variété beaucoup moins grave, qui naît à la suite de l'action intempestive d'un *topique trop énergique*, ne nécessite que les soins très ordinaires d'*irrigations tièdes* et d'applications d'*ouate hydrophile ;* par précaution, on surveillera le détachement des petites eschares.

Gangrène

Mais c'est surtout au cours de la vaginite *gangreneuse* que l'on

suivra avec la plus grande attention l'élimination des plaques
sphacélées, puis la cicatrisation des plaies consécutives. La chute
d'une eschare entraîne après elle, dans les cas malheureux, une
communication du vagin avec un organe voisin, fistule vésico-
vaginale, recto-vaginale ; d'autre part, la guérison de la plaie
gangréneuse, si elle n'est pas dirigée, fait naître des brides, des
rétrécissements, des malformations vaginales que l'on peut éviter
ou du moins diminuer en surveillant la marche des cicatrisa-
tions. Quant à la *gangrène du vagin* elle-même, la topographie
de la région, le peu d'épaisseur des parois ne permettent guère
de penser à enrayer la marche envahissante du sphacèle en le circonscrivant avec le thermo-cautère, comme pour la gangrène de
la vulve, et nous en sommes réduits aux grands lavages et aux
pansements antiseptiques, ainsi qu'aux prescriptions tirées de
l'état général (diabète, etc.).

Vaginites

A. — *Considérations générales.* — Toutes les vaginites *ne sont
pas blennorrhagiques;* elles ne dépendent pas toutes du *gonocoque.*

Doléris considère dans le vagin :

1° Des saprophytes fixes ;

2° Des pathogènes réels, vivant en saprophytes, mais susceptibles d'acquérir une virulence active ;

3° Des pathogènes actifs, gonocoques, streptocoques, staphylocoques, etc.

Une simple érosion, un corps étranger, suffisent à créer une
porte d'entrée.

D'autre part, Armand Siredey et son élève A. Harpey ont
prouvé que :

1° La présence du gonocoque, intra ou extra-cellulaire, permet
d'affirmer la nature blennorrhagique de l'écoulement, mais son
absence n'autorise à conclure qu'après plusieurs examens successifs ;

2° Les sécrétions des femmes saines sont riches en microbes,
mais uniquement en formes bactériennes longues et grêles ;

3° Les écoulements des infections génitales aiguës ne contiennent au contraire que des formes courtes (cocci divers) :
gonocoques, faux gonocoques, etc. ;

4° Lorsque l'affection tend à guérir ou à passer à l'état chronique, les cocci disparaissent et les formes longues se montrent[1].

Dans les formes aiguës, les gonocoques sont presque tous extra-cellulaires. Plus tard les gonocoques diminuent et deviennent le plus souvent intra-cellulaires.

Ces considérations sont importantes au point de vue du traitement : car nous sommes appelés à donner des soins non seulement aux vaginites ordinaires ou blennorrhagiques, mais encore aux simples *leucorrhées*.

B. — *Indications du traitement tirées de l'étiologie.* — La *vulvite* se complique facilement de vaginite, c'est la *vulvo-vaginite, vaginite antérieure*. La rétention par un hymen trop étroit des sécrétions normales (Pozzi) favorise encore cette *vaginite rétro-hyménéale* (DOLÉRIS).

Les *affections de la matrice, la métrite* provoquent la vaginite postérieure.

Une *poussée fluxionnaire* peut devenir l'occasion d'une vaginite. A l'époque de la *puberté*, de la *ménopause*, l'état congestif de tout l'appareil sexuel s'accompagne de leucorrhées, dont quelques-unes ressortissent à une vaginite ; de même parfois au cours de la vie génitale à propos de la *menstruation*, surtout quand elle s'éloigne de l'habitude physiologique.

Les *congestions pelviennes* qui se montrent pendant les maladies du cœur, du foie, des reins, celles qui surviennent au cours des fièvres, rougeole, typhoïde (virulence des microbes) sont capables de produire les mêmes effets. Le *froid*, les *excitations sexuelles*, l'*onanisme*, les *traumatismes* ont tour à tour été incriminés. L'irritation produite par les *pessaires* et les *corps étrangers* a une influence indubitable ; chez certaines femmes, l'application d'un pessaire entraîne d'abord une leucorrhée abondante, puis une vaginite, et, malgré tous les soins qu'elles prennent, on est obligé de les surveiller, de changer l'instrument et même de l'enlever durant un temps variable. Les *corps étrangers* les plus divers ont été trouvés dans le vagin ; à la longue, ils s'incrustent de dépôts, s'érodent, la muqueuse se gonfle, finit par obstruer en partie le conduit, si bien que l'extraction de ces corps étrangers demande parfois de grandes précautions, afin de ne pas trop léser les tissus.

1. A. HARPEY, — *La Leucorrhée.* Thèse de Paris, 1907.

Ces causes différentes sont rendues plus nocives par le terrain sur lequel elles sévissent : *arthritiques*, *herpétiques* sujettes aux poussées fluxionnaires, aux manifestations de l'eczéma, de la dartre, ou bien *scrofuleuses*, *lymphatiques*, *chlorotiques* aux tissus lâches, mous, décolorés, ou bien encore malades *débilitées* par une *affection générale*, anémie, tuberculose, dyspepsie, cachexie, sont des leucorrhéiques qui deviennent une proie facile aux infections génitales secondaires.

Le *manque d'hygiène*, *l'absence de soins*, le *défaut de propreté* jouent aussi un grand rôle. La simple augmentation alors d'un flux leucorrhéique qui s'exagère (congestion ou maladie générale) suffit à produire de l'irritation des premières voies génitales; l'altération secondaire de ce flux et des parois succède rapidement. Certaines femmes, plus que d'autres, ont besoin de veiller à une minutieuse propreté de cette région, sous peine de petites complications inflammatoires; souvent ce sont des *obèses* ou des personnes aux *téguments huileux*, aux *sécrétions abondantes et âcres*, sujettes à l'eczéma des lèvres, à l'érythème vulvaire ou à l'intertrigo.

C'est ainsi que nous voyons des malades, n'ayant jamais souffert de vaginite vraiment aiguë, venir nous consulter pour des pertes blanches qui datent de fort longtemps; cette leucorrhée a pris à la longue une intensité gênante, et nous constatons des signes de *vaginite chronique*.

Aussi les soins à donner pour combattre la *leucorrhée* doivent nous préoccuper avant que nous ayons constaté de la vaginite, et nous les envisagerons ici dans une même description.

Armand Siredey et A. Harpey ont cherché des indications de traitement dans le caractère cytologique des diverses leucorrhées et ils ont trouvé entre autres constatations que :

1° La leucorrhée des femmes saines contient quelques cellules normales du vagin et du col (facilement colorables), quelques rares polynucléaires, quelques lymphocytes bien colorés ;

2° La leucorrhée des affections aiguës contient de nombreuses cellules cylindriques et pavimenteuses en voie de dégénérescence, de nombreux polynucléaires altérés;

3° La leucorrhée des affections chroniques contient des cellules du vagin et du col en voie de dégénérescence, de rares polynucléaires normaux bien colorés, quelques-uns moins franchement colorés.

C. — *Traitement de la vaginite aiguë.* — Dans les *périodes aiguës*, nous emploierons d'abord les *émollients*, combinés à quelques soins *hygiéniques* très simples. La femme observera le *repos;* la tuméfaction de la région vulvaire, la sensibilité des lèvres rendent pénibles les mouvements des membres inférieurs, et le frottement des parties pendant la marche exagère la douleur. Si la poussée aiguë coincide avec une période menstruelle, nous ferons garder le lit.

Tous les jours, la malade demeurera un temps assez long dans un *grand bain simple* ou contenant de l'*amidon*. Au lieu d'un grand bain, si la position ne cause pas trop de fatigue et de gêne, on peut prescrire des *bains de siège narcotiques* suivant une formule déjà indiquée :

```
Feuilles de jusquiame.............................. )
   —     de belladone............................. |  āā 30 gr.
   —     de morelle............................... )
Têtes de pavot...................................... N° 2
              Pour un bain de siège.
```

Cela permet d'ordonner des irrigations simultanées. Nous conseillerons des *injections tièdes d'eau bouillie*, ou bien des *injections émollientes opiacées* préparées avec la *graine de lin*, les *racines de guimauve*, et contenant quelques gouttes de *laudanum* de SYDENHAM. Ces injections sont pratiquées plusieurs fois par jour (trois fois en moyenne), et l'une d'elles peut être précédée ou suivie d'une irrigation antiseptique. On termine par un grand lavage qui nettoie la vulve, et on évite les antiseptiques trop irritants. Puis, à moins de souffrances trop vives provoquées par cette intervention, on s'efforcera d'empêcher le contact des parois en introduisant dans le vagin et jusque sur l'orifice du col un ruban de *gaze stérilisée* légèrement tassée, ou, à son défaut, quelques tampons d'ouate hydrophile. DOLÉRIS fait enduire les tampons de la pommade suivante :

```
Vaseline.............................................. ( āā 10 gr.
Résorcine............................................ )
Oxyde de zinc....................................... 10 —
Camphre............................................. 3 —
```

Avec cette pommade, ne pas employer de sublimé.

D. — *Traitement de la vaginite chronique.* — Quand la vaginite tend à passer à l'état *chronique* dons les formes franchement saphrophytiques, DOLÉRIS conseille les injections composées de :

Eau oxygénée....................................	250 gr.
Eau phéniquée à 1 0/0.........................	750 —

Chez les herpétiques, il recommande avec raison de se méfier des topiques irritants qui risquent d'entretenir les lésions.

Beaucoup de femmes présentent de la leucorrhée avec un léger degré de vaginite chronique, chez lesquelles les badigeonnages de nitrate d'argent, les irrigations de sublimé et de permanganate de potasse ne sauraient être répétées sans inconvénients. Dans ces cas, on a essayé une foule de substances contenues dans les injections.

L'eau très chaude, dont on a tant abusé, provoque de déplorables effets, produisant ou entretenant une irritation de la muqueuse vaginale. D'une façon courante, nous avons surtout recours à *l'eau tiède*, et si les écoulements présentent quelque fétidité nous ajoutons de la *liqueur de Labarraque*, de 1 à 2 cuillerées à soupe par litre d'eau. On a beaucoup préconisé comme *astringent léger* l'*eau blanche* très étendue, les *solutions d'alun*, les *solutions de tannin* (5 à 10 grammes pour un litre d'eau) ou encore la décoction de feuilles de *roses de Provins* (10 à 20 grammes pour 1 litre d'eau), de *feuilles de noyer* qui rendent certainement de grands services, l'*écorce de chêne* (mêmes doses) ; ou bien des *balsamiques*, tels que les *feuilles de myrte* et les *feuilles d'eucalyptus*. Nous prescrivons très habituellement la décoction de *feuilles d'eucalyptus* (à 10 pour 1000), additionnée d'une cuillerée à soupe de *bicarbonate de soude* par litre d'eau, ou encore la décoction de *feuilles de ficaire* (même dose). Quelle que soit l'injection adoptée, on se trouvera toujours bien de pratiquer en outre l'*isolement* des parois.

LANDAU recommande la *levure de bière* dans le traitement de la leucorrhée, surtout quand elle est d'origine blennorrhagique. Il s'efforce de provoquer ainsi un antagonisme entre les diverses bactéries et de substituer de la sorte les agents de la fermentation aux microbes pathogènes du vagin.

Voici comment il procède : « La *levure de bière* est diluée dans de la bière ou du malt, de façon à former un liquide sirupeux. Le vagin une fois bien déplissé à l'aide du spéculum, on prend dans une seringue ordinaire 10 à 20 centimètres cubes du liquide contenant la levure, et on l'injecte au fond du vagin. Un tampon est ensuite mis en place. » Les injections de levure sont faites tous les deux ou trois jours ; en général, il suffit d'une ou deux injections pour obtenir la disparition de la leucorrhée.

Pour notre part, nous avons été conduit à user de l'*acide lactique* qui, dans certains cas, nous a donné de bons résultats. ILKÉVITCH, se basant sur la teneur en acide lactique des sécrétions vaginales, admet que cet acide est un antiseptique naturel pour la cavité du vagin. Partant de ce fait, il a reconnu que « les lavages avec une solution d'acide lactique à 3 pour 100, dans la leucorrhée vaginale, ont pour effet de supprimer la mauvaise odeur de l'écoulement, sa coloration verte ou jaune, puis de tarir la leucorrhée » . Nous avons modifié très légèrement la façon dont procède ILKÉVITCH. Les lavages avec une solution à 3 pour 100 ne sont pas d'une exécution toujours facile et commode, et après quelques essais d'injections de 500 grammes d'eau additionnée de 15 grammes d'acide lactique, nous les avons remplacées par l'application de tampons largement imbibés du mélange suivant :

<pre>
Acide lactique ....   3 gr.
Glycérine..   100 —
</pre>
F. S. A. Mixture.

L'application des tampons a lieu tous les huit jours en moyenne ; dans l'intervalle, on a recours à de simples irrigations quotidiennes d'eau tiède, additionnées ou non de *liqueur de Labarraque*. Cette pratique ne nous a jamais causé d'inconvénients. Elle n'occasionne pas de douleurs ; tout au plus les tampons glycérinés amènent-ils au niveau des lèvres une certaine cuisson vite disparue. Bien des malades nous ont accusé une fort notable diminution de la leucorrhée.

« Des substances dissemblables, antagonistes même », comme les *solutions alcalines*, rendent encore de grands services dans le traitement de la leucorrhée. Le *bicarbonate de soude* à la dose de une à deux cuillerées à soupe par litre d'eau bouillie tiède, dans une injection émolliente opiacée, dans une décoction d'eucalyptus, contribue à désagréger les mucosités, empêche ou calme l'irritation de la muqueuse vaginale. D'autres auteurs (PICHEVIN) préfèrent de simples *solutions salées*.

La médication interne par l'absorption des *balsamiques*, etc., est abandonnée. Cependant ALBERT ROBIN recommande l'usage de la *scabiosa succisa*.

> Feuilles de scabiosa succisa............................ 7 gr. 50
> Faites infuser dans 500 grammes d'eau.

ou bien :

> Fleurs de scabiosa succisa............................ 3 à 4 gr.
> Faites infuser dans 500 grammes d'eau, à prendre dans les vingt-quatre heures.

Cette infusion nous a rendu des services et son usage se combine facilement avec les autres moyens thérapeutiques employés pour combattre le leucorrhée.

E. — *Traitement de l'état général.* — Pour être complète, notre thérapeutique doit se préoccuper encore de l'état général et combattre la *chlorose*, les *anémies*, les *dyspepsies*, les *affections cardiaques*, *hépatiques* et *brightiques*, qui favorisent la persistance des écoulements. Nous recommanderons à la malade d'éviter les *fatigues disproportionnées* à sa résistance, la *station debout* prolongée, les *mouvements* qui *fluxionnent* les organes génitaux (bicyclette, machine à coudre) ; par des *purgatifs doux* et *répétés* nous lutterons contre la constipation qui, maintenant un état de mauvaise circulation, de pléthore, de congestion localisée au petit bassin, exagère ou favorise la leucorrhée.

Ce que nous avons dit au chapitre de la puberté à propos de la *vulvo-valginite des petites filles* nous dispense de reprendre ici ce sujet.

Quant à la *péri-vaginite phlegmoneuse* elle nécessite l'intervention du bistouri.

Prolapsus

Nous nous occuperons des *prolapsus du vagin* en même temps que des chutes de l'utérus.

V

De la blennorrhagie

La *blennorrhagie* de la femme est une maladie grave. Par ses conséquences, elle amène la mort plus souvent que la *syphilis*. Elle a été considérée comme une affection plutôt ennuyeuse que redoutable, car ses complications se manifestent parfois longtemps après le début des premiers écoulements, et la relation de cause à effet passe inaperçue. La métrite, la salpingite, la pelvi-péritonite qui lui donnent une allure de réelle gravité, n'étaient pas rapportées à leur véritable origine. On ne soupçonnait pas qu'il existe d'emblée des métrites blennorrhagiques avec toutes leurs suites annexielles, sans l'intermédiaire d'une vulvo-vaginite antérieure.

A côté des contagions aiguës, il est des formes, difficiles à reconnaître, qui *dès le début prennent une marche chronique;* elles ont été communiquées par des hommes atteints d'uréthrite chronique latente ou mal guérie. Bien des femmes, contaminées de la sorte, souffrent de la matrice ou des annexes, chez lesquelles il est presque impossible de trouver la cause première de leurs maux. Le mari lui-même est de très bonne foi quand il affirme être guéri depuis longtemps et ne plus présenter de goutte matinale.

Et si le pus de l'uréthrite latente ne contient plus de gonocoques, il n'en reste pas moins dangereux encore.

Chronique d'emblée, ou à marche primitivement aiguë, la blennorrhagie, qui oblitère les trompes et amène l'infécondité dès les premiers temps du mariage, est encore grave pour la race.

Le diagnostic ne peut pas toujours être posé d'une façon rigoureuse et indiscutable. Le gonocoque disparaît de l'écoulement au bout de quelque temps; le résultat négatif d'un seul examen demeure insuffisant et ne permet pas d'affirmer son absence, car il persiste longtemps dans les glandes péri-uréthrales, au fond du col utérin, dans les replis du vagin ou les trompes. Nous avons exposé plus haut les recherches d'ARMAND SIREDEY.

Considérations thérapeutiques. — Mme Fabre, Paul Lutaud[1], sont portés à admettre une « action élective du *radium* sur les affections gonococciques ». Les *boues radio-actives actinifères*, dont l'application sur la jointure malade est efficace contre le rhumatisme blennorrhagique, ont été essayées par ces auteurs en suspension dans des injections vaginales, matin et soir, et en applications directes sur le bas-ventre (recouvertes de taffetas gommé et laissées en place deux heures tous les jours). Les *vulvites* et les *vaginites blennorrhagiques* surtout paraissent avoir été améliorées. Octave Claude pense que l'organisme est rendu plus apte à la lutte sans qu'il y ait action antiseptique proprement dite.

Mme Fabre a employé aussi la solution de *bromure de radium* à 1/10 de microgramme par goutte.

Nous retrouverons le traitement par le radium à propos des inflammations annexielles en général.

Pissavy et Chauvet ont rapporté des cas où ils ont traité avec succès des arthrites blennorrhagiques avec le *sérum antiméningococcique* de Flexner. Le Masson a étendu cette pratique aux infections génitales à gonocoques en pratiquant une injection intra-musculaire de ce sérum.

Ces divers auteurs se sont basés sur l'analogie du méningocoque et du gonocoque et font remarquer la tolérance de l'organisme pour les injections de sérum et la rapidité d'action du traitement qui agirait surtout en modifiant le terrain de résistance.

Uréthrite blennorrhagique

Assez rarement grave et douloureuse, l'*uréthrite* risque de passer méconnue. A l'état chronique surtout, il est nécessaire d'examiner avec le plus grand soin l'urèthre et les urines pour la constater ; néanmoins elle demeure encore une source de contagion, qu'il faut rechercher systématiquement et s'efforcer de supprimer.

« Le siège du gonocoque, dit Eraud, est avant tout et surtout l'urèthre, puis l'utérus... presque exclusivement le col. »

1. Conférences sur les applications médicales du radium. — *Archives Générales de Médecine*, juillet 1909.

Lorsque les phénomènes sont *récents* et *suraigus*, il est bon de recommander le *repos*, l'usage du *lait* et de *boissons délayantes* et *aromatiques* additionnées de *bicarbonate de soude* :

Infusion de bourgeons de sapin...................... 1 litre.
Bicarbonate de soude .... 2 gr.

au bout de quelque temps, des cachets de *salol* à la dose totale de 2 à 4 grammes par jour. Quand les accidents seront un peu amendés, les *balsamiques* rendront des services ; mais cette thérapeutique ne garde pas la même importance que chez l'homme. L'*urotropine* se prend par paquets de 0^{gr},50 à la dose de 1,50 par jour en solution dans de l'eau.

Les *irrigations précoces* passent pour donner de bons résultats, soit avec du *permanganate de potasse* à 1 pour 1000 ou du *sublimé* à 1 pour 4000 ; nous n'y avons pas recours. On emploie aussi avec de grands avantages le *protargol* en injections, aussi bien dans l'uréthrite aiguë que dans l'uréthrite chronique de la femme. On peut débuter par des solutions à 0^{gr},25 pour 100, que l'on élève rapidement à 1 et 2 pour 100 ; des médecins sont arrivés à 5 et 10 pour 100 (?), dans des cas chroniques. Le *protargol* serait même « le médicament de choix » dans la blennorrhagie.

A défaut de *protargol* ou en cas d'échec, éventualité toujours possible quand l'uréthrite devient chronique, on se trouve bien d'agir sur la muqueuse soit par des badigeonnages de *teinture d'iode* ou de *sulfate de cuivre* à 2 ou 5 pour 100 (LABADIE-LAGRAVE et LEGUEU), soit en la cautérisant à l'aide du *nitrate d'argent*. Mais, tandis que des auteurs conseillent des attouchements avec une solution de nitrate d'argent à 1 pour 100 ou à 1 pour 50, d'autres préconisent des solutions beaucoup plus fortes, et ALPHONSE GUÉRIN introduisait dans l'urèthre un *crayon de nitrate d'argent*, en ne l'y laissant séjourner qu'un temps fort court.

Vulvite blennorrhagique

L'état de la vulve demande des soins attentifs, aussi bien quand cette région présente à peine quelques indices suspects que lorsqu'elle est atteinte d'une vive inflammation. Elle est souillée par les écoulements qui s'échappent de l'urèthre et du vagin, et, pour la guérison de l'uréthrite elle-même, c'est une précaution élémentaire de tenir dans une propreté aussi rigoureuse que possible l'orifice du méat, les lèvres et les parties environnantes.

STRASSMANN (BALZER) recommande de ne pas ordonner d'*injections vaginales* trop hâtives, lorsque la vulvite n'est pas accompagnée de vaginite manifeste, sous peine de communiquer l'affection au vagin.

De *grands lavages* et l'*isolement* des parties restent toujours indiqués. Au début, dans les *cas suraigus*, après de *grands bains* ou des *bains de siège répétés*, on pratique les *lavages* avec l'*eau bouillie*, ou bien on essaie le *protargol* d'abord au quatre centième, puis à des doses plus élevées; sinon, au bout de peu de jours, on peut employer le *permanganate de potasse* au millième, ou la solution suivante :

Sulfate de cuivre..................................	
— de fer....................................	ãã 1 gr.
— de zinc...................................	
Eau gommée..	10 —
Eau..	300 —

Dissolvez.

et toujours on interpose entre les lèvres quelques feuilles de gaze stérilisée humide. Si la vulvite persiste trop longtemps, nous avons recours aux *badigeonnages de nitrate d'argent* en solution à 1 pour 30, à 1 pour 20, à 1 pour 5.

Les *cautérisations* deviennent surtout nécessaires contre une complication assez fréquente de la vulvite chronique, les *folliculites;* non seulement la folliculite externe, folliculite vulvaire de HUGUIER, mais nous constatons aussi fort souvent des inflammations très tenaces des glandes péri-uréthrales, folliculites péri-uréthrales, *a* simples — *b* hypertrophiques — *c* suppurées (HAMONIC). Le meilleur moyen d'en finir consiste à inciser les follicules, puis à les toucher avec le *crayon de nitrate d'argent* ou le *thermo-cautère*, et mieux le *galvano-cautère*.

Bartholinite blennorrhagique

La *bartholinite* [1], fort douloureuse dans les poussées aiguës, sujette à des récidives qui éclatent alors que la malade croyait,

---

1. VERCHÈRE fait remarquer avec raison qu'il existe une *bartholinite simple* non blennorrhagique, conséquence d'une propagation infectieuse du voisinage.

depuis des mois, à une guérison définitive, reste encore pendant longtemps une source de contamination.

Les premiers phénomènes inflammatoires causent de telles souffrances que la malade, la plupart du temps, est obligée de garder le lit; elle prend des *bains de siège narcotiques*, dans l'intervalle nous appliquons sur la partie tuméfiée de larges plaques de *ouate hydrophile* imbibées d'*eau bouillie chaude* et recouvertes de taffetas gommé; au lieu de simple eau bouillie, nous usons encore d'*eaux émollientes*, et nous versons sur cette façon de cataplasme vingt à trente gouttes de *laudanum*.

Quand le pus est collecté, il faut *inciser* très largement, laver la poche avec du *sublimé* et la remplir de *gaze iodoformée* que l'on tasse. Malgré des soins minutieux, au moment le plus inattendu, la bartholinite récidive, et l'on voit se produire les surprises les plus désagréables. Aussi est-il bon, « après l'incision, d'exciser rapidement toute la surface interne de la poche avec des ciseaux courbes (Pozzi), ce qui nécessite au moins l'anesthésie locale ».

Cependant les *cautérisations* de la cavité (avec la *teinture d'iode*, le *chlorure de zinc*, le *nitrate d'argent*) ont aussi donné de bons résultats. Il reste toujours comme suprême ressource, à laquelle il peut arriver que nous soyons réduits, l'*ablation* totale de la glande.

Vaginite blennorrhagique

La *vaginite* blennorrhagique, *primitive* dans quelques cas, est le plus souvent secondaire à une uréthrite ou à une métrite de même nature.

Il faut tâcher d'éviter que l'infection ne se propage de l'urèthre ou du col au vagin. Le traitement de la métrite et celui de l'uréthrite doivent accompagner les soins donnés à la vaginite.

La disposition anatomique des culs-de-sac, les replis nombreux donnent au conduit vaginal une forme qui nécessite le déplissement de la muqueuse, si l'on veut agir avec efficacité sur toute la surface des parois contaminées. Sinon une partie plus ou moins large risque de ne pas subir le contact des principes médicamenteux, ou de le subir pendant une durée trop courte. Il suffit d'un point resté malade pour que l'envahissement recommence comme par le passé.

L'usage du *spéculum* est donc nécessaire. L'inflammation et le gonflement des phases aiguës ne permettraient l'introduction de l'instrument qu'au prix de vives souffrances. On attend donc que les phénomènes se soient légèrement amendés, et l'on se contente de prescrire des *grands bains*, des *bains de siège narcotiques*, des *injections émollientes opiacées*, des injections avec la décoction de feuilles d'eucalyptus ou de feuilles de ficaire, des *irrigations d'eau bouillie*, etc., procédés décrits à propos des vaginites aiguës non spécifiques. Le *protargol* a été essayé avec succès dès le début de la blennorrhagie vaginale, en solution à 2 pour 1000, à 1 pour 100, à 2 pour 100 ; il atténue souvent les douleurs, diminue l'œdème vulvo-vaginal et la leucorrhée d'une façon assez rapide, et facilite un examen plus complet. « Dans plusieurs faits (Lutaud) il a empêché l'extension de l'infection gonococcienne à l'utérus et aux annexes », l'action curative devenant préventive. De Beurmann (communication orale) tient également le protargol pour un des agents les plus fidèles contre la blennorrhagie vaginale. La *levure de bière*, à propos des vaginites en général, a déjà été signalée.

Aussitôt que le spéculum est supporté sans trop de douleurs, les lavages se font d'une manière plus complète. Des tampons de ouate portés avec précaution dans les culs-de-sac, le long des parois dont ils effacent les replis, nettoient la muqueuse, puis on dirige le jet d'une irrigation antiseptique sur le col, autour de lui, au fond des culs-de-sac, en veillant qu'aucune zone n'échappe, aussi petite soit-elle. Les solutions en usage sont le *protargol* aux doses indiquées, le *permanganate de potasse* de 1 pour 4000 à 1 pour 1000, le *sublimé* de 1 pour 4000 jusqu'à 1 pour 1000 (une foule d'antiseptiques, tels que le *formol*, l'*ichtyol*, l'*acide phénique*, la *liqueur de Labarraque*, etc., ont tour à tour été préconisés). Après le lavage, les parois et le col sont séparés par des feuilles de *gaze stérilisée*.

Quand la guérison se fait attendre sans qu'il y ait tendance à la chronicité, il est bon de pratiquer des badigeonnages au *nitrate d'argent* avec une solution à 1 pour 20, 1 pour 5. Rodenstein [1] introduit une série de tampons de ouate imbibés de *glycérine ichtyolée* à 10 pour 100, de façon à dilater toute la cavité

1. O. Rodeinstein. — *Semaine Médicale*, 1897.

des culs-de-sac. Au bout de quelques jours, la muqueuse est dépouillée de son épithélium, de petites hémorrhagies surviennent parfois, faciles à arrêter, puis il touche les parois avec une solution de *nitrate d'argent*. On se sert, dans le même but, de sachets de *tannin*, de *glycérine au tannin*, à l'*iodoforme* (5 pour 100 et plus), à la *résorcine* (5 à 10 pour 100), etc.

L'emploi des *sels d'argent* nous a donné les meilleurs résultats. Le plus souvent nous nous contentons de prescrire des irrigations antiseptiques et de pratiquer des attouchements avec une solution de nitrate d'argent à 1 pour 20 ou à 1 pour 5.

Métrite blennorrhagique

La *métrite* succède à une infection vulvo-vaginale. Afin de la prévenir, le col utérin est isolé à l'aide de gaze ; au cours des pansements, un nettoyage scrupuleux en est effectué.

La métrite se trouve encore la localisation primitive de la blennorrhagie, la vaginite lui est souvent plutôt consécutive qu'antérieure. Parfois l'endo-cervicite éclate avec des symptômes aigus ; le diagnostic en est relativement aisé. D'autres fois, les phénomènes affectent dès le début une allure insidieuse, sourde, sans grande réaction ; la maladie *chronique d'emblée* résulte de la contamination par une blennorrhagie masculine chronique ou latente et fréquemment ignorée. La marche lente de l'infection ne met pas la femme à l'abri d'accidents graves et l'invasion des annexes constitue une éventualité toujours redoutable.

Dans les *phases aiguës*, l'intervention directe sur le canal de la matrice serait dangereuse ; elle risque de réveiller des phénomènes douloureux et congestifs, et, par de petits et même insignifiants traumatismes, de favoriser des inoculations nouvelles. L'orifice interne constitue une limite à l'inflammation, et il faut redouter de porter dans la cavité du corps les organismes pathogènes des glandes et de la cavité cervicale où le gonocoque peut se trouver localisé.

Aussi, les premiers temps, vaut-il mieux se contenter de laisser la malade au *repos* en lui prescrivant des *bains*, des *applications émollientes chaudes* sur le bas-ventre, des *suppositoires opiacés* ou *belladonés*, des *lavements chauds*, des *irrigations vaginales tièdes*, dont quelques-unes contiendront du *protargol* ou du *permanganate de potasse*.

Longtemps après, quand l'action peut être plus énergique sans amener aucune aggravation, on a conseillé de pratiquer, avec la plus grande prudence d'abord, des injections intra-utérines de *permanganate de potasse* à 1 pour 1000. « Elles ne présentent cependant aucun avantage sérieux et ont quelques inconvénients (PICHEVIN). » Plus tard, après écouvillonnage léger du canal, un *attouchement intra-utérin* avec de la *glycérine créosotée* à 1 pour 3 (de BEURMANN), de la *glycérine iodée*, de la *teinture d'iode* ne dépassera cependant pas l'orifice interne.

Lorsque la *blennorrhagie cervicale* est franchement à l'état *chronique*, la muqueuse une fois nettoyée, pour la débarrasser des mucosités qui encombrent le canal, pourra être touchée avec une solution de *nitrate d'argent* à 1 pour 50 et plus. Le traitement, du reste, se rapproche alors de celui des métrites chroniques en général. Il sera long et tenace, car les gonocoques persistent longtemps au fond des glandes.

JOUIN préconise l'*essence de Wintergreen;* au moyen d'un pinceau imbibé de cette substance, il badigeonne les culs-de-sac vaginaux, les glandes péri-uréthrales, la muqueuse intra-cervicale et termine en appliquant un tampon sur l'orifice du col. Pour juger de la susceptibilité de sa malade, il use d'abord d'un mélange composé d'une partie d'essence et de 2 parties d'alcool, puis arrive progressivement à l'*essence de Wintergreen* pure. Deux applications par semaine suffisent en moyenne.

Salpingite blennorrhagique

L'infection de la *trompe* est une des complications les plus graves. La *salpingite* est susceptible de rétrocéder et de marcher vers la guérison ; trop fréquemment elle nécessite une intervention ; trop souvent encore elle persiste dans un état de chronicité qui fait de la malheureuse une « infirme du ventre ».

La blennorrhagie chronique d'emblée, capable d'échapper à notre diagnostic et à notre thérapeutique, devient d'autant plus redoutable qu'elle prend une allure plus insidieuse.

Aux premières phases de la salpingite, on a pu tenter la *dilatation* de la cavité utérine et son *écouvillonnage*, puis laisser un pansement intra-utérin de *gaze iodoformée;* mais aujourd'hui l'opinion de la grande majorité des auteurs regarde les *inflammations péri-utérines* comme une contre-indication du *curettage*.

Le traitement de la salpingite et des autres phlegmasies *péri-utérines* blennorrhagiques rentre dans celui des phlegmasies péri-utérines en général.

CHAPITRE II

TRAITEMENT MÉDICAL DE LA CONGESTION UTÉRINE

I

Indications thérapeutiques

La *congestion utérine*, après avoir absorbé une trop grande part
de la pathologie utérine, a pour ainsi dire été bannie. Armand
Siredey en a décrit « la grandeur et la décadence ».

Elle doit reprendre sa place, car elle donne des *indications de
traitement*, soit qu'elle se manifeste à l'état isolé, soit qu'elle
vienne compliquer une affection récente ou ancienne.

Nous trouvons ces indications dans la *nature* de la fluxion,
suivant qu'elle éclate vive et mobile, mais douloureuse et
accompagnée de phénomènes inquiétants, ou, au contraire, que
sa marche reste plus lente, presque chronique ; suivant qu'elle
est active ou passive, primitive ou secondaie. Nous les trouvons
encore dans la prédominance d'un *symptôme*, dans les *causes*
du mal et jusque dans l'âge de la malade ; la puberté, la ménopause impriment aux accidents une allure assez spéciale pour
nécessiter des soins particuliers.

Courty, qui distingue la *fluxion*, « hyperhémie passagère, réplétion plus ou moins brusque du système vasculaire, et souvent
déplétion aussi brusque », de la *congestion*, « plénitude du système sanguin avec distension lente et continue des vaisseaux »,
fait remarquer que « les sangsues sur le col provoquent la fluxion,
tandis qu'elles dissipent la congestion ». Les *émissions sanguines*
font merveille bien souvent, mais elles ne sauraient être prescrites indifféremment et d'une façon systématique.

La *douleur* de la congestion utérine est des plus variables :

tantôt simple sensation de plénitude pelvienne, de pesanteur périnéale et lombaire, elle prend parfois le caractère de coliques utérines pénibles, s'accompagnant de besoins répétés de miction et de défécation, et elle arrive même à la souffrance continue, gravative et pulsative. Elle se complique de névralgies iléo-lombaires et pelviennes, et chez les *neuro-arthritiques* la congestion chronique fait un gros utérus névralgique dont la sensibilité toujours vive s'accroît à chaque époque menstruelle.

Parmi les *troubles de la menstruation*, très fréquentes sont les *ménorrhagies*, règles profuses, ou bien simple écoulement qui traîne des jours et des jours, peu considérable et même souvent peu coloré. L'*aménorrhée* congestive, loin de constituer une rareté, se manifeste au cours des différentes congestions, la poussée fluxionnaire n'implique pas fatalement l'issue du sang. Quant à la *dysménorrhée*, nous ne reviendrons pas sur ce que nous en avons dit à propos de son traitement.

Dans les périodes intercalaires, la congestion se traduit par des crises *leucorrhéiques*, pertes blanches filantes, peu épaisses ; par des *métrorrhagies* qui, abondantes et répétées, se confondent à la longue avec les règles ; souvent, peut-être, on les a prises pour les hémorrhagies d'une métrite.

II

Congestion d'origine menstruelle

Aménorrhée accidentelle

Les règles, au moment où elles allaient s'établir ou au milieu de leur flux, sont brusquement supprimées par une cause subite. Il en résulte de nombreux accidents dont nous avons étudié le traitement au chapitre de la *Médication emménagogue;* le plus immédiat est la congestion utérine.

Elle se présente si nette et si vive que Bennett et Peter la prennent comme type de la *congestion utéro-ovarienne.*

La malade sera mise au *repos absolu;* elle gardera le lit, toute fatigue devient susceptible de favoriser l'éclosion de métrite, salpingo-ovarite, phlegmasie péri-utérine. On placera sur le bas-ventre un large *cataplasme laudanisé*, peu épais et peu lourd, et

si des coliques utérines surviennent par crises, on le remplacera
par la pommade suivante :

<pre>
Ichtyol... \
Extrait de datura stramonium................... |
    —   de belladone...... ....   / āā 2 gr.
    —   de jusquiame........................... |
Onguent populeum ....)   50 —
       F. S. A. Pommade, pour onctions légères. Recouvrir de flanelle.
</pre>

Au lieu de cataplasmes, on peut avoir recours *aux enveloppements chauds et humides;* envelopper l'abdomen avec une large
compresse (feuilles de gaze superposées) imbibée d'eau chaude,
puis exprimée : recouvrir d'un morceau de taffetas gommé plus
large que la compresse, d'une feuille d'ouate plus large que le
taffetas gommé, maintenir avec une bande de flanelle.

Prescrivez en même temps de longues *injections émollientes
opiacées* ou bien *narcotiques* qui ne dépasseront pas 40°. On a trop
négligé les effets de *l'eau tiède* pour user d'une manière indifférente de l'eau à très haute température, 48°-50°. Le soir, prendre
et garder un petit *lavement d'eau tiède* contenant *un gramme
d'antipyrine et dix gouttes de laudanum de Sydenham;*
un des jours suivants, au matin, une *purgation légère* avec
20 grammes d'huile de ricin ou un verre d'une eau minérale.
Subordonnez la purgation à la non-réapparition des règles, car
il arrive assez souvent que le sang, après un arrêt de trois ou
quatre jours, recommence à couler d'une façon plus ou moins
abondante ; ce flux marque une détente des plus heureuses que
nous ne devons pas risquer de contrarier par une évacuation intestinale susceptible de créer une dérivation. Débarrassez alors
le rectum au moyen d'un lavement glycériné.

Les *bains* longtemps *prolongés* possèdent un effet sédatif des
plus marqués. Trousseau et Peter ont observé qu'un bain donné
un peu chaud au début des accidents est capable d'augmenter les
douleurs; d'autre part, un bain tiède ne favorise pas la venue
du sang. Nous laissons volontiers passer quelques jours pour en
prescrire, afin de permettre au flux menstruel de reprendre son
cours spontanément.

En attendant, des *émissions sanguines*, au moyen de dix à douze
sangsues appliquées sur l'hypogastre, seront renouvelées quand
on le juge nécessaire, soit sur le bas-ventre, soit sur le haut des
cuisses. Au bout d'une à deux semaines, si les accidents dou-

loureux et congestifs persistent, nous pouvons pratiquer les émissions sanguines directement sur le col.

Cette congestion utérine accidentelle n'a pas de tendance à se reproduire et n'affecte pas la variabilité si caractéristique d'autres congestions de nature diathésique. Cependant, lorsqu'elle n'est pas entièrement dissipée dans le courant du mois, la venue des prochaines règles risque d'aggraver l'état de la matrice et de provoquer une légère rechute.

Il arrive que si les accidents s'amendent, l'éruption du sang est troublée ou retardée et même l'aménorrhée continue; nous avons indiqué plus haut la *médication emménagogue* et les procédés à mettre en œuvre en pareil cas.

Poussée fluxionnaire cataméniale exagérée

Sans cause bien appréciable ou sous l'influence du froid, d'une fatigue inaccoutumée, une femme, de préférence une nerveuse ou une arthritique, d'habitude bien réglée et ne souffrant pas de la matrice, est prise de vives douleurs menstruelles, et le sang vient en grande abondance, quelquefois à flots. D'autres fois la malade accuse simplement de la pesanteur pelvienne, quelques coliques un peu pénibles, mais le flux hémorrhagique s'établit considérable d'emblée ; ensuite il ne s'arrête pas, dépasse de beaucoup sa durée ordinaire, traîne, et assez longtemps après nous constatons encore un écoulement leucorrhéique teinté de rouge avec des poussées de sang pur. Cette crise est la seule, ou bien à une ou deux périodes suivantes surviennent quelques troubles analogues ; puis les accidents ne se reproduisent pas, ou du moins se reproduisent au bout d'un temps si éloigné que, dans l'intervalle, on s'est assuré à plusieurs reprises de la parfaite intégrité de l'appareil utéro-ovarien. ARMAND SIREDEY appelle *idiopathiques* les congestions de cette nature.

La perte abat et inquiète les malades déjà fatiguées par les douleurs, l'appétit disparaît, l'estomac devient capricieux, la poussée cataméniale retentit sur le foie, le rein, surtout sur le rein déplacé.

Nous devons tenter de modérer d'abord le flux hémorrhagique, puis de l'arrêter à partir du quatrième ou du cinquième jour environ, en nous guidant sur la durée accoutumée des règles chez notre malade. Les *longues irrigations d'eau chaude et très chaude,*

45°-50°, avec leur action sur la contractilité de la matrice et des vaisseaux trouvent là une des meilleures indications ; on en prescrira trois par jour. L'*eau tiède*, chez des neuro-arthritiques aux réactions très vives, calme des poussées fluxionnaires que l'eau chaude entretenait ou exaspérait[1].

Lorsqu'il persiste un écoulement teinté de sang, plutôt qu'une véritable perte, à l'exemple d'ARAN, ordonnez quelques *bains tièdes* que ne contre-indique du reste pas un flux plus abondant.

La malade est mise au *repos absolu*, avec une alimentation légère, quelques boissons fraîches, et si dès le premier jour la dysménorrhée s'est manifestée fort vive ou si d'emblée le sang a jailli d'une façon inquiétante, prescrivez soit le *senecio*, soit l'*extrait fluide d'hydrastis canadensis* (LX gouttes par jour en trois fois dans de l'eau sucrée). Pour prévenir le retour d'une pareille fluxion aux prochaines règles, l'*hydrastis canadensis* sera continué d'une manière intermittente dans la période intercalaire, et, mieux, repris quelques jours avant la venue des menstrues. En cas d'échec, on s'adressera à la *stypticine*, aux divers agents de la médication vaso-contrictive, et à l'*opothérapie mammaire*.

Congestion menstruelle persistante

Plus importante se manifeste la congestion tenace, persistante, qui, procédant au début par une série de poussées fluxionnaires, passe à la longue à une sorte d'état chronique, et finit même par provoquer des lésions anatomiques. Crises de souffrances vives, phases d'endolorissement de tout le pelvis, névralgies, dysménorrhée et aménorrhée congestives, ménorrhagies surtout s'installent tour à tour ou se combinent au long de la vie génitale. Une simple hypérémie, variable d'intensité suivant les époques, se montre au début, diminuant ou disparaissant pour éclater avec une force nouvelle ; puis elle se fixe à demeure, amène des modifications, aboutit à la *sclérose* (RICHELOT), à moins que, favorisant une infection, elle ne conduise à une métrite ou à une salpingite.

Tout d'abord les causes multiples en seront combattues.

Recommandons le *repos* au moment des règles ; toute fatigue, veillées trop longues, grandes marches, sport de bicyclette ou

---

1. Voir p. 502. *Traitement Hydrothérapique dans les Maladies des Femmes.*

d'équitation, station debout continue, danse, sont nuisibles. Dans la période intermenstruelle, la vie doit être calme ; cependant un peu d'exercice pratiqué modérément devient utile. Les repas copieux (ARMAND SIREDEY), l'abus des mets épicés, le séjour au bord de la mer ou dans certaines stations thermales sulfureuses accroissent l'hypérémie utérine ; de même les excès de coït, les excitations anormales ou prolongées. Nous avons signalé les effets du froid, de vêtements trop légers, du corset, de corps étrangers (pessaires négligés et malpropres) ; nous devons insister sur les résultats néfastes qu'entraînent les suites de couches lorsque l'accouchée reprend trop tôt sa vie habituelle, n'observe aucune précaution et ne garde aucun ménagement ni pour sa fatigue ni pour ses plaisirs.

Nous avons établi avec quelle fréquence survient chez les *fausses utérines* la congestion de la matrice et des annexes. Les ménorrhagies et métrorrhagies si nombreuses, les dysménorrhées, les accès douloureux de la période intermenstruelle, les crises de leucorrhée, traduisent fort souvent une poussée fluxionnaire dont le véritable point de départ réside dans un organe éloigné. La réplétion du système sanguin de l'utérus obéit à des excitations partant de zones qui lui sont tout à fait étrangères. Cependant, pour les *fausses utérines, métrorrhagie* ne signifie pas toujours *congestion* et ce serait s'exposer à de gros mécomptes que traiter, chez ces malades, toutes les pertes sanguines comme si elles relevaient uniquement d'une hypérémie fluxionnaire active. Les congestions *passives stasiques* ne sont pas moins importantes, et d'autre part les altérations des vaisseaux et du sang, par exemple, artério-sclérose ou leucocythémie, produisent des métrorrhagies dont la nature n'a rien de congestif.

On a beau soigner l'utérus, la congestion se reproduit, passe à l'état chronique, favorise les complications métritiques ou annexielles, et la *fausse utérine* devient à la longue une *véritable utérine*, tant que persiste la cause : dyspepsie, viscéroptose, affection hépatique, rénale ou cardiaque, neuro-arthritisme, etc. Nous n'arriverons à un succès durable que si le traitement de l'état général se combine avec celui de la matrice.

La *constipation* habituelle, avec ou sans viscéroptose, est une des causes qui favorisent le plus la congestion utérine. Bien des malades demandent : « Puis-je me purger au moment des règles, un peu avant et pendant leur écoulement ? » Une évacuation intestinale abondante est susceptible de contrarier l'éruption du sang ; d'autre part, les femmes constipées savent que si leur intestin reste libre, leurs douleurs menstruelles sont moins vives et les chances de pertes plus éloignées. A l'approche des règles, il est prudent de n'administrer que des *laxatifs légers*, quelques *capsules d'huile de ricin*, de la *graine de lin ou de psyllium* que l'on peut aider au moyen de petits suppositoires glycérinés. Mais il est des femmes, même constipées ordinairement, qui, un ou deux jours avant leurs mois, accusent une petite diarrhée trahissant la fluxion cataméniale de tout le petit bassin. Pour elles, comptons sur cet effort naturel de l'économie, que nous n'avons aucun avantage à exagérer, et suspendons les laxatifs un peu à l'avance. Chez les autres, nous n'observerons pas d'inconvénients en leur permettant une purgation *légère*.

La *constipation chronique*, la *coprostase* gardent dans l'étiologie des accidents utérins une importance majeure. Castan (de Béziers), qui regarde le flux menstruel comme un émonctoire, voit dans la congestion et les hémorrhagies de la matrice le résultat d'une intoxication produite par les ptomaïnes, l'indol, le phénol, le scatol, d'origine intestinale. Cette pathogénie commande sans doute à un certain nombre de faits, mais ne doit pas être considérée comme exclusive.

Richelot a particulièrement insisté sur la congestion utérine des *neuro-arthritiques;* on lui a reproché d'avoir trop généralisé et d'englober trop de cas disparates dans cette catégorie. La description de Richelot répond à des faits très exactement observés, s'ils ne sont pas aussi nombreux qu'il le pense. « Il y a des jeunes femmes, dit-il, chez lesquelles la congestion utérine, violente au moment des règles, ne cesse pas complètement ou se renouvelle à époques variables, sans autre motif plausible qu'une action nerveuse, et s'accompagne de douleurs survenant par crises et n'ayant pour prétexte aucune lésion provocatrice. Avec la *congestion* et la *névralgie* marchent de pair le *catarrhe utérin*, une *leucorrhée* abondante », que n'explique aucune métrite. Cette tendance fluxionnaire commence dès la puberté. Plus tard, les crises de douleur, les ménorrhagies, les suintements sanguins irréguliers, les poussées leucorrhéiques intermenstruelles trahissent une congestion qui, à la longue, provoque une hyperplasie et une augmentation de volume.

Le col de ces gros utérus est pâle, violacé, dur, glaireux; il n'offre ni déchirure, ni pseudo-ulcération, ni éversion de la muqueuse, ni muco-pus. « Cet état, ajoute RICHELOT, coïncide avec les déviations et le prolapsus; il s'étend du gros utérus, habituellement congestionné, mais de moyen volume, aux degrés extrêmes du gigantisme utérin, de l'utérus fibromateux sans fibrome. Cette dystrophie utérine, d'origine arthritique, demande des soins très différents de ceux de la métrite avec laquelle elle demeure trop souvent confondue. »

Débutant par des crises fluxionnaires, cette congestion chronique, qui aboutit à la sclérose, présente des analogies avec la *congestion hypertrophique* d'ARAN.

Ces matrices grosses et névralgiques et les accidents qui les accompagnent sont attribués par PONCET à la *tuberculose inflammatoire*.

Moyens thérapeutiques

Le traitement de la *poussée fluxionnaire* nous est connu.

Pour un état *congestif permanent*, les indications peuvent être bien diverses. Les pertes ou les douleurs prédominent; l'état de l'utérus, plus ou moins gros, plus ou moins dur, contribue aussi à nous renseigner.

Nous ne reviendrons pas sur les recommandations à propos de l'*hygiène* alimentaire, des excitations sexuelles et du coït. Si, au moment des règles, le *repos* doit rester absolu, il peut être, suivant les cas, moins rigoureux dans la période intermenstruelle. Ce n'est pas sans inconvénients pour sa santé générale que, pendant des semaines, nous maintiendrons au lit ou confinée à la chambre une malade dont la congestion utérine reconnaît une cause extra-génitale ; cette claustration finira même par amener des résultats fâcheux pour l'état de la matrice. ARAN, les auteurs du COMPENDIUM, conseillaient avec juste raison le grand air, le soleil, un exercice modéré, des promenades en voiture, la marche lente et sans fatigue. Nous nous guiderons sur la douleur provoquée par la station debout ou la marche, la réapparition des crises névralgiques, la venue d'un flux hémorrhagique abondant qui nous invitent à imposer de nouveau l'immobilité.

La *constipation* entretient l'hypérémie de tout le petit bassin, et la dérivation provoquée par une purgation amène une détente au niveau de l'appareil sexuel. Il faut éviter cependant les médicaments comme l'*aloès*, qui fluxionnent le rectum. Nous ordonnerons un ou deux verres d'une *eau purgative*, chez les viscéroptosiques avec entérite glaireuse un peu d'*huile de ricin*, chez les hépatiques ou les cardiaques, une dose de *calomel*.

Le soir, la malade garde un *lavement* chaud dont l'action sur la matrice se combine très bien avec celle des injections vaginales; on a recours aussi à une *irrigation rectale chaude* (RECLUS).

Les *injections*, aussi *chaudes* que la malade est capable de les supporter, demeurent très efficaces par l'influence qu'elles exercent sur la contractilité de la matrice et des vaisseaux qui, à la longue, se laissent passivement dilater et ont besoin d'être excités pour revenir sur eux-mêmes. ARAN, GALLARD employaient surtout l'*eau froide* ; pour éviter des phénomènes réactionnels allant à l'encontre du but proposé et pour maintenir la déplétion vasculaire, ils ordonnaient l'*eau froide et son usage longtemps prolongé*. La congestion s'accompagne volontiers de manifestations névralgiques, qui persistent entre les paroxysmes fluxionnaires, de préférence chez des neuro-arthritiques. Il faut alors être très réservé, et bien choisir les cas pour ordonner l'eau froide longtemps continuée, mais elle nous a rendu les plus grands services, surtout *combinée à d'autres procédés hydrothérapiques*.

Il est difficile de maintenir des *cataplasmes* ou des *enveloppements humides* pendant des semaines ; aussi l'application répétée de *vésicatoires* volants, ou les *badigeonnages de teinture d'iode* sont essayés avec avantage. Des compresses imbibées d'*eaux-mères de Salies-de-Béarn* ou de *Biarritz*, coupées de deux tiers, puis, d'un tiers d'eau pure, appliquées sur le bas-ventre pendant progressivement quatre ou six heures, toute la nuit, possèdent une action stimulante qu'il faut surveiller; on les réservera pour certains engorgements à tendance chronique.

Les grands *bains chauds* sont excitants, mais les *bains tièdes*, sédatifs, calment les douleurs, relâchent les tissus, détendent la turgescence circulatoire. Pour en augmenter les propriétés calmantes, on y ajoute de 100 à 250 grammes de *gélatine en feuilles* et 250 grammes de *sous-carbonate de soude*. La malade prendra au moins un bain tous les deux jours, si l'on craint un peu de fatigue par leur administration quotidienne.

Quand il n'existe ni paroxysmes fluxionnaires très douloureux, ni complications névralgiques, alors que persiste une congestion d'allure torpide et rebelle, nous nous aiderons des *bains de siège frais à eau courante*. De courte durée, leur action deviendrait excitante et irait à l'encontre du but envisagé ; pour qu'ils acquièrent des qualités défluxionnantes, hémostatiques et sédatives, ils doivent être prolongés de dix à vingt minutes. GALLARD place la malade dans la baignoire préalablement remplie d'eau froide, puis fait ouvrir le courant pour qu'elle ne ressente pas le choc d'arrivée ; ainsi la réaction ne se produit pas et l'utérus se décongestionne. Il combine le bain prescrit de la sorte avec la douche vaginale, et défend d'ouvrir les pertuis latéraux de l'appareil avant d'avoir rempli la baignoire pour éviter à la patiente la flagellation produite par les jets latéraux et dont l'effet n'est plus sédatif et antiphlogistique, mais stimulant et excitant. Au chapitre de la *médication hydrothérapique*, nous décrivons d'autres nombreux procédés, douches, etc.

Les *émissions sanguines*, qui ne sont pas contre-indiquées par les hémorrhagies (ARAN), comptent parmi les procédés plus actifs. On les pratique dans la période intercalaire, ou bien quelques jours avant l'époque menstruelle, si l'on craint que la venue des règles n'aggrave la situation en se surajoutant à l'état morbide : dix à douze sangsues sur l'hypogastre, la région périnéo-vulvaire, sur les aines ; au besoin six sangsues sur le col utérin à l'aide d'un spéculum plein (spéculum de FERGUSSON). L'ennui, pour appliquer les sangsues sur le col, de maintenir un certain temps la malade dans une position mal commode, l'obligation de rester pour surveiller qu'une sangsue ne pénètre pas dans le canal portent à préférer les scarifications moins efficaces.

Entre les émissions sanguines, une ou deux fois par semaine, on met sur le col un *tampon glycériné* qui provoque une transsudation séreuse et vide les glandes. Nous pratiquons volontiers une sorte de petite *columnisation* qui consiste à entourer le col par une série de nouets d'ouate hydrophile imbibée de glycérine qui le compriment légèrement, et à remplir le vagin avec de la gaze stérilisée, mais sans tasser.

Dans quelques cas d'engorgement mou de l'utérus, un de nos maîtres obtenait de bons résultats par l'administration de pilules d'*ergotine* pendant des séries de six à huit jours qu'il espaçait suffisamment. Suivant les cas, nous pouvons nous adresser aussi à l'opothérapie *mammaire* ou *thyroïdienne*.

Enfin l'*électricité*, le *massage*, et surtout l'*hydrothérapie* régularisent la circulation.

Quelques symptômes réclament parfois une médication particulière.

Les *métrorrhagies* cèdent habituellement aux longues irrigations. L'introduction jusqu'au niveau de l'orifice cervical, d'une gaze imbibée de *sérum gélatiné*, ou de quelques sachets et tampons de *pemgawar*, suffit à les arrêter. Si elles ont une tendance à se reproduire, on prescrit à l'intérieur le *chlorure de calcium*, les *diverses préparations opothérapiques*, les *pilules d'ergotine et de digitale*, l'*extrait fluide d'hydrastis*, et surtout le *sulfate de quinine*[1]. Ce dernier médicament est le remède par excellence des hémorrhagies fluxionnaires et névropathiques (LANCEREAUX) à la dose de 0^{gr},50 à 1 gramme et 1^{gr},50. Une perte modérée fournit cependant une détente aux accidents congestifs, et il ne faut pas trop se hâter de la combattre.

L'*aménorrhée congestive* réclame avant tout les émissions sanguines.

Les *douleurs* sont calmées par des lavements et des cataplasmes laudanisés, par l'application de compresses chaudes, de *sacs d'eau chaude*, qui sont d'un emploi fort commode contre les douleurs lombaires accompagnant si souvent les souffrances pelviennes. Les *pommades à la jusquiame et à la belladone* apaisent les coliques utérines, comme les *suppositoires à la belladone, à la morphine*, ou à *l'extrait gras de cannabis indica et à la codéine*.

Le traitement repose aussi sur des notions différentes suivant que l'hyperémie fluxionnaire est *vive* et *active* ou que la congestion est *passive* et *atone*. Dans les deux hypothèses, si les agents vaso-constricteurs et les émissions sanguines, par exemple, trouvent diverses indications, une fluxion active et douloureuse réclamera une médication sédative, bains tièdes, enveloppements chauds, repos absolu, etc., tandis qu'une congestion passive et torpide subira l'heureuse influence d'interventions plus excitantes, hydrothérapie froide ou très chaude, tampon de glycérine, exercice modéré, etc. Il est impossible de donner des règles absolues, car il faudrait envisager chaque maladie et chaque malade en

---

1. P. DALCHÉ. — Le Sulfate de Quinine dans la Thérapeutique Utérine (*Bulletins de la Société de Thérapeutique*), 1900.

particulier. Dans tous les cas l'état général et les causes extra-utérines demeurent un de nos plus constants soucis.

Puberté

A la puberté, la congestion utérine intervient dans les dysménorrhées, les sensations et douleurs pelviennes multiples, les poussées leucorrhéiques, et surtout les hémorrhagies génitales. Le mouvement fluxionnaire, si actif et si puissant à cette période, prédomine dans la pathogénie des accidents de l'appareil sexuel; il faut se garder cependant de confondre ménorrhagie ou métrorrhagie de la puberté avec congestion utérine.

Elle est provoquée et entretenue par de nombreuses causes qui fournissent autant d'indications de traitement. Le rôle des *poisons intestinaux* et des *poisons de l'organisme* en général est exposé plus haut. Certaines jeunes filles présentent déjà la tare du *neuro-arthritisme*. « Elles ont des règles difficiles, irrégulières, tantôt profuses, tantôt insignifiantes; la congestion menstruelle les fait terriblement souffrir, et le flux catarrhal paraît suppléer à la médiocrité de l'écoulement sanguin. Elles sont nerveuses et peuvent même avoir des attaques d'hystérie. » (RICHELOT.)

Toute la pathologie des *fausses utérines* s'applique à la puberté. Signalons encore la congestion passive du rétrécissement mitral.

Le travail local, qui accompagne les modifications de l'utérus pubéral, reste la cause la plus importante qui appelle, localise et fixe la fluxion, lorsqu'elle naît sous d'autres influences. Il existe des congestions localisées comme des asystolies localisées.

La *sécrétion interne de l'ovaire* exerce-t-elle une action toxique ou antitoxique ? Il est bien probable que sa seule présence suffit à exciter des phénomènes vaso-dilatateurs au niveau de la matrice; exagérée ou irrégulière elle produit l'hyperhémie et la fluxion, supprimée ou diminuée, elle conduit à l'aménorrhée.

Ordonnez le *repos* à la jeune fille, qui doit même garder le lit tant que les phénomènes douloureux ou hémorrhagiques se manifestent. Le traitement des métrorrhagies et des dysménorrhées pubérales est exposé déjà plus haut. *Dans l'intervalle des époques*, prescrivez les grands bains sédatifs à la gélatine et au sous-carbonate de soude; pendant la journée, faites appliquer sur le bas-ventre une ceinture de flanelle. Évitez toute médication interne, pas de remèdes dits fortifiants; ils sont inutiles, plutôt nuisibles, et troublent les fonctions digestives. Si la jeune fille perd beaucoup, ce n'est pas par anémie; insistez plutôt sur les pratiques d'hydrothérapie.

Et surtout rassurez les familles. Il est assez rare que les accidents congestifs ne cèdent pas si l'on a institué une hygiène et une thérapeutique judicieuses. Les phénomènes se reproduisent pendant plusieurs époques consécutives, mais, quand la transformation de l'utérus et des ovaires est bien achevée, les menstrues apparaissent normales ; l'état des jeunes filles s'améliore beaucoup, quand il ne devient pas absolument régulier. Il faut que l'évolution pubérale s'accomplisse dans les meilleures conditions possibles de calme et de bien-être.

Ménopause

A toutes les causes précitées se joint, à la ménopause, l'influence des poussées fluxionnaires qui se portent sur tous les organes et en particulier sur la matrice au moment de la défaillance des fonctions ovariennes.

La *médication révulsive et dérivative* reconnaît ici une de ses meilleures indications. Purgations fréquentes, bains de pieds sinapisés, ventouses sèches appliquées sur les reins, le dos, etc., et surtout les émissions sanguines combinées ou alternant avec les *préparations opothérapiques*, calment les malades. Nous avons parlé de ces divers moyens et de leur emploi à propos de la ménopause.

III

Congestion menstruelle et affections utéro-annexielles

Le plus grand nombre des maladies utéro-annexielles apportent des troubles à la venue des règles et provoquent, au moins par périodes, de la congestion menstruelle, qui aggrave à son tour les lésions génitales préexistantes.

Elle joue un rôle important dans l'évolution des *suites de couches, métrites, déviations, fibromes, tumeurs, salpingo-ovarites,* qu'elle les reconnaisse pour cause, ou qu'elle se greffe sur leurs symptômes et les exaspère.

Elle se traduit quelquefois par de l'*aménorrhée* ou de la *dysménorrhée congestives* au cours des *phlegmasies utérines* et *péri-utérines*, souvent par de la *leucorrhée* et des *hémorrhagies*, et toujours par des *douleurs*. La congestion qui accompagne les *tumeurs* entraîne des *hémorrhagies*.

Métrite

« Chaque époque menstruelle, dit Bennett, aggrave presque invariablement l'état de la malade et exaspère tous les symptômes. Le poids de l'utérus augmente, les déplacements s'exagèrent ; j'ai même vu des cas où les déplacements, surtout la rétroversion, n'existaient que pendant les règles. Les douleurs utérines, ovariennes ou autres, s'exaspèrent. Quant au flux cataménial, il est généralement, mais non toujours, moins abondant et irrégulier, dure plusieurs jours, cesse, puis reparaît. Le sang s'écoule en caillots dont la sortie est précédée de coliques. Quand les règles ont cessé, l'utérus reste congestionné et gorgé de sang. »

Dans la période intercalaire, il ne survient pas de détente ; métrite et congestion n'ont aucune tendance à rétrocéder.

Repos, bains sédatifs, irrigations chaudes, compresses échauffantes, tampons glycérinés, tous les moyens thérapeutiques énumérés seront mis en œuvre, mais ici domine l'indication des *émissions sanguines*. Bennett les conseillait *après* les règles ; Gallard les pratiquait *un peu* avant leur venue sous forme de sangsues appliquées sur le col. La fluxion menstruelle trouve ainsi un organe dégorgé, et les phénomènes cataméniaux s'accomplissent d'une façon plus normale. Après les règles et dans leur intervalle, si la matrice reste molle et engorgée, on prescrira des pilules d'*ergotine ;* autrefois on posait, non sans succès, sur l'hypogastre un ou plusieurs *vésicatoires* volants. C'est encore dans ces cas que vient l'opportunité du *bain de siège frais ou tiède à eau courante.*

Rétrodéviations

La congestion utérine favorise les déplacements. De plus, en particulier dans les rétroflexions, la partie déviée du corps utérin arrive à présenter une congestion chronique, entretenue

par la position vicieuse et les troubles circulatoires qui en
résultent. Cet état, exaspéré à chaque poussée menstruelle, provoque une dysménorrhée des plus pénibles, la production de
caillots dont l'expulsion donne lieu à des coliques et enfin des hémorrhagies à répétition fort tenaces, même dans la période intercalaire. En tout temps il existe une sensibilité qu'exaspère le
toucher.

Cette complication facilement confondue avec de la phlegmasie
rétro-utérine, de la paramétrite, des adhérences douloureuses
ne contre-indique pas toujours le redressement de la matrice,
ni le port d'un pessaire; ces deux moyens prudemment essayés,
contribuent à dissiper les accidents. Nous pratiquons d'abord
le redressement manuel en soutenant, les premiers jours, l'utérus au moyen de tampons d'ouate, ce qui n'empêche pas de
mettre en œuvre la médication sédative. Les lavements chauds
produisent de bons effets, et on recommande à la malade de se
coucher quelques minutes sur le ventre après les avoir pris.
Cet état d'*engorgement mou* bénéficie dans diverses circonstances
de la médication par les agents vaso-constricteurs et les préparations opothérapiques.

Ovarites

L'ovaire retentit sur la matrice lorsqu'il est primitivement
malade, mais aussi quand ses fonctions sont troublées d'une manière réflexe ou autre par un état pathologique voisin ou éloigné
de lui. C'est ainsi que très souvent les fibro-myômes utérins
provoquent des métrorrhagies par l'intermédiaire des ovaires.

A la médication habituelle on associe le plus volontiers les
préparations d'*ergotine*, de *sulfate de quinine*, de *poudre de
feuilles de digitale*, ou bien encore l'*hydrastis canadensis;* on
s'adresse aussi à l'*hamamelis virginica*, au *cannabis indica*, au
viburnum prunifolium, au *gossypium herbaceum*, etc.

Mais c'est alors surtout qu'est indiquée la *médication opothérapique :* mammaire, thyroïdienne, hypophysaire, plus rarement
ovarienne.

IV

Congestion utérine de la période inter-menstruelle

La congestion menstruelle exagérée persiste souvent après la terminaison des règles et va rejoindre la prochaine époque cataméniale. De plus, toute la série des causes utérines et extra-utérines reste susceptible de faire éclater des phénomènes hyperéhémiques en dehors de toute influence menstruelle, aussi bien chez les *fausses* que chez les *véritables utérines*.

Souvent il s'agit d'une rechute qui survient d'une manière inopinée, et l'explosion des accidents en dehors des règles implique une certaine gravité de la maladie, pour qu'elle se constitue ainsi de toutes pièces sans l'intervention de la fluxion normale.

Les procédés thérapeutiques nous sont connus. Après eux, après le massage, l'électricité, il nous reste encore toutes les ressources que nous offrent l'hydrothérapie et le traitement hydro-minéral.

CHAPITRE III

TRAITEMENT MÉDICAL DE LA MÉTRITE

I

Introduction

Le traitement de la *métrite*, tel que nous le pratiquons, ne
nous oblige pas à établir une classification des différentes formes
de la maladie ; indispensable quand on se propose d'étudier les
symptômes, elle n'a pas la même importance pour la thérapeutique. Il nous suffit d'envisager si la métrite est *aiguë* ou *chronique*, si elle tend à évoluer dans une phase *subaiguë* ; puis, les
grandes lignes du traitement en général une fois tracées, il nous
restera à considérer certaines manifestations prédominantes.

Le traitement de la métrite, surtout de la métrite chronique,
est difficile et délicat. Il exige une grande patience de la malade
comme une grande ténacité du médecin et, malgré tous les soins
apportés, il réserve encore des déboires. « Rien, dit GALLARD, ne
témoigne de notre impuissance à guérir sûrement une maladie
déterminée comme l'abondance et la variété des moyens conseillés pour la combattre. Cela est vrai surtout à propos de la
métrite chronique. Il importe de ne pas se laisser entraîner à la
recherche d'un idéal presque impossible à réaliser, le retour complet de l'utérus à ses dimensions et à sa structure primitives. »

Les insuccès tiennent à beaucoup de causes, mais s'il en est
contre lesquelles nous ne pouvons rien, d'autres, jusqu'à un certain point, dépendent de notre intervention. Parmi les raisons
des échecs, GAILLARD THOMAS cite les erreurs de diagnostic, les
soins mal appropriés, puis la négligence du traitement général et
de l'hygiène ; POZZI fait observer que toute métrite qui n'est pas
« guérie rapidement menace de devenir incurable ».

S'il ne nous est pas toujours donné de guérir rapidement une métrite, les *erreurs de diagnostic*, les *soins mal appropriés*, l'*oubli des prescriptions hygiéniques et du traitement général*, du moins, restent susceptibles d'être évités.

Suivant le conseil de GAILLARD THOMAS, occupons-nous des recommandations hygiéniques et des soins généraux; leur observation aide à la cure de la métrite quand elle existe, et prévient, dans une certaine mesure, les accidents quand il ne s'en est pas encore produit. Nous devons donner certains avis sans attendre qu'une malade se trouve plus ou moins gravement atteinte.

II

Considérations sur l'hygiène et la thérapeutique des causes qui provoquent ou entretiennent la métrite

L'infection est-elle la seule cause de la métrite?

Des processus semblables à certaines de ses phases, avec une expression clinique très analogue, reconnaissent une autre étiologie. La *sclérose utérine*, si elle est l'aboutissant de l'endométrite, s'installe aussi d'emblée; *secondaire*, elle se localise volontiers au niveau du col; *primitive*, elle tend plutôt à envahir toute la matrice.

Nous ne séparerons pas ici ces deux états.

L'organisme pathogène est apporté dans le canal de la matrice d'une façon toute accidentelle ou par une intervention malheureuse; d'autres fois il existait dans les voies vulvo-vaginales et a gagné l'utérus sain ou en état de moindre résistance par une altération antérieure.

Un *état congestif* accompagne les lésions inflammatoires, les entretient, les exagère, et favorise des poussées aiguës; il doit être combattu.

Il faut éviter l'invasion microbienne, se protéger contre sa menace, et, si la matrice est déjà frappée, la mettre à l'abri de nouvelles atteintes, afin qu'une lésion préexistante, minime ou sérieuse, ne subisse pas une série d'aggravations.

Examen médical. — L'*examen médical* pratiqué chaque fois qu'il sera rigoureusement nécessaire, mais le moins souvent possible, ne négligera jamais toutes les précautions d'une *asepsie* complète. Lorsqu'il s'agit de l'introduction d'une sonde, d'un hystéromètre, un oubli, même léger, de l'asepsie entraîne parfois de graves conséquences ; le simple toucher vaginal n'est pas toujours sans danger. Le doigt explorateur apporte sur le col les germes qui vivent au niveau de la vulve et du vagin et la contamination menace s'il existe une vulvo-vaginite ; des accidents résulteraient du manque de propreté du médecin lui-même. En dehors de toute crainte d'infection, quand la matrice porte une lésion aiguë ou chronique, il n'est pas bon de l'examiner à chaque instant, de lui imprimer des mouvements, de la faire ballotter, de réveiller des sensations douloureuses ; ce repos nécessaire à la guérison, que nous recommandons à nos malades, nous devons être les premiers à le respecter.

Puerpéralité. — La métrite compte parmi les plus fréquentes des suites de couches ; nous renvoyons aux traités d'obstétrique pour les soins à donner au moment de la délivrance et après ; nous nous arrêterons seulement sur le traitement des phénomènes septiques et puerpéraux. La *rétention de membranes* ou de *fragments placentaires* imposent le *nettoyage de l'utérus ;* il faut s'assurer si la cavité ne contient plus aucun débris, que la grossesse ait évolué jusqu'à son terme ou qu'elle ait été interrompue par un avortement.

La *subinvolution*, que nous rencontrons à l'origine de si fréquentes métrites, résulte trop souvent d'écarts d'hygiène, d'un manque de précautions et de soins après les couches.

Traumatismes. — Les traumatismes, rares en dehors de l'intervention chirurgicale, réclament l'asepsie et le repos.

Maladies de la vulve et du vagin. Leucorrhée. — Nous avons rangé plus haut les métrites dans l'étiologie des vaginites et des vulvites ; la marche inverse des accidents et la propagation possible à l'utérus d'une affection vulvo-vaginale impose des précautions qui le mettent à l'abri d'une infection ascendante. Ne nous faisons pas d'illusions et n'attendons pas un effet certain des soins les plus minutieux. Il est bien difficile de protéger le col ; des auteurs recommandent l'abstention d'injections vaginales fréquentes, capables d'entraîner sur lui des sécrétions contagieuses. Le conseil ne paraît pas bon : une grande irrigation, *longtemps continuée*, ne saurait être nocive à ce point, et, si on n'enlève pas du vagin les produits muco-purulents qui y séjournent, la contamination sera-t-elle mieux combattue? Après de grands lavages, nous jugeons plus rationnel d'appliquer sur le col et son orifice un tampon d'ouate et d'isoler les surfaces vaginales au moyen de gaze stérilisée ; dans les cas d'une simple leucorrhée un peu abondante, il est toujours prudent de protéger la vulve et les parties inférieures du vagin, car (Pozzi) les pertes blanches pourraient servir de véhicule aux germes pathogènes.

Menstruation. — L'hygiène de la menstruation et les inconvénients qui résultent du manque de soin et de précautions au moment des règles demanderaient un long chapitre[1].

Chaque mois, la matrice se congestionne ; nullement périlleuse lorsque l'utérus est sain et que la poussée cataméniale évolue d'une façon régulière, cette fluxion périodique devient susceptible de causer des accidents, s'il existe un état anormal de l'appareil génital ou de la venue des règles.

Les recrudescences de la métrite aux périodes menstruelles, son aggravation ou une rechute après une époque, sont trop souvent accusées. Qu'une infection nouvelle frappe un organe malade à propos d'une poussée congestive, que cette hyperémie entrave la marche vers une amélioration, il n'y a là rien de surprenant. Si au moment de la crise congestive la femme ne prend aucun ménagement, et multiplie les imprudences ou les écarts de régime, estimons-la très heureuse quand elle échappe à de sérieuses complications. Pour ne pas s'installer à grand fracas, l'invasion sournoise des accidents n'en est pas moins redoutable ; chaque mois, à l'insu de la patiente, amène un petit changement puis, un beau jour, le mal sévit avec force.

D'autres fois, le système génital avait conservé son intégrité, mais des troubles menstruels provoquent d'emblée une métrite : c'est, par exemple, ce que nous observons dans les faits d'*aménorrhée accidentelle*, et qui se manifestent surtout à propos du *froid*. Les règles, au moment où elles allaient couler, sinon pendant leur flux, se suppriment brusquement ; il en résulte une vive congestion utérine, puis une métrite.

---

1. *Le molimen cataménial et ses troubles. — Hygiène et Thérapeutique.* — PAUL DALCHÉ, in *Traité de Thérapeutique Pratique* publié sous la direction du Professeur ALBERT ROBIN.

L'impression du froid, sans toujours arrêter le flux menstruel, quand elle est ressentie d'une façon moins intense, trouble encore, quelquefois même exagère la fluxion génitale. Aussi les hygiénistes prescrivent-t-ils à la femme, pendant ses époques, de se couvrir de *vêtements suffisamment chauds ;* ils lui défendent de se décolleter, d'absorber des boissons glacées, ajoutent que le *corset* ou des *vêtements trop serrés* contribuent à augmenter la congestion de la matrice. Ils lui recommandent aussi le *repos ;* même sans arriver au surmenage, les fatigues de tout ordre, la station debout longtemps prolongée, les exercices physiques mal compris, auxquels beaucoup de personnes se livrent sans modération, produisent les plus mauvais effets quand on ne les interrompt pas à la venue des règles. Nous renvoyons le lecteur à ce que nous avons écrit sur ce sujet à propos de la Puberté.

Une *altération des annexes,* provoquant une hyperhémie continuelle, oblige à se montrer plus sévère encore.

Au moment des règles, toute femme doit observer un repos relatif, et, si elle souffre déjà d'une maladie utérine, elle gardera un repos absolu, étendue sur une chaise longue ou couchée dans son lit, au moins le premier jour de l'écoulement, et en général tout le temps où elle ressentira des douleurs cataméniales. A ce prix elle acquiert le droit d'espérer que la poussée menstruelle n'aggravera pas son état, et même que l'issue naturelle du sang, dans certains cas heureux, amènera une petite détente.

Tuberculose. — Syphilis. — Blennorrhagie. — La *tuberculose* et la *syphilis,* maladies générales qui diminuent la résistance de l'organisme et favorisent le développement de la métrite, produisent en outre des lésions utérines de nature spécifique qui nécessitent une thérapeutique appropriée.

Le traitement de la *blennorrhagie utérine* nous est connu, insistons seulement au point de vue *prophylactique.* Bien des jeunes gens, ayant eu autrefois une uréthrite à gonocoques, se croient tout à fait guéris, tandis qu'ils portent une lésion très minime, mais capable d'entraîner les plus désastreuses conséquences dans le mariage, puisqu'ils peuvent communiquer à leur femme une blennorrhagie chronique d'emblée, se manifestant d'abord par une métrite du col. Quand ils viennent nous consulter, nous devons leur expliquer les ennuis auxquels

ils s'exposent s'ils gardent une goutte matinale, même insignifiante, et surtout leur faire comprendre que le mariage ne leur
est permis que lorsqu'ils ont la certitude d'être absolument guéris ; elle ne s'obtient qu'après un examen minutieux.

*Fièvres. — Affections organiques et générales. — Influence de
divers états de l'économie.* — Tout état pathologique qui diminue
la résistance de l'organisme, et en particulier celle de la matrice, devient susceptible d'occasionner une métrite, surtout si,
en même temps, il fluxionne la muqueuse utérine.

C'est ainsi qu'interviennent les maladies du cœur, du foie, de
l'estomac, la *constipation* (ARAN), les affections générales, la faiblesse de la constitution, une nutrition insuffisante, une lactation trop longtemps prolongée, la privation d'exercice et d'air
(GAILLARD THOMAS).

Les fièvres éruptives, rougeole, scarlatine, variole, les fièvres
graves, typhoïde, etc., provoquent des métrorrhagies fonctionnelles
puis entraînent des lésions de métrite ; quelquefois l'infection
n'est pas ascendante, mais sanguine, et elle se fait par l'intermédiaire des voies circulatoires.

L'influence de ces diverses causes est d'autant plus néfaste
que la matrice porte une altération préexistante, qui restreint
encore ses moyens de défense.

Ces diverses affections organiques et générales font de la patiente une fausse utérine, tant que l'utérus demeure sain et que
les troubles restent *fonctionnels.* Sous la persistance de l'action
nocive, la matrice, dont la résistance s'affaiblit, subit à la
longue l'invasion parasitaire, et la fausse utérine devient une
véritable utérine.

Sclérose utérine. — Toute métrite cervicale peut aboutir à des
lésions scléreuses ; le col *scléro-kystique* est le résultat de ce processus.

L'emploi des *caustiques,* les *traumatismes obstétricaux* et *chirurgicaux* se trouvent encore à l'origine de certaines transforma-
tions scléreuses, comme aussi les manifestations *tuberculeuses* et
syphilitiques apparues directement sur la matrice et qui terminent ainsi leur évolution.

Les *crises fluxionnaires* longtemps répétées, celles qui se présentent à l'état presque permanent avec des paroxysmes, quelle

que soit leur nature, prennent une grande importance étiologique. Roux de Brignoles accuse judicieusement « l'infection atténuée, produisant de petites poussées congestives, à marche progressivement envahissante, toutes les causes de congestion passive avec ses troubles mécaniques, le varicocèle pelvien, les vices de position ».

A côté de ces causes locales en interviennent d'autres.

C'est à un âge assez avancé de la vie génitale, volontiers aux approches de la *ménopause* que, fréquemment, nous constatons la sclérose utérine.

Peut-être, et sans doute même, existe-t-il une certaine *prédisposition* pour que les tissus réagissent de la sorte à des causes toxiques, dont quelques-unes nous sont connues si nous ne faisons que soupçonner les autres.

Le *neuro-arthritisme*, la *goutte*, qui provoquent tantôt des fluxions actives, et tantôt s'accompagnent de stases variqueuses, mènent pareillement à la sclérose.

Toutes les causes qui favorisent les dégénérescences de l'*artériosclérose* et de l'*athérome* sont à incriminer ; nous connaissons surtout l'influence de l'*alcoolisme*, *de la tuberculose* et de la *syphilis*.

III

Traitement de la métrite aiguë

La *métrite aiguë* n'est pas très fréquente ; beaucoup de *métrites chroniques* s'installent insidieusement avec une allure sournoise et lente d'emblée. Nous avons déjà parlé de la *métrite blennorrhagique ;* mais nous devons envisager le traitement d'une façon plus complète et générale.

La *métrite parenchymateuse aiguë* est fort rare à l'état isolé. On constate bien l'infiltration purulente du muscle utérin sans autre lésion au cours de la puerpéralité ; mais, à part ce cas, l'inflammation du parenchyme suit celle de la muqueuse, et son évolution lui reste longtemps subordonnée. Des lésions prépondérantes au niveau de la muqueuse, du tissu conjonctif ou des régions péri-vasculaires dans le parenchyme lui-même, permettent seules alors de distinguer des formes *endométritiques* et *parenchymateuses ;* il arrive un moment où les lésions tendant à passer

à l'état chronique, les altérations du muscle utérin s'organisent
d'une façon plus autonome et échappent progressivement à
l'influence de la muqueuse. Le traitement de la métrite aiguë ne
comporte pas en général des indications nettes pour la forme
parenchymateuse.

1° Période du début

Le début, parfois d'une extrême acuité, amène souvent des douleurs, des réactions abdominales qui nous font craindre de voir
l'inflammation gagner et s'étendre aux organes péri-utérins. La
malade est menacée de complications imminentes du côté des
annexes ou du péritoine. Aussi nos soins doivent-ils être institués
contre toutes les éventualités, et la première prescription sera le
repos absolu.

Une fois notre diagnostic posé, nous éviterons toute exploration qui n'est pas absolument indispensable. Le toucher vaginal,
combiné ou non à la palpation abdominale, réveille des souffrances,
imprime des mouvements aux organes et devient presque dangereux ; quant au spéculum, il n'apprend rien, ne donne aucun
renseignement, et fait courir des risques par trop inutiles. Lorsque nous jugerons un examen nécessaire, les précautions d'asepsie
une fois prises, nous procéderons lentement et avec douceur.

La malade, dans le décubitus dorsal, gardera l'immobilité ; on
lui fera des *enveloppements chauds et humides* du ventre ou on
lui mettra un *cataplasme laudanisé* large et peu épais ; nous ne
sommes pas opposés à l'usage de la *glace* maintenue en permanence sur l'abdomen, surtout lorsqu'il y a menace de complications péri-utérines. Seulement, comme nous donnons volontiers,
dès que nous le pouvons, de grands bains tièdes ou chauds, nous
ne jugeons pas rationnel de faire alterner de la sorte sans discon-
tinuité les applications glacées et chaudes.

Trois fois par jour, on fera passer dans le vagin de longues
irrigations d'eau bouillie tiède à pression très modérée, auxquelles
on aura ajouté ou non une cuillerée à soupe de *liqueur de Labarraque*
par litre d'eau. Les anciennes *injections émollientes* ou *narcotiques*, comprenant des *décoctions de morelle*, de *belladone*, de
jusquiame, de *guimauve*, des *têtes de pavots* ou du *laudanum*, ne
sont pas à dédaigner. Enfin on portera la malade dans de *grands
bains tièdes* où elle demeurera une demi-heure et plus.

Les *émissions sanguines* rendent de grands services dès cette période. L'impossibilité et le danger d'employer le spéculum ne permettent pas d'intervenir directement sur le col ; aussi prescrivons-nous des applications de *sangsues* au niveau de l'hypogastre. Il semble que huit, dix ou douze sangsues sur les téguments abdominaux, séparés de la matrice par l'épaisseur de la paroi et la vessie, ne peuvent avoir qu'une action bien restreinte. C'est une erreur ; on est tout surpris de voir cette saignée locale suivie d'une diminution des douleurs, d'un abaissement de la fièvre, d'un soulagement marqué. Nous considérons ces émissions sanguines comme très utiles au cours des phlegmasies utérines et péri-utérines.

Nous ordonnons rarement de *grands vésicatoires*, et plutôt que d'avoir recours aux petits vésicatoires pansés avec un demi ou un centigramme de chlorhydrate de morphine, quand les douleurs sont intenses, nous préférons donner l'*antipyrine* ou le *pyramidon* en cachets, la *morphine* en injections sous-cutanées, et surtout *de petits lavements tièdes* contenant *un gramme d'antipyrine* et *X gouttes de laudanum de Sydenham*. Le *sulfonal*, le *trional* de 0^{gr},50 à 1 gramme (faites absorber aussitôt après le cachet une petite tasse d'infusion chaude), le *véronal* (0^{gr},25) procurent un sommeil qu'éloignent non seulement les douleurs, mais encore le repos prolongé au lit.

La nature infectieuse des accidents réclame dans certains cas l'emploi des *ferments métalliques*, du *collargol*, de l'*électrargol*, suivant le mode que nous décrirons à propos de la métrite puerpérale.

Le souci de maintenir dans l'immobilité les organes abdominaux ne doit pas nous faire oublier que la constipation est fâcheuse au cours de la métrite aiguë ; et si des *lavements huileux* ou *glycérinés* n'aboutissent pas, tous les deux jours environ nous conseillons de 10 à 20 grammes d'*huile de ricin* ou un verre d'une *limonade purgative*.

L'*alimentation* sera légère : du bouillon, des potages, du lait, des laitages et des œufs en constitueront la base dans les premiers jours (on se guidera pour l'augmenter sur la marche de la température), ainsi que des limonades fraîches et de l'eau vineuse prises avec une certaine abondance.

2° **Période d'état**

Les phénomènes du début perdent de leur acuité, il arrive un moment où l'état de la matrice permet une intervention plus directe. Pas plus à cette période qu'avant, l'intervention ne comporte le *curettage*. Cette opération exposerait alors à de grands risques, et, bien loin de supprimer une source continue d'infection en enlevant la muqueuse altérée, elle deviendrait susceptible de favoriser une aggravation. Le parenchyme utérin, atteint dans une mesure variable, ne voit pas ses propres lésions modifiées par le curettage ; d'autre part, le nettoyage le mieux pratiqué ne saurait expulser tous les germes pathogènes. Aussi n'est-il pas surprenant, après une plaie résultant d'un traumatisme opératoire, que l'infection tende à envahir plus profondément, à se propager par les voies lymphatiques et à gagner même les régions péri-utérines. Les complications annexielles, en particulier, éclatent parfois à la suite de manœuvres dans la cavité de la matrice. Nous ne conseillerons pas davantage les *badigeonnages*, les *attouchements intra-utérins* avec divers topiques. Il vaut mieux s'abstenir, surtout si déjà l'on a constaté l'existence antérieure d'une phlegmasie péri-utérine ; une altération des annexes commande la plus grande réserve, même si elle est antérieure à la métrite.

Cependant il arrive un moment où nous sommes autorisés à agir directement sur le col ; ce moment nous sera indiqué par l'état des organes environnants, la diminution de la douleur, la disparition des menaces de diffusion, l'état général de la malade, etc.

Alors, nous pratiquerons des *émissions sanguines sur le col lui-même*, soit au moyen de *sangsues*, soit avec un *scarificateur*.

Avec cet instrument, l'opération, si insignifiante qu'elle paraisse, demande les précautions habituelles d'asepsie et d'antisepsie ; on peut la renouveler assez souvent.

Le spéculum nous permet de nettoyer plus rigoureusement le col de temps à autre, au moyen d'irrigations tièdes que nous dirigerons nous-mêmes, puis d'appliquer un *nouet d'ouate* imbibé de *glycérine* dont l'avidité pour l'eau provoque une perte séreuse qui, par son action plusieurs fois répétée, contribue à diminuer la poussée fluxionnaire. Rappelons, pour imbiber ces tampons, des mélanges déjà cités :

```
Acide lactique.........................................  3 gr.
Glycérine..............................................  100 —
              F. S. A. Mixture.
```

Ou bien :

```
Ichtyol ...............................................  10 gr.
Glycérine..............................................  90 —
              F. S. A. Mixture.

Thigénol ..............................................  30 gr.
Glycérine..............................................  70 —
              F. S. A. Mixture.
```

La malade continue à garder le repos, qui sera peut-être un peu moins rigoureux, à prendre des irrigations tièdes, des bains, etc., comme au début.

3° Période subaiguë

Il est aussi difficile de fixer l'instant précis où une métrite aiguë passe à l'état subaigu que de marquer exactement la limite qui sépare la métrite subaiguë de la métrite chronique. La thérapeutique se ressent de cette indécision, et le traitement devient fort variable, suivant les indications fournies, sinon chaque jour, du moins chaque semaine et chaque mois. A une phase il ne peut que se rapprocher du traitement de la métrite aiguë auquel il succède ; à la phase opposée, il va se confondre avec celui de la métrite chronique.

Dans les situations intermédiaires, c'est au médecin à poser son diagnostic et à juger, d'après l'état des organes génitaux, s'il doit encore rester quelque temps sur la réserve, ou s'il lui est permis d'intervenir plus directement sur la matrice. *Dilatation lente, lavages intra-utérins, application de topiques*, ce n'est pas seulement pour le procédé qu'il est délicat de se décider, mais surtout pour le moment où il cesse d'être dangereux et où il va nous rendre des services.

La *balnéothérapie* est d'un grand secours, et c'est la période où nous employons le plus volontiers un laveur pour irrigations vaginales continues.

Métrite puerpérale

Les accidents qui frappent l'appareil génital aussitôt après les couches ressortissent aux traités d'obstétrique ; disons un simple mot de la *métrite septique d'origine puerpérale*, puisque nous la retrouvons au début de troubles qui poursuivent la femme durant toute sa vie sexuelle.

Les *lavages intra-utérins* avec des solutions antiseptiques faibles sont pratiqués dès qu'il y a eu intervention dans l'intérieur de la matrice. Après la délivrance, quand la fièvre est due à une menace d'infection utérine, l'indication paraît plus formelle encore. On n'use plus du *sublimé* dangereux à cause de la vaste plaie utérine, propice à l'absorption et toujours à redouter pour les albuminuriques et les femmes qui ont eu de grandes hémorrhagies. Il est préférable d'employer (P. Guéniot) la liqueur de *Labarraque*, deux cuillerées à soupe par litre d'eau bouillie, le *permanganate de potasse* de 1 pour 4.000 à 1 pour 1.000, *l'eau oxygénée* à 12 volumes coupée de quantité égale d'eau bouillie, ou la solution *iodo-iodurée* de Tarnier.

Iode métalloïde...	2 gr.
Iodure de potassium..	4 —
Eau stérilisée..	un litre

(Solution faible.)

Iode métalloïde...	3 gr.
Iodure de potassiOm	6 —
Eau stérilisée..	un litre

(Solution forte.)

Le *curettage* est déchu de sa grande vogue ; cependant tous les accoucheurs ne le proscrivent pas absolument, mais (Bosc) limitent sa pratique à la rétention de débris placentaires et à l'infection encore localisée à l'endomètre.

Pierra résume ainsi la question d'une façon qui nous semble judicieuse.

Dans les avortements de moins de deux mois, la curette est préférable ; l'introduction du doigt n'est pas facile et l'utérus, pas encore ramolli, reste un plan solide et résistant. De deux à six mois, l'avantage de la curette se trouve dans la possibilité de l'intervention sans anesthésie ; le *curage digital* nécessite la résolution complète.

Après six mois, la rétention placentaire aseptique relève du curage digital ; s'il existe avec la rétention des phénomènes septiques, on fera suivre le curage digital « d'un curettage instrumental prudent, mais complet, débarrassant l'utérus de débris que le doigt n'avait pu détacher ». Dans l'infection puerpérale sans rétention placentaire, pas de curettage. En règle générale faire suivre le curettage d'une vérification minutieuse avec le doigt.

Dans maintes circonstances, dit P. GUÉNIOT, les accoucheurs préfèrent actuellement s'abstenir du curage utérin et recourent à d'autres moyens, en particulier aux *attouchements antiseptiques* de la muqueuse utérine pratiqués avec une pince à pansement enveloppée d'une lanière de gaze qu'on imbibe de *teinture d'iode*, par exemple.

Contre les manifestations infectieuses locales ou générales, on a préconisé, avec juste raison, l'emploi du *collargol*. Les frictions avec 4 grammes de la *pommade* de CRÉDÉ au collargol à 15 pour 100 sont un peu abandonnées aujourd'hui pour les injections intra-veineuses (BONNAIRE) et les injections intra-musculaires de *collargol*, d'*électrargol* ou d'autres *ferments métalliques* (ALBERT ROBIN).

BONNAIRE et JEANNIN ont montré que la médication collargolique compte d'autant plus de succès qu'elle a été employée plus tôt. BONNAIRE considère l'*injection intra-veineuse* comme la méthode de choix. L'opération est suivie d'un frisson et d'une hyperthermie momentanée. Il renouvelle l'injection deux, trois et quatre fois à quarante-huit heures de distance, chaque fois que les symptômes subissent une recrudescence. Dans l'intervalle, il est bon de pratiquer une à deux fois par jour des *injections intra-muscu-laires*.

BRINDEAU, s'appuyant sur ce que le streptocoque ne se développe pas en milieu acide, et que le *bacille lactique* n'est pas pathogène, a songé à employé ce dernier contre l'infection puerpérale. Il se sert des cultures en bouillon suivant la formule de METCHNIKOFF, en fait une pâte liquide et use de cette bouillie comme pansement intra-utérin et vaginal[1]. Ce procédé ne présente pas de dangers et lui a semblé donner de bons résultats.

Subinvolution

Au traitement de la métrite puerpérale se rattache celui de la *subinvolution* ou *arrêt de l'involution rétrograde* normale

« 1. Ayant fait stériliser du sucre de lait dans le POUPINEL à 180°, je verse sur ce sucre le dépôt des bouteilles de bouillon en ayant soin de remuer le mélange avec

de la matrice après l'accouchement. Mais cet accident, qui se trouve à l'origine de nombreuses métrites, est en lui-même une *fausse métrite*.

Il reconnaît pour cause, dit DOLÉRIS, l'infection, les traumatismes obstétricaux, la rétention de débris placentaires, les déviations de la matrice, les exercices fatigants après l'accouchement, la reprise prématurée des rapports conjugaux, et surtout les grossesses répétées, le surmenage de l'appareil génital. Il est plus fréquent chez la femme qui n'allaite pas.

La matrice reste augmentée de volume ; elle est molle et subit des déplacements. De cet état résultent des douleurs, pesanteurs avec sensation de chute utérine, sensibilité de la région lombaire, des pertes blanches très abondantes, des métrorrhagies tenaces et répétées.

Le traitement de la subinvolution comprendra tout d'abord les précautions à prendre pour éviter la reproduction de ses causes.

DOLÉRIS, avec juste raison, conseille de ne pas trop insister sur la *rigueur du repos au lit* trop prolongé après les couches ; le décubitus dorsal favorise la congestion pelvienne.

Les irrigations d'*eau chaude* agissent en faisant contracter l'organe utérin, en même temps qu'elles diminuent la fluxion par l'excitation du système circulatoire. Dans quelques cas, nous avons aussi employé les irrigations d'*eau fraîche* (18° environ), et nous en avons obtenu les meilleurs résultats.

Nous ordonnons en même temps une potion à l'*ergotine* ou les pilules déjà formulées d'*ergotine, de sulfate de quinine et de poudre de feuilles de digitale.* Tous les médicaments qui sont indiqués provoquent la contractilité des fibres musculaires et des vaisseaux ; c'est pour arriver à ce but que l'on a conseillé l'*extrait hypophysaire* et aussi un *traitement électrique*.

A une période plus avancée il reste à traiter les déviations, la congestion chronique, et les nombreux accidents qui succèdent à la subinvolution.

une baguette de verre. On obtient ainsi une pâte homogène qui doit être assez liquide pour pouvoir être poussée dans une seringue de Roux.

« Je me suis servi de cette bouillie comme pansement intra-utérin et vaginal. Il suffit d'introduire une sonde de NÉLATON dans l'utérus et d'y pousser la bouillie à l'aide d'une seringue de Roux. J'injecte également dans le vagin en ayant soin de barbouiller les plaies vulvo-vaginales. On ne doit faire d'injection antiseptique ni avant ni après le pansement. » (BRINDEAU.)

IV

Traitement de la métrite chronique

Considérations générales. — Indications du traitement

Ce serait un laborieux travail d'entreprendre l'exposé méthodique de tous les moyens préconisés pour la guérison de la *métrite chronique.* Leur valeur ne rencontre pas souvent l'approbation unanime, et le meilleur subit presque toujours des critiques. Comment pourrait-il en être autrement, quand les lésions et les symptômes auxquels ils s'adressent d'une façon plus spéciale prennent une importance si différemment appréciée. De ces traitements, il en est dont le temps a fait justice, d'autres restent discutés, et quelques-uns sont considérés comme dangereux ; depuis quelques années on tend à revenir à des moyens fort simples.

Les résultats de beaucoup d'interventions très énergiques n'ont pas toujours été favorables ; une série d'échecs a rendu pessimistes plusieurs gynécologues des plus autorisés : « Le traitement de la métrite, dit Jacobs, est une tâche des plus ingrates, et je n'hésite pas à dire que cette affection est incurable. Nous disposons, il est vrai, de moyens qui soulagent, mais qui ne guérissent pas. » — « Il faut savoir se contenter, écrit Gallard, d'un état dans lequel certaines lésions anatomiques persistant encore, la malade sera débarrassée des principaux phénomènes morbides et des troubles fonctionnels qui lui étaient les plus pénibles à supporter. »

Dans les causes, les altérations et les symptômes de la métrite chronique, tant d'éléments entrent en jeu, la maladie évolue si rarement d'une manière isolée, que nous ne saurions nous étonner de sa résistance aux médications les mieux conduites. Mais il ne faut pas tomber dans un excès de découragement et regarder les accidents comme irrémédiables. Nous obtenons sinon la guérison, du moins une amélioration telle, dans beaucoup de cas, que nous n'avons pas le droit de laisser sans soins une femme que nous pouvons beaucoup soulager.

Délicates sont les *indications du traitement*. Il n'y a pas une métrite chronique, mais des métrites chroniques ; nous en trouvons peu qui se ressemblent en tout, et certaines indications varient avec chaque cas.

La constatation d'un état particulier, de la prédominance d'un symptôme, la réaction au niveau du corps ou du col, nous amèneront à modifier sur un point spécial notre thérapeutique.

Une tendance naturelle pousse à tirer une indication des lésions les plus apparentes, qui attirent l'attention et auxquelles il semble difficile de ne pas attribuer une grande importance. Une *ulcération* du col nous porte à multiplier nos efforts pour activer sa cicatrisation, et lorsqu'elle a disparu nous ne pouvons nous défendre de penser que la métrite a dû être très amendée. Cette appréciation contient du vrai et du faux ; malheureusement, plus de faux que de vrai. L'ulcération du col ne constitue pas la métrite chronique, très souvent elle n'en est qu'une conséquence, un signe, et sa guérison n'implique pas la guérison de la métrite. Les lésions des glandes et de la muqueuse persistent comme aussi celles du parenchyme ; au bout d'un temps variable, l'ulcération reparaît, ou, si elle ne se manifeste plus, la malade n'en continue pas moins à ressentir les malaises qu'elle accusait auparavant, et l'affection évolue toujours.

Nous répéterons cette appréciation à propos des *érosions*, des *kystes*, des *folliculites*, à plus forte raison de la *leucorrhée*, des *métrorrhagies*, etc. Toutefois si, dans notre thérapeutique, nous ne tenions pas compte de ces phénomènes, nous risquerions de voir nos soins incomplets rester inefficaces.

Les *lésions des glandes et de la muqueuse* ne constituent pas à elles seules la métrite chronique, mais leur importance est telle que nous ne devons en négliger aucune manifestation (Pozzi) ; le traitement au début peut arrêter leur marche et les faire rétrocéder. Si l'évolution continue, le tissu embryonnaire développé autour des glandes passe à l'état fibreux, amène par sa rétraction une atrésie de l'orifice, et la *sclérose peri-glandulaire* se complique de *kystes ;* plus tard, la glande sera étouffée. Le processus ne se cantonne pas autour des glandes, il s'accompagne d'*endo-péri-artérite*, gagne la profondeur et s'infiltre dans le tissu musculaire pour donner ainsi naissance à *la variété inflammatoire de la sclérose du col.*

Une autre variété de sclérose du col, nous l'avons vu, reconnaît une *origine générale primitive* (tuberculose, syphilis, arthritisme, etc.) et s'installe d'emblée. Tandis que, pour HEPP, cet envahissement par du tissu conjonctif provoque une hypertrophie générale de tous les tissus, et même des fibres musculaires, pour DOLÉRIS la transformation fibreuse détruit les éléments musculaires. A des phases de prolifération embryonnaire et d'*hypertrophie* on voit succéder des périodes de rétraction scléreuse et d'*atrophie*.

De là résultent des modifications dans le volume et l'apparence de l'organe. Si les *allongements hypertrophiques de la matrice* dépendent le plus souvent d'une infiltration conjonctive, certains cas de *gigantisme utérin*, d'une anatomie encore mal élucidée, appartiennent à une myomatose diffuse. Parallèlement à ces changements dans la forme, nous constatons des variations dans la consistance des tissus, qui nous paraissent *engorgés*, ou, au contraire, *indurés*, plus *résistants*.

Quand il trouvait l'utérus, « mollasse ou gorgé de sang et de sérosité », GALLARD prescrivait du *seigle ergoté* par paquets de $0^{gr},25$, seul ou associé au *carbonate de fer*, à la *poudre de colombo* et *de cannelle*, mais seulement lorsqu'il diagnostiquait *absence d'inflammation de la muqueuse*. GAILLARD THOMAS procédait de même dans les cas de subinvolution. L'examen du *col*, qui le montre *rouge*, *congestionné*, *violacé*, ou au contraire, *pâle*, *anémié*, *exsangue*, nous fournissent encore des indications que complète un *ectropion* de la muqueuse ou une *déchirure*.

Depuis EMMET, de nombreux auteurs ont attribué un grand rôle à cette déchirure du col dans la pathologie de la métrite. Elle deviendrait le point de départ de phénomènes nerveux, de nombreux réflexes, et donnerait naissance à des accidents graves qui s'étendraient de la matrice aux annexes. Cette influence si considérable est loin d'être acceptée sans conteste, mais si nous ne faisons pas tourner toute la thérapeutique autour d'elle, nous ne l'oublierons cependant pas. Il est rare que la déchirure avec ectropion ne soit pas accompagnée d'un élément inflammatoire.

Enfin la métrite est-elle *localisée au col*, ou a-t-elle *gagné le corps ?* Frappe-t-elle *exclusivement le corps ?* Nous nous assurerons aussi de l'intégrité des *annexes*. Et si elles sont malades, leur altération est-elle la cause ou l'effet de la métrite ?

Nous examinerons *les divers organes de l'abdomen*, nous nous préoccuperons de l'*état général*, de toutes les *causes éloignées* qui peuvent agir sur les troubles utérins, de toutes les affections qui existent en même temps que la métrite et dont les symptômes s'enchevêtrent avec ses manifestations. Ce traitement de l'*état général*, des *affections organiques étrangères à l'utérus*, des *viscéroptoses*, etc., a été longuement exposé à propos des **fausses** utérines ; nous renvoyons le lecteur à cette partie de notre travail, pour ce qui concerne les *ceintures abdominales*, les moyens de combattre les *troubles dyspeptiques,* la *constipation*, les *cardiopathies*, tous les accidents en un mot que nous rencontrons couramment dans l'*étiologie* ou les *conséquences* de la métrite chronique.

Traitement local de la métrite du col

Injections vaginales

Pour bien des femmes, quelques injections constituent l'unique traitement de la métrite chronique. Comme elles les pratiquent, c'est à peine si elles nettoient le vagin et le col, mais, à part cette toilette des premières voies génitales, l'action thérapeutique reste le plus souvent illusoire.

L'irrigation vaginale produit d'excellents effets et, combinée à une intervention plus active, elle devient un adjuvant des plus fidèles, à condition toutefois d'être bien employée.

D'abord elle enlève les sécrétions leucorrhéiques qui séjournent dans le cul-de-sac postérieur et contribuent à réinfecter le col d'une manière continue.

Les *longues irrigations d'eau aussi chaude que la malade peut la supporter* sont acceptées d'une façon unanime.

L'eau à haute température, 48° à 50°, est *hémostatique* et *antiphlogistique* dans certaines conditions, *sédative* et jusqu'à un certain point *antiseptique, anesthésique* même (RECLUS)[1]. Ces qualités répondent à diverses indications au cours de l'inflammation chronique de la matrice. Lorsque la durée du courant d'eau chaude a été prolongée, son influence se fait sentir sur l'appareil circulatoire et le tissu musculaire et produit la contraction des vaisseaux et des fibres de l'utérus ; cette action décongestionne l'organe, et contribue à vider le col et à évacuer les culs-de-sac glandulaires.

---

1. Voir p. 493, 497, le *Traitement Hydrothérapique dans les Maladies des Femmes.*

Pour arriver à ce résultat, il faut que l'irrigation soit *très chaude* et dure *longtemps*, sinon elle procure des effets à peine ébauchés ou différents. Afin que le courant entre facilement en contact avec les replis et les culs-de-sac des parois vaginales et baigne toute la surface du col, la malade prendra la position horizontale, au lieu de rester accroupie ou à moitié assise; au besoin elle se servira d'un appareil à irrigations continues.

L'*eau froide*, trop abandonnée, possède des propriétés qui nous la font prescrire aussi dans le traitement de la métrite chronique. Son action constrictive sur les vaisseaux, les muscles et les glandes de l'utérus, la rend *défluxionnante, hémostatique* et provoque l'évacuation des glandes. Lorsque domine un élément de torpidité, elle nous paraît même préférable. Ses contre-indications relèvent surtout des névralgies pelviennes.

L'*eau tiède* sera conseillée aux neuro-arthritiques, sujettes aux vives réactions; tolérant mal l'eau froide comme l'eau chaude qui aggravent leurs accidents, elles réclament une médication sédative.

Nous exposons longuement cette question dans le chapitre réservé au *Traitement hydrothérapique.*

Doit-on incorporer des *antiseptiques* au liquide? Quand il existe une *leucorrhée* abondante avec un certain degré de vaginite, on peut avoir recours à un des antiseptiques ou des astringents énumérés plus haut pour tarir les pertes blanches. Couramment nous associons les *alcalins*, qui désagrègent les mucosités, à l'*eucalyptus* ou à la *ficaire*, par exemple, de la façon suivante : Dans la position couchée et à pression moyenne $(0^m,50$ environ), prendre une irrigation vaginale chaude, tiède ou froide suivant les circonstances, faite avec la décoction de *feuilles d'eucalyptus* (à 10 pour 1000), à laquelle on ajoutera une cuillerée à soupe de *bicarbonate de soude* par litre d'eau. De même pour les *feuilles de ficaire* en décoction à 10 grammes pour 1 litre d'eau.

L'*antisepsie vaginale* est toujours un auxiliaire utile dans le traitement de la métrite.

Bains. — Hydrothérapie

Contentons-nous de mentionner ici ce mode de traitement dont l'importance est si grande et qui se combine avec les injections (bain de siège à courant continu, etc.) ; il se trouve décrit dans un chapitre spécial de ce livre.

Gallard prescrivait des *bains tièdes*, un peu avant la venue des règles, pour calmer les souffrances que la menstruation réveille ou exagère au cours de la métrite chronique. Dans la période intercalaire, il ordonnait des *bains alcalins*, s'il existait des phénomènes de fluxion et d'irritation, et au contraire, des *bains sulfureux* ou l'*eau froide* (bain de siège à courant continu et injections), quand il voulait stimuler un utérus anémié, pâle et induré.

Émissions sanguines

Les émissions sanguines ne se trouvent pas aussi indiquées que dans la métrite aiguë, cependant elles rendent encore de grands services à condition de les employer dans des cas bien déterminés.

Un col utérin rouge, congestionné, violacé, lorsque l'organe paraît gorgé de sang, se présente dans un certain état d'engouement que divers auteurs s'efforcent de combattre par le seigle ergoté et la digitale ; nous leurs ajouterons avec avantage les émissions sanguines, surtout quand la maladie tombe sous le coup d'une *poussée subaiguë*, et qu'un *élément fluxionnaire* récent vient se surajouter aux altérations antérieures. A la suite du froid, d'une fatigue, de multiples causes, souvent après une période menstruelle particulièrement douloureuse, la leucorrhée s'accentue, se teinte de sang, par instants le bas-ventre paraît plus lourd, plus pesant, plus sensible, les maux de reins s'exaspèrent. Aux sédatifs, aux grands bains tièdes, nous joindrons les émissions sanguines, et nous ne craindrons pas de les renouveler si les phénomènes ne s'amendent pas, quelques jours avant la prochaine période menstruelle, afin d'épargner ou de diminuer à la malade les souffrances de la *dysménorrhée congestive*. La métrorrhagie, dit Courty, n'est pas une contre-indication à l'application des sangsues sur le col ; au contraire, elle cède comme la douleur et tous les autres symptômes inflammatoires... Afin que l'efficacité de la saignée locale devienne complète, la quantité de sang retiré devra être assez considérable pour que l'organe, au lieu de se trouver fluxionné par la succion des sangsues, soit décongestionné par l'hémorrhagie, puis les dérivatifs intestinaux et les révulsifs cutanés seconderont ce premier effet.

Nous interviendrons directement sur le col utérin, en appliquant huit à dix sangsues, et si le procédé paraît à la malade trop long, fatigant, peu commode, nous aurons recours aux scarifications avec un instrument spécial ou un simple bistouri. Après comme avant l'émission sanguine, il est toujours prudent de faire un nettoyage de la région, et, si on désire employer les sangsues, on se contentera d'eau bouillie au moins avant de les mettre, car la persistance de quelques gouttes du liquide antiseptique suffit parfois à les empêcher de mordre.

Topiques

Les *topiques*, si longtemps restés la base du traitement de toute métrite chronique, subissent aujourd'hui de tels assauts, de telles critiques et de tels reproches, que les convictions les mieux assises finissent à la longue par être ébranlées.

Leurs abus est criant, disent les détracteurs, ils demeurent inutiles sinon dangereux. Pour peu qu'il existe une complication péri-utérine, l'application d'un topique dans le canal cervical ou à son orifice expose aux risques d'un réveil inflammatoire. Reconnaissons là une part de vérité ; au cours d'une salpingite, ou de toute autre phlegmasie concomitante, l'intervention la plus anodine, dans certaines circonstances, peut devenir l'occasion de conséquences redoutables.

En l'absence de toute affection autour de la matrice, ajoutent les critiques, l'usage des topiques n'est pas sans péril, car, irritant la muqueuse malade, ils aggravent l'inflammation et exposent à des poussées nouvelles d'infection intra-utérine ; jamais ils ne possèdent une puissance capable de détruire tous les germes pathogènes.

Ils négligent enfin l'altération glandulaire et une ulcération cicatrisée donne naissance en outre aux lésions du col *sclérokystique*. Le tissu cicatriciel néoformé amène l'atrésie des orifices glandulaires, en même temps que l'épithélium pavimenteux du vagin remplaçant l'épithélium cylindrique recouvre la surface érodée.

Quand ils ne sont pas dangereux, ils demeurent tous inefficaces et la bénignité de leur action les rend complètement inutiles.

Quelques médecins en arrivent alors à prescrire le repos, des irrigations et des bains, des tamponnements vaginaux espacés, et, sans autre thérapeutique, attendent les modifications heureuses que le temps veut bien apporter.

Ces reproches ne sont pas tous justes. Faut-il incriminer le topique ou bien la façon dont on l'emploie? A lui seul il ne saurait opérer des merveilles, mais il rentre dans un ensemble de procédés de guérison, il fait partie d'un faisceau de moyens qu'il complète, et son influence deviendra d'autant plus efficace qu'elle se joindra à une thérapeutique judicieuse. Son usage comporte des soins assez minutieux, de la patience et de la ténacité, comme aussi de la prudence si l'on soupçonne une altération des annexes. C'est si bien la façon dont on emploie les médicaments topiques qui reste importante qu'après avoir parcouru la série de tous les produits nouveaux, nous voyons les auteurs les plus compétents revenir à d'anciens et simples remèdes : la *teinture d'iode* peut être le meilleur de tous, la *glycérine créosotée*, etc.

D'abord *on nettoie la région*. Les règles de l'asepsie et de l'antisepsie une fois pour toutes bien observées, on absterge le museau de tanche, et par un léger *écouvillonnage* on évacue les produits de sécrétion qui encombrent la cavité du col au moyen de petits bâtonnets chargés d'ouate hydrophile et on termine par des lavages. Un orifice cervical trop étroit ou contracté nécessite dans certains cas *la dilatation* (voir page 224).

Un des moyens les plus usuels pour agir sur le col consiste à placer à son contact un *tampon d'ouate hydrophile imbibé de glycérine*. La glycérine, corps très avide d'eau, provoque, par une sorte de dialyse, l'émission d'un flux plus ou moins abondant et elle produit comme une façon de petite saignée ou plutôt d'émission séro-muqueuse. Ce procédé de détersion du col s'adresse à des cas où l'on désire *décongestionner* l'organe et faciliter l'évacuation des glandes. En toute autre circonstance, il devient moins utile, par exemple si l'on compte sur lui pour ramollir le col et favoriser la dilatation de l'orifice externe, et on lui a reproché de « rester imbibé de sécrétions septiques, en les maintenant devant l'orifice cervical, ainsi baigné dans un milieu infecté ». Cette critique serait fondée si on laissait le tampon glycériné pendant longtemps ; mais nous avons pour habitude de le placer le soir et de recommander à la malade de l'enlever le lendemain matin, puis de prendre une grande irrigation et d'aller au bain. Autant pour éviter les dangers d'infection que pour modifier la muqueuse, on incorpore à la glycérine diverses substances, l'*iodoforme*, la *résorcine*, l'*ichthyol*.

1° Iodoforme		3 gr. et plus
Glycérine		30 —
F. S. A. Mixture.		
2° Résorcine	3 à	4 gr.
Glycérine		30 —
F. S. A. Mixture.		
3° Ichthyol		10 gr.
Glycérine	100 à	250 —
F. S. A. Mixture.		

La *glycerine à l'ichthyol* à 1 pour 20, à 1 pour 10 produit assez facilement une desquamation que l'on doit surveiller, et d'une manière générale il convient de vérifier que la substance employée ne devienne pas trop irritante pour la région. Nous usons aussi du mélange suivant :

Acide lactique	3 gr.
Glycérine	100 —
F. S. A. Mixture.	

Si la glycérine mal tolérée excorie le vagin, DOLÉRIS conseille la pommade suivante :

Vaseline	30 gr.
Iodoforme pulvérisé	10 —
Camphre pulvérisé-	2 —

Suivant les cas, l'intensité de la maladie et le but que l'on se propose, on met un tampon une fois par semaine, tous les trois jours ou tous les deux jours. La malade prenant la position horizontale et s'aidant d'une canule demi-flexible, demi-rigide, arrive à introduire elle-même dans la cavité vaginale jusqu'au contact du col un nouet d'ouate, et quand on lui prescrit pour l'imbiber de la glycérine pure ou mélangée à une substance non dangereuse, on peut lui confier le soin de placer le tampon glycériné, lorsqu'elle se trouve dans l'impossibilité d'avoir recours au médecin chaque fois.

· Le tampon bien posé possède encore l'avantage de *soutenir le col* et de favoriser ainsi une circulation régulière. Ce support contribue à diminuer les douleurs, ou tout au moins les phénomènes de sensibilité, les sensations de pesanteurs qui sont accusés par tant de malades.

Pour agir plus directement sur la cavité cervicale, la *teinture d'iode* est un des meilleurs topiques que nous ayons à notre disposition. Modificateur énergique des tissus, allant de la simple exfoliation épithéliale à une révulsion puissante, certainement antiseptique, ce produit a été trop oublié dans la thérapeutique utérine ; il est vrai qu'on le reprend aujourd'hui. « A l'aide d'un petit pinceau, dit GAILLARD THOMAS, chaque application doit être répétée une fois par semaine. Le traitement peut paraître peu énergique aux yeux de quelques praticiens qui ont l'habitude d'employer fréquemment le nitrate acide de mercure, le cautère actuel, la potasse caustique, l'acide nitrique, ou autres caustiques énergiques ; mais je prie ceux de mes confrères qui liront cet ouvrage de vouloir bien essayer ma méthode, qui est très inoffensive, et ils ne tarderont pas à voir qu'ils peuvent faire autant de bien à leurs malades, tout en évitant le risque de leur faire du mal. » Contre les *ulcérations*, l'*endométrite*, ou lorsque simplement le parenchyme augmenté de volume, lourd, engorgé, indique l'opportunité d'une révulsion, l'application de teinture d'iode pure ou additionnée de glycérine amène d'heureuses modifications. Pour les attouchements intra-cervicaux, PICHEVIN conseille la glycérine comme véhicule, glycérine iodée, créosotée ; elle diffuse, les substances incorporées pénétrant mieux à travers la muqueuse atteignent les couches profondes et les micro-organismes.

L'*érythrol*, qui donne de l'iode à l'état naissant, rentre dans notre pratique courante.

On se sert aussi avec avantage de *glycérine créosotée* à 1 pour 10, 1 pour 5, 1 pour 3 ; et le *nitrate d'argent* rend de réels services, qu'on use du crayon ou mieux d'une solution au 1/5, au 1/20.

D'autres substances antiseptiques ont été préconisées, comme l'*iodoforme*, le *salol*, l'*airol*, l'*aristol* en poudre, ou dans une gaze (gaze iodoformée, etc.) ou mélangées à une pommade, à de la glycérine. Après un lavage minutieux, l'application de poudre d'*iodoforme* devient efficace dans quelques cas de lésions atoniques. DOLÉRIS, au début de l'endocervicite, recommande l'*éther iodoformé* en solution concentrée : irritant la muqueuse, il amène une contraction du col, qui se vide ainsi lui-même.

Nous avons recours encore au *bleu de méthylène chimiquement pur* ; les qualités antiseptiques de ce corps, qui n'est pas caustique, son maniement facile, le font regarder comme un bon pansement ne pouvant entraîner aucune suite fâcheuse.

Penzold le considère à la fois comme microbicide, vaso-constricteur et décongestif.

A. Goubarev a indiqué *le permanganate de potasse finement pulvérisé* contre l'*ectropion* du col utérin. Au moyen d'une sonde de Playfair, entourée de coton hydrophile, il touche l'ectropion et introduit la sonde dans la partie inférieure du canal cervical ; il a vu la leucorrhée diminuer, l'ectropion rétrocéder et le col revenir à son apparence habituelle.

Avec un stylet de trousse dont l'extrémité mousse recouverte de coton hydrophile est saupoudrée de poudre fine de permanganate de potasse, après avoir au préalable bien abstergé la région, nous avons aussi pratiqué de légers attouchements sur les ulcérations extra-orificielles et jusque dans l'intérieur du canal cervical ; cette dernière manœuvre provoque parfois de légères douleurs qui ne durent pas. Puis, sur l'orifice et le col est placé un tampon que la malade enlève le lendemain matin, pour prendre immédiatement une irrigation et un bain.

Sans limiter ce procédé au seul ectropion, nous l'avons essayé contre beaucoup d'*ulcérations* et l'*endométrite cervicale* en général. Il n'est pas survenu d'accidents, la leucorrhée en effet nous a paru diminuer et l'amélioration des parties atteintes s'établir d'une façon graduelle.

Notre expérience est plus grande pour les attouchements avec l'*acide lactique*. Au chapitre de la vaginite, le rôle d'antiseptique naturel du vagin attribué à ce corps a été signalé ainsi que les critiques et les dénégations soulevées.

Nous usons d'acide lactique *étendu de moitié d'eau*. Après avoir débarrassé la région de toutes les sécrétions accumulées, avec un mince bâtonnet d'ouate, imbibé de la solution, nous touchons le col et la cavité cervicale, puis nous appliquons au niveau de l'orifice un nouet de coton hydrophile que la malade retirera le lendemain, et, par excès de précaution, nous lui conseillons de garder le repos pendant la journée de la cautérisation.

Cette médication n'est pas accompagnée de douleurs, et nous la recommençons tous les huit jours en moyenne. Les résultats les plus nets nous ont paru se montrer sur les cols pâles, blafards, dans les vieilles métrites chroniques à allure torpide, et nous avons suivi, un certain nombre de fois, des ulcérations, qui diminuaient beaucoup, dont quelques-unes disparaissaient même, tandis que la leucorrhée s'atténuait.

Blondel a présenté plusieurs observations judicieuses ; il se demande si l'acide lactique est bien l'antiseptique naturel du vagin, et arrive à cette conclusion que le but de tout traitement est bien moins de se préoccuper de la qualité de l'antiseptique que de déloger l'agent infectieux du fond du cul-de-sac où il habite. Afin d'arriver à ce résultat, il découvre le col, pousse au-devant de l'orifice une canule fine en verre, et déterge de la sorte la cavité cervicale au moyen d'une solution chaude de *bicarbonate de soude* (2 cuillerées à soupe par litre d'eau) qui balaie le mucus et l'entraîne avec lui. Retirant la canule, il comprime à plusieurs reprises le col entre les valves du spéculum, et favorise de la sorte l'évacuation des culs-de-sac glandulaires. Il recommence lavage alcalin et expression du col deux et trois fois de suite, jusqu'à ce que le liquide ressorte absolument clair.

Après l'expression du col, Blondel place dans la cavité cervicale un antiseptique pulvérulent : *iodoforme*, *airol*, ou *europhène*.

D'une manière courante, nous avons maintenant recours au lavage alcalin, et, une à deux fois par semaine, ce jour-là seulement sans l'accompagner d'expression s'il existe une crainte de réveiller la douleur, nous pratiquons un attouchement avec la *teinture d'iode*, l'*acide lactique*, comme avec tout autre des topiques préconisés.

Contre de vieilles métrites avec ectropion et éversion de la muqueuse, G. Richelot à remis en honneur le *caustique Filhos*, qui lui a donné les meilleurs résultats.

Fer rouge. — Ignipuncture

La cautérisation au *fer rouge* a joui d'une grande vogue pendant longtemps. Jobert voulait que son fer fût rougi à blanc, de Scanzoni s'en tenait au rouge sombre. La cautérisation se pratiquait d'une manière superficielle lorsqu'il s'agissait de stimuler un utérus atone, d'une manière profonde si la matrice était molle et engorgée. Aujourd'hui, le fer rouge est tout à fait oublié, et on ne s'explique guère sa faveur ; s'il pouvait exercer une action indéniable sur la surface du col, difficile à mesurer et susceptible plus que tout autre moyen de provoquer une sclérose kystique, le disque du thermo-cautère, instrument de prédilection en l'espèce, n'avait aucune prise sur l'endométrite. En introduisant un fer rougi au niveau de l'orifice inférieur et un peu dans le canal lui-même, on s'exposait à de graves accidents consécutifs, rétrécissement, atrésie, etc., sans obtenir des résultats supérieurs à ceux des procédés actuels. Quelques *ulcérations fongueuses*, touchées par le disque du thermo-cautère, subissent à la vérité des modifications favorables; mais, outre la rareté de cette indication, avant que nous en arrivions au fer rouge, d'autres moyens nous viennent en aide qui comportent moins d'inconvénients. De plus, l'ulcération n'est pas tout, et souvent elle guérit ou s'améliore avec la maladie principale.

Mais peut-être conviendrait-il d'être moins sévère au sujet de l'*ignipuncture* préconisée d'abord par COURTY. On l'opère en faisant pénétrer, de 1 centimètre et demi à 2 centimètres dans la profondeur du col, une mince tige rougie à blanc, la pointe fine du thermo-cautère par exemple. Dans les cas où prédomine une *métrite parenchymateuse chronique* et où la matrice grosse, lourde, ne présente que peu de signes d'endométrite, pour réduire le volume de l'organe et diminuer la tuméfaction ce procédé jouissait d'une certaine faveur. Il provoque des foyers de sclérose atrophique avec ses avantages et ses inconvénients.

La *cautérisation galvanique* (APOSTOLI) expose aussi à des rétrécissements et des eschares qui, au moment de leur chute, produisent des hémorrhagies (PICHEVIN).

Quand l'endométrite est peu marquée et que les lésions parenchymateuses sont prépondérantes, avant d'instituer une semblable thérapeutique il faut s'assurer que les phénomènes accusés par la patiente ressortissent à l'utérus malade, lourd, volumineux, tuméfié, et que les sensations de douleur, de pesanteur, de gêne doivent bien lui être rapportées plutôt qu'à une viscéroptose ou à toute autre affection extra-génitale.

Le support de l'organe par des tampons ou un pessaire, quelques badigeonnages iodés, suffisent parfois à procurer une atténuation des malaises.

Quoi qu'il en soit, considérons l'ignipuncture comme une intervention assez délicate et dont nous nous abstiendrons si les annexes souffrent de la moindre altération.

Traitement local de la métrite du corps

Les moyens thérapeutiques que nous venons d'exposer visent

surtout la *métrite cervicale ;* ils seraient insuffisants contre la *métrite du corps*, qui réclame une médication différente, soit qu'elle complique une endocervicite, ou qu'elle existe seule, ce qui est beaucoup plus rare. Elle affecte souvent la forme de *métrite hémorrhagique*, et nous la retrouverons plus tard sous cette dénomination.

Pour agir sur la muqueuse qui tapisse la cavité du corps, une dilatation préalable du canal utérin n'est évidemment pas toujours nécessaire ; mais, quand elle existe, elle facilite grandement l'intervention.

Badigeonnages intra-utérins

Un des agents que l'on doit préférer pour modifier la muqueuse du corps (JACOBS), c'est encore la *teinture d'iode* pure ou additionnée de glycérine ; sinon la *glycérine créosotée* au 1/3, au 1/5, que l'on porte sur les parois au moyen d'une tige dont l'extrémité est munie de coton ou de 'gaze. Quelques auteurs accompagnent le badigeonnage d'une injection intra-utérine avec les solutions antiseptiques faibles.

VINCENT considère le badigeonnage comme suffisant et, sans le faire précéder d'un écouvillonnage susceptible de traumatiser toujours plus ou moins les tissus, emploie la solution suivante :

Teinture d'iode	150 gr.
Glycérine	150 —
Iodure de potassium	30 —
Iode	6 —

F. S. A. Solution.

Il fixe le col au moyen d'une pince, et introduit une tige en baleine droite terminée par un pas de vis entouré d'une mince couche d'ouate imprégnée du liquide (PATEL). Si le col n'est pas dilaté, il le saisit plus fortement avec sa pince et attend pour pénétrer dans le corps que la résistance de l'orifice interne cesse spontanément sans le forcer, puis il imprime à la tige un petit mouvement de va-et-vient. L'opération se renouvelle tous les deux à trois jours.

Ce procédé se rapproche des *cautérisations intra-utérines* par des *topiques liquides*, que GAILLARD THOMAS pratiquait à l'aide d'un spéculum intra-utérin et qu'aujourd'hui on pourrait faire après une dilatation. Les solutions de *nitrate d'argent* à 1 pour 10, de *chlorure de zinc* à 2 pour 30, *d'acide chromique* à 2 pour 30 que recommandait GAILLARD THOMAS, sont abandonnées aujourd'hui, et Pozzi dit que les caustiques énergiques, comme le *chlorure de zinc*, *l'acide nitrique faible*, *l'acide phénique concentré* exposent, malgré toutes les précautions, à un rétrécissement du col. LABADIE-LAGRAVE se contente de *nitrate d'argent* à 0ᵍʳ,05 pour 30, et de *chlorure de zinc* de 5 à 20 pour 100. Ces cautérisations n'ont pas gardé leur vogue, et on les a délaissées avec juste raison.

Injections intra-utérines

Les lavages intra-utérins avec l'eau bouillie pure ou des solutions antiseptiques très faibles, à l'aide d'une sonde particulière, ne suffisent évidemment pas à guérir une métrite chronique du corps. Mais s'il est dangereux de forcer l'orifice interne, lorsque la cavité du corps est saine, et si l'on risque alors de la contaminer avec les germes du col par une manœuvre intempestive, quand elle est malade, son nettoyage bien fait est toujours utile, surtout pour précéder certains attouchements de la muqueuse et diverses autres interventions.

Toutes différentes sont les injections de topiques liquides. Pendant longtemps, on les poussait au moyen de la seringue pour injections iutra-utérines à jets récurrents de PAJOT, ou avec celle de LEBLOND; aujourd'hui, la seringue de BRAUN est d'un maniement plus commode. GALLARD de préférence se servait du *perchlorure de fer* (solution PRAVAZ à 30°), et nous avons pu constater dans son service des résultats fort heureux. Il employait aussi la *teinture d'iode* pure ou additionnée de glycérine, que Pozzi recommande, mais après un curettage préliminaire ; on a conseillé la *glycérine créosotée* à 1 pour 3, à 1 pour 10, la solution *d'azotate d'argent* à 1 pour 5, à 1 pour 4.

PIERRE DELBET préconise les injections de *chlorure de zinc*, qui ne lui auraient jamais occasionné ni rétrécissement, ni aucun autre accident. Il commence, en général, par une solution à 20 pour 100 et augmente d'une manière progressive en variant le degré de la concentration jusqu'à 30 pour 100. Au moyen de la seringue de BRAUN ou de la seringue de COLIN, il injecte un centimètre cube ordinairement et même un peu plus dans le cas où la cavité utérine est très augmentée. Sans dilatation préalable, l'état du conduit vérifié par l'hystéromètre, il pousse l'injection en retirant progressivement l'instrument, de telle sorte que les dernières gouttes tombent dans le col. Durant l'injection et après, le vagin reçoit un courant d'eau boriquée ou bouillie pour éviter l'effet irritant du chlorure de zinc sur la muqueuse ; puis on le tamponne avec de la gaze stérilisée.

Les injections sont renouvelées à espaces variables, d'abord au bout de deux, trois ou quatre jours ; à la fin, on laisse s'écouler douze et quinze jours entre chacune d'elles ; en moyenne on est obligé d'en pratiquer de quatre à sept. Elles causent des douleurs parfois très vives, leurs résultats thérapeutiques « sont excellents dans la *métrite hémorrhagique*, moins bons dans les *métrites mixtes*, et médiocres dans les *métrites glandulaires.* »

Ce traitement par le chlorure de zinc rencontre des partisans très convaincus qui en arrivent à le considérer comme une prophylaxie du cancer (Durhssen).

En éliminant la question du rétrécissement à la suite des caustiques, les injections intra-utérines ne doivent pas être considérées comme absolument dépourvues de danger. Elles ne constituent pas une médication tout à fait inoffensive, et Landau proscrit presque la seringue intra-utérine. Les cas de mort sont rares, mais on en connaît ; les réflexes d'inhibition amènent la pâleur de la face, la petitesse et la fréquence du pouls, l'angoisse, les vertiges, les syncopes, d'autres fois au contraire des convulsions et du délire suivis de coma. L'hémorrhagie et la perforation dues à un accident opératoire restent exceptionnelles, mais le grand frisson avec élévation de température est plus fréquent. Ces accidents surviennent même après une simple injection intra-utérine.

Des complications annexielles ou péritonéales éclatent subitement.

Malgré l'efficacité de ce procédé, nous ne le conseillerons qu'avec réserve.

Crayons

L'application de crayons médicamenteux dans le canal de la matrice, où ils se désagrègent, est un procédé infiniment plus simple, plus commode, comportant moins d'aléa que les injections intra-utérines ; mais on aurait tort de compter sur eux pour des effets très énergiques.

Malgré cette restriction, leur emploi est justifié dans des cas d'*endométrite légère*, surtout si la malade refuse une intervention plus active.

On trouvera aujourd'hui partout des crayons tout préparés au *tannin*, à l'*iodoforme*, à l'*ichthyol*, à la *résorcine*, au *salol*, etc. Nous donnons cependant quelques formules :

1° Poudre d'iodoforme.......................................	10 gr.
Gomme adragante	0 — 50
Glycérine..	
Eau distillée......................................	Q. S.
Pour dix crayons.	(TERRIER.)

On peut remplacer l'*iodoforme* par la *résorcine* ou le *salol*.

2° Sublimé..	0 gr. 50
Poudre de talc....................................	25 —
Gomme adragante...............................	1 — 50
Eau...	
Glycérine...	Q. S.
Pour cinquante crayons.	(TERRIER.)
3° Substances médicamenteuses (*iodoforme, sulfate de zinc, perchlorure de fer*)....................	āā 2 gr. 50
Gélatine...	
Glycérine pure....................................	5 gouttes
Pour dix crayons.	(GALLARD.)

Que la dose de substance médicamenteuse incorporée soit forte ou faible, l'introduction exige les précautions habituelles, tout comme pour une manœuvre plus sérieuse. Puis on maintiendra le crayon en place au moyen de tampons stérilisés.

Dilatation

La dilatation du canal utérin est une petite opération parfois indispensable et souvent fort utile, pour le traitement de la métrite chronique. Quand elle est pratiquée selon les règles, elle n'expose guère à aucun danger et permet d'atteindre les différentes régions de la muqueuse.

L'accès de tous les points de la cavité, facilité par cette manœuvre inoffensive, rend les attouchements plus aisés et partant plus efficaces, et les lavages, si on les juge nécessaires, deviennent plus commodes.

Quand la médication se borne à de simples irrigations intra-utérines, pourvu que l'on ait vérifié si le retour du liquide ne rencontre aucun obstacle, tant à cause de l'étroitesse du col que du diamètre de la canule, on peut éviter la dilatation, mais il faut être sûr que l'eau ressorte sans aucune gêne ; du reste, dans ce but, on a inventé (JAYLE) des instruments spéciaux.

Nous n'insisterons pas sur le *bâtonnage au chlorure de zinc* (pâte de CANQUOIN), il ne rencontre plus que de rares défenseurs. Les conséquences éloignées de cette cautérisation si énergique dont il n'est guère possible de mesurer l'intensité, rétrécissement du canal et des orifices, oblitération des trompes, et d'autres accidents qui nécessitent de graves opérations chirurgicales, sont un juste motif du discrédit dans lequel nous la voyons tomber.

La dilatation demeure encore indiquée lorsque l'étroitesse d'un orifice s'oppose à la libre évacuation de produits sécrétés qui s'accumulent dans la cavité cervicale. Cette rétention ne se borne pas à aggraver des altérations anciennes, elle favorise des infections ascendantes, par un mécanisme analogue à ce qui se passe dans certains organes dont les voies sont oblitérées: par exemple, dans les canaux biliaires à la suite d'une occlusion du cholédoque qui amène une angiocholite consécutive. Non seulement la dilatation permet à la matrice d'évacuer les sécrétions, mais, dit BEURNIER, elle aide encore au dégorgement de l'utérus par une compression lente de dedans en dehors.

Elle a pour avantages encore de faire éclater les kystes et de vider les glandes, ce qui rend la région plus apte à être modifiée par les topiques. Pour arriver à ce but, WALTON conseille même la divulsion du col et son écrasement à l'aide de fortes pinces.

La dilatation est nécessaire aussi pour des interventions dont il nous reste à parler et dont elle constitue le prélude obligatoire : le *drainage* et le *curettage*.

Drainage

Le drainage consiste à porter jusqu'au fond de la cavité utérine une gaze antiseptique, dont l'extrémité émerge au niveau de l'orifice du col.

Le drainage n'a pas seulement pour but de faciliter l'écoulement des sécrétions de la matrice, mais, bien exécuté, il produit l'isolement des surfaces et empêche dans une certaine mesure leur réinfection réciproque ; pratiqué à la suite d'un badigeonnage, il complète son action et se combine très bien aussi avec l'usage des irrigations intra-utérines. Dans le traitement des endométrites dont les lésions ne sont pas trop avancées, il est rare que l'association de ces divers procédés n'amène pas des résultats satisfaisants.

Un mode sur lequel nous ne saurions donner une opinion personnelle, c'est le *tamponnement* qui tasse la gaze iodoformée dans la cavité utérine « comme on plomberait une dent creuse » ; on renouvelle le pansement tous les jours ou tous les deux jours, trois ou quatre fois de suite.

Curettage

Peu d'interventions ont eu plus de vogue que le curettage, pour subir ensuite autant de critiques. On lui a demandé plus qu'il ne pouvait donner, et, quand il a fallu reconnaître des insuccès indéniables, on a dépassé la limite en considérant cette opération comme inutile ou nuisible.

Dans beaucoup de cas, ses effets ne sont pas durables ; au bout de quelques mois, nous voyons revenir les malades aussi dolentes, aussi fatiguées qu'auparavant et, de plus, fort découragées. La curette n'a pu modifier les altérations anciennes du parenchyme, et elle n'a pu enlever toute la muqueuse, toutes les glandes, jusque « dans le plus petit recoin » (BEURNIER). Si elle en a supprimé les parties superficielles les plus atteintes, dans la profondeur elle a laissé les culs-de-sac glandulaires qui président à la rénovation de la muqueuse, mais qui contribuent aussi à perpétuer l'infection. Dans l'endométrite cervicale surtout, la curette entame la partie superficielle des glandes, mais ne racle pas leurs parties profondes, où persistent les causes de l'inflammation et de nombreux kystes. Peu de femmes se montrent disposées à subir une nouvelle opération, et cependant, pour obtenir une cavité utérine aseptique, un second curettage même risque de ne pas donner un résultat complet ; les malades ne laissent pas recommencer indéfiniment.

Aussi nous observons des améliorations momentanées, puis les phénomènes de douleur, de pesanteur se manifestent de nouveau ; quelquefois ils n'avaient pas complètement disparu, les écoulements reprennent, et enfin nous constatons une rechute.

L'infection partie de la plaie opératoire et propagée aux zones voisines constitue une autre éventualité à redouter au cours de certaines métrites.

Ozenne dit que le point essentiel et délicat, « c'est la continuité des soins après le curettage » : attouchements avec des topiques antiseptiques, lavages, tamponnements, etc. Ces précautions ont été prises par des médecins fort consciencieux, et le succès est loin d'avoir toujours répondu à leur attente (Jacobs).

Il ne faut donc pas considérer cette opération comme infaillible ; il n'y a pas de procédé infaillible, surtout pour traiter une maladie dont la ténacité est désespérante et qui revêt des formes si différentes.

Le curettage nous est d'un grand secours contre certaines catégories de métrites. En première ligne, mettons les *métrites chroniques fongueuses et hémorrhagiques*, dont les pertes sanglantes s'arrêtent après l'abrasion de la muqueuse, et en particulier cette variété que l'on appelle aussi *endométrite polypeuse*, où l'on voit une leucorrhée muco-purulente déjà ancienne se transformer petit à petit en un écoulement sanieux, puis sanglant. Il n'est pas de moyens plus efficaces pour mettre fin à ces hémorrhagies dont la répétition affaiblit la femme, la maintient au lit et devient pour elle un sujet incessant de préoccupations et de craintes.

Nous avons déjà signalé l'importance de cette intervention dans les *rétentions placentaires*, les *métrorrhagies* qui surviennent longtemps après l'*accouchement* par le fait de la persistance d'un *débris* comme aussi dans certaines *dysménorrhées pseudo-membraneuses*.

Plus loin, nous dirons que le curettage est utile dans les *métrites* des *femmes âgées* et d'une *manière exploratrice* lorsqu'on soupçonne une dégénérescence maligne du corps utérin.

D'autre part, il est *contre-indiqué* dans les *métrites aiguës* et l'existence d'une *phlegmasie péri-utérine* recommande la prudence, si même elle n'exige pas l'abstention ; à propos du traitement des salpingites, nous nous expliquerons sur l'opportunité de cette intervention.

Manuel opératoire du curettage de l'utérus

Dans la description du manuel opératoire du curettage de l'utérus, il y a lieu de distinguer l'opération qui est dirigée contre les affections inflammatoires banales de la muqueuse utérine ou *métrites* de celle qui a pour but de combattre les accidents

dus *à la rétention utérine et à l'infection de fragments placentaires et de débris de membranes fœtales*, après accouchement ou
avortement.

1° *Instruments.* — Dans le premier cas, l'opération nécessite
un jeu d'instruments spéciaux composé de valves vaginales, de
pinces à col de l'utérus, d'un explorateur utérin, d'une série de
bougies de Hégar, d'une pince à disséquer à griffes et à long
manche, d'un bistouri droit et long, de ciseaux droits et courbes,
de curettes, d'une sonde à lavage intra-utérin, d'une pince à
pansements utérins et d'un drain à parois rigides.

Il faut au moins deux valves vaginales, dont une longue de
9 à 10 centimètres et l'autre de 5 à 6 environ. Il en existe de
nombreux modèles; mais celles dont les faces sont légèrement
courbées d'un côté à l'autre conviennent le mieux pour le
curettage.

Les pinces à col les plus recommandables sont celles de Museux
ou d'un modèle approchant, et qui, longues de 22 à 24 centimètres, sont pourvues de quatre griffes bien affrontées.

Il est indispensable d'en avoir deux à sa disposition.

L'explorateur utérin doit être à tige malléable et de préférence
avec curseur. Celui de Valleix est le plus employé.

Des bougies de Hégar sont nécessaires pour la dilatation du
col quand on ne recourt pas aux laminaires à demeure dans
l'utérus pendant plusieurs jours. Le mieux est de posséder 7 mandrins doubles de Hégar divisés par millimètres du 5 au 18, ce
qui répond à tous les besoins.

Nous préférons les bougies de Hégar aux dilatateurs métalliques du col de tous les modèles.

Une pince à disséquer à dents de souris et à long manche
et un bistouri droit et long sont parfois utiles pour saisir et sectionner une bride cicatricielle du col, qui gêne le passage des
bougies dilatatrices ou s'oppose à la dilatation.

Il en est de même des ciseaux coudés sur le côté et des
ciseaux droits et courbes à longs manches.

Quant aux curettes, il est bon d'en avoir de plusieurs modèles,
mais il en faut au moins deux, dont une fenêtrée et tranchante
du modèle de Sims, ou du même genre, et une pleine, à bords
peu coupants, du modèle de Simon ou de Volkmann.

Une sonde à lavages intra-utérins de Doléris, de Budin ou de

Bozeman, une pince à mors plats, longue de 22 à 24 centimètres et un drain métallique ou en verre, sont des instruments indispensables pour terminer l'opération, drainer et panser.

A défaut de drain à parois rigides, on aurait recours au drain en caoutchouc à parois résistantes.

2° *Préparation des malades.* — Le curettage de l'utérus pour *métrite* nécessite une préparation des malades, qui doit commencer deux ou trois jours avant l'opération. Elle comporte l'*antisepsie* des voies génitales externes et la *dilatation lente du col* de l'utérus si on la juge nécessaire.

L'*antiseptie des voies génitales externes* sera préparée par des *injections* abondantes réitérées deux ou trois fois par jour.

On choisira un antiseptique non corrosif et non toxique.

L'eau oxygénée à 30 pour 1000 ou le permanganate de potasse à 0,20 pour 1000 conviennent très bien à cet effet.

Les injections seront administrées en position couchée, à raison de 1 litre et demi à 2 litres et à la température de 38° environ.

La veille au soir du jour de l'opération, la vulve sera complètement rasée et nettoyée longuement et soigneusement au savon stérilisé, comme le vagin lui-même. Ce lavage sera suivi d'une injection antiseptique.

A ce moment-là, si on juge indispensable, pour permettre l'introduction des instruments dans la cavité utérine, de recourir à la *dilatation du col* par une *laminaire*, celle-ci sera placée à demeure jusqu'au moment même de l'opération, c'est-à-dire dix à douze heures auparavant.

On emploiera de préférence une laminaire perforée, pour éviter la rétention de tout liquide septique dans la cavité utérine, derrière le bouchon absolu que forme toute laminaire non perforée.

Certains opérateurs recourent volontiers à la *dilatation lente et progressive* du col par les laminaires renouvelées chaque jour pendant les trois ou quatre jours qui précèdent l'opération.

Des laminaires de volume croissant sont ainsi placées successivement dans la cavité utérine et maintenues par un tamponnement vaginal, jusqu'à ce que la dilatation et aussi le ramollissement du col soient jugés suffisants.

D'autres opérateurs considèrent ce moyen comme offrant de gros inconvénients. Ils lui reprochent d'être souvent douloureux,

parfois impossible à supporter, d'exposer à des accidents de
métrite aiguë avec douleur et fièvre, et de nuire toujours à la
désinfection des voies vaginales, dont la septicité ne peut manquer de s'exalter derrière les laminaires et les tampons qui les
soutiennent.

Aussi préfèrent-ils recourir à la dilatation *immédiate et progressive* du col avec les *bougies métalliques*, faite au moment de
l'intervention, et ne conservent la dilatation par laminaire, dans
les heures qui précèdent l'opération, que pour les cas où l'examen clinique a révélé un col dur et inextensible dans toute sa
hauteur. C'est l'œuvre de la laminaire de le ramollir et de préparer son élargissement par les bougies métalliques.

3° *Soins donnés à l'intestin.* — Il est également important, la
veille du jour de l'opération, d'assurer la vacuité de l'intestin
et du rectum en particulier, par une purgation, qu'on fera suivre,
après effet, de soins de propreté et de l'administration d'un
peu d'opium, dans le but d'obtenir un certain degré de constipation.

C'est un moyen permettant d'éviter l'effusion de matières
fécales qui salissent le champ opératoire, où la valve, placée sur
la paroi vaginale postérieure pour l'opération, appuie sur le
rectum.

4° *Manuel opératoire.* — Pour pratiquer l'opération, il faut
recourir à l'*anesthésie générale*, sauf contre-indication impérieuse.

Les manœuvres opératoires sont douloureuses, et les mouvements désordonnés, que feraient les malades, sous l'influence
de la souffrance, pourraient gêner beaucoup le chirurgien, sinon
l'exposer à de graves fautes opératoires, comme la perforation
de l'utérus.

Depuis quelques années, l'anesthésie obtenue par *rachicocaïnisation* comptait de nombreux partisans pour certaines opérations pratiquées sur les
régions basses de l'économie et en particulier pour le curettage de l'utérus
mais, dans ces tout derniers temps, certains méfaits graves ayant été relevés à la charge de cette méthode, il semble qu'elle ne doive pas être conservée. *La cocaïne en applications locales* ne donne qu'une anesthésie tout à
fait insuffisante et on n'y aura recours que quand il y aura une contre-indication absolue à l'anesthésie générale.

L'anesthésie générale étant pratiquée et obtenue d'une façon parfaite avant toute manœuvre opératoire, la patiente sera placée en position dite « de la taille » ou position dorso-sacrée, avec les cuisses relevées et fléchies vers l'abdomen, pour être maintenues par deux aides ou par des supports spéciaux.

A ce moment, une dernière toilette de la région vulvo-vaginale est pratiquée. On la commence par un lavage prolongé au savon, et on la termine par une grande injection chaude d'eau stérilisée ou d'une solution antiseptique.

Des champs stérilisés sont ensuite disposés autour de l'orifice vulvaire, et les manœuvres opératoires commencent.

Elles comportent quatre temps principaux.

A. — Le *premier temps* comprend la mise en place des valves vaginales et l'abaissement du col de l'utérus.

La valve la plus longue est placée sur la paroi postérieure du vagin qu'elle refoule en arrière vers le coccyx, et la plus courte est placée sur la paroi antérieure, dont elle va soulever la position rétro-symphysienne.

Le col se trouvant ainsi mis à découvert est saisi au moyen d'une pince à col placée sur sa lèvre antérieure.

La pince est appliquée au niveau de la partie moyenne de la lèvre et la prend solidement, à plein mors.

Une seule pince ainsi fixée sur la lèvre antérieure peut suffire pour abaisser le col de l'utérus et l'amener près de l'orifice vulvaire, pour le curettage proprement dit.

Cependant parfois, pour donner plus de fixité d'ensemble à l'utérus et aussi pour l'abaisser avec assez de force sans risquer de déchirer la lèvre antérieure du col, une deuxième pince est appliquée sur la lèvre postérieure.

Quand l'utérus est suffisamment abaissé et son col bien maintenu, on procède au deuxième temps de l'opération.

B. — Le *deuxième temps* comporte l'exploration de la cavité utérine et la dilatation du col.

Pour explorer la cavité utérine, on se sert de l'hystéromètre avec lequel on se renseigne sur la direction et la profondeur de cette cavité.

Pour la dilatation du col, on se sert des bougies ou des mandrins doubles de Hégar, dont on augmente progressivement le calibre en évitant d'aller trop vite dans le passage de l'instrument à travers le col et aussi dans le passage d'un numéro de mandrin à un autre plus gros, ce qui pourrait entraîner des déchirures du col.

On a vu plus haut que, dans les cas d'étroitesse et de rigidité très marquées du col, constatées par un examen clinique antérieur, il pouvait y avoir avantage à placer une laminaire dans l'utérus pendant les douze heures qui précèdent l'opération.

S'il y a eu une laminaire placée dans l'utérus avant l'opération, les bougies de HÉGAR achèvent la dilatation commencée par elle.

La dilatation est suffisante quand l'orifice utérin, devenu large de 15 à 18 millimètres, permet le passage facile des curettes.

La dilatation accomplie, on commence le troisième temps de l'opération.

C. — Le *troisième temps* est celui du curettage proprement dit. L'opérateur prend la curette tranchante et fenêtrée pour procéder au détachement aussi complet que possible de la muqueuse utérine tout entière.

Cette manœuvre opératoire doit être accomplie avec méthode.

L'extrémité de la curette est portée au fond de la cavité utérine, et, quand on éprouve nettement la résistance du fond, l'instrument est ramené, en raclant la face postérieure de la cavité, avec assez de force pour détacher la muqueuse de la musculeuse sous-jacente, depuis le fond jusqu'à l'orifice du col.

On fait exécuter ce même parcours à l'instrument deux ou trois fois de suite, jusqu'à ce qu'on ait la sensation que toute la musculeuse de la face postérieure de la cavité est parfaitement dénudée de sa muqueuse.

Cette sensation se traduit par la résistance toute particulière que la curette éprouve maintenant en parcourant la paroi postérieure et par le bruit particulier de frottement qu'elle produit sur le muscle utérin dénudé. Ce bruit a été qualifié de *cri utérin*.

La même manœuvre est ensuite exécutée sur la face antérieure et sur les faces latérales, jusqu'à ce que, de toute part, le passage de la curette donne le cri utérin.

On fouillera avec un soin particulier les angles ou cornes de l'utérus, mais on le fera avec prudence, car c'est là que sont les points faibles du muscle utérin, et on risquerait de le perforer si on y développait trop de pression sur la curette.

Le travail important de la curette tranchante étant fait, l'opérateur se sert de la curette pleine à bords un peu émoussés pour vider complètement la cavité utérine des débris muqueux et des caillots sanguins qui y sont tombés et que la curette fenêtrée n'a pu entraîner au dehors.

Quand cette évacuation est faite, on commence le quatrième temps de l'opération.

D. — Le *quatrième temps* comprend le lavage et le drainage de la cavité utérine et le pansement final.

Pour le lavage de la cavité, on y introduit la sonde spéciale et on fait arriver dans l'utérus, sous une pression modérée, 1 litre et demi à 2 litres d'eau stérilisée chauffée à 40°.

Ce lavage entraîne les dernières parcelles de muqueuse, les caillots sanguins qui se sont reformés, et il achève l'hémostase de la surface cruentée.

Quand il est terminé, on peut, si on le juge utile, porter dans la cavité utérine, au moyen de la pince à pansement et d'une mèche de gaze chargée sur la pince, une substance médicamenteuse antiseptique ou légèrement caustique, comme la *teinture d'iode*, dont on a imprégné la gaze.

La cavité utérine est ensuite drainée. Plusieurs chirurgiens repoussent le drainage capillaire à la mèche de gaze comme insuffisant et comme ayant l'inconvénient de former à l'entrée de la cavité utérine une sorte de bouchon derrière lequel se fait une rétention septique.

Le drain qu'ils recommandent doit être à parois rigides et de préférence métallique. A son défaut, on se servirait d'un drain en caoutchouc à parois résistantes et dont la lumière ne se laisserait pas effacer par le resserrement progressif du col de l'utérus.

Le drain doit être un peu plus long que la cavité utérine et faire dans le vagin une saillie de 1 à 2 centimètres, pour être facilement repris et manœuvré au moment du pansement suivant, et surtout pour ne pas disparaître dans la cavité utérine, derrière l'orifice du col refermé au-devant de lui.

Le drain sera maintenu à demeure pendant vingt-quatre heures au moyen d'un tamponnement vaginal fait avec une gaze stérilisée.

En dernier lieu, on place devant la vulve une feuille d'ouate que l'on maintient en place par un bandage en T.

5° *Soins consécutifs.* — Des soins consécutifs à l'opération du curettage sont nécessaires pendant quelques jours.

Déjà vingt-quatre heures après, il faudra enlever le tamponnement vaginal et le drain pour donner une grande injection vaginale antiseptique à l'eau oxygénée et laver le drain pour le replacer dans l'utérus.

Nous nous élevons contre toute pratique qui attend plus de vingt-quatre heures pour faire un premier pansement, exposant les malades à des accidents de rétention et d'infection derrière le tamponnement vaginal.

L'odeur infecte que dégage tout tampon laissé à demeure pendant quarante-huit heures dans le vagin, montre combien des nettoyages fréquents de cet organe sont nécessaires pour en assurer la propreté.

Les pansements post-opératoires doivent être renouvelés régulièrement tous les jours, pendant quatre à cinq jours, et le drain pourra être retiré définitivement après ce laps de temps.

Les malades pourront se lever vers le septième ou le huitième jour quand le curettage n'aura été suivi d'aucun accident.

6° *Curettage pour les affections post-puerpérales.* — Le manuel opératoire qui vient d'être décrit est celui, nous l'avons dit en commençant, qui convient aux affections inflammatoires banales de la muqueuse utérine, aux métrites proprement dites.

Il sera un peu différent dans les cas de *rétention et d'infection utérines post-puerpérales ou abortives.*

Dans ce dernier cas, l'instrumentation ne comporte pas de curettes tranchantes, qui seraient dangereuses, mais seulement une grande curette à bords mousses ou un écouvillon utérin.

Les soins de propreté à employer immédiatement avant l'opération restent les mêmes, mais ils sont souvent donnés d'urgence, le curettage devant être pratiqué sans retard.

La dilatation du col est le plus souvent inutile pour permettre l'accès de la cavité utérine, le col de l'utérus étant ordinairement entr'ouvert et l'utérus tout entier plus ou moins ramolli et friable.

Dans quelques cas cependant, l'orifice du col s'est fortement resserré après l'accouchement ou l'avortement, et il y a lieu de le dilater un peu avec une grosse bougie ou simplement avec le doigt.

En raison de la friabilité de l'utérus, il faudra parfois, pour éviter de le perforer, renoncer à l'usage de la curette. Il en est ainsi quand il y a une grande cavité utérine très infectée et à parois amincies.

Dans ces cas, on pourra souvent recourir au curage digital, pour obtenir le détachement des fragments de placenta ou de membranes restés adhérents à la paroi utérine.

La main gauche immobilisant le fond de l'utérus, un ou deux doigts de la main droite sont introduits dans la cavité et la fouillent pour la nettoyer.

Le curage digital a été parfois remplacé par l'écouvillonnage de la cavité utérine avec un écouvillon spécial.

Quand la cavité utérine infectée est petite et que, pour la vider on ne peut faire ni le curage digital, ni l'écouvillonnage, il faut se servir d'une grande curette à bords mousses pour racler les parois de l'utérus et les débarrasser des membranes adhérentes; mais on ne doit pas entamer la muqueuse ni chercher à obtenir le cri utérin.

Il faut se souvenir que les utérus très infectés, qui sont très ramollis et friables, se laissent très facilement perforer par la curette au niveau de leur fond ou de leurs angles et que la perforation produite dans ces conditions peut être un accident grave.

Qu'on ait pratiqué le curage digital, ou l'écouvillonnage, ou le curettage de l'utérus puerpéral, il faut, quand la cavité utérine est vidée, la laver longuement à la solution antiseptique d'eau oxygénée ou de permanganate de potasse et terminer par un drainage large et un pansement fait de la manière indiquée plus haut.

La durée du drainage et du pansement consécutifs à l'opération reste ici subordonnée à l'état général de la malade et surtout à l'état de sa température quotidienne et de son pouls.

Pendant les premiers jours qui suivent l'intervention, il est souvent utile de faire deux pansements par jour et, dans tous les cas, les malades ne doivent quitter le lit que quand l'état général et l'état de l'utérus et de ses annexes sont redevenus satisfaisants.

Accidents du curettage de l'utérus

Parmi les accidents du curettage on a cité l'*hémorrhagie*. En réalité, elle n'est jamais bien redoutable et cède habituellement à la grande injection intra-utérine post-opératoire ou au moins à l'application du drain dans l'utérus et du tamponnement vaginal qui finissent l'opération.

La *perforation de l'utérus* n'est pas à craindre avec le curettage pratiqué pour métrite, mais, pour les raisons indiquées plus haut, il faut toujours la considérer comme menaçante quand le curettage est dirigé contre les rétentions et infections puerpérales.

Si, au cours de l'opération, on s'aperçoit qu'on vient de perforer l'utérus par la sensation de résistance vaincue qu'on éprouve tandis que l'instrument se laisse enfoncer à volonté dans la cavité abdominale, il faut s'arrêter et s'abstenir de toute injection intra-utérine. On drainera seulement la cavité utérine et on fera un pansement vaginal en recommandant à la malade l'immobilité absolue dans son lit. Elle sera surveillée pour être laparotomisée s'il y avait lieu.

Le pansement sera renouvelé très prudemment au bout de vingt-quatre heures et ensuite journellement. Le plus souvent la guérison surviendra sans incident.

Dans certains cas, des perforations larges ont été faites à l'utérus puerpéral, et on a pu voir apparaître une anse intestinale ou une frange épiploïque derrière la curette, à l'orifice du col.

Avec un pareil accident, une laparatomie d'urgence s'impose pour réduire l'intestin ou l'épiploon et traiter l'utérus comme il conviendra par la suture ou l'ablation. Une telle situation est toujours très grave.

L'*infection de l'utérus et des parties voisines* est la complication la plus fréquente du curettage. Elle revêt plusieurs formes.

La forme aiguë avec frissons, fièvre, vives douleurs abdominales et pelviennes et suppuration péri-utérine, nécessite une ouverture des culs-de-sac vaginaux. Elle entraîne parfois le développement d'un phlegmon du ligament large.

La forme subaiguë avec fièvre, douleurs, tuméfactions des ligaments larges, œdème des culs-de-sacs vaginaux, dure un temps variable, mais se termine peu à peu par résolution.

La forme latente où les malades souffrent pendant longtemps après le curettage et où on voit souvent se constituer des lésions des annexes après l'opération.

Ces accidents d'infection sont habituellement imputables à la préparation insuffisante des malades à l'opération, aux fautes d'asepsie ou même aux fautes de pansements post-opératoires.

Nous n'avons plus que quelques mots à dire au sujet de procédés dont les uns sont peu en usage, dont les autres exigent une pratique spéciale, et qui ne s'adressent au reste pas d'une manière particulière à la métrite du corps.

Injections intra-parenchymateuses

Les injections interstitielles qu'Auvard et Touvenain poussent dans le col (quelques gouttes d'un mélange par parties égales de *créosote*, de *glycérine* et *d'alcool*) provoquent des eschares dont la cicatrice rétracte les tissus. Le procédé se rapproche de l'ignipuncture ; moins violent, il est aussi moins actif, et peut-être expose-t-il aux mêmes accidents.

Columnisation

On appelle columnisation le tamponnement rigoureux du vagin qui emplit méthodiquement les culs-de-sac, distend les parties, se moule sur le col et forme au-dessous de lui une colonne, un cylindre de coton tassé. Au bout de quarante-huit heures, on enlève le pansement, on lave le vagin avec de l'eau bouilie et on recommence aussitôt. Le traitement dure jusqu'à trois semaines.

« La columnisation donne, dit Pozzi, un soutien à l'utérus et aux ovaires, empêche la traction sur les ligaments et provoque la résorption des produits plastiques. »

Ce mode de traitement jouit d'une grande vogue à l'étranger, surtout aux États-Unis. Nous y reviendrons à propos des phlegmasies péri-utérines ; mais nous pensons qu'outre le support donné aux organes génitaux et qui atténue les symptômes douloureux, la columnisation minutieusement faite effectue sur la périphérie du col une compression qui n'est pas sans avantage. En appliquant une série de tampons imbibés de glycérine, on doit produire une action décongestionnante, et d'autre part provoquer l'évacuation des glandes et du canal cervical.

Richard d'Aulnay a publié un procédé où, faite aussitôt après le traitement de l'endométrite et des applications locales de glycérine, la *compression ouatée méthodique du museau de tanche* joue le rôle le plus important. Pour notre part, nous avons très volontiers recours à cette compression par les tampons glycérinés ; mais c'est plutôt un adjuvant que nous combinons à d'autres moyens dans les cas où nous voulons combattre la turgescence du col et des sécrétions très abondantes.

Électricité. — Massage

Enfin nous nous contenterons de mentionner ici la *radiumthérapie*, l'*électricité*, le *massage*, l'action de la *lumière solaire* (Artault de Vevey) qui nécessitent, pour être mis en œuvre d'une manière judicieuse, des connaissances et une pratique tout à fait spéciales.

Arrivés au bout de cette énumération sans doute trop longue, si l'on nous demande : parmi tous les modes de traitement que vous venez de décrire, lesquels employez-vous de préférence ? Voici, très brièvement résumé, ce que, dans la plupart des cas, nous conseillons à nos malades atteintes de métrite *du corps :*

Le *repos* pendant la durée du traitement, autant que le permettent les conditions dans lesquelles vit la femme que nous soignons.

Une *thérapeutique visant l'état général*, veiller aux fonctions digestives, etc., etc.

Des irrigations vaginales.

La balnéothérapie et plus tard un *traitement hydrominéral.*

Des lavages intra-utérins.

L'application d'un crayon médicamenteux.

On se borne à ces deux derniers moyens si le cas est léger.

En face d'un insuccès, ou si le cas est plus sérieux :

Dilatation.

Badigeonnages intra-utérins de teinture d'iode, de la solution iodurée iodique, etc.

Drainage.

Curettage contre les hémorrhagies de la métrite fongueuse.

Support de l'utérus, s'il y a chute ou déviation.

Ces diverses moyens n'excluent pas les autres. S'ils ne guérissent pas d'une façon complète, comme cela arrive trop fréquemment, bien souvent nous avons le droit d'espérer qu'ils apporteront une amélioration satisfaisante.

V

Indications du traitement pour quelques lésions prédominantes

Quelques lésions prédominantes au cours de la métrite chronique peuvent donner lieu à des indications particulières.

Ulcérations du col

Les ulcérations du col devraient guérir, semble-t-il, avec l'endométrite dont elles sont une conséquence. C'est ce que nous constatons souvent en effet, mais nous observons aussi des ulcérations qui résistent au traitement dirigé contre la seule endométrite, parce que les altérations profondes dont elles sont l'expression ont acquis un trop grand développement. On s'efforce de les modifier par des attouchements à la *teinture d'iode*, au *chlorure de zinc* à 1 pour 20 ou à 1 pour 10 en surveillant la *sténose du col*. Nous avons parlé plus haut du *permanganate de potasse pulvérisé*, de l'*acide lactique* en applications sur l'*ectropion* de la muqueuse du *caustique Filhos*. Mais ici encore l'*érythrol* nous donnera les résultats les plus satisfaisants.

Au moyen d'un *scarificateur* on tâche de faire éclater les glandes; en dernier ressort, on peut se voir obligé, contre des lésions rebelles, d'avoir recours à une intervention chirurgicale que nous allons citer à propos des cols scléro-kystiques et des déchirures.

Kystes du col

L'indication de vider les culs-de-sac glandulaires proliférés s'impose surtout dans cette forme à laquelle on a donné le nom de col scléro-kystique à cause du rôle que joue la prolifération des glandes dans l'hypertrophie de l'organe.

Après des *dilatations répétées* de la cavité cervicale on emploiera un *bistouri*, un *scarificateur*, ou bien un instrument spécial comme la *herse* de DOLÉRIS. WALLTON a conseillé la divulsion du col et son écrasement à l'aide de fortes pinces. Ces divers procédés sont sujets à des échecs répétés.

Déchirures

L'influence de la déchirure du col a été exagérée dans la pathogénie de tous les accidents locaux et généraux de la métrite chronique.

Cependant, lorsqu'elle complique un état de la matrice où des ulcérations plus ou moins fongueuses demeurent rebelles, en même temps que les culs-de-sacs glandulaires hypertrophiés envahissent les tissus, elle s'oppose à la guérison et entretient les phénomènes concomitants.

Contre ces multiples lésions, diverses opérations sont pratiquées qui ont pour but d'exciser la muqueuse et d'aviver le col ; il convient de citer l'*opération de Schröder* et l'*opération d'Emmet*.

Polypes

La présence de petits polypes muqueux faisant saillie dans la cavité du col, ou même au dehors, nécessite parfois leur ablation. On les enlève d'un coup de ciseau ou de curette, ou bien on tord leur pédicule. Il n'est pas nécessaire de se servir de l'écraseur comme on le faisait autrefois.

VI

Indications du traitement pour quelques variétés de métrite

Métrite hémorrhagique

Contre la métrite hémorrhagique, où les altérations d'une muqueuse recouverte de fongosités produisent un écoulement sanguin tenace ou à répétitions incessantes, le *curettage* est le procédé dont les effets restent les plus définitifs. Si les modifications de la muqueuse ne méritent pas toujours le nom de fongosités, au milieu de diverses lésions, la membrane présente une abondante prolifération de vaisseaux capillaires néoformés situés près de la surface et qui entretiennent les métrorrhagies. L'intervention supprime ces lésions superficielles et met un terme aux écoulements sanguins.

Mais, avant d'en arriver à cette opération, on est fréquemment appelé à combattre une perte pour laquelle, d'emblée, on ne saurait parler de curettage. Ou bien c'est la première perte qui soit survenue, ou bien elle est demeurée longtemps sans se reproduire ; d'autres fois, si la durée traîne un peu, l'abondance ne prend pas des proportions inquiétantes ; enfin, pour des motifs divers, il faut instituer une thérapeutique en dehors de l'action opératoire.

On doit songer alors aux préparations d'*ergotine*, de *digitale*, au *tamponnement* à l'aide de la *solution gélatinée*, aux différents moyens que nous nous sommes efforcés d'exposer d'une manière complète à l'article **métrorrhagies**.

Mais l'hésitation n'est plus permise si l'on soupçonne que le flux hémorrhagique provient de la présence dans la cavité utérine de débris anciens à la suite d'un accouchement : alors le curettage s'impose et jamais il ne réussit mieux.

Parmi les préparations recommandées pour arrêter les métrorrhagies de la métrite (P. Bouquet), l'*iodure de potassium* amènerait de bons résultats. Nous nous demandons si les métrites ainsi heureusement modifiées par l'iodure de potassium ne relevaient pas d'une étiologie particulière.

Métrite syphilitique

La *syphilis*, en effet, et même la *syphilis héréditaire* (Mackensie) comptent parmi les causes de l'*endométrite hémorrhagique*. Trépant a publié un cas fort curieux où le repos, le curettage, le drainage, etc., échouaient tour à tour ; lorsqu'il apprit que sa malade avait contracté la vérole neuf ans auparavant, la médication antisyphilitique mit un terme aux accidents dont rien jusqu'alors ne parvenait à suspendre l'évolution.

Nous consacrons plus loin un chapitre spécial au traitement de la *syphilis utéro-annexielle*.

Métrite tuberculeuse

Aux lésions tuberculeuses proprement dites, dont nous ne parlons que pour mémoire, nous devons ajouter la sclérose utérine.

Métrite des vierges

Nous avons déjà cité la métrite des vierges parmi les accidents de la *puberté* et nous avons énuméré les différentes circonstances étiologiques capables de lui donner naissance, en faisant ressortir l'importance pathogénique des *poussées fluxionnaires* qui accompagnent le développement et la transformation de l'appareil génital à cette période de la vie et le rendent plus sensible aux infections extérieures.

A. — La métrite des vierges succède à une infection vulvovaginale, ou reconnaît une des causes ordinaires de la métrite en général, et son traitement ne réclame que les soins habituels à cette maladie. Pendant les phases aiguës, il convient d'insister sur les *émollients*, les *antiphlogistiques* et les *émissions sanguines* pour combattre les tendances congestives qui sont fort marquées en raison de la puberté.

B. — La métrite des vierges se manifeste chez des jeunes filles dont l'appareil génital est en état d'*hypoplasie sexuelle*. Le col est demeuré petit, incomplètement développé, conique, les orifices sont rétrécis, et la sténose favorise la pullulation des organismes pathogènes; d'autres fois on constate une *déviation, antéflexion* (Pozzi), *rétroflexion* (Hertoghe). Le premier temps de la thérapeutique doit consister à porter remède à ces anomalies.

Contre ces différents états l'on a pratiqué la *dilatation* suivant les divers modes, le *curettage*, etc.

Métrite de la ménopause et métrite des femmes âgées
après la ménopause

A la ménopause nous trouvons de nouveau l'influence des *poussées fluxionnaires* qui se portent sur la matrice et diminuent sa résistance contre les infections extérieures ; elles créent donc ici encore une indication du traitement.

Mais, outre quelques particularités anatomo-pathologiques propres à certaines métrites de la ménopause, signalées en leur temps, il existe une forme que l'on rencontre déjà à ce moment et de préférence chez des femmes plus avancées en âge, dont les symptômes rappellent ceux du *cancer*, avec lequel du reste on est exposé à la confondre souvent. Elle est caractérisée par un catarrhe fétide (MAURANGE), composé d'un pus sanguinolent qui s'échappe avec abondance du col dont la muqueuse prend une vague apparence sphacélique. De véritables métrorrhagies, écoulement de sang pur, remplacent par instants la leucorrhée putride. Cette métrite acquiert une allure de malignité. Le seul traitement qui convienne est le *curettage*, qui doit être pratiqué avec précaution, à cause de l'extrême amincissement qu'atteignent dans certains cas les parois utérines.

VII

Indications du traitément pour quelques symptômes et complications.

Les accidents du côté de la *vessie* ou du *rectum*, qui surviennent par compression ou propagation, ne méritent que d'être signalés et leur thérapeutique est des plus simples.

Les *déviations*, les *phlegmasies péri-utérines* seront envisagées dans leurs rapports avec la métrite qu'elles accompagnent lorsque nous parlerons de ces différentes affections.

La *névralgie iléo-lombaire*, la *méralgie paresthésique*, le *prurit vulvaire*, la *leucorrhée*, les *métrorrhagies* ont déjà attiré notre attention.

Disons un simple mot de l'*aménorrhée* et de la *dysménorrhée*.

Les poussées aiguës qui provoquent de l'*aménorrhée* et de la *dysménorrhée congestive* seront combattues par les émissions *sanguines* et les *applications émollientes et chaudes*.

La gêne et les phénomènes douloureux survenant à propos de l'éruption du sang menstruel feront rechercher la présence d'un *polype muqueux* engagé dans un orifice ou dans le canal, afin de supprimer l'obstacle avec la *pince*, le *ciseau* ou la *curette*.

Le *rétrécissement* des orifices, provoqué par des cautérisations trop violentes ou l'évolution d'une sclérose naturelle, cause des rétentions de produits sécrétés qu'il faut évacuer à l'aide d'une dilatation.

C'est au cours de la métrite chronique que GALLARD combattait la *dysménorrhée* par la *teinture d'iode* (VI à XII gouttes dans un julep gommeux, pendant huit à dix jours chaque mois, au moment des règles) pour agir sur l'induration du parenchyme utérin.

Le *spasme douloureux de l'orifice interne* (SNEGUIREW), réflexe des altérations métritiques, provoque de la dysménorrhée, des souffrances inter-menstruelles et constitue un obstacle à la sortie des sécrétions avec toutes ses conséquences ; il est avantageusement modifié par la *dilatation*.

VIII

Traitement de la sclérose utérine

Les symptômes de la sclérose utérine se retrouvent au cours de la métrite d'origine infectieuse, et, d'autre part, il est non moins difficile, parfois, d'écarter d'emblée le diagnostic de *fibro-myomatose* ou de *cancer* du corps. Une thérapeutique qui ne serait pas propre à la sclérose risquerait d'aggraver les accidents ; aussi l'intervention reste délicate, car il ne faut pas non plus méconnaître une tumeur maligne au début, alors que les circonstances permettent encore de l'enlever avec succès.

A la phase hypertrophique d'envahissement, nous avons à traiter les douleurs, les poussées congestives, les pertes de sang ; à la phase atrophique de rétraction fibreuse, les fonctions se ralentissent, et nous constatons surtout alors les atrésies.

Les *phénomènes douloureux* au cours de la période inter-menstruelle, ou *dysménorrhéiques* au moment des règles, relèvent souvent des manifestations névralgiques, névralgies pelviennes si tenaces chez les neuro-arthritiques, irradiations iléo-lombaires *hystéralgie*, etc. Ils seront calmés par des irrigations *d'eau tiède*, longues et à faible pression, auxquelles il est facile, au besoin, d'ajouter les décoctions de plantes émollientes et narcotiques (feuilles de morelle, belladone, jusquiame, etc.). Nous devons ajouter cependant que beaucoup d'auteurs recommandent les longues irrigations *d'eau très chaude*, 48°-50° (dix litres et plus,) une sorte de *douche de Luxeuil*. On fera prendre et garder de petits lavements tièdes contenant 1 gramme d'anti-pyrine et X gouttes de laudanum de Sydenham ; sur la région hypogastrique on pratiquera des onctions avec une des pommades calmantes déjà indiquées (voir page 216) à l'extrait de datura stramonium, à l'extrait de belladone, etc. La malade se mettra tous les jours ou tous les deux jours dans un grand bain tiède ou dans un bain de siège contenant du sous-carbonate de soude et de la gélatine. Localement des tampons imbibés de glycérine ichtyolée ou thygénolée contribuent à produire des effets sédatifs.

D'autres douleurs, au moment des règles, dépendent du *rétré-cissement des orifices;* Doléris conseille alors la *dilatation pro-longée* qui lui a donné les meilleurs résultats. Il faut se souvenir pour expliquer certains insuccès, que, dans la sclérose, l'inter-vention intra-utérine, dont on doit demeurer très sobre, exas-père les souffrances, au moins d'une façon momentanée; d'autre part, le processus fibreux tend à enlever le bénéfice de la dila-tation et à reproduire progressivement l'atrésie.

Enfin des phénomènes de sensibilité sont entretenus par des sensations de pesanteur, de lourdeur, de chute même, dues à l'augmentation du volume de l'organe. On soutiendra la matrice au moyen d'un *pessaire*, et, s'il n'est pas toléré, par un simple *tampon* d'ouate.

Les *métrorrhagies* ressortissent les unes au défaut de rétracti-lité des tuniques artérielles, les autres à un élément fluxionnaire d'origine neuro-arthritique. Aussi le curettage n'a-t-il aucune prise sur elles; il demeure inefficace et risque de contribuer à réveiller les douleurs.

Les longues irrigations *d'eau tiède* nous ont réussi mieux que les irrigations d'eau chaude suivies de réactions qui entre-tiennent les pertes. Le tempérament neuro-arthritique de la malade favorise la congestion en retour qui succède à l'application de l'eau chaude; et s'il faut employer une médication *sédative*, d'autre part, la médication *vaso-constrictive* est contre-indiquée par l'état du système circulatoire. La *tension artérielle* (Vinay) est élevée chez les scléreuses, et toute influence devient nuisible qui tend à l'exagérer.

Défaut de rétractilité des parois artérielles, tension élevée, élément névropathique, tels sont les facteurs qui guident notre thérapeutique. Aux longues irrigations d'eau tiède, que nous donnons même légèrement *fraîches*, on ajoutera, en surveillant les effets produits, l'usage de grands bains.

Le tamponnement avec la *solution gélatinée* rend les plus grands services, et nous avons souvent vu des pertes déjà anciennes, arrêtées ainsi par deux ou trois tamponnements, ne pas se renouveler; la pathogénie de ces hémorrhagies explique du reste cette efficacité. A l'intérieur, on prescrira la *gélatine*, le *chlorure de calcium*, à l'exclusion de l'ergotine ou de l'hydrastis; quelquefois cependant nous conseillons le *viburnum prunifolium*, l'*hamamelis virginica*. Mais c'est ici que nous rencontrons une des principales indications de l'*opothérapie mammaire* et de la *radiothérapie*.

Si la métrorrhagie persiste malgré cette thérapeutique, il faut chercher si elle ne dépend pas d'*ovaires scléro-kystiques* qui accompagnent si souvent la sclérose utérine.

La *leucorrhée*, abondante au début de l'affection avec des paroxysmes, diminue et disparaît lorsque le tissu fibreux a étouffé les glandes. Les irrigations tièdes additionnées de *bicarbonate de soude*, les *tampons* de glycérine pure ou ichtyolée la combattront utilement.

Le col *scléro-kystique*, qui succède à l'atrésie des orifices glandulaires, est parfois le siège de douleurs par le fait de quelques kystes très distendus ; s'ils sont superficiels on les ponctionnera. Sinon, après l'essai d'applications de glycérine ichtyolée ou thygénolée et de la médication sédative indiquée plus haut, l'ablation de la muqueuse et l'amputation du col deviennent la dernière ressource.

A côté de ces divers traitements locaux, une *thérapeutique générale* doit comporter : l'*hydrothérapie tiède*, les *bain de mer* chauds, que ROUX DE BRIGNOLLES recommande judicieusement pour les scléroses de la tuberculose inflammatoire et les névropathies, moins pour les affections arthritiques ; un traitement *hydro-minéral*, *Néris* pour les endolories, *Biarritz* ou *Salies de Béarn* pour les fibreuses pures.

Le *régime alimentaire* comprendra l'usage du lait, des végétaux et des fruits; peu de viande. Éviter tout ce qui favorise les fermentations intestinales ; proscrire les alcools, etc. Nous ajouterions, prévoir la sclérose dès la puberté avec ses crises de dysménorrhée, de congestion et de leucorrhée, et s'efforcer d'en combattre les tendances en instituant non seulement un régime, mais un genre de vie, le plus possible au grand air, en un mot l'hygiène de l'arthritique, de la névropathe ou de la tuberculeuse, suivant les cas.

Tous les auteurs s'accordent à prescrire l'*iodure de potassium* longtemps continué ; on a recours aussi aux préparations de TRUNECEK (poudre ou sérum), et depuis ces derniers temps, à l'*extrait de gui*, que l'on range parmi les agents de la médication hypotensive.

CHAPITRE IV

TRAITEMENT DES DÉPLACEMENTS ET DES DÉVIATIONS DE LA MATRICE

I

Considérations générales. — Indications du traitement

Les déplacements et les déviations de la matrice ont suscité des opérations qui se proposent de ramener à la normale la position vicieuse de l'organe et de l'y maintenir.

Nous devons ici nous borner à décrire les moyens non sanglants que nous employons pour diminuer et, s'il est possible, faire disparaître les accidents qui résultent d'une situation anormale de l'utérus. Du reste, tout déplacement ou déviation relève au moins, à un moment donné, du traitement médical, soit que les phénomènes observés ne nous paraissent pas nécessiter une intervention chirurgicale, soit que la malade ne veuille pas recourir d'emblée à cette intervention, avant d'avoir constaté l'inefficacité d'une thérapeutique moins radicale.

Le traitement médical, qui doit prévoir la possibilité d'un déplacement, s'efforcera d'éviter et de combattre toutes les causes capables de provoquer un changement dans la position régulière de l'organe ou de l'exagérer quand il est produit. Il en est peu qui aient autant d'influence que les suites d'un *accouchement*. Pendant l'état de *subinvolution*, l'utérus augmente de volume et de poids, conserve un parenchyme dont la résistance est diminuée, tandis que les ligaments qui le soutiennent demeurent relâchés. Aussi recommanderons-nous le repos [1] au

---

1. Pour la rétroflexion cependant, la position horizontale trop prolongée est susceptible d'augmenter ou d'entretenir la congestion pelvienne. Il ne faut pas exagérer le séjour au lit (Pierra, Doléris).

lit; en dehors même de toute influence puerpérale, Bernutz signalait depuis longtemps la disparition des douleurs par le repos, leur accroissement par la marche et la station debout. Lisfranc condamnait les femmes au repos absolu. Quand la malade se lèvera, elle s'abstiendra de rester debout trop longtemps, et nous lui conseillerons une série de précautions.

La plus élémentaire consiste à lutter contre toute cause susceptible de presser sur l'utérus et de le chasser mécaniquement de sa place habituelle. Le *poids de la masse intestinale* joue un grand rôle dans cette pathogénie, surtout lorsque la paroi abdominale, le plancher pelvien et les ligaments ont perdu leur tonicité et leur force ; c'est un point sur lequel nous nous sommes assez étendus en traitant des fausses utérines et des ceintures abdominales. Ce poids est augmenté par des *vêtements trop lourds*, ou mal appropriés à la forme de l'abdomen qu'ils compriment et projettent en bas ; le *corset* trop serré ou mal fait, mis de façon à gêner un ventre qui tend à s'étaler en avant, produit de fâcheux effets. On a préconisé différents appareils pour soutenir les vêtements ; la malade, avertie des dangers qu'elle court si elle ne change pas sa toilette, s'ingéniera à la modifier.

Les *exercices violents*, les *efforts*, les *travaux physiques* doivent être proscrits autant qu'il est possible.

Il arrive que l'on constate en même temps une déviation ou un déplacement et une autre affection de l'organe. Quand il s'agit d'une *tumeur*, polype, fibrome, etc., dont le poids suffit à amener un changement de situation, les indications se tirent de l'existence du néoplasme.

Plus souvent, c'est une *métrite* que l'on observe ; et deux cas se présentent avec une égale fréquence.

a) Tantôt une déviation antérieure prédispose la matrice aux infections et à la métrite par les troubles circulatoires qu'elle entretient, puis s'oppose à la guérison.

b) Tantôt la métrite, première en date, voit l'altération du parenchyme créer une déviation.

Quel que soit le processus, la métrite constitue un obstacle empêchant l'efficacité de toute thérapeutique uniquement dirigée contre la déviation. Aussi devons-nous la traiter avant de tenter un redressement, par exemple, puis nous maintiendrons l'amélioration obtenue en modifiant la situation vicieuse. C'est là un point fort délicat à apprécier ; nous rencontrons des utérus que l'on débarrasse de congestion ou d'endométrite à la seule condition de les soutenir.

Lorsque les changements de position sont produits par une *affection péri-utérine*, salpingite ou kyste, entraînant dans un mouvement de bascule ou d'abaissement tout l'appareil génital, leur importance disparaît souvent, mais non toujours, derrière celle de la maladie première. Il n'en est pas de même quand la déviation est retenue et fixée par des *brides*, reliquats de *phlegmasie péri-utérine ancienne, pelvi-péritonite, péri-métro-salpingite*, etc. De simples adhérences parfois n'acquièrent de gravité que parce qu'elles suffisent à rendre vains tous les efforts de redressement.

Par les *massages*, par les *tractions lentes et méthodiques*, nous nous efforcerons de relâcher cette tension périphérique et de donner un peu de jeu à l'organe, afin qu'il devienne *mobile* ou du moins *mobilisable*. Nous mentionnons pour mémoire les injections sous-cutanées de *fibrolysine*, qui ont été essayées dans ce but.

Toutes les déviations ne sont pas de cause inflammatoire et ne succèdent pas aux métrites ou aux salpingites, non plus qu'à la subinvolution, ou aux tumeurs, polype et fibrome. Sans parler de la retrodéviation aiguë, par exemple, un grand nombre de déplacements reconnaissent une origine mécanique et doivent être rapportés à un affaiblissement des moyens de fixation de l'organe, combiné le plus souvent à une faiblesse du plancher pelvien. Ce sont surtout ces cas dont nous faisons disparaître rapidement toutes les conséquences en remettant la matrice en situation normale.

Les appareils auxquels nous avons recours sont les *ceintures* qui soutiennent la masse abdominale, et les *pessaires* qui supportent l'utérus et le maintiennent en bonne position. MALGAIGNE considérait les douleurs comme résultant surtout de phénomènes mécaniques, et prescrivait la ceinture hypogastrique dans toutes les déviations, la rétrodéviation elle-même.

Nous renvoyons pour les *ceintures* à l'article des *fausses utérines*.

Pessaire. — Le *choix du pessaire* change avec la variété de l'affection ; mais son application est soumise à quelques règles générales. « Il faut de l'adresse, de l'habitude et de la pratique, dit Gaillard Thomas, non seulement pour faire du bien avec ces instruments, mais encore pour les employer sans danger. Un praticien inexpérimenté n'est pas plus capable de placer un pessaire d'une manière sûre et efficace qu'un individu non cordonnier n'est à même de faire une chaussure qui s'adapte bien au pied. »

Certaines déviations existent (Auvard) sans apporter aucun trouble ; on les constate par hasard, pour elles le pessaire est inutile.

D'autres sont guéries par le pessaire [1]. Enfin il en est dont les accidents sont aggravés par ce soutien.

Il faut que la matrice en supporte le contact et, s'il se manifeste de la *douleur* au niveau de la partie déviée, on s'assurera en redressant et maintenant avec des tampons d'ouate que le corps étranger peut être toléré. Le médecin procède d'une manière progressive, ne s'obstine pas si la sensibilité s'exaspère, et traite la métrite, la névralgie ou la congestion initiales.

Les *phlegmasies aiguës utérines et péri-utérines* constituent une autre contre-indication. Mais les phlegmasies péri-utérines *anciennes*, dépourvues de toute manifestation congestive ou inflammatoire et accompagnant une déviation, acceptent parfois très bien le pessaire qui procure une amélioration aux malaises génitaux (Pichevin).

De même certaines douleurs ovariennes ou salpingiennes, causées par les *organes prolabés*, disparaissent lorsqu'on soutient l'ovaire ou la trompe. Rien d'absolu ne saurait être fixé sur ce point. Sans être timoré, il faut rester très circonspect et tâter la susceptibilité de la malade.

Les complications d'*abcès*, de *gangrène*, de *perforation vaginale*, etc., rapportées comme dues à la présence du corps étranger, sont facilement évitables.

Une fois mis, le pessaire peut être laissé assez longtemps en place ; cependant il convient de le retirer de temps à autre pour le nettoyer dans des solutions appropriées. La malade, du reste, prend tous les jours de grandes irrigations vaginales et s'assure que l'instrument ne provoque pas de leucorrhée.

Une dernière contre-indication résulte de l'*état du périnée*. Si

---

1. Paul Dalché. — Rétrodéviation virginale. Pessaire. *Bulletin général de Thérapeutique*, 1908.

le pessaire vaginal est isolé, c'est-à-dire non relié à une ceinture abdominale par une tige qui le maintienne en place, le périnée doit avoir conservé une intégrité suffisante pour lui donner de la résistance, sinon le premier effort chassera l'instrument hors du vagin.

Dans la plupart des cas, en particulier au cours des retrodéviations, l'application resterait inutile et vaine, si on ne la faisait pas précéder du redressement manuel de l'organe déplacé.

II

Prolapsus du vagin et de l'utérus

A. — **Prolapsus du vagin.**

Le *prolapsus du vagin simple, isolé*, n'entraînant pas avec lui la *vessie* ou le *rectum*, est rare chez les multipares ; les accouchements répétés, la faiblesse du périnée en sont les causes ordinaires. Le plus souvent, il se complique de *cystocèle* et de *rectocèle*, quelquefois d'*entérocèle*.

Quand il se produit subitement, il est en général facile à réduire ; on vide la vessie et le rectum et, par quelques pressions méthodiques, on parvient à rentrer l'organe prolabé, en mettant au besoin la femme dans la position génu-pectorale.

Puis la malade garde le repos au lit, le bassin élevé, et s'il se manifeste du *ténesme rectal*, elle prend un quart de *lavement laudanisé*. En même temps, on lui prescrit des *injections astringentes*, contenant du *tannin*, de l'*eau blanche*, et l'on introduit des tampons de ouate recouverts de tannin (Savoye), ou de glycérolé de tannin pour essayer de tonifier les parois vaginales.

Ces moyens, pratiques dans les cas récents et légers, demeurent insuffisants dans les cas anciens et très marqués.

D'habitude le prolapsus survient graduellement, affectant une allure *chronique* d'emblée, et pour le maintenir un appareil ne peut être évité, *ceinture avec plancher, pelote à air s'adaptant à une ceinture, simple coussinet*, etc. ; le choix présente des indications analogues à celles de la chute de l'utérus.

Avant d'appliquer l'instrument qui va rester à demeure, il faut guérir les différentes lésions, œdème, ulcérations, que présente la muqueuse vaginale sortie de la vulve à la suite des frottements et surtout du contact de l'urine.

Quelques *lavages*, l'*isolement* des surfaces avec une feuille de gaze, le maintien de la muqueuse dans le conduit génital au moyen de tampons d'ouate stérilisée, au besoin le séjour au lit, amènent une guérison rapide de ces accidents secondaires.

Parfois aussi, au cas de rectocèle, on est obligé de faire un véritable curage de la poche pour en extraire les matières fécale.

B. — **Prolapsus de l'utérus**

Dans la majorité des faits, l'*abaissement de l'utérus* n'offre pas de difficultés pour la réduction. Néanmoins des chutes *brusques* sont capables d'opposer une certaine résistance. Gaillard Thomas cite une observation de A. Munro : « Un prolapsus étant survenu brusquement chez une enfant de trois ans ne put être réduit et se termina par la mort » (?) Lui-même a dû employer un taxis forcé après anesthésie ; il recommande de placer la malade dans la position génu-pectorale, de saisir l'utérus de la main droite, et sans user de force, de presser méthodiquement pendant dix, quinze et même trente minutes, jusqu'à ce que l'organe ait repris sa position.

Il est bien rare que le médecin se trouve forcé d'en arriver à ces procédés de taxis.

La *chute de l'utérus* se réduit sans grande gêne, mais le *maintien de la réduction* est difficile à obtenir. Le manque de résistance du périnée, la laxité des parois vaginales enlèvent tout point de soutien aux *pessaires*, qui se déplacent et jaillissent hors de la vulve au premier effort ; de plus, la matrice augmente beaucoup de volume et de poids lorsque son abaissement résulte d'une altération anatomique, tel que l'*hypertrophie sus* ou *sous vaginale du col*.

Les deux appareils que nous prescrivons le plus volontiers sont le *pessaire de* Gariel et le *pessaire de* Dumontpallier rattaché à l'aide d'une tige courbée et rigide (*pessaire vagino-abdominal, hystérophore*), à une ceinture abdominale.

Le *pessaire de* Gariel, formé d'une poche que l'on dilate à volonté, pratique et commode au début, finit à la longue par dilater lui-même le vagin et risque, au bout d'un temps variable, de se trouver expulsé à son tour.

Il faut donc alors employer un instrument qui soit fixé en place de manière à ne pas céder au poids de la matrice ; l'*anneau de* DUMONTPALLIER, supporté par une tige retenue elle-même à l'aide d'une ceinture, remplit assez bien ces conditions.

Des *planchers* divers, avec ou sans *pelote*, suffisent dans des cas moins accentués.

Mais, en l'espèce, il n'existe pas de pessaires parfaits, et le meilleur a des inconvénients.

Aussi des malades réclament une opération, et l'on intervient suivant l'état des parties par l'amputation conoïde du col (HUGUIER), par la suture des parois vaginales, etc.

A défaut de pessaires aussi compliqués, on peut conseiller de réduire chaque matin le prolapsus et d'introduire ensuite dans le vagin une série de tampons d'ouate en queue de cerf-volant, que l'on maintiendra par une bande passant entre les cuisses et munie d'une pelote qui comprime la région vulvo-périnéale.

III

Antédéviations

Antéversion

Si, dans la plupart des cas, il est encore relativement aisé de ramener en position régulière un utérus que l'on trouve en *anté-version*, par contre nous considérons comme extrêmement peu commode de maintenir avec certitude la réduction opérée.

La situation anatomique normale de l'organe le prédispose à basculer en avant, et il tombe avec d'autant plus de facilité qu'une métrite a augmenté son poids et son volume en même temps que les ligaments se relâchent. Aussi tous les auteurs conseillent. avec juste raison, de *commencer par traiter la métrite* qui cause et entretient l'antéversion ; GAILLARD THOMAS ajoute d'attendre pour réduire qu'il n'y ait plus trace d'inflammation péri-utérine.

Avec un doigt sur la face postérieure du col, et une main pres-

sant au-dessus du pubis, on redresse la matrice, puis on introduit un pessaire, *anneau de* DUMONTPALLIER, qui la fixe en l'immobilisant par la distension des culs-de-sac. On recommande à la
malade de garder le *décubitus dorsal* quand elle se couche, et de
le prendre plusieurs fois dans la journée.

On vient en aide aux pessaires par des *ceintures hypogastriques*
dont l'action s'exerce sur le fond de l'utérus. Les unes sont des
bandages rigides, munis d'une *plaque métallique* qu'un pas de
vis fait mouvoir, afin de comprimer plus ou moins la région
sus-pubienne. Nous leur préférons des ceintures hypogastriques
ordinaires, auxquelles on ajoute une *pelote sus-pubienne* plus ou
moins épaisse ; elles ont l'avantage de soutenir la masse intestinale et d'être moins brutales et moins gênantes.

Quant aux *pessaires intra-utérins*, jamais nous ne les employons.

Antéflexion

L'*antéflexion acquise*, qui se montre à la suite de maladies
utérines ou péri-utérines, au cours de la métrite ou d'un état
de subinvolution post-puerpérale, comporte les mêmes procédés
de traitement que l'antéversion : redressement, séjour au lit dans
le décubitus dorsal, pessaire-anneau, ceinture. Mais ces moyens
n'amènent pas des résultats considérables. Le phénomène le plus
pénible, la *dysménorrhée*, continue, car elle reconnaît une cause
mécanique, la coudure du canal, qui met obstacle à la sortie du
sang et qui persiste. Contre cette douleur menstruelle, de SINÉTY
préconise le *sulfate de quinine*, de 0^{gr},40 à 0^{gr},50 en deux fois,
chaque jour ou une *piqûre de morphine*.

Le *redressement brusque* de la flexion par l'*hystéromètre*, quand
il est possible sans danger, ne procure pas d'effet durable, et
plus ou moins longtemps après l'enlèvement de la sonde la
chute se reproduit.

Des antéflexions sont heureusement modifiées par une *grossesse*, à condition de prendre toutes les précautions voulues pendant les suites de couches.

A défaut de grossesse pour modifier le parenchyme utérin, on
peut pratiquer une *dilatation lente* de la matrice avec des laminaires en maintenant la femme au lit. L'organe se ramollit, se
redresse, et pour le fixer en bonne situation, on laisse quelques
jours une canule métallique intra-utérine. LABADIE-LAGRAVE et

LEGUEU se bornent à terminer par un tamponnement du vagin.

L'*antéflexion congénitale*, dont nous nous sommes déjà occupé à propos des accidents de la puberté, s'observe d'habitude en même temps que les arrêts de développement de l'appareil utérin, sténose des orifices, conicité et petitesse du col, etc. « La dilatation *lente, méthodique* et *prolongée* est le traitement le plus complet, le plus efficace et le plus inoffensif de l'antéflexion congénitale. » (BAUDRON.)

IV

Rétrodéviations

Le traitement de la *rétroversion* et celui de la *rétroflexion* peuvent être confondus dans un même exposé.

La *ceinture hypogastrique* trouve encore ici des indications pour supporter et diminuer le poids de la masse abdominale qui entretient et exagère la déviation ; elle atténue (MALGAIGNE) les souffrances qui résultent de phénomènes mécaniques. La *constipation chronique* accumule dans le rectum une quantité de matières qui pèsent avec d'autant plus de facilité sur le fond de la matrice que celui-ci parfois comprime cette partie du gros intestin ; elle sera combattue. La malade restera *couchée sur le ventre* aussi longtemps qu'il lui sera possible, et tous les soirs, au préalable, elle prendra et gardera un *lavement chaud*. Dans cette position, l'eau chaude entre en contact plus intime avec la partie postérieure du corps qu'elle défluxionne, et par son poids elle contribue à la ramener en position normale.

Les obstacles qui s'opposent au *redressement* ne proviennent plus, comme pour l'antéversion ou l'antéflexion, de la tendance naturelle de l'organe à retomber dans le sens de sa situation anatomique normale. Au contraire, cette tendance concourrait avec nos soins pour favoriser la guérison. Les tentatives de redressement sont arrêtées par l'existence de *brides*, vestiges d'inflammations anciennes, qui, s'insérant à la fois sur les divers organes abdominaux et sur le corps utérin, le maintiennent en position vicieuse ; le *massage*, les *tractions lentes et répétées* viennent à bout de leur résistance et finissent par les relâcher, mais pas toujours. Le traitement de la phlegmasie péri-utérine chronique doit souvent précéder celui de la déviation.

La réduction de la déviation se fait simplement avec les doigts ou à l'aide d'une sonde.

Pour la *réduction manuelle*, toujours préférable, surtout quand on soupçonne des brides, on peut commencer par introduire un doigt dans le rectum pour essayer de déplacer le corps de l'utérus ; mais, le plus souvent, on pratique d'emblée le toucher vaginal en s'efforçant alternativement de pousser le corps en avant, le col en arrière, tandis que la main libre, appliquée sur le ventre, tâche de saisir le fond de l'organe et de l'attirer en position antérieure même exagérée. La manœuvre doit être progressive et douce, se préoccuper des annexes, et d'habitude elle dure plusieurs séances.

La réduction au moyen de l'*hystéromètre* s'exécute le quatrième ou cinquième jour après les règles constatées par le médecin. Le passage de la sonde à travers la coudure d'une rétroflexion jusque dans les parties profondes du canal constitue parfois une manœuvre assez délicate et même douloureuse ; pour pénétrer dans la partie fléchie, il peut être nécessaire de la soulever au-devant de l'instrument avec l'index porté dans le cul-de-sac postérieur, et de changer par tâtonnement la direction et le sens de l'hystéromètre. Au lieu de l'introduire, comme dans les cas normaux, la concavité et la pointe en avant, le manche abaissé vers la fourchette, ce qui amènerait fatalement l'extrémité à buter contre le pli de la flexion, on le dirige la concavité et la pointe en arrière, le manche relevé vers le pubis, de telle façon que sa courbure s'adapte à la courbure vicieuse du canal utérin. Il devient alors plus facile de soulever le corps avec un doigt dans le rectum ou dans le vagin, afin que l'instrument entre jusqu'au fond. A ce moment, retournez la sonde pour présenter sa courbure en avant, mais non pas en imprimant un mouvement de rotation au manche ; car, en procédant ainsi, « vous feriez décrire au bec de votre sonde un arc de cercle considérable qui, se passant dans une cavité aussi étroite que celle du col ou du corps, y déterminerait des désordres ou tout au moins des froissements pénibles et douloureux. Considérez au contraire le bec de sonde comme un centre immobile et faites décrire le mouvement d'arc de cercle au manche de l'instrument, alors le bec se porte dans les diverses directions » (GALLARD), en tournant sur place. Abaissez le manche vers la fourchette en exagérant la position en avant et mettez dans le cul-de-sac postérieur quelques tampons d'ouate. Cette manœuvre exige une mobilité complète de l'utérus. Souvent il est plus prudent de pratiquer une série de réductions manuelles en les faisant suivre d'applications de tampon dans le cul-de-sac postérieur, jusqu'à ce qu'on obtienne une situation qui se rapproche de la normale, car on ne parvient pas toujours au redressement complet; il arrive un moment où l'on sent que l'on ne gagne plus de terrain et que la matrice refuse d'aller plus loin en avant.

La réduction obtenue est maintenue en place au moyen des *pessaires*, et ceux auxquels nous nous adressons de préférence sont le *pessaire coudé en caoutchouc durci* de HODGE, et surtout le *pessaire en aluminium de* SIMS.

Ils réunissent les trois qualités demandées à ces appareils, agissant comme *soutien* de la matrice, comme *dilatateur* des culs-de-sac et aussi comme *levier* (AUVARD). Ils permettent de traiter la métrite et les congestions utérines concomitantes.

L'échec du pessaire dans le traitement de la rétroflexion provient parfois de ce qu'on tente de le mettre en place avant d'avoir effectué le redressement de l'organe. Il suffit dans des cas heureux pour le remonter de quelques poussées méthodiques, chaque séance étant suivie de l'application de tampons glycérinés dans le cul-de-sac postérieur. L'utérus, au contraire, peut paraître irréductible, enclavé dans le petit bassin, ou bien les manœuvres provoquent des douleurs qui prennent naissance sur le corps lui-même et sur les ovaires prolabés.

La *congestion* de la partie rétrodéviée joue un grand rôle dans les symptômes : elle contribue à exagérer la lourdeur, la pesanteur de l'organe et des annexes, et par là augmente les tendances à la chute. Elle entretient des phénomènes de sensibilité et de souffrance, de la leucorrhée et des pertes, et doit être combattue par l'application de tampons glycérinés, les irrigations tièdes ou chaudes, etc.

Les *métrorrhagies* sont fréquentes; à la ménopause surtout, des poussées fluxionnaires se greffent sur la congestion chronique du corps dévié et amènent des écoulements de sang d'une désespérante ténacité. L'*opothérapie mammaire ou thyroïdienne,* les divers agents *vaso-constricteurs,* la *balnéothérapie* nous viennent en aide ; cependant quand il existe des phénomènes douloureux, toutes les métrorrhagies « n'aiment pas l'ergotine », il en est qui préfèrent, au moins d'une manière temporaire, une médication sédative.

Rappelons ici le traitement de la *rétroflexion chez les vierges* par *l'opothérapie thyroïdienne*, suivant la méthode de Hertoghe, exposée plus haut.

CHAPITRE V

TRAITEMENT MÉDICAL DES FIBROMES

I

Modifications spontanées

Le traitement médical institué dans le but d'amener la disparition des tumeurs fibreuses ne comptait autrefois que de rares succès ; l'introduction de la *radiothérapie* dans la pratique gynécologique permet, semble-t-il, de concevoir de plus grandes espérances. Cependant dans de très nombreux cas encore, il est plus juste de considérer ce traitement médical comme un palliatif des accidents, susceptible à ce titre, de rendre de grands services, tant qu'une opération n'est pas reconnue indispensable. L'intervention chirurgicale, seule, peut avoir raison de certaines complications dangereuses.

Dans quelles conditions doit-elle avoir lieu?

« Quand le fibrome détermine des accidents. » (Pierre Delbet.)

Quel que soit l'âge de la malade, il ne faut pas compter d'une manière absolue sur la disparition ou la régression des fibromes. La *ménopause* a souvent une influence heureuse sur leurs modifications, mais d'autres fois ils continuent leur marche. Et même bien après la ménopause, dans des cas heureusement fort rares, alors que l'évolution de la tumeur paraissait arrêtée depuis longtemps, des phénomènes graves de *phlébite*, de *sphacèle* ou *d'infection*, surviennent parfois à l'improviste.

Néanmoins les dégénérescences *fibreuses* avec disparition du tissu musculaire, *graisseuses* ou *calcaires*, peuvent être considérées comme des modes de transformation bénigne. La dégénérescence maligne *myxomateuse* ou *sarcomateuse*, toujours à redouter, impose une ablation rapide.

Les *infections du fibrome*, le *sphacèle*, la *torsion du pédicule*, doivent être comptés parmi les motifs d'une intervention, de même qu'un *accroissement* régulier et rapide, surtout chez une femme encore jeune. Un *sphacèle aseptique* peut éclater aussi à la suite de l'oblitération d'une branche de l'artère utérine (GAMBIER).

Avec les infections, les torsions pédiculaires et le sphacèle, les accidents proprement dits sont les *hémorrhagies*, les *douleurs* et la *compression*. Cependant des pertes trop abondantes et continues, si elles entraînent une *anémie* grave, mettent la malade dans un état général qui risque de ne pas lui permettre de supporter le shock (PAUL PETIT). Les *douleurs*, les *phénomènes de compression*, les *troubles cardiaques* donnent des indications opératoires, mais comportent aussi certaines réserves. Il faut qu'on trouve le *rein suffisant;* pas de néphrite, pas de diabète, perméabilité rénale conservée. Certaines glycosuries toutefois dépendraient du fibrome lui-même.

Enfin, si la femme qui est obligée de travailler pour vivre doit être débarrassée de sa tumeur, on est autorisé à attendre pour la malade qui pendant longtemps peut être soumise à d'autres soins.

II

Traitement du fibrome lui-même

Le *phosphore*, l'*arsenic*, conseillés pour modifier la structure du fibrome, produire sa transformation graisseuse et favoriser par là sa résolution, n'inspirent pas grande confiance; l'*arsenic* a du moins l'avantage d'agir comme reconstituant de l'état général. L'*iode*, l'*iodure de potassium*, le *bromure de potassium*, s'ils ne diminuent pas la tumeur, s'opposent peut-être à son augmentation.

Quelques agents sont plus fidèles, nous connaissons déjà leur influence sur la fibre musculaire : l'*ergot de seigle*, l'*hydrastis canadensis*, l'*hamamelis virginica*, la *sabine*. Leur administration se propose d'obtenir la *diminution* du fibrome en agissant sur le néoplasme lui-même, son *énucléation* en sollicitant la contractilité des fibres de l'utérus ; la tumeur sera lentement poussée jusque sous le péritoine, d'où elle retentit moins sur la muqueuse, ou dans la cavité de la matrice, et alors comme un *polype*, elle devient plus facilement accessible aux instruments. Il est nécessaire de continuer la médication pendant longtemps.

Ces remèdes se prescrivent aux doses que nous avons indiquées déjà ; mais le but visé étant de produire une vive et subite contraction des fibres utérines, il est préférable, lorsqu'on s'adresse à l'*ergotine*, d'employer les injections sous-cutanées.

L'*opothérapie thyroïdienne*, dont les bons effets contre les pertes trouvent ici une des meilleures indications, amène aussi une diminution de volume de la tumeur (JOUIN). « Très fréquemment, dit HERTOGHE, dans l'*hypothyroïdie bénigne chronique*, on relèvera le myome depuis la tumeur colossale jusqu'aux petits fibromes interstitiels. L'influence de la médication dans la dégénérescence fibromateuse confirme la *nature dysthyroïdienne* de ces néoplasmes. » Nous avons pu continuer à donner pendant assez longtemps des cachets de *poudre de thyroïde* (0^{gr},05 à 0^{gr},10 chacun, en prendre deux par jour). Les résultats nous ont paru le plus souvent heureux ; la médication doit être surveillée, mais peut être continuée.

L'*opothérapie mammaire* (*extrait mammaire*, 0^{gr},50, deux à trois cachets par jour) est d'un maniement plus commode, car elle n'expose à aucun danger et n'exige pas une observation aussi attentive que les préparations thyroïdiennes. Maîtrisant l'état congestif des ovaires, elle combat les hémorrhagies des fibromes qui en dépendent fort souvent, et posséderait aussi une action favorable pour diminuer le volume de la tumeur au moins dans quelques cas (BATUAUD).

L'*électricité*, employée depuis assez longtemps, compte des succès fort remarquables. Elle nécessite des appareils spéciaux, demande une instruction et une pratique tout à fait particulières, sous peine de devenir dangereuse en des mains inexpérimentées, aussi sort-elle un peu du cadre de notre travail.

Cependant nous devons nous arrêter à la *radiothérapie*. Son effet résulte des altérations (dégénérescences des follicules) qui surviennent dans les ovaires après l'intervention des rayons X ; car leur action directe sur la tumeur elle-même paraît encore demeurer douteuse. Elle peut être rapprochée de la castration que l'on a proposée et pratiquée pour supprimer l'influence trophique de l'ovaire sur le fibrome.

Le premier résultat et le plus apparent est la diminution puis la disparition des métrorrhagies.

Jaugeas conseille la radiothérapie « contre les petits fibromes, les myomes disséminés dans la paroi, les dégénérescences fibromateuses, les utérus scléreux, lorsque domine le symptôme hémorrhagie, » et même si le fibrome est volumineux, pourvu que le développement en soit récent (Bordier). La médication doit être continuée longtemps, et aura d'autant plus de chance d'efficacité que la malade se trouvera à un âge voisin de la ménopause naturelle.

Chéron, considérant la valeur hémostatique du *radium*, a expérimenté avec succès la *radiumthérapie* dans le traitement des fibromes hémorrhagiques et même des fibromes en général, à condition qu'ils ne soient pas d'un trop grand volume.

On évitera toutes les causes de *congestion utérine* en ordonnant le *repos* au moment des *règles*. Certains fibromes mous, notamment, se montrent très influencés par la fluxion cataméniale. Il existe une variété assez curieuse et rare de myomes *télangiectasiques* ou caverneux, qui subissent des variations de forme à chaque poussée menstruelle. L'un de nous a publié [1] un fait où le néoplasme augmentait de volume dans des proportions incroyables avec la venue du molimen, et prenait une consistance élastique pour diminuer rapidement à la terminaison des époques.

De même la *fatigue*, les *efforts répétés*, la *station debout prolongée*, la *constipation chronique*, etc., entretiennent une hyperhémie génitale des plus nuisibles.

Les *eaux minérales chlorurées sodiques, Salies-de-Béarn, Biarritz, Salins*, possèdent une action indiscutable sur les exsudats péri-fibromateux dont elles favorisent la résorption. Mais elles ont une action plutôt contraire sur les fibromes hémorrhagiques.

---

1. Paul Dalché. — Myome utérin à volume variable (*Gazette Médicale*, 1884).

On s'est demandé si diverses eaux minérales ou quelques boues (DAX), analgésiantes, décongestives, résolutives (PETIT) ne devaient pas leur action à des *propriétés radio-actives*.

III

Traitement des polypes

Lorsque le corps fibreux supporté par un pédicule se trouve dans la cavité utérine, il devient un *polype*. Le point d'implantation, l'épaisseur, la longueur du pédicule, sont importants à connaître. On y parvient sans trop de difficultés au moyen de l'hystéromètre et du toucher, quand l'insertion est basse ; il n'en est plus de même lorsqu'elle siège au fond de l'organe. DE SCANZONI conseille de saisir la tumeur avec des pinces et de lui imprimer des mouvements de torsion. Lorsque le pédicule est long et mince, le polype obéit aux diverses impulsions ; il résiste, au contraire, si le pédicule est court et large.

Des polypes *intermittents* se présentent à l'orifice, de préférence au moment des règles, puis disparaissent. D'autres, situés un peu haut demeurent difficilement accessibles. Si des accidents n'imposent pas une intervention immédiate, on peut, pour favoriser la descente de la tumeur, donner quelques préparations d'*ergotine*. L'un de nos maîtres, après une *dilatation du col* vit le véritable accouchement d'un polype qu'il put alors opérer très commodément.

L'ablation de polypes volumineux et profonds constitue une intervention fort délicate, que seule peut entreprendre la main exercée d'un chirurgien. Mais nous rencontrons aussi des tumeurs qui s'offrent à nous de telle façon que tout médecin doit les extraire. Petites ou moyennes leur diamètre est assez restreint pour qu'elles traversent le vagin et la vulve sans trop de gêne ; tantôt complètement sorties de l'utérus, elles se trouvent appendues dans la partie supérieure du vagin, tantôt elles sont restées entre les lèvres du col ou bien dans la cavité utérine. Mais, dans tous les cas, nous pouvons arriver sur leur pédicule, avec ou sans dilatation préalable à l'aide des laminaires.

Lorsque le pédicule est de faible calibre, il suffit de le *tordre*, sinon on va à la recherche de son point d'implantation et, avec des *ciseaux courbes* sur le plat on le sectionne. Bien des auteurs recommandent de placer auparavant une ligature qui assure l'hémostase ; Pozzi conseille simplement de tordre la tumeur sur son pédicule, au fur et à mesure que l'on procède à coups de ciseaux, et cette manœuvre empêche l'écoulement du sang ; au besoin, du reste, on laisserait une pince à demeure.

Aujourd'hui on se refuse à employer les moyens dont se servaient nos prédécesseurs, *le serre-nœuds*, *l'écraseur à fil et à chaîne*, que l'on accuse d'occasionner des phénomènes d'infection. En effet, des accidents ont été observés après l'usage de ces instruments; mais tenaient-ils aux instruments ou à l'opérateur? Quoi qu'il en soit, nous avons vu plusieurs de nos maîtres s'en servir avec le plus grand succès, et nous aurions encore volontiers recours à eux, si nous jugions impossible d'aborder le pédicule avec les ciseaux.

« L'écraseur à chaîne, dit Verrier, expose à plus de dangers d'infection et d'*attraction du tissu utérin* que celui à fil. Le fil étant porté sur la face supérieure du polype, on le fait glisser jusqu'à sa base, et l'on a soin de presser l'écraseur contre le bord inférieur du pédicule et de *l'y maintenir en contact aussi absolu que possible*.

« Alors, on commencera à faire fonctionner l'écraseur, qui, en peu de temps, sépare le polype de la matrice. Il ne reste plus dès lors qu'à l'attirer au dehors avec la pince érigne et à cautériser le pédicule d'implantation, soit au *perchlorure de fer*, soit à l'*acide nitrique*, quelquefois au *thermocautère*, pour se mettre à l'abri d'hémorrhagies consécutives. » Cette cautérisation ne paraît pas toujours indispensable.

IV

Traitement des accidents du fibrome

Métrorrhagies

Les *métrorrhagies*, par leur abondance et leur répétition, donnent vers la ménopause, une allure de gravité au fibrome; les poussées fluxionnaires compliquent les tendances hémorrhagipares de la tumeur, éternisent les pertes qui se montrent parfois seulement à cette époque de la vie, bien que le fibrome existât depuis longtemps.

Avant d'en arriver à une intervention, ou si elle est impossible, on essaye successivement divers moyens : les *irrigations continues chaudes* ou *froides* et les préparations d'*ergotine ;* quand ce dernier remède, absorbé par les voies digestives, ne produit aucun effet, on le prescrit en injections sous-cutanées. En cas d'échec, on a recours à l'*hydrastis*, au *gossypium*, etc.

```
1° Elixir de Garus........................................  100 gr.
   Ergotine Bonjean......................................    5 —
   Extrait de viburnum prunifolium................... (
     — de gossypium herbaceum.................. {  āā 2 —
     — d'hydrastis canadensis......................    6 —
                F. S. A. Potion.
```
En prendre une à quatre cuillerées à café par jour, de préférence après les repas.

```
2° Ergotine.............................................  0 gr. 25
   Acide gallique.......................................  0 — 05
   Extrait de gossypium herbaceum.....................  0 — 02
   Poudre de ratanhia...................................  Q. S
          F. S. A. Une pilule. — En prendre deux par jour.
```

Les pilules ou les préparations d'ergotine, données à doses faibles mais continues, produisent parfois un effet qui ne s'observe pas avec les injections sous-cutanées de doses massives. Il arrive que le premier ou les deux premiers jours la perte ne s'arrête pas et même paraît augmenter. Dans d'autres cas lorsqu'on donne des pilules d'ergotine en dehors de toute hémorragie, pour agir sur la tumeur elle-même, dès les premières absorptions du médicament on voit un suintement sanguinolent. Ces phénomènes me paraissent dus à une action de l'ergot sur un fibrome congestionné ou simplement vasculaire. Les contractions produites par le médicament expulsent d'abord le sang contenu dans le néoplasme avant de tarir l'écoulement.

L'*opothérapie thyroïdienne* trouve ici une de ses meilleures indications et la *poudre de thyroïde* à la dose de 0^{gr},05 à 0^{gr},10 par jour, prise en deux cachets, nous a rendu les plus grands services. L'*opothérapie mammaire* moins active sera prescrite lorsque la métrorrhagie n'est pas trop abondante et tend plutôt à durer longtemps.

Le *tamponnement vaginal* simple et le tamponnement à l'aide de la *solution gélatinée* n'ont qu'une action transitoire, mais donnent presque la certitude d'arrêter une perte qui prend des proportions inquiétantes ; de même nous employons le *Pemgawar Yambi*.

Nous n'avons pas à revenir sur la *radiothérapie* et la *radium-thérapie* dont nous avons plus haut signalé toute l'importance dans le traitement des fibromes hémorrhagiques.

Les *injections intra-utérines* d'*iodure de potassium*, de *perchlo-rure de fer*, de *teinture d'iode*, que l'on a préconisées, nous semblent plus dangereuses et moins efficaces que le *curettage*, lorsqu'on est obligé de se déterminer à une intervention plus directe sur la muqueuse utérine.

Au cours des fibromes, l'*endométrite secondaire*, origine de très nombreuses hémorrhagies, est une indication de *curettage*. L'opération comporte certaines réserves qui se tirent de la forme de la cavité et de la présence de la tumeur ; elle fait courir les mêmes périls d'infection secondaire et n'empêche pas qu'avec la reproduction de la muqueuse, à la longue, le sang ne recommence à couler ; mais du moins elle supprime pour assez longtemps des accidents graves, et les exemples sont fréquents où la suppression s'est montrée définitive.

D'autres métrorrhagies reconnaissent une *cause ovarienne* et sont dues au retentissement du fibrome sur l'ovaire qui, à son tour, provoque le flux du sang. Ce sont elles qui ressortissent tout d'abord à l'opothérapie thyroïdienne ou mammaire, à la radiothérapie, etc.

Une complication assez rare se manifeste dans la production de *polypes fibrineux*, qui peuvent acquérir un volume considé-rable. Leur accroissement incessant les pousse à sortir de la ca-vité utérine dans le vagin, et leur consistance est assez résistante pour qu'ils ne se détachent pas toujours spontanément ; dans ces conditions, ils constituent une menace de complications pu-trides et, sans tarder, il faut les enlever avec la curette.

Douleurs

Les douleurs abdominales, dues au volume du fibrome et à son poids, obligent la malade à porter une *ceinture hypogastrique*.

Bien plus pénibles sont les *coliques utérines, douleurs expulsives* qui n'aboutissent pas, lorsque la matrice tente de se débarrasser de la tumeur, comme par des efforts d'accouchement. Il faut s'adresser à tous les calmants, à tous les sédatifs, *lavements antypirinés* et *laudanisés, suppositoires opiacés, belladonés, piqûre de morphine* au besoin.

Dans ces cas de *ténesme utérin*, on a parfois pratiqué avec succès la *dilatation du col*, qui même a suffi pour arrêter des hémorrhagies. Elle agit, sans doute, disent LABADIE-LAGRAVE et LEGUEU, à la façon d'un drainage.

Dysménorrhée

La *dysménorrhée*, lorsqu'elle dépend d'une cause mécanique, n'est guère soulagée d'une façon radicale que par la suppression de l'obstacle à l'issue du sang; on l'atténuera momentanément avec la *morphine*, l'*antypirine*, etc. Cependant elle est souvent aussi de nature congestive, on peut essayer du *senecio*, du *cannabis*, etc. ZWEIFEL (de Leipzig) recommande comme très efficace contre les douleurs menstruelles qui accompagnent les fibromes l'*extrait fluide* d'*hydrastis canadensis*, à la dose de XXV gouttes quatre fois par jour, à partir du cinquième jour avant les règles.

La *leucorrhée* et l'*hydrorrhée* ne demandent que leur traitement habituel.

V

Traitement dés complications des fibromes

Phénomènes de putridité

Il arrive qu'un fibrome subit une *dégénérescence gangréneuse*. Quand il fait saillie dans la cavité utérine, de la masse se détachent alors des fragments de putrilage qui sont éliminés par les orifices du col, puis par la vulve. Ce sont des cas relativement heureux, car le sphacèle de la tumeur amène les complications les plus graves. Il faut enlever les fragments séparés, puis tenir les voies génitales dans un état d'antisepsie aussi rigoureux que possible. Les manifestations générales seront combattues par le traitement habituel de la gangrène.

Mais le sphacèle du fibrome constitue une *indication opératoire urgente*.

Inflammation. — Suppuration de la tumeur

Les phénomènes d'*infection* et de *suppuration* qui partent de la *capsule* et donnent lieu aux accidents connus sous le nom de *fibromes enflammés*, graves en eux-mêmes, sont redoutables encore par les menaces de péritonite.

On leur applique le *traitement des phlegmasies péri-utérines* : repos absolu au lit, émissions sanguines locales (sangsues ou ventouses scarifiées sur l'abdomen), bains, cataplasmes et lavements laudanisés. Pour combattre la douleur : morphine, antipyrine, chloral, suppositoires opiacés ou belladonés. Les onctions avec une pommade contenant de la belladone et de la jusquiame soulagent assez bien.

Contre la fièvre et l'état général, au *sulfate de quinine* nous associons volontiers la *digitale* :

<pre>
Sulfate de quinine.....................................   0 gr. 45
Poudre de feuilles de digitale ....   0 — 05
        Mêlez exactement. — En un cachet que l'on prendra le soir.
</pre>

Il faut songer aussi aux injections musculaires ou intra-veineuses d'*électrargol*.

Lorsque d'emblée l'inflammation est très vive, ou que nous avons des craintes de *peritonite*, nous maintenons sur la région des *vessies de glace*.

Mais ici encore nous retrouvons une *indication opératoire*.

Changements de position de l'utérus

Le fibrome entraîne souvent une *déviation*, un *abaissement*, qui deviennent une source nouvelle d'inconvénients. Quand on le juge possible, on s'efforce de redresser la matrice ou de la soutenir au moyen d'un pessaire.

La production d'une *inversion utérine* a des conséquences autrement sérieuses et nécessite une intervention chirurgicale.

Complications de voisinage

L'*endométrite*, si fréquente, crée par sa présence un type métritique des fibromes dont nous connaissons la thérapeutique.

Le retentissement sur l'*ovaire* contribue à provoquer des métrorrhagies. On constate aussi des *salpingites* consécutives, des *pelvipéritonites*, de la *péritonite chronique avec adhérences*, des *ascites* que l'on est obligé de ponctionner.

Phénomènes de compression

La tumeur, à cause de son volume ou de sa situation, peut exercer des compressions sur les *voies urinaires* en divers points : *Pyélite, pyélo-néphrite, hydronéphrose, albuminurie, urémie dysurie, rétention d'urine, ténesme vésical, cystite,* tour à tour réclament nos soins.

De même, du côté du tube digestif, nous observons ces compressions qui amènent des signes de *pseudo-occlusion intestinale.* La *constipation chronique,* l'*obstruction du rectum,* la formation, la procidence et l'étranglement d'*hémorrhoïdes* seront surveillés et traités.

La compression des *nerfs du bassin* provoque des douleurs qui s'exaspèrent pendant la marche et la station debout; il suffit quelquefois de prescrire le repos au lit pendant quelques jours, puis le port d'une ceinture, pour obtenir un grand soulagement, comme, aussi, pour voir diminuer certains *œdèmes,* la *turgescence variqueuse* et les menaces *phlébitiques.*

Indications tirées de l'état général

Les métrorrhagies répétées, les souffrances, les phénomènes de compression ou de septicémie chronique, produisent au bout d'un temps plus ou moins long des troubles de l'organisme entier. C'est alors qu'on observe des manifestations cardiaques secondaires, hépatiques, dyspeptiques, etc., d'où résulte un état général pitoyable, à tel point qu'à première vue les malades blêmes, faibles, anémiées, *ressemblent à des cancéreuses.*

Les injections quotidiennes de *sérum artificiel* à la dose de 80, 100, 150 grammes, luttent contre ce délabrement de l'économie, en même temps que nous prescrivons des *toniques,* des *glycérophosphates,* une *alimentation choisie.*

CHAPITRE VI

TRAITEMENT MÉDICAL DU CANCER DE L'UTÉRUS

I

Considérations générales

Le traitement médical du cancer de l'utérus n'a sa raison d'être que lorsque le traitement chirurgical se trouve impraticable. Aussitôt le diagnostic « *cancer* » posé, si l'opération est possible, il faut intervenir ; avec chaque jour augmentent les craintes d'extension ou de complications.

Lorsque le néoplasme n'est plus limité et qu'il n'existe aucune chance de succès pour le chirurgien, on doit se résigner à la thérapeutique médicale, qui reste purement palliative.

II

Traitement de la tumeur elle-même

Cancer du col

De temps à autre surgissent des procédés qui prétendent guérir la tumeur. Certains ne se proposent que d'atténuer ses manifestations et de donner une survie moins pénible aux malades,

L'*arsenic*, l'*iode*, la *térébenthine* sont bien oubliés aujourd'hui.

La *ciguë* se prescrit encore quelquefois. Nous l'ordonnons lorsque nous avons passé en revue toute la thérapeutique usitée et que nous sommes vivement sollicités par une malheureuse qui réclame des soins à tout prix.

Poudre de semences de ciguë......................)
Extrait de gentiane............................... } ā̃ā 3 gr.
—   thébaïque................................. 0 — 60
M. S. A. Et divisez en 60 pilules. — En prendre une matin et soir.

La poudre de semences de ciguë peut être projetée en pansement sur la surface ulcérée.

Le *chlorate de soude*, en applications locales produit des effets qui lui font reconnaître une action palliative au moins pour les *métrorrhagies* et les *écoulements fétides* (BOUCHER et DUVRAC). Au moyen du spéculum, lorsque l'état des tissus l'autorise, on place en contact avec la tumeur un tampon d'ouate recouvert de la poudre suivante :

Chlorate de soude................................)
Sous-nitrate de bismuth........................... } ā̃ā 10 gr.
Iodoforme .... 5 —
Mêlez exactement.

en surveillant la tolérance de la patiente pour l'*iodoforme* que l'on remplace encore par le *di-iodoforme*.

Ce sont les attouchements avec l'*érythrol* qui nous donnent les meilleurs résultats.

On a étendu l'usage interne du chlorate de soude (BRISSAUD) à d'autres cancers que celui de l'estomac et en particulier à celui de la matrice (DUVRAC) :

Chlorate de soude.................................... 20 gr.
Sirop de fleurs d'oranger............................. 30 —
Eau distillée.. 100 —
F. S. A. Potion. — En prendre de deux à huit cuillerées à soupe.

Au *chlorate de soude* nous associons volontiers le *condurango*, qui, lui aussi, a été vanté comme un remède anti-cancéreux :

Écorce de condurango blanc........................... 15 gr.
Eau.. 250 —

Faites réduire par décoction jusqu'à 150 grammes et ajoutez alors :

Sirop de gentiane.................................... 30 gr.
Chlorate de soude.................................... 20 —

Prendre au milieu de chaque repas une cuillerée à soupe qui contient environ, par conséquent, 2 grammes de chlorate de soude et la décoction de 1^{gr},50 d'écorce de condurango. Ce mélange, du moins, a pour mérite de réveiller les fonctions digestives si souvent hyposthéniques chez les cancéreuses.

La *chélidoine* (DENISENKO) ne paraît pas avoir répondu aux espérances qu'elle avait fait naître. L'évolution des néoplasmes n'a pas été toujours enrayée, et il est survenu des accidents à la suite d'injections sous-cutanées ou interstitielles. Dans beaucoup d'observations la piqûre, régulièrement accompagnée de douleurs, de frissons, est suivie d'une élévation de température avec grande sensation de faiblesse; on a publié même des cas de *mort*.

Denisenko, dans l'épaisseur de la tumeur, à la limite des tissus sains, injecte 1 centimètre cube, réparti en plusieurs piqûres, d'un mélange à parties égales d'*extrait de chélidoine*, de *glycérine* et d'*eau distillée* (fraîchement préparé). Chmighelsky combat les phénomènes secondaires fâcheux de la chélidoine par la *teinture éthérée de valériane* à la dose de XX gouttes.

Legrand a essayé des injections sous-cutanées au vingtième d'*extrait sec de suc dépuré de grande chélidoine*.

Winter et Schmidt ont injecté une fois par semaine, dans la paroi abdominale, un gramme d'une *solution aqueuse*, à 50 p. 100, d'extrait de chélidoine; ils ne considèrent pas les résultats comme bien encourageants.

Mais, à l'*intérieur* du moins, on peut donner le remède d'une façon progressive.

Legrand prescrit la solution suivante :

    Extrait de grande chélidoine ....,................ 2 à   8 gr.
    Eau distillée de menthe............................ 200 —
                F. S. A. Solution.

de telle façon que, par cuillerée à soupe, la femme commence à la dose de $1^{gr},50$ d'extrait de chélidoine, augmente de $0^{gr},50$ a 1 gramme par jour pour atteindre 4 grammes. Denisenko allait jusqu'à 5 grammes. Kalabine a employé l'*extrait fluide de chelidonium majus* à la dose de 3 cuillerées à café par jour, une le matin, une vers trois heures de l'après-midi et une le soir en se couchant (?).

En même temps il est indiqué de pratiquer des *badigeonnages* sur la tumeur avec :

    1° Extrait fluide de chélidoine.......................... 2 parties
        Glycérine.. 1 —
                F. S. A. Mixture.

ou encore :

    2° Extrait fluide de chélidoine.......................... 4 parties
        Eau distillée.. ⎱
        Glycérine.. ⎰ āā 1 —
                F. S. A. Mixture.

Les uns ont été surpris de l'efficacité de la plante; les autres, en bien plus grand nombre, lui nient toute valeur curative, mais cependant lui reconnaissent parfois une certaine prise sur quelques symptômes, les *métrorrhagies* en particulier. Les badigeonnages notamment ont plusieurs fois arrêté l'écoulement du sang lorsque les parties ulcérées saignaient. Enfin les accidents consécutifs aux injections rebutent beaucoup de médecins et de femmes. Absorbé par les voies digestives, le remède est moins redoutable; mais cependant nous ne saurions le recommander.

Bleu et violet de méthylène

Après ablation à la curette des bourgeons cancéreux, on place des tampons d'ouate imbibés d'une solution de bleu de méthylène au cinq centième, et on fait en même temps des injections interstitielles de la même solution tous les deux ou trois jours (Mosetig).

Autres injections interstitielles

Les injections interstitielles de *perchlorure de fer*, d'*acide acétique*, d'*iode*, d'*acide chromique* et même de *brome* ont été essayées dans la masse même du néoplasme, ou dans les zones qui la séparent des parties saines.

Ambroise Guichard a publié[1] la relation d'un fait où il a obtenu un succès remarquable avec une solution de *chlorure de zinc*, au cinquième.

Bleu de méthylène, perchlorure de fer, chlorure de zinc, etc., ont procuré du soulagement à quelques malades en diminuant des manifestations douloureuses ou hémorrhagiques, et pour un temps, un arrêt dans la marche de la tumeur a paru coïncider, dans des cas fort rares, avec cette amélioration apparente. Aucune de ces préparations n'a fait suffisamment ses preuves.

L'*alcool absolu* en injections interstitielles (Vuillet) supprime les écoulements, mais il provoque des douleurs qui portent des patientes à le repousser.

---

1. Ambroise Guichard. — *Annales de Gynécologie*, 1887.

Carbure de calcium

Le *carbure de calcium* se décompose au contact de l'eau en acétylène et en oxyde de calcium.

Guinard employait avec succès l'acétylène et l'oxyde de calcium ainsi obtenus pour détruire les bourgeons cancéreux des tumeurs inopérables et modifier les pertes. Il déposait un morceau de carbure de calcium, gros comme une noisette, au fond du vagin ; l'acétylène se dégage, on tasse vivement alors de la gaze contre la surface malade. Au bout de un à quatre jours le pansement est retiré, la région largement lavée, et on enlève les eschares et les morceaux de chaux. En même temps que la destruction des végétations néoplasiques, on constate la disparition des hémorrhagies, de l'ichor et des douleurs.

Ablation à la curette

Quand une opération radicale est impossible, on peut s'efforcer d'enlever ou de détruire les parties malades profondément sans intéresser les organes environnants tels que la vessie ou le rectum.

Une curette tranchante détache les bourgeons et débarrasse la région des produits suspects.

Jobert touchait au fer rouge les cancers de l'utérus. Cette cautérisation produit surtout de bons résultats lorsqu'elle est pratiquée après un raclage à la curette, et arrive de la sorte à poursuivre dans l'intimité des tissus l'envahissement de la tumeur maligne. Les *fers rougis au feu*, le *galvano-cautère*, le *thermocautère* ont trouvé chacun leurs partisans pour cette intervention.

Des opérateurs se servent encore de tampons d'ouate hydrophile imprégnés de *chlorure de zinc* au dixième. Nous avons vu survenir un véritable sphacèle du vagin à la suite d'une semblable application. Il faut porter les tampons avec les plus grandes précautions sur la surface ulcérée en évitant le contact des parois vaginales ; il est bon, en outre, d'enduire la muqueuse d'un corps gras, puis de remplir le vagin d'une gaze imprégnée de bicarbonate de soude (Czerny).

Radium

La *radiumthérapie* vient donner quelques espérances au traitement médical; mais elle ne doit être mise en œuvre que si « le chirurgien hésite ou se refuse à opérer parce que la tumeur reste immobilisée dans le paramétrium enflammé ou infiltré par le néoplasme » (DOMINICI).

L'action sclérosante du *radium* arrête la propagation du mal. Les hémorrhagies diminuent, la suppuration, l'odeur fétide des pertes s'atténuent, l'état général s'améliore. L'utérus se mobilise.

La résorption des infiltrats facilite l'intervention chirurgicale ultérieure, après laquelle la radiumthérapie est appliquée de nouveau afin de parachever son action.

La disparition même momentanée des douleurs et des pertes, le relèvement de l'état général, sont un bénéfice qu'on est heureux de procurer à la malade, alors même que la guérison définitive lui est refusée.

Cancer du corps

Nous avons encore moins de prise contre le cancer du corps de l'utérus, qui relève du même traitement palliatif que le cancer du col. Le raclage et les cautérisations sont plus difficiles à exécuter et réclament une grande prudence.

Pour éviter la rétention des matières putrides dans la cavité de la matrice, il faut avoir recours à des irrigations répétées avec de l'*eau bouillie* additionnée de *permanganate de potasse* ou de *solution de Labarraque*.

III

Traitement des accidents du cancer de l'utérus

Métrorrhagie

Les métrorrhagies, par leur longue durée ou leur répétition

incessante plus souvent que par leur abondance considérable, constituent un accident du cancer de la matrice qui affaiblit les malades et frappe leur esprit de crainte. Le *curettage*, la *cautérisation*, les applications de *carbure de calcium* et mieux de *radium* restent encore les moyens les plus sûrs dont nous puissions user; mais tous les cas ne nous permettent pas d'avoir recours à eux d'une façon renouvelée, et d'autres fois nous nous trouvons obligés d'intervenir sans attendre leur effet.

Plus couramment, on peut prescrire des *irrigations* contenant, par litre, soit une cuillerée à café de *perchlorure de fer* (solution à 30°), soit une à deux cuillerées à soupe de *tannin*, soit encore du *sulfate de fer*, de l'*eau oxygénée*, etc.

Si l'écoulement persiste, on place contre la surface ulcérée une série de nouets, en queue de cerf-volant, faits avec les fibres de *pemgawar yambi* entourées d'une très mince feuille de gaze.

Par-dessus les nouets on achève de *tamponner* avec de la gaze stérilisée.

La *ferripyrine* (ou *ferropyrine*), composée de perchlorure de fer et d'antipyrine, est un hémostatique dépourvu de causticité ; on l'emploie en solution à 10 ou 20 pour 100 en applications sur des tampons d'ouate hydrophile, ou en poudre incorporée dans une gaze (gaze à la ferripyrine).

La *solution de gélatine* arrête parfaitement les hémorrhagies du cancer, mais elle a le grand inconvénient de se déposer au fond d'anfractuosités d'où on ne l'expulse qu'avec difficulté ; dans ce milieu putride, la présence de gélatine coagulée n'est pas sans danger. Si l'on a recours à elle, et nous ne le conseillons pas, il est indispensable, après la cessation des pertes, de faire passer de l'eau bouillie très chaude en abondance pendant plusieurs jours consécutifs.

Écoulements ichoreux et leucorrhéiques

La *leucorrhée* et les *écoulements ichoreux* dégagent une odeur fétide, irritent le vagin, la vulve et les parties voisines, amènent du prurit vulvaire, et leur rétention au niveau des surfaces ulcérées contribue à entretenir une intoxication.

Il faut les combattre par de grandes irrigations vaginales contenant du *permanganate de potasse* à un pour quatre mille ou à un pour mille, ou de l'*eau oxygénée* diluée. Nous employons d'habitude la *solution de Labarraque*, à raison de une à deux cuillerées à soupe par litre d'eau, et nous recommandons à la malade de procéder avec précaution afin que les manœuvres ne provoquent pas une perte ; le choc d'une canule rigide suffit quelquefois pour la causer.

Les pansements à l'*érythrol*, tels que nous les avons décrits plus haut, trouvent ici une de leurs indications les meilleures.

Douleur

L'isolement des surfaces calme les sensations pénibles produites par le contact des écoulements cancéreux.

Les vraies douleurs du cancer font passer en revue toute la médication sédative ; on pique la malade à la *morphine* et on lui fait autant d'injections qu'il est nécessaire pour qu'elle ne souffre pas. Ce n'est pas le moment de s'occuper des inconvénients de la morphine, et nous n'avons pas le droit de laisser une malheureuse en proie à des crises affreuses, quand nous possédons le moyen de la soulager.

IV

Traitement des complications du cancer de l'utérus

La *phlegmatia alba dolens*, les *compressions des nerfs*, les *menaces d'extension au péritoine*, ne donnent pas lieu à des indications spéciales du fait de leur étiologie.

Il faut surveiller la *constipation* produite souvent par la *compression* qui s'exerce aussi au niveau des *voies urinaires*. La *rétention d'urine* nous oblige à sonder la malade ; une *albuminurie*, symptomatique de lésions rénales ascendantes, nous fera insister sur le régime lacté, et l'*anurie*, qui succède à l'occlusion des uretères, cesse quelquefois par une rémission spontanée ou par la destruction d'une fongosité [cancéreuse ; mais, dans la majorité des cas, elle comporte un pronostic fatal. La *résorption putride* entraîne des phénomènes de septicémie, que l'on s'efforce de prévenir en instituant des soins de rigoureuse propreté au niveau des parties atteintes.

CHAPITRE VII

SYPHILIS DE L'UTÉRUS ET DES ANNEXES

I

Nous n'étudierons pas ici toute l'histoire des manifestations syphilitiques utéro-annexielles dans leur apparence et dans leur évolution.

Nous nous bornerons à exposer les *symptômes gynécologiques* qu'elles provoquent et dont la véritable origine risque d'être méconnue.

Ces symptômes, qui guérissent par le traitement anti-syphilitique, alors qu'échoue la thérapeutique habituelle, sont la métrorrhagie, l'aménorrhée, la dysménorrhée, la douleur.

II

Considérations générales. — Indications tirées de l'étiologie

A. — *Accident primitif.* — Le *chancre syphilitique* du col utérin provoque peu d'accidents locaux.

Cependant il existe une forme de chancre du col d'apparence *épithéliomateuse* (Thibierge). Dans certains cas, il serait susceptible peut-être de donner lieu à quelques pertes de sang ; nous croyons en avoir autrefois observé un exemple qui fut confondu avec un cancer.

La guérison du chancre peut entraîner une *rigidité scléreuse* du col, cicatricielle et localisée.

B. — *Accidents secondaires.* —OZENNE a publié deux cas d'*ulcérations* du col avec *métrorrhagies* à la période secondaire ; rebelles à la thérapeutique habituelle, les pertes cédèrent au traitement antisyphilitique.

Les troubles de la menstruation sans lésion anatomique sont nombreux.

L'*aménorrhée* est très fréquente, même chez des malades ne ressemblant en rien à des anémiques. Aussi faut-il la considérer souvent comme une expression directe, un effet immédiat de la diathèse sur l'économie (FOURNIER).

Des suppressions consécutives de menstrues sont suivies de *métrorrhagies* plus ou moins abondantes, généralement accompagnées de *coliques* et de *névralgies utérines* (FOURNIER).

Mais il existe aussi des *métrorrhagies de la période secondaire* qui ne succèdent pas à des phases d'aménorrhée et qui sont l'expression première et directe de la syphilis (VERCHÈRE, DALCHÉ), intervenant avec toutes les allures et les influences d'une maladie infectieuse et générale. On peut soupçonner un trouble organique ou fonctionnel des ovaires, un accident de l'ovulation.

D'autres métrorrhagies dépendent *d'artérites syphilitiques* précoces ; d'autres encore surviennent sous l'action d'organes atteints qui retentissent sur l'appareil génital, par exemple dans la syphilis hépatique ou rénale précoce.

La *sclérose cicatricielle* du col par infiltration hypertrophique s'observe aussi à la suite des accidents secondaires.

C. — *Accidents tertiaires*[1]. — 1° Syphilis tertiaire du col (BARTHÉLEMY). — L'*ulcération tertiaire* ou la *gomme syphilitique* du col, de même que la *sclérose syphilitique* se constatent encore assez facilement par le toucher et surtout par l'examen au spéculum. Mais ces lésions n'ont « pas un aspect qui trahisse d'emblée la « spécificité ;... un certain nombre de considérations seules « peuvent faire présumer l'origine syphilitique des ulcérations « du col (P. LAFFONT). » Ce sont la coexistence d'autres lésions tertiaires, la disposition en demi-cercle, l'absence de douleurs, etc.

La *leucoplasie* syphilitique du col peut être la première étape du cancer.

---

1. Dr PAUL LAFFONT. — *Syphilis tertiaire acquise ou héréditaire de l'utérus et de ses annexes.* — Thèse de Paris, 1903.

2° **Syphilis tertiaire du corps.** — LAFFONT décrit des formes *ulcéro-gommeuses* : infiltrations gommeuses, gommes proprement dites; syphilides végétantes; ulcérations fongueuses intra-utérines.

Des formes *scléreuses* : leucoplasie; sclérose syphilitique totale ou partielle, atrophique ou hypertrophique; arthérite syphilitique (OZENNE).

La *métrorrhagie* est le symptôme le plus important, abondante, rebelle à toute thérapeutique hormis au traitement mercuriel.

Les *douleurs*, quand elles existent, siègent au fond de l'utérus.

La matrice est changée dans sa *forme* et dans son *volume* en totalité ou en partie.

3° **Syphilis tertiaire des annexes.** — Qu'elle soit catarrhale, scléreuse ou scléro-gommeuse, la *salpingite syphilitique* provoque surtout des *métrorrhagies*. Elle s'accompagne en outre de *douleurs pelviennes spontanées* et de *douleurs à la pression* sur les *artères* du petit bassin (WASSILIEF).

L'*ovarite* syphilitique, interstitielle, gommeuse ou scléro-kystique provoque l'*hémorrhagie utérine* et la *douleur* (DALCHÉ). Cette douleur est variable; elle augmente au moment des poussées menstruelles, affecte les deux côtés ou alterne. On voit aussi s'installer de l'*aménorrhée* et les signes de l'*insuffisance ovarienne*.

4° **Syphilis héréditaire tardive.** — A la puberté, des *métrorrhagies virginales* (OZENNE) se manifestent chez les jeunes filles qui présentent des signes de syphilis héréditaire. Plus tard, elles souffrent de *crises dysménorrhéiques*, et présentent les symptômes de l'*hypo-ovarie*.

La métrorrhagie et la dysménorrhée dépendent alors de perturbations d'origine syphilitique ou para-syphilitique dans le développement des organes génitaux et en particulier des ovaires.

III

Traitement

Les lésions syphilitiques de l'utérus et des annexes ne présentent pas un caractère évident de spécificité qui permette d'affirmer leur nature. L'ulcération est prise pour un *cancer*, l'infiltration gommeuse pour un *fibrome*, la sclérose syphilitique du col ou du corps est attribuée à une *métrite parenchymateuse* ordinaire. Quant aux *métrorrhagies*, cliniquement leur réelle origine est encore moins soupçonnée, comme pour les *salpingites* et les *ovarites*.

Les cancers et les tumeurs que les anciens médecins faisaient *fondre* au moyen d'*onguents mercuriels* n'étaient autres que des manifestations syphilitiques. ASTRUC avait bien reconnu le « *squirrhe vénérien* ».

Le *curettage* est insuffisant dans la plupart des métrorrhagies syphilitiques, à part quelques très rares exceptions (QUÉNU) où il s'agissait d'endométrite syphilitique. Les autres moyens échouent pareillement.

Il faut *songer à la vérole* lorsque nous constatons une métrorrhagie difficilement expliquée par le passé gynécologique, surtout si la malade est suspecte de syphilis acquise ou héréditaire.

De même en face de salpingo-ovarite de nature douteuse, ou de masses utérines dont le diagnostic ne s'impose pas. Dans quelques cas, l'intervention opératoire pourra être évitée.

Le traitement de choix est le *traitement mercuriel* par injections intra-musculaires. Nous employons de préférence le *bi-iodure d'hydrargyre*, à la dose de *un à deux centigrammes* par jour, en surveillant d'une manière toute particulière les urines. On lui associe avec avantage l'*iodure de potassium* à la dose de 2 à 4 grammes par jour, pour cesser s'il se manifeste des signes d'intolérance.

Ces procédés, du reste, ne contre-indiquent pas le traitement local des métrorrhagies.

CHAPITRE VIII

TRAITEMENT MÉDICAL DES PHLEGMASIES PÉRI-UTÉRINES

I

Introduction

Les phénomènes inflammatoires des régions péri-utérines sont susceptibles de se montrer exclusivement dans un organe isolé, avec une symptomatologie propre, sous l'influence de causes bien déterminées.

D'emblée nous diagnostiquons une *ovarite*, une *salpingite ;* mais souvent les manifestations pathologiques se combinent, un certain degré de *cellulite pelvienne* complique une *tubo-ovarite*, etc...

Ces différentes maladies réclament pour un temps des soins identiques, qui, si la guérison ne survient pas, doivent être continués jusqu'au moment où des indications particulières se tirent du siège anatomique de la lésion.

Aussi plusieurs points de leur thérapeutique peuvent-ils être réunis dans un seul exposé.

L'acuité, le siège, les conséquences de phlegmasies péri-utérines nous donnent des indications que nous complétons par l'examen de l'économie entière. Les troubles de l'état général et des divers systèmes, s'ils préexistent parfois à ces maladies génitales, leur succèdent souvent et tout l'organisme est ébranlé.

Nous devons tenir compte de la vigueur et de la résistance de la femme, de son tempérament et de son âge. Ces affections éclatent de préférence au cours de la *vie sexuelle* et subissent le contre-coup des poussées menstruelles. Nous les observons au moment de la *puberté* où elles menacent de compromettre à tout jamais les fonctions de reproduction ; elles sont rares à la *ménopause* et surtout après.

II

Considérations générales

Le médecin, s'il met tout en œuvre pour éviter la nécessité de l'intervention chirurgicale, doit aussi savoir l'imposer dès qu'il la juge nécessaire.

Ce n'est pas lorsqu'il se trouve en présence d'une affection grave, dont les symptômes inquiétants datent de longtemps, que ses soins seront suivis d'un résultat favorable ; trop souvent l'hésitation serait néfaste, il faut opérer.

Pour éviter cette évolution des phénomènes, il s'efforcera :

a) D'éloigner les causes nombreuses de phlegmasie péri-utérine ;

b) De combattre ces causes aussitôt qu'elles menacent ;

c) De traiter la phlegmasie péri-utérine dès ses premières manifestations, sans lui donner le temps de prendre des proportions plus sérieuses.

La première condition du succès *consiste à ne pas perdre un instant pour enrayer la marche des accidents.*

Les règles générales qui président à cette hygiène et à cette thérapeutique ont été pour la plupart exposées à propos des métrites.

1° Accouchement ou avortement. — L'*accouchement* ou l'*avortement* sont une des causes les plus fréquentes des phlegmasies péri-utérines. Les précautions au sujet de l'asepsie, de l'antisepsie, du nettoyage de la cavité utérine, du repos nécessaire après la délivrance, nous sont connues.

Souvent une couche a laissé après elle un peu de métrite avec une légère salpingite. Soignées tout de suite, elles auraient des chances de rétrocéder ; la femme néglige cet état dont elle souffre à peine. L'affection évolue sourdement jusqu'au jour où une aggravation éclate à l'improviste.

2° Menstruation. — Les *fluxions menstruelles*, amenant des *congestions périodiques* au niveau des régions atteintes, ont sur la marche des lésions une influence d'autant plus nuisible qu'aucun ménagement n'est observé pendant la venue et la durée des règles.

Les femmes consentent à peine à garder le lit, ou tout au moins le repos sur une chaise longue, au moment de leurs époques, lorsqu'elles accusent seulement quelques malaises plus ou moins accentués dans le bas-ventre. Aussitôt qu'elles n'éprouvent plus de sensations douloureuses, elles cessent tout à fait d'obéir à la prescription, quand elles ne multiplient pas les imprudences comme à plaisir ; du côté du petit bassin surgit une poussée nouvelle que nous aurons encore plus de peine à enrayer.

3° *Vulvo-vaginite. — Gonorrhée.* — Une *vulvo-vaginite* qui paraît sans importance, un écoulement peu abondant derrière lequel il faut reconnaître une *blennorrhagie*, ne préoccupent guère la malade ; à propos d'une fatigue, d'une période menstruelle, l'infection gagne les tissus péri-utérins. En ne négligeant pas certaines *leucorrhées* d'apparence banale, l'on évite des paramétrites ou des salpingites, que le *gonocoque* soit seul ou associé.

4° *Métrite.* — De même pour la *métrite.*
Assurons-nous, s'il est possible, de l'intégrité de la matrice. Protégeons l'utérus contre l'infection vaginale, et s'il est touché, tâchons, par nos soins, de diminuer les chances de contamination péri-utérine.

5° *Traumatismes. — Fatigues.* — Nous n'insisterons pas sur l'importance étiologique des traumatismes, des fatigues, des excès de coït, des ulcérations provoquées par un pessaire que l'on ne tient pas propre, etc...

6° *Interventions. — Explorations.* — Un simple examen, l'introduction d'un hystéromètre peuvent devenir l'occasion de complications autour de la matrice ; un curettage, comme tout autre manœuvre opératoire, produit dans des cas déterminés les mêmes effets.

7° *Infections intestinales.* — La phlegmasie péri-utérine reconnaît encore une origine intestinale (Pozzi).

Nous ne reviendrons pas sur l'*appendicite* et la *sigmoïdite* (Voir pages 28, 29).

8° *Infections générales.* — Les tubo-ovarites *métastatiques* (OKYNCZYC) surviennent à la suite des fièvres éruptives, scarlatine, rougeole, variole, à la suite des oreillons, des amygdalites, de la typhoïde, de la grippe, des rhumatismes.

On rencontre à l'origine d'états annexiels chroniques, la syphilis, la tuberculose, l'actinomycose.

OKYNCZYC insiste judicieusement sur la prédisposition qui en résulte à contracter ultérieurement d'autres infections génitales à gonocoques, à streptocoques, etc., et sur la stérilité qui menace les malades.

III

Traitement médical des phlegmasies péri-utérines suivant les phases de la maladie

Le traitement des phlegmasies péri-utérines comporte des considérations générales applicables à tous les cas, si l'on fait abstraction du traitement chirurgical.

Les motifs de l'intervention, leur discussion, le choix du moment, trouveront leur place lorsque nous parlerons des salpingites.

A. — Phlegmasie péri-utérine aiguë

Repos

« Si je n'avais qu'un moyen de traitement pour cette affection, le repos est celui que je préférerais (GAILLARD-THOMAS). »

Il faut l'observer d'une manière absolue, surtout au *début* de la maladie. Non seulement la femme ne se lèvera pas ; mais, couchée dans le décubitus dorsal, elle évitera le plus possible tout mouvement, et cela au moins tant que dureront les phénomènes de l'invasion.

Plus tard, elle pourra se relâcher de la sévérité des premiers jours, mais on la maintiendra au lit jusqu'à ce que les symptômes aigus aient disparu, et elle le reprendra au moment des règles pendant une série d'époques.

Glace

Comme toutes les fois que le péritoine est menacé, appendicite ou phlegmasie péri-utérine, l'application de la *glace* trouve des indications ; d'autant plus qu'elle a pour avantage encore de calmer la douleur en même temps qu'elle atténue les phénomènes inflammatoires.

Entre la glace et la peau il ne faut pas négliger d'interposer une flanelle, qui ne doit pas être mouillée, et les morceaux de glace sont remplacés toutes les deux heures environ ; sinon, dans le récipient, il leur succède de l'eau tiède et ces changements produisent une action fâcheuse sur la circulation pelvienne.

La vessie de glace, ou les vessies de glace, car il peut être nécessaire d'en poser deux, sont soutenues par des rouleaux de ouate placés latéralement sur le lit le long de l'abdomen, puis on les entoure d'une large bande de flanelle qui les maintient et au besoin par-dessus on installe un cerceau.

Pansements chauds

L'emploi systématique de la glace a soulevé des critiques ; il arrive en outre que son application ne peut être continuée à cause de l'état de la peau.

Son usage du reste ne remonte pas à très longtemps, et les anciens moyens trouvent de temps à autres des défenseurs pour les remettre en honneur quelquefois sous des formes nouvelles.

Au cours des maladies péritonéales, on s'est demandé si l'abus de la morphine et de la glace arrêtant les mouvements de l'épiploon ne nuisaient pas à un certain rôle protecteur que joue cette membrane vis-à-vis des organes abdominaux. CHANTEMESSE admet en outre que la chaleur excite le pouvoir phagocytaire ; nous voici donc loin « de la glace à outrance pour toutes les affections douloureuses de l'abdomen » (GUINARD), et les doctrines nouvelles vont peut-être démontrer l'à-propos des cataplasmes d'autrefois.

Le *surchauffage intermittent de l'abdomen* que recommande CHANTEMESSE et qu'il pratique avec un appareil spécial, « a pour effet, dit-il, de dilater les capillaires, de faciliter la diapédèse, d'activer les mouvements amiboïdes des leucocytes, d'exalter la phagocytose, en un mot d'augmenter la puissance des procédés de défense naturelle de l'organisme. »

Après Mikulicz il conseille vivement aussi les *injections sous-cutanées de nucléinate de soude* (à la dose de 0^{gr},50 deux ou trois fois dans les trente-six heures), qui provoquent un afflux leucocytaire dans le sang et dans le péritoine.

A défaut d'un appareil, nous aurons recours aux larges enveloppements chauds et humides du ventre.

Émissions sanguines

Dans les premiers jours, la *médication antiphlogistique* et les *émissions sanguines* trouvent aussi leurs indications.

Au niveau de l'hypogastre, de préférence du côté atteint, on appliquera dix, douze, quinze sangsues et davantage, suivant la complexion plus ou moins forte et vigoureuse de la patiente, et on jugera si on doit les laisser saigner quelque temps. Les ventouses scarifiées agissent peut-être plus vite sur la douleur, mais leur action est moins efficace sur les phénomènes fluxionnaires. Ce que nous avons appris au sujet de l'hémophilie locale et transitoire due aux piqûres de sangsues explique ces différences.

Si la femme est robuste, on peut recommencer une ou plusieurs fois ces émissions sanguines, à intervalles variables et même rapprochés (Aran). Il faut avoir confiance en ce procédé et en user sans hésitation ; bien souvent la douleur diminue, la poussée inflammatoire s'atténue, en même temps la tension abdominale tombe et la température descend. L'existence des piqûres de sangsues sur les téguments abdominaux constitue un inconvénient au cas où l'on est forcé d'intervenir ; mais il est bien rare, au cours de la phlegmasie péri-utérine aiguë, que la laparotomie s'impose d'une manière immédiate, on opère à froid.

L'application de sangsues ou les scarifications au niveau du col de la matrice nécessitent l'emploi du *spéculum*, et l'introduction de cet instrument, dont les valves heurtent les culs-de-sac vaginaux et les distendent, devient susceptible non seulement de provoquer une vive douleur, mais encore d'amener une recrudescence des accidents aigus, lorsque les régions péri-utérines sont enflammées.

De plus, ces interventions au niveau du col risquent de faciliter des infections nouvelles. Quand l'introduction de l'instrument sera sans danger pour la malade, dans des phases bien moins aiguës, peut-être dans quelques cas retirera-t-on un certain avantage de ces émissions sanguines. GALLARD les recommandait au moment de la venue des règles, dont la fluxion aggrave les symptômes inflammatoires, toutes les fois qu'une *congestion utérine intense* accompagne les autres lésions.

Topiques

Nous ne reviendrons pas sur les *grands cataplasmes laudanisés* et les *enveloppements chauds et humides*, dont nous avons discuté plus haut l'opportunité.

Les phénomènes douloureux sont parfois bien calmés au moyen d'*onctions* avec des *pommades* sur lesquelles on met une couche d'ouate.

On connaît déjà une formule qui nous procure de bons effets :

```
Ichthyol.................................... )
Extrait de datura stramonium ...................... |
    —     de belladone................................ }  āā 2 gr.
    —     de jusquiame ............................. |
Onguent populeum....................................   50 —
    F. S. A. pommade, pour onctions légères, recouvrir de flanelle.
```

L'application de compresses d'alcool donne aussi de bons résultats.

CHEINISSE emploie des compresses de gaze, imprégnées d'alcool à 90°. Il les exprime avant de les appliquer, puis les recouvre d'ouate hydrophile ou d'une compresse imbibée d'eau froide. Par dessus il met une toile imperméable et maintient avec une bande de flanelle. La compresse d'eau froide, destinée à amender l'action irritante de l'alcool sur la peau est changée toutes les heures.

Je me sers volontiers aussi de compresses trempées dans de l'alcool à 70° et maintenues en place pendant assez longtemps.

Ces divers procédés calment la douleur, et les compresses d'alcool diminuent même, dans certains cas heureux, le processus inflammatoire.

Injections. — Irrigations

Les irrigations *vaginales*[1] ne doivent pas seulement avoir pour but d'entretenir les voies génitales dans un état rigoureux de propreté et d'asepsie; il faut aussi qu'elles aient une action curative directe sur l'utérus et les régions avoisinantes au cours des phlegmasies utérines et péri-utérines.

L'*eau portée à haute température*, 45° à 50°, jouit de propriétés bien mises en évidence. Elle est *hémostatique, antiphlogistique et sédative, antiseptique* jusqu'à un certain point, *anesthésique* même (RECLUS). Ces qualités répondent à diverses indications dans le cours des phlegmasies péri-utérines.

L'*eau tiède* (38°-40°) n'est pas moins *sédative;* son influence n'expose pas à de vives réactions, toujours nuisibles, et, dans les cas très aigus d'inflammation péri-utérine, bien des malades la préfèrent à l'eau chaude. Nous traitons plus loin cette question d'une manière complète.

Les injections, telles que bien des femmes les prennent à l'ordinaire, nettoient le vagin et le col de la matrice. Mais, à part cette toilette des premières voies génitales, leur action thérapeutique est le plus souvent illusoire et reste sans effet pour deux raisons : l'écoulement de l'eau a une durée très courte, et les organes ressentent pendant trop peu de temps les qualités thermiques et médicamenteuses du liquide. En outre, dans les conditions habituelles où une femme se donne une injection, les parois vaginales sont-elles toujours complètement distendues, de telle sorte que leur surface reçoive en tous ses points le contact du courant?

Aussi, afin d'obtenir des résultats plus sérieux, recommande-t-on à la malade de prendre la *situation couchée* pour recevoir une injection et de faire couler l'eau au moins pendant vingt minutes ou une demi-heure. La *pression* doit être *faible* et la sortie de l'eau toujours facilement assurée.

On a conseillé depuis longtemps divers appareils destinés à remédier aux inconvénients des injections trop courtes; nous

1. Voir p. 495 le *Traitement hydrothérapique dans les Maladies des Femmes.*

citerons l'appareil d'Aran, celui de Clauzure (d'Angoulême), ceux de Maisonneuve et d'Auboin. Auvard a publié les incontestables avantages de la canule régulatrice.

Il a semblé à l'un de nous qu'on devrait chercher le moyen de faire durer une injection pendant tout le temps jugé convenable, pendant des heures au besoin, tout en laissant la malade dans une position commode et nullement fatigante.

Afin d'arriver à ce but, nous avons fait construire un petit laveur très malléable.

Il se compose d'un anneau élastique, à peu près pareil au pessaire de Dumontpallier, avec cette différence que l'espace central, au lieu d'être vide, se trouve fermé par une mince lame de caoutchouc destinée à oblitérer le conduit vaginal ; c'est donc

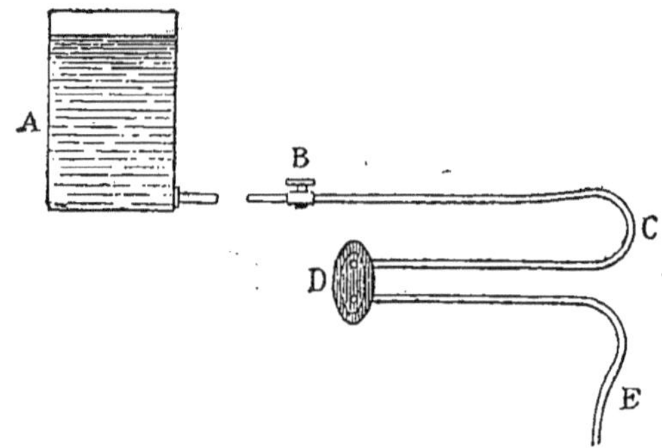

Fig. 16. — Schéma de l'Appareil.
A, vase contenant l'eau ; B, robinet du tube supérieur ; C, tube supérieur amenant l'eau dans le vagin ; D, disque de caoutchouc avec son anneau et ses orifices ; E, tube inférieur emportant l'eau hors du vagin.

une surface plane, circulaire, un disque, dont les bords son constitués par un anneau en relief. La lame centrale est percée de deux orifices. Le supérieur reçoit un long tube flexible, qui d'un grand vase, auquel il est adapté, amène l'eau dans le vagin ; un robinet sert à régler le débit du courant. L'orifice inférieur communique avec un second tube flexible, qui permet à l'eau de s'échapper du vagin et la dirige vers un récipient placé à côté.

La femme étant couchée au lit, on introduit l'appareil comme un anneau de Dumontpallier, et *on a soin de faire passer le tube inférieur ou d'échappement au-dessus de la cuisse de la malade ou sur son ventre*, et voici pourquoi : l'eau arrive par l'orifice supérieur; dans ces conditions il faut, pour sortir, qu'elle remonte au-dessus de la cuisse ou du ventre, c'est-à-dire au-dessus du niveau des organes génitaux internes ; elle est donc obligée de remplir et de distendre toute la cavité vaginale comprise entre le disque oblitérateur et les culs-de-sac, puis cette cavité une fois pleine, l'eau continue à s'élever dans le tube d'échappement jusqu'au point où il se recourbe. De la sorte, toute la surface du vagin dilaté entre en contact avec le liquide.

Au moyen du robinet supérieur, on règle le calibre de l'écoulement jusqu'à le rendre aussi étroit qu'on le désire et, de cette manière, un bock de 3 à 4 litres met un temps assez long à se vider ; on le remplit de nouveau sans toucher à rien, et cela plusieurs fois de suite, selon que l'irrigation doi durer trois

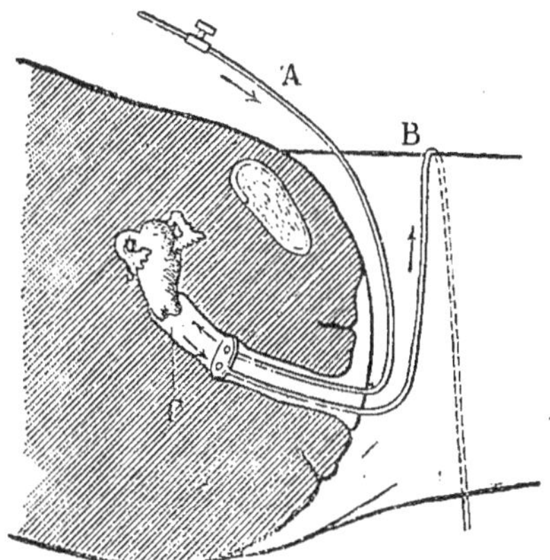

FIG. 17. — SCHÉMA DE L'APPAREIL EN PLACE.
A, tube supérieur amenant l'eau ; B, tube inférieur ou d'échappement passant sur la cuisse de la malade, de telle sorte que l'eau doive remplir la cavité vaginale C avant de remonter jusqu'en B pour s'écouler au dehors.

quarts d'heure, une heure, une heure et demie, etc... Pendant ce temps, la malade peut lire et même s'occuper de petits travaux.

Le vase qui contient l'eau est posé, à l'hôpital, sur la planche située à la tête du lit, c'est-à-dire à 50 centimètres environ au-dessus du niveau du matelas. Si on veut élever ce vase, il ne faut aller que progressivement et avec beaucoup de prudence, car la pression devient très puissante, provoque des douleurs, et nous avons redouté des accidents.

Dans les phlegmasies péri-utérines aiguës, la distension forcée des culs-de-sac et des parties profondes du vagin est toujours périlleuse. Les tissus voisins enflammés subissent des pressions, des tiraillements, des changements de situation qui

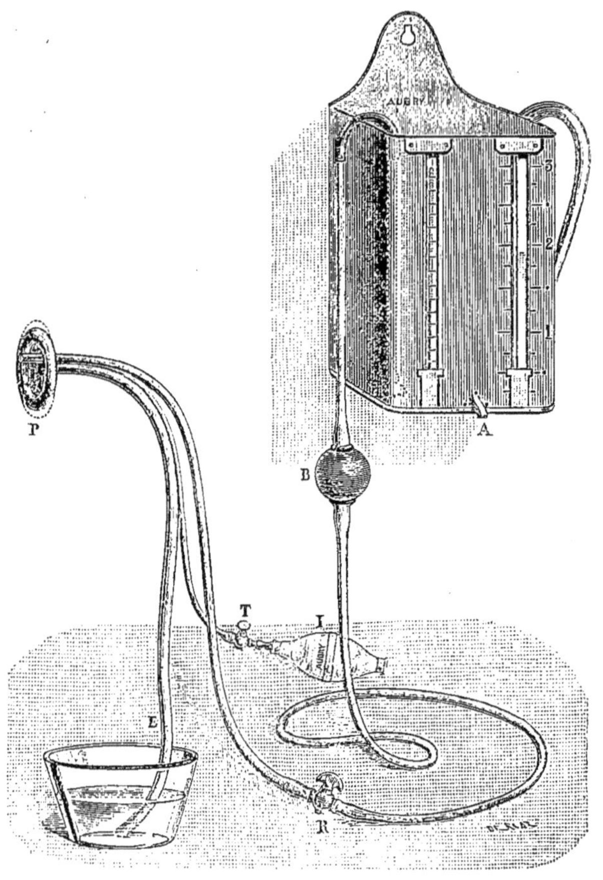

Fig. 18.

A, bock contenant l'eau; B, soufflerie pour amorcer le liquide dans les tubes; R, robinet qui règle le débit du courant; P, anneau; E, tube de dégagement; I, poire qui gonfle l'anneau; T, robinet qui maintient l'anneau gonflé.

aggravent leur état. Il faut n'user que de pressions très-faibles qui font de l'irrigation un bain local, et réserver les pressions plus élevées pour les phases où les phénomènes inflammatoires sont éteints.

Sans aucune fatigue, couchée dans son lit, les jambes étendues et rapprochées dans une position naturelle, la malade reçoit une injection qui coule aussi longtemps que le désire son médecin. En lui-même l'appareil n'est guère plus gênant qu'un pessaire de Dumontpallier; mais il a cependant des inconvénients que nous devons signaler. Durant une métrorrhagie, de très gros caillots sanguins s'engagent parfois dans le tube d'échappement et l'oblitèrent. Au cours d'accidents aigus, il devient capable de réveiller des souffrances, et il faut alors le supprimer sans hésitation; il est plus indiqué dans les périodes subaiguës ou chroniques. Mais le principal ennui, c'est que l'appareil est difficilement placé par la malade elle-même dans une situation où il ne soit susceptible de subir aucun dérangement; elle est obligée d'avoir recours à l'aide d'une autre personne. De plus, selon les sujets, il faut choisir un appareil plus ou moins large, car un anneau trop petit ou trop grand bascule, et le liquide sort par la vulve.

Aussi, pour obvier à ces difficultés, dans un nouveau modèle nous avons fait fabriquer l'anneau en caoutchouc très malléable et dilatable. Cet anneau est creux et, au moyen d'un tube, il communique avec une poire qui le gonfle à volonté. De la sorte la malade introduit elle-même dans le vagin son appareil sans trop se préoccuper de le placer en bonne position; d'un coup de poire elle le gonfle, l'anneau se dilate, s'applique contre les parois vaginales au gré de la femme qui règle la pression, et un robinet métallique permet de laisser l'instrument dilaté puis de le dégonfler pour l'enlever.

Un résultat très utile et très important de l'irrigation ainsi pratiquée mérite d'être signalé. Une injection vraiment efficace doit, outre une influence thermique, avoir « *une influence mécanique* en distendant le vagin de manière à exercer une sorte de massage sur les tissus et organes riverains » (Auvard). Ce massage, cette malaxation, nous paraissent obtenus assez facilement avec notre appareil. L'eau retenue entre les culs-de-sac, la paroi du vagin d'une part et le disque de caoutchouc de l'autre, se trouve dans une cavité close où on peut lui faire subir la pression qu'on désire, afin qu'elle la transmette excentriquement sur la région environnante; il suffit pour cela d'élever ou d'abaisser le réservoir d'où elle s'écoule.

Cette pression, jointe à l'effet du courant ininterrompu, exécute une espèce de massage dont le médecin change à son gré la force et la durée.

Ces divers effets, les propriétés sédatives et antiphlogistiques des longues irrigations ainsi pratiquées constituent des indications et des contre-indications que l'on devra considérer dans le traitement des *métrites*, des *phlegmasies péri-utérines*, etc., suivant leur acuité et leur date plus ou moins récente ou éloignée. Il est des phases qui réclament plus de repos et des procédés plus doux; il faut se garder de toute tentative susceptible d'exaspérer les accidents inflammatoires ou douloureux.

Lavements

Outre les *lavements* destinés à évacuer le contenu de l'intestin et les *lavements à l'antipyrine* et au *laudanum* prescrits pour soulager les phénomènes douloureux, un bon moyen d'agir sur les phlegmasies péri-utérines consiste à employer l'*eau chaude* par la *voie rectale*. Les rapports anatomiques du rectum et des organes génitaux sont assez voisins pour que les qualités thermiques de l'eau introduite dans les dernières parties du gros intestion influencent la matrice et les régions environnantes.

L'origine sigmoïdienne de certaines phlegmasies péri-utérines, les réactions inflammatoires réciproques de l'anse sigmoïde et des annexes, constituent une indication pour les *lavages intestinaux chauds*, qui donnent parfois (J. POULAIN) des résultats surprenants. Avec l'influence de l'eau chaude sur les zones environnantes il faut considérer aussi le nettoyage systématique des dernières parties de l'intestin qui supprime une source continue d'infections. Depuis longtemps j'ai pu, à mon tour, vérifier les bons effets de ce procédé.

On a pareillement conseillé les *irrigations rectales* assez longues

Bains

Quand la phlegmasie péri-utérine autorise à imprimer sans danger à la malade les quelques mouvements inévitables pour la transporter de son lit dans une baignoire, on obtiendra des avantages appréiables des *grands bains tièdes* assez prolongés.

On leur incorporait autrefois les *décoctions d'espèces narcotiques*, et nous n'y voyons encore aucun inconvénient, sinon que la décoction doit être en quantité suffisante, proportionnée à un grand bain, sous peine de rester illusoire.

Nous nous en tenons le plus souvent aux bains tièdes simples ou additionnés de 100 à 250 grammes de *gélatine en feuilles* et de 250 grammes de *sous-carbonate de soude*. On les renouvelle tous les jours ou tous les deux jours selon le degré de fatigue ou de détente qu'ils procurent, et on augmente progressivement leur durée, de telle sorte que, lorsque les phénomènes aigus du commencement ont disparu, la malade reste dans l'eau de trois quarts d'heures à une heure.

Au début des phlegmasies péri-utérines, le *bain de siège* ne doit pas être conseillé, à cause de la position peu commode que la femme se trouve obligée d'adopter et qui provoque certaines douleurs. Plus tard, il trouvera de très utiles indications; et lorsqu'il aura pour but, non plus tant de calmer les souffrances que de favoriser la résorption des exsudats, nous prescrirons avec plus d'efficacité le *bain de siège chaud*, auquel nous pouvons ajouter du reste 20 grammes de gélatine en feuilles et 20 grammes de sous-carbonate de soude. Pendant qu'elle est assise dans l'eau de ce bain, la malade reçoit une irrigation vaginale *chaude de longue durée*, et la combinaison de ces deux procédés hydrothérapiques est un excellent moyen pour favoriser la sédation et la résolution du processus inflammatoire.

Dans les formes très peu intenses, ARAN recommandait les *bains d'étuve sèche* suivis d'une douche froide.

Les *bains d'air chaud* ont été plutôt conseillés contre les exsudats chroniques.

Douches

Nous citons pour mémoire les *douches d'eau chaude* de 15 à 20 minutes, préconisées par GAILLARD THOMAS.

Quant aux douches froides, il convient d'attendre pour les commencer qu'il ne persiste plus la moindre trace d'élément congestif.

Révulsion

La *révulsion* est un moyen de traitement qu'on réserve d'habitude pour la *période d'état* des phlegmasies aiguës, lorsque les phénomènes du début sont déjà un peu lointains et que les topiques émollients, cataplasmes, compresses humides, paraissent avoir donné tout ce qu'on peut attendre d'eux.

A cette période, comme plus tard quand les accidentsm enacent de passer à l'état chronique, la médication révulsive amène des résultats indiscutables, à la condition qu'elle soit largement pratiquée.

Les *petits vésicatoires* sont tout au plus bons à permettre qu'on les panse avec du *chlorhydrate de morphine* pour calmer les souffrances pelviennes. Nous ordonnons de *grands vésicatoires* que nous laissons sécher rapidement, pour recommencer dès que l'état des téguments l'autorise ; rien n'empêche du reste que l'on profite du soulèvement de l'épiderme pour administrer de la *morphine* par la méthode endermique.

Leur application cause parfois quelques sensations pénibles, entretient un peu d'insomnie, si bien qu'au matin du premier jour il n'est pas rare de constater une légère élévation de température dont il faut être prévenu ; mais cette poussée de douleur et de fièvre disparaît bientôt, et souvent avec elle s'en vont ou diminuent les crises de *névralgie lombo-abdominale*, qui compliquent volontiers les inflammations du petit bassin.

Les applications répétées de *pointes de feu* rendent aussi des services. Nous préférons les pratiquer au cours des *états subaigus* plutôt que dans les phases aiguës où nous ordonnons des vésicatoires. De même dans les périodes avancées, on aura recours aux badigeonnages fréquents de *teinture d'iode*.

Columnisation

La *columnisation*, dont nous avons déjà parlé à propos des métrites, ne convient pareillement qu'au moment des *périodes subaiguës* ou *chroniques* ; car ce ne serait pas toujours impunément que l'on distendrait le vagin en le bourrant de coton au cours d'une inflammation aiguë des régions qui entourent la matrice.

Il faut que la columnisation bien tolérée ne réveille aucune souffrance, et c'est à cette condition seulement que l'on aura le droit de placer dans les culs-de-sac des tampons imbibés de glycérine qui les remplissent exactement, puis de compléter cette sorte de pansement en tassant dans le reste du vagin de l'ouate hydrophile sèche.

D'autre part, si l'on veut retirer un bénéfice de ce procédé, on ne doit pas attendre pour le mettre en œuvre qu'il n'existe plus que des brides ou des tissus fibreux autour de l'utérus ; l'exsudat doit encore se trouver dans un état qui puisse subir la résorption.

La *columnisation*, lorsqu'elle vient à son heure, succédant et se combinant à d'autres procédés, fixe et soutient les organes et agit sur les parties phlogosées en favorisant la disparition et exsudats.

B. — **Traitement des phlegmasies péri-utérines à l'état chronique**

Quand la *phlegmasie péri-utérine* a passé à l'*état chronique*, avec le traitement médical on peut espérer du soulagement, une amélioration très considérable ; la lésion anatomique ne disparaîtra pas complètement, elle demeurera même susceptible de subir ou de provoquer des poussées nouvelles.

Autour de la matrice et des annexes il s'est formé un véritable feutrage de brides, de tissus fibreux à lames plus ou moins larges, circonscrivant des loges, les unes vides, les autres pleines ; le péritoine, les trompes, les ovaires renferment ou non des épanchements de nature variable. Si l'ovulation se produit encore, à chaque époque menstruelle, lorsque l'ovaire est retenu par des adhérences loin du pavillon de la trompe, il arrive que l'ovule et une petite quantité de sang tombent dans la cavité péritonéale où l'un de nous a pu en constater les traces et les preuves anatomiques incontestables. De nouvelles exacerbations surviennent, de nouvelles cicatrices se forment, et la période chronique est traversée de poussées aiguës que provoquent en outre toutes les congestions du petit bassin, toutes les causes capables de retentir sur l'appareil sexuel et dont l'énumération serait longue.

Pendant cette phase chronique, le traitement médical renouvellera quelques-uns des moyens mis en usage au cours de la phase subaiguë. Les irrigations vaginales et rectales, les bains, tous les modes de révulsion se combinent tour à tour dans la thérapeutique. RICHELOT préconise à juste titre les *très longues* irrigations vaginales (douches de LUXEUIL). L'introduction de tampons imbibés de *glycérine à l'ichthyol* sera pratiquée de temps à autre.

C'est la phase où l'on s'adressera surtout au *traitement hydrothérapique* tel que nous l'exposons plus loin.

A l'intérieur, on prescrit de l'*iodure de potassium*, de l'*iodure de fer*. On a aussi conseillé (MALDARESCU), l'*iodol* en pilules :

Iodol.. 0 gr. 10
Poudre et extrait de réglisse........................... Q. S.
F. S. A. Une pilule.
En prendre d'abord 4 par jour, pour arriver à 6 et même davantage.

On s'occupera de la *métrite* concomitante.

C'est le moment où il faudra songer au *massage* dont les effets sont remarquables lorsqu'il est bien pratiqué.

Enfin une autre ressource nous reste, et elle est précieuse : le *traitement hydrologique* dont on trouvera les diverses indications à la fin de cet ouvrage, dans une partie qui lui est spécialement consacrée.

Radium

Les travaux de CHÉRON, de Mme FABRE, ont bien mis en lumière la valeur du *radium* dans la thérapeutique des phlegmasies péri-utérines ; son action nettement sédative sur la douleur, ses effets résolutifs et décongestifs s'ils deviennent, dans certains cas, un précieux auxiliaire, ne doivent cependant pas nous faire oublier les autres modes de traitement. Ses indications bien déter-minées ne s'adressent pas à toutes les malades, et le succès n'est pas toujours sûr.

On admet que le radium, très peu bactéricide d'une manière directe, modifie le terrain d'une telle sorte que les agents patho-gènes ne peuvent y vivre. Leur virulence s'atténue et disparaît, « tandis que les tissus enflammés subissent une action évolutive qui les conduit insensiblement à une organisation fibreuse » (CHÉRON). Les rechutes et les réinfections deviennent de plus en plus difficiles.

Dans les *phlegmasies aiguës*, les résultats très variables ne sont pas toujours bons, car on a noté des aggravations après la radiumthérapie, si d'autres fois la douleur a cédé. Cela tient, disent les auteurs compétents, à ce que l'on a commencé le traitement par de fortes doses et trop tôt.

C'est surtout dans les *affections chroniques* que l'on obtient de bons effets, et que l'on voit certains exsudats se résorber.

La *radiumthérapie* demande des connaissances particulières, des appareils spéciaux ; je dois me borner ici à formuler ces brèves indications.

IV

Traitement de quelques symptômes

Douleur

Outre les sensations pénibles que l'on doit calmer, la *douleur* longtemps prolongée trouble la nutrition, retentit sur l'état général, épuise les malades, les met dans de moins bonnes conditions si elles doivent être opérées.

L'*antipyrine*, le *pyramidon*, le *chloral*, les *lavements* avec 1 gramme d'*antipyrine* et X gouttes de *laudanum*, les *pansements laudanisés* (ARAN), sont de bons moyens, mais ils ne valent pas toujours une *piqûre de morphine*, qui amène une détente, le calme et le sommeil.

Insomnie

De même l'*insomnie* contribue à fatiguer les malheureuses, à diminuer le peu d'appétit qui leur reste, à exaspérer leur système nerveux déjà surexcité, et quand les phénomènes douloureux n'exigent pas une piqûre de morphine, on procurera le sommeil au moyen du *sulfonal;* un cachet de 0^{gr}50, pris vers neuf du soir, immédiatement suivi de l'absorption d'une tisane chaude de tilleul et de feuilles d'oranger (l'action dissolvante de l'eau chaude est indispensable pour l'efficacité du sulfonal) s'il est insuffisant, sera renouvelé jusqu'aux doses de 1 gramme à 1^{gr},50. Successivement on pourra s'adresser au *trional* et au *véronal* (0^{gr},25).

Chez d'autres personnes entachées de névropathie, le *bromure de potassium*, le *valérianate d'ammoniaque* arrivent aux mêmes effets.

Métrorrhagies

Rarement la *métrorrhagie* devient un symptôme inquiétant au cours des phlegmasies péri-utérines; parfois, au contraire, elle semble plutôt favorable.

Mais si les circonstances imposent son traitement, on ne s'adressera pas à l'*ergot*, dont l'action énergique sur les fibres lisses qu'il fait contracter est mauvaise au cours de ces affections inflammatoires. On lui préférera la *digitale*, les *tamponnements* avec la *solution gélatinée*, etc.; la *stypticine* a été recommandée comme le médicament de choix contre les pertes au cours des états inflammatoires de l'utérus et des annexes.

Aménorrhée. — Dysménorrhée

L'*aménorrhée* et la *dysménorrhée*, pendant les phlegmasies aiguës, sont le plus souvent de *nature congestive;* la meilleure manière de soulager les douleurs qui les accompagnent consiste à instituer une médication anti-fluxionnaire : émissions sanguines, topiques émollients, etc...

Lorsque les *douleurs menstruelles* reconnaissent pour cause une ponte ovulaire péritonéale, qui simule un accès de péritonite, une *piqûre de morphine* restera l'extrême, mais la bonne ressource.

Si la *dysménorrhée* paraît relever de la présence de brides qui coudent la trompe, maintiennent l'utérus et l'ovaire en position vicieuse, il n'existe, au moment même des règles, aucun autre moyen pour calmer les souffrances que la *médication sédative :* morphine, opium, antipyrine. Tout médicament qui interviendrait par une influence sur le système vasculaire pourrait entraîner des conséquences ennuyeuses, nous devons nous contenter d'agir sur le système nerveux.

Dans l'intervalle des règles, par contre, nous nous efforcerons de supprimer la cause de la dysménorrhée.

Fièvre

Quelques préparations de *sulfate de quinine* et de *digitale* deviennent nécessaires contre des poussées douloureuses fébriles par trop violentes.

```
Sulfate de quinine ...................................    0 gr. 45
Poudre de feuilles de digitale........................    .0 — 05
        Mêlez exactement. — En un cachet.
```

ou bien :

```
Camphorate acide de pyramidon.....................    0 gr. 30
                En un cachet.
```

Mais, dans les formes où l'on soupçonne un élément infectieux, c'est toujours avec avantage qu'on usera des *ferments métalliques*, du *collargol* ou de *l'électrargol*. Nous employons fréquemment les injections intra-musculaires d'*électrargol* à la dose de 10 centimètres cubes souvent renouvelées, et nous n'hésiterions pas à pratiquer les injections intraveineuses, comme nous l'avons exposé à propos des métrites puerpérales.

Affaissement. — Cachexie

Enfin le délabrement de l'organisme usé par la douleur, la fièvre, la formation du pus, l'écoulement prolongé des abcès, le défaut d'alimentation, réclame des *injections sous-cutanées* quotidiennes de *sérum artificiel*, pour remonter des malades complètement affaiblies.

V

Traitement de quelques complications

Métrite

La *métrite aiguë*, ou les poussées aiguës au cours de la *métrite chronique*, de même qu'elles peuvent leur donner naissance, compliquent facilement les phlegmasies péri-utérines. Il est rare qu'il ne se produise pas au moins un certain état de *congestion de la matrice*, ouvrant la porte à toutes les infections surajoutées.

Primitive ou secondaire, la métrite ne doit pas être complètement abandonnée au point de vue du traitement.

La *congestion* sera combattue par quelques *émissions sanguines*, de préférence à l'époque de la venue des règles. Nous nettoierons le col et le canal cervical avec grande précaution, et nous ferons de temps à autre quelques attouchements de *teinture d'iode* ou d'*érytyrol;* nous reviendrons sur *la dilatation, les lavages intra-utérins* et le *curage* que nous avons déjà indiqués.

Péritonite

La *pelvi-péritonite* et la *péritonite généralisée* surgissent comme les complications les plus redoutables. A la moindre menace, nous prescrirons l'*immobilité absolue*, l'*opium* à l'intérieur, la *glace* et même le *collodion*, suivant les moyens que nous décrivons plus loin à propos de la pelvi-péritonite.

Vomissements

Il arrive parfois que les malades atteintes de phlegmasie périutérine sont prises de nausées répétées accompagnées de vomissements, particulièrement pénibles à cause de l'état du ventre ; ils ébranlent les organes abdominaux et augmentent les douleurs (Aran).

D'autres fois le repas le plus léger provoque de l'intolérance stomacale avec redoublement consécutif de sensibilité au niveau du bassin ; dans ce cas il vaut mieux ne pas persister et supprimer franchement toute alimentation, même les boissons, pendant vingt-quatre ou quarante-huit heures, permettre à peine un peu d'eau froide, des pastilles de glace, puis quelques gorgées de lait ou du bouillon de légumes, et calmer l'état gastrique au moyen de la *codéine* et de la *cocaïne*, du *cannabis indica*, ou bien avec quelques *gouttes blanches* qui réussissent assez bien.

Chlorhydrate de morphine.......................... 0 gr. 10
Eau de laurier-cerise............................... 5 —
F. S. A. Solution. — En prendre deux gouttes
sur un tout petit morceau de sucre plusieurs fois par jour.

Aran plaçait un vésicatoire morphiné sur la région épigastrique.

Rectite glaireuse. — Ténesme anal

La présence d'une masse inflammatoire, qui avoisine le rectum et quelquefois le comprime, produit des phénomènes de *rectite glaireuse*, une de ces *diarrhées dysentériformes* (Lasègue) qui sont particulièrement pénibles; un *ténesme anal* les accompagne, qui devient un sujet d'ennuis répétés pour les malades souvent dérangées par de faux besoins. Des *lavages du rectum à l'eau chaude*, des *lavements amidonnés* et *opiacés*, des *suppositoires opiacés, morphinés, cocaïnés, belladonés* calment les phénomènes.

Dans plusieurs cas nous avons obtenu de bons effets de *lavements chauds* avec une *solution gélatinée,*

        Gélatine..   5 gr.
        Eau...   250 —
                        Dissolvez.

que la femme garde le plus longtemps qu'elle peut et qu'elle fait suivre d'nn grand lavage à l'eau chaude.

Ténesme vésical

Le *ténesme vésical, la dysurie*, réclament leur traitement habituel, l'application de cataplasmes sur l'hypogastre, l'usage de boissons émollientes, etc... Gallard les combattait avec succès par le *bromure de potassium*, pris à la dose de 1 à 2 grammes.

Suppuration

Lorsque la phlegmasie péri-utérine est arrivée à supuration, si l'intervention chirurgicale menace de devenir nécessaire, dans les phases aiguës, la malade gardera une immobilité absolue.

Le moment de l'intervention, les règles qui président au choix du procédé à suivre pour donner issue au pus, ou pour enlever l'organe qui contient la collection, varient avec la nature de la phlegmasie. Le jugement des diverses considérations à peser, la critique des indications, constituent à coup sûr un des sujets les plus délicats qui s'offrent au chirurgien.

Quand le pus s'est ouvert spontanément une voie à travers les organes et que l'abcès reste en communication permanente avec

les cavités vaginale, utérine, intestinale ou vésicale, si les circonstances s'opposent à ce que l'on puisse remédier à cet état par
une opération, on a toujours à craindre les conséquences d'une
suppuration prolongée et les menaces d'infections multiples. On
s'efforcera d'en prévenir les effets au moyen des précautions
antiseptiques que comporte le siège des trajets purulents, et
d'autre part on soutiendra l'organisme par une *médication* et une
hygiène tonique.

A ce moment encore, le *traitement hydrologique* est susceptible
de rendre de grands services.

VI

Traitement de quelques suites éloignées

Brides

Les brides, les adhérences qui succèdent aux phlegmasies
péri-utérines, peuvent être avantageusement modifiées par le
massage gynécologique. Nous renvoyons le lecteur aux traités
spéciaux qui en expliquent les différents modes, parce que seul
un praticien exercé saura tirer de ces diverses manœuvres tout
le bien que nous avons le droit d'en attendre.

Nous mentionnons aussi pour mémoire les injections sous-cutanées de *fibrolysine.*

Déplacements de l'utérus et des annexes

Les *déplacements* et *déviations* de la matrice résultent fort souvent de phlegmasies péri-utérines. A la période aiguë, les déplacements utérins ne jouent qu'un rôle secondaire. Mais, quand les
phénomènes du début se sont atténués, il ne faut pas, de propos
délibéré, repousser le *pessaire* pour le seul motif que la malade
a une salpingite ou une périmétrite. Avec une grande prudence,
il est des cas où on peut tenter un redressement et placer un
pessaire (PICHEVIN), à la condition qu'il ne réveille aucune douleur.

VII

Soins hygiéniques

Alimentation. — Genre de vie. — Exercices

Les *précautions hygiéniques* varient nécessairement avec les phases de la maladie.

Tout à fait au *début*, lorsque la période d'invasion est marquée par des phénomènes fébriles, accompagnés de céphalalgie, d'inappétence, de quelques signes d'embarras gastrique, et parfois même de nausées, sinon de vomissements, l'*alimentation* demeurera fort légère. On donnera à la patiente un peu de lait, des bouillons, un œuf, des limonades vineuses ou des grogs très légers, et on attendra quelques jours avant d'augmenter progressivement l'importance des repas.

Plus tard on se conduira tout autrement. A moins que l'on ne se trouve en face d'une poussée nouvelle, qui amène une exacerbation des accidents, il faut prévoir que l'*alimentation* doit être *tonique* et *réparatrice* ; et si l'inappétence, le dégoût pour la nourriture persistent, on choisira les aliments qui, tout en flattant le goût de la patiente, sont capables de la soutenir.

Pendant l'évolution de la maladie, la *constipation* est un symptôme fort contraire à l'atténuation des malaises ; d'autre part, une dérivation intestinale diminue l'intensité des phénomènes congestifs. Cependant, dans certains cas où l'on peut craindre de voir l'inflammation se propager et gagner le péritoine, ou bien si l'on désire que l'intestin reste complètement immobile, il est préférable, pendant quelques jours, de donner des *pilules d'opium* pour entretenir la constipation. A part cette réserve, on purge doucement la femme soit avec un peu d'*huile de ricin*, soit avec du *calomel*. Le calomel était surtout préconisé autrefois, parce que, outre ses propriétés purgatives, « il dégage les veines du petit bassin en agissant sur le foie ».

On recommandera à la malade d'éviter le *froid* et, en général, tout ce qui est susceptible de fluxionner le pelvis. Elle portera une *ceinture de flanelle*, sinon une *ceinture hypogastrique* qui lui est parfois indispensable, mais qui, d'autre part, pour être bien tolérée, ne doit réveiller aucune sensibilité de la région ; il est plus difficile de fabriquer une ceinture pour une phlegmasie, même fort ancienne, que pour une viscéroptose ou une déviation utérine.

Enfin, à quel moment la malade est-elle autorisée à reprendre de petites occupations ? Doit-elle toujours rester couchée au moins sur une chaise longue ? Un certain degré d'exercice lui est-il préjudiciable, lui est-il, au contraire, favorable ? D'abord au bout de quelques mois, la femme la plus patiente du monde finira par se révolter si on lui interdit tout mouvement, tout travail, toute distraction, et nous l'exposons ainsi à une rechute. Puis les conditions sociales conservent aussi leurs exigences.

A l'exemple de tous les auteurs, bien évidemment nous ne saurions trop recommander le calme, le *repos physique et moral*, l'abstention de toute fatigue, etc., mais il arrive un moment où l'état général de la femme mérite à son tour d'entrer en considération ; et si on la tient au lit trop longtemps, elle risque de ne plus en tirer des bénéfices qui compensent les désavantages qu'elle en éprouve. Elle évitera les efforts, les exagérations inutiles ; d'abord on la sortira sur une chaise longue au *grand air* ou dans une voiture qui ne donne *aucune secousse*, puis elle commencera à *marcher* doucement. Si la marche provoque de la douleur, GAILLARD THOMAS la proscrit ; mais si elle ne réveille aucune sensation pénible, il autorise des promenades de une à deux heures. La disparition ou le réveil de la sensibilité demeure un guide assez fidèle.

Le décubitus trop longtemps prolongé (PICHEVIN) amène dans le pelvis une stase veineuse peu favorable à la guérison des phlegmasies chroniques.

VIII

Traitement de l'ovarite

Les considérations dans lesquelles nous venons d'entrer à propos du traitement des phlegmasies péri-utérines en général nous permettent de ne toucher ici qu'à des points particuliers qui concernent la thérapeutique à instituer suivant le siège anatomique de la maladie.

A. — Traitement de l'ovarite aiguë

Le diagnostic de l'*ovarite aiguë* est difficile à poser.

Entre des poussées très vives d'*hyperhémie ovarienne* et l'*ovarite menstruelle*, il n'y a qu'un pas à franchir, comme aussi pour arriver à l'*apoplexie* de l'ovaire. A propos de la *puberté* nous sommes entrés dans des détails pathologiques et thérapeutiques sur ce sujet.

L'*ovarite inflammatoire* d'origine infectieuse résulte de propagations phlegmasiques du voisinage ou d'embolies microbiennes; elle se manifeste rarement à l'état isolé, le plus souvent elle complique une autre altération de l'appareil génital.

C'est surtout la *douleur* que nous avons à combattre, spontanée ou provoquée par la moindre pression, par le plus léger attouchement, « exquise » (GALLARD) et comparable à celle que provoquent les inflammations du testicule.

Outre les moyens indiqués à propos des phlegmasies, il faudra insister sur les *émissions sanguines;* l'état général, la complexion plus ou moins robuste de la malade autorisent à les répéter d'une manière variable. Puis nous aurons recours aux petits *vésicatoires pansés* à la *morphine*, qui nous offrent l'avantage d'être multipliés rapidement tout autour de la zone atteinte et le long des *névralgies lombo-abdominales* venant se greffer si volontiers sur l'ovarite aiguë. ARAN, à l'aide du spéculum introduit avec de grandes précautions, jetait dans les culs-de-sac du *laudanum* et par-dessus de la *poudre* de *riz* ou d'*amidon*. Le vagin reçoit impunément une certaine quantité de laudanum, sans qu'il en résulte de symptômes graves. On a vanté aussi une sorte de *cataplasmes vaginaux*, petits sachets enveloppés dans de la mousseline et renfermant de la farine de graine de lin, des aromates.

Il est plus simple de prescrire des *suppositoires vaginaux* à la *morphine*, à la *cocaïne*, des ovules au *thygénol* ou à l'*ichtyol*, des lavements à l'*antipyrine* et au *laudanum*, des cachets de *pyramidon;* après l'application de vessies de *glace*, souvent on en est réduit à la *piqûre de morphine*.

Les *métrorrhagies*, quand elles nécessitent un traitement, bénéficieront de la *digitale*, de l'*ergotine*, de la *stypticine ;* l'*hydrastis* produit aussi de bons effets. Souvent elles résultent d'un certain degré d'*hyperovarie* qui marque le début des ovarites, et seront combattues alors par l'*opothérapie mammaire*.

B. — **Traitement de l'ovarite chronique**

Le repos absolu ne saurait être continué indéfiniment, du moins on le recommandera au moment des règles. Quelques jours avant la venue de la menstruation, si les *douleurs* tourmentent la patiente avec une acuité tout à fait pénible, une application de *sangsues* ou des *scarifications* au niveau du col, sinon des *émissions sanguines* sur l'hypogastre, amènent souvent une détente ou au moins atténuent l'intensité de la *dysménorrhée congestive*, qui se trouve d'autres fois calmée par le *senecio*, le *cannabis* et les différents remèdes ou procédés étudiés au chapitre des *douleurs menstruelles*.

Les *névralgies*, les *métrorrhagies*, les divers *troubles menstruels* demandent des soins qui nous sont déjà connus.

L'*opothérapie ovarienne* donne de bons résultats dans certains cas. Les époques se montrent d'une façon plus régulière en même temps qu'elles arrivent avec des souffrances très amoindries. Les symptômes de l'*insuffisance ovarienne* en effet se manifestent souvent à propos de l'ovarite chronique et bénéficient de ce traitement *opothérapique*.

L'*opothérapie thyroïdienne* seule ou associée à l'*ovarine* est indiquée, non seulement dans ces cas (Hertoghe) où « l'ovarite chronique trouve son origine dans l'appauvrissement thyroïdien », mais aussi pour combattre certaines complications, surtout les *métrorrhagies*, etc.

Mallet se loue de l'extrait de *glande parotide*.

La *révulsion* par les *vésicatoires*, la *teinture d'iode*, les *pointes de feu* se continuent suivant les indications journalières.

Deux fois par semaine on introduit dans le vagin un tampon d'ouate hydrophile imbibé de *glycérine ichtyolée* à 10 p. 100.

Les *compresses humides* de Priessnitz sont aussi préconisées dans le traitement de l'ovarite chronique.

Le *prolapsus des ovaires* malades (qui accompagne souvent du reste les déviations de la matrice en arrière) ne contre-indique pas toujours l'usage d'un pessaire ; au contraire, bien des fois il en est lui-même *grandement amélioré*.

Enfin, la malade évitera la constipation, toutes les fatigues, toutes les excitations physiques et intellectuelles capables d'amener une *congestion génitale* qui se porte volontiers sur les ovaires.

L'*ovarite chronique scléro-kystique*, le plus souvent d'origine infectieuse ou *tuberculeuse*, s'accompagne parfois de telles douleurs et provoque des pertes si abondantes que l'intervention opératoire devient inévitable. Elle coexiste fréquemment, du reste, avec la métrite scléro-kystique du col.

IX

Traitement de la salpingite

Le traitement de la salpingite comprend d'abord les diverses prescriptions que nous avons énumérées.

Mais c'est surtout à son sujet que se pose la question de l'intervention chirurgicale. Faut-il opérer? et à quel moment?

L'opération, par elle-même n'est pas toujours sans gravité; et, suivant les circonstances, l'ablation des annexes comporte un pronostic immédiat réservé.

Les suites lointaines de la castration, les accidents de la ménopause chirurgicale, la suppression définitive de tout espoir de grossesse, doivent aussi entrer en ligne de compte pour prendre une détermination.

A. — Salpingite aiguë

« Quand on se trouve en présence d'une inflammation aiguë « des annexes, quelle que soit la gravité apparente des accidents, « même quand le bassin est maçonné, l'utérus immobile, il faut « s'abstenir de toute intervention radicale (Doléris). »

A la suite de l'*infection blennorrhagique*, les fonctions des annexes peuvent se rétablir (Hermann). Quand le *gonocoque* est seul en cause, la phlegmasie tend d'elle-même à s'arrêter, elle se limite. L'association du *streptocoque* ne semble pas trop aggraver le pronostic. Dans l'*infection puerpérale*, les formes qui mettent la vie en péril immédiat ne sauraient être ici considérées; pour les processus plus atténués, il vaut mieux attendre. De même au cours des autres infections que nous relevons dans les causes de salpingites (Doléris).

Le traitement médical reste donc indiqué dans les premières étapes de la maladie. Nous verrons qu'il est encore susceptible de rendre de grands services au cours des phases ultérieures, bien qu'alors la rétrocession des désordres devienne plus difficile à obtenir.

Et dans les mauvais cas, non seulement il calme les douleurs, permet à la femme de supporter sa lésion sans trop de peine, mais *il prépare encore le terrain pour une intervention*, si elle devient nécessaire.

La malade est mise au *repos absolu*. On lui donne des irrigations vaginales *chaudes;* il faut qu'elles soient à faible pression et que le liquide sorte facilement. Les culs-de-sac ne doivent pas être trop distendus ni les annexes trop malaxées. Certaines personnes se trouvent mieux soulagées par l'eau *tiède*. Ce sont là des modifications à rechercher.

Des *enveloppements chauds et humides* du ventre sont maintenus en permanence. L'application de *glace* dans d'autres cas calme la douleur et prévient la propagation du processus. L'intensité des lésions guide le choix du moyen.

Les *émissions sanguines*, les diverses *révulsions* viennent encore à notre aide tour à tour; le *radium* semble d'une application peu efficace et en tous cas délicate à cette phase de la maladie.

Dans la puerpéralité nous avons étudié déjà les indications des *lavages intra-utérins*, etc.

Au cours des autres salpingites, la *dilatation*, le *drainage*, le *curettage* sont discutés plus loin.

Contre la *douleur* et les *coliques salpingiennes*, nous aurons en outre à prescrire les petits lavements à l'*antipyrine* et au *laudanum*, le *pyramidon*, les pommades à la *jusquiame* et à *la belladone*.

Il arrive un moment où la détente des accidents permet de porter la patiente dans de *grands bains sédatifs*.

B. — Salpingite chronique

Au cours de la *salpingite chronique*, le traitement médical trouve encore ses indications.

Dans les inflammations anciennes, l'épanchement, même purulent, n'est pas toujours septique; de plus, il existe des salpingites catarrhales parenchymateuses. Il faut encore faire le diagnostic avec les *annexites non inflammatoires* (ROULLAND).

Les vieilles salpingites sont sujettes à des poussées nouvelles, à des rechutes qu'il faut soigner sans pour cela être obligé d'opérer.

Aux irrigations *chaudes*, aux grands *bains*, lorsque l'élément inflammatoire est éteint, ALBERT ROBIN ajoute les compresses de toile ou de flanelle imbibées d'une solution contenant 25 grammes de *sels de Salies-de-Béarn* dans 100 grammes d'eau, pour recouvrir l'abdomen. Sur ces compresses on applique du taffetas, de l'ouate, une bande de flanelle, et on laisse en place ce pansement toute la nuit. Plus loin nous expliquons l'emploi des *eaux-mères de Biarritz* ou de *Salies* dans les mêmes cas.

Les pansements *glycérinés*, la *columnisation*, l'*opothérapie ovarienne*, les pratiques hydrothérapiques amènent une réelle amélioration des symptômes.

La *dilatation utérine, le drainage* restent à discuter.

Plus tard, en combinant ces moyens avec un *traitement hydrologique*, avec le *massage*, la *radiumthérapie*, l'*électricité* même, quand les circonstances le permettent, on parvient à conduire les malades jusqu'à un degré de guérison relative. La salpingite ne reste plus pour elles une source de souffrances vives et de dangers. Elles continuent à ressentir des malaises, on est forcé de leur recommander certaines précautions, une série de soins de temps à autre, mais la vie n'est plus empoisonnée par des crises perpétuelles ou des menaces de péril imminent, et les femmes n'ont pas abandonné tout espoir de maternité.

La réaction contre l'ablation si fréquente des annexes perce depuis assez longtemps et la tendance à restreindre les opérations se manifeste de plus en plus. Une salpingite éteinte peut ne pas comporter des troubles trop importants. Dans les phlegmasies d'origine puerpérale surtout, A. SIREDEY conseille la rareté des interventions, car de grosses masses salpingiennes diminuent et disparaissent encore assez rapidement. La persistance de la douleur, la fréquence des récidives, et le mauvais état général qui en résulte, restent les phénomènes qui imposent l'ablation.

C. — **Dilatation.** — **Drainage**

La *dilatation* de la cavité utérine doit être largement pratiquée, d'une manière *lente*, à l'aide des *laminaires;* on la fait suivre d'un *drainage prolongé* à la *gaze iodoformée*.

Qu'elle agisse en désoblitérant les trompes, en favorisant la résorption plus facile par le massage des parties, par l'afflux du sang qu'elle provoque et une circulation plus active (DOLÉRIS), en redressant la matrice, ou bien simplement en guérissant la métrite (POZZI), elle a produit d'excellents effets, mais dans des cas bien déterminés.

C'est surtout dans les *salpingites catarrhales*, lorsque la tumeur n'est pas fixée par un feutrage d'adhérences, que la dilatation amène sa diminution progressive.

Lorsqu'il y a du *pus* dans les annexes et autour des annexes, ces petites interventions comportent de la réserve, et la simple application de laminaires a provoqué des accidents, si bien que, même dans *toute* salpingite, cette dilatation est considérée comme dangereuse par quelques auteurs.

Cependant LABADIE-LAGRAVE, LEGUEU, DOLÉRIS, etc., sont parvenus à vider de la sorte des collections hématiques et purulentes.

Avec le drainage on assiste au changement des tuméfactions constatées dans les culs-de-sac, et on termine le traitement par les divers autres moyens thérapeutiques.

D. — **Curettage**

Dans la *puerpéralité*, le *curettage*, en enlevant les débris placentaires, supprime un foyer permanent d'infection. Nous avons discuté ses indications et ses contre-indications à propos de la métrite puerpérale.

Au cours d'autres annexites, les opinions sont vraiment très différentes. Cependant la majorité des gynécologues ne considère pas le curettage comme un procédé de traitement à mettre en œuvre.

« Le curettage restera une manœuvre un peu téméraire et « peut-être dangereuse, mais on sera autorisé à y recourir, avec « prudence, à condition que les lésions soient jeunes, d'évolu-« tion subaiguë, sans adhérences et surtout *non suppurées*. » (PIERRA.)

E. — **Indications opératoires**

A un moment donné, la salpingite ne relève que du chirurgien, et le médecin se base sur un ensemble de constatations pour juger que l'opération ne saurait plus être ajournée.

Il trouvera des indications pour intervenir au cours des *salpingites chroniques* dans :

Le *volume* de grosses lésions, surtout si elles sont bilatérales ; à plus forte raison s'il existe de fortes adhérences, des trajets fistuleux (DOLÉRIS);

La *douleur* persistante et continue ; sa réapparition inévitable et vive sous l'influence de la station debout un peu prolongée ;

Les *signes de compression ;*

Les *troubles digestifs*, les salpingites qui font maigrir (LEGUEU) ;

Les *salpingites chroniques fébriles*, salpingites *suppurées, phlébitiques* (LEGUEU) ;

L'*invalidité de la malade* (PICHEVIN) ; lorsque la perte de l'appétit, les troubles vésicaux, les métrorrhagies répétées, la fièvre, etc., amènent un dépérissement progressif.

Nous sommes encore obligés de tenir compte de la situation sociale. Si la patiente peut rester longtemps au lit, recevoir des soins minutieux et prolongés, on sera autorisé à retarder le moment de l'opération, tandis qu'une femme ayant besoin de travailler pour vivre demandera à être débarrassée le plus tôt possible, d'une manière radicale.

X

Traitement de la pelvi-péritonite

Aussitôt que la *pelvi-péritonite* devient menaçante, et à plus forte raison dès qu'elle est déclarée, quelques modifications doivent être apportées au traitement des phlegmasies péri-utérines en général.

On prescrit l'*immobilité complète ;* on ne porte même plus la malade au bain pour éviter tout mouvement intempestif et aussi parce que les topiques chauds émollients cèdent la place aux applications de glace.

Nuit et jour des *vessies de glace* sont maintenues de façon à ce qu'elles soient largement étalées sans appuyer cependant d'un trop grand poids ; au moyen de fils de fer circulaires et assez épais ou de baleines repliées introduits dans la vessie, nous parvenons à lui donner une forme qui lui permet d'agir sur un assez large espace, tout en restant suspendue à un cerceau. Pour conserver son efficacité, cette influence du froid doit être *continue*, en évitant les interruptions avec des alternatives de chaud et de froid. Plus haut se trouvent cependant discutés les avantages des *pansements chauds*, du *surchauffage de l'abdomen*, et des injections sous-cutanées de *nucléinate de soude*.

On obtiendra de bons effets du *pansement au collodion*, tel que le conseillait Robert de Latour. Un badigeonnage épais et résistant est pratiqué sur tout l'abdomen, de l'appendice xyphoïde au pubis, et s'étend en arrière au niveau des reins, de telle sorte que le ventre, les flancs, les lombes soient enserrés dans une ceinture élastique de collodion suffisamment haute pour les recouvrir en entier. On ne modère le ballonnement abdominal et on n'immobilise les intestins qu'à ce prix.

La médication purgative est abandonnée, on supprime le calomel et l'huile de ricin, pour ordonner au contraire l'*opium* à la dose de *cinq* à *dix centigrammes* environ d'*extrait thébaïque* espacés dans le courant de la journée ; les *piqûres de morphine* calment mieux la douleur et entretiennent moins l'arrêt des matières.

La femme se contente d'absorber un peu de lait glacé, puis, à mesure que les accidents s'atténuent et que la tolérance alimentaire s'établit, on augmente la nourriture.

Enfin il faut veiller à ce que l'urine ne séjourne pas dans la vessie, et souvent on est obligé de *sonder* la malade matin et soir.

Quand les phénomènes aigus sont amendés, on reprend la *médication révulsive* que l'on avait momentanément suspendue, et le traitement de la *pelvi-péritonite* rentre alors dans celui des *phlegmasies péri-utérines subaiguës ou chroniques en général*.

CINQUIÈME PARTIE

TRAITEMENT HYDROTHÉRAPIQUE
TRAITEMENT HYDROLOGIQUE

CHAPITRE I

TRAITEMENT HYDROTHÉRAPIQUE DANS LES MALADIES DES FEMMES

I

Considérations générales

Les anciens auteurs étaient loin de soupçonner toute l'aide que nous trouvons dans les diverses applications de l'eau pour le traitement des maladies des femmes. Ils ordonnaient des injections, mais se préoccupaient surtout des substances qu'ils incorporaient dans l'eau, et, suivant la solution, l'infusion ou la décoction prescrites, ils se proposaient de parvenir aux résultats les plus différents. C'est ainsi que l'*injection calmante* pour la matrice [1] comprenait du suc de morelle dépuré avec deux ou quatre grains d'opium ; l'*injection détersive* renfermait la décoction d'orge et le petit-lait, les feuilles de sanicle et d'aigremoine, les sommités de millepertuis, les racines d'aristoloche ronde ; l'*injection astringente*, les racines de bistorte et de tormentille, l'écorce et les fleurs de grenadier, le sang-dragon, avec deux gros d'alun pulvérisé. Mais l'*eau commune*, comme ils l'appelaient, paraissait à la plupart présenter des indications moins importantes.

Cependant les *bains*, les *demi-bains*, les *bains de pieds* préoccupent Astruc notamment, qui revient sur leur prescription à plusieurs reprises. Quant à la *douche, irrigatio ab alto*, c'est à peine si nous la voyons signalée.

Il faut arriver à une époque assez récente pour que l'on s'efforce de transporter dans la gynécologie quelques-unes des règles étudiées en hydrothérapie générale.

L'accord n'est pas encore unanime. Le mode d'action, les avantages ou les inconvénients des multiples applications de l'eau demeurent fort discutés. Des auteurs, peut-être un peu exclusifs, s'en remettent à une seule façon de procéder qui leur a donné de bons résultats : eau chaude et bains chauds, par exemple. D'autres, très éclectiques, s'adressent suivant les cas à une série de moyens et ne précisent pas de loi bien fixe.

Le sujet ne prête guère, en effet, à une formule bien arrêtée, et les indications varient avec la malade comme avec la maladie. D'une action très efficace dans la thérapeutique des affections génitales, l'hydrothérapie nous rend surtout les plus grands services aussi bien contre les accidents de la menstruation qui surviennent au long de la vie sexuelle que pour favoriser

---

1. Lieutaud. — *Matière Médicale*, t. III, Paris, 1777.

l'établissement de la puberté ou combattre les troubles de la ménopause. Nous ne devons donc pas considérer seulement l'appareil utéro-ovarien, mais aussi l'état général de tout l'organisme, les réactions qui tiennent à l'âge, à la santé, au neuro-arthritisme, au lymphatisme, à la tension artérielle (VINAY), etc.

II

Action de l'eau sur l'organisme

Nous pouvons utiliser les effets de l'eau :

A. — Dans ses applications localisées : *irrigations* ou *injections, douches localisées, bains de siège, pédiluves, manuluves, sacs d'eau chaude* ou *sacs de glace, compresses humides à températures différentes*, etc.

B. — Dans ses applications générales : *grands bains, douches générales.*

Quel que soit le moyen auquel nous aurons recours, il existe des règles que nous devons rappeler tout d'abord.

Ces règles concernent :

a) Le degré de la température de l'eau ;

b) La durée de l'application de l'eau ;

c) La pression avec laquelle l'eau frappe le corps ou une partie du corps.

Nous transporterons ces règles de l'hydrothérapie générale à la pratique de la gynécologie.

1° Eau froide

Une *application courte* d'eau froide resserre les vaisseaux des parties qu'elle atteint et chasse le sang vers les organes profonds qu'elle fluxionne. L'application terminée, le sang revient dans les vaisseaux de la périphérie ; suivant l'intensité du mouvement, ces derniers deviennent susceptibles de subir une dilatation momentanée. C'est la *réaction circulatoire* qui active la circulation capillaire. Pour prendre un exemple, elle stimule les engorgements d'une congestion utérine à tendance chronique ou torpide et favorise ainsi leur disparition par les alternatives de déplétion et d'expansion brusques.

La même *application courte* d'eau froide fait baisser la température à la phériphérie et l'augmente dans les parties profondes. Quand elle cesse, la chaleur en excès se porte à la surface et diminue dans les zones intérieures, qui de la sorte perdent du calorique. C'est la *réaction thermique* dont nous tirons peu d'effet dans nos pratiques *locales* de gynécologie ; mais elle active les combustions, l'oxygénation, augmente la vitalité de l'organisme (HUET), et ce résultat de l'hydrothérapie générale reste fort précieux pour nombre de nos malades.

Les applications courtes d'eau froide et à pression assez vive sont *toniques et excitantes* (TARTIVEL).

L'action *prolongée* de l'eau froide maintient les vaisseaux en état de contraction et défluxionne ainsi les tissus qu'elle impressionne. Pour tirer profit de cette influence décongestive, il faut qu'elle soit assez longue afin que la réaction circulatoire ne puisse se produire et qu'une période d'expansion vasculaire exagérée ne succède pas à la déplétion.

Les applications prolongés d'eau froide (cinq à dix minutes et plus) baignant les tissus *sans les percuter*, acquièrent, dans ces conditions, un *effet sédatif*. Elles deviennent susceptibles de combattre les hyperhémies, certaines phlegmasies et manifestations hyperesthésiques ou douloureuses. Leur emploi toutefois comporte des réserves suivant les sujets et suivant les cas.

Nous reviendrons plus loin sur des *effets à distance* produits par l'eau froide : pédiluves, manuluves froids, douches froides sur les jambes et les pieds, ordonnés par exemple contre les métrorrhagies.

2° Eau chaude

L'eau chaude est très employée en gynécologie. Cependant on lui a demandé plus de services qu'elle ne peut en rendre.

Elle possède des effets *dérivatifs*, *révulsifs* et *analgésiques ;* mais ils restent loin d'être applicables à toutes les maladies génitales d'une manière systématique et indifférente.

En contact avec une région, elle augmente la chaleur, injecte les capillaires et détermine la sécrétion glandulaire ; une rubéfaction se produit dans la zone ainsi congestionnée.

Les pansements très chauds ont pour effet, comme toutes les applications locales de la chaleur « de dilater les capillaires, de faciliter la diapédèse, d'activer les mouvements amiboïdes des leucocytes, d'exalter la phagocytose, en un mot d'augmenter la puissance des procédés de défense naturelle de l'organisme». J'ai déjà rapporté cette phrase de CHANTEMESSE à propos de la thérapeutique des plegmasies péri-utérines et des pelvi-péritonites; nous trouvons encore son application dans l'influence des bains de siège chauds combinés aux irrigations chaudes, par exemple, et c'est elle qui nous explique l'action de l'eau très chaude employée dans le traitement des phlegmons, des panaris, etc.

Si elle est projetée sous forme de douche locale, la rubéfaction qui se manisfeste est d'autant plus marquée que l'intervention a été plus longue.

« Lorsque cette douche, dit BENI-BARDE, est administrée avec de l'eau dont la température est *très élevée* et que sa durée *n'est pas très prolongée*, on provoque un spasme vasculaire aussi intense sur la peau que sur les muqueuses. Cette action excito-motrice est *très fugitive.* » — « La contraction vasculaire est suivie d'une dilatation qui se révèle par la stagnation apparente du liquide sanguin. »

En hydrothérapie générale, la révulsion devient d'autant plus intense qu'une douche très chaude, assez prolongée, est suivie d'une douche froide de courte durée.

Les effets révulsifs et dérivatifs s'accompagnent donc d'une légère excitation si l'application de l'eau a été courte, et si elle a été longue d'une véritable fluxion sanguine.

La sensibilité tactile (BENI-BARDE) reste plus longtemps engourdie après une douche chaude qu'après une douche froide.

3° Eau tiède

L'eau tiède, *tempérée*, possède une action beaucoup trop négligée, qui la place au premier rang des *agents sédatifs*.

Cette influence est d'autant plus marquée que l'application « est *prolongée*, et la percussion du liquide *légère* ».

Excitant le système nerveux d'une manière très discrète, elle calme la douleur, relâche et assouplit les tissus, et convient à merveille aux névropathes et aux arthritiques.

III

Des irrigations vaginales ou injections

1° Des injections en général

Pour avoir quelque efficacité, dans des conditions de pression ordinaire et de percussion qui la différencient nettement de la *douche* vaginale, l'*injection* doit être prise ou donnée la femme se trouvant dans la position couchée. Si elle est assise ou accroupie, l'injection devient un simple lavage de toilette, et le contact de l'eau avec les voies génitales est trop imparfait et insuffisant pour que les parties environnantes surtout puissent subir une action satisfaisante des effets ressortissant à la *température*, à la *pression*, à la *nature* même du liquide et à la *durée* de son écoulement.

Afin même de favoriser l'influence de ces divers facteurs, on s'est ingénié à construire des appareils, laveurs ou canules, à irrigation continue ou du moins prolongée au gré du médecin. Quel que soit l'instrument employé, la prescription envisagera tous les détails sur ces différents points ; elle variera nécessairement suivant la maladie et la phase où elle arrive.

C'est sans doute pour n'avoir pas assez tenu compte de ces modifications indispensables que l'on constate parfois l'inefficacité, et même certains inconvénients des injections pratiquées d'une façon toujours trop systématiquement la même. Ainsi la grande vogue des irrigations vaginales à température très élevée (48°-50°) a conduit les malades à les prendre indistinctement dans des conditions où l'eau très chaude, *fluxionnaire* et *irritante* surtout lorsqu'elle contient des *acides* ou *antiseptiques forts*, entretient l'hyperhémie et l'hypersécrétion des muqueuses. Les indications de l'eau très chaude demeurent fort nettes et incontestables, mais, en dehors de certains cas assez limités, son usage mal entendu marche à l'encontre du but proposé.

2° Accidents des injections

Les accidents des injections ont été exagérés, mais il n'en restent pas moins à craindre. Les uns tiennent à la pression trop considérable avec laquelle le liquide est projeté dans les voies génitales ; les autres sont dus à la température trop chaude ou trop froide de l'eau, aux substances incorporées ; d'autres enfin doivent être rapportés à quelques circonstances dont on ne s'est pas assez préoccupé, béance du col, plaies anfractueuses, noyaux de péritonite localisée, etc.

Quel que soit l'appareil recommandé, il convient de s'assurer que la pression du liquide peut être réglée, diminuée ou augmentée, avec la plus grande aisance, et que rien n'entrave la facile sortie de l'eau hors du vagin. Si l'on désire des pressions très considérables, il faut aller d'une façon progressive les premières fois, et tâter la susceptibilité de la malade. On a vu survenir de violentes *douleurs abdominales*, subites, accompagnées de *syncopes*, de *vomissements*, de *frissons;* puis les femmes accusent une sensation de *froid* aux extrémités, elles tombent en *faiblesse*, en *collapsus;* dans les cas très graves, la *mort* arrive, ou une *péritonite* se déclare (TEILHABERT, GAILLARD THOMAS). On invoque le choc, la sensibilité particulière du sujet, etc.

D'autres fois, les accidents relèvent d'une trop grande *distension du vagin* entouré de noyaux inflammatoires préexistants, de foyers de périmétrite, dont la marche lente subit un coup de fouet de cette sorte de traumatisme.

On trouve cités partout des cas de *mort* par *pénétration* du liquide ou de l'air même dans les veines : chez des cancéreuses, par exemple. Cette pénétration, assez difficile à mettre en évidence indiscutable, a peut-être été accusée dans des faits où la mort provenait d'embolies ou de tout autre cause susceptible de la provoquer au cours de cancers ou de plaies à diverticulum.

Plus réelle est la crainte de la *pénétration du liquide dans la cavité de la matrice* à travers un col béant. L'habitude de pratiquer le lavage intra-utérin nous empêche de regarder comme périlleuse cette complication : c'est à tort. Nous opérons le lavage intra-utérin dans des conditions de propreté absolue, avec un liquide aseptique ; nous avons grand soin que l'écoulement hors de la matrice ne rencontre aucun obstacle, et la sortie s'exécute toujours proportionnellement à l'arrivée. Au long d'une injection vaginale, l'eau qui pénètre dans l'utérus arrive souillée, et si elle tend perpétuellement à entrer elle est gênée pour sortir ; de là deux dangers, la *contamination*, la *pression* qui s'élève, et ce n'est pas sans raison que l'on redoute le passage dans l'utérus, dans les trompes et jusque dans le péritoine.

3° Injections d'eau chaude

Rappelons-nous que le contact de l'eau chaude produit des effets hyperhémiques, révulsifs, et amène de la rubéfaction. La douche d'eau très chaude provoque un spasme vasculaire transitoire suivi de dilatation. De plus, la sensibilité tactile reste longtemps engourdie.

Il semble que ces constatations d'hydrothérapie générale n'aient pas été retrouvées absolument identiques dans la pratique de la gynécologie.

Max Runge enseigne que les injections vaginales très chaudes (48-50°) provoquent des contractions rythmiques de l'utérus. Si on les prolonge, suivant certains auteurs, les contractions musculaires se maintiennent sans paralysies secondaires, tandis que, suivant d'autres, les contractions cessent au bont de dix minutes, et le muscle reste paralysé, ne réagissant plus ni au froid, ni à l'électricité, ni aux autres excitants comme la strychnine. Au cours de l'irrigation très chaude, Emmet a vu la muqueuse utérine devenir blanche et la lumière du canal se rétrécir.

Cette influence de constriction exercée sur la matrice et ses vaisseaux est invoquée pour expliquer l'emploi thérapeutique des injections chaudes. Mais déjà l'on voit que, pour obtenir ce résultat, l'eau doit être très chaude et son usage prolongé, sinon on risque d'arriver seulement aux effets de l'eau chaude : fluxion, hypersécrétion, rubéfaction.

D'autre part, le col utérin est « un mauvais conducteur, souvent rebelle aux excitations qu'il reçoit ».

Ces considérations théoriques ne nous empêchent pas de reconnaître les très grands services rendus par l'eau chaude, mais elles nous aident à interpréter certains échecs et à formuler des contre-indications. Car nous ne saurions admettre que les injections vaginales chaudes puissent être, sans discussion, systématiquement prescrites toutes les fois que l'on veut arrêter une hémorragie utérine ou enrayer une phlegmasie et provoquer la résorption d'exsudats inflammatoires.

Il n'est pas douteux, et l'expérience l'a prouvé, que l'eau très chaude dans la pratique gynécologique jouit de propriétés *hémo-*

statiques, *sédatives* et *dérivatives ;* Reclus ajoute de qualités *antiseptiques*, *anesthésiques* même. Il est essentiel que l'irrigation soit *longue*. La pression doit être *moyenne* ou *faible ;* trop *forte*, elle risquerait de provoquer des phénomènes d'excitation et de réaction. Très souvent, en réalité, c'est plus qu'un bain local, c'est un lavage continu à pression variable au gré du médecin ; avec certains modes d'emploi, il faut tenir compte aussi d'une sorte d'effets de *massage* sur lesquels nous avons insisté en d'autres endroits.

Dans les *métrorrhagies*, l'eau chaude sera donc prescrite de préférence toutes les fois que l'on compte obtenir une vasoconstriction, si l'on espère que ce phénomène ne cédera pas immédiatement.

De cette réserve, il résulte que parfois nous serons réduits à tenter l'expérience et à ne pas nous obstiner en cas d'échec[1].

Ainsi les irrigations d'eau très chaude donnent de bons résultats dans certaines *métrorrhagies congestives* survenant au cours de ces états que l'on appelait autrefois l'*engorgement utérin* et qu'Aran, avec d'autres auteurs, traitaient par les émissions sanguines, scarifications ou sangsues ; elles s'adressent à la fois, il est vrai, à l'accident et à la cause. On les emploie alors plus volontiers que l'eau froide du reste, à cause des manifestations douloureuses, névralgiques ou autres, qui accompagnent cette variété de troubles utérins et péri-utérins. De même elles sont fréquemment ordonnées avec succès dans les fibromes ; mais cependant il ne semble pas y avoir encore de règle absolue sur ce point.

Vinay fait très judicieusement observer que leur usage est indiqué dans les métrorrhagies survenant chez des malades présentant de l'*hypotension artérielle*. Au contraire, il conviendra de s'abstenir si l'on soupçonne une altération des vaisseaux utérins, *athérome*, *sclérose*, *amyloïde*, qui les rend incapables d'obéir à la sollicitation vaso-constrictive ; elles deviendraient alors susceptibles d'aggraver les accidents. De même, au cours de la simple *hypertension artérielle*, on leur préférera l'*eau tiède*.

Contre certaines *douleurs*, l'eau très chaude trouve une appli-

---

1. Les *Métrorrhagies de la grossesse et de la délivrance* ne rentrent pas dans le cadre de ce travail.

cation, lorsqu'il convient d'instituer une médication révulsive et dérivative ; par exemple, à la *ménopause*, quand la suppression du flux sanguin entretient un état congestif des organes génitaux accompagné d'une sensibilité parfois très vive et même d'*hystéralgie*.

Au cours des *affections de la matrice*, nous ordonnerons encore l'eau très chaude, pour solliciter quelques contractions de l'utérus et éviter une tendance à l'engorgement : ainsi dans certains états d'involution rétrograde incomplète, ou bien si nous désirons faire vider les glandes de la muqueuse. Reconnaissons que, suivant les malades, l'eau froide peut être aussi bien indiquée.

Dans les *exsudats péri-utérins, phlegmasie péri-utérines* de toute nature, les qualités résolutives, dérivatives, anesthésiques de l'eau très chaude sont appelées à rendre de fort grands services. Elles sont efficaces dans les états *subaigus* et un peu *anciens*, alors que nous avons le droit de compter avec les propriétés excitantes dont nous avons à graduer la mesure et surveiller les effets. Chez des femmes atteintes d'une inflammation aiguë et récente, les phénomènes, nous le verrons plus loin, se trouvent souvent plus amendés par l'eau tiède ; mais d'une façon générale, l'eau chaude possède une grande utilité pour arrêter le processus inflammatoire et favoriser la résorption des exsudats.

L'injection d'eau chaude *courte* et sous *forte pression* est excitante et s'adresse à des cas tout différents lorsqu'on désire stimuler le système génital. LABADIE-LAGRAVE reconnaît à l'eau chaude longtemps continuée, mais sous une assez forte pression, des vertus résolutives contre les exsudats chroniques et subaigus.

4° Injections d'eau froide

L'eau froide a vraiment été trop oubliée et trop attaquée. Peut-être aussi les médecins qui la préconisaient étaient-ils de leur côté trop absolus. Nous trouvons dans son emploi un excellent moyen thérapeutique, soit que nous en usions de préférence à tout autre ou que nous ayons recours à lui lorsque d'autres procédés n'ont pas amené de succès. Mais gardons-nous d'être exclusifs.

L'influence du froid sur les organes génitaux et leurs maladies, sur les fonctions menstruelles et leurs troubles, est reconnue d'une manière indiscutée. C'est au médecin à guider cette action puissante et à la diriger de telle sorte que, cessant d'être nuisible, elle devienne au contraire profitable, comme il doit le faire toutes les fois qu'il s'agit d'hydrothérapie.

L'eau froide amène des contractions de la matrice fortes et prolongées; son action, plus durable et plus vive que celle de l'eau chaude, respecte et augmente, disent certains auteurs, l'excitabilité musculaire. Dans ses avantages se voient aussi ses inconvénients, elle risque de provoquer des contractions douloureuses et de faire naître, d'entretenir ou d'augmenter des symptômes névralgiques.

Auvard donne trois raisons qui font préférer l'eau chaude :

L'eau chaude est plus facile à se procurer que l'eau suffisamment froide (?);

L'eau froide expose davantage au collapsus;

Les femmes soumises aux deux traitements préfèrent l'eau chaude.

De discussions assez anciennes et assez longues il résulte que, si l'eau chaude est excellente, l'eau froide est appelée aussi à rendre de grands services, mais qu'il convient d'en connaître les indications et les contre-indications variants avec les malades et avec les maladies.

J'en use très volontiers, et je l'ai vue autrefois, dans le service d'un de mes maîtres, employée d'une façon presque exclusive, ce qui était un tort du reste. Pour tâter la susceptibilité de la malade, le premier et le second jour je la prescris à la température de la salle, c'est-à-dire après qu'elle a séjourné plusieurs heures dans la pièce, et cela répond à un degré assez bas, surtout par rapport à l'eau chaude ou à l'eau tiède. Puis rapidement les injections sont données avec l'eau qui sort du robinet, j'estime qu'elle est suffisamment froide et en tout cas j'en observe de rapides et bons effets.

A. — Une injection d'eau froide *longtemps prolongée*, coulant d'une manière *douce* et *sans projection violente* a pour résultat de *décongestionner* l'utérus. Par son action sur les vaisseaux et le muscle, elle est au premier chef *hémostatique;* au même titre elle est considérée par beaucoup d'auteurs comme *antiphlogistique* et *sédative*.

C'est donc contre les *métrorrhagies* surtout qu'elle est indiquée. Mais il importe avant tout d'établir des distinctions. Les neuro-arthritiques, chez qui une facile tendance aux poussées fluxionnaires s'accompagne si souvent d'un élément douloureux et dont le système nerveux redoute toute excitation qui ne serait pas discrète, verraient momentanément leurs pertes utérines influencées par l'eau froide ; mais il faut craindre chez elles des réactions très vives et l'entrée en scène de phénomènes névralgiques. De même quand il s'agit d'ovarites menstruelles, d'hémorrhagies succédant à des phlegmasies utérines ou péri-utérines encore récentes, car les vertus sédatives, dans ces cas, ne me paraissent pas aussi efficaces qu'on l'a prétendu.

L'eau froide m'a réussi admirablement contre des pertes relevant d'une variété de *chlorose hémorrhagique,* où, sans douleur, sans aucun autre symptôme, sans autre cause appréciable, le sang coule d'une façon incessante avec plus ou moins d'abondance, presque sans arrêt pendant des journées et des semaines. Et dans ce cas, comme nous le verrons plus loin, l'application d'une vessie de glace sur la région hypo-gastrique est un aide puissant.

J'emploie l'eau froide d'une façon courante, et avec grand succès contre les pertes de nombreuses *métrites chroniques hémorrhagiques,* de préférence lorsque la matrice me paraît atone, molle, présentant sur le col des ulcérations peu colorées.

Elle est encore efficace dans ces états d'*engorgement utérin,* qui éveillent l'idée d'un élément d'inertie, de congestion à tendance chronique, tenace, difficile à défluxionner et au cours de certaines subinvolutions. Suivant les malades, le médecin, dans ces cas, nous l'avons vu, aura à apprécier s'il est préférable de s'adresser à l'eau très chaude.

D'une façon générale l'eau froide paraît indiquée chez les femmes lymphatiques, molles, chez beaucoup de viscéroptosiques, chez des fausses utérines d'origine dyspeptique, etc... GALLARD la préconisait beaucoup au cours des *déviations utérines* avec ou sans hémorrhagies, quand il y a atonie de la matrice ou de son appareil ligamentaire.

B. — Au contraire, l'injection d'eau froide *courte* et sous *forte pression* (qui se rapproche de la douche ascendante, mais est d'un maniement plus commode) excite la contractilité musculaire et vasculaire tout d'abord et favorise ensuite un mouvement de réaction qui s'accompagne de dilatation vaso-motrice et d'hyperhémie utérine consécutive.

Nous la prescrirons, par exemple, pour stimuler un utérus pâle, anémié, à lésions torpides, n'ayant aucune tendance à se fluxionner. Nous songerons à elle pour modifier quelques arrêts de dévèloppement ou exciter des retards d'évolution.

Nous conseillerons volontiers son application toutes les fois qu'il y a avantage à provoquer un mouvement vasculaire de déplétion brusque suivie d'expansion rapide qui stimule la circulation et réveille la tonicité et la vitalité de l'organe. Il faut compter aussi avec son action sur les systèmes nerveux et musculaire.

5° Injections d'eau tiède

L'eau tiède a été beaucoup trop négligée. « La meilleure des injections émollientes, dit Labadie-Lagrave, est l'eau bouillie simple de 35° à 40° en irrigation continue. » Elle est excellente, si elle n'est pas la meilleure, et rien n'empêche de lui incorporer des substances émollientes ou narcotiques qui augmentent son efficacité

Beni-Barde met avec raison l'eau tiède au premier rang des agents sédatifs, convenant admirablement aux nerveuses, aux arthritiques, pourvu que la durée de l'application en soit assez longue et que l'on évite toute sensation de chaud et de froid.

En effet, l'irrigation d'*eau tiède longtemps continuée et à faible pression* est éminemment *calmante*. Les malades se sentent le plus soulagées lorsqu'on la leur donne à peu près à la température du corps ou un peu au-dessus (38° environ). Nous avons recours à elle toutes les fois que nous désirons obtenir un effet sédatif, sans amener en même temps une vive contraction des vaisseaux, pour éviter ainsi la réaction consécutive, réaction vasculaire et nerveuse.

Elle nous paraît indiquée dans les *aménorrhées* et *dysménorrhées congestives*. Dans la période aiguë des *phlegmasies utérines* et *péri-utérines*, beaucoup de femmes se prétendent mieux calmées par l'eau tiède ; à l'exemple d'un de nos anciens maîtres, nous faisons donner une longue irrigation tiède à la malade en même temps qu'elle prend un grand bain tiède, pendant qu'elle se trouve dans le bain lui-même. Ce procédé remplace avantageusement l'emploi du spéculum à bains, qui ne reste pas sans inconvénients et même sans dangers au cours des inflammations des annexes, du tissu cellulaire et du péritoine.

A la *ménopause*, lorsque de vives poussées fluxionnaires se portant sur la matrice, chez des femmes neuro-arthritiques, entretiennent des *métrorrhagies* abondantes et répétées, les injections d'eau tiède nous ont très bien réussi pour arrêter les pertes sanguines que ne modifiait aucun autre procédé hydrothérapique et qu'augmentait parfois l'eau très chaude ; car il faut surtout, dans ces cas, éviter les réactions qui exagèrent l'acuité de l'élément fluxionnaire, éminemment sujet pendant l'âge critique à subir de grandes oscillations. Vinay est arrivé aux mêmes conclusions pour ce qu'il appelle les *métrorrhagies crépusculaires*.

Nous songerons encore à expérimenter les propriétés de l'eau tiède, lorsque le *système nerveux* est particulièrement intéressé, contre les *névralgies pelviennes*, la *dyspareunie*, le *prurit*, le *vaginisme*, etc.

D'une façon générale, on le voit, le sujet ne comporte pas de règles tout à fait rigoureuses et exclusives. Froide, chaude, tiède, l'eau trouve tour à tour ses indications et nous rend les plus grands services. Et parfois nous demeurons assez surpris de la rencontrer fort efficace à un degré de température tout différent de celui auquel nous avions songé tout d'abord. Aussi, pour l'ordonner, on acquiert peu à peu une certaine expérience en observant l'âge de la malade, son tempérament lymphatico-scrofuleux ou neuro-arthritique, ses réactions lentes ou faciles, ses prédispositions aux symptômes douloureux avec ou sans phénomènes de congestion, etc.

IV

Des irrigations rectales

L'*irrigation rectale chaude* (RECLUS) est des plus utiles pour combattre la congestion des organes pelviens et leur inflammation, surtout quand elle est d'origine sigmoïdienne. Afin d'éviter qu'elle ne provoque des contractions intestinales, elle doit pénétrer sous une faible pression. On peut aussi avoir recours à elle contre les hémorrhagies génitales.

Elle est préférée par un certain nombre d'auteurs aux irrigations vaginales dont l'action porte avant tout sur le col utérin qui, du reste, est un organe « mauvais conducteur ». Son efficacité est incontestable, mais avec avantage on emploiera chez la même malade les irrigations rectales et vaginales, et leur influence combinée donne les meilleurs résultats.

V

Des douches

1° Douches générales

Les douches générales reconnaissent chez la femme de nombreuses applications, et nous ne reviendrons pas sur les propriétés de l'eau froide, chaude ou tiède ; la plupart des indications ressortissent à l'hydrothérapie générale et sortent de notre sujet.

Au cours de la vie génitale on les prescrira, par exemple, pour améliorer un état névropathique ou modifier les manifestations de la chlorose ou du lymphatisme.

Mais une question se pose. peut-on continuer l'hydrothérapie pendant la période des règles? La réponse varie avec les auteurs qui se fixent sur l'impressionnabilité nerveuse de la femme. A notre avis, en dehors des cas pathologiques avec indications particulières, il est préférable de s'abstenir. D'autre part, la douche générale possède aussi une influence thérapeutique sur divers accidents utéro-ovariens; ainsi la douche en pluie (LABADIE-LAGRAVE), par son action révulsive sur la partie supérieure du corps, atténue la congestion chronique de la matrice et modère une menstruation profuse et des règles trop prolongées.

A la période de la *puberté*, les pratiques hydrothérapiques contribuent à favoriser l'apparition régulière des phénomènes menstruels; plus tard, *à la ménopause*, on les ordonnera encore pour combattre les complications nerveuses si fréquentes à cette époque.

2° Douches locales

A. — *Douche vaginale ascendante.* — Elle s'administre au moyen d'un appareil annexé à un bidet ou à un bain de siège. *Froide et courte*, ses effets *stimulants et toniques* dépassent beaucoup ceux de l'injection froide et courte, mais relèvent de la même interprétation et ressortissent à des indications analogues.

PANAS la prescrit pour lutter contre l'*aménorrhée* idiopathique ou par asthénie, GALLARD pour stimuler un utérus complètement anémié. C'est surtout la notion de torpidité, d'atonie, d'asthénie, qui nous conseille son usage, par exemple dans certains engorgements chroniques de la matrice, des leucorrhées atoniques, quelques vaginites chroniques. On l'essayera encore pour exciter les développements génitaux arrêtés et incomplets.

Mais plus que jamais il faut connaître les contre-indications de l'eau froide et ne pas considérer la douche vaginale ascendante comme un moyen anodin susceptible d'être conseillé sans restriction.

B. — *Douche utérine.* — Elle diffère de la douche vaginale en ce que l'eau est projetée directement sur le col. *Froide*, BENI-BARDE la recommande pour favoriser l'expulsion de caillots et « pour donner une certaine tonalité aux tissus frappés de torpeur; *chaude*, pour calmer les douleurs et les hystéralgies ».

C. — *Douche périnéale.* — Nous avons souvent recours à la douche périnéale tiède, à faible pression, et longtemps prolongée, contre le *prurit vulvaire*, le *vaginisme*, la *coccygodinie;* seule, si on la prend sur un bain de siège approprié, ou bien associée à la douche hypogastrique.

D. — *Douche thoracique.* — La douche *froide* sur les *épaules et les bras,* la douche en *pluie circulaire*, par les révulsions qu'elles provoquent, diminuent les fluxions des organes du petit bassin et rendent de grands services, en particulier pour modérer certaines *ménorrhagies virginales.*

E. — *Douche lombaire.* — *Froide et courte*, elle favorise l'apparition des règles au cours de quelques *aménorrhées. Très chaude*, BOTTEY l'a préconisée contre les *métrorrhagies* et la *dysménorrhée congestive.*

F. — *Douche hypogastrique.* — *Froide*, elle est indiquée pour agir sur les *engorgements utérins*, les états de *congestion à tendance chronique*, tous les accidents qui accompagnent les *déviations* et les phénomènes parétiques de l'appareil génito-urinaire.

Tiède, à *faible pression* et *longtemps prolongée*, on la prescrira contre les *névralgies*, le *vaginisme*, le *prurit vulvaire.*

La *douche écossaise*, dit ALBERT ROBIN, convient aussi aux affections douloureuses de la matrice, sur lesquelles se greffe un élément spasmodique, *vaginisme, contractions douloureuses* du col, etc.

G. — *Douche sur les jambes et les pieds.* — C'est surtout à propos des douches sur les membres inférieurs que les variations dans le degré de la température de l'eau sont susceptibles de produire des effets tout à fait différents et même opposés.

La douche *chaude*, en effet, dirigée sur les jambes et sur les pieds, rentre dans la médication *emménagogue* et facilite l'apparition ou le retour des règles. « Si l'on veut agir avec plus de certitude et de rapidité, écrit BENI-BARDE, il est préférable de localiser la douche chaude sur la partie supérieure et interne des cuisses, en ayant soin de prolonger sa durée pendant quelques minutes. » Ce procédé, la pratique nous l'a personnellement aussi démontré, est efficace contre l'*aménorrhée* et la *dysménorrhée*, mais on peut lui substituer « la douce intervention de la douche de vapeur ».

La douche *froide*, malgré une diversité d'opinions assez grande parmi les auteurs, nous paraît plutôt *hémostatique*. Mais l'hésitation ne saurait durer en ce qui concerne la *douche plantaire*, à laquelle nous avons eu recours bien des fois depuis que ses propriétés *hémostatiques* ont été signalées: elle a une action très puissante pour arrêter les hémorrhagies de la matrice, et nous l'avons prescrite avec succès contre nombre de *métrorrhagies* et de *ménorrhagies virginales*. Sa durée doit être de quinze ou vingt secondes à une minute environ.

VI

Des grands bains

A. — Bain chaud

Les bains *chauds* sont *excitants ;* ils possèdent de plus des effets *révulsifs* et une action *dérivative* vers la périphérie en la congestionnant. Quelques auteurs les ont conseillés pour rappeler le sang des *règles arrêtées* ou *supprimées ;* dans la pratique courante, nous nous adressons rarement, pour ainsi dire jamais, aux grands bains *très chauds*. Leur usage n'est pas en effet sans inconvénients ; ils provoquent une excitation générale suivie d'une lassitude marquée, parfois même d'une céphalalgie et d'un malaise persistants ; ils exagèrent la sueur. Il ne semble pas, jusqu'à présent, pour compenser ces ennuis, qu'un bénéfice réel soit tiré des bains très chauds dans le traitement des maladies des femmes. Peut-être, cependant, au cours des phlegmasies de médiocre intensité, sans retentissement général, leurs qualités dérivatives trouveraient-elles une indication, puisque, en pareil cas, ARAN prescrivait parfois le *bain d'étuve sèche*.

Au moment de la *ménopause*, chez les femmes qui, à l'époque correspondant aux règles absentes, souffrent de phénomènes hystéralgiques ou ressentent de la sensibilité dans le petit bassin, le *bain chaud* est indiqué (38°-39°). Sans rappeler les règles, il atténue les douleurs et dissipe les accidents de l'âge critique, bouffées de chaleur, crises de sueur (VINAY), etc...; en le prenant le soir avant de se coucher, c'est un bon moyen pour combattre l'insomnie et les cauchemars. On examinera auparavant l'état du système circulatoire et de la tension artérielle.

B. — **Bain tiède**

Le bain *tiède* est au contraire journellement ordonné. *Sédatif, antiphlogistique, émollient,* il calme les douleurs, relâche les tissus, régularise la circulation, et on le conseillera contre les affections aiguës des organes génitaux, les états douloureux, les névralgies pelviennes, etc.

Souvent il suffit d'un bain tiède pour arrêter un *écoulement menstruel* qui traîne, surtout lorsqu'il s'agit d'un simple *suintement.* Il faut s'en souvenir pour ne pas le recommander indifféremment dans toutes les dysménorrhées et aménorrhées. Afin d'augmenter ses propriétés sédatives nous lui ajoutons volontiers 250 grammes de *sous-carbonate de soude* et de 100 à 250 grammes de *gélatine* (préalablement dissoute dans l'eau chaude). Suivant des indications propres à chaque maladie et à l'état de chaque malade, on peut encore associer la gélatine aux *eaux mères* de *Salies-de-Béarn* ou de *Biarritz* (chlorurées-magnésiennes). Mais on commencera par ajouter de faibles quantités de ces eaux mères, pour augmenter d'une façon progressive, en surveillant leurs effets afin qu'ils ne deviennent pas excitants.

C. — **Bain froid**

Le grand bain froid ne trouve pas beaucoup d'indications en gynécologie où nous n'avons guère à lutter contre l'hyperthermie et la sidération nerveuse. Nous n'obtiendrions des effets sédatifs qu'en recommandant l'immobilité pendant et après le bain ; mais cette pratique exposerait à des risques.

Le bain pris dans l'eau courante des *rivières* devient susceptible, au contraire, de produire des effets stimulants dont nous pouvons tirer parti pour modifier les pertes blanches rebelles aux traitements habituels, et d'une façon générale dans tous les cas où domine l'asthénie.

VII

Des bains de siège

A. — Bain de siège chaud

Le bain de siège *chaud* jouit de propriétés excitantes; il les doit à l'activité qu'il imprime à la circulation des organes pelviens et à l'appel du sang qu'il provoque dans la région.

Aussi est-il ordonné dans divers cas pour lesquels il y a lieu de rappeler les règles, en particulier à la suite de certaines *aménorrhées accidentelles*.

De plus, il favorise la résorption des exsudats, la diminution des poussées fluxionnaires et inflammatoires, atténue les douleurs, et ses indications se trouvent les mêmes que celles des irrigations d'eau chaude, avec lesquelles on le combine facilement.

Il conserve l'avantage de pouvoir être prescrit alors qu'un grand bain chaud ne serait pas toléré et aurait même des inconvénients.

B. — Bain de siège tiède

Le bain de siège *tiède* est considéré à juste raison comme un des meilleurs procédés que nous puissions employer pour obtenir des *effets calmants;* il diminue les congestions, calme les phlegmasies et apaise les douleurs. La durée doit en être suffisamment *longue*.

Souvent nous recommandons à la malade de prendre une longue irrigation vaginale tiède, à pression faible, pendant qu'elle se trouve dans l'eau du bain de siège. Cette action combinée des deux moyens thérapeutiques nous semble produire d'excellents résultats.

La quantité relativement peu considérable de l'eau employée permet, sans trop d'embarras, d'incorporer au bain de siège tiède les décoctions d'espèces émollientes ou narcotiques. Volontiers nous avons recours à la formule suivante :

Feuilles de morelle.................................... ⎫
Feuilles de belladone............................... ⎬ ãã 30 gr.
Feuilles de jusquiame.............................. ⎭
Têtes de pavot.. N° 2

Pour un bain de siège.

D'autres fois nous prescrivons :

Sous-carbonate de soude .... 20 gr.
Gélatine ....‥................................. 20 —

(Préalablement dissoute dans de l'eau chaude.)

Cependant on a reproché au bain de siège de maintenir les malades, pendant un temps assez long, dans une position fatigante et pénible ; accroupies, les jambes relevées sur l'abdomen, quelques-unes éprouvent parfois, en effet, des sensations douloureuses qui les font renoncer au bain de siège pour s'en tenir au grand bain tiède. Il est facile de pallier à ces inconvénients.

C. — **Bain de siège froid**

Raciborski conseille de faire asseoir tous les matins, pendant vingt à trente secondes, dans un bain de siège *froid*, les jeunes filles dont une puberté trop tardive fait soupçonner un retard dans le développement ou l'éveil des organes génitaux. C'est un procédé commode auquel nous nous adressons volontiers, lorsque les circonstances ne permettent pas d'en employer de plus compliqués au point de vue hydrothérapique.

D. — **Bain de siège à eau courante**

Le bain de siège à *courant continu froid* mérite quelques détails. Pour obtenir des effets *hémostastiques sédatifs*, Gallard recommandait de remplir d'abord le bain d'eau froide, puis de placer la malade dans le bain ainsi rempli, et de n'ouvrir que seulement alors le courant, de telle façon que le choc d'arrivée ne puisse être ressenti. A cette condition, le bain *prolongé* pendant dix à vingt minutes ne provoque pas de réaction et *défluxionne* la matrice. Afin d'arriver à des résultats plus marqués, selon les cas, les auteurs conseillent en outre de le combiner aux injections froides, aux lavements froids, etc..., contre la congestion utérine, la fluxion prémenstruelle (Labadie-Lagrave), la métrite hémorrhagique, en un mot lorsqu'il est indiqué d'intervenir contre la congestion ou l'hémorrhagie.

« Si l'on ouvre les pertuis latéraux avant de remplir le bain, la malade subit une flagellation dont l'action n'est plus sédative et antiphlogistique, mais *stimulante* et *excitante*. » Cette action excitante, *tonique*, s'obtient surtout avec le bain de siège à courant continu de *courte durée*, lorsque l'eau à température *fraîche* est *projetée* avec *force*. Elle est mise en usage dans les cas d'*asthénie* si l'on juge nécessaire de provoquer les règles supprimées, lorsque l'utérus est atone, blafard, ou bien quand on désire stimuler la circulation dans les engorgements utérins chroniques, les congestions torpides qui n'en finissent pas. On l'a conseillée encore dans les arrêts de développement, les leucorrhées atoniques, les déplacements utérins, l'anesthésie vulvaire et clitoridienne.

Mais parfois aussi, le péril est de réveiller les phénomènes inflammatoires ; aussi, pour peu que l'on craigne des accidents, on substituera l'eau *chaude* à l'eau froide. D'une façon systématique même, dans quelques stations thermales, on emploie le *bain de siège à eau courante chaude* (37° et plus) avec douche *vaginale* et *latérale ;* il est recommandé surtout contre la congestion pelvienne.

Enfin le bain de siège à *eau courante tiède* possède l'action *sédative* habituelle à l'eau tiède ; on le conseille pour combattre le prurit vulvaire, la coccygodinie, les névralgies pelviennes, etc.

VIII

Considérations sur quelques moyens adjuvants

A. — Bains de pieds

Les *bains de pieds froids* ont une action constrictive sur les organes abdominaux et contribuent à arrêter ou à diminuer les règles trop abondantes ou prolongées. Les *bains de pieds froids ou à eau courante* possèdent une influence analogue et peut-être plus marquée ; ils sont commodes à installer aussi bien à la campagne qu'en ville.

Les *bains de pieds chauds* et surtout les *bains de jambes chauds* appellent le sang vers les extrémités inférieures ; leur action dérivative les fait recommander pour diminuer les fluxions pelviennes, et ils réussissent dans le traitement de l'aménorrhée congestive. Théoriquement, c'est à tort que nous les voyons employés pour aider à l'éruption du sang, *quelle que soit la cause* de l'aménorrhée; cependant, en pratique, nous connaissons des personnes chez lesquelles un simple bain de pieds chaud reste toujours susceptible d'avancer les règles et d'exagérer leur abondance.

B. — **Manuluves**

Depuis assez longtemps nous ordonnons l'*immersion des mains dans l'eau très chaude* pour arrêter les *ménorrhagies* et même *certaines métrorrhagies;* c'est un procédé que nous trouvons très efficace, à condition de bien s'en servir. Il faut que l'eau soit tellement chaude que, sous peine de se brûler, la malade ne puisse que tremper ses mains et les retirer aussitôt. Elle pratique ainsi une série d'immersions des mains pendant deux à trois minutes matin et soir.

C. — **Lavements chauds**

Il ne faut pas confondre le lavement chaud avec l'irrigation rectale. Le *lavement chaud*, pris le soir et gardé autant qu'il est possible, impressionne la zone génitale; lorsqu'on recommande à la malade de se coucher sur le ventre pendant un moment, de telle sorte que le contact avec la matrice soit favorisé, ce lavement intervient encore d'une façon mécanique au cas d'une rétrodéviation.

D. — **Compresses. — Cataplasmes**

Il est inutile d'insister sur la valeur des *cataplasmes chauds* dont l'influence sédative est indiscutable.

Les *enveloppements chauds et humides* du ventre arrivent au même résultat et sont d'un maniement plus commode. Il faut appliquer sur tout l'abdomen une compresse imbibée d'eau, puis exprimée; recouvrir d'un taffetas gommé et d'une feuille d'ouate qui conservent la chaleur et l'humidité, puis on maintient avec une bande de flanelle. L'effet révulsif et résolutif de ces compresses est très salutaire.

Si on les applique imbibées d'eau froide, leur température s'élève rapidement et la révulsion est d'autant plus marquée. Mais beaucoup de femmes, très endolories et sujettes à des réactions assez vives, préfèrent employer la compresse trempée dans l'eau chaude; elle n'en est pas moins ainsi sédative et antiphlogistique.

La *compresse d'eau toujours froide* est pareillement sédative et antiphlogistique. On peut avoir recours à elle dans certains cas ; mais il faut renouveler sans cesse son application au bout de quelques minutes à peine, et c'est un inconvénient.

Pour obtenir des effets *sédatifs*, les compresses peuvent être préparées avec de l'eau à laquelle on incorpore des *eaux-mères de Salies-de-Béarn* ou de *Biarritz* (chlorurées-magnésiennes). Il faut en surveiller les effets en commençant par de faibles doses. Les premiers jours on prépare une solution contenant un tiers d'*eaux-mères de Biarritz*, par exemple, contre deux tiers d'eau, et on laisse la compresse en place de quatre à six heures. Puis on augmente d'une façon progressive, moitié, deux tiers d'eaux mères, la compresse laissée pendant six, huit heures, toute la nuit. Il est prudent de se tenir alors en garde contre leur action trop stimulante. Si au contraire nous désirons des effets *excitants*, pour stimuler quelques affections torpides, nous prescrivons les *eaux-mères de Salins-du-Jura* (sodiques) ou de *Kreuznach* (calciques).

E. — Sacs d'eau chaude. — Sacs de glace

Nous trouvons dans les *sacs d'eau chaude* un bon procédé pour calmer les douleurs du bas-ventre, des reins, en même temps qu'ils pratiquent au niveau de la région une dérivation et une révulsion que nous ne considérons pas toujours comme indifférentes.

L'usage du *sac de glace* a été assez discuté. C'est parfois avec raison, car il ne saurait être prescrit sans quelques réserves. Il est susceptible notamment d'amener des perturbations menstruelles en modifiant l'apparition normale des règles au cours d'affections dans lesquelles l'éruption du sang marque souvent une détente. Mais si nous ne le conseillons pas comme un moyen auquel on peut avoir recours dans toute circonstance, il faut reconnaître qu'il est des plus utiles pour le traitement de certaines *phlegmasies très aiguës ;* il calme la douleur, modère les phénomènes inflammatoires et empêche leur extension.

Plus délicates à apprécier sont ses indications contre les *hémorrhagies utérines*, mais nous ne croyons pas nécessaire de revenir sur ce que nous avons dit à propos des irrigations d'eau très froide avec lesquelles nous combinons volontiers son action. Depuis quelque temps nous avons expérimenté les effets de la vessie de glace dans la thérapeutique de diverses *métrorrhagies virginales*, survenant sans lésion organique bien manifeste, et nous en avons obtenu de très bons résultats. Encouragé, nous avons étudié son influence contre d'autres pertes et même contre diverses métrorrhagies assez banales de la vie génitale ; c'est un moyen auquel nous pensons que l'on peut avoir recours en le surveillant avec attention et en tenant compte des réactions et des susceptibilités particulières à la malade.

CHAPITRE II

TRAITEMENT HYDROMINÉRAL DES MALADIES DES FEMMES

I

Considérations générales

Le traitement hydrominéral des maladies et des troubles de l'appareil génital de la femme, traitement aujourd'hui négligé ou rélégué au second plan, a pourtant une importance pratique considérable ; il vient puissamment en aide à la thérapeutique gynécologique médicale, la complète et souvent produit des effets décisifs.

Il semble au moins étrange, après les succès obtenus par ce traitement, après l'innombrable quantité de travaux qui en règlent l'emploi et en affirment l'efficacité, il semble au moins étrange, disons-nous, qu'il faille encore aujourd'hui rompre des lances en faveur de l'*hydrologie*. Et pourtant rien n'est plus nécessaire devant le courant de plus en plus marqué qui tend à reléguer au rang des moyens insuffisants ou même indifférents toute la thérapeutique qui ne ressortit pas à l'intervention chirurgicale.

Nous affirmons donc, avec les anciens maîtres, avec Bernutz, Aran, Courty, Martineau, Gallard, etc., et forts de l'expérience que donnent les faits, nous affirmons que les cures hydrominérales appropriées et bien dirigées rendent d'éclatants services, et que, grâce à leur emploi méthodique, on a pu éviter, dans bien des cas, de graves opérations.

Aujourd'hui, en pathologie externe aussi bien que dans toutes les branches de la pathologie, la notion d'infection domine ; elle a fait reléguer sur un plan lointain tous les autres éléments morbides. Certes, le jour où l'on a compris et défini ce rôle considérable de l'infection, on a fait, d'un seul coup, un progrès considérable ; mais était-ce une raison pour abandonner aussitôt les sources d'indications que l'expérience des siècles avait accumulées? La chirurgie a-t-elle rempli un rôle décisif et sans appel, quand elle a supprimé une cause d'infection ? A-t-elle suffisamment tenu compte de l'influence que certaines mutilations pouvaient exercer sur la santé générale, de la persistance des troubles de la nutrition qui avait été l'une des conditions du développement de la lésion locale, des altérations que cette lésion locale elle-même avait provoquées dans l'organisme et qui ont survécu à l'étiologie?

Quels moyens plus efficaces y a-t-il de lutter contre tout cela que les cures hydrominérales, dont les propriétés équilibrantes sont si remarquables? Et, sans revenir encore sur les cas où la cure thermale a eu raison de l'état local lui-même, n'apparaît-il pas avec la dernière évidence que, même après une intervention nécessaire, le rôle de l'hydrologie peut devenir prépondérant?

Enfin, la notion d'infection elle-même n'a rien en soi qui vienne heurter l'idée d'un traitement hydrominéral. Ainsi nous ne voulons pas accorder plus d'importance qu'il n'en faut à l'action modificatrice locale des eaux stériles, aux effets antiseptiques des eaux sulfureuses, aux stimulations et aux sédations locales que certaines eaux pourraient produire et qui agissent sur le terrain de l'infection ; mais qui peut nier l'action des eaux sur les lésions secondaires provoquées par l'infection, sur les troubles circulatoires, sur les congestions, sur les empâtements, sur les exsudats, etc. ? Enfin, quand il s'agit de simples troubles fonctionnels, tels que l'aménorrhée, la dysménorrhée, les métrorrhagies *sine materia*, de quels moyens d'action plus puissants pouvons-nous disposer ?

II

Des indications fournies par la maladie et par la malade

Les doctrines nouvelles ne sont donc pas incompatibles avec l'hydrologie, et le rôle de celle-ci demeure intact, si tant est qu'il reste bien localisé aux cas où l'intervention chirurgicale n'est pas absolument nécessaire. Mais, ce point établi, nous ne craignons pas d'assurer que, lorsqu'il s'agit de bien spécialiser les indications, de désigner à la malade la station et le mode de traitement qui lui conviennent, on se trouve réellement en présence de sérieuses difficultés, car tout n'a pas été dit définitivement sur ce point, et de nombreuses divergences séparent actuellement même les hydrologistes les plus autorisés. Il suffit, pour s'en rendre compte, de se reporter à la discussion qui a occupé en 1894, pendant de nombreuses séances, la Société d'Hydrologie, discussion à laquelle ont pris part MAX DURAND-FARDEL, GUYENOT, DE RANSE, CAULET, TILLOT, ALBERT ROBIN, HÉRAUD, SUCHARD, etc., et qui a suggéré à BOULOUMIÉ un important travail de thérapeutique comparée, chirurgicale et hydrologique, des affections utérines.

En pratique, les indications générales d'une cure thermale peuvent être tirées de plusieurs sources. Le choix de la station et du mode de traitement doit être la résultante de ces diverses indications, et, sous peine d'erreur, il ne faut jamais se décider d'après une indication isolée.

Ces sources d'indications sont les suivantes :

1° *L'état anatomique local.* — Cette indication figure au premier plan de celles dont la chirurgie fait état ; en hydrologie, au contraire, elle cède le pas aux indications dites latérales. En effet, aucun hydrologue ne soutiendra que les eaux penvent faire disparaître un fibrome utérin, guérir une salpingite suppurée ou une métrite ou toute autre lésion, réduire directement une ovarite chronique, et ainsi de suite. Mais, d'autre part, il serait aussi exagéré de dénier aux eaux chlorurées-sodiques fortes leur action résolutive, aux eaux chlorurées-sodiques faibles leur action dérivatrice, déplétive et révulsive, par les effets qu'elles produisent sur l'intestin, etc.

2° *La période d'évolution.* — Toute cure thermale est contre-indiquée pendant la période inflammatoire, pendant les poussées aiguës qui surviennent chez les utérines chroniques, chez les femmes dont les lésions sont profondément infectées, ou quand celles-ci manifestent une tendance à la suppuration.

Au contraire, l'hydrologie triomphe dans les états chroniques, quand toute réaction inflammatoire s'est apaisée, quand il s'agit de donner un coup de fouet à un état torpide et de réveiller la vitalité des parties.

3° *Les aptitudes réactionnelles de la lésion et de l'organisme.* —. Ces aptitudes réactionnelles s'entendent dans le sens de la torpidité ou dans celui de l'irritabilité. Cette indication est d'une extrême importance et demande de la part du médecin hydrologue une attention toute particulière, car la minéralisation de l'eau ne suffit pas pour faire ranger celle-ci dans la classe des excitantes ou des sédatives. Et ce qui accroît encore la difficulté, c'est que certaines eaux peuvent être sédatives générales et excitantes locales ou réciproquement; c'est encore que telle eau, manifestement sédative ou excitante locale, peut changer d'action suivant le mode balnéaire employé.

Ce sont là des questions fort délicates que le médecin des villes ignore généralement et qui ne peuvent être résolues que par un hydrologue consommé. Ainsi, voilà la station sulfureuse de *Saint-Sauveur* où CAULET obtient des effets sédatifs généraux et des effets excitants sur l'appareil génital. Voilà *Plombières*, dont les eaux sont si particulièrement sédatives aussi bien de l'utérus que des réactions organiques générales, et pourtant FÉLIX BERNARD y produit des effets excitants en faisant intervenir certains procédés balnéothérapiques et varier la thermalité. Prenons encore l'exemple d'*Evaux*, à qui sa qualité d'eau indéterminée laisserait présumer des propriétés sédatives, et qui possède, au contraire, une action excitante des plus nettes sur l'utérus.

4° *Les symptômes prédominants.* — Ceux-ci sont isolés ou associés, mais il en est toujours un qui donne sa note personnelle à l'expression morbide. C'est ainsi que telle malade sera surtout hémorrhagique, que chez telle autre ce sont les flux leucorrhéiques qui viendront en première ligne, que chez une troisième la douleur sera la manifestation subjective la plus accusée. Chacun de ces éléments symptomatiques dominants constitue une indication bien précise. Ainsi l'on connaît l'action de *Néris* sur les névralgies utéro-ovariennes graves, des eaux chlorurées-sodiques fortes, additionnées d'eaux-mères, sur les douleurs des fibromateuses, d'*Evaux*, de *Bourbonne-les-Bains* sur l'aménorrhée de cause locale, d'*Ussat*, de *Luxeuil* sur les métrorrhagies, etc.

5° *Le sens et l'importance des complications.* — On sait combien nombreux sont les retentissements utérins des diverses maladies locales et générales, et si nous avons voulu mettre dans un cadre bien à part les **fausses utérines**, nous ne saurions pour cela méconnaître les accidents dyspeptiques, gastriques et intestinaux, les cystites, les névralgies réflexes, les troubles cardiaques, nerveux et généraux, qui sont engendrés directement ou à distance par une lésion du système génital.

Dans le même ordre d'idées, on doit s'inquiéter des troubles généraux secondaires, tels que l'anémie qui, si elle est souvent la cause, peut être aussi l'effet d'un trouble génital.

Cette indication des complications est aussi bien négative que positive, c'est-à-dire qu'elle intervient aussi bien pour décider du choix d'une station que pour faire écarter telle autre qui, de prime abord, semblait plus indiquée. Par exemple, une utérine dont la lésion torpide demanderait une stimulation énergique ne sera pas envoyée à *Saint-Sauveur* ou à *Franzensbad*, si elle a des retentissements cardiaques, tels que palpitations du cœur, étouffements, arythmie, etc. Cette utérine relèvera plutôt d'une cure d'abord sédative, à *Néris* ou à *Bagnères-de-Bigorre*, cure qui calmera le retentissement cardiaque et permettra l'emploi secondaire d'une cure chlorurée-sodique forte, qu'on aura soin de mitiger d'eaux-mères pour contre-balancer son action excitante sur le système nerveux et sur la circulation, sans modifier ses propriétés altérantes au point de vue de la lésion.

6° *La nature du terrain morbide.* — La malade est-elle une chlorotique, une névropathe, une scrofuleuse, une arthritique?

Les états généraux constitutionnels ou acquis jouent dans le choix d'une station un rôle qui, s'il n'est pas toujours prépondérant, pèse néanmoins d'un poids considérable sur le jugement à intervenir. Car il n'est pas douteux qu'ils impriment à la maladie considérée en elle-même et aux réactions de l'organisme un cachet spécial, et que les cures thermales soient les moyens les plus puissants que nour possédions pour leur imposer une modification utile.

Les eaux minérales constituent une médication qui n'enlève rien de haute lutte ; elles agissent, si l'on peut dire, par insinuation, et leurs effets lents, mais certains, sur le terrain de la maladie, donnent le secret des résultats parfois inespérés et invraisemblables qu'elles produisent. Comment expliquer le succès de *Bourbonne-les-Bains* ou de *Royat* chez les jeunes filles aménorrhéiques ou dysménorrhéiques, migraineuses, à urines sédimenteuses, issues de parents goutteux, si ce n'est par l'influence de ces eaux sur la diathèse arthritique? Et le même trouble morbide guérira à *Biarritz*, à *Salies-de-Béarn*, à *Salins-du-Jura*, à *Rhein-felden*, s'il se rencontre chez des jeunes filles grasses, molles, leucorrhéiques, ayant des adénites cervicales et les stigmates du lymphatisme ou de la scrofule.

7° L'état de la nutrition et des échanges organiques. — Nous pensons que l'étude de la chimie des échanges qui permet de lire dans la nutrition, de chiffrer le fonctionnement des divers organes, de matérialiser cette chose jusqu'ici insaisissable qu'on nomme l'activité vitale, de fixer le mécanisme intime des réactions organiques, qui, d'autre part, précise le mode intime d'action de la médication thermale et montre comment celle-ci modifie les échanges, nous pensons, disons-nous, que cette étude doit ouvrir de nouveaux et larges horizons à la thérapeutique hydrominérale, et ALBERT ROBIN en a fourni d'irrécusables preuves en ce qui concerne la balnéation chlorurée-sodique.

Peut-il être indifférent de savoir que telle malade a une désassimilation exagérée avec utilisation azotée ralentie, que telle autre a un coefficient de minéralisation atteignant 40 p. 100 au lieu du taux normal de 30 p. 100, que chez celle-ci, la désassimilation des tissus riches en phosphore est augmentée, que chez celle-là l'oxydation du soufre organique s'abaisse au-dessous de la normale?

Non seulement cela ne saurait être indifférent, mais la conaissance de ces faits acquiert une valeur pour ainsi dire mathématique, si l'on sait, par contre, que les eaux ferrugineuses et certaines sulfureuses comme *Cauterets*, *Luchon*, *Aix* accroissent les oxydations azotées, que *Saint-Sauveur* restreint la désassimilation organique, que les chlorurées-sodiques fortes sont conservatrices des tissus phosphorés par voie d'épargne, que *Brides* a une action puissante sur l'oxydation du soufre.

En réalité, cette indication des échanges se fond avec celle du terrain, et si nous l'en séparons forcément, c'est parce que, cliniquement, elle n'est pas toujours facile à fixer pour le praticien qui ne dispose pas des moyens d'investigation nécessaires et qui doit se contenter encore aujourd'hui des expressions cliniques qui traduisent plus ou moins exactement les troubles survenus dans les échanges.

Et puis, cette indication de la nutrition, qui doit apporter dans le choix des stations une précision inconnue jusqu'ici, ne sera réellement réalisable que lorsqu'on connaîtra les troubles des échanges dans les divers états morbides, ainsi que l'action physiologique exercée par telle source, tel mode d'administration des eaux sur la nutrition élémentaire. La médecine hydrologique est entrée dans cette voie depuis une vingtaine d'années, sous l'influence des travaux de l'un de nous[1]; mais les résultats acquis sont encore plus nombreux et ne portent que sur un petit nombre de sources. L'antique indication de terrain demeurera donc prédominante pendant de longues années encore.

III

Considérations sur les indications associées ou contradictoires

Quand, par une minutieuse analyse de la maladie, on a fixé les indications fournies par les divers éléments d'appréciation que nous venons d'indiquer, on se trouve en face d'un véritable jeu de patience dont il s'agit d'arranger méthodiquement les pièces.

Lorsque les indications ne se contredisent pas et tendent au contraire à se compléter l'une l'autre, le choix est facile. Ainsi, une jeune fille aménorrhéique, sans grandes aptitudes réactionnelles, ayant de la leucorrhée, de l'anémie ou du lymphatisme et dont les échanges seront en défaillance, type morbide si fréquent dans la pratique, se touvera bien de *Luxeuil*, de *Royat*, de *Saint-Nectaire* et des eaux sulfureuses en général.

Mais que les indications, au contraire, s'enchevêtrent, comme cela se rencontre dans tant d'autres cas, aussitôt la difficulté devient extrême. Il faut alors procéder comme nous le disions tout à l'heure, c'est-à-dire rechercher, parmi les éléments morbides, quels sont ceux que telle classe d'eaux pourrait aggraver, et choisir ainsi par élimination.

Une lymphatique à nutrition languissante, à réactions nerveuses accentuées, est atteinte de métrite chronique hémorrha-

1. ALBERT ROBIN. — La balnéation chlorurée-sodique, ses effets sur la nutrition, ses nouvelles indications. — *Bulletin de l'Académie de Médecine*, 1891.

gique : le terrain, la nutrition indiquent les eaux sulfureuses, les eaux salines, les chlorurées-sodiques fortes, mais les réactions de l'organisme, la nature de la lésion les contre-indiquent, et l'on doit se contenter des chlorurées-sodiques fortes que l'on peut mitiger d'eaux-mères magnésiennes, comme *Biarritz* ou *Salies-de-Béarn*, à moins que l'on ne penche du côté de *Saint-Sauveur* qui, d'après Caulet, possède des propriétés antihémorrhagiques, en même temps qu'il tend à équilibrer le système nerveux, si toutefois la cure est habilement dirigée. Nous pourrions multiplier ces exemples, mais ce serait faire double emploi avec ce qui nous reste à dire, à propos des médications spéciales de chaque affection utérine prise en particulier.

C'est cette complexité même d'indications souvent contradictoires qui rend si difficile l'exacte adaptation de la cure à la maladie, d'autant que les effets obtenus dans une station déterminée sont quelquefois contradictoires et ne concordent pas toujours soit avec ce que l'on sait d'eaux similaires, soit même avec ceux habituellement réalisés dans tel cas analogue. Ce qui complique encore la difficulté, c'est qu'il n'est peut-être pas de station qui ne revendique les affections utérines pour sa clientèle et ne puisse apporter quelque succès à l'appui de son dire.

Toutes ces raisons sont pour beaucoup dans le discrédit qui a frappé le traitement hydrologique des maladies génitales de la femme. Et l'on comprend, devant la difficulté et les incertitudes de ce traitement, qu'Aran ait pu prononcer, dans ses Leçons Cliniques, cette phrase d'un décourageant scepticisme : « Au risque de me trouver en désaccord avec les médecins attachés aux eaux minérales, je suis bien obligé de dire qu'en dehors des indications fournies par la prédominance des troubles digestifs, d'où les avantages de *Plombières*, *Vichy*, *Ems*, *Carlsbad*, *Kissingen*, etc., l'opinion des médecins gynécologistes hésite encore entre les prétentions rivales des établissements qui se disputent les maladies utérines. » Cette affirmation d'Aran, si entachée d'exagération qu'elle soit, comporte toutefois une instruction qu'il ne faut pas négliger : c'est que les eaux minérales agissent davantage sur les prédominances symptomatiques que sur la lésion elle-même. Ajoutons encore avec Bernutz, Courty et Martineau, qu'elles sont surtout aptes à combattre les affections diathésiques et les états généraux qui dominent très souvent la maladie utérine.

IV

Des principales eaux minérales employées dans le traitement des maladies des femmes. — De leurs propriétés thérapeutiques et des indications de leur emploi.

Après avoir étudié dans une vue d'ensemble les indications qui dérivent de l'étude de la maladie et de la malade, nous devons maintenant passer en revue les principaux groupes d'eaux minérales et rechercher ainsi les propriétés et les actions du médicament.

A. — Eaux chlorurées-sodiques

On trouvera dans tous les Traités d'Hydrologie les documents relatifs à la composition et aux propriétés spéciales des diverses eaux chlorurées-sodiques ; aussi, nous en tiendrons-nous uniquement à ce qui peut s'appliquer à notre sujet.

1° *Action physiologique*. — Les bains salés provoquent du côté des organes pelviens un mouvement fluxionnaire dont l'intensité croît avec la concentration des bains. Ils sont emménagogues et prédisposent aux congestions. Ils stimulent, par conséquent, d'une façon plus ou moins énergique, la vitalité de ces organes. Au bout d'un nombre de jours de traitement variable suivant les réactions de la maladie, — toutes choses égales d'ailleurs, en ce qui touche la concentration des bains, — les phénomènes douloureux se réveillent, les écoulements deviennent plus abondants et plus épais, l'activité imprimée à la nutrition générale s'étend aux organes génitaux, et c'est à la faveur de ce relèvement de la circulation et de la nutrition locales que l'on voit se résorber les vieux exsudats.

2° *Mode d'application*, — D'une manière générale, et quelle que soit la station chlorurée-sodique que l'on ait choisie, il faut commencer par des bains entiers de faible concentration.

En France, les bains les plus légers que l'on emploie au début des cures sont ordinairement à 3 p. 100 de sel. Nous pensons que c'est là un degré encore trop élevé et qu'on aurait tout avantage à commencer par des bains plus faibles encore, à 1 p. 100 ou même à un demi p. 100 de sel.

Cette pratique, qui est celle de H. KELLER, de *Rheinfelden*, lui a donné des résultats que nous avons pu souvent contrôler et qui méritent d'êtres retenus.

Après une indispensable période d'acclimatement, on augmente graduellement le degré de salure du bain, en prenant les réactions locales comme guide principal dans la majorité des cas. Mais on ne saurait être trop réservé dans cette marche ascendante vers le bain de haute concentration, au moins dans les stations chlorurées-sodiques fortes ; et il vaut mieux prolonger la cure ou engager la malade à faire une seconde cure après quelques mois de repos que de brûler les étapes pour donner à la patiente la satisfaction souvent dangereuse d'avoir fait une cure forte avec le bain pur sel.

Quand les indications tirées de l'état de la nutrition sont, au contraire, dominantes, il faut modifier la tactique et suivre les enseignements qui résultent des travaux de l'un de nous sur les effets que la balnéation chlorurée-sodique exerce sur la nutrition. Cette cure n'agit pas sur la nutrition comme sur l'état local, où l'activité du bain est en raison directe de la concentration. Loin de là, quand il s'agit de nutrition, à certains degrés de salure correspondent des effets pour ainsi dire spécifiques que l'on peut résumer ainsi qu'il suit :

1° Les bains chlorurés-sodiques à 6 p. 100 seront réservés aux malades chez lesquelles il n'y a lieu d'augmenter ni les échanges azotés, ni les oxydations, et à celles qui ont une tendance à maigrir où qui fabriquent de l'acide urique en excès ;

2° Les bains à 12 p. 100 conviennent aux femmes chez lesquelles il y a lieu de relever vivement les échanges azotés sans accroître les oxydations. Ils seront contre-indiqués chez les uricémiques, mais devront être employés toutes les fois qu'il sera nécessaire d'activer les échanges des organes riches en nucléine ou des tissus conjonctifs et fibreux, ce qui répond bien à une action sédative et fondante sur les hyperplasies conjonctives péri-utérines ;

3° Le bain à 25 p. 100 conviendra aux malades à nutrition

languissante, à oxydations retardées, à tous les sujets dont il importe de reconstituer le système nerveux par voie d'épargne, tout en accélérant les mutations azotées.

3° *Mode d'action et emploi des eaux-mères.* — Il faut souvent une grande habitude pour concilier cette influence divergente sur la nutrition et sur l'état local, mais c'est précisément cette délicatesse de touche qui constitue l'art de la thérapeutique hydrologique. Toutefois, ce qui contribue à rendre la tâche plus facile, c'est l'association judicieuse des eaux-mères magnésiennes aux bains salés. Les eaux-mères magnésiennes, comme l'a démontré LAVERGNE dans son excellent travail[1], ont des propriétés sédatives qui contrastent avec les propriétés stimulantes de leurs eaux originelles et qui peuvent servir à atténuer ce que celles-ci ont de trop excitant dans tel cas particulier. Le médecin hydrologue qui connaît bien cette action contraire aura dans la main un excellent moyen pour faire varier les effets de la cure et l'adapter aux organismes et aux réactions locales les plus différents. Ainsi, avec des additions progressives d'eaux-mères magnésiennes à des bains faiblement salés, on réduira les réactions générales et locales, on ralentira plus ou moins les mutations nutritives et la désassimilation phosphorée sans atteindre parallèlement les propriétés résolutives du bain sur l'état local.

On conçoit donc toute l'importance que prend le dosage de la salure du bain et de la quantité d'eaux-mères qu'on doit y ajouter. Avec la gamme étendue que l'on peut parcourir au moyen des eaux chlorurées-sodiques fortes, il n'y a pour ainsi dire pas de traitement qu'il ne soit possible d'y réaliser.

Mais ici une distinction capitale est nécessaire.

Certaines eaux-mères ne jouissent pas de propriétés sédatives bien caractérisées. Les unes, comme celle de *Nauheim*, de *Kreuznach*, renferment surtout du chlorure de calcium; dans les autres, comme à *La Mouillère*, à *Salins-du-Jura* et à *Rheinfelden*, c'est encore le chlorure de sodium qui domine, et ces eaux ne sont, en somme, qu'une solution salée plus concentrée. Au contraire, à *Biarritz*, à *Salies-de-Béarn*, le chlorure de magnésium l'emporte au point de former presque les deux tiers des substances dissoutes; or ces eaux-mères jouissent d'une action séda-

----

1. LAVERGNE. — De l'action des eaux-mères sur la nutrition. (*Annales d'Hydrologie et de Climatologie Médicales*, janvier 1898.)

tive indéniable, due, selon nous, bien plus à cette richesse en chlorure de magnésium qu'aux 8 ou 10 grammes de bromures qu'elles renferment[1]. Ces deux dernières stations seront donc plus particulièrement indiquées dans les cas difficiles auxquels nous venons de faire allusion, parce que la combinaison des eaux salées et des eaux-mères fournit au médecin une plus grande quantité d'éléments thérapeutiques.

4° *Durée de la cure.* — A moins d'indications spéciales, la cure balnéaire doit être continuée sans interruption pendant vingt à trente jours environ, suivant les cas. S'il survient de l'embarras gastrique ou gastro-intestinal, avec diminution de l'appétit, langue blanche, constipation, nausées, malaise général, la cure sera interrompue et l'on administrera un purgatif salin. La cure ne sera reprise que lorsque les accidents qui ont motivé son interruption auront disparu.

Malgré l'opinion actuellement dominante chez beaucoup de médecins hydrologues, nous conseillons cependant d'interrompre aussi la cure balnéaire dès la première apparition des règles et de ne la reprendre que lorsque celles-ci ont pris fin. Chez les femmes à règles traînantes, pour qui cette interruption devrait être de trop longue durée, on recommencera la cure dès le cinquième jour, quand l'écoulement sanguin devient moins abondant, ou prend une couleur rosée ou une allure irrégulière.

5° *Résumé général.* — En résumé, les eaux chlorurées-sodiques sont surtout indiquées chez les utérines lymphatiques, scrofuleuses ou anémiques, quand il s'agit d'obtenir une résolution active, sans que l'on ait à craindre un mouvement fluxionnaire trop vif du côté des organes génitaux.

Elles seront contre-indiquées quand l'inflammation locale n'est pas complètement éteinte, ou encore chez les femmes très nerveuses ayant des réactions exagérées du côté du cœur, de l'estomac, etc., réaction que ne calmerait pas l'addition judicieuse d'eaux-mères. En outre, elles reconnaissent une formelle contre-indication dans un certain nombre de troubles intestinaux, dans les entérites par exemple. FÉLIX BERNARD (*de Plombières*), que nous

---

1. Cette opinion a été récemment confirmée par F. GALLARD, dans un travail très soigné. — Étude sur l'action physiologique des bains d'eau-mères au sujet d'une observation clinique (*Annales d'Hydrologie et de Climatologie Médicales*, 1898, p. 465).

avons interrogé à ce sujet, s'est montré très affirmatif sur cette contre-indication.

6° *Principales stations chlorurées-sodiques.* — Les stations chlorurées-sodiques sont extrêmement nombreuses. On peut les diviser en faibles, moyennes et fortes.

Les faibles sont : *Bourbon-Lancy, Baden-Baden, Bourbon-l'Archambault, Wiesbaden, Rennes-les-Bains, Saint-Nectaire, La Motte-les-Bains, Bourbonne-les-Bains, Kissingen, Santenay*, etc.

Les moyennes sont : *Balaruc, Kreuznach, Hombourg, Wildegg, Cheltenham, Soden, Salies* (Haute-Garonne), *Nauheim, Bex, Salins-du-Jura, Reichenhall*, etc.

Les fortes sont : *Salies-de-Béarn, Biarritz, Rheinfelden, La Mouillère, Montmorot* (Lons-le-Saunier), etc.

Nous n'avons pas à étudier ici la composition et les propriétés de chacune de ces eaux, et nous renvoyons aux traités spéciaux de MAX DURAND-FARDEL, ROTUREAU, MŒLLER, GLATZ et aux articles très consciencieux du Dictionnaire Encyclopédique des Sciences Médicales.

B. — Eaux sulfureuses

1° *Action physiologique excito-motrice.* — Les eaux sulfureuses exercent sur l'utérus une action excito-motrice emménagogue et hémostatique. L'action excito-motrice se manifeste, comme l'a parfaitement fait remarquer CAULET[1], par une sensation pelvienne de pression peu intense ou même de pincement, qui peut devenir presque douloureuse et s'accompagne d'irradiations plus ou moins marquées dans les reins, le bas-ventre, les aines et les cuisses. Parfois ces pincements prennent la forme de tranchées, de coliques utérines et cela même chez des femmes dont les organes génitaux sont absolument sains. V. FELTZ, de Nancy, qui a étudié expérimentalement l'action de l'eau de la *Raillière*[2], conclut que cette eau exerce une action sthénique incontestable sur les fibres lisses des artérioles de la grenouille, et que cette action paraît être un effet de l'impression produite sur le système nerveux central par les principes contenus dans cette eau minérale.

1. CAULET. — *Annales de la Société d'Hydrologie Médicale*, t. XXIV.
2. C. ROBERT. — Des maladies utérines et de leur traitement par les eaux de Cauterets, Paris, 1882.

Cette action vasculaire locale, bien étudiée par C. ROBERT (de Cauterets), jointe au remontement général exercé sur l'organisme par les eaux sulfureuses, explique et justifie la faveur dont celles-ci ont joui depuis longtemps dans le traitement de certaines affections de l'utérus et de ses annexes.

Cette action excitante sur l'utérus paraît se manifester d'une manière plus active par l'usage interne que par l'usage externe des eaux. Toutefois les douches sulfureuses en arrosoir sur le bas-ventre et les lombes provoquent facilement des contractions douloureuses de l'utérus aussi intenses que celles qui sont engendrées par l'eau sulfureuse prise en boisson.

Ces effets, qui ont fait de la part de CAULET (de *Saint-Sauveur*) l'objet de recherches très précises, commencent à se manifester vers le deuxième ou le quatrième jour de la cure. Ils se traduisent souvent alors par le phénomène de l'hydrorrhée thermale qui consiste dans l'émission par les organes génitaux d'un liquide clair comme de l'eau, incolore ou légèrement citrin, ne laissant pas de trace sur le linge, ou l'empesant assez légèrement. Cet écoulement n'est pas continu ; il se fait brusquement, comme par jet, et se répète à des intervalles variables. Quelquefois il se manifeste subitement sans avoir fait éprouver aucun malaise précurseur ; tout à coup, la femme se sent mouillée par cette apparition subite. D'autres fois, il est précédé, pendant plus ou moins longtemps, par quelque sensation vague, indéfinissable du côté de la matrice, par un endolorissement général de la région, puis annoncé par des contractions utérines, par des coliques dont il serait, pour ainsi dire, le produit d'excrétion. C. ROBERT, qui a observé à *Cauterets* cette hydrorrhée thermale, s'est assuré qu'elle était précédée, dans la plupart des cas, par une infiltration séreuse plus ou moins considérable, mais toujours très notable du col de l'utérus, et que cette infiltration diminuait au fur et à mesure que l'hydrorrhée s'accentuait.

Cette hydrorrhée et l'infiltration séreuse qui la précède ont une signification importante et qui constitue l'une des règles les plus précises et les plus urgentes de la thérapeutique utérine hydrominérale ; elle indique la nécessité de suspendre le traitement ou encore de le diminuer, ou de le tempérer par l'emploi d'une médication sédative. A *Cauterets*, par exemple, on pourra utiliser pour cette médication sédative la source du *Petit-Saint-Sauveur*. La continuation intempestive de la cure amènerait, ainsi que l'a bien vu Caulet, de véritables crises hystéralgiques avec ou sans tranchées utérines, mais qui prennent quelquefois un caractère inquiétant de persistance et d'intensité.

2° Action spéciale sur les hémorrhagies utérines. — C. Robert a fait intervenir cette action excito-motrice des eaux sulfureuses sur l'utérus, pour expliquer les troubles souvent contradictoires de la menstruation, qui se produisent au cours du traitement sulfureux.

Ainsi, quand on commence le traitement thermal, quelques jours seulement avant l'apparition des règles, on comprend que celles-ci soient avancées et augmentées par la stimulation exercée sur la circulation générale et plus particulièrement sur la circulation locale.

Si l'époque menstruelle correspond au maximum de l'action excito-motrice, maximum qui se produit du douzième au dix-huitième jour, les vaisseaux utérins sont comprimés par la contraction de la fibre musculaire de l'organe et les règles peuvent être retardées. Il suffit alors de donner un peu de *bromure de potassium* ou de *belladone* pour produire une sédation du système nerveux et musculaire de l'utérus, et la menstruation s'établira le plus souvent.

Cette action excito-motrice explique même l'arrêt brusque des règles, qui se manifeste sous l'influence du traitement sulfureux, quand l'utérus est très irritable.

Elle explique aussi comment Bordeu a vu une hémorrhagie utérine de vieille date, assez abondante pour rougir le bain en peu de temps, être arrêtée dès le huitième jour d'une cure interne et externe faite *à la Raillière* de *Cauterets*.

3° Action physiologique sédative. — A côté de ces effets excito-moteurs propres aux eaux sulfureuses en général, il y a des sources de ce type dont l'influence est diamétralement opposée, puisqu'elle réalise, au contraire, une sédation générale et locale.

Quel est l'agent de cette sédation ? Est-ce le fait que de telles sources sont dites dégénérées, c'est-à-dire qu'elles renferment du soufre en nature ou des hyposulfites? Ou bien encore faut-il, comme je l'ai avancé, faire intervenir aussi le rôle de l'azote que certaines eaux sulfureuses renferment en quantité notable, et qui tempère les effets stimulants du soufre[1]? Est-ce une question de thermalité, d'association au soufre de tel principe minéral?

Quoi qu'il en soit de l'explication, retenons simplement le fait et utilisons-le dans la thérapeutique utérine.

Cette action sédative atteint son maximum dans certaines stations, comme *Saint-Sauveur*, au point que CAULET a pu écrire que « si l'on fait abstraction des effets thérapeutiques proprement dits, effets secondaires, relatifs, et qui, résultant des agents les plus divers, ne peuvent caractériser une médication, la cure de *Saint-Sauveur* se distingue, entre toutes, par une action particulière sur le système nerveux, action constante ou à peu près chez les sujets sains et présentant quelque analogie avec celle des bromures ». Ces phénomènes de sédation primitive ne doivent pas être confondus avec les accidents de dépression secondaire, qui ne sont que la contre-partie d'une surexcitation thermale exagérée.

4° Indication thérapeutique générale. — Cette opposition entre ces deux types d'eaux sulfureuses étend singulièrement le rôle de celles-ci dans le traitement des affections utérines. Ainsi le type excito-moteur (type *Cauterets, Luchon, Barzun*, etc.) convient surtout aux malades chez qui l'indication dominante est une indication générale, celle du terrain, de la nutrition, celle de l'insuffisance des réactions organiques, alors qu'il s'agit de remonter l'organisme, de relever les forces, d'exciter des échanges languissants, de stimuler une lésion locale torpide.

Par contre, le type sédatif (*Saint-Sauveur, Petit-Saint-Sauveur* de *Cauterets, Gréoulx, Saint-Gervais*), sera recommandé dans tous les cas où la moindre excitation doit être évitée, chez les névropathes essentielles et chez celles où la névropathie est fonction d'une affection utérine, ou encore quand l'affection utérine elle-même est trop excitable pour permettre une cure sulfureuse, alors cependant que celle-ci demeure indiquée pour des raisons d'ordre général.

Parmi les eaux de ce groupe, insistons un instant sur celles de *Saint-Honoré*, sulfureuses sodiques faibles et arsenicales, qui ont, à dose modérée, une action générale sédative des systèmes ner-

---

1. ALBERT ROBIN. — Discussion sur le rôle de l'azote dans les eaux minérales (*Annales d'Hydrologie et de Climatologie Médicales*, 1897).

véux et circulatoire et une action modératrice de la nutrition.

D'après MAURICE BINET, elles ont un effet local modificateur des éléments glandulaires et cellulaires des muqueuses et de la peau. A doses fortes, elles détermineraient une excitation générale et locale avec fièvre, congestion, douleur, retour à l'activité des phénomènes chroniques.

Elles ont une influence anticatarrhale décongestionnante et même résolutive très marquée dans les affections gynécologiques chroniques, et elles donnent d'excellents résultats dans le catarrhe utérin, même dans les métrites parenchymateuses, les salpingites et les reliquats inflammatoires.

Elles conviennent aux cas dans lesquels il y a à redouter un retour à l'acuité, et aux femmes dont le système nerveux a besoin d'être calmé et dont l'état général est défaillant.

Dans ces maladies, on les administre :

1° A l'intérieur, pour relever l'état général souvent languissant en excitant l'appétit, en accélérant la digestion, en réglant les échanges nutritifs, et aussi parce que leurs principes s'éliminent partiellement par les muqueuses ;

2° Localement, surtout en irrigations vaginales à température élevée, prolongées de dix à trente minutes, mais sans percussion et, autant que possible, pendant le bain.

Sauf le cas d'excitabilité trop vive de l'utérus ou des annexes nous préférons ce procédé à l'emploi du spéculum à bain, qui ne permet pas d'utiliser une thermalité élevée.

Ce qui caractérise cette variété de cure sulfureuse, c'est que le traitement peut y être sédatif utérin et nerveux, en même temps que tonique de l'état général, en relevant les actes nutritifs ralentis.

5° *Mode d'emploi.* — Nous ne nous arrêterons pas sur le mode d'administration des eaux sulfureuses. Nous avons insisté sur l'hydrorrhée thermale, sur l'excitation utérine que la cure déterminait vers le douzième jour, sur les modifications de la menstruation qu'elle pouvait provoquer, sur l'opposition à établir entre les eaux excito-motrices et les sédatives. Ces indications fournissent autant d'éléments pour la direction de la cure.

On utilisera la balnéation, plus rarement l'irrigation locale ou la douche, et, suivant les cas, l'usage interne de l'eau. Mais, quel que soit le mode d'administration, il faut se rappeler que la cure sulfureuse doit être maniée avec la plus extrême prudence, que la malade exige une surveillance constante, que la cure doit toujours être interrompue au moment des premières manifestations de l'époque menstruelle, que toute manœuvre locale est formellement interdite pendant la cure, et que celle-ci ne saurait être menée avec trop de discrétion et trop de lenteur, puisque chaque réaction locale commande aussitôt sa suspension momentanée.

6º *Principales stations sulfureuses*. — Les stations sulfureuses où l'on traite les utérines sont les suivantes :

Parmi les sulfurées-sodiques, en première ligne, *Saint-Sauveur*, puis quelques sources à *Cauterets*, comme le *Petit-Saint-Sauveur* et *le Bois*, puis les *Eaux-Chaudes*, *Olette*, *Saint-Honoré*, *Le Vernet*, *Aix*, *Uriage*, etc.

Parmi les sulfurées-calciques, citons : *Gréoulx*, *Cambo* et *Pierrefonds*.

Les stations étrangères les plus renommées sont : *Aix-la-Chapelle* en Allemagne, *Baden* en Autriche, *Schinznach* en Suisse et *Acqui* en Italie.

C. — Eaux indéterminées et eaux faiblement minéralisées, sans dominante chimique

1° *Action sur l'utérus*. — Ce groupe d'eaux jouit d'une grande et très ancienne faveur dans le traitement de nombre d'affections gynécologiques, et elles doivent vraisemblablement cette faveur à ce que celles d'entres elles qui sont le plus souvent recommandées possèdent des propriétés sédatives. Cette sédation, qui est à la fois locale et générale, permet de les utiliser dans les cas où de vives réactions et un état névropathique s'associent avec une affection utérine facilement congestive.

Mais cette propriété de la sédation ne saurait être attribuée indifféremment et en bloc à toutes les eaux rangées sous la dénomination précédente. En effet, d'un côté, en modifiant la thermalité et le mode d'application des eaux les plus sédatives, on fera varier du tout au tout leur indication, puisqu'on peut provoquer alors, avec ces mêmes eaux sédatives, des phénomènes plus ou moins intenses d'excitation. Et, d'un autre côté, un grand nombre de ces eaux, dites à tort indéterminées, possèdent des activités particulières qui les ont, pour ainsi dire, spécialisées dans le traitement de certaines affections.

Voici *Bagnoles-de-l'Orne* qui revendique le traitement des phlébites et des périphlébites ; puis *Plombières* qui a une efficacité reconnue dans un grand nombre d'affections gastro-intestinales, comme les dyspepsies hypersthéniques, les entérites, l'entéro-colite muco-membraneuse. A côté de ces stations, à *Ussat, Luxeuil, Campagne, Evaux, Néris*, en France, puis à *Gastein* en Autriche, et à *Schlangenbad* en Nassau, on s'occupe plus spécialement des affections utérines.

Mais quelle différence entre ces diverses eaux ! Ainsi *Ussat* est si nettement sédatif que GARRIGOU, qui possède une grande expérience de cette station, déclare que ses eaux vont jusqu'à abattre à ce point les forces que, pendant les premiers temps de la cure, les malades ont de la peine à se remuer et à marcher, ce qui constitue d'ailleurs un phénomène favorable chez des femmes atteintes de métrites ou sujettes aux métrorrhagies.

Néris, hyposténisante comme *Ussat*, douée aussi de propriétés légèrement résolutives, peut être excitante dans certains cas, comme l'a montré DE RANSE.

Luxeuil, avec ses sources dites salines, commence par stimuler l'appareil utéro-ovarien, provoque le gonflement de l'abdomen, réveille les douleurs hypogastriques ou iléo-lombaires irradiées, augmente les flux muqueux et sanguins, et stimule en même temps l'organisme tout entier, le système nerveux compris. Mais, après cette poussée passagère, tout s'apaise jusqu'au vingtième ou trentième bain ; alors reparaissent les phénomènes du début, indiquant la nécessité de cesser le traitement. Donc, action légèrement stimulante au début, ensuite sédative, enfin définitivement excitante. Les sources dites ferrugineuses de cette station, provoquant des symptômes d'excitation bien plus marqués, sont contre-indiquées chez les nerveuses et conviennent, au contraire, aux déprimées et aux anémiques.

Evaux, malgré sa faible minéralisation, a une action excito-motrice et congestionnante fort nette sur l'appareil génital et jouit, à juste titre, d'une grande réputation dans le traitement des aménorrhées.

Ces divers exemples, qu'il nous serait facile de multiplier, montrent bien nettement combien il est impossible d'établir une formule générale qui réponde aux indications des eaux indéterminées et faiblement minéralisées.

Tout ce qu'on peut dire, c'est qu'en général elles sont sédatives du système nerveux, et c'est à cette sédation nerveuse que quelques-unes d'entre elles doivent leur action indirectement reconstituante. MORICE, en montrant les modifications que la balnéation de *Néris*, par exemple, faisait subir à l'élimination des phosphates, a fourni au moins l'une des preuves de cette reconstitution par arrêt d'une anormale déperdition.

En ce qui concerne les maladies génitales, c'est tout ce qu'il faut leur demander, sauf en quelques cas spéciaux, et c'est ce que MAX DURAND-FARDEL a parfaitement exprimé en disant : « Les maladies utérines trouvent près des eaux indéterminées une médication pleine de ressources précieuses. Il est un ensemble d'anémie, de nervosisme, d'irritabilité, qui, dans bien des cas, en dehors de tout état diathésique déterminé, ou même en présence d'états diathésiques qui sembleraient devoir dominer l'indication, constituent le plus grand obstacle à leur traitement, et contre lequel la thérapeutique ordinaire ne fournit que des ressources bien insuffisantes. L'emploi d'eaux minérales plus actives, malgré d'apparentes indications, se heurte souvent contre des intolérances formelles. »

Au groupe des indéterminées, nous rattacherons les eaux sulfatées-calciques faibles, dans lesquelles on pourrait ranger aussi *Ussat*, et qui comprend *Bagnères-de-Bigorre, Aulus, Bath, Loèche*, et dans un groupe plus spécialisé, *Contrexéville, Vittel, Martigny, Capvern*, etc.

Le premier groupe, dont l'effet est sédatif, convient aux névropathes; le second sera réservé aux utérines graveleuses, goutteuses, ou atteintes de troubles vésicaux. A *Bagnères-de-Bigorre*, où il y a des sources multiples, ferrugineuses, sulfureuses, laxatives, sédatives, il sera facilement possible de combiner les traitements sédatif et tonique.

2° *Mode d'emploi.* — Les eaux de ce groupe s'administrent :

1° En bains plus ou moins prolongés, de vingt-cinq minutes à une heure ou une heure et demie ;

2° En irrigations prises dans le bain lui-même, soit directement avec la canule habituelle, soit mieux encore à l'aide d'un spéculum à bains en caoutchouc durci. On peut aussi les donner dans le bain de siège à eau courante, tel qu'il est installé à *Luxeuil,* par exemple. Cette irrigation, qui doit être faite sans pression, aura une durée de cinq, dix ou quinze minutes au plus. Quand l'utérus est très irritable, l'irrigation sera remplacée par la balnéation directe à l'aide du spéculum à bains employé seul ;

3° En douches ascendantes, qui réclament de grandes précautions dans leur administration, parce qu'elles provoquent quelquefois des malaises, des coliques et même de la diarrhée. TILLOT, de *Luxeuil,* leur attribue un effet résolutif sur les résidus de périmétrite ;

4° En douches lombaires et en douches hypogastriques, dont l'emploi doit être surveillé avec le plus grand soin à cause de leur action souvent excitante. En tout cas, elles devront toujours être administrées tièdes, et en brisant le plus possible le jet à l'aide d'une pomme d'arrosoir.

D. — **Eaux chlorurées-bicarbonatées ou sulfatées ; bicarbonatées simples (sodiques, calciques); bicarbonatées-chlorurées ; sulfatées et sulfatées-chlorurées.**

1° *Indications principales.* — Les groupes d'eaux minérales dont nous venons de parler possèdent tous, plus ou moins, une sorte de spécialisation utérine, fondée surtout sur la tradition et sur l'observation. Ce n'est pas à dire, comme nous l'avons vu, qu'elles aient une action directe sur l'utérus, et l'on peut fort bien expliquer la plupart de leurs effets en n'envisageant que leur influence sur l'état général ; mais, au moins, ces effets ont-ils une sorte de répercussion utérine directe. Au contraire, les eaux qui figurent sous la rubrique ci-dessus ne peuvent, sauf exception, revendiquer aucune action locale et directe sur l'utérus. Elles modifient ou bien les états généraux et diathésiques des utérines, ou encore les affections locales qui peuvent retentir sur l'appareil génital, ou enfin certaines des complications qui viennent accroître la susceptibilité ou aggraver les maladies propres de celui-ci. Envisagées dans leur ensemble, ces eaux conviennent aussi plus particulièrement aux fausses utérines.

Ainsi, pour citer des exemples, MARTINEAU conseillait l'emploi des eaux bicarbonatées sodiques chez les arthritiques atteintes de métrites. MAX DURAND-FARDEL indiquait dans ces cas *Royat* ou

Ems; il attribuait de plus, aux eaux de *Vichy*, des propriétés résolutives locales.

Nous pensons, avec la plupart des hydrologues, que ces eaux peuvent rendre de grands services, si on ne leur demande pas plus qu'elles ne peuvent donner, c'est-à-dire si on ne les emploie, en cas d'affection utérine par exemple, qu'au moment où l'on a déjà traité et suffisamment modifié la maladie locale par les moyens appropriés. Elles interviennent donc, dans la plupart des cas, comme traitement de deuxième étape.

En principe, les eaux bicarbonatées-sodiques seront réservées aux utérines présentant des symptômes herpétiques ou gastro-intestinaux, ou aux malades dont les troubles utérins paraissent être causés ou aggravés par une affection susceptible d'être traitée dans ces stations, comme la lithiase biliaire. On utilisera alors, suivant les indications, *Vichy*, *Fachingen*, *Bilin*, *Vals*, *Neuenahr*.

Les bicarbonatées mixtes et les bicarbonatées-chlorurées, comme *Royat*, *Ems*, *Saint-Nectaire*, conviendront aux anémiques et aux arthritiques atteintes de troubles gastriques évoluant dans le sens de l'insuffisance.

Aux eaux de *Châtel-Guyon* reviennent les femmes qui ont de la constipation chronique, cette cause si fréquente d'aggravation des troubles utérins. Au même titre, les eaux laxatives de *Brides*, *Carlsbad*, *Tarasp*, *Marienbad*, etc., avec leur action décongestionnante, conviendraient dans les affections gynécologiques, qui s'accompagnent de coprostase et de pléthore abdominale.

2° *Mode d'emploi.* — Le mode d'administration de ces eaux ne prête pas à des considérations d'ensemble et relève uniquement des indications individuelles. On les emploie en boissons et en bains ; mais c'est surtout avec leur usage interne qu'on obtient les résultats les plus marqués.

E. — Eaux ferrugineuses.

1° *Indications principales.* — Les eaux ferrugineuses dont les principaux types sont *Spa*, *Orezza*, *Forges-les-Eaux*, *Bussang*, *Renlaigue*, *Schwalbach*, *Pyrmont*, *Saint-Moritz*, *Franzensbad*, etc., sont indiquées dans deux cas bien précis : d'abord quand il existe un état anémique dépendant d'une lésion ou d'un trouble utérin ; ensuite, pour combattre les troubles variés, tels que leucorrhée, aménorrhée, dysménorrhée, qui relèvent de la chlorose. En effet, ces eaux ont pour action fondamentale de stimuler les échanges organiques et d'activer les oxydations azotées.

Quand bien même existerait cette indication de l'anémie et de la chlorose, on défendra les eaux ferrugineuses aux utérines nerveuses et éréthiques, ainsi qu'à celles qui présentent des troubles gastriques et intestinaux, spécialement si ces troubles gastriques ressortissent à l'hypersthénie avec hyperchlorhydrie.

Tontefois il est certain que *Forges-les-Eaux*, moins excitant que *Spa*, pourra, à la rigueur, être employé chez les nerveuses. D'autre part, *Franzensbad*, quoique ferrugineux, ne sera pas déplacé chez les utérines atteintes aussi de pléthore abdominale ou de troubles intestinaux se traduisant par de la constipation.

Les médecins allemands vantent dans les diarrhées chroniques, dans les catarrhes vaginaux, dans les métrorrhagies et les hémorrhagies des anémiques et des chlorotiques certaines eaux riches en sulfate de fer, comme *Parad, Muskau, Roncegno, Levico, Alexisbad*, qui jouissent de propriétés astringentes générales et locales. Sans contredire cette manière de voir, qui paraît reposer sur quelques observations assez probantes, nous pensons cependant que ce type d'eau est contre-indiqué chez les nerveuses et les congestives.

2° *Mode d'emploi.* — Les eaux ferrugineuses s'emploient surtout en boisson. Quand l'utérus est très torpide, on peut s'en servir en injections vaginales.

F. — Eaux arsenicales.

1° *Action sur les échanges organiques.* — Les eaux arsenicales possèdent sur la nutrition élémentaire une action des plus remarquables, bien mise en relief par FÉLIX BERNARD, puis par HEULZ et CATHELINEAU qui ont montré que l'eau de *la Bourboule*, prise en boisson, diminuait les échanges et les oxydations azotées, l'acide phosphorique, l'acide sulfurique, le rapport de l'acide phosphorique à l'azote total $\dfrac{PH_2O_5}{Az\ T.}$ et augmentait les chlorures. La même eau, administrée en bains, agit d'une façon à peu près inverse.

Si on donne concurremment l'eau en boisson et en bains, l'action de l'eau à l'intérieur prédomine sur l'effet des bains, mais l'influence de ceux-ci se fait néammoins sentir, et le ralentissement des échanges azotés est moins marqué qu'avec la simple ingestion d'eau. Ces données physiologiques font de *la Bourboule*[1] une station très particulière, où, par une habile sélection des pratiques thermales, on pourra traiter chez les utérines l'accélération nutritive, le ralentissement des échanges et même les cas intermédiaires où domine l'irrégularité des échanges, si toutefois ces eaux ne sont pas contre-indiquées par l'état local.

2° *Indications principales.* — En principe, les eaux arsenicales conviennent surtout aux lymphatiques et aux scrofuleuses, à la condition que les déterminations de ces diathèses soient purement catarrhales, et par conséquent, superficielles. Citons à ce propos, comme indication spéciale, la leucorrhée vaginale des lymphatiques ou encore les leucorrhées qui surviennent chez les eczémateuses et les acnéiques, toujours à la condition que le terrain soit lymphatique ou herpétique.

La Bourboule est la station arsenicale la mieux aménagée. Mais certaines sources du *Mont-Dore*, de *Saint-Nectaire*, de *Vals*, de *Plombières*, de *Royat*, contiennent aussi des quantités plus ou moins sensibles d'arsenic, et l'on tend à rapporter à cette dernière qualité arsenicale quelques-unes de leurs spécialisations thérapeutiques.

G. — Bains de boue.

1° *Action sur l'utérus.* — Les bains de boue les plus connus sont ceux de *Dax, Saint-Amand, Barbotan, Franzensbad, Marienbad, Acqui, Battaglia*, etc. La station de *Franzensbad*, en particulier, jouit d'une grande réputation dans le traitement des maladies des femmes. Les médecins de la station la recommandent dans les affections chroniques du système génital de la femme (anomalies de la menstruation, métrites et ovarites chroniques, positions vicieuses de l'utérus, exsudats péri et paramétritiques.

1. F. BERNARD. — Rapport sur ma mission à la Bourboule (*Archives Générales d'Hydrologie*, 1894).

L. HEULZ et H. CATHELINEAU. — *Essai de Chimie Biologique appliquée à l'action physiologique et thérapeutique des eaux de la Bourboule.* Paris, 1894.

D'ailleurs, sous l'influence des études de Carl Klein[1], la station de *Franzensbad* s'est très nettement spécialisée pour le traitement des affections utérines.

Le bain de boue agit à titre tonique sur les symptômes secondaires et sur les échanges nutritifs ; il est, de plus, modificateur local, par son influence directe sur les organes malades. C. Klein cite, comme exemple de cet effet local, la manière dont le bain de boue active la subinvolution de l'utérus après l'accouchement ; si la régression utérine se trouve interrompue, le bain de boue rétablit l'involution normale en provoquant une sécrétion qui ressemble aux lochies[2]. Cette action locale produit une fluxion méthodique qui amène le relâchement des tissus, facilite la résorption des exsudats et stimule les évolutions régressives. Souvent, au cours du traitement, la fluxion thermale détermine une certaine excitabilité dans les parties malades, et l'examen révèle alors une moindre dureté et comme une sorte de relâchement des produits inflammatoires, phénomènes qui démontrent encore l'action locale des boues et qui sont nécessaires pour assurer la résorption.

2° Mode d'emploi. — Ces bains s'administrent en demi-bains ou bains de siège, plus rarement en bains entiers. Quand il s'agit uniquement de faire une cure locale et que l'on ne cherche pas à modifier profondément l'état général, les demi-bains et même le bain de siège sont parfaitement suffisants.

A *Dax*, on donne les bains à la température de 38° à 46° en commençant, bien entendu, par la température la plus basse et en procédant, dans la suite, très progressivement. Le maximum utile oscille de 42 à 45 degrés.

La durée du bain ne doit pas dépasser dix à douze minutes. Après le bain, on donne à la malade une douche d'eau thermale à 40 degrés ; on l'enveloppe ensuite dans une couverture de laine et on la rapporte dans son lit où elle subit une sudation plus ou moins abondante. Au bout d'une demi-heure, on enlève la couverture ; on essuie vigoureusement, et la malade reste encore au repos pendant une heure environ, afin de s'accommoder

---

1. Carl Klein. — *De l'efficacité des bains de boue dans le traitement des maladies des femmes.* — Franzensbad, 1890.

2. Voyez aussi l'excellent travail de Ch. Lavielle. — *Les stations de boues minérales en Europe.* — Paris, 1892.

peu à peu à la température extérieure, car tout refroidissement peut amener de fâcheuses conséquences.

Il ne faudra pas oublier de placer sur la tête de la malade, pendant la durée du bain, une compresse mouillée d'eau froide et fréquemment rafraîchie, et de lui éponger la figure avec de l'eau froide. Le bain sera toujours pris à jeun.

A *Franzensbad*, la température du bain ne dépasse pas 32 à 35 degrés, et cette température paraît beaucoup mieux s'adapter au traitement des affections utérines. Si les malades ont des tendances hémorrhagiques, on fera très bien d'abaisser encore la température des bains et de la réduire à 30 et même à 28 degrés.

3° Action dans les hémorrhagies utérines. — En principe, les bains doivent être suspendus en cas de pertes de sang. Toutefois, C. KLEIN pense qu'il y a lieu de distinguer entre les hémorrhagies.

Celles qui ont un caractère menstruel et qui sont dues à une fluxion ovarienne plus intense contre-indiquent la continuation du bain, qui ne doit être repris qu'après leur cessation.

Au contraire, les hémorrhagies provenant uniquement de l'utérus et ayant un caractère de continuité qui exclut l'idée d'une origine menstruelle, survenant en minime quantité à la moindre secousse, et que l'on peut rapporter à la mollesse même de la muqueuse utérine, ces hémorrhagies-là seraient justiciables des bains de boue, et l'action tonifiante de ceux-ci sur la matrice aurait pour effet de les modérer et même de les supprimer.

En tous cas, il faut cesser les bains de boue à l'approche des règles et ne les reprendre que quand celles-ci ont pris fin.

4° Action sur la nutrition. — L'action générale des bains de boue sur la nutrition a été bien fixée par MAURICE LEBLANC [1], qui a constaté que ces bains augmentaient la quantité de l'urine, l'urée, l'acide urique, les chlorures et les sulfates, tandis que l'acide phosphorique tendrait à diminuer. POWRITZ [2] a constaté aussi une augmentation des échanges azotés, une assimilation meilleure et une diminution du soufre en combinaison orga-

---

1. M. LEBLANC. — Les eaux et les boues de Saint-Amand (*Annales d'Hydrologie et de Climatologie Médicales*, sept. et oct. 1896).

2. POWRITZ, — Influence des bains de boues chauds sur la nutrition (*Soryno Rousskaïa Medilzïnskaïa Gazeta*, 1896, n° 415).

nique; mais il pense, contrairement à M. LEBLANC, que les bains de boue diminuent l'excrétion urinaire.

Cet accroissement des principaux résidus de la nutrition plaide bien en faveur d'un suractivité imprimée à celle-ci et explique au moins l'un des modes d'action les plus importants de ces bains.

V

Des moyens adjuvants de la thérapeutique thermale dans le traitement des maladies des femmes et de leur mode d'emploi.

Les principaux moyens adjuvants des eaux thermales dans le traitement des utéropathies sont : les bains d'acide carbonique de *Kissingen*, *Royat*, *Saint-Nectaire*, les applications locales d'eaux-mères salines ou de boues minérales, les bains de petit-lait et l'hydrothérapie.

A. — Bains d'acide carbonique.

Des bains d'acide carbonique nous ne parlerons pas longuement, parce que l'on est encore mal fixé sur les résultats qu'ils donnent. S'ils peuvent quelquefois calmer des névralgies de l'appareil génital, il est hors de doute qu'ils sont le plus souvent congestifs, ce qui les indique dans les aménorrhées par inertie utérine.

La durée de ces bains est ordinairement de 10 à 12 minutes. Chez des femmes très torpides, on peut atteindre jusqu'à 20 minutes.

L'action des bains peut être augmentée par l'usage des douches locales d'acide carbonique, mais celles-ci doivent être maniées avec les plus grandes précautions.

B. — Applications locales d'eaux-mères salines.

Les applications locales d'eaux-mères salines, en compresses sur l'abdomen, moyen fort usité dans les stations chlorurées-sodiques fortes, constituent un agent utile de sédation locale chez les utérines que l'on a dû envoyer à des eaux toniques et excitantes et chez lesquelles on a lieu de craindre que l'action stimulante ne s'étende trop vivement à l'appareil génital.

En thèse générale, les compresses imbibées d'eaux chlorurées-sodiques fortes ou d'eaux-mères chlorurées-sodiques ou calciques sont excitantes. Celles que l'on imprègne d'eaux-mères chlorurées-magnésiennes sont sédatives.

On les applique suivant le même mode que les compresses échauffantes. On trempe une serviette dans l'eau-mère ; on l'exprime légèrement ; on l'applique sur l'abdomen ; on recouvre d'une feuille de taffetas gommé, puis d'une couche d'ouate et l'on fixe le tout à l'aide d'une bande de flanelle. La compresse, appliquée le soir quand on vient de se mettre au lit et deux heures et demie environ après le repas, est maintenue d'abord pendant une heure, puis on augmente progressivement ce temps et on arrive à la laisser en place toute la nuit. Elle ne doit provoquer, au moment où on l'applique, qu'une sensation de froid très courte rapidement suivie d'une réaction de chaleur agréable. Quand on l'enlève, il faut essuyer doucement l'abdomen, puis maintenir la malade au lit pendant une heure environ, dans le but de parer à tout refroidissement local.

Ces compresses ont une action résolutive, décongestionnante et sédative.

C. — Cataplasmes de boue.

Les cataplasmes de boue minérale présentent, comme les compresses imbibées d'eaux-mères, l'avantage de pouvoir être employés à la maison, sans déplacement.

On les prépare en ajoutant à la boue sèche une quantité d'eau chaude suffisante pour donner à cette boue la consistance d'un cataplasme mou. Au lieu d'eau chaude, on emploiera suivant les cas une eau chlorurée-sodique ou une eau-mère calcique ou magnésienne. Cette bouillie est appliquée directement ou à travers un sachet de toile sur la région choisie, le matin, pendant que la malade est encore au lit.

La durée de l'application varie de 35 à 60 minutes.

La fomentation terminée, on essuie la région, on la recouvre de flanelle, et l'on maintient la malade au lit pendant une heure.

La méthode d'application locale des boues qui a été désignée par Barthe de Sandford sous le nom d'*illutation partielle*, diffèr e de la précédente en ce que la boue, simplement réchauffée à l'aide d'un appareil spécial, est appliquée sur la région, directement, comme s'il s'agissait d'une pommade épaisse, et recouverte en-suite d'une toile isolante.

L'emploi local des boues a été réservé jusqu'ici aux affections des os et des articulations, mais il est telle affection utérine tor-pide, telle métrite chronique de vieille date, telle dysménorrhée où il serait possible d'en tirer de bons effets.

D. — Bains de pins.

Les bains de pins sont en grande faveur dans plusieurs stations allemandes et dans les stations hongroises de *Tàtra-Füred*.

On les prépare de plusieurs manières, soit en écrasant direc-tement dans le bain de petites branches de pin avec leurs feuilles, soit en ajoutant au bain de deux à trois seaux d'une décoction de ces mêmes branches de pin.

Ils ont une action tonique et calmante à la fois et semblent plus spécialement indiqués chez les femmes lymphatiques et arthritiques atteintes de leucorrhée. Il est hors de doute qu'ils in-fluencent formellement la sécrétion muqueuse. Aussi y a-t-il avantage, dans les cas de leucorrhée, à s'en servir en injections ou même en irrigations vaginales pendant la durée des bains.

En France, on n'emploie pas du tout les bains de pins, et nous pensons cependant qu'ils rendraient de très grands services aux utérines, par la régularisation qu'ils apportent aux fonctions de la peau qui prend, après quelques bains, une douceur toute par-ticulière.

E. — Bains de petit-lait.

Les bains de petit-lait s'emploient surtout à *Ischl*. En France leur usage est complètement inconnu.

Ils ont pour but de modérer l'action excitante que les eaux chlorurées-sodiques fortes exercent sur les femmes à peau fine et délicate ; ils jouent alors le rôle d'un véritable cosmé-tique. Mais, en dehors de cet effet purement local et calligène, les bains de petit-lait, par les matières organiques qu'ils ajoutent à l'eau salée, tempèrent la stimulation générale et locale que provoque celle-ci, sans influencer ses effets toniques. Ils agissent en un mot, comme toutes les autres matières organiques qui, ajoutées aux bains excitants, en tempèrent l'activité.

Ceci n'est pas à dédaigner quand on utilise les eaux chlorurées-sodiques fortes en des bains de haute concentration, car telle malade à utérus excitable, que l'on devrait maintenir dans des bains de faible concentration, supportera facilement des bains plus riches et par conséquent plus actifs au point de vue de l'état général, si l'on additionne ces bains de petit-lait.

Mais la chose n'est pas toujours facile, car, en dehors de la question du prix de revient, on ne trouve pas aisément de petit-lait dans toutes les stations. Nous proposons de tourner la difficulté en se servant de *gélatine de Paris*, qu'on ajoutera au bain à la dose de 150 à 250 grammes, afin d'obvier à l'excitation locale que provoquent, chez certaines malades, ces bains trop fortement minéralisés.

En résumé, bains de petit-lait ou bains gélatinés seront réservés aux malades chez lesquelles il faut remonter vigoureusement l'état général par des bains salés de haute concentration, sans exciter démesurément un état local irritable.

F. — Hydrothérapie.

1° *Indications principales et mode d'emploi.* — L'hydrothérapie est certainement l'un des moyens adjuvants les plus importants dans le traitement hydrominéral des maladies des femmes. Employée seule, elle a souvent donné entre les mains des spécialistes de remarquables résultats, et l'on n'a qu'à consulter les excellents Traités de BENI-BARDE ET MATERNE[1], de F. BOTTEY[2], de E. DUVAL[3], etc., pour se rendre compte de son efficacité et se renseigner sur sa technique.

Nous ne pouvons traiter ici des indications et des procédés de l'hydrothérapie, et n'avons à nous occuper que de son rôle adjuvant dans les cures hydrominérales.

---

1. BENI-BARDE et MATERNE. — *L'hydrothérapie dans les maladies chroniques et les maladies nerveuses.* Paris 1894.

2. F. BOTTEY. — *Traité théorique et pratique d'hydrothérapie médicale.* Paris, 1895.

3. E. DUVAL. — *Traité pratique et clinique d'hydrothérapie.* Paris 1888.

En premier lieu, tous les procédés hydrothérapiques, à la condition qu'ils soient maniés par une main experte, peuvent être utilisés comme accessoire du traitement. C'est ainsi, par exemple, que, dans les eaux chlorurées-sodiques fortes, il y a souvent avantage, chez les utérines très torpides, à renforcer la stimulation produite par les bains à l'aide d'une douche extrêmement courte (5 à 10 secondes) d'eau saline froide réduite en nuage sur toute la surface du corps, en terminant par un jet très court direct sur les pieds. Evidemment ce procédé serait inapplicable chez les utérines excitables ou congestives.

En second lieu, les douches localisées, suivant la méthode inaugurée par FLEURY, administrées avec les appareils de l'hydrothérapie générale, froides et chaudes, écossaises ou alternatives, etc., produiront suivant les cas les effets les plus opposés.

La *douche froide lombaire* courte et percutante, a un effet antispasmodique sur les vaisseaux utérins et facilite le flux cataménial dans l'*aménorrhée* et dans certaines *dysménorrhées*. La même douche prolongée (15 à 20 secondes et plus) et brisée, détermine un resserrement des vaisseaux de l'utérus.

TROUSSEAU a vu les hémorrhagies utérines liées à des *névralgies du plexus lombo-abdominal* être arrêtées par la douche froide, qui agit alors comme révulsif et analgésique.

BOTTEY déclare que la *douche lombaire très chaude* (50 à 55°) détermine des phénomènes de vaso-contriction dans les vaisseaux utérins et mérite d'être employée dans les *métrorrhagies* et certaines formes de *dysménorhée congestive*.

La *douche hypogastrique froide* de 15 à 20 secondes, sous une pression modérée, peut servir d'adjuvant dans quelques *congestions utérines*, dans la *métrite parenchymateuse*, et surtout dans les troubles si nombreux qui accompagnent les *déviations utérines*.

La *douche hypogastrique chaude* à 35 degrés et prolongée, ainsi que la *douche écossaise révulsive*, conviendront aux affections utérines douloureuses ou compliquées d'un élément spasmodique, telles que le *vaginisme*, les *contractions douloureuses* de l'utérus ou du col, etc.

La *douche froide à plein jet sur les pieds*, plus ou moins prolongée, provoque un afflux du sang vers les extrémités inférieures et favorise la *menstruation* chez les jeunes filles où celle-ci a de la peine à s'établir.

Le *bain de siège froid à douche circulaire* et à *douche périnéale*, prolongé pendant cinq à douze minutes, stimule la contractilité musculaire et peut agir dans quelques cas de *relâchement des organes du petit bassin*, de même que chez certaines femmes atteintes d'*aménorrhée* ou de *dysménorrhée congestive*.

Le *bain de siège froid avec douche vaginale*, qu'il faut bien distinguer de l'*irrigation vaginale*, est réservé par F. BOTTEY au cas où l'on veut produire des effets vaso-dilatateurs sur les vaisseaux utérins, comme dans certaines aménorrhées ou dysménorrhées d'ordre spasmodique, dans quelques formes d'inflammation torpide et d'induration de la matrice, dans l'anesthésie vulvaire, etc. La douche devra être donnée avec une certaine pression, de façon à produire une percussion sur le col utérin, et la durée en sera très courte (une à trois minutes); elle ne doit pas toutefois causer de douleurs.

La *douche froide ascendante* ou *rectale*, de une à trois minutes, réussit souvent dans l'ovaralgie.

L'*irrigation vaginale froide* de 8° à 12°, d'une durée courte de une à deux minutes, provoque une dilatation vaso-motrice et de l'hyperhémie utérine. A une température moins basse de 15 à 20 degrés, sans pression, et prolongée quinze à vingt minutes, elle a donné à GALLARD d'excellents résultats dans la métrite chronique, les engorgements du col, les déviations utérines.

L'*irrigation chaude* à 50 degrés, très lente, sans pression, à la façon d'un bain local très chaud, combat les hémorrhagies utérines, la congestion de la matrice, l'involution lente à la suite de couches, et stimule vigoureusement la contractilité des fibres lisses de l'utérus.

En somme, comme l'a démontré MAX RUNGE dans ses expériences comparatives sur l'action de l'eau très froide et de l'eau très chaude sur l'utérus [1], toutes deux produisent à peu près les mêmes phénomènes, c'est-à-dire des contractions musculaires prolongées. sans paralysie secondaire. Dans la pratique, l'emploi des deux moyens détermine également aussi des contractions prolongées. Cependant c'est l'emploi de l'eau chaude qui a prévalu en gynécologie. D'après AUVARD, trois raisons principales peuvent en donner l'explication :

La première tient à ce que, dans beaucoup de circonstances, il

---

1. Voyez l'excellente Revue de AUVARD dans le *Bulletin de Thérapeutique*, 1883.

est plus facile de se procurer de l'eau chaude que de l'eau suffisamment froide.

La seconde est que, suivant la remarque de beaucoup de médecins, l'emploi de l'eau froide expose davantage au collapsus que celui de l'eau chaude.

La troisième, enfin, est fournie par les femmes elles-mêmes, qui, soumises alternativement aux deux traitements, préfèrent de beaucoup celui par l'eau chaude, parce qu'il est moins douloureux. Les injections d'eau froide produisent en effet, souvent, un malaise local, des contractions utérines douloureuses et qui peuvent se répéter pendant plus ou moins longtemps.

Ajoutons à ces trois motifs que, cliniquement, l'eau chaude donne réellement de meilleurs résultats que l'eau froide.

2° *Des irrigations rectales chaudes.* — P. RECLUS[1] pense que les irrigations rectales d'eau chaude présentent souvent de grands avantages sur l'irrigation vaginale, particulièrement quand il s'agit d'impressionner le corps de l'utérus.

Il conseille la technique suivante : on se sert d'un irrigateur rempli d'eau à 55 degrés, la canule une fois introduite dans l'anus, on règle doucement l'écoulement de façon à ne pas provoquer des contractions intestinales expulsives trop accentuées. Quand il y a menace d'expulsion, on arrête et l'on met la malade dans l'immobilité absolue pendant une demi-heure. Puis, on laisse l'intestin se vider, et l'on pratique une irrigation vaginale chaude.

Ce traitement peut être pratiqué journellement dans l'intervalle des règles.

P. RECLUS a vu sous son influence disparaître les douleurs de reins, la sensation de pesanteur utérine, les écoulements sanguins des fibromes et des métrites hémorrhagiques. Il ajoute qu'avant d'avoir recours à la chirurgie, il est sage d'essayer ce traitement par les injections rectales d'eau chaude, que souvent les tumeurs et l'empâtement des culs-de-sac s'amoindrissent et qu'une fois sur trois environ, on voit des malades s'amender, guérir ou éprouver de telles améliorations que l'intervention est indéfiniment retardée. On conçoit toute l'importance de ce moyen de traitement et le rôle qu'on peut lui faire jouer comme adjuvant d'une cure thermale.

1. P. RECLUS. — Conférences à l'hôpital de la Pitié, 1893.

VI

De l'hygiène et du régime pendant la cure thermale

Une hygiène et un régime bien entendus sont de puissants adjuvants de toute cure hydrominérale. On l'a bien compris dans certaines villes d'eaux étrangères, où les malades sont tenues de se soumettre à des prescriptions relativement sévères, et il serait à souhaiter qu'il en fût de même dans nos stations françaises. Or cela dépend uniquement du médecin. Il faut qu'il prenne de l'autorité sur ses malades, qu'il les persuade de l'intérêt qu'il y a pour elles à ne pas faire de la cure d'eau une période de plaisir, de l'incompatibilité absolue qui existe entre la cure soigneusement faite et la continuation de la vie mondaine.

Nous insistons sur cette importante question, non pas seulement auprès des médecins qui exercent aux eaux, mais aussi auprès des médecins traitants, qui ont le devoir de faire à leurs malades, avant le départ pour les eaux, les recommandations les plus urgentes de suivre le régime, de se soumettre à certaines règles d'hygiène, et d'obéir strictement aux conseils du médecin hydrologue qui aura été jugé digne de confiance. Et cela est d'autant plus facile que ces diverses règles n'ont rien de draconien, comme on va pouvoir s'en convaincre.

1° *Du régime.* — Voyons d'abord ce qui concerne le régime. On s'abstiendra de grands dîners, de déjeuners sommaires et indigestes dits parties de plaisir. On évitera rigoureusement la table d'hôte qui devrait être impitoyablement proscrite de toutes les stations. On mangera, autant que possible, à une table séparée, de façon à ne pas être tenté par les mets lourds et compliqués qui peuvent être servis aux voisins. Les repas seront pris à heure fixe avec la plus absolue régularité. Trois repas par jour. Le goûter sera supprimé.

Bien évidemment le régime alimentaire variera suivant l'état général des malades. On ne nourrira pas une utérine dyspeptique comme on nourrirait une hépatique, une anémique, ni une rénale. Cependant on peut, d'une manière générale, recommander le régime suivant :

Au premier déjeuner : un à deux œufs à la coque, avec un peu de pain ; une tasse de thé léger ; marmelade de pommes ou fruits cuits.

Aux autres repas : viandes, volailles rôties très cuites, jambon maigre, lait, œufs, poissons au bleu sans sauce savante, purées de légumes, fromages frais, compotes de fruits. Comme boisson, eau pure, thé léger ou bière.

2° *De l'hygiène.* — L'hygiène comporte les prescriptions suivantes : se lever de bonne heure; accomplir dans la matinée le traitement thermal ; se reposer après, puis faire une courte promenade avant déjeuner, si l'état utérin ne commande pas le repos. Après déjeuner, promenade à pied, lentement, sans fatigue. Dîner à six heures du soir. Coucher de bonne heure.

Éviter les longues excursions, le théâtre, les réceptions, les bals. Notez encore l'interdiction formelle des rapports sexuels pendant la cure.

Tout ceci peu paraître banal ou exagéré ; il n'empêche que toute cure faite en dehors des règles d'hygiène et de régime est une cure imparfaite et que les vraies malades auront toujours plus d'avantage — à mérite égal des eaux bien entendu — à choisir, entre deux stations, celle dont l'allure moins mouvementée et moins mondaine leur rendra plus facile l'application de ces mesures.

Nous connaissons maintenant les multiples indications thérapeutiques que l'on peut tirer d'un examen attentif, local et général des utérines. Nous connaissons, d'autre part, les divers moyens d'action des principaux types d'eaux minérales ainsi que leur mode d'administration. Il semble qu'il ne s'agirait plus à présent que d'opposer l'action physiologique du remède à la détermination morbide, pour réaliser la meilleure thérapeutique. Malheureusement cela n'est pas toujours très facile dans la pratique et dans la majorité des cas, car l'hydrologie vit encore de traditions. Certes nous sommes loin de répudier ces traditions, d'autant que si l'on en faisait table rase, on ne trouverait pas encore dans les données scientifiques récentes de quoi édifier des indications rationnelles. Cependant ce qu'on sait déjà permet d'éclairer et de compléter les enseignements de la tradition, au moins dans quelques cas. Et si les médecins hydrologues veulent bien nous aider dans cette tâche, nul doute que l'on n'arrive bientôt à préciser d'une façon tout à fait scientifique le traitement hydro-minéral des maladies des femmes.

Nous étudierons successivement le traitement hydrologique des fausses utérines, des troubles fonctionnels de l'appareil utéro-ovarien et des utérines vraies. Et comme les principales indications de ce traitement viennent d'être formulées à propos des divers groupes d'eaux minérales, nous serons forcément bref pour ne pas nous exposer à trop de redites.

VII

Traitement hydrominéral des fausses utérines

A. — Considérations générales

Les fausses utérines relèvent, au point de vue hydrominéral, des stations où l'on traite les maladies causales. Aussi n'est-il pour ainsi dire pas de station qui ne revendique, dans une certaine mesure, de pouvoir traiter avec succès les maladies de l'appareil génital de la femme. Mais, en soumettant les faits à un contrôle sévère, on en vient à se convaincre que nombre des utérines ainsi guéries par des eaux qui ne semblaient pas, de prime abord, pouvoir exercer une action sur cet appareil, étaient simplement de fausses utérines.

Dans la discussion qui a eu lieu en 1893-94 à la Société d'Hydrologie Médicale de Paris sur les cures thermales dans les maladies utérines, l'un de nous citait les deux faits suivants [1] :

Une dame, affectée d'une leucorrhée très abondante et à qui l'on conseillait le curettage, se refusa à toute intervention. A la suite de deux saisons à *Franzensbad*, elle éprouva une amélioration qui équivalait à une guérison. Cette dame était une de ces anémiques avec un teint rosé qui fait parfois illusion sur le diagnostic. Les eaux de *Franzensbad* avaient agi uniquement sur l'anémie causale.

Une autre leucorrhéique, avec un gros col mou et ulcéré et un

1. ALBERT ROBIN. — *Annales d'Hydrologie et de Climatologie Médicales*, t. XXXIX, p. 44, 1893-94.

utérus douloureux, des plaques érythémateuses à la face interne
et supérieure des cuisses, plaques dues à l'irritation produite
par les sécrétions vaginales, est envoyée à Vichy pour des troubles
digestifs. Après un traitement uniquement composé d'eau minérale en boisson et en bains, sans aucune intervention du côté
des voies génitales, elle revient avec une disparition presque
complète des accidents utérins.

De même, voici une jeune fille qui a des métrorrhagies irrégulières ; on discute l'opportunité du curettage, mais on s'aperçoit
qu'elle a de la lithiase biliaire, que chaque perte de sang coïncide
à peu près avec une crise de coliques hépatiques, on l'envoie à
Vichy. Après une première saison, les crises hépatiques deviennent
moins fréquentes et les métrorrhagies diminuent parallèlement ;
après une deuxième saison, il n'y a plus ni crises ni métrorrhagies.

Bouloumié (de *Vittel*), dans son travail sur *La Gravelle simulant ou compliquant les affections annexielles douloureuses* [1], rapporte deux observations qui méritent d'être signalées à l'attention
des chirurgiens et des médecins. Une femme de 25 ans, obèse,
fille de goutteux, éprouve des crises de douleurs dans le bas-
ventre et dans les reins ; un chirurgien bien connu constate de
l'engorgement des annexes et en propose l'ablation. Budin désap-
prouve l'opération et appelle l'attention du médecin traitant sur
l'état des urines. On constate de la gravelle urique et l'on envoie
la malade à *Vittel*. Au cours de la cure, la malade rend de grandes
quantités de sable urique ; la marche devient possible ; les douleurs disparaissent, et, vers la fin de la cure, les règles reviennent
sans douleur. Bouloumié revoit la malade quatre ans après. Il n'y
avait plus de crises douloureuses dans le ventre, mais il s'était
produit des accidents d'asthme et des poussées broncho-pulmo-
naires manifestement arthritiques. Et Bouloumié ajoute : « Les
douleurs annexielles et la poussée congestive constatées par le
premier chirurgien consulté étaient des épiphénomènes ou des
symptômes d'un état diathésique qui s'est ensuite largement manifesté, ou des manifestations urinaires méconnues alors, mais
nettement constatées depuis. »

La seconde observation reproduit presque identiquement la
première. Elle concerne une femme de 34 ans, chez qui les douleurs provoquées par le passage du sable urique et d'une urine

---

1. Bouloumié. — *Annales d'Hydrologie et de Climatologie Médicales*, fév. 1896.

de forte densité (1,030) firent croire à une affection des ovaires et proposer leur ablation.

B. — Indications fournies par la maladie causale

Si nous voulions fixer ici le traitement hydrologique des fausses utérines, il nous faudrait passer en revue la pathologie toute entière et discuter les indications hydrominérales relatives aux dyspepsies gastrique et intestinale, aux affections hépatiques et spécialement à la lithiase biliaire, aux maladies des reins, telles que la gravelle et les pyélites, aux anémies, aux chloroses, aux affections cardiaques, aux diverses névropathies, ainsi qu'aux diathèses et à l'arthritisme. Ceci étendrait démesurément notre cadre, et cela sans utilité, puisqu'on trouve dans les ouvrages spéciaux et dans le *Traité de Thérapeutique Appliquée* d'ALBERT ROBIN les renseignements les plus circonstanciés sur ces divers sujets. Nous renvoyons donc à ces publications, en nous bornant à mettre en regard des maladies extra-utérines le nom des stations les plus recommandables.

1° Aux *fausses utérines dyspeptiques*, on recommandera :

Plombières (hypersthéniques, entéroptosiques, diarrhéiques, catarrhe intestinal) ;

Châtel-Guyon (hyposthéniques, constipées);

Vichy (hyposthéniques, dyspeptiques avec fermentations, malades non cachectiques, congestion hépatique d'origine dyspeptique) ;

Pougues (hyposthéniques, dyspepsies de fermentation, anorexiques);

Brides (hyposthéniques, constipées, dyspepsies de fermentations);

Royat (hyposthéniques, anorexiques, albuminuries gastriques);

2° Aux *fausses utérines hépatiques* on conseillera, suivant les cas :

Vichy (congestion hépatique, lithiase biliaire, insuffisance hépatique) ;

Brides et *Saint-Gervais* (insuffisance hépatique et congestion hépatique avec insuffisance intestinale) ;

Pougues (lithiase biliaire chez les malades affaiblies);

Royat (lithiase biliaire chez des femmes chlorotiques ou anémiques, torpeur hépatique);

Châtel-Guyon (lithiase biliaire chez des constipées, torpeur hépatique).

3° Aux *fausses utérines rénales*, on proposera :

Contrexéville, Vittel, Martigny, Capvern (lithiase rénale urique ou oxalique, pyélites calculeuses ou autres, chez des malades dont le rein ne se congestionne pas facilement);

Evian (dans les mêmes cas, chez des malades facilement hématuriques, ou quand il s'agit de faire un simple lavage des bassinets).

4° Aux *fausses utérines anémiques* ou *chlorotiques*, on conseillera :

Bussang, Forges-les-Eaux (anémie ou chlorose avec peu de troubles dyspeptiques);

Saint-Nectaire, La Bourboule, Royat (anémie ou chlorose avec troubles dyspeptiques, évoluant dans le sens de l'hyposthénie);

Biarritz, Salins-du-Jura, Salies-de-Béarn (anémie ou chlorose chez des dyspeptiques qui ne peuvent tolérer une cure interne).

5° Aux *fausses utérines névropathes*, on conseillera :

Ussat, Néris, Plombières (malades excitables ayant besoin d'une sédation énergique);

Luxeuil (malades affaiblies qu'il faut remonter sans produire des phénomènes trop actifs d'excitation).

6° Aux *fausses utérines arthritiques*, on conseillera :

Vichy (grosses mangeuses avec troubles dyspeptiques, goutteuses, diabétiques florides);

Brides (obèses, constipées);

Royat (goutteuses, diabétiques fatiguées);

Cauterets (rhumatisantes, malades déprimées à remonter).

C. — Indications fournies par l'état local

Les indications précédentes doivent être complétées par celles qui résultent du trouble utérin constaté. Pour cela, il faudra les combiner avec celles que nous allons donner à propos de chacun de ces troubles envisagé isolément. Posons seulement ici quelques règles générales en procédant par exemples.

Voici une femme hypersthénique gastrique permanente, aménorrhéique par cachexie et insuffisance de l'assimilation. Elle se nourrit suffisamment; mais, grâce aux troubles de ses digestions, elle assimile mal, maigrit et élimine une assez grande quantité d'urée. On se décide à l'envoyer à l'une des stations désignées plus haut pour les fausses utérines d'origine dyspeptique. Mais choisira-t-on une cure qui ait aussi la propriété de stimuler l'utérus ? Certainement non. L'aménorrhée est ici fonction unique de l'insuffisance de l'assimilation ; on ne doit donc pas en tenir compte, car les fonctions menstruelles se rétabliront spontanément quand la digestion et par conséquent l'assimilation seront améliorées. Pour atteindre ce but, il faut avant tout exercer une sédation primitive sur la fonction gastrique, et que la cure stimule ou apaise les fonctions utérines cela n'a pas d'importance en l'espèce· On choisira donc *Plombières* ou telle station sédative de même ordre, en s'en tenant uniquement à une cure balnéaire, aidée d'un régime approprié.

Prenons le cas d'une jeune fille atteinte de coliques hépatiques et de métrorrhagies parallèles. Le fait de la métrorrhagie n'aura aucune influence sur le choix de la station, et, pour se décider entre *Vichy*, *Brides*, *Pougues*, *Royat*, *Châtel-Guyon*, on se guidera simplement sur les indications fournies par la maladie hépatique elle-même et par l'état général, et cela, parce qu'aucune des eaux précitées ne peut avoir d'action directe malfaisante sur les hémorrhagies utérines. Évidement la cure de *Vichy* répondra au plus grand nombre des cas.

Les mêmes considérations s'appliquent aux fausses utérines rénales, étant donnée l'absence d'action sur l'appareil utérin des eaux recommandables en pareil cas.

Telle chlorotique peut être envoyée indifféremment de par la forme de sa chlorose à *Saint-Nectaire*, à *la Bourboule* ou à une station chlorurée-sodique forte ; si elle est aménorrhéique, on choisira plutôt *Saint-Nectaire*, dont les propriétés stimulantes des fonctions utérines sont connues. Mais, si elle est métrorrhagique, il vaut mieux user d'une station chlorurée-sodique où l'on pourra atténuer l'action excitante de l'eau salée par des additions d'eaux-mères ou par l'emploi de la gélatine.

De même, une fausse utérine névropathique métrorrhagique et dysménorrhéique sera plutôt justiciable d'*Ussat* que de *Luxeuil* et réciproquement.

Enfin, une fausse utérine uricémique, leucorrhéique, retirera de la cure de *Cauterets* plus de bénéfice que de *Vichy* ou de *Royat*, tandis que si elle a des tendances à la congestion utérine, ces deux dernières stations seront plus indiquées.

Nous ne voulons pas multiplier ces exemples. Ils suffisent à indiquer la tendance thérapeutique, ou pour mieux dire, la tactique thérapeutique dont le médecin devra s'inspirer pour obéir aux éléments divers et souvent contradictoires des problèmes difficiles qu'il doit résoudre.

VIII

Traitement hydrominéral des troubles fonctionnels de l'appareil utérin

1° Traitement hydrominéral de l'aménorrhée

A. — Considérations générales

En saine thérapeutique, on ne peut vraiment combattre rationnellement un symptôme ou un trouble fonctionnel que lorsqu'on a préalablement déterminé la raison d'être et le mécanisme de ce trouble fonctionnel. Hors de cela, on ne fait que de l'empirisme. Et si l'empirisme, qui, en somme, n'est qu'une des formes de l'observation, fournit souvent des renseignements qu'aucun esprit libéral n'est en droit de récuser, cependant il ne peut jamais être considéré que comme un pis-aller et comme une indication dont on doit s'efforcer de discerner le pourquoi et le comment. Or, de par cet empirisme traditionnel, voici des eaux ferrugineuses comme *Spa, Bussang, Forges-les-Eaux*, des eaux sulfureuses, comme *Saint-Sauveur, Cauterets, Uriage*, des eaux de minéralisation minime, comme *Evaux, Plombières, Luxeuil*, des eaux bicarbonatées-chlorurées ou sulfatées, comme *Châtel-Guyon* et *Brides*, etc., qui toutes s'enorgueillissent de leurs succès dans le traitement de l'aménorrhée.

Pour se guider et faire son choix entre tant d'eaux de composition et de dominantes si différentes, il n'y a qu'un seul moyen : c'est de rechercher avant toute autre chose pourquoi telle femme est aménorrhéique.

Or, il n'y a pas de doute sur ce point, huit fois sur dix, l'aménorrhée est de cause générale. C'est donc cette cause générale qu'il s'agit de fixer, avant de savoir si le symptôme est justiciable ou non d'une cure hydrominérale.

B. — Des aménorrhées intraitables

Ceci équivaut à dire qu'il existe des aménorrhées qu'on devra bien se garder de traiter ; par exemple, celles qui sont l'expression d'une cachexie, de la tuberculose ou du cancer ; car, en admettant qu'une cure thermale soit capable de ramener les règles, n'aurait-elle pas pour effet de créer un nouvel élément de déperdition qui viendrait s'ajouter à ceux déjà existants ?

Après les aménorrhées intraitables, se rangent celles qui dépendent d'une maladie générale extra-utérine ou d'un trouble dans le système nerveux.

C. — Des aménorrhées de cause générale

Les aménorrhées du premier groupe relèvent le plus souvent de l'anémie, de la chlorose, d'une dyspepsie de longue durée, de la syphilis, de l'obésité, etc. La nature de la cause impliquera aussitôt le choix de la station, à la condition, bien entendu, de tenir compte des particularités spéciales à chaque cas.

Ainsi les *chlorotiques* et les anémiques seront envoyées à *Bussang*, *Forges-les-Eaux*, *La Bauche*, *Spa*, *Saint-Moritz*, *Schwalbach*, *Pyrmont*, *Franzensbad*. Cette dernière station, si l'on associe les bains de boue à la cure interne, pourra être choisie comme lieu de cure plus active et terminale, si l'une des autres demeure insuffisante.

Si la chlorose ou l'anémie sont développées sur un *terrain lymphatique*, on utilisera *Bourbonne-les-Bains*, *Balaruc*, *Salins-du-Jura*, *Salies-de-Béarn*, *Biarritz*, *Salins-Moutiers*, pour ne parler que des stations françaises. Et si l'une de ces cures est impuissante à modifier assez l'état général pour que la menstruation se rétablisse, on pourra user de la méthode trop rarement employée et pourtant si utile des cures successives, et envoyer la malade, après quelques semaines de repos, dans une des stations ferrugineuses que nous venons de citer.

Quand l'aménorrhée des chlorotiques se complique de *leucorrhée*, les cures précédentes ne peuvent qu'être utiles ; mais souvent aussi, chez les jeunes filles dont la menstruation s'arrête après s'être établie d'une façon plus ou moins régulière, les eaux sulfureuses de *Saint-Sauveur*, de *Cauterets*, de *Luchon*, d'*Uriage* et de *Saint-Honoré*, rendront de plus grands services. Pour faire un choix entre ces stations, on s'inspirera de tel élément morbide surajouté, du lymphatisme et de l'hérédité syphilitique pour *Uriage*, des manifestations rhumatoïdes pour *Luchon*, du nervosisme pour *Saint-Sauveur*, de la diathèse arthritique pour *Cauterets* et *Saint-Honoré*.

Si l'aménorrhée est liée à une *dyspepsie gastrique*, traitez celle-ci aux stations qui répondent à son type clinique. Conseillez une cure purement balnéaire et sédative aux hypersthéniques ; la cure interne de *Royat*, *Saint-Nectaire*, *Vichy*, *Pougues*, etc., aux hyposthéniques, à moins qu'une tendance à l'anémie ou un affaiblissement général ne fasse préférer *Forges-les-Eaux* qui est, en général, bien tolérée par les dyspeptiques.

L'aménorrhée des *syphilitiques* sera traitée à *Uriage*, *Aix-la-Chapelle*, *Luchon*, *Barèges*, parmi les stations sulfureuses, et à *Aulus*, station sulfatée-calcique qui jouit d'une spécialisation méritée.

L'aménorrhée des *obèses* bénéficiera avant tout d'une cure de réduction, aux eaux de *Brides*, de *Châtel-Guyon*, de *Kissingen*, de *Hombourg* et de *Marienbad*, à la condition que cette cure soit corroborée par un régime approprié et par un exercice progressif.

L'aménorrhée de *cause nerveuse*, qu'elle soit réflexe comme celle qui succède à un refroidissement subit, à un traumatisme, à une émotion vive à l'époque des règles, ou qu'elle soit de nature hystérique, sera justiciable des eaux chlorurées-sodiques, tempérées par des additions d'eaux-mères, ou des cures de *Néris*, *Ussat*, *Plombières*, *Luxeuil*, *Bagnères-de-Bigorre*, *Evaux*, *Saint-Sauveur*.

D. — Des aménorrhées de cause locale

Enfin il est des cas d'aménorrhée pour ainsi dire primitive. Il s'agit alors de jeunes filles dont la nutrition est mauvaise, qui sont soumises à une hygiène défectueuse, à une sédentarité exagérée, et chez lesquelles la menstruation a de la peine à s'établir, ou même ne s'établit pas. Alors il suffira souvent d'une cure tonique générale, ferrugineuse (*Forges*, *Saint-Moritz*, *Bussang*, saline (*Biarritz*), bicarbonatée-chlorurée (*Saint-Nectaire*). Mais souvent aussi il sera utile de stimuler directement la torpeur utérine avec les eaux sulfureuses (*Uriage, Cauterets*) ou avec certaines eaux de composition indifférente, mais dont l'action utérine est hors de doute, comme *Evian* et *Luxeuil*.

Quand l'aménorrhée reconnaît une cause locale, qu'elle dépende d'une métrite, d'une déviation utérine, d'une tumeur de l'utérus ou de l'ovaire, il est évident qu'il faut traiter la cause sans s'occuper du symptôme et que le traitement direct de celui-ci par une cure hydrominérale n'aurait que de modestes chances de succès. Il y aura donc lieu de s'occuper uniquement de l'indication fournie par la maladie causale, d'envoyer, par exemple, les fibromateuses aux eaux chlorurées-sodiques fortes, les malades à subinvolution utérine aux eaux sulfureuses de *Cauterets*, de *Saint-Sauveur*, ou aux bains de boue de *Dax, Saint-Amand, Barbotan, Balaruc*.

Dans quelques cas rares, on observe des jeunes filles dont la menstruation est très retardée, par suite d'un défaut de développement, d'un véritable *infantilisme* utérin. Dans ces conditions, il est nécessaire d'employer, si toutefois l'état général ne les contre-indique pas, les cures les plus stimulantes, telles que les bains de boues, les eaux sulfureuses du type *Barèges*, ou enfin les eaux d'*Évaux*, qui jouissent, à ce propos, d'une réputation méritée.

2° Traitement hydrominéral de la dysménorrhée

De même que l'aménorrhée, la dysménorrhée reconnaît des causes générales et des causes locales.

A. — Dysménorrhée de cause générale

Les dysménorrhées de cause générale relèvent de l'hystérie, de la chlorose ou de l'anémie, du rhumatisme, de la goutte, de l'impaludisme, etc. Elles figurent aussi au rang des symptômes du retentissement utérin d'un grand nombre de maladies, telles que les dyspepsies, les affections de l'intestin, la constipation, la lithiase rénale, etc.

Pour traiter hydrologiquement ces dysménorrhées, il faut

suivre les règles que nous venons de tracer à propos de l'aménorrhée.

Les dysménorrhées de l'*hystérie*, de la *neurasthénie*, qui sont caractérisées par des symptômes douloureux tout à fait prédominants, seront traitées aux eaux sédatives faiblement minéralisées et uniquement par la balnéation : *Néris, Plombières, Schlangenbad, Ragatz, Gastein*.

Mais, si le terrain est chloro-anémique, on fera bien de conseiller une cure secondaire à *Forges, Spa, Franzensbad*.

Si les règles sont difficiles et peu abondantes, on pourra adresser les malades à des eaux légèrement stimulantes, comme *Saint-Sauveur* et *Luxeuil*, et si la stimulation balnéaire ne suffit pas, à *Saint-Nectaire*, à *Bourbonne-les-Bains* ou à *Saint-Gervais*.

On rencontre assez fréquemment de la dysménorrhée chez des *rhumatisantes* et chez des *goutteuses*. Il ne s'agit pas alors d'un retentissement pour ainsi dire spécifique sur l'utérus ; mais ces malades sont, comme les arthritiques, prédisposées aux névralgies, et elles font de la névralgie utérine ou ovarienne à l'occasion de leurs règles ; ce sont, comme on l'a pittoresquement dit, des migraines utérines (JACCOUD, LABADIE-LAGRAVE). Il faut bien savoir que, chez ces malades, la dysménorrhée est sinon congestive, du moins qu'elle s'accompagne fréquemment de poussées congestives utérines ou ovariennes, ou pour mieux dire, qu'elle coïncide avec ce que les anciens désignaient fort justement sous le nom de pléthore abdominale ; dans ces cas, les cures de *Brides*, de *Châtel-Guyon*, de *Carlsbad* sont indiquées.

Si à ces troubles congestifs se joignent des *symptômes nerveux* locaux ou réactionnels, on ordonnera *Plombières, Néris* ou *Luxeuil*.

Enfin, en cas de *troubles congestifs* peu marqués, le traitement du trouble de nutrition causal, à *Vichy, Vals, Royal, Saint-Nectaire, Saint-Sauveur*, devra occuper la première place.

B. — Dysménorrhées de cause locale

Parmi les dysménorrhées de cause locale, il en est un certain nombre qui ne relèvent en rien du traitement hydrominéral. Nous citerons les dysménorrhées dues à l'atrésie du col, à un néoplasme utérin, à la présence de brides qui fixent l'ovaire ou la trompe dans une position vicieuse. Celles-ci ne sont justiciables que de la chirurgie.

Dans d'autres cas, il y a une lésion utérine, métrite, périmétrite, etc., qui peut être améliorée par tel traitement thermal, lequel influencera parallèlement le symptôme dysménorrhée. Mais on peut avancer, en principe, que les dysménorrhées de cause locale n'indiquent particulièrement aucune cure spéciale et directe. Verdenal, qui a étudié l'action des *Eaux Chaudes* sur les affections génitales de la femme, déclare, par exemple, que dans les dysménorrhées liées à l'antéflexion utérine, on n'obtient que des améliorations passagères [1].

Mais, même dans le cas où le symptôme dépend d'une lésion locale, l'examen du terrain et de l'état général pourra faire pencher la décision du médecin. Ainsi, quand les symptômes douloureux sont tout à fait prédominants, comme il arrive chez nombre de névropathes, on utilisera les eaux sédatives de *Bagnères-de-Bigorre, Ussat, Luxeuil, La Malou, Néris, Plombières*. Il en sera de même si les phénomènes congestifs dominent, car ces diverses stations, qui apaisent le système nerveux, sont aussi sédatives de la circulation.

Mais, d'autre part, un terrain lymphatique indiquera *Bourbonne-les-Bains, Balaruc* et les eaux chlorurées-sodiques fortes, à la condition qu'elles soient largement mitigées d'eaux-mères.

Enfin, même avec une origine utérine, la dysménorrhée peut être améliorée à *Forges, Luxeuil* et *Franzensbad*, si la malade est déprimée et anémique.

C. — Dysménorrhée membraneuse

La dysménorrhée membraneuse, qui relève le plus souvent d'une certaine forme de métrite chronique dite pseudo-métrite exfoliatrice, est fort difficile à traiter. On obtiendra cependant quelques succès à *Saint-Nectaire*, à *Châtel-Guyon*, à *Royat*.

Quand cette variété particulière de dysménorrhée se développe sur un terrain à la fois nerveux et arthritique, il y aura quelque avantage à utiliser les eaux alcalines depuis les sources fortes de *Vichy* jusqu'aux types faiblement minéralisés de *Luxeuil* et de *Plombières*. Bouloumié conseille, à juste titre, la double cure successive de *Vittel* et de *Plombières* quand, chez une neuro-arthritique, la dysménorrhée s'accompagne de troubles intestinaux et particulièrement de constipation. Enfin, Verdenal cite dix obser-

---

1. Verdenal. — *La cure d'Eaux-Chaudes en Gynécologie*. Paris, 1898.

vations dans lesquelles la cure d'*Eaux-Chaudes* a produit les résultats les plus satisfaisants.

3° Traitement hydrominéral des ménorrhagies et des métrorrhagies

A. — Considérations générales

Abordons maintenant un des chapitres les plus délicats de notre sujet. En effet, nous nous trouvons placés entre deux assertions bien opposées. Si on lit les mémoires publiés par les médecins hydrologues, on se rend compte que bien peu d'entre eux regardent les hémorrhagies utérines comme une contre-indication à leurs eaux. Et, d'un autre côté, le plus grand nombre de praticiens et les malades elles-mêmes considèrent les hémorrhagies comme contre-indiquant absolument toute cure thermale, étant donné, bien entendu, que la maladie dont l'hémorrhagie est une complication réclamerait pour elle-même le bénéfice de cette cure, si l'hémorrhagie n'intervenait pas comme épiphénomène. Entre ces deux opinions opposées, il y a place pour un moyen terme, et nous pensons qu'il y a des cas où telle métrorrhagie ne contre-indiquera pas tel traitement hydro-minéral, et d'autres cas où ce traitement peut même rendre certains services.

Tout le monde conviendra que l'on peut utiliser dans le traitement des métrorraghies, en général, les injections vaginales d'eaux indifférentes et très faiblement minéralisées à 50 degrés. Il n'est pas besoin d'ajouter que ces eaux n'ont alors aucune action spécifique et qu'elles agissent à la façon de la vulgaire eau chaude, et par le simple fait de leur thermalité.

A ce premier type d'eaux, on peut opposer celles qui posséderaient une action hémostatique directe, ce qui paraît, de prime abord, bien problématique ; néanmoins des médecins très distingués, comme CAULET, n'hésitent pas à affirmer que les eaux de *Saint-Sauveur* sont dans ce cas. Nous ne saurions trancher la question ; cependant nous avons observé un cas qui confirmait nettement l'opinion de CAULET. Mais ajoutons bien vite qu'il ne s'agit que d'un seul cas.

Relativement aux métrorrhagies, le traitement de celles qui sont secondaires à une affection de l'utérus se confond avec celui de la maladie causale, et tout à l'heure, à propos du traitement hydro-minéral des fibromes utérins, nous aurons à rechercher quelle est la marche à suivre pour les fibromes hémorrhagiques. En ce moment nous nous occuperons uniquement des métrorrhagies fonctionnelles de la puberté et de la ménopause.

B. — Métrorrhagies de la puberté

Toute cure hydro-minérale est contre-indiquée dans les métrorrhagies de la puberté qui ressortissent à cette variété de *rétrécissement mitral* pur que la coïncidence de la pâleur, de la décoloration des muqueuses, de l'essoufflement et des palpitations cardiaques fait si souvent confondre avec la chlorose, quand l'auscultation du cœur n'est pas pratiquée avec un soin suffisant.

Si la métrorrhagie est liée à une *chlorose* réelle, fait rare, on ordonnera les cures ferrugineuses de *Forges-les-Eaux*, *Bussang*, *Luxeuil* (source ferrugineuse). Dans ces cas, les médecins allemands se louent des eaux sulfatées-ferrugineuses de *Moskau*, *Alexisbad*, des cures internes de *Roncegnio* et de *Levico*, ou encore des bains de boues de *Franzensbad* et d'*Elster*.

La *congestion utérine hémorrhagique des jeunes filles* à l'époque de la puberté, congestion si souvent confondue avec la métrite hémorrhagique, qui survient non chez des pléthoriques et des sanguines, mais bien chez des filles pâles, irritables, nerveuses et lymphatiques, à l'occasion d'un refroidissement, d'une émoton, d'une commotion physique, d'une stercorémie habituelle, guérit parfaitement aux eaux chlorurées-sodiques de *Biarritz*, *Salies-de-Béarn*, *Salins*, *Salins-Moutiers*, à la condition de commencer, surtout chez les jeunes filles très nerveuses, par des bains de très faible concentration, mitigés même par une quantité appropriée d'eaux-mères. Si l'anémie diminue, on pourra même user des eaux ferrugineuses de *Forges-les-Eaux*, *Bussang*, *Schwalbach. Franzensbad.* Mais si le nervosisme et l'irritabilité prennent la première place, nous conseillons *Ussat*, ou une cure secondaire dans une eau chlorurée-sodique.

C. — Métrorrhagies de la ménopause

Parmi les métrorrhagies de la ménopause, celles liées à l'hypertension artérielle recevront un bénéfice des cures de *Bourbon-Lancy* ou de *Nauheim*. Celles qui dépendent d'un état congestif local, lequel est toujours conjugué à la pléthore abdominale, seront traitées par les eaux dérivatrices de *Châtel-Guyon*, de *Brides*, de *Kissingen*, de *Santenay*, de *Saint-Gervais*, ou de *Hombourg*.

D. — Métrorrhagies pendant la vie menstruelle

Pendant la vie mentruelle, on observe souvent des métrorrhagies liées à des congestions ou à des fluxions sanguines de l'utérus. Les cures dont il vient d'être question trouveront aussi leur application dans ces cas. Mais, comme fréquemment, ces poussées congestives sont le point de départ de stases chroniques qui peuvent aboutir à des engorgements permanents de l'utérus ou même à des métrites générales ou partielles, la cure dérivatrice sera insuffisante et ne devra être ordonnée qu'à titre purement préparatoire. Et la malade aura tout intérêt, dans ces circonstances, à faire une cure secondaire, une « Nachkur », comme disent les Allemands, avec eau chlorurée-sodique forte, ou bien avec une eau sulfureuse sédative comme *Saint-Sauveur*. A ce propos, nous insistons encore sur cette pratique des cures successives qui n'est presque pas employée et qui, cependant, et surtout en gynécologie, est appelée à rendre de grands services, puisqu'elle permet de combiner ou de faire se succéder des actions dérivatrices stimulantes ou sédatives, locales ou générales.

Il arrive chez des femmes bien réglées que dans l'espace intermenstruel, surviennent des douleurs à siège ovarien ou hypogastrique coïncidant avec de l'hydrorrhée, des pertes rosées et brèves ou de vraies pertes hémorrhagiques. Cette crise périodique dure deux à trois jours. Il semble qu'il se forme alors du côté de l'ovaire — car l'examen de l'utérus ne révèle rien de net — une poussée congestive déterminant par voie réflexe dans l'utérus un trouble vaso-moteur. Chez ces femmes encore, le *curettage* est souvent pratiqué. Or nous n'hésitons pas à affirmer qu'il sera toujours avantageusement remplacé par une cure chlorurée-sodique ou ferrugineuse.

De l'hydrothérapie. — L'hydrothérapie, quand elle est maniée par un spécialiste instruit, peut rendre, dans le traitement de ces diverses métrorrhagies de grands services, puisqu'avec son aide on met en jeu, dans un sens ou dans l'autre, la contractilité des vaisseaux, et que l'on agit à volonté sur la circulation abdominale. D'ailleurs, on trouvera tous les renseignements nécessaires dans le chapitre que nous avons consacré plus haut à cette question. Mais n'oublions pas que ce traitement hydrothérapique est fort délicat et que, mal administré, il n'est pas sans danger, spécialement en ce qui concerne son application aux métrorrhagies.

IX

Des lésions de l'utérus et de ses annexes

1° Traitement hydrominéral des métrites

En quittant le domaine des simples troubles fonctionnels pour entrer dans celui des lésions utérines constituées, nous allons voir croître les difficultés et par cela même les incertitudes. Aussi, en abordant le traitement hydro-minéral des métrites, croyons-nous devoir insister encore sur la nécessité de tenir toujours présent à l'esprit :

1° Les diverses sources d'indications que nous avons formulées au début de cette étude (état local, période d'évolution, aptitudes réactionnelles, symptômes prédominants, complications, nature du terrain);

2° Ce fait important que les eaux à employer agissent soit localement par leur thermalité, comme n'importe quelle eau chaude, soit par leur action locale (action excito-motrice des eaux sulfureuses, action résolutive des eaux chlorurées-sodiques fortes),soit par leurs effets sur l'état général.

La détermination de ces deux sources d'indications, l'une dérivant de la connaissance de la maladie et de la malade, l'autre de l'exacte interprétation de l'action physiologique des eaux minérales, permettra, dans la plupart des cas, de faire un choix rationnel parmi les innombrables stations qui se disputent le traitement des métrites.

Relativement à l'*état local* et surtout à la *période d'évolution*, on n'usera en général du traitement local que lorsque la métrite sera arrivée à la période de chronicité. Toutefois les cures sédatives de *Néris*, de *Plombières* et de *Luxeuil* peuvent être appliquées avec beaucoup de prudence et uniquement en bains dans certains cas, à cette phase intermédiaire où les phénomènes aigus étant calmés, la chronicité n'est pas encore décidément établie.

A. — Indications tirées de la forme de la métrite

Les indications tirées de la *forme* de la métrite et de ses complications ne sont pas moins importantes. On sait que Pozzi, dans son magistral *Traité de Gynécologie*, divise cliniquement les métrites en quatre classes qui sont : 1° la métrite inflammatoire aiguë ; 2° la métrite hémorrhagique ; 3° la métrite catarrhale ; 4° la métrite douloureuse chronique. Cette division si pratique trouvera aussi son application en hydrologie.

Ainsi, pour les *métrites aiguës* ou à *poussées subaiguës*, nous n'avons qu'à conseiller l'abstention.

Dans la *métrite hémorrhagique*, on repoussera, en principe, les eaux chlorurées-sodiques fortes, les ferrugineuses et les sulfureuses. Cependant Caulet affirme que, même dans ces cas, les eaux sulfureuses de *Saint-Sauveur* sont parfois indiquées. On utilisera le plus souvent la haute thermalité de certaines sources de *Néris* ou de *Plombières* en injections vaginales. Enfin, la cure d'*Ussat* paraît réussir dans quelques cas, surtout quand il importe de modérer, en même temps, une excitabilité générale exagérée. Dans ces métrites hémorrhagiques, il peut n'être pas indifférent d'user des *cures dérivatrices* sur l'intestin que nous avons indiquées plus haut. Et quand l'anémie générale, primitive ou consécutive, s'en mêle, alors les eaux *sulfatées ferriques* déjà signalées pourront intervenir utilement.

Mais il faut bien savoir aussi que nombre de femmes atteintes de cette variété de métrite ne supportent aucun traitement thermal. Nous ne connaissons pas de signe décisif qui permette de désigner d'emblée ces réfractaires. Au fond, notre impression réelle est que la métrite hémorrhagique vraie, avec fongosités intra-utérines, relève du *curettage*, et que le traitement thermal ne doit être employé que pour remonter l'état général, quand celui-ci a été compromis par une maladie et des hémorrhagies prolongées. C'est surtout dans ces conditions que les *eaux ferrugineuses* sont indiquées.

Mais s'il s'agit, non d'une métrite hémorrhagique vraie, mais d'une métrite avec métrorrhagies ou ménorrhagies, comme on l'observe souvent chez des femmes arthritiques, le *curettage* ne peut être qu'inutile ou nuisible, et ces malades sont justiciables des eaux alcalines comme *Vichy* ou des chlorurées-bicarbonatées comme *Royat.* Les eaux chlorurées-sodiques fortes et les sulfureuses sont alors contre-indiquées.

Dans la *métrite catarrhale*, c'est la cure sulfureuse qui est particulièrement indiquée, toutes réserves faites, bien entendu, sur les indications issues de l'état général qui, plus importantes que l'indication de la forme, pourraient plaider en faveur de telle ou telle station. En dehors de ces cas, *Saint-Sauveur*, *Cauterets*, les *Eaux-Chaudes* constituent autant de stations de choix. Il est des cas où la métrite catarrhale est liée à un état général de lymphatisme ou de scrofule, par exemple chez des jeunes filles aux alentours de la puberté. La métrite catarrhale coïncide alors avec d'autres manifestations de l'état général : adénopathies diverses, affections catarrhales des autres muqueuses. Elle relève essentiellement des eaux chlorurées-sodiques fortes de *Biarritz*, *Salies-de-Béarn*, *Salins*, *Rheinfelden*, etc.

Ajoutons qu'en Allemagne les médecins ont une grande tendance à traiter les métrites catarrhales par les eaux sulfatées-ferriques fortes d'*Alexisbad*, de *Parad*, de *Levico*, de *Roncegno*, qui auraient des propriétés astringentes et aideraient à tarir les flux abondants. En principe et sauf des cas exceptionnels, nous ne sommes pas partisans de ce type d'eaux, car ce sont souvent de véritables eaux de mines, dont la composition est essentiellement variable.

Aux *métrites douloureuses chroniques*, qui s'accompagnent de névralgies irradiées ou symptomatiques et, tôt ou tard, d'un état névropathique général, conviendront les eaux indifférentes ou peu minéralisées de *Néris*, *Ussat*, *Dax*, *Plombières*, *Luxeuil*, *Bagnères-de-Bigorre*, *Gastein*, *Wildbad*, *Schlangenbad*. Dans ces cas, en effet, il faut faire de la sédation, calmer les douleurs locales ou sympathiques et modérer les processus congestifs. Mais, à une phase plus avancée, quand la sédation sera obtenue, quand cliniquement, l'utérus est torpide, parce que, anatomiquement, la métrite passe à la période d'induration parenchymateuse, les eaux précédentes ne trouvent plus leur application, et il faudra songer aux eaux chlorurées-sodiques fortes et aux eaux sulfureuses. Ici encore, et à la condition qu'on agisse prudemment, la pratique des *cures successives* peut rendre les plus grands services.

Comme l'a fait remarquer fort justement DE RANSE [1], les indications tirées de la forme de la métrite — si toutefois elles existent réellement — doivent primer toutes les autres, à moins que l'évolution de la maladie ne soit influencée de la manière la plus précise par un état diathésique et constitutionnel. Mais, même dans ces conditions, il est plus avantageux de combiner deux cures, la première indiquée par la forme de la métrite, la seconde par l'état général.

B. — Indications tirées de la période d'évolution

Les indications tirées de la *période d'évolution* ont été bien formulées par MAX DURAND-FARDEL et DE RANSE dans la discussion qui a eu lieu en 1894 à la Société d'Hydrologie.

A la première période, *période d'irritabilité*, alors que les phénomènes aigus ayant disparu, la métrite reste douloureuse, c'est à l'action sédative des *eaux indéterminées* qu'il faut s'adresser.

A la deuxième période, que BOULOUMIÉ [2], qualifie de *période d'indifférence relative*, période d'infiltration ou d'engorgement des auteurs, c'est dans la forme clinique de l'affection utérine, dans l'état général, dans les aptitudes réactionnelles de la lésion ou de la malade, qu'il faut chercher les indications.

Enfin, à la troisième période, *période d'induration utérine*, d'indifférence réactionnelle, on aura recours aux *chlorurées-sodiques fortes* ou aux *sulfureuses fortes*.

C. — Indications tirées des aptitudes réactionnelles

La détermination des *aptitudes réactionnelles* de la lésion et de l'état général permettra de diriger les métrites torpides vers les eaux chlorurées sodiques fortes de *Biarritz, Salies-de-Béarn, Salins, Rheinfelden*, etc., ou vers les eaux sulfureuses de *Saint-Sauveur, Cauterets, Eaux-Chaudes, Uriage, Gréoulx, Saint-Honoré*, etc.

---

1. DE RANSE. — Des principales indications de la médication hydrominérale dans la métrite chronique (*Annales d'Hydrologie*, 1894).

2. P. BOULOUMIÉ. — Maladies des Femmes. Études de thérapeutique comparée chirurgicale et hydrologique (*Annales d'Hydrologie*, 1895).

Par contre, les métrites irritables iront aux eaux sulfatées-calciques ou eaux faiblement minéralisées d'*Ussat*, *Néris*, *Plombières*, *Luxeuil*, *Bagnères-de-Bigorre* en France ; de *Schlangenbad*, *Gastein*, *Teplitz*, *Ragatz*, à l'étranger.

D. — Indications tirées de l'étiologie

La *cause* de la métrite n'aura ici qu'un rôle indicateur secondaire. Cependant, à mérite égal, on choisira plutôt, pour les formes torpides par exemple, une eau sulfureuse s'il s'agit d'une métrite blennorhagique, et une eau chlorurée-sodique en cas de métrite puerpérale. Cette règle n'a toutefois rien d'absolu.

La notion d'infection locale domine à ce point la pathologie des métrites qu'aucune cure thermale ne peut donner de résultats satisfaisants si l'on n'en tient pas compte. Ainsi, toute lésion locale doit être désinfectée conformément aux règles de la gynécologie, avant la cure hydro-minérale ; c'est dans ces conditions seulement que le traitement balnéaire peut réussir.

E. — Indications tirées des complications

Certaines *complications* fournissent des indications qui tantôt sont accessoires et conduisent à des cures associées ou successives, tantôt prennent la première place et décident du choix de la station. Par exemple, dans les cas de métrite compliquée d'*ulcérations rebelles du col utérin*, les propriétés cicatrisantes des *eaux sulfureuses* et des *eaux chlorurées-sodiques* en applications locales seront utilisées.

Qu'on ait affaire à des retentissements douloureux du côté de la vessie avec *ténesme vésical*, on usera des bains sédatifs de *Néris*, *Ussat*, *Bains*, *Plombières*, en appelant à l'aide les pratiques d'hydrothérapie locale qui peuvent le mieux aider à la sédation.

Si le retentissement va plus loin et qu'il y ait complication de *cystite*, aussitôt le traitement spécial de celle-ci s'impose aux eaux de *Vittel*, *Contrexéville*, *Martigny*, *Capvern* et même *Evian*, si les phénomènes d'irritabilité dominent.

La coexistence de la métrite avec une *dyspepsie*, que cette dernière soit secondaire ou parallèle, nécessitera encore une cure combinée. Bien entendu, on commencera par traiter la dyspepsie dans une station appropriée à la forme de celle-ci et suivant les règles que nous avons tracées plus haut à propos des fausses utérines dyspeptiques. Puis, on s'occupera de la métrite, qui sera traitée suivant ses indications propres. Souvent on aura la possibilité d'associer les deux traitements dans une station unique, en employant, comme cure interne, les eaux transportées d'une autre station. Cette pratique, très usitée en Allemagne, mériterait d'être introduite dans nos hydropoles françaises.

Parmi les associations morbides de la métrite, l'*entéro-colite muco-membraneuse* figure au rang des plus fréquentes, au point qu'on n'a pas hésité à faire de l'entéro-colite une complication commune de la métrite. Nous avons montré qu'il n'en était rien, que cette entérite était l'une des conséquences intestinales de la dyspepsie gastrique hypersthénique, qu'elle se montrait surtout quand le foie ne venait pas compenser, par une sécrétion biliaire plus abondante, l'acidité exagérée du contenu intestinal, et qu'enfin, dans la plupart des cas, les troubles utérins étaient, comme elle, secondaires et consécutifs à la dyspepsie. En un mot, les malades atteintes à la fois de métrite et d'entéro-colite muco-membraneuse ont beaucoup de chances pour être des fausses utérines. Si dans ces conditions on doit prendre une décision, au sujet d'une cure thermale, le fait de l'entéro-colite dominera toute la situation, et l'on n'aura qu'à faire un choix entre *Plombières* et *Châtel-Guyon.*

Pour se décider entre ces deux stations, on se basera sur les indications suivantes, qui sont tirées de l'état général. Les femmes affaiblies, qui auront besoin d'être remontées, iront à *Châtel Guyon;* les femmes névropathes et excitables, qu'il y a lieu de calmer, iront à *Plombières.* Bien évidemment, en cas de constipation tenace, on choisira *Châtel-Guyon,* comme on devra se décider en faveur de *Plombières* si la diarrhée constitue le symptôme local dominant.

Des complications *nerveuses, neurasthéniques,* indiquent, comme toujours, les eaux indéterminées.

Les complications *veineuses,* telles que les phlébites et les périphlébites — ces dernières si fréquentes et si souvent méconnues — indiquent *Bagnoles-de-l'Orne, Bagnères-de-Bigorre* et *Ussat.*

F. — Indications tirées du terrain

Viennent maintenant les indications tirées de l'*état général*,
du *terrain* de la maladie. Nous n'aurons qu'à répéter ici ce que
nous avons déjà dit si souvent au cours de cette étude. Ainsi on en-
verra les *chlorotiques* et les *anémiques* aux eaux ferrugineuses,
les *lympathiques* et les *scrofuleuses* aux eaux chlorurées-sodiques,
les *herpétiques* aux eaux sulfureuses, les *arthritiques* aux eaux
chlorurées-bicarbonatées ou encore aux eaux sulfureuses de *Cauterets* et de *Saint-Honoré ;* les *névropathes* aux eaux sédatives indéterminées ou faiblement minéralisées, ou encore à *Saint-Sauveur;* les *syphilitiques* à *Uriage, Aulus, Ax, Luchon, Aix-la-Chapelle;* les *obèses* à *Brides* ou à *Marienbad ;* les *hépathiques* à *Vichy,
Carlsbad, Pougues, Brides;* les *albuminuriques* à *Saint-Nectaire,
Brides, la Bourboule;* les *cardiaques* à *Nauheim, Bourbon-Lancy*
et même à *Royat*, et ainsi de suite.

G. — De la manière d'associer les diverses indications

En présence d'indications si diverses, souvent contradictoires,
aboutissant à des cures parfois si dissemblables, l'habileté du
médecin consiste à saisir l'*indication dominante*. Celle-ci étant
bien déterminée, on choisira la station qui paraît le plus apte à
la remplir. Ceci fait, on recherchera si, parmi les indications secondaires, certaine n'arrive pas à contre-indiquer absolument le
choix qui vient d'être décidé.

1° Dans la négative, bien entendu, le choix sera maintenu, et
l'on n'aura plus qu'à voir si telle source de la station, telle pratique accessoire, balnéothérapique ou autre, ne peut pas intervenir comme cure adjuvante, de façon à pouvoir remplir d'un
seul coup toutes les autres indications.

Une femme est atteinte, par exemple, de *métrite catarrhale de
cause locale* qui indique la cure de *Saint-Sauveur*. Cette malade
est neurasthénique et facilement excitable ; les indications tirées
de l'état général et les aptitudes réactionnelles s'accorderont
donc avec celles fournies par l'état local.

2° Dans l'affirmative, on recherchera si, parmi les stations qui
répondent à cette indication secondaire, actuellement dominante,
il n'en est pas une où l'on puisse traiter également la dominante

locale. Voici une femme atteinte de *métrite douloureuse chronique* qui, en raison de son caractère irritable et du terrain lymphatique et neurasthénique sur lequel cette métrite s'est développée, réclame la cure de *Saint-Sauveur;* mais cette malade est en même temps anémique et physiquement très déprimée ; alors on aura plus d'avantage à l'envoyer à *Biarritz*, où le climat marin, la balnéation chlorurée-sodique lui donneront le coup de fouet nécessaire, tandis qu'avec un habile emploi des eaux-mères, on pourra modérer la réaction locale d'une lésion utérine trop excitable.

C'est encore dans ces cas difficiles que l'on usera avec profit des cures associées ou successives, et nous confirmons pleinement l'opinion de Sabail (de *Saint-Sauveur*), qui conseille de compléter le traitement de *Saint Sauveur* par une cure aux eaux chlorurées-sodiques fortes du Sud-Ouest quand, chez une métritique, la lésion locale et les troubles nerveux se sont améliorés pour laisser la première place à l'affaiblissement et à la débilité générale.

Au contraire, si cette même malade, ayant débuté par la cure saline, se trouve remontée sans que ses troubles nerveux et locaux se soient améliorés de concert, la cure de *Saint-Sauveur* devient un complément d'une rare utilité[1].

H. — De l'emploi des bains de mer

En principe, nous déconseillons les *bains de mer* aux femmes atteintes de métrite, si ce n'est dans les cas de métrite catarrhale des jeunes filles très anémiques et lymphatiques. Mais, en tout cas, ils sont inférieurs aux cures thermales proprement dites. Le seul cas où vraiment les bains de mer soient indiqués, c'est chez les jeunes filles *leucorrhéiques* par lymphatisme et anémie.

I. — Indications de l'hydrothérapie

L'hydrothérapie constitue, dans la plupart des cas de métrite,

---

1. Sarail. — La cure de Saint-Sauveur. Indications et contre-indications. (*Bulletin du Syndical Général des stations pyrénéennes*, 1896.)

un adjuvant de premier ordre. Même Aran n'hésite pas à la mettre au premier rang dans le traitement hydrologique des métrites chroniques.

« On se demande, dit-il, si l'on peut indistinctement faire choix de l'hydrothérapie, des eaux minérales ou des bains de mer : je n'hésite pas à donner la préférence à l'hydrothérapie qui répond évidemment au plus grand nombre d'indications possible et qui ne nécessite, autre grand avantage, ni l'éloignement de la malade, ni le renoncement absolu aux exigences de sa situation, pas plus qu'elle ne s'oppose à l'emploi des autres moyens locaux et généraux que l'on veut mettre en usage[1]. »

Nous ne partageons pas l'exclusivisme d'Aran ; mais on doit à la vérité de reconnaître que l'hydrothérapie gynécologique est aujourd'hui trop négligée, et qu'à titre d'adjuvant de la cure thermale elle est capable de rendre de très grands services. Et quand, pour un motif quelconque, on devra renoncer à la cure thermale, l'hydrothérapie constitue une ressource précieuse.

Nous renvoyons aux traités spéciaux de F. Bottey, de Beni-Barde et Materne et de E. Duval, pour tout ce qui concerne la technique de l'hydrothérapie.

Comme l'a parfaitement indiqué Fleury, qui fut vraiment le créateur de l'hydrothérapie française, la douche froide, à condition qu'elle soit bien adaptée à la malade, s'adresse à la fois aux accidents locaux et aux symptômes généraux. On emploiera la douche en jet brisé qui est tonique et résolutive, et on lui associera, si on le juge convenable, la douche en nappe sur la région hypogastrique et lombaire. Chez les rhumatisantes, les arthritiques, les malades à réactions vives, on usera plutôt de la douche écossaise. Il va sans dire que tous les procédés hydrothérapiques que nous avons indiqués plus haut trouveront ici leur application.

Traitement hydrominéral des leucorrhées. — Ce serait le lieu de parler maintenant du traitement hydrologique des *leucorrhées* La plupart des écoulements leucorrhéiques sont sous la dépendance d'une lésion utérine ou annexielle, et leur traitement hydrologique se confond alors avec celui de la maladie causale. Mais il est hors de doute aussi que certaines leucorrhées reconnaissent

1. Aran. — *Leçons cliniques sur les maladies de l'utérus.* Paris, 1858.

comme cause essentielle, ou tout au moins comme condition aggravante, une maladie générale ou un état diathésique, tels que la chlorose, l'anémie, le lymphatisme, l'herpétisme, l'arthritisme. Evidemment, dans ces cas, c'est l'état général qui fournira la principale indication, et ce serait faire double emploi que de revenir encore ici sur le genre de cure qu'il conviendra de conseiller.

2° Traitement hydrominéral des oophoro-salpingites, péri-métro-salpingites, péritonites, etc.

A. — Considérations générales

Il n'est pas un médecin versé dans les choses de l'hydrologie qui n'ait vu guérir des affections annexielles chez des malades pour qui l'hystérectomie avait été jugée indispensable. « Cela, dit Bouloumié, ne commande-t-il pas une grande réserve, alors surtout que nos collègues exerçant à *Néris*, à *Luxeuil*, à *Saint-Sauveur*, à *Ussat*, à *Bagnères-de-Bigorre*, à *Salins*, à *Salies*, etc., peuvent nous apporter un contingent sérieux d'observations montrant que, dans des cas où l'intervention chirurgicale eût paru ou avait paru nécessaire, ils ont obtenu des guérisons ou des améliorations certainement aussi assurées qu'auraient pu les produire des opérations radicales. Ne nous ont-ils pas montré aussi combien sont difficiles à améliorer les névralgies qui reparaissent ou qui persistent postérieurement à ces opérations ? » Nous souscrivons absolument à ces sages paroles, et nous conjurons nos confrères de les méditer sérieusement. Pour notre part, nous avons eu la satisfaction d'éviter maintes fois de graves opérations en usant méthodiquement de cures thermales appropriées.

Ce que l'on doit viser principalement dans le traitement hydrominéral de ces affections, c'est, comme le dit fort bien Félix Bernard[1], de *Plombières*, d'agir sur les lésions de voisinage, les empâtements, les exsudats, les adhérences, etc., qui entourent et immobilisent l'utérus et les annexes. Les cures hydrominé-

---

1. Félix Bernard. — Traitement hydro-minéral des maladies des femmes. (*Gazette des Eaux*, 1899.)

rales ont souvent pour effet de résoudre ces exsudats et de mobiliser les organes; elles peuvent aussi calmer les douleurs provoquées par la lésion, ou avoir une action dérivatrice ou décongestionnante.

Et puis, même quand une intervention chirurgicale, jugée indispensable, a eu lieu, il subsiste trop souvent des adhérences soit préexistantes, soit consécutives aux manœuvres opératoires et, dans ces cas encore, la cure thermale peut donner des résultats. De plus, cette cure est utile pour préparer le terrain de l'opération et pour la compléter, aussi bien au point de vue de l'état local que de l'état général[2]. Enfin la cure n'eût-elle comme résultat que de remonter l'organisme affaibli par la maladie, ou de remédier à certains troubles concomitants (nervosisme, anémie, etc.) qu'elle trouverait encore son utilité.

B. — Indications principales des cures hydro-minérales

Tout ce que nous avons dit plus haut, à propos des indications tirées du terrain et des complications dans le traitement hydrominéral des métrites, peut exactement s'appliquer au chapitre actuel. Nous n'y reviendrons donc pas.

Pendant les *phases aiguës ou subaiguës*, on s'abstiendra de tout traitement thermal. Il est nécessaire d'attendre que la chronicité soit bien établie. Et s'il existe des collections purulentes dans les annexes ou dans le petit bassin, l'abstention est de rigueur. D'ailleurs, en tout état de cause, le traitement hydrominéral devra toujours être surveillé très attentivement, car une imprudence de la part de la malade ou du médecin peut, même avec les eaux les plus inoffensives, être le point de départ d'une poussée aiguë sur le péritoine pelvien.

En principe, en dehors des indications de terrain et des complications, dans les maladies qui nous occupent, on utilisera deux sortes de cures : les cures chlorurées-sodiques fortes, quand on veut favoriser la résorption d'exsudats chroniques, et les cures d'eaux indifférentes, type *Néris*, quand on veut calmer des troubles réactionnels et des douleurs localisées ou irradiées.

---

1. DE RANSE. — De la médication thermale dans le traitement des névralgies utéro-ovariennes graves. (*Congrès international d'hydrologie et de climatologie de Paris*, 1890.)

En cas de *cure chlorurée-sodique*, on suivra la technique que nous avons exposée plus haut en parlant du mode d'action générale de ces eaux. Quant aux indications tirées de l'état de la lésion, DE LOSTALOT[1] (de *Biarritz*) déclare que les eaux chlorurées-sodiques sont contre-indiquées dans les salpingites catarrhales. La cure réveille alors les douleurs. En tout cas, il faut procéder avec ménagement et n'utiliser que les bains au quart.

La *dégénérescence kystique des ovaires* et les petits *hématomes ovariens* constituent aussi les contre-indications. Au contraire, quand dominent les *péri-phlébites* et les *péri-lymphangites annexielles*, cette cure donne de bons résultats, à la condition d'attendre que l'affection soit entrée dans la phase chronique. DE LOSTALOT pense que les noyaux de péri-métrite, qui disparaissent alors après la cure, constituent les prétendus fibromes résolus sous l'influence de la cure thermale.

L'action résolutive est aussi l'une des propriétés des bains de boue de *Dax, Barbotan, Saint-Amand, Franzensbad, Marienbad, Elster;* mais le bain de boue a une autre action plus énergique encore et ne doit s'adresser qu'aux lésions tout à fait torpides.

Souvent on aura avantage, toujours dans les cas de lésions torpides, alors que le rôle de l'infection peut être considéré comme terminé et qu'il ne reste plus que des résidus à résorber, on aura avantage, disons-nous, à associer à la chlorurée-sodique ou aux bains de boue, une cure dérivatrice du type *Châtel-Guyon, Brides, Kissingen, Hombourg.*

Enfin, dans le cas où la violence de l'élément douleur fixera le choix sur une eau faiblement minéralisée et sédative, on s'adressera plutôt à celles qui jouissent aussi des propriétés résolutives, comme *Ussat, Néris, Plombières, Luxeuil.* Ces mêmes eaux rendront également des services dans le traitement des troubles nerveux si fréquents chez des femmes qui ont subi la castration.

PAUL MORÉLY[2], s'inspirant des travaux et de la pratique de son maître, CHAPUT, déclare dans son excellente thèse que beaucoup de lésions annexielles (collections tubaires suppurées ou non, aiguës ou chroniques, hématosalpinx, hydrosalpinx, pyosalpinx) accessible par le vagin, que l'on traite par la laparotomie avec

1. DE LOSTALOT. — *Traitement des affections de l'utérus et de ses annexes aux eaux de Salies-de-Béarn.* Orthez, 1891.

2. PAUL MORÉLY. — *Essai sur l'ouverture des collections annexielles par la voie vaginale. Procédé de M. Chaput.* (Thèse de Paris, 1899.)

ou sans hystérectomie ou par l'hystérectomie vaginale, guérissent par la simple incision ou la ponction vaginale, qui ne font courir aux malades que des risques infimes et leur conservent un organe « dont la suppression n'est pas exempte de dangers immédiats ni de troubles éloignés ». Cette méthode éminemment conservatrice assure, dit l'auteur, à la plupart des femmes une guérison radicale et définitive. Or, dans ces cas, la *cure chlorurée-sodique*, pratiquée avec les précautions nécessaires, quand les symptômes d'acuité auront disparu, apportera une aide puissante à l'intervention chirurgicale, en favorisant la résolution des exsudats péri-salpingiens.

3° Traitement hydrominéral des déviations utérines

A. — Indications générales

Personne ne peut, en principe, avoir l'absurde prétention d'obtenir, par un traitement thermal, le rétablissement en sa position normale d'un utérus déplacé, et pourtant, avec un traitement bien conduit de l'entéroptose et une ceinture bien faite, on relève nombre d'utérus abaissés.

D'un autre côté il est certain que, parmi les déviations utérines, quelques-unes dépendent d'un relâchement des tissus, d'une situation vicieuse ou d'un déplacement causés et entretenus par des reliquats inflammatoires anciens, ou encore d'une compression exercée par des organes voisins, par un intestin habituellement bourré de matières fécales. N'est-il pas évident qu'un traitement hydrominéral tonique, ou résolutif, ou modificateur des organes compresseurs, de la coprostase en particulier, pourra avoir un effet utile sur la déviation ou sur l'abaissement de la matrice? Au pis-aller, n'aura-t-on pas alors chance de confirmer et de maintenir ce que les moyens médicaux et chirurgicaux plus puissants auront obtenu?

Aussi, dans le premier cas, quand il s'agit de relâchement général des tissus, usera-t-on des eaux sulfureuses d'*Ax*, *Gréoulx*, *Uriage*, *Eaux-Chaudes*, *Luchon*, *Saint-Gervais*, *Saint-Sauveur* et *Saint-Honoré*.

Dans le second cas, alors qu'on cherche la résolution d'exsudats, on choisira, suivant les indications fournies par l'état général, parmi les eaux chlorurées-sodiques de *Bourbonne-les-Bains*, *Bourbon-Lancy*, *Balaruc*, *Salins*, *Salins-Moutiers*, *Salies-de-Béarn* et *Biarritz*.

De Lostalot résume ainsi les résultats de son expérience sur ce sujet : « Les déviations utérines récentes, avec ou sans prolapsus, consécutives à un accouchement, une fausse couche, sont justiciables des eaux chlorurées-sodiques, comme traitement tonique et excitant de la musculature qui entre en jeu dans la statique utéro-pelvienne, avant comme après les opérations pratiquées dans le but de corriger les déplacements de la matrice. »

B. — Traitement des phénomènes douloureux

Mais où les cures thermales peuvent rendre d'incomparables services, c'est pour combattre les phénomènes douloureux liés aux déplacements de l'utérus. Le premier devoir du médecin sera de bien déterminer les causes de ces douleurs, car elles reconnaissent de multiples causes, telles que lésion des annexes, pelvi-péritonite, métrite de l'utérus dévié, sténose du col, compression des organes voisins et enfin douleur propre causée par la déviation elle-même.

Dans les cinq premiers cas, ce n'est pas tant la déviation qu'il faut traiter que la cause surajoutée qui provoque les douleurs; mais, quand les douleurs sont causées par la déviation elle-même, les eaux faiblement minéralisées de *Néris*, *Ussat*, *Plombières* donnent quelquefois de surprenants effets.

4° Traitement hydrominéral des fibromes utérins

A. — Action locale du traitement hydrominéral

On sait de quelle vogue jouissent les eaux chlorurées-sodiques fortes dans le traitement des fibromes utérins. Avant les progrès de la chirurgie, ces eaux constituaient l'agent thérapeutique le plus souvent employé dans le traitement de ceux-ci, et aujourd'hui encore, dans les cas où l'intervention est discutable, soit parce que les connexions de la tumeur en rendent l'ablation difficile, soit parce que la malade touche à cette époque de la ménopause ou les fibromes utérins s'accroissent beaucoup plus lentement ou deviennent stationnaires, ou présentent même une certaine tendance à la régression ou à l'atrophie, dans ces cas, disons-nous, l'indication des *eaux chlorurées-sodiques* demeure entière, même pour les interventionnistes décidés.

La première question que l'on se pose est celle de savoir si un fibrome peut disparaître sous l'unique influence du traitement chloruré-sodique. LEJARD [1] dit avoir vu, sur 39 cas de fibromes, un cas où la tumeur, s'étant totalement aplatie, formait une sorte de plastron sous-pubien. Pozzi déclare que les eaux minérales chlorurées-sodiques ont une action indéniable sur les corps fibreux et agissent, en outre, en relevant la nutrition générale. « Les cas où j'ai obtenu une amélioration, dit-il, sont très nombreux. »

DESNOS, après avoir loué leur action, essaie de l'interpréter : « On sait que, sous l'influence d'un processus irritatif, le tissu du corps fibreux peut subir une dégénérescence régressive granulo-graisseuse, et qu'arrivé à cet état il peut être résorbé. C'est ainsi que, par le fait du mouvement congestif qui s'opère vers la matrice pendant la gestation, on peut voir des fibromes qui subissent après l'accouchement un travail d'absorption qui les fait *disparaître* ou diminue considérablement leur volume [2]. »

EXCHAQUET (de *Bex*) écrit que « l'action résolutive des eaux s'adresse plus directement aux complications inflammatoires et paraît combattre l'élément congestif habituel qui favorise la croissance des tumeurs.

« On peut appliquer ici le traitement intensif dans la mesure du possible, bains prolongés fortement minéralisés et compresses d'eaux-mères.

« L'apaisement des symptômes subjectifs de compression, douleurs à la marche, névralgies, irritation vésicale, etc., ne laisse bientôt aux malades aucun doute sur l'efficacité du traitement. Le médecin peut souvent constater en même temps d'abord un changement de consistance, puis une diminution du volume du fibrome. On obtient, en résumé, quelquefois dès la première cure, un arrêt marqué dans la marche du mal; on arrive parfois, avec

1. CH. LEJARD. — *Salies-de-Béarn*, Paris, 1899.
2. DESNOS. — Traitement des maladies des femmes par les eaux minérales. (*Annales de Gynécologie*, 1874.)

deux ou trois saisons, à une régression réelle par atrophie de la tumeur[1]. »

De Lostalot (de *Biarritz*) ne pense pas qu'un fibrome puisse disparaître sous l'influence du traitement balnéaire chloruré-sodique. Il affirme que les observations de fibro-myomes guéris par le traitement thermal sont le résultat d'une erreur de diagnostic, et il cite à l'appui de son opinion des faits très concluants.

Nous ne prolongerons pas cette énumération d'opinions et nous affirmons, avec la majorité des médecins qui exercent aux eaux salées, que, si celles-ci ne guérissent pas radicalement les fibromes en les faisant disparaître, elles ont cependant un effet indéniable, puisqu'elles peuvent réduire le volume de la tumeur et atténuer ou guérir nombre de symptômes causés par cette tumeur elle-même ou par ses complications.

Dans les cas de fibromes simples, non hémorrhagiques, les choses se passent, en général, de la façon suivante : comme on peut alors augmenter la concentration des bains et arriver aux bains salés purs, dans les eaux chlorurées-sodiques très riches, comme *Salies-de Béarn* et *Biarritz*, on observe, du dixième au quinzième jour, une congestion plus ou moins intense des organes pelviens, caractérisée par un retour ou une aggravation des phénomènes douloureux et surtout par des pertes blanches, qui deviennent aussi plus épaisses, puis, vers le vingt-cinquième jour, tout s'atténue ; la disparition des douleurs et la diminution de la leucorrhée indiquent la fin de la congestion utérine ; bien souvent il faut cesser les bains. Alors commence l'involution fibreuse, qui s'affirme pendant un à deux mois après la cessation de la cure. Mais la balnéation chlorurée-sodique a encore pour effet de résoudre les exsudats péri-utérins et de diminuer l'adipose abdominale si fréquente chez ces malades.

En même temps s'améliorent les symptômes fonctionnels, y compris les métrorrhagies, tandis que l'état général subit un véritable remontement.

B. — Contre-indications spéciales

Mais si le fibrome se congestionne facilement comme il arrive chez certaines athritiques sujettes aux hémorrhagies, la cure est

1. Exchaquet. — *Le traitement thermal de Bex.* Lausanne, 1896.

contre-indiquée. De même si les douleurs proviennent non pas d'une compression exercée par le fibrome, mais bien d'une réaction inflammatoire, en instance à sa périphérie.

Il faut savoir aussi que les douleurs névralgiques si fréquentes chez les femmes arthritiques ou même uricémiques, qui présentent des urines rares foncées et sédimenteuses, sont exaspérées par les bains salins, à moins qu'on n'use de bains très faibles qui, comme l'a démontré ALBERT ROBIN, provoquent des décharges d'acide urique. Dans ces cas, les bains de *Néris*, d'*Ussat*, seront généralement préférables ; mais alors l'indication symptomatique devient dominante et l'on n'opère pas sur le fibrome lui-même.

Les bains salés sont également contre-indiqués chez les malades atteintes de troubles cardiaques, même fonctionnels, aussi bien que chez celles qui ont de la dégénérescence ou de la surcharge adipeuse du cœur. Comme le montre DE LOSTALOT, on pourrait courir alors le danger de provoquer une syncope.

Enfin, quand, en dehors de toute prévision et dans les cas de fibrome jusque-là non hémorrhagique ou ne s'accompagnant que de simples ménorrhagies, on voit surgir des métrorrhagies pendant la cure saline, il vaut mieux s'abstenir et interrompre la cure ou tout au moins la réduire à des bains de la plus faible concentration.

C. — Indications générales du traitement hydrominéral

Les indications générales de la cure ont été bien posées par LAVERGNE et DE LOSTALOT dans les formules suivantes auxquelles nous souscrivons entièrement [1].

1° Fibro-myomes à évolution lente, non accompagnés d'hémorrhagies pouvant devenir rapidement menaçantes ;

2° Fibro-myomes développés à l'époque de la ménopause ;

3° Fibro-myomes dont le trop grand volume, l'enclavement, rendraient l'extirpation trop dangereuse.

Nous ajouterons que l'albuminurie, due à la compression exercée par un fibrome volumineux, ne contre-indique pas les

---

1. DE LOSTALOT. — *Indications et contre-indications des eaux chlarurées-bromo-iodurées de Biarritz.* Bayonne, 1895.

eaux, bien au contraire, et nous possédons des observations où les eaux de *Biarritz* ont produit les plus heureux effets. Mais il faut user des bains de très faible concentration, soumettre les malades au régime lacté pendant la cure et surveiller attentivement la quantité des urines.

En dehors des eaux chlorurées-sodiques, les tumeurs fibreuses de l'utérus ne sont guère justiciables des autres stations, si ce n'est dans les cas où il y a lieu de traiter non la tumeur elle-même, mais une de ses complications, ou de modifier l'état général de la malade. Cependant nous devons signaler, au moins pour mémoire, que MAX DURAND-FARDEL déclare que les eaux de *Vichy* exercent sur certains fibromes une action résolutive, et qu'elles modifient avantageusement les métrorrhagies et les ménorrhagies qui compliquent si souvent ces fibromes. Nous ne sachions pas que cette opinion ait été confirmée par d'autres observateurs.

Quand il y aura tendance aux poussées congestives du côté du petit bassin, on pourra utiliser avantageusement les cures dérivatrices intestinales et déplétives de *Brides*, de *Marienbad* ou de *Carlsbad*.

Enfin, les malades auxquelles on a pratiqué l'ablation d'un fibrome bénéficieront d'une cure tonique aux eaux ferrugineuses ou même aux eaux chlorurées-sodiques.

5° **Traitement hydrominéral de la stérilité**

La plupart des stations thermales où l'on s'occupe des maladies des femmes inscrivent aussi, parmi leurs propriétés, celle de traiter et de guérir la stérilité. *Luxeuil, Saint-Nectaire, Plombières*, avec sa douche locale de vapeur du Capucin qui jouit d'une réputation légendaire, *Saint-Sauveur, Salies-de-Béarn, Evaux*, les stations martiales, salines, chlorurées-sodiques, indifférentes, toutes comptent des succès incontestables à leur actif.

Dans ces succès, obtenus avec des eaux d'action si différente, il faut d'abord faire une part aux conditions climatériques, hygiéniques et psychiques, puis considérer que les procédés balnéo-thérapiques, l'usage interne des eaux, tantôt agissent sur les affections utérines dont la stérilité est une des conséquences, tantôt favorisent la résorption des exsudats, tantôt provoquent des révulsions cutanées ou des dérivations intestinales qui modifient la circulation utérine, tantôt décongestionnent l'utérus, tarissent les flux, améliorent la réaction pathologique des mucosités vaginales et utérines, réaction qui peut gêner l'activité des spermatozoïdes, tantôt enfin relèvent la nutrition générale fléchissante.

Sans compter que l'absence de rapports sexuels, qui doit être de règle pendant la cure, peut avoir aussi son influence qui n'est pas à dédaigner. Par conséquent, on conçoit comment les cures thermales peuvent agir sur les causes de la stérilité, et comment celle-ci est quelquefois et indirectement guérie.

La première chose à faire, avant de commencer une cure, sera de bien déterminer quelle est la cause de la stérilité.

Quand celle-ci dépend d'un retard dans le développement de l'utérus, d'une sorte d'atrophie évolutive de l'organe (utérus infantile ou pubescent) et s'accompagne de troubles menstruels, tels qu'aménorrhée et dysménorrhée, toute cure qui sera capable de stimuler la nutrition de l'appareil génital et de remonter en même temps l'état général, est à même d'être essayée. C'est ainsi qu'on peut expliquer les succès obtenus aux eaux sulfureuses de *Cauterets*, de *Saint-Sauveur*, aux chlorurées-sodiques, aux ferrugineuses, comme *Forges-les-Eaux*, aux bicarbonatées-chlorurées, comme *Royat*, *Saint-Nectaire*, aux indifférentes, comme *Plombières* (source du Capucin), *Luxeuil*, *Evaux* quand elles sont excitantes de par leurs propriétés ou par les pratiques balnéaires qu'on y emploie.

Ces mêmes eaux sont encore utilisables dans les cas de tendance à l'atrophie qui s'observe, quoique rarement, à la suite de couches et qui semble dépendre d'une infection.

L'acidité exagérée des sécrétions vaginales sera traitée aux eaux alcalines de *Vichy*, *Vals*, *Royat*, *Saint-Nectaire*, *Châtel-Guyon*, *Brides*, ces deux dernières sources agissant aussi comme dérivatives et décongestionnantes.

Le vaginisme, surtout quand il s'accompagne d'hypersthénie générale et d'irritabilité nerveuse, sera combattu à *Plombières*, *Néris*, *Ussat*, *Bagnères-de-Bigorre*, *Dax*, *Badenweiler*, *Schlangenbad*, *Wildbad*.

Enfin, quand la stérilité dépend d'un mauvais état général, chlorose, scrofule, arthritisme, obésité, on prendra des décisions d'après la dominante morbide de la nutrition, en suivant les indications que nous avons formulées maintes fois au cours de ce travail.

X

Traitement hydrominéral des maladies des organes génitaux externes

1° *Vaginites et vulvites*. — Les vaginites, quels que soient leurs agents pathogènes (gonocoques, saprophytes, staphylocoques, etc.), sont rarement justiciables de la cure thermale. Cependant quand, par suite de l'affaiblissement de l'état général, elles prennent une tendance à la chronicité, comme il arrive, par exemple, chez quelques fillettes, au cours de la convalescence d'affections graves, un traitement thermal tonique pourra rendre de grands services.

Alors on pourra combiner l'action anticatarrhale et modificatrice des muqueuses que possèdent les eaux ferrugineuses et surtout les eaux sulfureuses avec leurs effets toniques et remontants.

On aura le choix entre *Cauterets*, *Saint-Honoré*, *Saint-Gervais*, *Luchon*, *Ax*, *Uriage*, *Gréoulx*, *Eaux-Bonnes* et *Saint-Sauveur*, parmi les sulfureuses, et entre *Bussang*, *Spa*, *Forges*, *Franzensbad*, parmi les ferrugineuses.

Tout ceci s'applique également aux vulvites. On devra s'attacher à remonter l'organisme dont l'affaiblissement entretient le trouble local, en usant, suivant le cas, des eaux sulfureuses, des chlorurées-sodiques ou des arsenicales, comme la *Bourboule*.

2° *Dermatoses vulvaires*. — En principe, on les traitera aux eaux sulfureuses de *Luchon*, *Cauterets*, *Uriage*, etc., à la condition que ces dermatoses ne soient pas excitables.

S'il n'en est pas ainsi, on s'adressera à des eaux plus douces, comme *Saint-Honoré* et *Saint-Gervais*. Si, enfin, ces lésions sont d'une extrême irritabilité, on se contentera du traitement sédatif de *Néris*, *Plombières*, *Schlangenbad*.

Les eaux de *la Bourboule* sont tout à fait et spécialement indiquées dans l'herpès vulvaire.

3° *Prurit vulvaire*. — Cette affection si tenace et si incommode demande essentiellement une cure sédative : *Néris, Dax, Plombières, Ussat, Saint-Honoré* et *Saint-Gervais*.

Mais il ne faut pas oublier que le prurit vulvaire essentiel est d'une extrême rareté, si même il existe. Il est occasionné par une cause locale qu'il faut rechercher et traiter d'abord.

En dehors de la cause locale occasionnelle, ce prurit est entretenu par un état constitutionnel, ou par une maladie déterminée, telle que le diabète, la goutte, le mal de Bright, l'insuffisance hépatique, la dyspepsie par fermentation, etc.

C'est dans la détermination de cette condition de terrain que l'on trouve l'indication urgente de la cure thermale. C'est ainsi que l'un de nous a vu un prurit vulvaire rebelle chez une goutteuse, guérir à *Contrexéville*, pendant qu'une autre malade, celle-là diabétique, bénéficiait de la cure de *Vichy*.

4° *Esthiomène de la vulve.* — On n'a aucune indication ni aucune expérience du traitement thermal de cette affection; mais peut-être l'esthiomène de la vulve, dont on connaît la nature tuberculeuse, ressortirait-il aux eaux sulfureuses et aux chlorurées-sodiques fortes.

5° *Leucoplasie vulvo-vaginale.* — Elle sera peut-être améliorée par les eaux de *Saint-Christau*, qui ont été employées souvent avec succès par Bénard dans la leucoplasie buccale.

Les bains prolongés de *Bourèche* pourraient tout au moins être essayés.

TABLE DES MATIÈRES

PREMIÈRE PARTIE

LES FAUSSES UTÉRINES — ÉTUDE CLINIQUE

Par Paul Dalché

DEUXIÈME PARTIE

LES FAUSSES UTÉRINES
DIAGNOSTIC ET TRAITEMENT

Par Albert Robin

TROISIÈME PARTIE

LA MENSTRUATION ET SES ACCIDENTS HYGIÈNE ET THÉRAPEUTIQUE

Par Paul Dalché

QUATRIÈME PARTIE

THÉRAPEUTIQUE MÉDICALE DES MALADIES DES FEMMES

Par Paul Dalché

CINQUIÈME PARTIE

TRAITEMENT HYDROTHÉRAPIQUE

Par Paul Dalché

TRAITEMENT HYDROLOGIQUE

Par Albert Robin

TABLE DES NOMS D'AUTEURS

TABLE ALPHABÉTIQUE

Vigot Frères

Éditeurs

Extrait du

Catalogue Général

PARIS

23, PLACE DE L'ÉCOLE-DE-MÉDECINE

1912